Peter H. Feindt · Thomas Saretzki (Hrsg.)

Umwelt- und Technikkonflikte

Peter H. Feindt
Thomas Saretzki (Hrsg.)

Umwelt- und Technikkonflikte

VS VERLAG

Bibliografische Information der Deutschen Nationalbibliothek
Die Deutsche Nationalbibliothek verzeichnet diese Publikation in der
Deutschen Nationalbibliografie; detaillierte bibliografische Daten sind im Internet über
<http://dnb.d-nb.de> abrufbar.

1. Auflage 2010

Alle Rechte vorbehalten
© VS Verlag für Sozialwissenschaften | Springer Fachmedien Wiesbaden GmbH 2010

Lektorat: Frank Schindler

VS Verlag für Sozialwissenschaften ist eine Marke von Springer Fachmedien.
Springer Fachmedien ist Teil der Fachverlagsgruppe Springer Science+Business Media.
www.vs-verlag.de

Das Werk einschließlich aller seiner Teile ist urheberrechtlich geschützt. Jede Verwertung außerhalb der engen Grenzen des Urheberrechtsgesetzes ist ohne Zustimmung des Verlags unzulässig und strafbar. Das gilt insbesondere für Vervielfältigungen, Übersetzungen, Mikroverfilmungen und die Einspeicherung und Verarbeitung in elektronischen Systemen.

Die Wiedergabe von Gebrauchsnamen, Handelsnamen, Warenbezeichnungen usw. in diesem Werk berechtigt auch ohne besondere Kennzeichnung nicht zu der Annahme, dass solche Namen im Sinne der Warenzeichen- und Markenschutz-Gesetzgebung als frei zu betrachten wären und daher von jedermann benutzt werden dürften.

Umschlaggestaltung: KünkelLopka Medienentwicklung, Heidelberg
Gedruckt auf säurefreiem und chlorfrei gebleichtem Papier

ISBN 978-3-531-17497-6

Inhaltsverzeichnis

Vorwort der Herausgeber   7

Peter H. Feindt
Umwelt- und Technikkonflikte in Deutschland zu Beginn des 21. Jahrhunderts –
Bestandsaufnahme und Perspektiven   9

I. Konflikttheoretische und praktische Zusammenhänge

Thomas Saretzki
Umwelt- und Technikkonflikte: Theorien, Fragestellungen, Forschungsperspektiven   33

Reinhard Ueberhorst
Wie beliebig ist der Umgang mit politischen Konflikten im Raum der strategischen Energie- und Umweltpolitik?   54

II. Konfliktfelder der Umwelt- und Technikpolitik

Jochen Roose
Der endlose Streit um die Atomenergie. Konfliktsoziologische Untersuchung einer dauerhaften Auseinandersetzung   79

Stefan Böschen
Reflexive Wissenspolitik: die Bewältigung von (Nicht-)Wissenskonflikten als institutionenpolitische Herausforderung   104

Robert Fischer
Konflikte um verrückte Kühe? Risiko- und Interessenkonflikte am Beispiel der europäischen BSE-Politik   123

Jürgen Hampel / Helge Torgersen
Der Konflikt um die Grüne Gentechnik und seine regulative Rahmung. Frames, Gates und die Veränderung der europäischen Politik zur Grünen Gentechnik   143

Jobst Conrad
Ein lokaler Umweltkonflikt in Latenz: grüne Gentechnik und Entwicklungspfade der Pflanzenbiotechnologie   163

Rüdiger Mautz
Konflikte um die Offshore-Windkraftnutzung – eine neue Konstellation der gesellschaftlichen Auseinandersetzung um Ökologie   181

Dörte Ohlhorst / Susanne Schön
Windenergienutzung in Deutschland im dynamischen Wandel von
Konfliktkonstellationen und Konflikttypen — 198

Christiane Hubo / Hugo Krott
Politiksektoren als Determinanten von Umweltkonflikten am Beispiel invasiver
gebietsfremder Arten — 219

Ulrich Brand
Konflikte um die *Global Governance* biologischer Vielfalt. Eine historisch-materialistische Perspektive — 239

III. Konfliktvermittlung bei Umwelt- und Technikkonflikten

Anna Geis
Beteiligungsverfahren zwischen Politikberatung und Konfliktregelung: Die
Frankfurter Flughafen-Mediation — 259

Christina Benighaus / Hans Kastenholz / Ortwin Renn
Kooperatives Konfliktmanagement für Mobilfunksendeanlagen — 275

Meinfried Striegnitz
Kooperative Bearbeitung von Wertkonflikten im Küstenschutz — 297

Petra Schaper-Rinkel
Nanotechnologiepolitik: Die Antizipation potenzieller Umwelt- und Technikkonflikte in der Governance der Nanotechnologie — 317

Alexander Bogner / Wolfgang Menz
Konfliktlösung durch Dissens? Bioethikkommissionen als Instrument der
Bearbeitung von Wertkonflikten — 335

Zusammenfassungen — 354

Abstracts — 363

Verzeichnis der Autorinnen und Autoren — 372

Vorwort der Herausgeber

Der Band basiert auf ausgewählten Vorträgen einer gleichnamigen Tagung der Arbeitskreise „Umweltpolitik/Global Change" und „Politik und Technik" der Deutschen Vereinigung für Politikwissenschaft, die am 22. und 23. April 2005 am Forschungsschwerpunkt Biotechnik, Gesellschaft und Umwelt der Universität Hamburg stattfand. Die Herausgeber hatten als Mitglieder in den Sprecherkreisen der Arbeitskreise einen offenen Call for Papers veröffentlicht, der eine erstaunlich starke Resonanz fand. Ins Tagungsprogramm wurden dann mehr als 20 Einreichungen aufgenommen. Für die Publikation haben wir uns entschieden, einen Fokus auf Umwelt- und Technikkonflikte in Deutschland zu legen. Zur Abrundung des Buchkonzepts wurden zudem einzelne Beiträge zusätzlich eingeworben.

Für die Erstellung der Buchbeiträge wurden Leitfragen formuliert (siehe Einleitung). Alle Beiträge wurden doppelt begutachtet und auf dieser Basis teilweise umfassend überarbeitet. Die große Bereitschaft der Autorinnen und Autoren, Verbesserungsvorschläge aufzunehmen und ihre Beiträge sorgfältig zu revidieren, hat uns sehr erfreut, und wir möchten an dieser Stelle allen Beiträgern unseren Dank und unsere Anerkennung aussprechen.

Die Fertigstellung des Manuskripts hat aufgrund beruflicher Veränderungen und Umstände bei beiden Herausgebern länger gedauert als zunächst geplant. Wir möchten uns daher an dieser Stelle bei den Autorinnen und Autoren sowie beim Verlag für die uns entgegengebrachte Geduld, die zuweilen von produktiver Ungeduld begleitet war, bedanken. Wir hoffen, dass das Ergebnis alle Beteiligten und vor allem die Leserinnen und Leser überzeugt.

Cardiff und Lüneburg, im Januar 2009

Peter H. Feindt
Thomas Saretzki

Umwelt- und Technikkonflikte in Deutschland zu Beginn des 21. Jahrhunderts – Bestandsaufnahme und Perspektiven

Peter H. Feindt

1 Einleitung

Umwelt- und Technologiepolitik erscheinen in der öffentlichen und politikwissenschaftlichen Wahrnehmung mitunter als Refugien einer kooperativen, konsensorientierten Politik. Begriffe wie Umwelt-Governance (Young 1997; Weale et al. 2000; Jordan et al. 2003), Technologienetzwerk (kritisch: Dolata 2001; BMBF 2005), lokale Nachhaltigkeitsnetzwerke (Geißel 2007) und Umweltmediation (Weidner 1996; Zilleßen 1998; Geis 2005) signalisieren, dass in diesen beiden Politikfeldern wichtige Innovationen im Hinblick auf eine Modernisierung der Politik stattfinden, die auf die Einbeziehung einer großen Bandbreite von Interessen und auf die Bildung von Akzeptanz, Kooperation und Konsens angelegt sind. Der Schutz öffentlicher Umweltgüter und der wissenschaftlich-technische Fortschritt scheinen zunächst einmal wenig konfliktäre Gegenstände zu sein. Die Problemlagen liegen auf den ersten Blick vor allem in der Überwindung von Trittbrettfahrerproblemen und der Stabilisierung von Kooperation: Wer zahlt für Umweltschutzmaßnahmen und technische Innovationen, die allen zugute kommen? Wie werden Nutzen und Lasten gerecht verteilt? Welche politischen Instrumente können Verhaltensänderungen und Innovationen stimulieren? Die Forschung hat sich vor allem auf die politischen und institutionellen Antworten auf Umwelt- und Technikprobleme konzentriert. Auf diese Weise konnte gezeigt werden, dass etwa die Umweltpolitik zu den Vorreitern einer umfassenden Modernisierung der Politik und der Staatstätigkeit gehört (Jacob et al. 2007). Auch die Debatte über neue, v.a. informationelle und anreizbasierte politische Instrumente ist wesentlich aus der Umwelt- und Technikpolitik angeregt worden (Canzler/Dierkes 2001; Jordan et al. 2007).

Die Betonung von Konsens und kooperationsorientierter Politik verweist allerdings oft auf überwundene frühere, auf latente oder auf erwartete zukünftige Konflikte. Eine historische Längsschnittanalyse zeigt, dass sich weder die Umwelt- noch die Technologiepolitik konfliktfrei entwickelt hat. Beide sind vielmehr seit den 1970er Jahren durch teilweise heftige Konflikte geprägt (Rucht 2007). Die neuen sozialen Bewegungen haben sich wesentlich in Bezug auf Umwelt- und Technikkonflikte konstituiert (Brand 1986; Rucht 1994) und spielen in deren Verlauf eine wichtige Rolle (Saretzki 2001). Die Nutzung der Atomenergie (Radkau 1983) und der grünen Gentechnik (Gaskell/Bauer 2001), die BSE-Krise (Dressel 2002; Horlick-Jones et al. 2007) oder zahlreiche lokale Ansiedlungs- und Landnutzungskonflikte sind einige Beispiele dafür, dass die Einführung neuer Technologien und der gesellschaftlich-ökonomische Wachstumsprozess zu Konflikten führen, in deren Zentrum die Wahrnehmung, Bewertung, Prävention und Verteilung von Risiken stehen. In vielen Fällen verbinden sich diese Konflikte mit einem grundlegenden Dissens über den gesellschaftlichen und technologischen Entwicklungspfad (prominent fokussiert in: Deutscher Bundestag 1980; Enquete-Kommission des Deutschen Bundestages 1987). Mit der Globalisierung der technologischen Innovationsprozesse wie der Umweltprobleme haben sich auch die Konfliktlagen verändert. Die Regulierung der Gentechnik (Winickoff et al. 2005) oder der Nanotechnologie (Bowman/Hodge 2007), die Nutzung der Biodiversität und genetischer Ressourcen (Baker 2006), aber auch die Risiken des globalen Klimawandels und die Verteilung der Kosten für dessen Vermeidung und die Anpassung an die Folgen (Weingart et al. 2008; Stehr/von Storch 2009) sind dafür Beispiele. Diese Problemlagen haben zur Bildung inter- und transnationaler Regime geführt (Barben/Behrens 2001; Breitmeier et al. 2007), die sich mit den lokalen, nationalen und europäischen Formen der Konfliktbearbeitung zu komplizierten politischen Mehrebenensystemen verbinden (vgl. z.B. Esser/Noppe 2001; Baker 2003; Haus/Zimmermann 2007; Knill/Lenschow 2007).

Die der Umwelt- und Technikpolitik zugrundeliegenden Konflikte und Konfliktlösungsstrategien wurden von der politikwissenschaftlichen Forschung zwar vermerkt und in vielen Einzelstudien auf differenzierte Weise untersucht (siehe dazu die Literaturverweise in den Beiträgen zu diesem Band). Sie sind aber noch nicht systematisch zum Gegenstand einer politikwissenschaftlichen Publikation geworden. Eine Abfrage über Google Scholar ergibt bis Ende 2008 lediglich ein einzige deutschsprachige Publikation (Zimpelmann et al. 1992), die die Begriffe Umwelt-, Technik- oder Technologiekonflikt im Titel führt. Englischsprachige Titel haben entweder technologiebezogene Handelskonflikte (Tyson 1993), internationale Ressourcenkonflikte (Homer-Dixon 1994; Diehl/Gleditsch 2001) oder die Beilegung von Umweltkonflikten durch kooperative Verfahren zum Gegenstand (Crowfoot/Wondolleck 1990; Maser 1996; Daniels/Walker 2001). Im englischsprachigen Raum gibt es zudem eine weit zurückreichende Literatur zu Technikkonflikten (vgl. z.B. Nelkin 1979; Hård 1993), die aber vor allem in den *Science and Technology Studies*, aber in Deutschland kaum rezipiert worden ist. Hierzulande ist die Debatte über Umwelt- und Technikkonflikte stark durch den Risikobegriff und die risikosoziologischen Arbeiten im Gefolge von Ulrich Beck (1986) bestimmt worden, denen es oft mehr um makrogesellschaftliche Konstellationen als um Akteurkonstellationen und Konfliktstrategien auf der Mesoebene von Politikfeldern geht.

Vor dem Hintergrund dieser Befunde soll der hier vorgelegte Band

- in die konflikttheoretischen und praktischen Zusammenhänge einführen;
- einen Überblick über zentrale Umwelt- und Technikkonflikte in Deutschland geben;
- die wichtigsten Ansätze zur Konfliktvermittlung bei Umwelt- und Technikkonflikten anhand von Fallbeispielen kritisch reflektieren;
- und dabei die Vielfalt der politikwissenschaftlichen Ansätze in diesem Forschungsfeld sichtbar werden lassen.

2 Anlage des Bandes und Querschnittsfragen

Der Band ist in drei Teile gegliedert: konflikttheoretische und praktische Zusammenhänge, Konfliktfelder der Umwelt- und Technikpolitik sowie Ansätze der Konfliktvermittlung bei Umwelt- und Technikkonflikten. Dabei konzentriert sich der Band auf Umwelt- und Technikkonflikte in Deutschland. Die Berücksichtigung internationaler Umweltkonflikte hätte eine Ausweitung in den Bereich der Internationalen Beziehungen erfordert. Eine angemessene Berücksichtigung der Theorien und Befunde dieses breiten Forschungsfelds hätte den Rahmen des vorliegenden Bands gesprengt.

Die beiden Beiträge im ersten Teil führen in die konflikttheoretischen und praktischen Zusammenhänge ein. Sie bieten einen Bezugsrahmen für eine differenzierte mehrdimensionale Konfliktfeldanalyse an und reflektieren die strategischen Aufgaben der Umwelt- und Technikpolitik.

Die Beiträge im zweiten und dritten Teil diskutieren Entstehung, Verlauf und Wirkungen von Umwelt- und Technikkonflikten und fragen nach Perspektiven der Konfliktlösung, jedoch mit unterschiedlicher Akzentuierung auf der Analyse bzw. der Bearbeitung von Konflikten. Im zweiten Teil werden zentrale Konfliktfelder der deutschen Umwelt- und Technikpolitik in jeweils zwei paarweise gekoppelten Beiträgen diskutiert: BSE-Krise, Grüne Gentechnik, Windenergie, Intensivlandwirtschaft und Biodiversität. Ein Überblick über den Atomkonflikt, der eine wichtige Referenz für die Interpretation anderer Umwelt- und Technikkonflikte darstellt, eröffnet den zweiten Teil.

Im dritten Teil werden verschiedene Formen der Konfliktvermittlung bei Umwelt- und Technikkonflikten in Fallstudien präsentiert und kritisch diskutiert: das sogenannte Mediationsverfahren zur Erweiterung des Flughafen Frankfurt; kooperatives Konfliktmanagement bei der Standortsuche lokal unerwünschter Anlagen, hier von Mobilfunkanlagen; die kooperative Bearbeitung von Wertkonflikten im Küstenschutz; die Antizipation potenzieller Umwelt- und Technikkonflikte am Beispiel der Nanotechnologiepolitik; sowie beim Parlament und der Bundesregierung angesiedelte Bioethikkommissionen im Bereich der Humanmedizin.

Als Leitfaden für die Erstellung der Buchbeiträge wurden die folgenden Leitfragen formuliert:
1. Welcher Konfliktbegriff wird zugrunde gelegt?
2. Für die Fallstudien: Wie ist der Konflikt zeitlich, räumlich und gesellschaftstheoretisch (sozialer versus politischer Konflikt) verortet? Um welchen Typus von Konflikt handelt es sich – z.B. Herrschafts-, Macht-, Rollen-, Klassen-, Systemkonflikt nach Dahrendorf (1961a; 1961b); Werte- oder Interessenkonflikt nach Aubert (1963; 1972);[1] Moral-, Risiko-, Kultur-, Wissenskonflikt?
3. Welche Wechselwirkungen bestehen zwischen Konfliktgegenstand, Konfliktakteuren und Verfahren der Konfliktbearbeitung?
4. Welchen Einfluss haben gesellschaftlicher Kontext, institutionelle Rahmenbedingungen und die Akteurkonstellation auf Entstehung, Verlauf, Wirkungen und Transformation von Konflikten?
5. Wie wird der Konflikt prozedural bearbeitet?
6. Gibt es Ansätze zu einer reflexiven Konfliktregelung bzw. reflexiven Konfliktstrategien?
7. Wie stellen sich die Befunde in vergleichender Perspektive dar?

Im Folgenden wird zunächst ein Überblick über die Beiträge gegeben. Dabei werden die Beiträge im Hinblick auf den methodisch-theoretischen Zugang, den verwendeten Konfliktbegriff sowie analytische und praktische Schlussfolgerungen befragt. Im anschließen-

---

[1] Bei Interessenkonflikten geht es um die Verteilung eines von allen Parteien als wertvoll angesehenen Gutes. Bei Wertkonflikten bewerten die Konfliktparteien hingegen ein und denselben Gegenstand oder Zustand unterschiedlich.

den Fazit werden dann die wichtigsten Befunde im Hinblick auf die genannten Leitfragen resümiert und Fragen für die weitere Forschung formuliert. Auf diese Weise soll der Stand der Forschung zu Umwelt- und Technikkonflikten bilanziert werden.

3 Überblick über die Beiträge

3.1 Konflikttheoretische und praktische Zusammenhänge

Der erste Teil des Bandes spannt einen theoretischen und konzeptionellen Rahmen auf.

Zunächst gibt *Thomas Saretzki* einen Überblick über Theorien und Ansätze der politikwissenschaftlichen Befassung mit Umwelt- und Technikkonflikten und entwirft Forschungsperspektiven. Sein Ausgangsbefund lautet dabei, dass zwar der Konfliktbegriff unter Politikwissenschaftlern als zentral gilt; dem stehe aber ein fragmentiertes Theorieangebot gegenüber. Es fehle eine einheitliche oder eigenständige sozialwissenschaftliche Konflikttheorie, auf die politikwissenschaftliche Analysen von Umwelt- und Technikkonflikten problemlos zurückgreifen oder deren Theorien sie gar einfach auf ihre Untersuchungsgegenstände ‚anwenden' könnten. Eine erste Aufgabe der Konfliktanalyse sieht Saretzki in der zeitlichen, räumlichen und gesellschaftstheoretischen Verortung der betrachteten Konflikte in ihrem historischen Kontext. Wichtig sei ferner eine Vergegenwärtigung der unterschiedlichen sachlichen, sozialen und prozeduralen Dimensionen eines Konfliktfelds, um einseitig gegenstandsbezogene, akteursbezogene oder regelungsorientierte Zugänge zu vermeiden. Eine differenzierte Konfliktanalyse müsse darüber hinaus sowohl die Entstehung und Struktur von Konflikten wie ihre Wirkungen und Transformationen im Zeitverlauf in den Blick nehmen. Dabei ermögliche der Vergleich zwischen Ländern, Politikfeldern und im zeitlichen Längsschnitt wichtige Einsichten. In seinen abschließenden Bemerkungen zu Perspektiven der Konfliktpolitik baut Saretzki eine Brücke zum nachfolgenden Beitrag. Unter Bedingungen einer „reflexiven Moderne" würden auch Umwelt- und Technikkonflikte zunehmend reflexiv. Zum Konflikt in der Sache treten dann Metakonflikte hinzu, die Anlass für „reflexive Politik" werden: Konfliktdefinitionskonflikte, Konfliktbewertungskonflikte, Konfliktbearbeitungskonflikte und Konfliktregelungskonflikte.

Aus der Perspektive eines reflektierenden Praktikers stellt *Reinhard Ueberhorst* die Frage, welches die Leistungsziele im Umgang mit politischen Konflikten sind. Ausgangspunkt seiner Überlegungen ist ein diagnostiziertes Spannungsverhältnis zwischen der Pluralität der Politikverständnisse und dem Erfordernis praktischer Politikfähigkeit. Beides sei im praktischen Medium einer *ars politica* zu vermitteln, deren Telos „das gelingende Räsonnement" sei. Im Horizont der Handlungsfreiheit der Akteure seien dazu zwei Motivationen auszubalancieren: kompetitive Erfolgsorientierung und gemeinsames Interesse an der Erhaltung der Voraussetzungen für den geregelten Konfliktaustrag. Daraus ergebe sich die Frage nach den Bedingungen der Möglichkeit gelingender Politik in konkreten Politikfeldern, aus der Ueberhorst Leistungsziele in vier Dimensionen ableitet: a) Alternativen: eine Interpretation politischer Themen, die „eine faire und rationale Konzeptualisierung politischer Alternativen" ermöglicht; b) Bewertungskriterien: die Ermittlung relevanter Implikationen der Alternativen und normativer Bewertungsaufgaben; c) Entscheidungen: die Ermittlung von strategischen Entscheidungsbedarfen inklusive der Zeitfenster; d) Umsetzung: Prozesse der demokratischen Willensbildung und Entscheidung im Kontext der

Umsetzungsperspektive, die bei Bedarf auch längerfristige strategische Akteurskoalitionen erzeugt. Verfehlte Leistungsziele machen sich durch mangelndes Verständnis verständigungsbedürftiger Themen, unzureichende Beratung komplexer Alternativen, verpasste Zeitfenster und fehlende strategische Akteurskoalitionen für die längerfristige Umsetzung einer Strategie bemerkbar. Dies verdeutlicht Ueberhorst am Beispiel der Energie- und Umweltpolitik. Dabei wird etwa in der Beurteilung atomtechnischer Anlagen deutlich, dass selbst einzelne Projekte nur in alternativen Kontexten interpretiert werden können. Diese lassen sich beispielsweise als alternative langfristige Entwicklungspfade des Energiesystems darstellen. Die vielfältig vorhandenen alternativen Szenarien wären auf eine kooperative Interpretation der Differenzen zu beziehen. Eine solche „aufgabenorientierte Denkweise" betrachtet Ueberhorst als Gegenposition zur dominierenden „positionellen" Politik: „Es geht schlicht darum, Aufgaben zu erkennen, die im Modus der positionellen Politik, die nur im Kampf um Mehrheiten besteht, nicht erkannt, geschweige denn bearbeitet werden." Und: „Die Chance ihrer Befolgung [der Leistungsziele] resultiert aus dem Wissen um die Folgen ihrer Nichtbeachtung. Darin manifestiert sich unser Freiheitsverständnis. Sein Kern ist die Vorstellung, dass kooperative Leistungsziele nur intrinsisch motiviert gut verfolgt werden, weil dies mehr Kooperationserfolge ermöglicht." Daraus leitet Ueberhorst Leistungsziele für Wissenschaftler ab: das Aufspüren und Formulieren von Themen (aus denen sich erst das Argument für kooperative Leistungsziele in konkreten Situationen ableiten lässt), eine Abbildung der Pluralität politischer Denkweisen bei der Formulierung von Szenarien; Implikationsanalysen zur Klärung von Bewertungsoptionen; sowie Klärung der Zeitfenster und des Bedarfs für strategische Akteurskoalitionen. Die Pluralität kontroverser Bezugssysteme erfordere aber letztlich „kulturelle Verständigungsprozesse".

3.2 Umwelt- und technologiepolitische Konfliktfelder

Der Konflikt um die zivile Nutzung der Atomenergie war prägend für die deutsche Umweltbewegung. *Jochen Roose* untersucht in seinem Beitrag, warum das Thema in Deutschland so konflikträchtig und mobilisierungsfähig und der Atomkonflikt so dauerhaft war. Dabei nimmt er eine konflikt- und bewegungssoziologische Perspektive ein. Roose teilt zunächst den Konflikt seit den 1960er Jahren in fünf Phasen ein: Vorphase, Radikalisierung, Meinungsumschwung mit Tschernobyl und dem Ende von Wackersdorf, Latenz und Wiedergeburt in den 1990er Jahren sowie Atomausstieg nach 1998. Die Phaseneinteilung wird durch langfristige Protestereignis- und Meinungsumfragedaten erhärtet. Roose wirft dann einen Blick auf die Arenen der Konfliktregelung. Dabei zeigt sich, dass eine verstärkte Befassung des Parlaments erst nach dem Einzug der Grünen in den Bundestag 1983 beginnt. Politische Beratungsgremien waren bis 1998 den Befürwortern der Atomenergie vorbehalten. So blieben den Atomkraftgegnern nur Einsprüche im Planungsverfahren, die regelmäßig abgewiesen wurden. Der darauf aufbauende gerichtliche Klageweg war aber, so Roose, mit entscheidend für die Verlangsamung und Reduzierung der Bautätigkeit bei Atomkraftwerken in Deutschland. Nach einer Einordnung im Ländervergleich erklärt Roose die Konflikthaftigkeit des Themas in Deutschland zum einen mit der Wahrnehmung der Risiken als besonders schrecklich, bekannt und weitreichend, zum anderen mit der Konzeptualisierung des Konflikts auf beiden Seiten als unteilbarer Wertekonflikt, der auch auf die Wissensgrundlagen übergriff und zur Ausbildung einer umfassenden ‚Gegenexpertise' führte. Der Mobilisierungserfolg beruht auf der interpretatorischen Verknüpfung (Frame-Bridging) mit Themen der Friedens- und Naturschutzbewegung sowie einer radikal politischen Kritik am „Atomstaat". Außerdem bot die Bundesrepublik der Anti-Atomkraft-Bewegung eine im internationalen Vergleich günstige Gelegenheitsstruktur mit Erfolgsmöglichkeiten auf der Länderebene und vor Gericht. Darüber hinaus waren in Deutschland seit spätestens 1986 die politischen Eliten in der Kernkraftfrage gespalten, wobei die zwei Oppositionsparteien Grüne und SPD mit den Atomkraftgegnern sympathisierten. Die Dauerhaftigkeit des Konflikts erklärt Roose schließlich mit der identitätsstiftenden Bedeutung für das links-alternative Milieu in einer polarisierten Gesellschaft. Erst der Milieuwandel in den 1990er Jahren ermöglichte die umfassende politische Transformation des Atomkonflikts in einen teilbaren Konflikt, dessen kompromissfähiger Charakter in den Verhandlungen über einen langfristigen Atomausstieg und garantierte Restlaufzeiten zum Ausdruck kam.

Während im Konflikt um die Nutzung der Kernenergie der Streit um die Wissensgrundlagen bereits eine wichtige Rolle spielte, besonders in gerichtlichen Auseinandersetzungen, hat die Kategorie des Wissenskonflikts in den letzten Jahren verstärkte Aufmerksamkeit erfahren. Die beiden folgenden Beiträge lassen sich als Disput über die Kategorie des Wissenskonflikts lesen. Beide verwenden dabei die BSE-Krise als empirischen Fall und kommen zu dem Schluss, die Eigenständigkeit der Kategorie Wissenskonflikt in Frage zu stellen.

Stephan Böschen geht es um das Verhältnis von Wissensordnung und sozialer Ordnung. Er setzt an den Unterscheidungen zwischen Interessen-, Werte- und Wissenskonflikten an. Die darauf aufbauenden Trennungen und Konfliktbearbeitungsstrategien seien Selbstverständlichkeiten der Moderne gewesen, die nun zunehmend problematisch würden. Vor allem im Verlauf von Umwelt- und Technikkonflikten habe nicht nur die Trennung zwischen öffentlich bearbeitbaren Interessenkonflikten und privat zu verhandelnden Wertedivergenzen an Akzeptanz verloren. Zunehmend pluralisierten sich auch die Validierungskontexte für Wissen. Dies erlaube u.a. die Thematisierung von wissenschaftlichem Nichtwissen. In „(Nicht-)Wissenskonflikten" verschwömmen daher die Grenzen zwischen Werte- und Wissenskonflikten, und „Wissensakteure ringen um Richtigkeitsansprüche in Bezug auf Wissen und Aufmerksamkeitshorizonte für Nichtwissen mit dem Ziel, das für gesellschaftliche Problemlösungsprozesse relevante und legitime Wissen bereitzustellen". Mit Blick auf die Konfliktbearbeitung bei (Nicht-)Wissenskonflikten unterscheidet Böschen zwei Perspektiven: Parallelisierung und Sequenzialisierung. Im Gefolge der BSE-Krise habe sich im Bereich der Lebensmittelsicherheit eine verstärkte Trennung von Wissensgenese, politischer Entscheidung und öffentlicher Kommunikation etabliert. Der (Nicht-) Wissenskonflikt um die grüne Gentechnik kreise hingegen um ein Noch-Nicht-Wissen über mögliche Folgen und sei daher durch einen Step-by-step- und Case-by-case-Ansatz bearbeitet worden, also durch Sequenzialisierung.

Eine gegenüber dem Konzept der Nichtwissenskonflikte noch skeptischere Haltung vertritt *Robert Fischer*. Er kommt in seinem Beitrag zu dem Ergebnis, dass in der europäischen BSE-Politik nicht Wissens-, sondern Interessenkonflikte maßgeblich waren. Im Mittelpunkt seiner Analyse steht das Konzept der „Risikokonflikte", für die konstitutiv ist, dass weder Konsens über die Beschaffenheit eines Risikos besteht noch ein Kompromiss über den Umgang mit den Risiken gefunden werden kann. Unter solchen Umständen gerate das Standardmodell wissenschaftlicher Politikberatung an seine Grenzen, vor allem wenn die vermutete Problemlösekompetenz und Legitimation der Wissenschaft für politische Zwecke instrumentalisiert werde. Das Konfliktpotenzial unterscheide sich jedoch nach Art des Nichtwissens, wobei Fischer in drei Dimensionen argumentiert; er unterscheidet spezifiziertes und nicht gewusstes, kurz- und langfristiges (mithin nicht auflösbares) sowie gewolltes und ungewolltes Nichtwissen. Seine detaillierte Analyse der verschiedenen Phasen der europäischen BSE-Politik ergibt, dass Konflikte vor allem aus bewusst in Kauf genommenem Nichtwissen, aus versäumter Erforschung spezifischen Nichtwissens sowie aus Nichthandeln trotz Wissen entstanden. Für die BSE-bezogene Risikokommunikation stellt Fischer fest, dass die politisch verantwortlichen Entscheidungsträger es grundsätzlich versäumten, auf verbleibendes Nichtwissen hinzuweisen. Der Umgang mit Nichtwissen sei im Wesentlichen durch wirtschaftliche und nationalstaatliche Interessen bedingt gewesen, nicht durch kognitive Aspekte oder kulturelle ‚Lernblockaden'. Anders ausgedrückt: Das politisch relevante Nichtwissen war im Wesentlichen die Folge eines Nicht-wissen-Wollens. Die „Bewertung der BSE-Krise als ‚Nichtwissenskonflikt'", so Fischer, „erscheint daher als geradezu beschönigende Darstellung knallharter Interessenpolitik". Aus einer solchen, auf die Interessendimension fokussierenden Perspektive erscheint Wissen letztlich als Ressource, die Eigenständigkeit einer Kategorie des Wissenskonflikts wird fragwürdig, und für Perspektiven einer reflexiven Konfliktbearbeitung von wissensbasierten Konflikten bleibt wenig Raum. Im Umkehrschluss zeigt der Fall BSE, dass der reflexive Umgang mit Konflikten, wie er von Saretzki und Ueberhorst angemahnt wird, ein Wissen-Wollen über alternative Sichtweisen voraussetzt.

Alternative Sichtweisen spielen im Konflikt um die grüne Gentechnik eine wesentliche Rolle. Wie bereits in der Argumentation von Böschen spielen auch in den beiden Beiträgen von Hampel/Torgersen und Conrad die semantischen Rahmungen des Themas eine wichtige Rolle – einmal die Frames auf der Makro-Ebene, einmal das „mind framing" von Akteuren eines regionalen Forschungs- und Entwicklungsnetzwerks. Damit wird implizit die Bedeutung wissenssoziologischer und wissenspolitologischer Perspektiven für die Beschreibung und Erklärung dieses Konflikts noch einmal bestätigt.

Jürgen Hampel und *Helge Torgersen* kombinieren konstruktivistische und systemtheoretische Elemente, um Veränderungen in der regulativen Rahmung des Konflikts um die grüne Gentechnik zu analysieren. Ihr Ausgangspunkt ist die Beobachtung, dass die Einführung neuer Technologien erst durch entsprechende interpretative Sinnhorizonte oder ‚Frames' zu Konflikten führt. Dabei wird ein und derselbe Gegenstand von unterschiedlichen Akteuren als Interessen-, Werte- oder Wissenskonflikt verstanden. Daraus ergeben sich unterschiedliche Schlussfolgerungen für die geeigneten Modi der Konfliktbearbeitung. Erfolgreiche Konfliktbearbeitung setze jedoch Konsens über den Frame voraus. Als Fallbeispiel untersuchen Hampel und Torgersen die europäische Regulierung der grünen Gentechnik. Für die fünf Jahre vor der Verabschiedung der EU-Richtlinien zur Kennzeichnung und Rückverfolgbarkeit gentechnisch veränderter Organismen im Jahr 2001 stellen sie eine Anreicherung des regulativen Frames von Interessenkonflikten hin zur Öffnung für Interpretationen fest, die den Gegenstand als Wissenskonflikt betrachten. Insofern lassen sich Anzeichen einer reflexiven Bearbeitung des Konflikts feststellen. Diese bleiben jedoch operativ folgenlos. Denn, so Hampel und Torgersen, die operativen „Gates", die die entscheidungsrelevanten Informationen aus der Umwelt des politisch-administrativen Systems filtern, hätten sich – anders als die Frames – kaum verändert. Dass der Konflikt dennoch nicht eskalierte, liege daran, dass das Regulierungssystem über „Detektoren" verfüge, die gesellschaftliche Entwicklungen im Hinblick auf ihre Relevanz für die eigene Autonomie und Legitimität beobachteten. Die Anreicherung der regulativen Frames könne als erfolgreicher Versuch erklärt werden, dem Druck der Öffentlichkeit auszuweichen, der angesichts der von den Detektoren empfangenen Signale zu erwarten gewesen sei, ohne die Gates wesentlich zu verändern, welche die Regulierung bestimmen. Handlungsleitend für die Konfliktbearbeitung, so lässt sich daraus folgern, waren demnach institutionelle Eigeninteressen von teilsystemisch verankerten Organisationen und Akteuren, die gelernt haben, Wissenskonflikte auf eine Weise zu institutionalisieren, die eine Konflikteskalation unwahrscheinlich macht.

Auch *Jobst Conrad* findet Anzeichen dafür, dass Akteure in der grünen Gentechnik aus früheren Konflikten die Konsequenz gezogen haben, Konfliktvermeidungsstrategien zu wählen. Er wählt eine regionale Fallstudie als Ansatz und untersucht ein vom Bundesforschungsministerium gefördertes regionales Forschungs- und Entwicklungsnetzwerk im Bereich der Pflanzenbiotechnologie. In der untersuchten ostdeutschen Region blieben manifeste Konflikte um die grüne Gentechnik aus. Dennoch lässt sich, so Conrad, plausibel machen, dass die nationalen und übergreifenden Kontroversen um die Nutzung der grünen Gentechnik die Entwicklungspfade und -muster der Pflanzenbiotechnologie im Fallbeispiel beeinflussen. Dazu ruft Conrad in Erinnerung, dass die mangelnde Akzeptanz der grünen Gentechnik eine der Rahmenbedingungen des Förderprogramms war. Frühere Gentechnikkontroversen prägten zwar nicht die Handlungen, aber das „*mind framing*" der Netzwerkakteure. Die regionalen Akteure achteten bei der Auswahl der Projekte offenbar darauf, kontroverse Vorhaben zu vermeiden. Darüber hinaus antizipierten zahlreiche Maßnahmen des Netzwerks wie auch der Landesregierung mögliche Widerstände und stärkten die Position der beteiligten Unternehmen für den Fall eines manifesten Konflikts. Dass es letztlich zu keinem Umwelt- und Technikkonflikt vor Ort kam, erklärt Conrad mit dem geringen Mobilisierungspotenzial in der Region, der geringen Mobilisierungsrelevanz der durchgeführten Projekte, dem geringen öffentlichen Profil der beteiligten Unternehmen und Forschungseinrichtungen sowie der geringen Resonanz mit den in der Region vorherrschenden gesellschaftlichen Problemlagen und Konfliktlinien.

Wie fruchtbar eine Mehrebenenbetrachtung für die Untersuchung von Umwelt- und Technikkonflikten ist, zeigen auch weitere Beiträge. Während in dem von Conrad untersuchten Fall aus der grünen Gentechnik ein auf der Makro-Ebene manifester Technikkonflikt auf der regionalen Ebene latent, wenn auch nicht unwirksam bleibt, generiert die weithin als Win-win-Lösung zwischen Ökonomie und Ökologie wahrgenommene Windkrafterzeugung auf der regionalen Ebene vielfältige und heftige Konflikte. Der Energiesektor und die Energiepolitik konstituieren seit der Auseinandersetzung um die zivile Nutzung der Atomenergie in den 1970er Jahren ein zentrales Konfliktfeld der Umwelt- und Technikpolitik. Die Nutzung der Windkraft wurde in dieser Zeit als wesentlicher Teil einer „Energiewende" konzipiert, ist aber – darin sind sich die beiden folgenden Beiträge zum Thema einig – in der Zwischenzeit vom Teil einer Problemlösung zum Gegenstand von Konflikten geworden.

Rüdiger Mautz wählt eine Langzeitperspektive und stellt die Konflikte um die Nutzung der Windkraft in den Kontext sich wandelnder Umweltkonflikte, sich ausweitender Risikowahrnehmungen und innovationspolitischer Überlegungen. Der fundamentale Wertekonflikt zwischen Ökologie und Ökonomie sei in den 1980er und 1990er Jahren durch Institutionalisierung in Interessenkonflikte transformiert worden. Die zunehmende Verbreitung von Umweltbewusstsein, die Ausbildung von Kooperationsbeziehungen zwischen Umwelt- und Wirtschaftsakteuren sowie flexible Steuerungsinstrumente hätten die Wahrnehmung begünstigt, dass es sich um partielle, nicht um totale Konflikte handle, und die Suche nach Win-win-Lösungen und ökologischen Innovationen erleichtert. Bei der konkreten Nutzung der Windenergie im Offshore-Bereich vor der deutschen Küste brechen jedoch in den betroffenen Regionen regionale Strukturwandelkonflikte und innerökologische Divergenzen zwischen den Zielen des Klima- und des Naturschutzes auf. In diesem Horizont „verschmelzen ökonomische und ökologische Risikowahrnehmungen miteinander" – wer sich einen Nutzen verspreche, argumentiere mit den ökologischen Vorteilen der Windkraft und umgekehrt. Die regionalen Konflikte verdeckten zudem einen Technikkonflikt „zwischen den Promotoren des traditionellen und des neuen energietechnischen Paradigmas", zwischen dem „fossil-atomaren Energiepfad" und den regenerativen Energien. Die Bearbeitung dieser Konflikte werde durch eine dreifache Dilemmastruktur erschwert: zwischen Umwelt- und Naturschutz bei den Umweltverbänden; zwischen Standortflexibilität und technologischen Risiken bei den Windkraftbetreibern; zwischen Innovationsförderung und Subventionsfalle, allgemeiner Zustimmung und lokalen Konflikten für die Politik.

Auch *Dörte Ohlhorst* und *Susanne Schön* wählen einen Langfristansatz, um die Dynamik des Konflikts um die Windkraftnutzung in den Blick zu bekommen. Sie kombinieren innovations- und konflikttheoretische Ansätze, um sechs Phasen der Windenergieentwicklung zwischen 1975 und 2005 zu unterscheiden. Diese sind durch fortschreitendes Wachstum, Zentralisierung und Konzentration des Windenergiesektors geprägt. Der anfangs geringe Regulierungsgrad und staatliche Fördermaßnahmen ziehen zunehmend größere und kapitalkräftigere Akteure an. Die dadurch angetriebene Entwicklung ist geprägt durch a) Technik- und Strategiekonflikte über den besten ökologischen Energiepfad und (De-)Zentralisierungsgrad; b) Interessenkonflikte etwa zwischen Anlagenbetreibern und Anliegern; c) Machtkonflikte um die Vorherrschaft am Strommarkt; sowie d) Zielkonflikte zwischen ökologischen und ökonomischen Zielen, aber auch binnenökologisch zwischen Klima- und Naturschutz. Ohlhorst und Schön diagnostizieren eine umfassende Verregelung und Prozeduralisierung, Formalisierung und Institutionalisierung der Windenergie, die jeweils als „Nachsteuerung" diejenigen Konflikte bearbeite, die sich im Prozess der Diffusion der Technologie mit jeder Phase neu ergeben hätten. Die Autorinnen prognostizieren den Ausbruch eines übergeordneten Wertedissenses darüber, ob und inwiefern die „zentralisierte Offshore-Technologie" noch dem Leitbild nachhaltiger Entwicklung entspreche. In dem Beitrag wird deutlich, dass das dezentrale, kleinteilige und auf regionale Teilhabe angelegte Modell nachhaltiger Entwicklung, dass sich anfangs mit der Windkraft verband, einem Modell ökologischer Modernisierung der Energieerzeugung in großem Stil gewichen ist; in der Folge reproduzieren sich Technisierungs- und Strukturwandelkonflikte, deren Muster aus den Erfahrungen mit dem Einzug ‚industrieller' Formen der Produktion in anderen Bereichen bekannt sind.

Mit einem weniger manifesten Konfliktfeld befassen sich die folgenden beiden Beiträge: dem Politikfeld Biodiversität. Beide Beiträge wählen dabei eine umfassendere umwelt- und technikpolitische Perspektive: zum einen Umweltpolitikintegration, zum anderen internationale politische Ökonomie. *Christiane Hubo* und *Hugo Krott* argumentieren am Beispiel invasiver gebietsfremder Arten, dass Strategien der Integration von Umweltgesichtspunkten in Verursacher- und Nutzersektoren wenig Aussicht auf umweltpolitischen Erfolg hätten. Dabei konzentrieren sie ihre Analyse auf die Zuordnung von Regelungskompetenzen. Für Umweltkonflikte ist aus ihrer Sicht eine Asymmetrie von konkreten Nutzungsinteressen einiger Betroffener gegenüber einem abstrakten Nutzen für alle kennzeichnend. Nutzer- wie Umweltinteressen seien in Form von Politiksektoren mit eigenen Programmen, Ressourcen und Organisationen sowie als Policy-Netzwerke mit geteilten „belief systems" institutionalisiert. Daher sei es entscheidend, ob Umweltziele in den Nutzersektoren, im Umweltsektor oder durch intersektorale Koordination verwirklicht würden. Bei Regelung von Umweltzielen in den Nutzersektoren gelte im Konfliktfall Priorität für die Nutzerinteressen. Demgegenüber seien Regelungs- und Vollzugskompetenzen des Umweltsektors zwar durch Einschränkungen, Ausnahmen und geringe Ressourcen begrenzt. Die Formulierung eigener politischer Programme und Stellungnahmen erlaube es aber, in Verhandlungen mit anderen Ressorts und durch den Einsatz wissenschaftlicher Expertise als Anwalt von Umweltinteressen aufzutreten. Die für die intersektorale Koordination zunehmend maßgeblichen integrierten Gesamtprogramme wie etwa Nachhaltigkeitsstrategien führen die Umweltpolitik, so die Autoren, in eine „strategische Falle": Unklare Umweltziele entfalteten wenig Bindungswirkung und dethematisierten Umweltkonflikte, aufwändige Formulierungsprozesse zögen dringend benötigte Ressourcen aus dem Umweltschutz ab. Um Handlungsfähigkeit zu gewinnen, empfehlen die Autoren dem Umweltsektor, zwar die „integrierten Gesamtprogramme mit ressourcenschonender Symbolik" zu bedienen, vor allem aber ein „konfliktorientiertes Gesamtprogramm" zu formulieren und die Ressourcen auf dessen inkrementelle Umsetzung zu konzentrieren.

Aus einer historisch-materialistischen Perspektive untersucht *Ulrich Brand* die Konflikte um die Herausbildung einer Global Governance im Bereich der biologischen Vielfalt. Dabei stellt er die Formen in den Mittelpunkt, in denen Biodiversität als Teil gesellschaftlicher Naturverhältnisse reguliert wird. Im Bereich der Biodiversität beobachtet er die Herausbildung eines internationalisierten Wettbewerbsstaats, der sich in teilweise konkurrierenden Regimes manifestiere. Darin komme das hegemoniale Projekt eines postfordistischen Akkumulationsregimes zum Ausdruck. Dieses umfasse zum einen die Inwertsetzung biologischer Vielfalt als genetische Ressource und Rohstoff für eine ökonomische Wachstumsdynamik; zum anderen die Grammatik eines globalen Konstitutionalismus als hegemoniales Staatsprojekt. Träger des hegemonialen Projekts seien Regierungen nördlicher Länder sowie nördliche Unternehmen und ihre Verbände. Das Inwertsetzungsparadigma habe sich aber auch als Kompromisslinie mit den meisten südlichen Ländern und konservativen Umweltverbänden etabliert. Die vorherrschenden Konflikte verliefen daher innerhalb der hegemonialen Konstellation: ein Aneignungskonflikt um den Zugang zu genetischen Ressourcen, ein Verteilungskonflikt um einen ‚gerechten und fairen' Vorteilsausgleich sowie ein Anerkennungskonflikt um die Rolle indigener Völker und lokaler Gemeinschaften. Der Schutz der biologischen Vielfalt erzeuge hingegen erst im konkreten lokalen Kontext Konflikte. Hinzu kämen inter-institutionelle Konflikte zwischen verschiedenen multilateralen Abkommen. Wichtige Fragen würden jedoch dethematisiert, insbesondere geschlechterpolitische Themen und die Militarisierung der Aneignung genetischer Ressourcen. Abschließend plädiert Brand dafür, bei konflikttheoretischen Herangehensweisen für latente Konflikte sensibel zu bleiben, kooperationstheoretische Ansätze komplementär im Blick zu halten, Aspekte von Zwang und Gewalt nicht auszublenden sowie den Zusammenhang zwischen internationaler Politik und spezifischen sozialen und naturräumlichen Konstellationen stärker einzubeziehen.

Umwelt- und Technikkonflikte in Deutschland 19

3.3 Konfliktvermittlung bei Umwelt- und Technikkonflikten

Die Beiträge des dritten Teils stellen Ansätze der Konfliktmittlung in den Mittelpunkt, die jeweils an Fallbeispielen beschrieben, analysiert und diskutiert werden. Im Mittelpunkt stehen dabei verschiedene Formen der „Umweltmediation", die in drei Beiträgen diskutiert werden. Umweltmediation, so *Anna Geis* in ihrem Beitrag, „zielt darauf ab, durch die frühzeitige Einbeziehung und Kooperation der Betroffenen tragfähige Lösungen für umweltrelevante politische Probleme zu erarbeiten." Als Grundmerkmale gelten, so Geis weiter: „vermittelnde/r Dritte/r (Mediator/in), freiwillige Teilnahme möglichst aller betroffenen Konfliktparteien („stakeholder"), selbstbestimmte und an Konsens orientierte Verhandlungen der Parteien, Ergebnisoffenheit des Verfahrens".

Die Frankfurter Flughafen-Mediation, die Geis in ihrem Beitrag analysiert, bildete eines der größten und meistdiskutierten mittlergestützen Verfahren sowohl im Bereich von Planungsvorhaben wie der Umweltmediation. Die Erweiterung des Frankfurter Flughafens um die Startbahn West war einer der aufsehenerregendsten Umwelt- und Standortkonflikte der Zeit um 1980. Sie war von jahrelangen, teilweise gewalttätigen Massenprotesten begleitet, in deren Verlauf auch Tote zu beklagen waren. Vor diesem Hintergrund wurde die mögliche Erweiterung des Flughafens um eine vierte Start- und Landebahn in den späten 1990er Jahren zum Anlass genommen, ein innovatives und präventives Verfahren der Konfliktmittlung einzusetzen. Die Frankfurter Flughafen-Mediation war eigentlich ein „Verfahrenshybrid" aus mediativen Elementen, Gutachter- sowie Schlichterverfahren. Die von der hessischen Staatskanzlei initiierte „Mediationsgruppe" arbeitete mit Hilfe zahlreicher Gutachten die Wissensgrundlagen auf und unterbreitete schließlich einen Kompromissvorschlag. Dieser wurde mit Ausnahme der Grünen von der Politik übernommen, während sich Vertreter vieler betroffener Gruppen und sogar Verfahrensbeteiligte distanzierten. Geis schlägt vor diesem Hintergrund vor, das Mediationsverfahren als „Governance-Form" zu verstehen, „das aus Sicht der Landesregierung dem ‚Outsourcing' von Politikentwicklung" diente. Dadurch entstehen „Schnittstellenkonflikte" an der Nahtstelle von politischem System und informellem Verfahren – zum einen beim Verfahrensdesign, zum anderen bei der Übernahme der Ergebnisse – die in diesem Fall im Sinne der Logik des politischen Zentrums ‚gelöst' wurden. Geis attestiert dem Frankfurter Verfahren dennoch erhebliche Rationalisierungswirkungen durch die Erzeugung von Teilöffentlichkeiten, die Steigerung des Wissensgehalts und der Komplexität der Debatte und Empowerment von Akteuren weit über den Kreis der Beteiligten hinaus. Neben dem Wissenskonflikt sei auch der Verteilungskonflikt durch Erarbeitung von Kompromissoptionen sowie der Machtkonflikt durch die Eröffnung neuer Beteiligungschancen rationalisiert worden. Hinsichtlich des Wertekonflikts habe das Verfahren jedoch „wenig zu bewirken" vermocht. Die Rationalisierungserfolge erklärt Geis mit der überlegenen Stellung der Mediationsgruppe auf dem „Wissensmarkt", die auf dem Zugang zu Ressourcen und wissenschaftlicher Expertise beruht habe.

Die Bearbeitung von Konflikten, die mit der Errichtung von Mobilfunksendeanlagen verbunden sind, mittels alternativer Verfahren der Konfliktregelung untersuchen *Christina Benighaus*, *Hans Kastenholz* und *Ortwin Renn*. Vordergründig handelt es sich in ihrem Fallbeispiel aus Balingen um einen Standortkonflikt über eine lokal unerwünschte Einrichtung. Tatsächlich habe der Konflikt jedoch Aspekte auf der Mikro-, Meso- und Makroebene umfasst. Diese artikulierten sich zugleich a) als Interessenkonflikt über den fairen Ausgleich von Nutzen und Risiken, b) als kognitiver Konflikt über die Höhe des Risikos, c) als normativer Konflikt über die Zulässigkeit der Inkaufnahme gesundheitlicher Risiken für die Erzielung ökonomischen Nutzens, d) als evaluativer Konflikt um wahrgenommene Lebensqualität und e) als affektiver Konflikt infolge von Emotionalisierung und Identifizierung mit Opferrollen. Die Autoren ordnen die Konflikttypen verschiedenen gesellschaftlichen Teilsystemen im Sinne der Theorie funktionaler Differenzierung von Talcott Parsons zu. Sie unterscheiden zudem verschiedene Konfliktmittlungsansätze je nach Eskalationsgrad eines Konflikts. Im untersuchten Fall wurde die Arbeit einer Mediationsgruppe aus Vertretern der verschiedenen Konfliktparteien von zwei öffentlichen Diskussionsveranstaltungen eingerahmt, auf denen jeweils auch die Meinung der anwesenden Bürger eingeholt wurde. Zur Sicherung der Anschlussfähigkeit sei das Verfahren laufend in die relevanten Gremien rückgekoppelt worden. Nach Machtspielen im Vorfeld sei zur Mitte des Verfahrens ein Wechsel von Konfrontation zu Kooperation eingetreten. Das Verfahren habe eine Rationalisierung des Konflikts und eine gemeinsam getragene Lösung erbracht. Dieser Erfolg habe darauf beruht, dass die Beteiligten ihre verschiedenen Ressourcen zur Lösung des Konfliktes eingebracht und die Inhalte kontrolliert hätten. Als institutionelle Erfolgsbedingungen werten die Autoren den Einsatz eines als neutral angesehenen Vermittlers sowie die Legitimation der Bürgerinitiative durch Abfrage der Bürgermeinung in den Informationsveranstaltungen zu Beginn und Ende des Verfahrens. Auf diese Weise seien auch die möglichen Demokratie- und Transparenzdefizite solcher Verfahren (Saretzki 1997) umgangen worden. Problematisch für die Wahrnehmung sei jedoch die Finanzierung durch den Netzbetreiber gewesen. Abschließend plädieren die Autoren für eine Erweiterung des Harvard-Modells (Fisher et al. 1991) zur besseren Bearbeitung von evaluativen und affektiven Konflikten.

Wertkonflikte, und zwar im Küstenschutz, stehen im Mittelpunkt des Beitrags von *Meinfried Striegnitz*. Im Konflikt zwischen Küsten- und Naturschutz bei Deichbaumaßnahmen stießen seit 100 Jahren etablierte Umweltschutzinteressen auf eine 1000 Jahre zurück reichende Praxis und Institutionalisierung des Deichbaus. Im Zentrum stünden dabei divergierende Wahrnehmungen des Deichvorlands. Bei einem Deichbauvorhaben in Nordostniedersachsen spitzte sich dieser Konflikt Mitte der 1990er Jahre bis zur gerichtlichen Auseinandersetzung auf Basis des neuen Verbandsklagerechts zu. Als die Eilentscheidung zugunsten des Naturschutzes die Stilllegung einer offenen Deichbaustelle erforderte, kam es zum Massenprotest der beunruhigten Bevölkerung. Naturschutzverbände, Vorhabenträger und Genehmigungsbehörde einigten sich unter starkem öffentlichem Druck auf einen außergerichtlichen Vergleich. In der Folge richtete die niedersächsische Landesregierung eine Arbeitsgruppe zur „Verbesserung des Verfahrensmanagements im Küstenschutz" mit Vertretern aller betroffenen Gruppen und Behörden ein. Unter Selbstbeschränkung des Auftrags auf Beratung und bei umfassender Rückkopplung in die Herkunftsorganisationen erarbeitete sie Empfehlungen zur umfassenden und frühzeitigen Kommunikation in Projektplanungen. Die bis dahin isoliert nebeneinander stehenden relevanten Rechtsbereiche, so Striegnitz, seien aufbereitet und Empfehlungen zum besseren Ausgleich zwischen Küsten- und Naturschutz sowie zur Novellierung des Niedersächsischen Deichgesetzes erarbeitet worden. Diese seien jeweils von den politischen Entscheidungsträgern übernommen worden. Insbesondere sei es gelungen, die „wertbeladene Frage der Rangordnung von Personenschutz und Naturschutz" zu klären. Über den Fall hinausweisend argumentiert Striegnitz, dass Wertkonflikte dem Leitbild der nachhaltigen Entwicklung inhärent seien. Der mögliche Beitrag direkter oder mittlergestützter Verhandlungen zu deren Regulierung könne nicht theoretisch entschieden, sondern nur „in der kommunikativen Interaktion der beteiligten Konfliktparteien erkundet" werden.

Die drei Beispiele von Umweltmediation haben jeweils lokal bzw. regional begrenzte Konflikte zum Gegenstand. Sie waren zwar bereits durchsetzt mit Verweisen auf makrogesellschaftliche Konfliktlinien. Wenn es jedoch um gesellschaftsweite Technologiekonflikte bzw. Konflikte um die Regulierung ganzer Technologien geht, treffen wir auf gänzlich andere Formen und Dynamiken der Konfliktbearbeitung, wie die beiden letzten Beiträge zeigen.

Die Nanotechnologie, aufgrund der Vielzahl möglicher Anwendungen eine ‚Schlüsseltechnologie', ist die jüngste Technologiefamilie, um die sich Umwelt- und Technikkonflikte formieren. *Petra Schaper-Rinkel* zeigt in ihrem Beitrag, wie aufgrund der Erfahrungen mit der Atomenergie und der grünen Gentechnik potenzielle Konflikte dieser neuen Technologie antizipiert werden und Anlass für die Bildung von staatlichen und nicht-staatlichen Regulierungsstrukturen (Governance) geben. In der Nano-Debatte würden durch Technologievergleich entweder Positiv-Szenarien (analog zu Luft- und Raumfahrt, Mikrotechnologie) oder Negativ-Szenarien (analog zu Werkstofftechnologien wie Asbest, Umweltkonflikten um Atom- und Gentechnik) abgeleitet. Dabei würden vielfältige Risiken diskutiert: Gesundheitsgefährdungen (wie bei ultrafeinen Partikeln), unkontrollierbare Selbstreplikation von Nanomaterie, Überwachungsstaat durch Nanosensorik oder eine globale Technikkluft (*nano divide*). In dieser Risikodiskussion konstituiere sich eine internationale Expertengemeinschaft, in der Wissenschaftler, Versicherungswirtschaft und aktive NGOs eine wichtige Rolle einnähmen. Von den Regulatoren werden Konfliktpotenziale, so Schaper-Rinkel, jedoch nicht thematisiert. Die Einladung zur Partizipation beschränke sich hier oft auf Akteure aus Wirtschaft und Wissenschaft. In Wirtschaft und Politik stehe die Wettbewerbsfähigkeit im Vordergrund. Daher erscheint es als Strategie der Konfliktvermeidung, dass sich eine eigene Nano-Governance bisher nicht entwickelt habe. Vielmehr werde die Nanotechnologie „in bereits bestehenden Regulierungsformen geregelt". Dadurch würden „Konfliktpotenziale weit verteilt, entbündelt und kommen voraussichtlich nur als punktuelle Konflikte zu eng begrenzten Fachfragen zum Tragen, nicht dagegen als Konflikte um ‚die Nanotechnologie'". Dass sich für die Nanotechnologie „bisher keine Muster von Konfrontation und Polarisierung feststellen" ließen, sei demnach auch Ergebnis einer Governance, die „effizient in der Konfliktvermeidung und in der Erzeugung von Legitimität" sei. Die sich entwickelnde Regulierung orientiere sich dabei am schrittweisen Vorgehen in der Gentechnikregulierung: Kennzeichnungspflicht, evolvierende Standardisierung und Produktklassifikation, Monitoring auf Basis bestehender Regulation und ggf. schrittweise Nachregulation. Die Erzeugung von risikorelevantem Wissen, etwa in Studien zur Technikfolgenabschätzung, werde in diesem Kontext zum Teil des strategischen Diskurses. Notwendig für demokratische Entscheidungsstrukturen und eine „Entschleunigung" seien hingegen Veröffentlichungspflichten, kontinuierliche öffentliche Finanzierung von partizipativen Prozessen, strukturierte Evaluation von Dialogen und verbindliche Regeln über den Umgang mit den Ergebnissen.

Der abschließende Beitrag stellt noch einmal das Verhältnis zwischen Wissen und Politik in den Mittelpunkt. *Alexander Bogner* und *Wolfgang Menz* untersuchen die Rolle von Expertenkommissionen zu Fragen der Bioethik. In diesem zentralen Konfliktfeld der Technikpolitik treten, so der Ausgangsbefund, Interessen- und Wissenskonflikte „hinter die ethischen Kontroversen um den Status des Embryos und das Wesen der menschlichen Natur zurück". Angesichts des Wertedissenses sei bei Wissenschaftlern und Politik zunehmend Wohlwollen gegenüber Initiativen zur Bürgerbeteiligung zu beobachten. Aus der Vielzahl der Bioethikkommissionen untersuchen die Autoren die beiden Enquete-Kommissionen des deutschen Bundestages zwischen 2000 und 2005 sowie den Ethikbeirat beim Gesundheitsministerium, der 2001 durch den Nationalen Ethikrat (NER) beim Bundeskanzler abgelöst wurde. Zentral für das Argument der Autoren ist die Beobachtung, dass die Ethikräte jeweils „in den großen Streitfragen der Biomedizin [...] hinsichtlich ihrer politischen Empfehlungen Dissens" produzierten, wie am Beispiel der Stellungnahmen zur Stammzellforschung und zum Klonen detailliert gezeigt wird. Dissens bestehe dabei „nicht nur *innerhalb* der Kommissionsvoten", sondern auch „in der Konkurrenz der Ethikräte. Zuverlässig kommen Ethikrat und Enquete zu entgegengesetzten Mehrheitsverhältnissen". Im Expertendissens reproduziere sich wenig überraschend die geringe Einigungsfähigkeit in Wertkonflikten. Er sei daher „nicht nur erwartbar, sondern anscheinend regelrecht erwünscht". Bei der Regelung der Stammzellforschung sei der Bundestag letztendlich sogar einer Empfehlung gefolgt, die vom ungeliebten, als Affront gegen die Enquete-Kommission verstandenen NER formuliert worden war. Beim Klonen hingegen hätten Bundesregierung und Bundeskanzler zunehmend im Sinne der Forschungsfreiheit agiert, während der hauseigene NER ein Moratorium angeregt habe. „Von einem klaren Gefolgschaftsverhältnis der politischen Entscheidungsträger zu den ethischen Experten kann [...] also keine Rede sein." Aus dem „Gegensatz zwischen Expertenrat und politischer Positionierung" entstehe jedoch kein politisches Begründungsproblem. Denn die von den Expertenkommissionen produzierte divergierende Expertise belege, dass das Problem einer Entscheidung der Politik bedürfe. „Die Begründung politischen Handelns kann *gerade* angesichts pluraler, einander widersprechender Expertisen erfolgreich geschehen." Angesichts des Expertendissenses werde „politisches Handeln in den Bereich individueller Wertentscheidung verlagert". Die oben angesprochene Abtrennung von Wertekonflikten in den privaten Bereich würde damit einerseits stabilisiert. Andererseits werde gerade die „persönliche" Bewertung und „Gewissensentscheidung" des Politikers betont: „eine Entscheidung, die zwar durch Expertenwissen informiert, aber eben nicht determiniert ist." Die Bearbeitung des Wertekonflikts werde damit von der Politik dezisionistisch angeeignet. Wer die Mehrheit hat, so ließe sich folgern, hat das Recht, entsprechend seinen Werten zu entscheiden: Im Ergebnis führe „Expertendissens [...] nicht zum Legitimitätsverlust der Politik; vielmehr wird durch die Divergenz der Expertenmeinungen Politik als Entscheidung überhaupt erst wieder sichtbar." Aus Sicht einer dauerhaften Konfliktregelung bleibt m.E. allerdings abzuwarten, ob diese Selbstbeschreibung der Politik anschlussfähig an die gesellschaftlichen Konfliktwahrnehmungen ist.

4 Fazit

Abschließend soll ein kurzes Resümee der Beiträge entlang der eingangs gestellten Leitfragen gezogen werden.

1.) Welcher Konfliktbegriff wird zugrunde gelegt? Die Beiträge operieren nahezu durchgehend mit der Unterscheidung von Interessen- und Wertekonflikten. Die Kategorie des Wissenskonflikts wird oft verwendet, aber von einigen Autoren als eigenständige Kategorie problematisiert und in empirischen Analysen in Richtung Werte- oder Interessenkonflikt oder eines politischen Dezisionismus aufgelöst. In den Beiträgen zur Konfliktbearbeitung spielt die Kategorie des Wissenskonflikts jedoch durchgängig eine wichtige Rolle und dient der Identifizierung von angemessenen Verfahren der Konfliktbearbeitung. In diesen Beiträgen werden auch weiter differenzierte Konflikttypologien angeregt und verwendet, um verschiedene Konfliktkonstellationen angemessener unterscheiden und bearbeiten zu können.

2.) Wie werden in den Fallstudien die Konflikte zeitlich, räumlich und gesellschaftstheoretisch verortet? Räumliche und zeitliche Bezüge (Dauer, Dynamik), das zeigen die Beiträge, sind wichtig für das Verständnis und die Bearbeitung von Konflikten.

- Nahezu alle Beiträge wählen einen langfristigen, zumeist über Jahrzehnte reichenden Zeithorizont, um die Konfliktdynamik in den Blick zu bekommen. Dabei spielen Phaseneinteilungen eine wichtige Rolle. Zum Teil bestehen Konfliktdynamiken auf verschiedenen Zeitskalen, etwa im Windkraftkonflikt. Im Atomkonflikt, einem anderen Beispiel, spielen projektbezogene Eskalationsdynamiken, Protestwellen, Milieuwandel und der Wandel des Parteiensystems ineinander.
- Räumlich findet sich in fast allen Beiträgen eine Mehrebenenperspektive, in der lokale Mikro- und Mesokonflikte sowie gesellschaftsweite Makro-Konflikte sich wechselseitig beeinflussen.
- Gesellschaftstheoretisch werden die Konflikte durchgehend auf soziale Konflikte zurückgeführt. Die hier behandelten Umwelt- und Technikkonflikte münden aber nahezu alle in einen politischen Konflikt.
- In den Augen zumindest einiger Beteiligter besteht auch jeweils ein Macht- oder Herrschaftskonflikt um die Legitimität von Entscheidungen, wie es im Widerstand gegen „Atomstaat", multinationale Saatgutunternehmen, große Windkraftinvestoren oder naturschutzorientierten Deichbau zum Ausdruck kommt. Bei systemtheoretischer Betrachtung erhalten Konflikte innerhalb des politisch-administrativen Systems und Formen der koordinierten Konfliktvermeidung zwischen ökonomischen und staatlichen Akteuren dabei wenig Aufmerksamkeit.
- Rollenkonflikte wurden hingegen nur in den Dilemmata der Windkraftnutzung aufgezeigt (Mautz).
- Mögliche Systemkonflikte thematisiert Brand hinsichtlich der Nutzung der Biodiversität.
- Klassenkonflikte werden in keinem Beitrag zum Gegenstand.

3.) Welche Wechselwirkungen bestehen zwischen Konfliktgegenstand, Konfliktakteuren und Verfahren der Konfliktbearbeitung? Hinsichtlich der Konfliktgegenstände nehmen die meisten Beiträge eine konstruktivistische Perspektive ein: Konflikte sind nicht objektiv gegeben, sondern gewinnen ihre Form im Verlauf von Interpretationsprozessen der Konfliktbeteiligten. Dabei wird in den Beiträgen deutlich, dass gelingende oder verfehlte Formen der Konfliktbearbeitung erhebliche Auswirkungen auf die Akteurkonstellation und den Konfliktverlauf haben. Die Konfliktverläufe sind jedoch je nach Akteurkonstellation, Akteurstrategien und Formen der Konfliktbearbeitung sehr unterschiedlich. Vor diesem Hintergrund gewinnen Konflikttypologien ihre heuristische Plausibilität. Sowohl eine normative Komponente wie auch Fairness-Argumente spielen durchgehend eine Rolle: Die Nichtidentität von Gewinnern und Verlierern – beispielsweise bei der Errichtung von Windkraftanlagen oder Mobilfunksendern durch große Unternehmen mit Firmensitz außerhalb der Region – ist konstitutiv für viele hier behandelte Umwelt- und Technikkonflikte. Auffällig ist, dass diejenigen Konstellationen, die nicht als Herrschaftskonflikt interpretiert werden, einen geringen Konfliktgrad aufweisen, wie das regionale Innovationsnetzwerk zur Gentechnik oder die Errichtung von einzelnen Windrädern durch lokale Betreiber. Hier prägt aber der Widerstand die Konfliktvermeidungsstrategien und auf diese Weise latent die Technikentwicklung.

4.) Welchen Einfluss haben gesellschaftlicher Kontext, institutionelle Rahmenbedingungen und die Akteurkonstellation auf Entstehung, Verlauf, Wirkungen und Transformation von Konflikten? In den Beiträgen zeigt sich fast durchgehend eine Mehrebenenproblematik, bei der verschiedene Konstellationen auftreten:

- Themen der Makroebene werden von den Konfliktbeteiligten herangezogen, um Konflikte auf der Mikro- und Mesoebene zu interpretieren (zum Beispiel einen Standortkonflikt als Teil eines umfassenderen Technologie- oder Herrschaftskonflikts).
- Was auf der Makroebene als Interessenharmonie erscheint (die Nutzung der Windkraft dient dem Klimaschutz und schafft Arbeit und Einkommen), erzeugt bei der Umsetzung im regionalen Kontext vielfältige Konflikte (Standortwahl, Strukturwandel, Flächennutzung).
- Ein Konflikt auf der Makroebene (grüne Gentechnik) wird im regionalen Kontext nicht wirksam, weil das Mobilisierungspotenzial gering ist.

5.) Wie wird der Konflikt prozedural bearbeitet? Die Beiträge zeigen ein breites Spektrum des Umgangs mit Konflikten:

- einseitige Interessendurchsetzung: frühe Phase des Atomkonflikts;
- Dethematisierung: Biodiversitätsfragen in Nachhaltigkeitsstrategien, geschlechterpolitische Fragen der Biodiversität, Militarisierung der Aneignung genetischer Ressourcen;
- Konfliktartikulation außerhalb der Institutionen durch Protest: Atomkonflikt, grüne Gentechnik;
- gerichtliche Auseinandersetzungen: Atomkraft, Windkraft, Deichbau;
- Konfliktartikulation in den parlamentarischen Institutionen: Atomkraft spätere Phase, BSE-Krise, Bioethik, Windkraft, Ausbau Flughafen Frankfurt, lokale Ansiedlung von Mobilfunkanlagen;
- fokussierte Artikulation von Dissens in Beratungsgremien (Bioethikkommissionen);
- interinstitutioneller Konflikt: BSE-Krise, Bioethikkommissionen, multilaterale Regulierung des Handels mit genetischen Ressourcen;
- Integration von Wissenskonflikten in den institutionellen Rahmen: grüne Gentechnik;
- Einsatz kooperativer Verfahren: Umweltmediation Frankfurter Flughafen, Mobilfunkmediation, Naturschutz im Deichbau;
- Adaptive Makroregulierung: Nanotechnologie, Windenergie, grüne Gentechnik.

Bei vielen Konflikten finden sich verschiedene Formen der Konfliktbearbeitung parallel oder nacheinander im Zeitablauf. Das bedeutet: Arenen und Formen des Konfliktaustrags sind eine dynamische Größe in Umwelt- und Technikkonflikten.

6.) Gibt es Ansätze zu einer reflexiven Konfliktregelung bzw. reflexiven Konfliktstrategien? Die drei Beiträge zu mittlergestützten kooperativen Verfahren bescheinigen den jeweils kontextuell angepassten Formen der Umweltmediation, Beiträge zur Rationalisierung und Deeskalation von Konflikten zu leisten. Kritisch war in allen Fällen eine befriedigende Gestaltung der Schnittstelle zwischen diesen informellen Verfahren und den formellen, verfassten Prozessen verbindlicher politisch-administrativer Entscheidungsfindung. In allen Fällen wurde den mediativen Verfahren von den Initiatoren bzw. den Beteiligten eine beratende Funktion zugewiesen, sie wurden somit von Entscheidungen entlastet. Die Beiträge zeigen, dass auf diese Weise Räume der kooperativen Erkundung von Konflikten und der kreativen Suche nach Konfliktlösungen geschaffen werden konnten, die zugleich ein hohes Maß an Transparenz aufweisen. Die Ergebnisse wurden daher von den Initiatoren bzw. der Politik dankbar aufgegriffen, zumal solche sozialen Räume andernfalls oft schwer zu schaffen und zu stabilisieren sind. Die drei Beiträge zeigen somit Beispiele reflexiver Konfliktbearbeitung bzw. gelingender Verständigungsprozesse – wenn auch aus pragmatischen Gründen oft mit begrenztem Auftrag.

7.) Wie stellen sich die Befunde in vergleichender Perspektive dar? Der Vergleich mit anderen Umwelt- und Technikkonflikten ist offenbar mittlerweile konstitutiver Teil vieler dieser Konflikte. Vor allem Proponenten neuer Technologien und Regulatoren scheinen aus der Analyse früherer Umwelt- und Technikkonflikte Lektionen gelernt und ihre Konfliktstrategien danach ausgerichtet zu haben. Strategien der Konfliktvermeidung – durch *Low profile*-Strategien (regionales Innovationsnetzwerk zur grünen Gentechnik) oder Konfliktdiffusion (Nanotechnologie-Governance) – werden so erklärt. Der Bezug auf den Atomkonflikt ist paradigmatisch für die Interpretation der grünen Gentechnik, in der Wahrnehmung der Nanotechnologie findet mittlerweile ein Bezug auf diese beiden früheren Konfliktthemen statt.

Insgesamt zeigen die Beiträge, dass eine konflikttheoretische Perspektive auf die Umwelt- und Technikpolitik sich als ausgesprochen produktiv für die politikwissenschaftliche Forschung erweist. Dabei wird erstens der Bezug auf Konflikt als politische und politikwissenschaftliche Grundkategorie ausgearbeitet. Zweitens wird das Spannungsverhältnis zwischen der Konflikt- und der Gestaltungsdimension von Politik produktiv für die Analyse von Politik gemacht. Und drittens erweisen sich die Beiträge gerade dadurch häufig als relevant für die politische Praxis.

Dennoch ergeben sich wichtige offene Fragen, von denen hier nur einige angesprochen werden können. a) Welche Implikationen ergeben sich aus dem Vorliegen von Wissenskonflikten für die politikwissenschaftliche Analyse? Wann ist es hinreichend, Wissen als Ressource auf Wissensmärkten zu konzipieren, und wann sind konstruktivistische Perspektiven oder ein Blick auf die Wissensordnung erforderlich? Sind Strategien der Trennung von Wissensdissens und politischer Dezision auf Dauer tragfähig? b) Führen die beobachteten Strategien der inkrementellen Regulation bzw. der regulativen Diffusion auf Dauer zu einer Deeskalation von Konflikten? Ergeben sich daraus Rationalisierungswirkungen und Gewinne im Sinne einer produktiven Konfliktbearbeitung? c) Lassen sich die bei lokalen und projektbezogenen Konflikten beobachteten Rationalisierungswirkungen mediativer und kooperativer Verfahren bei der Bearbeitung von Makrokonflikten fruchtbar machen? Welches sind die Voraussetzungen und Leistungsgrenzen einer reflexiven Konfliktbearbeitung? d) Wie lassen sich bei den zahlreichen Konflikten mit Mehrebenenstruktur an der Schnittstelle zwischen nationalen und internationalen Umwelt- und Technikkonflikten die Ergebnisse der Forschung zu internationalen Konflikten einbeziehen?

Insgesamt ergeben sich aus den hier versammelten Befunden Fragen und Anregungen, die weit über die beiden behandelten Politikfelder hinausdeuten. Eine konflikttheoretisch reflektierte Perspektive kann wichtige Impulse für die Policy-Forschung insgesamt geben. Sie eröffnet zudem interessante Perspektiven auf das Verständnis von politischen Mehrebenensystemen.

5 Literatur

Aubert, Vilhelm, 1963: Competition and Dissensus: Two Types of Conflict and of Conflict Resolution, in: Journal of Conflict Resolution 7 (1), 26-42.
Aubert, Vilhelm, 1972: Interessenkonflikt und Wertkonflikt, in: *Bühl, Walter L.* (Hrsg.), Konflikt und Konfliktstrategie. München: Nymphenburger Verlag, 178-205.
Baker, Susan, 2003: The Dynamics of European Union Biodiversity Policy: Interactive Functional and Institutional Logics, in: Environmental Politics 12 (3), 24-41.
Baker, Susan, 2006: Key global concerns: climate change and biodiversity management, in: Baker, Susan (Hrsg.), Sustainable Development. London: Routledge, 81-103.
Barben, Daniel/Behrens, Maria, 2001: Internationale Regime und Technikpolitik, in: *Simonis, Georg/Martinsen, Renate/Saretzki, Thomas* (Hrsg.), Politik und Technik. Analysen zum Verhältnis von technologischem, politischem und staatlichem Wandel am Anfang des 21. Jahrhunderts. PVS-Sonderheft 31. Opladen: Westdeutscher Verlag, 349-367.
Beck, Ulrich, 1986: Risikogesellschaft. Auf dem Weg in eine andere Moderne. Frankfurt am Main: Suhrkamp.
BMBF (Hrsg.), 2005: Das BMBF-Förderprogramm InnoRegio - Ergebnisse der Begleitforschung. Bonn: BMBF.
Bowman, Diana M./Hodge, Graeme E., 2007: A Small Matter of Regulation: An International Review of Nanotechnology Regulation, in: Columbia Science and Technology Law Review 8 (1), 1-36.
Brand, Karl-Werner, 1986: Aufbruch in eine andere Gesellschaft. Neue soziale Bewegungen in der Bundesrepublik. Frankfurt am Main: Campus.
Breitmeier, Helmut/Young, Oran R./Zürn, Michael, 2007: The International Regime Database: Architectures, Key Findings, and Implications for the Study of Environmental Regimes, in: *Jacob, Klaus/Biermann, Frank/Busch, Per-Olof/Feindt, Peter H.* (Hrsg.), Politik und Umwelt. PVS-Sonderheft 39/2007. Wiesbaden: VS Verlag, 41-59.
Canzler, Weert/Dierkes, Meinolf, 2001: Informationelle Techniksteuerung: öffentliche Diskurse und Leitbildentwicklungen, in: *Simonis, Georg/Martinsen, Renate/Saretzki, Thomas* (Hrsg.), Politik und Technik. Analysen zum Verhältnis von technologischem, politischem und staatlichem Wandel am Anfang des 21. Jahrhunderts. PVS-Sonderheft 31. Opladen: Westdeutscher Verlag, 457-474.

Crowfoot, James E./Wondolleck, Julia M., 1990: Environmental Disputes: Community Involvement in Conflict Resolution. Washington: Island Press.
Dahrendorf, Ralf, 1961a: Die Funktionen sozialer Konflikte, in: *Dahrendorf, Ralf* (Hrsg.), Gesellschaft und Freiheit. München: Piper, 112-131.
Dahrendorf, Ralf, 1961b: Elemente einer Theorie des sozialen Konflikts, in: *Dahrendorf, Ralf* (Hrsg.), Gesellschaft und Freiheit. München: Piper, 197-235.
Daniels, Steven E./Walker, Gregg B., 2001: Working Through Environmental Conflict: The Collaborative Learning Approach. Westport, Conn.: Praeger Publishers.
Deutscher Bundestag, 1980: Bericht der Enquete-Kommission „Zukünftige Kernenergie-Politik" über den Stand der Arbeit und die Ergebnisse. Drs. 8/4341 vom 27. Juni. Bonn: Deutscher Bundestag.
Diehl, Paul F./Gleditsch, Nils Petter, 2001: Environmental Conflict: An Anthology. Boulder, Col.: Westview Press.
Dolata, Ulrich, 2001: Risse im Netz – Macht, Konkurrenz und Kooperation in der Technikentwicklung und -regulierung, in: *Simonis, Georg/Martinsen, Renate/Saretzki, Thomas* (Hrsg.), Politik und Technik. Analysen zum Verhältnis von technologischem, politischem und staatlichem Wandel am Anfang des 21. Jahrhunderts. PVS-Sonderheft 31. Opladen: Westdeutscher Verlag, 39-54.
Dressel, Kerstin, 2002: BSE – the New Dimension of Uncertainty: The Cultural Politics of Science and Decision Making. Berlin: edition sigma.
Enquete-Kommission des Deutschen Bundestages. Catenhusen, Wolf-Michael/Neumeister, Hanna (Hrsg.), 1987: Chancen und Risiken der Gentechnologie. Dokumentation des Berichts an den Deutschen Bundestag. München: Schweitzer.
Esser, Josef/Noppe, Ronald, 2001: Von nationalen Technologienormen zur transnationalen Technologienormenkonkurrenz. Das Beispiel Telekommunikation, in: *Simonis, Georg/Martinsen, Renate/Saretzki, Thomas* (Hrsg.), Politik und Technik. Analysen zum Verhältnis von technologischem, politischem und staatlichem Wandel am Anfang des 21. Jahrhunderts. PVS-Sonderheft 31. Opladen: Westdeutscher Verlag, 55-70.
Fisher, Roger/Ury, William/Patton, Bruce, 1991: Getting to Yes. Negotiating Agreement Without Giving in. 2. Aufl. New York: Penguin Books.
Gaskell, George/Bauer, Martin (Hrsg.), 2001: Biotechnology 1996-2000: The Years of Controversy. London: Science Museum.
Geis, Anna, 2005: Regieren mit Mediation. Das Beteiligungsverfahren zur zukünftigen Entwicklung des Frankfurter Flughafens. Wiesbaden: VS Verlag.
Geißel, Brigitte, 2007: Nachhaltige, effektive und legitime Politik durch Netzwerke? Fallbeispiel Lokale Agenda 21, in: *Jacob, Klaus/Biermann, Frank/Busch, Per-Olof/Feindt, Peter H.* (Hrsg.), Politik und Umwelt. PVS-Sonderheft 39/2007. Wiesbaden: VS Verlag, 479-498.
Hård, Mikael, 1993: Beyond Harmony and Consensus: A Social Conflict Approach to Technology, in: Science, Technology & Human Values 18 (4), 408-432.
Haus, Michael/Zimmermann, Klaus, 2007: Die Feinstaubproblematik als Governance-Herausforderung für die lokale Umweltpolitik?, in: *Jacob, Klaus/Biermann, Frank/Busch, Per-Olof/Feindt, Peter H.* (Hrsg.), Politik und Umwelt. PVS-Sonderheft 39/2007. Wiesbaden: VS Verlag, 243-261.

Homer-Dixon, Thomas F., 1994: Environmental Scarcities and Violent Conflict: Evidence from Cases, in: International Security 19 (1), 5-40.

Horlick-Jones, Tom/Walls, John/Rowe, Gene/Pidgeon, Nick/Poortinga, Wouter/Murdock, Graham/O'Riordan, Tim, 2007: The GM Debate: Risk, Politics and Public Engagement. London: Routledge.

Jacob, Klaus/Feindt, Peter H./Busch, Per-Olof/Biermann, Frank, 2007: Politik und Umwelt – Modernisierung politischer Systeme und Herausforderung an die Politikwissenschaft, in: *Jacob, Klaus/Biermann, Frank/Busch, Per-Olof/Feindt, Peter H.* (Hrsg.), Politik und Umwelt. PVS-Sonderheft 37/2007. Wiesbaden: VS Verlag, 11-37.

Jordan, Andrew/Wurzel, Rüdiger K. W./Zito, Anthony R., 2007: New Modes of Environmental Governance. Are 'New' Environmental Policy Instruments (NEPIs) Supplanting or Supplementing Traditional Tools of Government?, in: *Jacob, Klaus/Biermann, Frank/Busch, Per-Olof/Feindt, Peter H.* (Hrsg.), Politik und Umwelt. PVS-Sonderheft 39/2007. Wiesbaden: VS Verlag, 283-298.

Jordan, Andrew/Wurzel, Rüdiger K. W./Zito, Anthony R. (Hrsg.), 2003: New Instruments of Environmental Governance? National Experiences and Prospects. London: Routledge.

Knill, Christoph/Lenschow, Andrea, 2007: Hierarchie, Kommunikation und Wettbewerb: Muster europäischer Umweltpolitik und ihre nationalen Herausforderungen, in: *Jacob, Klaus/Biermann, Frank/Busch, Per-Olof/Feindt, Peter H.* (Hrsg.), Politik und Umwelt. PVS-Sonderheft 39/2007. Wiesbaden: VS Verlag, 223-242.

Maser, Chris, 1996: Resolving Environmental Conflict. Towards Sustainable Community Development. Delray Beach, Fl.: St. Lucie Press.

Nelkin, Dorothy, 1979: Science, Technology and Political Conflict, in: *Nelkin, Dorothy* (Hrsg.), Controversy. Politics of Technical Decisions. London: Sage, 9-24.

Radkau, Joachim, 1983: Aufstieg und Krise der deutschen Atomwirtschaft. Reinbek: Rowohlt.

Rucht, Dieter, 1994: Modernisierung und neue soziale Bewegungen. Deutschland, Frankreich und USA im Vergleich. Frankfurt/M., New York: Campus.

Rucht, Dieter, 2007: Umweltproteste in der Bundesrepublik Deutschland. Eine vergleichende Perspektive, in: *Jacob, Klaus/Biermann, Frank/Busch, Per-Olof/Feindt, Peter H.* (Hrsg.), Politik und Umwelt. PVS-Sonderheft 39/2007. Wiesbaden: VS Verlag, 518-539.

Saretzki, Thomas, 1997: Mediation, soziale Bewegungen und Demokratie, in: Forschungsjournal Neue Soziale Bewegungen 10 (4), 27-42.

Saretzki, Thomas, 2001: Entstehung, Verlauf und Wirkungen von Technisierungskonflikten: Die Rolle von Bürgerinitiativen, sozialen Bewegungen und politischen Parteien, in: *Simonis, Georg/Martinsen, Renate/Saretzki, Thomas* (Hrsg.), Politik und Technik. Analysen zum Verhältnis von technologischem, politischem und staatlichem Wandel am Anfang des 21. Jahrhunderts. PVS-Sonderheft 31. Opladen: Westdeutscher Verlag, 185-210.

Stehr, Nico/von Storch, Hans, 2009: Klima, Wetter, Mensch. Opladen: Barbara Budrich.

Tyson, Laura D'Andrea, 1993: Who's Bashing Whom? Trade Conflict in High-Technology Industries. Washington, DC: Institute for International Economics.

Weale, Albert/Pridham, Geoffrey/Cini, Michelle/Konstadakopulos, Dimitrios/Porter, Martin/Flynn, Brendan, 2000: Environmental Governance in Europe: An Ever Closer Ecological Union? Oxford: Oxford University Press.
Weidner, Helmut, 1996: Umweltmediation: Entwicklungen und Erfahrungen im In- und Ausland, in: *Feindt, Peter Henning/Gessenharter, Wolfgang/Birzer, Markus/Fröchling, Helmut* (Hrsg.), Konfliktregelung in der offenen Bürgergesellschaft. Forum für interdisziplinäre Forschung 17. Dettelbach: Röll, 137-168.
Weingart, Peter/Engels, Anita/Pansegrau, Petra/Hornschuh, Unter Mitarb. von Tillmann, 2008: Von der Hypothese zur Katastrophe. Der anthropogene Klimawandel im Diskurs zwischen Wissenschaft, Politik und Massenmedien. 2. Aufl. Opladen: Budrich.
Winickoff, David/Jasanoff, Sheila /Busch, Lawrence/Grove-White, Robin/Wynne, Brian, 2005: Adjudicating the GM Food Wars: Science, Risk, and Democracy in World Trade Law, in: Yale Journal of International Law 30, 81-123.
Young, Oran R. (Hrsg.), 1997: Global Governance. Drawing Insights from the Environmental Experience. Cambridge, Mass.: MIT Press.
Zilleßen, Horst (Hrsg.), 1998: Mediation. Kooperatives Konfliktmanagement in der Umweltpolitik. Opladen: Westdeutscher Verlag.
Zimpelmann, Beate/Gerhardt, Udo/Hildebrandt, Eckart, 1992: Die neue Umwelt der Betriebe. Arbeitspolitische Annäherung an einen betrieblichen Umweltkonflikt. Berlin: edition sigma.

# I. Konflikttheoretische und praktische Zusammenhänge

Umwelt- und Technikkonflikte: Theorien, Fragestellungen, Forschungsperspektiven

Thomas Saretzki

1 Einleitung

In der Umwelt- und Technologiepolitik ist immer wieder viel von Konsens die Rede. Diese verbreitete Konsensrhetorik verdankt ihre Konjunkturen allerdings oft dem mehr oder weniger langen Schatten eines vergangenen oder drohenden Konflikts. Im historischen Rückblick zeigt sich rasch, dass die politische Entwicklung in der Umwelt- und Technologiepolitik nicht konfliktfrei verlaufen ist. Vielmehr sind in beiden Politikfeldern seit den 1970er Jahren teilweise heftige Konflikte zu verzeichnen. Diese drohten in einigen Fällen (wie der Kerntechnik) so weit zu eskalieren, dass die Grenzen des etablierten Konfliktregelungssystems demokratischer Rechtsstaaten erreicht schienen und die Suche nach neuen Formen einer demokratischen Konfliktbearbeitung und -regelung einsetzte. Diese Konflikte und Konfliktlösungsstrategien wurden von der politikwissenschaftlichen Umwelt- und Technikforschung zwar aufmerksam registriert und in vielen Einzelstudien auf differenzierte Weise untersucht. Ihre Analyse und Bewertung ist aber bisher noch nicht systematisch zum Gegenstand einer politikwissenschaftlichen Diskussion geworden, in der die Frage nach politikfeldbezogenen Konflikten über die Vielzahl unterschiedlicher Umweltprobleme und Technisierungsprozesse hinweg ins Zentrum der Analyse gestellt wurde. Vielmehr dominieren in den Policy-Analysen zur Umwelt- und Technologiepolitik gegenwärtig eher Beiträge, die sich unmittelbar an einer effizienzorientierten Steuerungs- oder Governanceperspektive ausrichten. Die Frage nach den Konflikten, die Ursache oder Folge dieser Steuerungsbemühungen sind oder sein könnten, bleibt dabei eher im Hintergrund. Policy-Analyse und Konfliktforschung stehen so auch im Bereich der Umwelt- und Technologiepolitik oft noch relativ unvermittelt nebeneinander.

Wie wäre eine fruchtbare Verbindung aus der Sicht der Politikfeldanalyse zu denken? Wenn es so etwas wie eine allgemeine Konflikttheorie gäbe, so eine vielleicht nahe liegende Vermutung, dann könnte doch diese zum Ausgangspunkt einer theoriegeleiteten empirischen Analyse von konkreten Konflikten in ausdifferenzierten Politikfeldern wie der Umwelt- und Technikpolitik gemacht werden. Im Folgenden soll zunächst gezeigt werden, dass der Begriff „Konflikt" in der Politikwissenschaft zwar als unverzichtbar gilt, dieser hohen Bedeutung des Konfliktbegriffs aber keine anerkannte allgemeine Konflikttheorie entspricht, die sich unmittelbar in konkreten Analysen von Umwelt- und Technikkonflikten anwenden ließe (2). Gleichwohl lassen sich einige grundlegende Aufgaben für eine kontextsensible, konzeptionell reflektierte Konfliktanalyse benennen, die sich auf konkret beobachtbare oder demnächst zu erwartende Konflikte in ausdifferenzierten Politikfeldern bezieht. Dazu gehört zunächst eine zeitliche, räumliche und gesellschaftstheoretische Verortung der ausgemachten Konflikte (3). Eine wichtige Aufgabe besteht in der Vergegenwärtigung der unterschiedlichen Dimensionen eines Konfliktfeldes, um einen eindimensionalen, analytisch verkürzten Zugang zu dem Untersuchungsgegenstand zu vermeiden (4). Nötig wäre ferner eine Differenzierung der Fragestellungen, die in der Konfliktanalyse beantwortet werden sollen: Zielt die Analyse (wie bisher oft) vorrangig auf die Entstehung eines Umwelt- oder Technikkonfliktes oder geht es auch um seine Struktur, seinen Verlauf, seine Wirkungen oder die Bedingungen seiner möglichen Transformation? (5) Werden Konflikte in zwei ausdifferenzierten Politikfeldern wie der Umwelt- und Technologiepolitik betrachtet, dann ergeben sich einige naheliegende Perspektiven für eine komparative Konflikt- und Politikfeldforschung, die in Form von Ländervergleichen, Politikfeldvergleichen oder historisch angelegten Längsschnittanalysen zu bearbeiten wären (6). Schließlich ist nach den praktischen Perspektiven zu fragen, von denen sich handelnde Akteure in der Konfliktpolitik leiten lassen. Diese handlungsorientierenden Perspektiven und strategischen Optionen von Konfliktbeteiligten erschließen sich in ihrer ganzen Komplexität erst dann, wenn man die Reflexivität der Konfliktstruktur im Auge behält, die unter den Bedingungen einer modernen Demokratie bei der Definition, Bewertung, Bearbeitung und Regelung von Umwelt- und Technikkonflikten in Rechnung zu stellen ist (7).

2 Konfliktbegriff und Konflikttheorie

Welchen Stellenwert hat der Konfliktbegriff in der Politikwissenschaft? Gibt es eine allgemeine Konflikttheorie, auf die bei empirischen Analysen von beobachtbaren Konflikten oder Abschätzungen von Konfliktpotentialen in ausdifferenzierten Politikfeldern wie der Umwelt- und Technologiepolitik zurückgegriffen werden kann? Bei der ersten Umfrage „Zum Stand und zur Orientierung der Politikwissenschaft in der Bundesrepublik Deutschland" aus dem Jahre 1984 wurde auch nach den Begriffen gefragt, die aus Sicht der befragten Politikwissenschaftler „unverzichtbar" für politikwissenschaftliche Forschung sind. Von einer grundsätzlichen Vernachlässigung oder Geringschätzung des Konfliktbegriffs kann danach nicht ausgegangen werden. Sowohl bei den befragten Hochschullehrern als auch bei dem jüngeren „wissenschaftlichen Nachwuchs" stand der Begriff „Konflikt(e)" an der Spitze der meistgenannten Kategorien. Der Gegenbegriff „Konsens" fand sich – nach den Begriffen Interesse und Macht – auf Platz vier dieser Liste unverzichtbarer Begriffe der Politikwissenschaft (Böhret 1985: 308, 310).[1]

Die zweite, ein Jahr später durchgeführte Befragung zur Lage der Politikwissenschaft in Deutschland stellte u.a. auf etwaige „theoretische Umorientierungen" in der Disziplin ab. Bei der Frage, mit welchen theoretischen Richtungen sich die Befragten in ihrer gegenwärtigen Forschungsarbeit identifizieren, tauchte das Stichwort „Konflikttheorie" nicht auf. Hier wurden vielmehr „Historischer Ansatz", „Policy-Analysis", „Analytische Wissenschaftstheorie" und „Systemtheorie" als sehr nahe an der aktuellen eigenen Forschungsar-

---

[1] Der Gegensatz von „Konsens" und „Konflikt" spielte danach in der Mitte der 1980er Jahre im Bewusstsein der (west-)deutschen Politikwissenschaftler eine zentrale Rolle. Ob der Konfliktbegriff auch heute – also mehr als zwanzig Jahre später – noch als „number one category" aus einem Ranking unverzichtbarer Begriffe hervorgehen würde, lässt sich auf der Basis empirisch abgesicherter Daten nicht sagen. Denn die wenigen nachfolgenden Befragungen von Politikwissenschaftler/innen haben zwar weiterhin auf bevorzugte Forschungsgebiete und – dem amerikanischen Beispiel folgend – auch auf die Reputation bekannter Fachvertreter/innen abgestellt (Honolka 1986, Klingemann/Falter 1998, Falter/Knodt 2007) oder die Karrierewendepunkte in der Biographie der politikwissenschaftlichen Professoren untersucht (Arendes 2005). Die Frage nach den „unverzichtbaren Begriffen" der Politikwissenschaft wurde in diesen Untersuchungen aber nicht noch einmal gestellt.

beit genannt. Eine kurz zuvor in den USA durchgeführte parallele Befragung erbrachte für die ersten vier Plätze ein entsprechendes Ranking (Honolka 1986: 47).[2]

Während der Konfliktbegriff also in der deutschen Politikwissenschaft Mitte der 1980er Jahre noch auf Platz 1 der „unverzichtbaren Begriffe" stand, fand sich das Stichwort „Konflikttheorie" nicht bei den theoretischen Richtungen, mit denen sich die befragten Politikwissenschaftler/innen in ihrer aktuellen Forschungsarbeit identifizierten. Pointiert gesagt: der Prominenz des Konfliktbegriffs entsprach offenbar keine Identifikation mit einer Konflikttheorie. Die Politikwissenschaft hielt den Konfliktbegriff zwar überwiegend für unverzichtbar, orientierte sich in ihrer Forschung aber nicht an einer Theorie, die diesem Begriff einen theoretisch konstitutiven Stellenwert zuweist.

Gibt es im Arsenal der Sozialwissenschaften überhaupt ein theoretisches Angebot, das den Konfliktbegriff zur grundlegenden Kategorie einer Gesellschafts- oder Politiktheorie macht? Wenn heute in den Sozialwissenschaften von einer solchen Konflikttheorie (im Singular) die Rede ist, dann fällt der Blick in erster Linie auf eine theoretische Richtung, die sich in den 1950er und 1960er Jahren in der Soziologie entwickelt hatte. Diese Konflikttheorie wurde in Auseinandersetzung mit und in deutlicher Abgrenzung zu der damals in der Soziologie dominierenden struktur-funktionalistischen Theorie von Talcott Parsons formuliert. Als prominenteste Vertreter gelten Lewis Coser (1965) und Ralf Dahrendorf (1961a,b, 1969). Im Zentrum ihres Erkenntnisinteresses stand nicht – wie bei Parsons – die Erklärung von gesellschaftlicher Stabilität und Ordnung, sondern die Frage nach sozialem Wandel. „Von den beiden Grundfragen soziologischer Analyse ‚Was hält Gesellschaften zusammen' und ‚Was treibt sie voran'", so etwa Dahrendorf (1961b: 198), habe die erste (zu) lange im Vordergrund gestanden – eine Einseitigkeit, die „uns immer nur einen Teil der Wirklichkeit erschließt".[3] Konflikte erscheinen aus dieser Sicht nicht als Störfaktoren eines stabilen gesellschaftlichen Gleichgewichts, sondern als diejenigen Kräfte, die Gesellschaften voran treiben, also sozialen Wandel erklären können. Sie geraten damit allerdings zunächst nicht als erklärungsbedürftige abhängige, sondern als „unabhängige" Variable in den Blick. Diese Variable ist der soziologischen Konflikttheorie Dahrendorfs zufolge gleichsam auf Dauer gestellt: Konflikte gibt es in der Gesellschaft immer schon. Die Fragen, die sich aus dieser Perspektive vorrangig stellen, lauten: Wie intensiv und gewaltsam sind diese Konflikte, welche Funktionen haben sie für die Gesellschaft und wie geht man mit ihnen um?[4]

---

[2] Bei dieser Befragung wurde zwar keine offene Frage gestellt, sondern eine Reihe von Kategorien vorgegeben. Die Befragten hatten aber die Möglichkeit, eine weitere theoretische Richtung eigener Wahl zu benennen, wenn sie der Meinung waren, dass ihre theoretische Ausrichtung dadurch besser beschreibbar wäre (Honolka 1986: 47). In der jüngsten Befragung der deutschen Politikwissenschaft von 2006 wurde danach gefragt, auf welche „theoretischen Ansätze" sich die Befragten in ihrer Arbeit stützen. Bei den Antworten finden sich unter den Ansätzen, auf die sich die Befragten „sehr stark" oder „stark" stützen, keine quantitativ hervortretenden Nennungen der „Konflikttheorie" (vgl. Falter/Knodt 2007: 151-152).

[3] Aus heutiger Sicht fällt an dieser Stelle unmittelbar auf, dass Dahrendorf hier die zweite Frage nicht im Sinne einer strikten Entgegensetzung zur ersten Grundfrage formuliert. Denn dann würden die beiden Grundfragen wohl lauten: „Was hält Gesellschaften zusammen?" und „Was treibt sie auseinander?" Die Konflikttheorie der 1960er bewegt sich nicht einfach in einem Kontinuum von „Stabilität" vs. „Instabilität", sondern in einem Spannungsfeld zwischen „Stabilität" vs. „Wandel", wobei dem Wandel zumindest implizit („voran") eine bestimmte (fortschrittliche) Richtung zugeschrieben wird.

[4] „Wo immer es menschliches Leben in der Gesellschaft gibt, gibt es auch Konflikt. Gesellschaften unterscheiden sich nicht darin, daß es in einigen Konflikte gibt und in anderen nicht; Gesellschaften und soziale Einheiten unterscheiden sich in der Gewaltsamkeit und der Intensität von Konflikten" (Dahrendorf 1965: 171).

Der Hinweis auf die beiden Grundfragen der Soziologie rückt zwar eigentlich das Verhältnis von gesellschaftlicher Integration und Wandel ins Zentrum soziologischer Analyse (und in der Tat geht es in den Debatten zwischen den Anhängern Parsons' und den Vertretern der Konflikttheorie um das Wechselverhältnis von Stabilität und Wandel, von Konsens und Konflikt). Ungeachtet dieses Zugeständnisses tritt die Konflikttheorie zunächst allerdings durchaus mit dem Anspruch auf, einen eigenständigen Ansatz zu einer übergreifenden soziologischen Theorie zu vertreten. In jedem Fall will sie in den 1950er und 1960er Jahren mehr sein als eine weitere Bindestrich-Soziologie: Sie soll eine grundsätzliche Alternative zum dominanten „normativistischen Funktionalismus" parsonscher Provenienz darstellen (Joas/Knöbel 2004: 253, 283). Vor diesem Hintergrund kann man (vor allem im Fall von Dahrendorf) durchaus davon sprechen, dass bei ihm Gesellschaftstheorie und Konflikttheorie „nahezu zusammenfallen", die Konflikttheorie mithin „als Gesellschaftstheorie" auftritt (Lamla 2005: 207).

Dieser Anspruch der Konflikttheorie, eine eigenständige Gesellschaftstheorie zu vertreten, wurde einerseits durch die konkurrierende struktur-funktionalistisch fundierte „Konsenstheorie" begrenzt. Auf der Ebene der beobachtbaren Phänomene kann der Hinweis auf die Ubiquität von Konflikten umgehend mit dem Hinweis auf ebenfalls beobachtbare (und erklärungsbedürftige) Fälle von Konsens in der Gesellschaft eingegrenzt werden. Vertreter der Konflikttheorie haben auf diese Betonung eines empirisch beobachtbaren Konsenses ihrerseits vielfach mit dem Hinweis reagiert, dass es auch in solchen Fällen „latente" Konflikte geben könne, die nur noch nicht „manifest" geworden sind. Die Eigenständigkeit und Reichweite der Konflikttheorie als Gesellschaftstheorie wurde andererseits auch dadurch in Frage gestellt, dass sie davon ausging, es gäbe trotz der Vielfalt der beobachtbaren Ausdrucksformen von Konflikten so etwas wie einen zentralen oder grundlegenden gesellschaftlichen Konflikt, der sich als Herrschaftskonflikt interpretieren und beschreiben ließe. In dem Maße, wie diese vor allem von Dahrendorf vertretene „Herrschaftstheorie des Konflikts" (Lamla 2005: 221) an Erklärungskraft verlor, weil sich viele neue gesellschaftliche Konflikte nicht mehr plausibel nach dem Modell eines Herrschaftskonflikts zwischen über- und untergeordneten Gruppen oder Klassen analysieren ließen, schien auch der gesellschaftliche Geltungsbereich der Konflikttheorie zu schrumpfen und ihr gesellschaftstheoretischer Anspruch fraglich zu werden.

Neben der Eigenständigkeit stand allerdings auch die wissenschaftliche (und politische) Einheitlichkeit der Konflikttheorie in Frage. Durch die Konfrontation zur dominierenden struktur-funktionalistischen Konsenstheorie blieben die internen Differenzen der Konflikttheoretiker in der sozialwissenschaftlichen Rezeption zwar zunächst eher im Hintergrund. Im theoriegeschichtlichen Rückblick zeigt sich aber rasch, dass die Konfliktsoziologie der 1950er und 1960er Jahre bei genauerer Betrachtung keine einheitliche Konflikttheorie entwickelt hatte (Nollmann 1997: 29-49, Joas/Knöbel 2004: 251-283). Während Dahrendorf (1961a,b) mit den Basisprämissen des struktur-funktionalistischen Paradigmas gebrochen hatte und mit den Annahmen seiner realistischen „Zwangs-Theorie der gesellschaftlichen Integration" (Dahrendorf 1961b: 210) ein grundlegendes wechselseitiges Implikationsverhältnis von Herrschaft, Konflikt und Wandel unterstellte, blieb Coser (1965) in seinem konflikttheoretischen Ansatz dem Funktionalismus konzeptionell stärker verhaftet, versuchte in diesem Rahmen (im Anschluss an Georg Simmel) allerdings zu zeigen, dass Konflikte keineswegs immer zu Instabilität und sozialem Wandel führen, sondern im Gegenteil gerade auch zur Stabilität und Erwartungssicherheit von sozialen Gruppen beitragen können (Nollmann 1997: 44-48). Interne Differenzen, das Fehlen von anerkannten Leitautoren und Leittexten sowie häufig übersehene politische Unterschiede zwischen ihren Vertretern verhinderten daher eine Schulenbildung und setzten einer Ausbreitung der Konflikttheorie in den Sozialwissenschaften deutliche Grenzen (Joas/Knöbel 2004: 266-67, 280-281).

Was folgt aus diesem kurzen Rückblick auf die soziologische Konflikttheorie für die politikwissenschaftliche Konfliktforschung? Kann diese Konflikttheorie, die zumindest implizit mit einem umfassenden gesellschaftstheoretischen Anspruch verbunden ist, einfach zur Erklärung, Prognose und Bewertung von Umwelt- und Technikkonflikten herangezogen werden? Im Ergebnis lautet die hier vertretene These: Es gibt keine einheitliche und auch keine eigenständige sozialwissenschaftliche Konflikttheorie, auf die politikwissenschaftliche Analysen von Umwelt- und Technikkonflikten problemlos zurückgreifen oder deren Theorien sie gar einfach auf ihre Untersuchungsgegenstände „anwenden" könnten. Neben den konflikttheoretisch anregenden Klassikern Machiavelli, Hobbes, Marx, Weber und Simmel bietet auch die Konfliktsoziologie der 1950er und 1960er Jahre zwar gerade durch ihre übergreifende gesellschaftstheoretische Ausrichtung nach wie vor vielfältige interessante Einsichten und Hypothesen. Sie stellt aber keine kategorialen und konzeptionellen Grundlagen zur Verfügung, die heute unreflektiert als übergreifendes Theorieangebot für problem- und politikfeldspezifische Konfliktanalysen dienen könnten.

Konflikte sind damit allerdings nicht völlig aus der Gesellschaftstheorie verschwunden. Sie werden heute in vielen sozialwissenschaftlichen Theorien thematisiert (Giegel 1998, Bonacker 2005). In diesen Theorien hat der Konfliktbegriff aber keine für die Theorie insgesamt konstitutive Funktion mehr. Konflikte werden damit zum Gegenstand einer Konfliktforschung, die ihre kategorialen Grundlagen und konzeptionellen Bezugspunkte anders definiert. Heißt das umgekehrt, dass sich die politikwissenschaftliche Analyse von Umwelt- und Technikkonflikten mehr oder weniger beliebig aus dem Arsenal unterschiedlicher sozialwissenschaftlicher Theorieangebote bedienen muss und bedienen kann? „Anything goes" auch in der politikwissenschaftlichen Konfliktforschung? Trotz der verbreiteten Pluralismusemphase würde eine theoretische Beliebigkeit den Anforderungen an eine konzeptionell reflektierte, gegenstandsbezogene politikwissenschaftliche Konfliktforschung nicht gerecht. So ist in der Diskussion über Umwelt- und Technikkonflikte vielfach ein fragmentiertes, unverbundenes Nebeneinander unterschiedlicher theoretischer Ansätze festzustellen. Mitunter gibt es aber auch sozialwissenschaftliche Kontroversen über die angemessenen theoretischen Ansätze zur Analyse von Umwelt- und Technikkonflikten. Was bei Umwelt- und Technikkonflikten für die beteiligten Akteure gefordert wurde, lässt sich in abgewandelter Form auch für die sozialwissenschaftlichen Beobachter und Analytiker dieser Konflikte sagen: Beide stehen vor der Aufgabe, die Kompetenz zu einer „kooperativen Konzeptualisierung komplexer Kontroversen" (Ueberhorst 1995: 32) zu entwickeln – die einen aus der Sicht von Handelnden, die anderen aus der Sicht von Wissenschaftlern, deren Aufgabe es ist, diese Konflikte zu beschreiben, zu erklären, zu prognostizieren und mitunter auch auf nachvollziehbare Art und Weise zu bewerten. Die Aufgabe einer politikwissenschaftlichen Analyse von Umwelt- und Technikkonflikte könnte man deshalb in leicht abgewandelter Form auch als „integrative Konzeptualisierung einer fragmentierten Konfliktforschung" bezeichnen.

3 Verortung der Konflikte in ihrem historischen Kontext

Wenn man in „wirklichkeitswissenschaftlicher" Perspektive über Konflikte als empirisch auftretende Phänomene spricht, dann handelt es sich nicht um abstrakte Entitäten. Real auftretende Konflikte sind nicht ort- oder zeitlos, sie haben einen historischen Index. Wie alle empirisch beobachtbaren Untersuchungsgegenstände sind deshalb auch Konflikte zunächst zeitlich und räumlich in ihrem historischen Kontext zu verorten, ohne den sie nicht zu verstehen und nicht zu erklären sind.

In der *Zeitdimension* betrifft dies zunächst ihre historische Einordnung in bestimmte Epochen, Gesellschaftsformationen und politische Systementwicklungen. So spricht die Konfliktsoziologie in einigen Fällen dezidiert von „modernen" Konflikten, die sich in vielen Aspekten von Konflikten in traditionalen Gesellschaften unterscheiden. Manchmal ist allerdings auch von Konflikten die Rede, die noch in traditionalen Formen ausgetragen werden oder die in bestimmter Hinsicht „archaische" Züge aufweisen. Lassen sich Umwelt- und Technikkonflikte in diesem Sinne durchgängig einer modernen oder (näher zu definierenden) „postmodernen" Gesellschaftsform zuordnen oder gibt es in der Umwelt- und Technikpolitik gegenwärtig ein Nebeneinander von traditionalen, modernen und „postmodernen" Konflikten? Zu fragen ist in zeitlicher Hinsicht aber nicht nur nach dem „wann" eines Konfliktfeldes auf einer übergreifenden historischen Zeitachse oder auf den unterschiedlichen Pfaden ungleichzeitiger Gesellschaftsentwicklung, sondern auch spezifischer nach der Zeitspanne des jeweils untersuchten Konfliktes und den damit verbundenen sozialen und politischen Implikationen: Wie lange hat der Konflikt gedauert? Handelt es sich um eine eher kurze Konfliktepisode oder um einen lange anhaltenden strukturbedingten Konflikt, der sich etwa über mehrere Dekaden erstreckt? Hat der Konflikt seinerseits Folgen für die Sozialstruktur oder das politische System der Gesellschaft, in dem er ausgetragen wird? Wie weit reichen diese? Lässt sich der Konflikt – um einen Grenzfall zu nehmen – etwa in Analogie zum Konzept der soziostrukturell verankerte Konfliktlinie („cleavage") beschreiben, das in der Parteienforschung zur Erklärung von Parteienkonflikten herangezogen worden ist (Gabriel 1993)?

In *räumlicher* Hinsicht haben einige Umwelt- und Technikkonflikte einen klarer abgrenzbaren regionalen Fokus. Das gilt etwa für Standort- und Ansiedlungskonflikte von großtechnischen Anlagen, für Konflikte um die Einrichtung von Naturschutzgebieten oder die veränderte Nutzung von neu entdeckten „natürlichen" Ressourcen. Andere Umwelt- und Technikkonflikte sind durch komplexe Wechselwirkungen geprägt, die von der lokalen bis zur globalen Ebene reichen. Dazu gehören etwa die Konflikte, die im Zusammenhang mit dem Klimawandel oder der Biodiversität entstanden sind. Wie sind solche Konflikte räumlich zu verorten? Da sowohl ökologische als auch politische Systeme schon in sich jeweils eine komplexe Mehrebenenstruktur aufweisen, stellt bereits die deskriptive Erfassung von Konfliktpotentialen durch eine raumbezogene Beschreibung der Wechselwirkungen von ökologischen Problemlagen und politischen Entscheidungs-, Implementations- und Wirkungsebenen in vielen Fällen alles andere als eine leichte Aufgabe dar. Gleichwohl ist eine solche deskriptive Charakterisierung der räumlichen Bezüge eines Umweltproblems oder einer umstrittenen Technologie nötig, um grundlegende Dimensionen der Konfliktstruktur nicht aus dem Blick zu verlieren.

Die Frage nach der Verortung stellt sich auch in *gesellschaftstheoretischer* Hinsicht. Sind Umwelt- und Technikkonflikte gesellschaftlich gesehen „ortlos" geworden oder gibt es benennbare gesellschaftliche Orte, an denen sie entstehen oder ausgetragen werden? In der Konfliktforschung wird generell zwischen psychischen, sozialen und politischen Konflikten unterschieden. Von der politikwissenschaftlichen Umwelt- und Technikforschung werden dabei aus naheliegenden Gründen insbesondere Beiträge zum letztgenannten Konflikttyp erwartet. Neben der Verortung in Raum und Zeit ergibt sich deshalb in einem spezifisch fachwissenschaftlichen Zusammenhang die Frage, ob und in welchem Sinne es sich bei den betrachteten Umwelt- und Technikkonflikten um *politische* Konflikte handelt und worin ggf. ihre politische Qualität besteht. Umweltveränderungen und technischer Wandel können zu Spannungen führen, die primär oder ausschließlich in Form von psychischen oder sozialen Konflikten auftreten. Diese Verortung außerhalb des politischen Raums kann – wie vor allem kulturorientierte Kritiker wiederholt betont haben – aber auch ihrerseits das Ergebnis von politischen Prozessen sein, wenn etwa mögliche unerwünschte Folgen und Risiken raschen technischen Wandels von vornherein zu Anpassungsproblemen von überängstlichen, schlecht informierten und emotional bestimmten Einzelnen erklärt werden. Mit einer solchen Zuschreibung werden auch die Konflikte, die mit einem bestimmten ökologischen oder technischen Wandel verbunden sind, auf eine spezifische Weise gesellschaftlich verortet und damit beispielsweise zugleich „individualisiert" und „psychologisiert". In einem politikwissenschaftlichen Kontext erscheint aus analytischer Perspektive vor allem die Frage nach dem Wechselverhältnis von Politisierung, Vergesellschaftung und Individualisierung von Umwelt- und Technikkonflikten von Interesse: Unter welchen Bedingungen werden etwa gesellschaftliche Umwelt- und Technikkonflikte zu politischen Konflikten, mit denen sich auch das politische System beschäftigen muss? Und umgekehrt: unter welchen Bedingungen werden Konflikte, die innerhalb des politischen Systems – etwa zwischen verschiedenen Ressorts oder zwischen Regierung und Parlament - über Fragen der Technik- und Umweltpolitik ausgetragen werden, zu gesellschaftlichen Konflikten, die über die institutionelle Politik hinaus eine breitere Öffentlichkeit erfassen oder gar zu einer gesellschaftlichen Mobilisierung führen?

4 Dimensionen der Konfliktanalyse

Was nun die Analyse von konkreten, raum-zeitlich verorteten politischen Umwelt- und Technikkonflikten betrifft, so werden in der sozialwissenschaftlichen Konfliktforschung in der Regel mehrere Dimensionen genannt, unter denen empirisch beobachtbare oder mögliche Konflikte zu betrachten sind. Diese Dimensionierungen einer empirisch orientierten Konfliktanalyse unterscheiden sich zum Teil. Genannt werden aber insbesondere: Konfliktgegenstand, Konfliktparteien, Austragungsformen und Konfliktregelungen (vgl. z.B. Bonacker 2005: 16). Von der Art des Zugangs zu Konflikten her lassen sich nun drei unterschiedliche Herangehensweisen an die Analyse eines Konfliktes erkennen, die man vereinfacht als (1) gegenstandsbezogen (sachliche Dimension), (2) akteursbezogen (soziale Dimension) und (3) regelungsorientiert (prozedurale Dimension) bezeichnen könnte.

(1) In der öffentlichen Debatte über Umwelt- und Technikkonflikte steht meist der *gegenstandsbezogene* Zugang im Vordergrund: Worum geht es, möchte das uninformierte Publikum gern wissen: Um *was* dreht sich der Streit? Ausgangspunkt bei der Suche nach Antworten bildet bei diesem Zugang in der Regel ein gegebener bzw. erwarteter zukünftiger Zustand der Umwelt oder eine (neue) Technologie, deren Entwicklung und Verbreitung

in bestimmter Hinsicht als problematisch erscheinen. Unterschiede in der Wahrnehmung und Bewertung dieser Probleme und Gegensätze in den Perspektiven ihrer Bearbeitung und Lösung geben dann Anlass zu Konflikten. In dieser Perspektive wird das Umweltproblem bzw. die umstrittene Technik selbst ins Zentrum gerückt. Folgt man einem solchen gegenstandsbezogenen Zugang, dann geht es in Umwelt- und Technikkonflikten solchen Beschreibungen zufolge etwa um die Atomtechnik, die Gentechnologie, den Klimawandel oder den Sondermüll. Folglich ist dann in abgekürzter Form etwa vom „Atomkonflikt", vom „Gentechnikkonflikt", vom „Klima-" oder von einem „Abfallkonflikt" die Rede.

Einen Schritt über solche nominellen Klassifizierungen von Konfliktgegenständen hinaus gehen sozialwissenschaftliche Analysen, die genauer fragen, *in welcher Hinsicht* denn das, was da an dem angesprochenen Umweltzustand oder der genannten Technik als problematisch wahrgenommen und bewertet wird, nun zu einer öffentlichen Streitfrage (einem „issue") geworden ist und am Ende zu einem politischen Konflikt führt oder doch führen kann. Auch wenn die Beteiligten oder die Berichterstatter manchmal so reden: Die Beschreibung von Umweltzuständen oder Techniken als solchen gibt noch keine Antwort auf die Frage, warum es sich in dem betrachteten Zusammenhang nicht nur um einen Fall handelt, der in irgendeiner Hinsicht problematisch ist, sondern um ein Problem, das in der Öffentlichkeit zu Kontroversen und im politischen System zu Konflikten führt.

Mit dieser Frage beschäftigen sich einige Studien, die öffentlich ausgetragene Wissenschafts- und Technikkontroversen aus wissenschafts- und techniksoziologischer Perspektive untersucht haben (Nelkin 1992, 1995). Auch diese „controversy studies" wählen in der Regel zunächst den Konfliktgegenstand als Ausgangspunkt ihrer Analyse. Diesem Zugang folgen etwa die von Dorothy Nelkin (1992) angeregten und zusammengestellten Fallstudien zu verschiedenen wissenschaftlich-technischen Kontroversen. Wie die Überschriften der Fallstudien verdeutlichen, bilden hier die jeweils umstrittenen Umweltprobleme oder Technisierungsprozesse den Ausgangspunkt der Analyse. Beim Versuch, die Vielfalt der beschriebenen Kontroversen zu sortieren und etwas Ordnung in die unübersichtliche Landschaft der Kontroversen und Dispute zu bringen, gelangt Nelkin zu einer Typisierung, die zunächst auf vier „underlying concerns" abstellt: „the infringement of science on values, the question of political priorities, the fear of risk, and the threat to individual rights" (Nelkin 1992: xiii). Diese Typisierungen lassen sich auch als Antwort auf die Frage lesen, worum es in der betrachteten Kontroverse im Kern geht. In ihrer eher induktiv gewonnenen und phänomenologisch anmutenden Sortierung dieser Kontroversen gelangt Nelkin zu einer Typenbildung, die begrifflich nicht immer völlig klar und in den verschiedenen Versionen der Typologie auch kategorial nicht einheitlich gefaßt werden (vgl. etwa Nelkin 1992: xiii-xv und Nelkin 1995: 447-450). Folgende Streitpunkte werden dabei als grundlegend für wissenschaftlich-technische Kontroversen und Dispute identifiziert: „moral sentiments", „values", „political priorities", „economic interests", „equity", „risk", „individual rights", „freedom of choice", „distribution of resources" (Nelkin 1992, 1995).

Solche Typisierungen geben zumindest implizit eine Antwort auf die Frage, worum es in der Kontroverse geht, in dem sie – über die Benennung der konkreten Themen eines Umwelt- und Technikkonflikts hinaus – die betrachtete konkrete Kontroverse als Ausprägung eines bestimmten allgemeinen Konflikttypus interpretieren. Der Konflikt erscheint dabei weiterhin in erster Linie als Konflikt über etwas, sein Gegenstand wird aber typisierend bereits so gefasst, dass diese Typisierung zugleich auf die Ursachen des Konflikts verweist. Mit der Typisierung wird hier also der erste Schritt von einer Beschreibung des Konfliktgegenstands zu einer Analyse der Konfliktursachen vollzogen.

Im Hinblick auf die deskriptive Angemessenheit stoßen solche typisierenden Konfliktanalysen einerseits auf die bekannten Grenzen aller typologisch verfahrenden empirischen Analysen. Die betrachteten Einzelfälle lassen sich oft nicht in jeder Hinsicht angemessen oder doch nicht vollständig unter einem Typus subsumieren. Andererseits ist die heuristische Funktion solcher Typologien für eine explanativ ausgerichtete Konfliktanalyse unbestritten. Dabei ist die Typologie von Kontroversen, die Nelkin (1992, 1995) aus einer primär wissenschaftssoziologischen Sicht formuliert hat, ein viel zitierter und in mancherlei Hinsicht zweifellos hilfreicher Beitrag zur Sortierung, aber keineswegs der einzige Referenzpunkt, von dem politikwissenschaftliche Konfliktanalysen ausgehen können. Konzeptionell kann die politikwissenschaftliche Analyse von Umwelt- und Technikkonflikten vielmehr auf das ganze Arsenal an Konflikttypen zurückgreifen, die in der sozialwissenschaftlichen Konfliktforschung insgesamt formuliert worden sind. Dazu gehören neben den bereits in der klassischen soziologischen Konflikttheorie unterschiedenen Typen des Rollen- und Statuskonflikts, des Herrschafts- und Machtkonflikts, des Klassen- und Gruppenkonflikts, des Ordnungs- und Systemkonflikts, des Wert- und Interessenkonflikts auch die später stärker herausgestellten Typen des Moral- und Kulturkonflikts oder des Risiko- und Wissenskonflikts (vgl. dazu auch die in einigen Aspekten noch weiter ausdifferenzierte Konflikttypologie zum Agrarsektor von Feindt u.a. 2004: 10-11). Empirisch wäre dann jeweils zu fragen, ob sich der untersuchte Konflikt einem (oder mehreren) dieser Typen zuordnen lässt und was aus einer solchen Typisierung für die weitere Analyse des Konflikts folgt. Was kann man, um ein Beispiel zu geben, über einen konkreten Umwelt- oder Technikkonflikt sagen, wenn man ihn mit guten Gründen etwa als Wert- und nicht als Interessenkonflikt, als Wissens- und nicht als Machtkonflikt typisieren kann?

Wenn man weiß, um welches Umweltproblem oder um welche Technik es grundsätzlich geht und in welcher Hinsicht diese zu einem Konflikt geführt haben, dann stellt sich im Rahmen einer weiteren vertiefenden Analyse eines konkreten Falles bei einem gegenstandsorientierten Zugang im nächsten Schritt meist die Frage einer weiteren Präzisierung des Konfliktgegenstandes: auf welcher *Ebene* der Konkretion ist das, was (an der Technik oder dem angesprochenen Umweltzustand) in einer oder in mehreren der oben genannten Hinsichten (also im Hinblick auf Werte, Interessen, Macht, Herrschaft etc.) zum Gegenstand des Konfliktes geworden ist, zu beschreiben? In der öffentlichen Debatte selbst finden sich hier oft ebenso problematische wie interessierte Konkretisierungen oder Verallgemeinerungen in der Beschreibung der Konfliktgegenstände, über die gestritten wird. Analytisch lassen sich mindestens drei unterschiedliche Ebenen unterscheiden: So kann sich ein Technikkonflikt auf ein konkretes Technisierungsprojekt, auf einen spezifischen Technisierungspfad oder auf die Technikentwicklung insgesamt beziehen. Die Verortung des Konfliktgegenstands auf einer dieser Ebenen ist dabei allerdings angesichts einer möglicherweise komplexen Problemstruktur für einen wissenschaftlichen Beobachter nicht ganz einfach und in vielen Fällen zwischen den Beteiligten selbst umstritten. So kann ein konkretes Technisierungsprojekt zu Konflikten führen, weil die Ansiedlung einer dazugehörigen technischen Anlage an einem geplanten Ort nicht toleriert wird. Es kann aber auch zu solchen Protesten kommen, weil dieses Projekt Teil eines Technisierungspfades ist, der als solcher auf Akzeptanzprobleme stößt. Die Protestierenden sehen sich dann in der Öffentlichkeit im nächsten Schritt der Verallgemeinerung rasch mit dem generellen Vorwurf der

Technikfeindlichkeit konfrontiert, die auf eine Ablehnung der modernen Technikentwicklung insgesamt hinauslaufen würde. Sie quittieren diese Unterstellung dann meist umgehend mit dem Vorwurf einer unkritischen, in der Sache unbegründeten generalisierten Technikeuphorie an die Gegenseite. Ähnliche Kontroversen um die Definition der Ebene, auf der die Konfliktgegenstände zu verorten sind, lassen sich bei Umweltkonflikten beobachten. Hier ist in vielen Fällen auch nicht klar erkennbar und unter den Beteiligten umstritten, ob es bei einem Streit um ein konkretes Umweltproblem vor Ort, um einen spezifischen Pfad der Nutzung von Umweltressourcen bzw. um einen bestimmten Pfad der Ökologisierung von Produktion, Konsum und Lebensweise oder um die Nutzung von Natur und Umwelt insgesamt geht. Eine gegenstandsorientierte Konfliktanalyse wird zwar versuchen, etwas genauer anzugeben, worum es in dem Streit geht. Sie stößt dabei aber oft auf das Problem, dass neben den unterschiedlichen Hinsichten, in denen es zu einer Kontroverse über eine Technik oder eine Umweltsituation kommen kann, unter den Beteiligten oft auch umstritten ist, auf welcher Ebene der gegenstandsbezogene Streit ausgetragen wird oder ausgetragen werden sollte.

(2) Der zweite Zugang über die *soziale Dimension* findet sich nicht zuletzt in den Beiträgen der Konfliktsoziologie. Die zentrale Frage lautet hier, für wen ein bestimmter Umweltzustand oder eine Technik zu einem Problem wird und wer an dem daraus möglicherweise entstehenden Konflikt beteiligt ist? Während dieser Zugang heute in der Regel mit einem abstrakter verstandenen Akteursbegriff als „akteursbezogen", manchmal auch als „akteurszentriert" bezeichnet wird, hat Dahrendorf (1961b: 203-206) in seiner Klassifikation der Konfliktbeteiligten noch ohne handlungsbezogene Konnotationen von „sozialen Einheiten" gesprochen (und dabei zwischen Rollen, Gruppen, Sektoren, Gesellschaften und übergesellschaftlichen Verbindungen unterschieden). Diese Klassifikation deutet schon darauf hin, dass der Akteursbegriff bei der Beschreibung der sozialen Dimension von Konflikten nicht konkurrenzlos ist. In systemtheoretisch orientierten Beiträgen werden Umwelt- und Technikkonflikte als Konflikte zwischen gesellschaftlichen Subsystemen gefasst. Manchmal ist auch von Konflikten zwischen ökonomisch oder gesellschaftlich bestimmten „Sektoren" die Rede. In der „Actor-Network"-Theorie von Bruno Latour und Michel Callon erscheinen die umstrittenen Technologien selbst als „Aktanden", die an dem Konflikt beteiligt sind. Bei diesen begrifflichen Konstruktionen stellt sich aus kritischer wie aus analytischer Sicht allerdings die Frage, ob eine solche Konzeptualisierung nicht zu einer unangemessenen Verdinglichung der sozialen Dimension von Konflikten führt. Ein solcher Zugang wird sich, so die hier vertretene These, in der politikwissenschaftlichen Umwelt- und Technikforschung nicht als fruchtbarer Ansatz erweisen.

Im Unterschied zu solchen Ansätzen dürfte eine akteursbezogene Konzeptualisierung der sozialen Dimension von Konflikten für eine politikwissenschaftliche Analyse nach wie vor das größere Erkenntnispotential beinhalten. Im Rahmen einer akteursbezogenen Konfliktanalyse wäre dann differenzierter auf Akteure und Akteurkonstellationen, Akteurstrategien und Aktionen, Interaktionsformen und Konfliktaustragungsebenen zwischen den Akteuren einzugehen. Zu den (individuellen und kollektiven) *Akteuren* gehören neben den unmittelbar Konfliktbeteiligten auch die direkt oder indirekt vom Konflikt Betroffenen sowie etwaige Konfliktvermittler, die zusammen mit den für die Konfliktkontrolle zuständigen Akteuren und dem jeweils interessierten Publikum die *Akteurkonstellation* eines Konfliktes bilden. Mit der Analyse der Akteure und der Akteurkonstellation allein ist die soziale Dimension eines Konflikts indessen in der Regel noch nicht zureichend erfasst.

Akteure können in Konflikten unterschiedliche *Konfliktstrategien* verfolgen. Auf diese Strategien und die daraus abgeleiteten *Aktionen* können die jeweils direkt angesprochenen Adressaten oder andere für die Konfliktkonstellation relevante Akteure auf unterschiedliche Art und Weise reagieren. Dadurch ergeben sich unterschiedliche *Interaktionsformen*, in denen der Konflikt ausgetragen wird. Schließlich können Konflikte in politischen Mehrebenensystemen auch auf unterschiedlichen Ebenen ausgetragen werden, wobei die Verlagerung des Konfliktes von einer Ebene auf die andere den Akteuren oft veränderte strategische Optionen eröffnet und mit veränderten Akteurkonstellationen einhergeht. Die *Konfliktaustragungsebenen* können von einzelnen Akteuren allerdings nicht völlig frei gewählt werden, sie ergeben sich aus dem Zusammenspiel mit den anderen am Konflikt beteiligten Akteuren, mit etwaigen Vermittlern, Kontrollinstanzen und dem Publikum.

Vor diesem Hintergrund ist es bei einem akteursbezogenen Zugang in vielen Fällen aufschlussreich, nicht nur auf den oder die unmittelbar an der Initiierung eines Konfliktes beteiligten Akteure abzustellen, sondern den analytischen Rahmen der Konfliktanalyse von vornherein so anzulegen, dass er es erlaubt, zwischen Akteuren und Akteurskonstellationen, Strategien und Aktionen sowie Interaktionsformen und Konfliktaustragungsebenen zu unterscheiden. Über einen akteursbezogenen Zugang kann eine politikwissenschaftliche Analyse von Umwelt- und Technikkonflikten leichter Anschluss an die Befunde und Konzepte der Forschungsrichtungen finden, die sich mit der Organisation und den Strategien von Konfliktakteuren beschäftigen. Dazu zählt insbesondere die Protest-, Bewegungs-, Verbände-, Parteien-, Regierungs- und Verwaltungsforschung.

(3) Bei einem dritten Zugang zu Umwelt- und Technikkonflikten erfolgt die Analyse vorrangig mit Blick auf mögliche Konfliktlösungen, und das heißt in modernen politischen Systemen meist: mit Blick auf mögliche Verfahren der Konfliktbearbeitung, Konfliktvermittlung und Konfliktregelung. Dieser lösungs- oder vorsichtiger formuliert: *regelungsorientierte* Zugang ist damit in der Regel von einem normativen Erkenntnisinteresse geprägt, das sich zunächst einmal an der Vermeidung von bestimmten unerwünschten Austragungsformen von Konflikten orientiert. Dazu gehören einerseits die Unterdrückung des gesamten Konflikts oder doch die Unterdrückung derjenigen Akteure, die den Konflikt durch ihre Aktionen auf die Tagesordnung der Politik bringen. Andererseits geht es bei diesem Zugang aber auch um bestimmte Konfliktaustragungsformen, die durch das Merkmal der Gewaltsamkeit gekennzeichnet sind. Beides – Unterdrückung wie Gewaltsamkeit – gilt in der liberalen Konflikttheorie Dahrendorfs – aber nicht nur dort – als unproduktive Form des politischen Umgangs mit Konflikten. Über diese unerwünschten und als unproduktiv bewerteten Konfliktaustragungsformen hinaus ist dieser dritte Zugang zur Konfliktanalyse meist auch durch bestimmte normativ präferierte Vorstellungen über wünschenswerte Formen der Konfliktregelung und Konfliktlösung gekennzeichnet. Diese Vorstellungen greifen insbesondere auf Kriterien der Inklusion, der Fairness und Legitimität zurück oder sind von Leitbildern einer effektiven und konsensualen Konfliktvermittlung geprägt. Implizit folgt dieser Zugang meist einer Perspektive, die von außen aus der Sicht potentieller Konfliktvermittler, möglicher Kontrollinstanzen oder einer nur indirekt betroffenen Bürgerschaft erfolgt, die sich oft wünscht, der Konflikt möge möglichst rasch auf eine friedliche und faire Weise beigelegt werden. Wissenschaftlich ergibt sich vielfach ein Anschluss an Konzepte und Befunde der Verhandlungsforschung, der Institutionenanalyse und der Gerechtigkeits- sowie Demokratietheorie.

Folgt man bei der Analyse von Umwelt- und Technikkonflikten nur einem dieser Zugänge, stellt also ausschließlich oder doch vorrangig auf die sachliche, die soziale oder die prozedurale Dimension ab, dann führt ein solcher analytisch verkürzter Bezugsrahmen in der Regel zu einem unterkomplexen Bild des betrachteten Konfliktes. Aus einem eindimensionalen Zugang ergibt sich nicht nur ein eingeschränkter Blick auf vorhandene Konfliktpotentiale und mögliche Konfliktverläufe, sondern in der Folge auch ein verkürztes Set an Strategien zur Bearbeitung und Regelung des Konfliktes. Bei der näheren Analyse eines Umwelt- und Technikkonflikts stößt man in der Regel auf ein komplexes *Konfliktfeld*, das über einen Zugang allein nicht angemessen zu erschließen ist. Daher wäre es nötig, von eindimensionalen Zugängen zu einer *mehrdimensional* angelegten *Konfliktfeldanalyse* überzugehen. Diese sollte mögliche Wechselwirkungen von Konfliktgegenständen, Konfliktakteuren und Konfliktregelungen erfassen und den institutionellen Rahmen sowie den gesellschaftlichen Kontext mit in die Analyse einbeziehen (Saretzki 2001: 205-207).

5 Fragestellungen einer differenzierten Konfliktanalyse

Hat man sich die perspektivischen Verengungen und Einseitigkeiten vergegenwärtigt, mit denen bei einem verkürzten Zugang zu rechnen ist, der einseitig auf die sachliche, soziale oder prozedurale Dimension des Konfliktes abstellt, dann lautet die nächste Frage auf dem Weg zu einer differenzierten Konfliktanalyse: Was soll an Umwelt- und Technikkonflikten beschrieben, erklärt oder bewertet werden? Geht es um die Entstehung, die Struktur, den Verlauf, die Wirkungen oder die Transformation des betrachteten Konfliktes?

In der empirisch-analytisch orientierten Konfliktforschung, die auf Erklärung von Konflikten ausgerichtet ist, stand bisher vor allem die Frage nach der *Entstehung* von Konflikten im Zentrum des Interesses. Warum ist in einem bestimmten gesellschaftlichen Bereich oder in einem Politikfeld überhaupt ein Konflikt entstanden? Dabei wird oft zwischen Anlass und Ursache(n) unterschieden – Ursachen erzeugen nach diesen Konzepten ein (latentes) Konfliktpotential, Anlässe tragen dazu bei, dass sich das latente Konfliktpotential aktualisiert und wir es mit einem beobachtbaren manifesten Konflikt zu tun haben. Die Fragen lauten dann: Welche Faktoren erklären die Entstehung des Konfliktpotentials? Welche tragen dazu bei, dass sich dieses Konfliktpotential in einer bestimmten Situation aktualisiert? Anders gesagt: wann schlägt ein latenter in einen manifesten Konflikt um? Schon solche auf Erklärung der Konfliktgenese abzielenden Faktorenmodelle sind mitunter recht komplex.

Am Ende von Untersuchungen, die zunächst nach der Entstehung von Konflikten fragen, steht oft eine Beschreibung der Anatomie oder *Struktur* des Konfliktes. Diese kann auf einen strukturell bedingten Interessengegensatz, unvereinbare Weltbilder und Wertesysteme oder bestimmte Akteurkonstellationen abstellen. Häufig folgen solche strukturorientierten Beschreibungen einem Interesse an Verallgemeinerung. Steht die Herausbildung der Anatomie eines Konflikts im Zentrum der Analyse, so liegt dem oft die Annahme zugrunde, es gäbe so etwas wie einen Kern oder eine grundlegende Struktur des Konflikts, der herauszuarbeiten ist. In neueren Beiträgen zur Konfliktforschung wird indessen immer wieder betont, dass dieser Fokus nicht gut in der Lage ist, die vielschichtige Dynamik von Konfliktverläufen angemessen zu erfassen. Konzepte, die auf die Herausbildung einer bestimmten Konfliktstruktur abstellen, nehmen oft statische Züge an. Ein Grund für diesen

Bias im Spannungsfeld von Statik und Dynamik wird im zugrundeliegenden Konfliktmodell gesehen. Dieses wird nach wie vor oft am Beispiel klassischer sozialstrukturell bedingter Konflikte gewonnen, gleich, ob diese als Klassenkonflikt oder als industrieller Konflikt oder – auf der internationalen Ebene – als Systemkonflikt beschrieben werden. Die grundlegenden Konfliktstrukturen sind in diesen Fällen für Beteiligte und Beobachter sehr viel klarer (gewesen) als die Konturen der meist sehr viel unübersichtlicheren Konflikte im Bereich der Umwelt- und Technologiepolitik.

Bei länger andauernden Konflikten zeigt sich allerdings, dass die Faktoren, die für die Genese eines (manifesten) Konfliktes und die Herausbildung einer bestimmten Konfliktstruktur verantwortlich sind, häufig nicht oder doch nicht hinreichend erklären können, welchen weiteren Verlauf ein einmal aufgebrochener Konflikt im Laufe der Zeit nimmt und welches seine Wirkungen sind oder sein werden. So wird die Konfliktdynamik meist von rechtlichen Regelungen, institutionellen Strukturen des politischen Vermittlungssystems und dem Verhalten von (staatlichen) Kontrollinstanzen mit bestimmt, die selbst gar nicht direkt an der Genese des Konfliktes beteiligt gewesen sind. Der Satz an relevanten Erklärungsfaktoren ändert sich noch einmal, wenn nach direkten und indirekten Wirkungen eines Konfliktes oder nach den Bedingungen für eine mögliche Konflikttransformation gefragt wird. Die These, die hier in Bezug auf Ansätze zur differenzierten Erklärung von Konflikten nahe liegt, lautet demzufolge: Eine Konfliktanalyse, die der Komplexität und Dynamik ihres Untersuchungsgegenstands gerecht werden will, sollte sich nicht nur auf Entstehung und Struktur beziehen, sondern auch nach Verlauf und Wirkungen von Konflikten fragen. Für Entstehung und Struktur, Verlauf und Wirkungen von Konflikten sind in der Regel unterschiedliche Faktorenbündel heranzuziehen und deshalb auch unterschiedliche Erklärungsmodelle zu entwickeln. Eine differenzierte Konfliktanalyse braucht nicht nur ein Modell für die Erklärung der Entstehung und Struktur, sondern auch ein Verlaufs- und Wirkungsmodell von Konflikten. Dabei kann auf unterschiedliche konzeptionelle Angebote zurückgegriffen werden.

Was die Untersuchung des Konflikt*verlaufs* angeht, so liegen etwa einige „Lebenszyklusmodelle" vor, die am Beispiel von technologischen Kontroversen entwickelt worden sind (vgl. z.B. Mazur 1981, Jasper 1988). Die analytische Fruchtbarkeit solcher Modelle wäre in vergleichenden Untersuchungen für unterschiedliche Technikkonflikte zu überprüfen. Gleiches gilt für allgemeiner angelegte Modelle der Eskalation bzw. Deeskalation von Konflikten sowie für Phasen- und Prozessmodelle aus der neueren Konfliktsoziologie (vgl. z.B. Giegel 1998: 16-23), die politikfeldbezogen für den Bereich von Umwelt und Technik zu spezifizieren wären.

Die Analyse der *Wirkungen* von Umwelt- und Technikkonflikten setzt ähnlich komplexe Modelle voraus wie sie in der Analyse der Wirkungen von sozialen Bewegungen, von Protesten oder von „Widerstand" gegen neue Technologien vorgeschlagen und verwendet worden sind (Rucht 1996, Giugni u.a. 1999, Bauer 1995). Hier lassen sich die allgemeinen Hypothesen der funktionalistischen Konflikttheorie (Coser 1965) in interessante Fragestellungen übersetzen: Sind Umwelt- und Technikkonflikte produktiv für gesellschaftlichen und politischen Wandel oder erzeugen sie eher Blockaden und weitere Verfestigungen? Führen sie nicht nur zu gesellschaftlicher Desintegration, sondern unter bestimmten Umständen auch zur Stärkung des Zusammenhaltes von Gruppen, die an diesen Konflikten beteiligt sind?

Dass Konflikte nicht nur zu gesellschaftlichem Wandel beitragen, sondern selbst auch einem Wandel unterliegen können, lässt sich bei einer Längsschnittbetrachtung vielfach beobachten. Die Wahrnehmung und Bewertung der Konfliktgegenstände, der (anderen) Konfliktbeteiligten oder –betroffenen können sich mit der Zeit wandeln – ohne dass ein Konflikt gleich völlig in einem Konsens aufgehen muss. Nicht zuletzt die Formen, in denen Konflikte ausgetragen, bearbeitet und geregelt werden, haben sich über längere Zeiträume gesehen verändert. Eine solche *Transformation* von Konflikten ist vor allem in praktischer Hinsicht von Bedeutung. Im Hinblick auf eine mögliche Konfliktlösung wird daher immer wieder nach den Bedingungen gefragt, unter denen eine Konflikttransformation auf den Weg gebracht werden könnte. Das gilt etwa, um einige prominente Unterscheidungen aus der Wirtschafts- und Sozialpolitik aufzugreifen, für die Transformation von „antagonistischen" in „nicht-antagonistische" Konflikte. In der Umwelt- und Technologiepolitik wird immer wieder auf eine mögliche Transformation von Wert- in Interessenkonflikte abgestellt, denn diese gilt vielfach als Bedingung dafür, Ansätze einer Konfliktmediation oder Instrumente einer kompensatorischen Umwelt- und Technologiepolitik anwenden zu können.

6 Perspektiven komparativer Konfliktforschung: Umwelt- und Technikkonflikte im Vergleich

Wenn man zwei institutionell und funktional ausdifferenzierte Politikfelder unter einem gemeinsamen Aspekt – ihrer Konflikthaftigkeit – betrachtet, dann stellen sich nicht zuletzt einige grundlegende Fragen der vergleichenden Politikforschung. Diese zielen auf Gemeinsamkeiten und Unterschiede der beiden Politikfelder und der hier beobachtbaren Konflikte, oder, in dynamischer Perspektive: auf Konvergenz und Divergenz von Umwelt- und Technikkonflikten. Dabei wäre im Rahmen der oben vorgeschlagenen differenzierten Analyse jeweils spezifisch nach der Entstehung, der Struktur, dem Verlauf, den Wirkungen und einer möglichen Transformation dieser Konflikte zu fragen. Aus dem konzeptionellen Angebot der Komparatistik sind mindestens drei verschiedene Formen des Vergleiches von besonderem Interesse für die Analyse von Umwelt- und Technikkonflikten: der Ländervergleich (1), der „sektorale" oder politikfeldbezogene Vergleich (2) und der longitudinale Vergleich über unterschiedliche historische Phasen (3).

6.1 Umwelt- und Technikkonflikte im Ländervergleich

Warum geht die Einführung neuer Technologien in einigen Ländern mit massiven gesellschaftlichen und politischen Konflikten einher, während sich in anderen Staaten gar kein Protest regt? Warum führen strenge Natur- und Umweltschutzmaßnahmen in einem Land zu Konflikten, während sie in anderen in einem breiten Konsens implementiert werden können? Welche Bedeutung unterschiedliche institutionelle Rahmenbedingungen und gesellschaftliche Kontexte, aber auch unterschiedliche Akteurskonstellationen und Policies für die Entstehung, die Struktur, den Verlauf, die Wirkungen und eine Transformation von Konflikten haben können, ist bereits für einige politisch besonders umstrittene Technologien in ländervergleichenden Studien untersucht worden (vgl. für die Kerntechnik etwa

Flam 1994, für die Bio- und Gentechnologie z.B. Gaskell/Bauer 2001, Bauer/Gaskell 2002, Jasanoff 2005). Die Fragestellungen und Untersuchungsdesigns dieser Studien weisen dabei zwar oft erhebliche Unterschiede auf. Ländervergleichende Untersuchungen haben aber insbesondere deutlich gemacht, dass einem „sachlichen", primär auf die Konfliktgegenstände bezogenen Ansatz enge Grenzen bei der Erklärung von Umwelt- und Technikkonflikten gesetzt sind. Aus der Analyse der Problemstruktur von wichtigen Umweltfragen oder neuen Technologien lässt sich in der Regel nicht vorhersagen, warum diese in einem Land zu heftigen Konflikten geführt haben, in anderen nicht, wie etwaige unterschiedliche Verläufe dieser Umwelt- und Technikkonflikte in den betrachteten Ländern zu erklären sind und wie ihre häufig unterschiedlichen Wirkungen zustande kommen. Dazu ist es vielmehr nötig, auch unterschiedliche Akteurskonstellationen und -strategien, institutionelle Rahmenbedingungen und gesellschaftliche Kontexte systematisch mit in die Analyse einzubeziehen.

6.2 Umwelt- und Technikkonflikte im Politikfeldvergleich

Umwelt- und Technikkonflikte werden häufig in einem Atemzug genannt, ganz so, als handle es sich dabei mehr oder weniger um denselben Typus von Konflikten. Um zu prüfen, ob dieser Eindruck zutrifft, wäre in analytischer Perspektive genauer zu fragen, was Umwelt- und Technikkonflikten gemeinsam ist und wodurch sie sich von Konflikten in anderen Politikfeldern unterscheiden. Gibt es zwischen Umwelt- und Technikkonflikten nur Gemeinsamkeiten, die eine typologische Differenz zu Konflikten in anderen Politikfeldern begründen können? Oder lassen sich auch politikfeldspezifische „sektorale" Unterschiede feststellen, die weiter differenzierte „sektor-" oder „policy-bezogene" Konfliktfeldanalysen nahe legen? Die Frage, ob Umwelt- und Technikkonflikte etwas gemeinsam haben, was sie von anderen Konflikten unterscheidet, wäre empirisch im Rahmen von sektoralen bzw. politikfeldbezogenen Vergleichen zu untersuchen. In der gegenwärtigen Diskussion werden Umwelt- und Technikkonflikte häufig durch einzelne oder mehrere immer wiederkehrende Kriterien charakterisiert, zu denen insbesondere (die Zunahme von) Komplexität, Ungewissheit oder Nicht-Wissen, Ambiguität bzw. Ambivalenz sowie nicht-intendierte Nebenfolgen gehören. Ist dieser Satz an Kriterien (oder Teilen davon) aber wirklich so spezifisch für Umwelt- und Technikkonflikte, dass sich daraus eine charakteristische Differenz zu anderen Konflikten ergibt? Prima facie könnte man diese Merkmale gegenwärtig wohl auch sehr vielen Konflikten aus dem Bereich der Beschäftigungs-, Bildungs-, Sozial- oder Haushaltspolitik zuschreiben. Stellen diese Merkmale also wirklich die differenzbildenden Kriterien dar, mit deren Hilfe man Umwelt- und Technikkonflikte im Unterschied zu Konflikten in anderen Politikfeldern charakterisieren kann? Die prüfenswerte Gegenthese lautet an dieser Stelle: die häufig genannten Kriterien Komplexität, Ungewissheit, Ambivalenz und nicht-intendierte Nebenfolgen sind Merkmale von Politiken der „zweiten Moderne" insgesamt, sie kennzeichnen also einen ganzen Gesellschaftstyp und die meisten der Policies, die in den politischen Systemen dieser Gesellschaften formuliert, entschieden und umgesetzt werden. Sie stellen kein differenzbildendes Spezifikum von Umwelt- und Technikkonflikten dar, mit deren Hilfe man Konflikte in diesen Politikfeldern von anderen Konflikten unterscheiden könnte. Um die Frage nach übergreifenden und beachtenswerten Unterschieden sowohl zwischen Umwelt- und Technikkonflikten als auch relevante Differenzen zu

Konflikten in anderen Politikfeldern zu beantworten, müssten vielmehr systematisch angelegte Vergleiche der Entstehung, der Struktur, des Verlaufs, der Wirkungen und der Transformation von Konflikten in unterschiedlichen Politikfeldern durchgeführt werden.

6.3 Umwelt- und Technikkonflikte im historischen Vergleich

Der Hinweis auf aktuelle Konflikte in der Umwelt- und Technologiepolitik findet sich auch in vielen übergreifenden Zeitdiagnosen, die einen Wandel gesellschaftlicher Konfliktstrukturen insgesamt illustrieren wollen. Umwelt- und Technikkonflikte erscheinen in diesen Zeitdiagnosen dann als Beispiele für „neue" Typen von gesellschaftlichen und politischen Konflikten, die mit „alten" – insbesondere sozioökonomisch bedingten – Konflikten kontrastiert werden. Die neuen Konflikttypen gelten als charakteristisch für neue Gesellschaftsformationen, die etwa als Risiko- oder Wissensgesellschaften charakterisiert werden. Sie sollen sich in verschiedener Hinsicht von älteren agrar- oder industriegesellschaftlichen Konflikten unterscheiden. Bei diesen Kontrastierungen von „alten" Interessen- und Verteilungskonflikten und „neuen" Risiko- und Wissenskonflikten spielt eine zeitbezogene Dimension eine Rolle, die im Rahmen einer komparativen Konfliktforschung zu longitudinalen Vergleichen Anlass geben könnte. Als nominell eigenständige Politikfelder, die unter diesem Titel zur spezifischen politischen Problembearbeitung institutionell ausdifferenziert wurden, treten Umwelt- und Technikpolitik erst seit ein paar Jahrzehnten auf. So wurde die Technologiepolitik in der Bundesrepublik Deutschland zu Beginn der 1960er Jahre, die Umweltpolitik etwas später Ende der 1960er/Anfang der 1970er Jahre als nominell und institutionell selbständiges Politikfeld konstituiert. Umwelt- und Technikkonflikte gibt es allerdings schon sehr viel länger, wie Umwelt- und Technikhistoriker in vielen Studien gezeigt haben (vgl. etwa Sieferle 1984, Linse u.a. 1988, Radkau 2000). Zu fragen wäre in historisch angelegten Vergleichen, welche Gemeinsamkeiten und welche Unterschiede dabei zwischen Umwelt- und Technikkonflikten festzustellen sind, die als traditionale, moderne und „postmoderne" Konflikttypen (oder solche einer zweiten Moderne) klassifiziert werden.

Neben diesen Bezügen zu größeren historischen Epochen ergeben sich in der longitudinalen Dimension auch interessante Fragen für phasenspezifische Vergleiche. Umwelt- und Technologiepolitik können mittlerweile schon über einen Zeitraum von 40 bis 50 Jahren als eigenständige ausdifferenzierte Politikfelder gelten. So wäre etwa zu prüfen, ob es nach ihrer Ausdifferenzierung als eigenständige Politikfelder mit spezifischen Institutionen und Organisationen, Akteurkonstellationen und -netzwerken sowie mit spezifischen politischen Programmen und Budgets relevante Unterschiede im Vergleich zu den Konflikten gibt, die vor der funktionalen und institutionellen Ausdifferenzierung dieser Politikfelder aufgetreten sind. Schließlich wäre auch nach Unterschieden der Konflikte zu fragen, die sich zwischen den verschiedenen Phasen seit der Institutionalisierung dieser Politikfelder beobachten lassen.

Von Interesse wäre dabei nicht zuletzt die Frage nach einem Wandel der dominanten Konflikttypen über Zeit. Geht man von den Analysen der eingangs erwähnten Konflikttheorie Dahrendorfs (1961a,b) aus, so fällt auf, dass der dort grundlegende Typ des Herrschaftskonflikts in den aktuellen Beschreibungen und Analysen zu Umwelt- und Technikkonflikten so gut wie gar nicht (mehr) vorkommt – auch nicht bei denen, die sich durchaus auf einige seiner sonstigen Klassifikationen beziehen. Stattdessen werden aktuelle Konflikte in der Umwelt- und Technologiepolitik primär als Wert-, Interessen- oder Wissenskonflikte konzeptualisiert. Zu fragen wäre, ob diese Veränderungen in den Konfliktanalysen in dem Wandel der untersuchten Konflikte selbst begründet sind oder ob sie den aktuellen Konjunkturen in den sozialwissenschaftlichen Konzeptualisierungen geschuldet sind. Spielen klassische Herrschafts-, Macht- oder Ordnungskonflikte in der Umwelt- und Technologiepolitik tatsächlich keine (zentrale) Rolle mehr oder hat die sozial- und politikwissenschaftliche Umwelt- und Technikforschung nur das Interesse an diesen Konflikttypen verloren?

Längsschnitt-Untersuchungen könnten darüber hinaus noch bei einer anderen Frage der Konflikttheorie zu differenzierten Antworten führen: Gibt es in einem Politikfeld so etwas wie einen grundlegenden, fundamentalen Konflikt und wie wäre der zu konzeptualisieren? In den politischen Debatten über Umwelt- und Technikkonflikte sind solche Konstruktionen eines Basis-Konflikts unter den politischen Akteuren selbst relativ weit verbreitet. So wird in der Umweltpolitik immer wieder auf einen grundlegenden Konflikt von „Ökonomie vs. Ökologie" verwiesen, ohne dass hinreichend klar ist, worin denn dieser Konflikt genau besteht. Umgekehrt neigen die auf Vermittlung und Ausgleich bedachten Akteure in der Umweltpolitik dazu, die Relevanz einer solchen grundlegenden Konfliktdimension für konkrete Konfliktregelungen zu bestreiten. In Kontroversen über Technisierungskonflikte wird die Konstruktion eines grundlegenden Konflikts von Technikfeindlichkeit vs. Technikbefürwortung von einigen Konfliktbeteiligten immer wieder zur Beschreibung der Auseinandersetzung mobilisiert. In der Cultural Theory erhält diese Konstruktion im Rahmen der Grid-Group-Analysis eine etwas differenziertere Form (vgl. z.B. Schwarz/Thompson 1990). Dabei wird ein grundlegendes, kulturell bedingtes Konfliktquadrat konstruiert, das sich in allen Umwelt- wie für Technikkonflikten wiederfinden soll (vgl. z.B. Lockhart 2001). Sind solche, auf unterschiedliche Weltbilder abstellende Konzepte in der Lage, einen vermeintlichen Basiskonflikt in der Umwelt- und Technologiepolitik angemessen zu identifizieren und zu beschreiben (vgl. für einen solchen Ansatz z.B. Gill 2003)?

7 Perspektiven der Konfliktpolitik: Reflexive Konfliktregelung und Demokratie

Die meisten Umwelt- und Technikkonflikte in den westlichen Demokratien folgen bereits einem Konfliktmuster, das vielfach als charakteristisch für eine „reflexive" Moderne insgesamt ausgewiesen wird: in diesen Konflikten wird nicht nur über bestimmte Umweltprobleme oder kontroverse Technologien gestritten, sondern zugleich auch darüber, wie, von wem und im Rahmen welcher Verfahren dieser Konflikt selbst zu definieren, zu bearbeiten, zu entscheiden und zu regeln ist. Die Reflexivität der Konfliktstruktur wird inzwischen nicht nur von wissenschaftlichen Beobachtern beschrieben, sondern auch von vielen direkt am Konflikt beteiligten Akteuren realisiert und offensiv thematisiert – mit der Folge, dass es in den meisten Umwelt- und Technikkonflikten neben inhaltlichen Differenzen immer auch und oft an erster Stelle um Konfliktdefinitionskonflikte, Konfliktbewertungskonflikte, Konfliktbearbeitungskonflikte und Konfliktregelungskonflikte geht. In dem Maße, wie das politische Konfliktvermittlungssystem moderner Demokratien darauf reagiert und seinerseits Züge einer „reflexiven Demokratie" (Schmalz-Bruns 1995) annimmt oder doch Elemente einer reflexiv angelegten Demokratisierung aufweist (Saretzki 1997: 306-308), wird das Verhältnis von Konflikten erster und zweiter Ordnung selbst zu einem relevanten Untersuchungsgegenstand. Vor diesem Hintergrund erhält die Frage nach dem Zusammenspiel von Umwelt- und Technikkonflikten mit alten und neuen Formen einer demokratischen Konfliktbearbeitung und Konfliktregelung eine besondere Bedeutung für die politikwissenschaftliche Forschung über Umwelt- und Technikkonflikte. Wie fast alles in der Politik, so kann auch dieser Zusammenhang zum Gegenstand von mehr oder weniger reflektierten politischen Strategien werden (Raschke/Tils 2007).

8 Zusammenfassung

Konflikte werden in der Umwelt- und Technologiepolitik zwar gern geleugnet oder verdrängt. Sie sind in diesen Politikfeldern aber seit den harten Auseinandersetzungen um die Kerntechnik in den 1970er Jahre gleichwohl keineswegs bedeutungslos – und sei es als „Schatten an der Wand", der darauf hinweist, dass politische Prozesse auch weniger konsensuell und friedlich verlaufen können als gewünscht oder erwartet. Umwelt- und Technikkonflikte stellen sich als komplexe und dynamische Phänomene dar, deren Entstehung, Struktur, Verlauf, Wirkung und Transformation durch eine Reihe von unterschiedlichen Faktoren bestimmt werden. Ihre Untersuchung stellt die politikwissenschaftliche Forschung schon konzeptionell vor vielfältige Herausforderungen. Der Begriff „Konflikt" gehört aus der Sicht der Fachvertreter zwar zu den am meisten genannten „unverzichtbaren Begriffen" der Politikwissenschaft. Dieser herausgehobenen Bedeutung, die Politikwissenschaftler dem Konfliktbegriff bei der Analyse ihres Gegenstandsbereichs zuweisen, entspricht aber kein Bezug auf eine eigenständige oder einheitliche sozialwissenschaftliche Konflikttheorie. Weder einzelne konflikttheoretisch interessante Klassiker noch die soziologische Konflikttheorie der 1950er und 1960er Jahre stellen kategoriale Grundlagen und konzeptionelle Bezugsrahmen zur Verfügung, die heute unreflektiert als theoretisches Fundament für problem- und politikfeldspezifische Konfliktanalysen in der Umwelt- und Technologiepolitik dienen könnten.

Vor diesem Hintergrund stellt sich die Aufgabe, ein eher fragmentiertes Theorieangebot konzeptionell so weit zu strukturieren, dass sich daraus ein hinreichend differenzierter Bezugsrahmen für eine gegenstandsorientierte Analyse und Bewertung von Umwelt- und Technikkonflikten ergibt. Dabei gilt es insbesondere, konzeptionell induzierte Einseitigkeiten und analytische Verkürzungen zu vermeiden. So sind in vielen vorliegenden Studien Zugänge zu finden, die einseitig entweder die sachliche, die soziale oder die prozedurale Dimension der Konflikte in den Vordergrund stellen. Demgegenüber müsste eine Konfliktanalyse, die der Komplexität und Dynamik von Umwelt- und Technikkonflikten gerecht werden will, konzeptionell von vornherein als mehrdimensionale Konfliktfeldanalyse angelegt sein. Bei einer solchen Konfliktfeldanalyse ginge es darum, die strittigen Konfliktgegenstände, die beteiligten Konfliktakteure und die Konfliktregelungen in ihren Wechselwirkungen zu erfassen und neben den unmittelbar konfliktrelevanten Dimensionen auch den institutionellen Rahmen und den gesellschaftlichen Kontext mit in die Analyse einzubeziehen. Entstehung, Struktur, Verlauf, Wirkung und Transformation von Konflikten werden auch in ausdifferenzierten Politikfeldern im Regelfall von unterschiedlichen Faktorenbündeln bestimmt. Um die jeweils wichtigsten Determinanten dieser verschiedenen Aspekte eines Konflikts näher herauszuarbeiten, ist eine klar strukturierte Analyse auf der Basis von differenzierten Fragestellungen und spezifischen Erklärungsmodellen nötig. Da Umwelt- und Technikkonflikte häufig in einem Atemzug genannt werden, ergeben sich insbesondere in komparativer Hinsicht einige interessante Forschungsperspektiven. Dabei bieten sich neben ländervergleichenden und politikfeldbezogenen Vergleichen auch komparativ angelegte Längsschnittstudien an, um übergreifende Fragen nach einem (politikfeldspezifischen) „Basiskonflikt" oder einem Wandel der dominanten Konflikttypen in den Politikfeldern auf einer empirischen Grundlage beantworten zu können. Die Perspektiven der praktischen Konfliktpolitik in der Umwelt- und Technologiepolitik erschließen sich oft erst in ihrer ganzen Komplexität, wenn man sich die Reflexivität der Konfliktstrukturen in modernen Demokratien vergegenwärtigt: Gestritten wird nicht nur über Umweltprobleme und Technologien, sondern auch und zugleich darüber, wie mit diesen Streitfragen umzugehen ist. Diese Differenzierung in Konflikte und Metakonflikte bleibt in vielen Fällen keine rein analytische Rekonstruktion von wissenschaftlichen Beobachtern. In dem Maße, wie sie von den beteiligten Akteuren realisiert wird, eröffnet sie diesen zugleich Optionen für reflexiv angelegte Konfliktstrategien.

9   Literatur

Arendes, Cord, 2005: Politikwissenschaft in Deutschland. Standorte, Studiengänge und Professorenschaft 1949-1999. Wiesbaden.
Bauer, Martin W., 1995: Resistance to new Technology and its Effects on Nuclear Power, Information Technology and Biotechnology, in: Ders. (Hg.): Resistance to new Technology. Nuclear Power, Information Technology and Biotechnology. Cambridge, 1-41.
Bauer, Martin W./Gaskell, George (Hg.), 2002: Biotechnology. The Making of a Global Controversy. Cambridge.
Böhret, Carl, 1985: Zum Stand und zur Orientierung der Politikwissenschaft in der Bundesrepublik Deutschland, in: Hartwich, Hans-Hermann (Hg.), Policy-Forschung in der Bundesrepublik Deutschland. Opladen, 216-330.
Bonacker, Thorsten, 2005: Sozialwissenschaftliche Konflikttheorien - Einleitung und Überblick, in: Bonacker, Thorsten (Hg.), Sozialwissenschaftliche Konflikttheorien. Eine Einführung (3. Aufl.). Wiesbaden, 9-29.
Coser, Lewis A., 1965: Theorie sozialer Konflikte. Neuwied.
Dahrendorf, Ralf, 1961a: Die Funktionen sozialer Konflikte, in: Ders., Gesellschaft und Freiheit. München, 112-131.
Dahrendorf, Ralf, 1961b: Elemente einer Theorie des sozialen Konflikts, in: Ders., Gesellschaft und Freiheit. München, 197-235.
Dahrendorf, Ralf, 1965: Gesellschaft und Demokratie in Deutschland. München.
Dahrendorf, Ralf, 1969: Zu einer Theorie des sozialen Konflikts, in: Zapf, Wolfgang (Hg.):, Theorien des sozialen Wandels. Köln/Berlin, 108-123.
Falter, Jürgen/Knodt, Michèle, 2007: Die Bedeutung von Themenfeldern, theoretischen Ansätzen und die Reputation von Fachvertretern, in: Politikwissenschaft. Rundbrief der Deutschen Vereinigung für Politische Wissenschaft 137 (Herbst 2007), 147-160.
Flam, Helena (Hg.), 1994: States and Anti-Nuclear Movements. Edinburgh.
Feindt, Peter H./Canenbley, Christiane/Gottschick, Manuel/Müller, Christina/Roedenbeck, Inga, 2004: Konflikte des Agrarsektors - eine Landkarte. Empirische Ergebnisse einer konflikttheoretischen Fundierung der Nachhaltigkeitsforschung (BIOGUM-Forschungsbericht FG Landwirtschaft, Nr. 12). Hamburg.

Gabriel, Oscar W., 1993: Erklären von Parteienkonflikten, in: Gabriel, Oscar W. (Hg.), Verstehen und Erklären von Konflikten. Beiträge zur nationalen und internationalen Politik. München, 107-143.
Gaskell, George/Bauer, Martin (Hg.), 2001: Biotechnology 1996 – 2000. The Years of Controversy. London.
Giegel, Hans-Joachim, 1998: Gesellschaftstheorie und Konfliktsoziologie, in: Giegel, Hans-Joachim (Hg.), Konflikt in modernen Gesellschaft. Frankfurt am Main, 9-28.
Gill, Bernhard, 2003: Streitfall Natur. Weltbilder in Technik- und Umweltkonflikten. Wiesbaden.
Giugni, Marco G./McAdam, Doug/Tilly, Charles (Hg.), 1999: How Social Movements Matter. Minneapolis/London.
Honolka, Harro, 1986: Reputation, Desintegration, theoretische Umorientierungen. Zu einigen empirisch vernachlässigten Aspekten der Politikwissenschaft in der Bundesrepublik Deutschland, in: Beyme, Klaus von (Hg.), Politikwissenschaft in der Bundesrepublik Deutschland. Opladen, 41-61.
Jasanoff, Sheila, 2005: Designs on Nature. Science and Democracy in Europe and the United States. Princeton/Oxford.
Jasper, James M., 1988: The Political Life Cycle of Technological Controversies, in: Social Forces 67, 357-377.
Joas, Hans/Knöbl, Wolfgang, 2004: Sozialtheorie. Frankfurt am Main.
Klingemann, Hans-Dieter/Falter, Jürgen W., 1998: Die deutsche Politikwissenschaft im Urteil der Fachvertreter. Erste Ergebnisse einer Umfrage von 1996/7, in: Greven, Michael Th. (Hg.), Demokratie - eine Kultur des Westens?. Opladen, 305-341.
Lamla, Jörn, 2005: Die Konflikttheorie als Gesellschaftstheorie, in: Bonacker, Thorsten (Hg.), Sozialwissenschaftliche Konflikttheorien. Eine Einführung (3. Aufl.). Wiesbaden, 207-229.
Linse, Ulrich/Falter, Reinhard/Rucht, Dieter/Kretschmer, Winfried, 1988: Von der Bittschrift zur Platzbesetzung. Konflikte um technische Großprojekte. Berlin/Bonn.
Lockhart, Charles, 2001: Controversy in Environmental Policy Decisions: Conflicting Policy Means or Rival Ends?, in: Science, Technology, & Human Values 26, 259-277.
Mazur, Allan, 1981: The Dynamics of Technical Controversy. Washington, D.C..
Nelkin, Dorothy, 1992: Science, Technology, and Political Conflict. Analyzing the Issues, in: Dies. (Hg.), Controversy. Politics of Technical Decisions (3rd. Edition). Newbury Park, CA., ix-xxv.
Nelkin, Dorothy, 1995: Science Controversies. The Dynamics of Public Disputes in the United States, in: Jasanoff, Sheila/Markle, Gerald E./Peterson, James C./Pinch, Trevor (Hg.), Handbook of Science and Technology Studies, Thousand Oaks, 444-456.
Nollmann, Gerd, 1997: Konflikte in Interaktion, Gruppe und Organisation. Zur Konfliktsoziologie der modernen Gesellschaft. Opladen.
Radkau, Joachim, 2000: Natur und Macht. Eine Weltgeschichte der Umwelt. München.
Raschke, Joachim/Tils, Ralf 2007: Politische Strategie. Eine Grundlegung, Wiesbaden.
Rucht, Dieter, 1996: Wirkungen von Umweltbewegungen: Von den Schwierigkeiten einer Bilanz, in: Forschungsjournal Neue Soziale Bewegungen 9, 15-27.
Saretzki, Thomas, 1997: Demokratisierung von Expertise? Zur politischen Dynamik der Wissensgesellschaft, in: Klein, Ansgar/Schmalz-Bruns, Rainer (Hg.): Politische Beteiligung und Bürgerengagement in Deutschland – Möglichkeiten und Grenzen. Baden-Baden, 277-314
Saretzki, Thomas, 2001: Entstehung, Verlauf und Wirkungen von Technisierungskonflikten: Die Rolle von Bürgerinitiativen, sozialen Bewegungen und politischen Parteien, in: Simonis, Georg/Martinsen, Renate/Saretzki, Thomas (Hg.), Politik und Technik. Analysen zum Verhältnis von technologischem, politischem und staatlichem Wandel am Anfang des 21. Jahrhunderts. Wiesbaden, 185-210.
Schmalz-Bruns, Rainer, 1995: Reflexive Demokratie. Die demokratische Transformation moderner Politik. Baden: Baden.
Schwarz, Michiel/Thompson, Michael, 1990: Divided we stand. Redefining Politics, Technology and Social Choice. New York.

Sieferle, Rolf Peter, 1984: Forschrittsfeinde? Opposition gegen Technik und Industrie von der Romantik bis zur Gegenwart. München.
Ueberhorst, Reinhard, 1995: Warum brauchen wir neue Politikformen?, in: Akademie der Politischen Bildung/Friedrich- Ebert-Stiftung (Hg.), 10. Streitforum: Reform des Staates - Neue Formen kooperativer Politik. Bonn, 9-41.

Wie beliebig ist der Umgang mit politischen Konflikten im Raum der strategischen Energie- und Umweltpolitik?[1]

Reinhard Ueberhorst

I

Die Fragestellung der politikwissenschaftlichen Tagung, auf die alle Beiträge dieses Buches zurückgehen, war für die politische Praxis so interessant, wie wir uns vorstellen können, dass unsere politische Praxis durch politikwissenschaftliche Arbeiten und deren Vermittlung besser möglich ist als ohne sie. Es liegt mir fern, das Aufgabenfeld der Politikwissenschaft auf diese aktuelle praktische Funktion zu reduzieren. Wohl kann ich mir keine Politikwissenschaft vorstellen, die mit ihrer *ratio essendi* nicht immer auch Möglichkeitswissen über den aktuell anzustrebenden Umgang mit dem Politischen erarbeiten und vermitteln wollte. Wenn ich dieses Aufgabenverständnis der Politikwissenschaft nicht voraussetzen dürfte, wüsste ich nicht, wie ich die Disziplin adressieren sollte.[2]

Mit einem Thema meiner Wahl soll ich Erwartungen an politikwissenschaftliche Arbeiten im Lichte aktueller umweltpolitischer Herausforderungen einbringen. Ich habe mich für die Frage nach nicht beliebigen kooperativen Leistungszielen freier politischer Akteure im Umgang mit politischen Konflikten im Raum der strategischen Energie- und Umweltpolitik entschieden. Mit diesem Thema könnten wir eine andere politische Praxis im Umgang mit politischen Konflikten erreichen und auch eine andere Politik-Wissenschaft. Vielleicht kurzfristig auch nur mehr Einsichten in unser Unvermögen, mit komplexen langfristigen politischen Gestaltungsaufgaben *for the time being* umgehen zu können. Diese Einsichten könnten wiederum suchende Diskussionen befördern, für die uns bislang die richtigen Fragen fehlen. In dieser Perspektive schreibe ich diese kleine Betrachtung – aufbauend auf früheren Versuchen.[3]

Eine Anerkennung des vorgeschlagenen Themas ist – wie zu zeigen ist – heute bestenfalls vorstellbar. Die Anerkennung bedürfte eines anerkannten Bezugssystems, mit dem das Thema nicht beliebiger Leistungsziele im Umgang mit politischen Konflikten begründet, interpretiert und im Sinne seiner Fragestellungen bearbeitet werden könnte. Das Thema wäre anerkannt, wenn wir ein weithin anerkanntes Verständnis eines möglichen und anzustrebenden Umgangs mit dem Politischen hätten – kurz ein anerkanntes Politikverständnis.

---

[1] Dieser Beitrag ist der Einladung der beiden Arbeitskreise aus der institutionalisierten Politikwissenschaft geschuldet, als Externer einen Beitrag in den Reflexionsprozess über Fragestellungen einzubringen, denen sich professionelle Politikwissenschaftler im Themenbereich umwelt- und technikpolitischer Konflikte heute zuwenden sollten. Die im Titel dieses Textes formulierte Leitfrage ist meine Antwort auf die Frage nach diesbezüglichen Themen.

[2] Wie diese Vorstellung im Lichte der wahrnehmbaren und erfahrenen Arbeit der Politikwissenschaftler zu interpretieren ist, kann hier nicht weiter betrachtet werden. Ich könnte aber auch nicht aufzeigen, mit meiner Vorstellung von einem erkennbar weithin geteilten Selbstverständnis der Disziplin auszugehen.

[3] Zuletzt Ueberhorst (2001, 2004a, 2004b) mit Hinweisen auf weitere Publikationen und insbesondere auf eine Reihe kooperativer Projekte mit Partnern aus politischen, wirtschaftlichen und wissenschaftlichen Räumen (Wissenschaftler verschiedener natur-, technik-, geistes- und sozialwissenschaftlicher Disziplinen).

Der „Politikverständnisse" aber haben wir derzeit viele – in der Praxis wie in der Literatur. Wir leben, agieren, reflektieren und argumentieren in unserer Zeit im Schatten einer Pluralisierung von Politik-, Staats-, Demokratie-, Wirtschafts-, Technologie-, Gesellschafts-, Strategie- und Ethikverständnissen. Diese Pluralisierungen prägen sehr unterschiedliche Beobachtungen, Analysen, Interpretationen und Modelle des Umgangs mit politischen Konflikten – seien es normative Modelle oder analytische Modelle der Räume für praktische Politik.

Wenn wir uns auf die Leitfrage[4] einlassen wollen, müssen wir die Pluralität dieser Politikverständnisse interpretieren. Wir müssen fragen wollen, wie stark wir mit ihnen die Idee des Politischen pluralisieren wollen und dürfen, wenn wir eine praktische Politikfähigkeit anstreben.

Einen Zugang zu unserem Thema kann ich mir nur vorstellen, wenn wir nach den Bedingungen der Möglichkeit gelingender Politik in konkreten Politikfeldern fragen. Ein solches Feld ist die aktuelle strategische Energie- und Umweltpolitik. In diesem Feld haben wir seit Jahrzehnten nicht nur Konflikte über vorzugswürdige energie- oder klimapolitische Konzepte zur Umgestaltung unseres Energiesystems. Gestritten wurde immer wieder auch darüber, wie wir mit diesen inhaltlich-konzeptionellen Konflikten umgehen sollten, um eine langfristig umsetzbare Entscheidung für ein vorzugswürdiges Konzept zu erreichen (vgl. zum Beispiel Koenigs/Schaeffer 1993). Diese Kontroversen, in denen über Jahrzehnte kein Konsens zur Vorgehensweise gefunden wurde, sind für unser Thema genauso interessant wie die Phasen, in denen trotz der verfehlten Verständigung keine erkennbaren Verständigungsbemühungen zu erkennen sind – bis hin zu dem „We agree to disagree" im Koalitionsvertrag der derzeitigen großen Koalition.

Mein Vorschlag ist, die Interpretation dieser geführten oder ausgeklammerten Kontroversen an der Frage nach nicht beliebigen Leistungszielen im Umgang mit politischen Konflikten zu orientieren. Dafür schlage ich vor, das Ertragspotenzial einer heuristischen These zu erkunden: der These, dass wir verfehlte strategische Entscheidungen und deren Umsetzung sowie aktuelle Potenziale für eine erfolgversprechende Energiepolitik besser erkennen, wenn wir versäumte oder mögliche Interpretationen der nicht beliebigen kooperativen Leistungsziele betrachten.[5] Wir können mit ihr erkunden, wie und mit welchen Folgen nicht beliebige Leistungsziele in der strategischen Energie- und Umweltpolitik der letzen 30 Jahre beachtet und missachtet wurden. Wir können sehen, was wir heute prioritär anstreben sollten, um das Potenzial dieser Leistungsziele für die Überwindung einer derzeit „planlosen Energiepolitik" (so die Bundeskanzlerin 2006)[6] zu erschließen und zu nutzen.

Im nächsten Abschnitt II soll das Bezugssystem skizziert werden, mit dem ich argumentiere. Damit gebe ich eine Antwort auf die Frage: Warum und wie kommen nicht beliebige Leistungsziele im Umgang mit politischen Konflikten in konkreten Situationen in unser gedankliches Blickfeld? – als *ars politica*-Frage (II). In Abschnitt III soll dann in Ansätzen gezeigt werden, welche Politikpotenziale mit diesem Bezugssystem im Feld der strategischen Energie- und Umweltpolitik erschlossen werden könnten. Ein Verständnis dieser Potenziale brauchen wir für die erwägende Anfrage an die Politikwissenschaft, um

---

[4] Lies immer: „Leitfrage nach den nicht beliebigen Leistungszielen im Umgang mit politischen Konflikten".
[5] Das „Wir" dieser These ist die für jeden offene Gemeinschaft derer, die einen Umgang mit dem Politischen anstreben und dafür agieren. Sei es individuell oder in Organisationen und Institutionen, sei es als politischer Akteur oder als Wissenschaftler, dessen Beiträge für diesen Umgang mit dem Politischen nützlich sind, wenn nicht unabdingbar.
[6] Süddeutsche Zeitung vom 22.6.2006.

die es mir mit dieser Betrachtung geht: die Frage nach dem richtigen Umgang mit kontroversen Bezugssystemen zum vorzugswürdigen Verständnis eines Umgangs mit dem Politischen (IV).

II

Am Anfang steht die Motivation zum Umgang mit dem Politischen. Sie generiert politische Konflikte. Wer den Umgang mit dem Politischen will, will auch Konflikte – und einen Umgang mit Konflikten, der Ergebnisse zeitigt, durch Entscheidungen und deren Umsetzung. Wir wollen fragen, welche nicht beliebigen Leistungsziele im Umgang mit politischen Konflikten freie politische Akteure interpretieren können müssen, wenn der angestrebte gelingende Umgang mit dem Politischen erreicht werden soll – orientiert am Telos der *ars politica*.

Wofür steht die *ars politica*? Zuerst einmal für die Vorstellung einer attraktiven, freilich bedingten Möglichkeit: Durch eine kluge politische Praxis kann im Umgang mit politischen Konflikten ein gelingender Umgang mit dem Politischen angestrebt und erreicht werden – mehr oder weniger. Ob mehr oder ob weniger, entscheiden nicht nur Umstände oder die Götter und Fortuna, sondern eine mehr oder weniger klug angelegte Praxis. Diese ist immer auch ein Umgang mit politischen Konflikten.

Zu dieser Vorstellung gehört – im Ausmaß ihrer theoretischen und historischen Aufklärung – das Wissen, dass ein Umgang mit dem Politischen besser oder schlechter gelingen und auch verfehlt werden kann. Sei es in begrenzten Feldern oder komplett. Dann wird aus der Politischen Praxis teilweise oder komplett ein „Politikbetrieb" diesseits des Politischen. Auch für eine Wissenschaft der Politik besteht die Möglichkeit dieser Fehlentwicklung. Auch sie kann ihr Telos verfehlen und zum „Politikwissenschafts-Betrieb" diesseits des Politischen werden.

Solange wir dies wissen und vermeiden wollen, ist es spannend und auch kontinuierlich geboten, die Voraussetzungen, die Bedingungen der Möglichkeit eines gelingenden Umgangs mit dem Politischen zu reflektieren und zu befördern – in der politischen Praxis *und* in der Wissenschaft der Politik; nicht beziehungslos, sondern so aufeinander bezogen, wie es für beide und das Ganze nützlich, ja geboten ist. Den Willen, in diesem Beziehungsfeld zu denken, müssen wir voraussetzen, wenn wir einen Zugang zu der Frage nach nicht beliebigen Leistungszielen finden wollen.[7]

Politikwissenschaft haben wir nicht, wie Wilhelm Hennis oft pointiert und richtig festgestellt hat, weil ein Staat politikwissenschaftliche Lehrstühle finanziert. Eine so institutionalisierte Politik-Wissenschaft kann ihren Zweck „aus den Augen verlieren und dann auch über ihre Mittel nichts mehr sagen" (Hennis 1977: 78). Ich folge Hennis in dem Verständ-

---

[7] In diesem Satz möge mitgelesen worden sein, was mit ihm ausgegrenzt ist. Ausgegrenzt wird eine Praxis, die politikwissenschaftlich erarbeitetes Möglichkeitswissen über ihren Umgang mit politischen Konflikten nicht aufnehmen will und auch eine „Politikwissenschaft", die ein solches Möglichkeitswissen nicht erarbeiten und vermitteln wollte. Ausgegrenzt wird auch eine theoretische Theoriearbeit, die sich mit ihren Fragen nicht an der Möglichkeit einer gelingenden politischen Praxis orientieren will sowie eine Beobachtungs-Wissenschaft, die ohne eine Vorstellung eines anzustrebenden Umgangs mit dem Politischen nur beobachtet, was sie mit ihren Aufmerksamkeitskriterien beobachten kann. „Ausgegrenzt" heißt hier nur, dass die genannten Bereiche (ob sie nun vorliegen oder nur gedacht werden können) keinen Zugang zu unserer Frage finden können. Dies schließt nicht aus, dass mit ihnen über diese Frage gestritten wird.

nis, von der politischen Wissenschaft den Versuch zu erwarten, „die Kunst politischer Problemlösung zu analysieren". Ich folge ihm damit auch in dem Postulat, Regeln der *ars politica* – „Regeln des politischen Räsonnements" (Hennis 1977, 116) – zu erarbeiten. Die *ars politica* verhindert das Abgleiten in den Raum diesseits des Politischen. In Hennis' Worten: „Wenn das Zusammenleben nicht mehr durch Miteinander-Sprechen in seine vernünftigste Richtung gebracht werden kann, wenn ein Sich-Beraten, dieses Essentiale freiheitlicher politischer Herrschaft, sinnlos ist, so bleibt für diesen Bereich nur die Anarchie oder die Despotie" (Hennis 1977, 109).

Eine gelingende politische Praxis haben wir nicht schon deshalb, weil unsere Verfassung sie vorsieht und auch befördert. Dies ist die wichtigste Einsicht, ohne die wir keinen Zugang zu unserem Thema finden. Die Wirksamkeit von Verfassungen hängt von Voraussetzungen ab, „die sie nicht selber zu garantieren vermögen".[8] Kern dieser Voraussetzungen – „Glutkern" des Politischen – sind motivationale Ressourcen, mit denen die Idee des Politischen als Idee eines angestrebten Umgangs mit dem Politischen wirksam wird – so sie vorliegen und erschlossen werden. Motivationen zum Umgang mit dem Politischen sind nicht endliche Ressourcen (wie fossile Energieträger), aber auch nicht erneuerbare (wie die solaren). Sie sind nur potenziell erneuerbar, sie bedürfen der beständigen Erneuerung durch diejenigen, die sie für die Ordnung ihres Zusammenlebens haben und nutzen wollen.

Der verfassungsgemäße Umgang mit dem Politischen bedarf der motivierten Bürger, die diesen Umgang anstreben. Die Verfassung postuliert eine Willensbildung des Volkes. Der Verfassungstext kennt aber keine Norm, wie die Motivation zu dieser Willensbildung sich entfalten soll. Die politischen Akteure sind frei und sollen frei sein, ihren Umgang mit dem Politischen kreativ zu gestalten. Im Umgang mit politischen Konflikten können und sollen sie ihr politisches Ingenium durchsetzungsorientiert entfalten – und Erfolge suchen. Zu unserem Thema kommen wir, wenn wir fragen, ob die politischen Akteure sich in ihrer Motivation darauf beschränken dürfen, nur eigene Interessen und eigene vorzugswürdige Positionen durchsetzungsorientiert mit einem ‚positionellen Politikstil' zu verfolgen, ohne die Möglichkeit gelingender Politik zu gefährden.

Die durchsetzungsorientierte Motivation ist legitim. Für den Umgang mit dem Politischen ist es notwendig, dass Akteure durchsetzungsorientiert denken. Zu fragen ist aber auch, ob dies immer auch hinreichend ist. Was ist die unsichtbare ordnende Hand im gelingenden Umgang mit politischen Konflikten? Ist es die Wirkung – mit Mandevilles Vorstellung gesprochen –, dass private Untugenden gesellschaftliche Wohltaten erbringen? Oder bedarf es einer Motivation, nicht beliebigen kooperativen Leistungszielen zu folgen?[9]

Hennis und Grimm haben sich, soweit ich es übersehe, mit den zitierten Einsichten in ihren Texten nicht aufeinander bezogen. Um unser Thema zu erschließen, müssen wir diese Einsichten zusammenführen. Sie sind – wie gezeigt werden soll – als komplementäre Aussagen zu lesen – als Aussagen, die sich wechselseitig voraussetzen und einander bedingen.

---

[8] So die Formulierung eines von vielen geteilten Gedankens durch Dieter Grimm (²1994: 440).
[9] Ich suche und entwickle im Folgenden auf diese Frage eine Antwort, mit der nicht beliebige Leistungsziele als auf Dauer gestellte, Handlungsverläufe teleologisch strukturierende Regelsysteme verstanden werden. Ich folge (aus meiner Sicht) einem Verständnis von Institutionen, das ich auch bei Fritz Scharpf finde (2000: 77). Seine These, dass es „außer Frage (stehe), dass eine ‚kompetitive' Interaktionsorientierung der Akteure einem ‚gemeinsamen Problemlösen' nicht zuträglich ist", wohl aber auch für Akteure mit einer kompetitiven Interaktionsorientierung ein „gemeinsames Interesse an der Erhaltung der Institutionen ..., innerhalb derer der Wettbewerb ausgetragen werden muss", angenommen werden könne, wird später zu diskutieren sein. Ich argumentiere dafür, die institutionalisierten Leistungsziel-Prinzipien als Teil dieser Institutionen zu sehen.

So gelesen können uns diese Einsichten zu unserer Frage nach nicht beliebigen Leistungszielen im Umgang mit politischen Konflikten führen.[10]

Der Hinweis auf die Voraussetzungen, derer die Verfassung für ihre Wirksamkeit – also für die Erfahrbarkeit eines mit ihr angestrebten politischen Gemeinwesens – bedarf, rekurriert auf motivationale Ressourcen. Diese Ressourcen sind kein totes Kapital. Wenn diese motivationalen Ressourcen genutzt, wenn die Motivationen entfaltet werden – und nur dann –, kann die Verfassung wirksam werden. Sie entfalten sich in der *ars politica*, indem das politische Räsonnement und damit der Umgang mit politischen Konflikten durch sie teleologisch strukturiert wird. Dem Telos dieser Motivationen entsprechend muss im Umgang mit politischen Konflikten nicht irgendein, sondern ein gelingendes Räsonnement erfahrbar werden. Dieses Telos – das gelingende Räsonnement – ermöglicht unser Verständnis und unsere Argumentation für nicht beliebige Leistungsziele im Umgang mit politischen Konflikten. Nicht beliebig sind die Bedingungen der Möglichkeit der Wirksamkeit der Verfassung.[11] Das könnte vertiefend für viele angestrebte „Wirksamkeiten" betrachtet werden – zum Beispiel zur Meinungsfreiheit und Willensbildung oder auch zur parlamentarischen Entscheidungsfindung (vgl. Ueberhorst 1984).

Ausgehend von der mit unserer Verfassung angestrebten Politik und deren Voraussetzungen kann aufgezeigt werden, wann und warum welche nicht beliebigen Leistungsziele im Umgang mit politischen Konflikten ins gedankliche Blickfeld derer kommen, die einen Umgang mit dem Politischen anstreben. Ich versuche diesen Gedanken in zehn Absätzen zu skizzieren und so zu verdeutlichen, dass wir konkrete Politikfelder mit ihm interpretieren können.

1. Für einen Umgang mit dem Politischen sind vier prozessual sinnvoll verbundene Motivationen unabdingbar. Sie zielen, einzeln angesprochen, darauf
   - politische Alternativen, also eine Mehrzahl von mindestens zwei unterschiedlichen Handlungsoptionen, erkennen *zu wollen*,
   - politische Bewertungskriterien für die Beurteilung der Handlungsoptionen kennen und anwenden *zu wollen*,
   - eine politische Entscheidung zu einer vorzugswürdigen Handlungsoption anstreben und erreichen *zu wollen*,
   - diese Entscheidungen umsetzen *zu wollen*.
2. Akteure mit diesen Motivationen generieren Konflikte, weil sie
   - unterschiedliche Handlungsoptionen sehen und/oder vorziehen,
   - Bewertungskriterien unterschiedlich interpretieren oder unterschiedliche Kriterien anwenden wollen,
   - kontroverse Vorstellungen zum Zeitpunkt und zum Inhalt von Entscheidungen durchsetzungsorientiert verfolgen,

---

[10] Die vorsichtige Formulierung „können uns führen" möge anzeigen, dass auch andere Interpretationen möglich sind. Dies indiziert die Abhängigkeit unserer Argumentation von kontroversen Bezugssystemen – von kontroversen Vorstellungen darüber, worauf eine Argumentation für einen anzustrebenden Umgang mit dem Politischen rekurrieren darf. Darauf ist zurückzukommen, nachdem das Bezugssystem skizziert ist, mit dem ich zu argumentieren vorschlage.

[11] Zum Beispiel ist Meinungsfreiheit nur möglich, wo eine Meinung gebildet, eine Meinung erarbeitet werden kann. Meinungsfreiheit setzt also eine Meinungserarbeitungsfreiheit voraus. Die Reflexion der Bedingungen der Möglichkeit einer Meinungserarbeitungsfreiheit, die auf einen bestimmten Umgang mit Konflikten verweisen, führt uns zu unserem Thema.

- Umsetzungen kontrovers beurteilen und damit einen kontroversen Handlungsbedarf thematisieren.
3. Zu diesen Konflikten kommen weitere, die im Vergleich zu den genannten weniger oft wahrgenommen und reflektiert werden. Konflikte gibt es
   - nicht nur über kontroverse Antworten, sondern auch über kontroverse Fragen und über die Frage, ob eine gemeinsame Fragestellung anzustreben ist;
   - nicht nur über unterschiedliche Positionen zu klaren Themen, sondern auch über versäumte Verständigungsprozesse zu Verständigungs- oder Klärungsaufgaben;
   - nicht nur über inhaltliche Fragen, sondern auch darüber, wer, wann, wie welche Herausforderung interpretieren, welche Optionen erarbeiten, welchen Entscheidungsbedarf klären soll; und
   - nicht nur über die richtige Interpretation anerkannter Bewertungskriterien, sondern auch über relevante neue Bewertungskriterien.
4. Für den prozessualen Umgang mit diesen Konflikten stellt sich die Frage, welche Regeln ihn strukturieren. Nur spekulativ oder in Gedankenexperimenten können wir uns vorstellen, wie ein Umgang mit Konflikten verliefe, für den es keine Regeln und nur einen *bellum omnia contra omnes* gäbe. Um einen zivilisierten, gewaltfreien, erträglichen und ertragreichen Verlauf der Konflikte und die Erfahrung einer gelingenden Konfliktkultur[12] zu erreichen, haben wir Regeln
   - zum einen in der Form sanktionsbewehrter, rechtlicher Ordnungen,
   - zum anderen in den ungeschriebenen, nicht sanktionsbewehrten Regeln der *ars politica*.

Wir finden die Regeln zum Umgang mit Konflikten in der Verfassung *und* im Wissen um die Voraussetzungen ihrer Wirksamkeit. Wenn wir einen Streit oder einen Verständigungsbedarf über nicht beliebige Leistungsziele im Umgang mit politischen Konflikten haben, dann bezieht er sich auf dieses „und". Nur mit der Rechtsordnung einer freiheitlich-demokratischen Gesellschaft ist ein Umgang mit dem Politischen praktisch möglich, der die Würde und Autonomie freier politischer Akteure voraussetzt und erfahrbar werden lässt. In rechtlichen Regelsystemen – zuvörderst der Verfassung – ist sanktionsbewehrt abschließend festgelegt, welche Aspekte, Grenzen und Prozeduren beim Umgang mit dem Politischen zwischen konfligierenden Akteuren zu beachten sind. Die Verfassung zielt – insbesondere durch ihren Organisationsteil und die Grundrechte, insoweit sie für den Umgang mit kontroversen Meinungen einschlägig sind – auf eine politische Willensbildung des Volkes, auf die demokratische Wahl von Abgeordneten und auf durch Wahlen demokratisch legitimierte Entscheidungen der Regierung und des Parlaments. Hinzu kommen diverse Geschäftsordnungen bis hin zu denen in Parlamenten, die festlegen, mit welcher Mehrheit wann eine Debatte und damit auch eine Thematisierung beendet werden kann.[13]

Die mit der Verfassung angestrebte Willensbildung des Volkes bedarf eines nicht beliebigen Umgangs mit politischen Konflikten, den die Verfassung aber aus guten Gründen nicht bestimmt, sondern durch die freien Akteure gefunden sehen will. Die

---

[12] Mit dieser angestrebten Erfahrung geht es immer gleichzeitig um normative Aspekte (um die Erfahrung von Freiheit *und* Gemeinschaft mit anderen) *und* um die Erfahrung gelingender Problemlösung. Die Anerkennung des Eigenwertes der Erfahrung einer gelingenden Konfliktkultur ist Voraussetzung für funktionale Erfolge ergebnisorientiert ausgetragener Konflikte. Ausführlicher dazu Ueberhorst (2004a).
[13] Verfassungspolitische Themen zu einem möglichen Entwicklungs- und Reformbedarf von Verfassungen sollen hier nicht weiter betrachtet werden. Hier geht es darum, die ungeschriebenen Regeln zu verstehen.

diesbezüglichen Regeln ergeben sich aus den Voraussetzungen, wenn man sich fragt, wie ohne sie sonst die vier Motivationen umgesetzt werden können sollten. Die Verfassung ist klug, sich zu beschränken und nicht zu versuchen, die von Grimm formulierte Einsicht in die für ihre Wirksamkeit notwendigen Voraussetzungen zu dementieren.

Die rechtlichen Regeln für den Umgang mit dem Politischen sind notwendig, aber nicht hinreichend. Die Verfassung schafft und schützt einen Raum, in dem das politische Räsonnement möglich ist. Freie politische Akteure können, so sie aus ihrer Sicht ein vorzugswürdiges Thema, ein vorzugswürdiges Konzept, eine vorzugswürdige Position verfolgen wollen, ihren Umgang mit Konflikten durchsetzungsorientiert daran ausrichten. Was das konkret heißt, wird durch sie und nur durch sie interpretiert. Dies eröffnet ein weites Feld, in dem sich das politische Ingenium erfolgsorientierter freier politischer Akteure entfaltet. Mehr oder weniger, je nach ihrem Vermögen, Themen und Situationen gerecht zu werden. Das Vermögen ginge ins Leere, ins Anarchische, ins Ergebnislose, wenn ihr Umgang mit Konflikten, wenn ihr politisches Räsonnement regellos abliefe. Diese Regeln sind mit der Praxis der *ars politica* zu finden und immer wieder neu zu interpretieren.

5. Die Kernregeln der *ars politica* ergeben sich aus dem Telos eines Umgangs mit dem Politischen. Dieser zielt auf die bereits genannten vier Aspekte (Alternativen, Bewertungskriterien, Entscheidungen, Umsetzungen). Diese nur über ein Telos definierten Regeln befördern und ermöglichen – richtig interpretiert – Aktivitäten freier politischer Akteure und schränken sie nur insoweit ein, wie die freie Entfaltung der vier Motivationen dadurch ermöglicht wird. Ein demokratischer Umgang mit dem Politischen ist nur möglich, wenn eine hinreichend große Anzahl von Akteuren einem Impetus folgt, Alternativen zu entwickeln, über sie mit Bewertungskriterien zu streiten und Entscheidungen und deren Umsetzung anzustreben.[14]

6. Die über ihr Telos definierten ungeschriebenen Regeln der *ars politica* können wir mit vier Leistungsziel-Prinzipien im Umgang mit komplexen Alternativen erfassen (ausführlicher Ueberhorst 2001). Kooperative Leistungsziele sind praxeologische Maximen für individuelle und institutionelle Akteure für den Umgang mit politischer Pluralität, Regeln für einen gelingenden Umgang mit Alternativen, beginnend mit ihrer Erkundung und Identifizierung. Wir können diese Leistungsziele nicht als Anforderungen formulieren, die man wie eine Olympianorm im Stabhochsprung zentimetergenau erreichen kann. Formulierbar sind sie nur als Prinzipien, die in Kontexten verschiedener Themen und Situationen in der Gestaltung politischer Prozesse zum Umgang mit politischen Konflikten konkretisiert werden können. Kreativ situativ und problembezogen sind sie zu konkretisieren, wenn wir das erforderliche kooperative Leistungsniveau in unserer Politischen Kultur sonst verfehlten. Sie orientieren uns teleologisch, wenn wir uns in einem Leistungsfeld fragen, worum es geht, was der Zweck der An-

---

[14] Im Rekurs auf diese kooperativen Leistungsziele wird die Vorstellung der Möglichkeit einer Rationalisierung aller Konflikte ebenso verworfen wie die Vorstellung, im Umgang mit diesen Konflikten nur einen „Kampf" (im Sinne Max Webers), nur einen Wettbewerb um die auf Zeit zu vergebende Funktion einer Führungselite zu sehen. Wer diese kontroversen Vorstellungen bewerten will, darf dies nicht nur als eine normative Problematik sehen. Wir werden im Weiteren sehen, dass diese Vorstellungen eben auch untauglich sind, politische Herausforderungen, zum Beispiel die Umgestaltung eines Energiesystems, zu bewältigen. Gerade im Rekurs auf konkrete Probleme und nur mit ihm erkennen wir die Bedeutung der nicht beliebigen Leistungsziele für die Möglichkeit einer praktischen Politik.

strengung sein sollte. Politische Akteure müssen – mit gewonnenen Präferenzen oder diese suchen und entwickeln wollend – im Umgang mit Konflikten kooperativen Leistungszielen folgen können. Sie tun das auch im eigenen Interesse (oder sollten dies tun), wenn die Folgen einer Nichtbeachtung dieser Leistungsziele negativ zu bewerten sind. Das Interesse und die Fähigkeit, die möglichen Folgen einer Nichtbeachtung dieser Leistungsziele reflektieren zu können, ist eine Schlüsselkompetenz der *ars politica*. Zuerst einmal ist sie eine Wahrnehmungskompetenz, die auf verschiedene Führungskompetenzen verweist.[15] Für eine kreative politische Praxis ergeben sich vier Zwecke und entsprechende Leistungsziele:[16]

1. Eine Interpretation politischer Herausforderungen, um eine faire und rationale Konzeptualisierung politischer Alternativen zu erreichen; zum Verständnis und zur Beratung der Alternativen brauchen wir einen Bezugsrahmen.
2. Die Ermittlung relevanter Implikationen der Alternativen und normativer Bewertungsaufgaben.
3. Die Ermittlung von strategischen Entscheidungsbedarfen inklusive der Zeitfenster.
4. Prozesse der demokratischen Willensbildung und Entscheidung im Kontext der Umsetzungsperspektive, womit bei Bedarf auch längerfristige strategische Akteurskoalitionen erreicht können werden müssen.

7. Zum gelingenden Umgang mit Konflikten gehört auch das Wissen, dass Konflikte verfehlt werden können, weil die Identifizierung von politischen Aufgaben versäumt wurde. Dies ist ein Schlüsselaspekt unter Leistungsgesichtspunkten für den Umgang mit politischen Konflikten. Bewertungsaufgaben, Zeitfenster für Entscheidungen und Einsichten in notwendige Akteurskoalitionen, ohne die diese Entscheidungen nicht umgesetzt werden können, werden nur gewonnen, wenn die Themen, die Optionen, die Alternativen herausgearbeitet wurden. Es geht dann um Konflikte, mit denen erst umgegangen werden kann, wenn sie als solche erreicht werden können. Dies aber setzt eine entsprechende Kenntnis der Alternativen voraus. Konstitutiv ist der Impetus, politische Themen erkennen, ermitteln und einer politischen Klärung zuführen zu wollen. In unserer Zeit sind immer mehr Themen nur noch mit wissenschaftlicher Expertise verschiedener Disziplinen beschreibbar und nur dann in Handlungsoptionen zu übersetzen, wenn es zu konstruktiv-kooperativen Prozessen kommt, in die Wissen *und* normative Denkweisen eingehen. So sehr die Konstruktion der Themen und Optionen nur noch mit wissenschaftlicher Expertise möglich ist, so wenig kann qua Wissenschaft beraten und entschieden werden, was getan werden soll, welche Option vorzugswürdig ist. Wissenschaftliche Expertise ist auch für das Design und den Ablauf der Prozesse notwendig, in denen eine Entscheidung über das politisch Vorzugswürdige angestrebt wird. Dafür bedarf es wissenspolitischer Beiträge und einer entsprechenden Leistungsmotivation von Experten für zwei Fragetypen: Für transwissenschaftli-

---

[15] Ausgeübt werden – das heißt in Initiativen, in Projekte überführt werden kann diese Führungskompetenz keineswegs nur von Politikern. Prinzipiell kann jede(r) sie ausüben, die oder der einen „avantgardistischen Spürsinn für Relevanzen" (Habermas 2006) hat – und jede Institution, Organisation, die Projekte zum Umgang mit Konflikten durchführen kann. Dieses weite Feld der für den Umgang mit Konflikten nicht unmusikalischen Akteure kann hier nicht weiter betrachtet werden. Zu meinen diesbezüglich bescheidenen Beiträgen vgl. Ueberhorst (2004b) mit weiteren Hinweisen auf andere Texte.
[16] So sie positiv interpretiert werden, erfahren wir einen Umgang mit dem Politischen. So sie negativ interpretiert werden, einen versäumten Umgang mit dem Politischen.

che Fragen – Fragen, die nur durch Wissenschaftler gut erkannt und vermittelt, durch sie aber mit wissenschaftlichen Geltungsansprüchen nicht beantwortet werden können[17] – und für praxisrelevante Fragen, die mit wissenschaftlichen Geltungsansprüchen beantwortet werden sollen, von Wissenschaftlern aber nur intradisziplinär nicht gut erkundet werden können, weil sie die Fragen nicht alleine entwickeln können.[18]

8. Dies führt zu einem großen Bedarf, die vier Leistungsziele in gelingender Kooperation zu interpretieren. Nicht-kooperative Prozesse stoßen auf Leistungsgrenzen, insbesondere weil Themen nicht erkannt werden. Themen werden mit einer Interpretation der Herausforderungen gewonnen. Mit der für die *ars politica* einleitend herausgestellten Vorstellung bewährt sich diese praktische Kunst zuerst einmal in der Wahrnehmung von Situationen und Herausforderungen, mit denen es angezeigt ist, mit kooperativen Leistungszielen verständigungsorientierte Politikformen anzustreben (vgl. Burns/ Ueberhorst 1988: 96 und 102f). Diese Wahrnehmungsleistung ist dann akut, wenn wir ohne sie
    - die Themen der politischen Konflikte nicht mehr gut verstehen, wenn wir uns nur an der Summe der kontroversen Einlassungen zu strittigen Projekten oder Maßnahmen orientieren, und in der Folge
    - komplexe Handlungsoptionen/systemare Alternativen nicht gut beraten werden, und in der Folge
    - Zeitfenster für strategische Entscheidungsmöglichkeiten verfehlt und/oder
    - strategische Akteurskoalitionen nicht erreicht werden, die für eine längerfristige Umsetzung der Strategie erforderlich sein können.[19]

9. Die aus guten Gründen nicht sanktionsbewehrten und insofern optionalen Leistungsziele können durch freie politische Akteure operativ interpretiert werden. Indem sie das tun, stärken sie die Voraussetzungen, von denen die Wirksamkeit der Verfassung abhängt und somit auch die Möglichkeit gelingender Politik. Nicht sanktionsbewehrt und insofern optional sind sie aus guten Gründen. Die Chance ihrer Befolgung resultiert aus dem Wissen um die Folgen ihrer Nichtbeachtung. Darin manifestiert sich unser Freiheitsverständnis. Sein Kern ist die Vorstellung, dass kooperative Leistungsziele nur intrinsisch motiviert gut verfolgt werden, weil dies mehr Kooperationserfolge ermöglicht. Die Bildung dieser intrinsischen Motivation bedarf der Anlässe. Diese sehe ich nur im Zusammenhang mit einer Interpretation konkreter Herausforderungen. Anders gesagt: Der Impetus dafür, verständigungsorientierte Leistungsziele zu interpretieren, bedarf der Impulse konkreter Themen. Für Themen, die nur durch wissenschaftliche Vorarbeiten oder nur durch eine Kooperation wissenschaftlicher, wirtschaftlicher und politischer Akteure erkennbar werden, erklärt dies, warum die kooperativen Leistungsziele zum Umgang mit politischen Konflikten durch verschiedene Akteure aufeinander bezogen interpretiert werden müssen. Die Politikfähigkeit einer

---

[17] Zum Beispiel sicherheitsphilosophische Verständigungsaufgaben zur Akzeptabilität von Risiken, die ohne wissenschaftliche Expertise für eine politische Bewertung alternativer sicherheitsphilosophischer Denkweisen nicht gut erkannt und beschrieben werden können. Vgl. Ueberhorst/de Man (1990) und Ueberhorst (1994).
[18] Zum Beispiel: Für welche normativ geprägten Alternativen sollen mit implikationsanalytischen Arbeiten in disziplinärer und interdisziplinärer Kompetenz Bewertungsaspekte herausgearbeitet werden?
[19] Wir erkennen diese Aspekte mit den Leistungsgrenzen der positionellen Politik. Vgl. dazu im Kontext der energiepolitischen Kontroverse Ueberhorst (1993).

Gesellschaft und auch jede transnationale Politikfähigkeit wird durch ein kooperatives Leistungsniveau erfahrbar.[20]

10. Die Themen sind nicht schon dadurch gegeben, dass Kontroversen im Raume stehen. Politische Themen sind mehr als die Summe kontroverser Positionen. Selbstverständlich können aus der Sicht kontroverser Positionen „Themen" gesehen werden. Je mehr kontroverse Antworten auf kontroverse Fragen gegeben werden, desto größer ist die Wahrscheinlichkeit, dass es um komplexe Themen geht, die herauszuarbeiten sind, um nicht über unterkomplexe, falsche Themen zu streiten. In dem ‚Auge' für Situationen, in denen entsprechende explorative Arbeiten zu initiieren sind, manifestiert sich politische Führungskompetenz. Diese ist nicht nur auf Politiker bezogen. Grundsätzlich kann überall, wo qualifizierte Arbeitsressourcen zur Konzeptualisierung komplexer Kontroversen genutzt werden können, ein solcher Prozess eingeleitet werden. Je mehr einzelne Maßnahmen oder Projekte nur in einem strategischen Kontext Sinn ergeben und dieser in der politischen Kontroverse nicht thematisiert wird, desto größer ist die Wahrscheinlichkeit für Stückwerkspolitik ohne strategischen Zusammenhang. Die Konzeptualisierung alternativer Zukünfte ist im Zweifel auch dann sinnvoll, wenn sich in ihrer Interpretation kein Bedarf für eine längerfristig angelegte strategische Politik ergibt.

Essenziell ist die Erkenntnis, dass die Identifizierung und Klärung systemarer Alternativen kein intellektueller Selbstzweck ist.[21] Ob man die Kenntnis der systemaren Alternativen für Verständigungs-, Entscheidungs- und Umsetzungsprozesse braucht, kann man erst wissen, wenn man diese entsprechend interpretiert hat. Dies wiederum kann man nur, wenn sie ausgearbeitet werden. Es ist nach einer Interpretation systemarer Alternativen auch möglich, auf komplexe Verständigungsprozesse wohl überlegt zu verzichten – nicht aber, auf die Möglichkeit dieser wohl überlegten Interpretation.[22]

---

[20] Dieses Potenzial kooperativer Politikformen ist nicht alternativ zum Potenzial staatlicher Politik zu sehen. Zu bestimmen ist freilich die Funktion des Staates in diesem Kontext. Das anzustrebende kooperative Leistungsniveau zu den genannten vier Aspekten ist auch nicht mit dem „gemeinsamen Problemlösen" zu verwechseln, das Fritz Scharpf (2000: 278) unter Bezugnahme auf Habermas und andere einer „kompetitiven Interaktionsorientierung" von Konfliktpartnern gegenüberstellt. Die von Scharpf diagnostizierte „praktische Inkompatibilität" zwischen einem (bei Scharpf: „dem") konsensuellen Ideal einer (bei Scharpf: „der") deliberativen oder diskursiven Demokratie einerseits und den notwendigen Folgen der Wettbewerbsdemokratie andererseits erscheint logisch überzeugend – dies aber nur, wenn wir dem Verständnis diskursiver Demokratie der von Scharpf ausgewählten Autoren und seinem Verständnis kompetitiver Aktionsorientierungen folgen. Beides tue ich nicht. Die logisch zwingende Inkompatibilität ist der Konstruktion der gegenübergestellten Orientierungen geschuldet. Mit der kompetitiven Interaktionsorientierung, wie Scharpf sie konstruiert, sind Konfliktpartner die Gefangenen ihrer kompetitiven Orientierung. Die von Scharpf für die praktische Politik zu Recht problematisierte Diskurstheorie verkennt die Möglichkeit und Notwendigkeit, in einem praktischen Mix verständigungsorientierte und kompetitive Orientierungen prozessual zu integrieren. Mit dem hier skizzierten Verständnis ist auch Konfliktpartnern situativ und thematisch bedingt die Fähigkeit zugeschrieben, unbeschadet einer kompetitiven Orientierung Kooperationsdividenden anzustreben – also gemeinsam nutzbare Erträge, die nur kooperativ erreichbar sind, wie zum Beispiel ein gemeinsames Problemverständnis oder eine gemeinsame Kenntnis von Optionen. Das von Scharpf in seiner Fußnote konzedierte mögliche „gemeinsame Interesse an der Erhaltung der Institutionen, innerhalb derer der Wettbewerb ausgetragen werden muss", sollte m.E. die nicht beliebigen Leistungsziele als auf Dauer gestellte Handlungsverläufe strukturierende Regelsysteme einschließen – also als Teil der Institutionen.

[21] Dies verkennt der Politologe Altenhof in seiner Arbeit zu parlamentarischen Enquete-Kommissionen (Altenhof 2002; siehe insbesondere S. 254, 260, 339)

[22] Im nächsten Abschnitt werden wir im Kontext der Energiepolitik sehen, wie folgenreich ein nicht erreichtes Verständnis über die komplexen Alternativen ist.

Deshalb zielt der erste Zweck und das erste nicht beliebige Leistungsziel auf eine Interpretation der Herausforderungen[23] zur Ermittlung von Optionen, Alternativen. Insofern konfligierende Sichtweisen zu vorzugswürdigen Handlungsoptionen, Bewertungskriterien und Entscheidungen nicht nur durch unterschiedliche Interessen oder Wertesysteme generiert werden, sondern auch durch kontroverse Wirklichkeitsverständnisse (die nicht nur durch unterschiedliche Interessen und/oder Wertesysteme geprägt werden), wäre ein Regelsystem zum Umgang mit politischen Konflikten untauglich, wenn es nicht zuerst einmal eine Verständigung über Themen (über Verständigungs- oder Klärungsaufgaben) postulierte. Um diesem Postulat gerecht werden zu können, bedarf es einer Wahrnehmungskompetenz.

Soweit, sehr komprimiert und abstrakt mein Versuch, mein Bezugssystem, ein Verständnis nicht beliebiger Leistungsziele im Umgang mit politischen Konflikten zu skizzieren. Mit einem kleinen Exkurs zur konkreten energiepolitischen Kontroverse soll im Folgenden in Ansätzen aufgezeigt werden, warum die kooperativern Leistungsziele im Raum der strategischen Energiepolitik heute besser interpretiert werden sollten.

III

Es liegt mir fern, mit dem skizzierten Verständnis nicht beliebiger Leistungsziele im Umgang mit politischen Konflikten ein Bezugssystem vorgestellt zu haben, das nur gut (und ausführlicher) erklärt werden müsste, um weithin anerkannt und operativ interpretiert zu werden – zum Beispiel im konfliktreichen Raum der strategischen Energie- und Umweltpolitik. Wie einleitend angekündigt, möchte ich für diesen Raum aber wenigstens in Ansätzen zeigen, was dafür spricht, den Umgang mit politischen Konflikten in diesem Raum an dem skizzierten Verständnis zu orientieren. Ich stelle mir vor, dass wir darüber sprechen, und skizziere einige Erwägungen, die ich in diese Gespräche eingebracht sehen möchte.[24]
1. Grundlegend ist unser Verständnis der Situation, in der wir uns im Sinne der politischen Herausforderung befinden. Auf eine Verständigung zu dieser Situation könnten wir nur verzichten, wenn wir ohne sie gut aufgabenorientiert denken könnten. Das aber ist – wie zu zeigen ist – nicht der Fall, weil disparate Situationsverständnisse defizitäre Verständigungsmotivationen zeitigen.

   Wir befinden uns in einer Situation, die als Typ einer situativen Herausforderung klassisch – also zeitlos gültig – 1781 von C. F. Wieland im fünften Buch seiner *Geschichte der Abderiten* (1781) beschrieben wurde.[25] In einer solchen Situation ist das Vermögen gefragt, Herausforderungen für einen Umgang mit dem Politischen zu se-

---

[23] Der erste optionale kategorische Imperativ für den Umgang mit dem Politischen könnte so formuliert werden: Leiste das, was Du zur Erkenntnis politischer Alternativen beitragen kannst. Die Kombination optional-kategorisch ist nicht paradox, weil es für freie politische Akteure aus normativen und praktischen Gründen eine freie Entscheidung bleiben muss. Sie steht freilich für eine unaufhebbare Spannung.
[24] Einige ausgewählte Erwägungen, weil der Platz hier nicht mehr erlaubt. Weitere Argumente und Erwägungen, auch praktische, sind in allen Literaturhinweisen auf Texte des Verfassers zu finden. Noch mehr in den Gesprächen derer, die diese Problematik erörtern. Das ist ein textskeptischer Hinweis, ohne den ich diesen Text nicht veröffentlichen möchte.
[25] Das Buch ist nicht nur ein guter Roman, sondern auch ein Lehrbuch für die Bedeutung der *ars politica* zur Vermeidung von Umweltkatastrophen, für eine Kunst der Politik, die in begrenzten Zeitfenstern langfristige Entscheidungen herbeiführen und auch umsetzen kann.

hen, der nur durch eine operative Interpretation kooperativer Leistungsziele gelingen kann.

Wieland vermittelt uns fünf Aspekte. Die Abderiten haben 1. eine gute Kenntnis der Gefahr, der drohenden Umweltkatastrophe, die unvermeidbar ist, wenn nichts geschieht (vergleichbar mit unseren Kenntnissen über eine Klimakatastrophe), 2. mit großer Expertise ausgearbeitete Gutachten mit verschiedenen Handlungsoptionen (so wie wir sie für die Umgestaltung unseres Energiesystems ebenfalls haben), 3. anhaltende Konflikte über diese alternativen Handlungskonzepte, mit denen keine Entscheidung für eines dieser langfristigen Handlungskonzepte erreicht wird (so wie wir seit vielen Jahrzehnten mit kontroversen energiepolitischen Strategien). 4. Die Abderiten verfehlen eine Entscheidung und damit auch eine Umsetzung eines der funktionaläquivalenten Handlungskonzepte (so wie auch wir seit Jahrzehnten keines der langfristigen energiepolitischen Konzepte umgesetzt haben, die Kommissionen, Institute, Parteien, Ministerialverwaltungen, Stiftungen ausgearbeitet haben). Das führt 5. zum Aspekt, zur Frage: Wie hätten die Abderiten die Umsetzung eines der tauglichen Handlungskonzepte erreichen, wie hätten sie ihre Zukunftsfähigkeit sichern können (so wie wir uns seit Jahrzehnten fragen, wie wir ein taugliches Konzept zur Umgestaltung unseres Energiesystems zu unserer Zukunftssicherung erreichen können)?

Diesen fünften Aspekt – die verfehlte strategische Verständigung – lässt Wieland den Leser lesen, ohne explizit auch nur mit einem Wort darauf einzugehen. Die Abderiten konnten ihre Umweltkatastrophe nicht vermeiden. Sie glaubten eine Exit-Option zu haben und haben sie gewählt. Sie haben ihr Gemeinwesen aufgegeben.[26] So wir den Blick dafür haben, können wir sehen, was die Abderiten nicht zu sehen vermochten: die Möglichkeit im Umgang mit komplexen Alternativen einen gelingenden Umgang mit dem Politischen zu erfahren. Dafür hätten sie sich an kooperativen Leistungszielen orientieren können müssen. Das ist im Kern dieselbe Herausforderung, vor der wir stehen, seitdem uns bewusst ist, dass in der energiepolitischen Kontroverse komplexe Alternativen zu klären sind.

2. Unstrittig ist, dass wir eine Umgestaltung unseres Energiesystems anstreben müssen. Unstrittig ist auch das Ziel, dass wir – bezogen auf 1990 – in Deutschland bis 2050 80% weniger Klimagase emittieren sollen. Ganze Bibliotheken klima- und energiewissenschaftlicher Arbeiten der letzten Jahrzehnte begründen dieses Ziel und zeigen auf, wie es erreicht werden könnte.

Handlungswissen fehlt nicht. Wissenschaftler und Kommmissionen haben viele strategische Optionen ausgearbeitet. Mit ihrer Umsetzung hätte ein Transformationsprozess des Energiesystems eingeleitet werden können. Wenn er in Folge anhaltender Konflikte über die richtige langfristige Strategie nicht eingeleitet und systematisch fortgesetzt wird, liegt das daran, dass keine längerfristige Verständigung über eine der alternativen Strategien erzielt werden konnte. Das verweist auf die nicht überwundene Hürde nicht geklärter komplexer Konflikte. In der Bundesregierung wurde dies 1991 erkannt und in ein Konzept übersetzt. Das Konzept wurde aber – wiewohl von der Bundesregierung beschlossen und von führenden damaligen Oppositionspolitikern und

---

[26] Und sie sind, wie Wieland im „Schlüssel zur Abderitengeschichte" verrät, seitdem überall unter uns, was für unser Thema eine Bedeutung hat, die der politikwissenschaftlichen Bearbeitung harrt.

Persönlichkeiten aus der Zivilgesellschaft unterstützt – nicht umgesetzt und dann durch die öffentlich bekannteren sogenannten Energiekonsensrunden ersetzt.[27]

Ein erfolgsorientierter Umgang mit politischen Konflikten zu komplexen Alternativen muss prinzipiell anders sein, als der zu Konflikten, zu denen parlamentarische Mehrheiten umsetzbare Entscheidungen finden können. Dafür bedarf es anderer Arbeitsformen, anderer Prozesse, anderer Beteiligter, anderer Methoden, anderer Argumentationsweisen und anderer Verständigungsmotive.

Damit geht es im Kern um einen anderen Umgang mit den Konflikten. Wir können verstehen, warum Energiepolitik über Jahrzehnte ‚planlos' geworden und anhaltend kontrovers geblieben ist – und warum ein anderer Umgang mit den energiepolitischen Kontroversen geboten ist, wenn eine Umgestaltung unseres Energiesystems erreicht werden können soll. Die Formulierung „können" soll verdeutlichen, dass es nicht um eine simple, garantiert erfolgreiche Anleitung für einen Königsweg geht. Verfehlte Erfolge in der strategischen Energiepolitik erklären wir und notwendige Erfolge erreichen wir nur gut, wenn wir uns an den vier vorgestellten kooperativen Leistungszielen im Umgang mit politischen Konflikten orientieren. Weil wir diese Leistungsziele im Umgang mit politischen Konflikten zu wenig reflektieren und in der Praxis nicht gut operativ interpretieren, verfehlen wir weithin angestrebte Erfolge im Raum der strategischen Energie- und Klimapolitik. Eine strategische Energiepolitik muss über eine Regierungskoalition hinaus eine gesellschaftliche Akteurskoalition anstreben. Für globale Herausforderungen bedarf es transnationaler Akteurskoalitionen. Wir stehen gesellschaftlich und transnational vor großen strategischen Verständigungsaufgaben. Strategisch sind sie, weil mit ihrer Klärung notwendige Voraussetzungen für zukünftige Erfolge geschaffen werden.

3. Dass wir die Dystopie einer abderitischen Entwicklung vermeiden wollen, steht außer Frage. Wir haben national wie global im Hinblick auf die Umgestaltung unseres Energiesystems keine Exit-Option. Es geht im Kern um das ‚Momentum' – um die zu erreichende Kraft, um den Aufbau von Politikpotenzialen.

Dies aufzuzeigen ist eine Führungsaufgabe, die aber nicht nur auf die Bundeskanzlerin oder andere politische Führungspersönlichkeiten zielt – auch Wissenschaftler können hilfreiche Initiativen entfalten; insbesondere, um zu verdeutlichen, dass unsere Krise im Kern keine „Umsetzungskrise" ist, auch wenn Umsetzungsdefizite analytisch zu Recht aufgezeigt werden. Über Umsetzungsdefizite können wir angesichts der erkannten Gefahren nicht genug wissen – aber welche Schlussfolgerung ziehen wir aus diesem Wissen?

Es ist verständlich, dass exzellente Klima-, Umwelt- und Energiewissenschaftler darauf hinweisen, wie groß unsere Umsetzungsdefizite sind – wie wenig von dem umgesetzt wurde und umgesetzt wird, was an Handlungskonzeptionen zur Umgestaltung unseres Energiesystems erarbeitet wurde.[28] Zu wenige fokussieren im Lichte dieser

---

[27] Die Energiekonsensrunden sind gescheitert. Das ursprüngliche Ziel, eine umfassende langfristige Energiestrategie, die in der Gesellschaft weithin akzeptabel sein sollte, zu erarbeiten, wurde von der rot-grünen Bundesregierung durch das Ziel ersetzt, im kleinen Kreis ein kleineres Teilthema, den sogenannten „Atomkonsens" zu verabreden. Vgl. Bundesregierung Energieprogramm (1992: Tz. 10); Koenigs/Schaeffer (1993); Schmalz-Bruns (1995); Ueberhorst (2001).

[28] Instruktiv ist die Antwort des Physikers und Leiters des Potsdam-Instituts für Klimafolgenforschung Hans Joachim Schellnhuber auf die Frage „Warum leben wir so unvernünftig?". Sie lautete: „Langfristige Probleme sind von modernen Gesellschaften mit ihren kurzatmigen Zyklen nicht zu bewältigen. Man will keine Vorsorge

Umsetzungsdefizite aber deren Genesis – zu wenige sehen sie als Folge einer Missachtung kooperativer Leistungsziele im Umgang mit politischen Konflikten. Für unser Verständnis dieser „Umsetzungsdefizite" ist es wichtig, dass wir nicht *ein* Umsetzungsdefizit im Hinblick auf *ein* Konzept haben, sondern eine Vielzahl von „Umsetzungsdefizitkandidaten", die jeweils im Rekurs auf verschiedene längerfristige Konzepte aufgezeigt werden.

Langfristige Handlungsmöglichkeiten werden konsistent in Studien und Szenarien abgebildet – immer aber in einer Pluralität.[29] Im Rekurs auf verschiedene Studien und Szenarien werden ganz unterschiedliche Umsetzungsdefizite angesprochen. Um dies zu sehen, muss man nur über Jahrzehnte an der energiepolitischen Diskussion teilgenommen, sie über die Tagespresse verfolgt oder auch nur ein Buch gelesen haben, in dem diese verschiedenen Sichtweisen der Umsetzungsdefizite durch Autoren im Spektrum aktueller energiepolitischer Denkweisen angesprochen werden.[30] Eine Umsetzung erfolgt durch Handlungen, diese bedürfen der Entscheidungen, aber diese sind nur über längerfristige Verständigungen erreichbar. Die Misere – die „planlose" Energiepolitik – ist im Kern eine politisch herbeigeführte und nur durch eine bessere Politikmethode könnte sie überwunden werden.

Wo Wissen über Handlungskonzepte nicht genutzt, wiewohl ein Handlungsbedarf nicht verkannt wird, manifestiert sich ein Unvermögen, eine Vielzahl funktionaläquivalenter, aber normativ kontroverser Handlungskonzepte zu klären. Alle nicht von vielen intrinsisch motivierten Akteuren mitgetragenen Umsetzungsstrategien bleiben Umsetzungsankündigungen. Die sogenannte „Umsetzungskrise" wird im Stil der positionellen Politik nicht als das erkannt, was sie ist – eine Verständigungskrise. Für sie ist zu fragen, mit welchen Leistungszielen Verständigungserfolge erreicht werden können. Der kürzeste Weg zur Umsetzung einer erfolgversprechenden längerfristigen energiepolitischen Strategie ist der „Umweg" über eine gesellschaftliche Verständigung.

Die Fähigkeit, strategische Verständigungspotenziale zu sehen und mit entsprechenden Arbeitsprozessen zu erschließen, ist nicht von einer bestimmten energiepolitischen Denkweise im Sinne einer Präferenz für diese oder jene Energiestrategie abhängig. Sie können von Kooperationspartnern erschlossen werden, die als Konfliktpartner unterschiedliche Präferenzen mitbringen. So war die konsensuale Erarbeitung eines Bezugsrahmens für energiepolitische Entwicklungsmöglichkeiten und eines Kriterienkatalogs zur Bewertung dieser Optionen sowie eine 12:3-Mehrheit für eine integrative energiepolitische Strategie in der ersten energiepolitischen Enquete-Kommission (Deutscher Bundestag 1980) nur möglich, weil sich Befürworter, Skeptiker und Kriti-

---

leisten, der Anspruch soll aber ewig gelten. Die meisten unserer Kraftwerke müssen bald ersetzt werden: Hier könnte man in der Energiepolitik umsteuern. Obwohl die Dinge erst in der Zukunft passieren, werden sie heute entschieden. Wir haben also langfristige Probleme mit nur noch sehr kurzfristigen Entscheidungsfenstern. Das ist das Gemeinste von allem."
[29] Dies ist auch der Bundesregierung bewusst (Bundesministerien 2006: 17). Aus ihrem Statusbericht und sonstigen öffentlichen Verlautbarungen ist aber nicht erkennbar, wie sich die Bundesregierung (zumindest bis 2006) eine Klärung dieser unterschiedlichen Prognosen und Szenarien vorstellt, eine Reduktion alternativer Zukünfte, insoweit diese für eine längerfristige Energiepolitik erforderlich ist.
[30] Eine systematische Darstellung der Umsetzungsdefizite im Kontext alternativer Kontexte fehlt uns. Wir können sie für uns als Leser erstellen, wenn wir eine hinreichend große Anzahl unterschiedlicher Sichtweisen lesen, zum Beispiel Schwanhold/Kummer (2006), ein Buch, das durch die Vielfalt klarer, kontroverser Antworten auf unterschiedliche Fragen besticht.

ker einer längerfristigen Kernenergienutzung durch diese ihre persönlichen Positionen nicht gehindert sahen, einen gemeinsamen Bezugsrahmen, die Optionen und einen gemeinsamen Kriterienkatalog zu erarbeiten und mit ihnen eine integrative energiepolitische Strategie zu entwickeln.

4. Eine strategische Verständigung wird verfehlt, solange zu viele sich darauf konzentrieren, zu verhindern dass ‚die andere Seite' ihre strategische Mehrheit findet (ausführlicher Ueberhorst 1993, 2001). Wir können sehen, wie folgenreich es für politische Entscheidungs- und Umsetzungsprozesse ist, wenn Kontroversen sich nicht an einem Bezugsrahmen gemeinsam verstandener systemarer Alternativen orientieren. Mit einer Ausblendung dieser komplexen Alternativen und einer Konzentration der Kontroversen auf Teilthemen können Einsichten in Zeitfenster für Entscheidungen und notwendige Akteurskoalitionen für nur langfristig umsetzbare Entscheidungen nicht gewonnen werden. Diese möglichen Einsichten sind eine Schlüsselressource für Politikpotenziale. Nur einmal – 1979/80 in der ersten energiepolitischen Enquete-Kommission – konnten Vertreter unterschiedlicher energiepolitischer Denkweisen einen gemeinsam akzeptierten Bezugsrahmen der strategischen Alternativen erarbeiten. Dieser wurde seit 1980 nicht fortgeschrieben. Fortgeschrieben und variiert wurden in unzähligen Variationen kontroverse Szenarien. Dies ist als solches nicht zu kritisieren. Meine Kritik zielt auf die fehlende Integration dieser Szenarien zu einem Bezugsrahmen, an dem sich eine verständigungsorientierte Diskussion orientieren kann.[31] Nur mit einer gemeinsamen Interpretation gemeinsamer akzeptierter strategischer Alternativen kann geklärt werden, an welchen Zeitfenstern sich die Entscheidungsprozesse orientieren und welche Akteurskoalition anzustreben ist.

5. Diese Situation zu sehen fällt umso leichter, wenn wir die energie- und klimapolitischen Kontroversen der letzten Jahrzehnte – den „größten politischen Diskurs in der Geschichte der Bundesrepublik Deutschland" (so der Historiker Joachim Radkau) historisch reflektieren. Reflektieren müssen wir insbesondere eine größere Anzahl von Energiesystemstudien und unterschiedlichen Szenarien, Arbeitsprozesse von Enquete-Kommissionen, Energieprogramme der Bundesregierung, angekündigte Energieprogramme und die vielen Versuche, mit denen über Jahrzehnte erfolglos versucht wurde, eine breit getragene langfristige Energiepolitik zu erreichen.

Den Befund der Bundeskanzlerin, die Energiepolitik sei derzeit planlos, können wir aufnehmen und fragen: Warum ist sie planlos? Warum ist sie planlos geworden? Und: Was wäre eine nicht planlose Energiepolitik? Wie könnte diese erreicht werden? Es geht zuallererst um die richtige Interpretation der Situation, der Problemlage. Wird die Problemlage nicht richtig interpretiert, sind auch die größten Anstrengungen erfolglos. Wird sie richtig interpretiert, ist ein Erfolg nicht sicher, wohl aber möglich.

Sehen können wir, kurz gesagt, was bislang in der Folge des Umgangs mit Konflikten nicht erreicht, was verfehlt, welche Politikpotenziale nicht genutzt, nicht erschlossen wurden und was heute prioritär angestrebt werden sollte, um das energiepolitische Erfolgspotenzial zu vergrößern. Sehen müssen wir aber auch, dass über die richtige Interpretation der energiepolitischen Problemlage gestritten wird. Zu diesem Streit gehört auch der Streit, ob darüber gestritten werden sollte. Mit dem eben skizzierten Bezugssystem, insbesondere im Lichte der in den Punkten (4) bis (10) in Abschnitt II akzentuierten Aspekte erkennen wir ein Politikpotenzial, das mit der ener-

---

[31] Kritisch zu sehen sind in diesem Zusammenhang die beiden letzten energiepolitischen Enquete-Kommissionen.

giepolitischen Kontroverse bisher nicht erfolgreich erschlossen wurde. Es geht schlicht darum, Aufgaben zu erkennen, die im Modus der positionellen Politik, die nur im Kampf um Mehrheiten besteht, nicht erkannt, geschweige denn bearbeitet werden. Eine Orientierung an den skizzierten kooperativen Leistungszielen ist in dieser Sichtweise *conditio sine qua non* einer erfolgreichen, das Energiesystem umgestaltenden Energiepolitik.

6. Hilfreich und notwendig ist eine Reflexion der Stärken und Schwächen der positionellen Energiekontroverse.

    - Stark sind wir in der Analyse und Ansprache von Herausforderungen, Gefahren, Risiken. Stark sind wir auch in der Erarbeitung von Zielen und zielführenden Konzepten. Stark sind wir weiter in der Produktion einer Vielzahl mit unterschiedlichen Annahmen und Vorstellungen konstruierten Szenarien.
    - Schwach aber sind wir dann, wenn es um Ziele geht, die nur mit einer längerfristig angelegten Strategie erreicht werden können und zwei oder mehrere strategische Optionen gesehen und von ihren Anhängern durchsetzungsorientiert verfolgt werden. Schwach sind wir in den notwendigen risikopolitischen und sicherheitsphilosophischen Verständigungsprozessen. Die sicherheitsphilosophischen Denkweisen sind nicht einmal aufbereitet und allein deshalb gibt es keinen sicherheitsphilosophischen Verständigungsprozess. Die Krise unserer Energiepolitik ist, kurz gesagt, eine Krise unseres Umgangs mit komplexen Alternativen und der anhaltenden Versuche, ihm auszuweichen.

Eine inhaltlich heterogene Gemeinschaft der Akteure der positionellen Politik ist blind für die Leistungsgrenzen der positionellen Politik. Wo das positionelle Denken dominiert, reduziert sich die Chance der Wahrnehmung von Handlungschancen auf die Wahrnehmung und taktisch kluge Durchsetzung größtmöglicher Teile der eigenen Positionen und auf die größtmögliche Verhinderung der Durchsetzung gegnerischer Positionen.

Wir haben Kontroversen zu diversen Einzelmaßnahmen von der Besteuerung des Biosprits bis hin zur Laufzeitverlängerung von Kernkraftwerken, als wenn die Richtigkeit der dort vertretenen Positionen losgelöst von einem strategischen Konzept begründet werden könnte. Die Vertreter der kontroversen Positionen zu Einzelmaßnahmen sind durchaus in der Lage, ihre Position zu kontextualisieren und die überfällige Umsetzung ihrer Strategie zu fordern, ohne dass es erkennbar zu einem qualifizierten Diskurs über diese kontroversen Strategien kommen könnte. Es gibt nicht einmal ein Bezugssystem, eine belastbare Darstellung der unterschiedlichen Strategien, auf die wir uns im Jahre 2006 bezögen.

Politiker, deren energiepolitischer Elan sich darauf konzentriert, eine aus ihrer Sicht vorzugswürdige Position zu entwickeln, zu begründen, zu vermitteln und Durchsetzungserfolge für sie anzustreben, werden Teil des Problems und nicht der Politikpotenziale, wenn es um Aufgaben geht, die nicht im Kampf gegen andere zu bewältigen sind. Dazu gehört die Aufgabe, eine breit getragene langfristige Energiepolitik zu entwickeln.

7. In der Form des Umgangs mit Konflikten wird deutlich, wie Akteure ihre situativ prioritären, also die für sie wichtigeren Erfolge verstehen.

Wenn zum Beispiel eine Koalition wie die gegenwärtige aus Union und SPD mit einem „We agree to disagree" ein Teilthema tabuisiert (das heißt für die Zeit ihrer Koalition als nicht verhandelbar erklärt), nimmt sie in Kauf, dass damit nicht nur dieses Teilthema, sondern auch alle Themen nicht geklärt werden können, die nur im Zusammenhang mit ihm klärbar wären. Dies wäre für das Thema „Kernenergienutzung" jedenfalls so, wenn vorausgesetzt werden dürfte, dass die entsprechenden Passagen im Bewusstsein für diese Zusammenhänge in den Koalitionsvertrag aufgenommen wurden. Ob das der Fall ist, ist schwer zu sagen (oder positiver gesagt ist es interessant, da möglicherweise auch offener, als ein erster Blick auf den Text nahe legt, weil ja gleichzeitig – trotz der Ausklammerung des Teilthemas – ein „Gesamtkonzept" angestrebt wird). Ein „Gesamtkonzept" unter Ausklammerung einer strategischen Klärung des Kernenergiethemas wäre bestenfalls ein Etikett für ein Paket, in dem kein Gesamtkonzept im Sinne einer breit getragenen langfristigen Energiepolitik sein könnte. Wenn aber wirklich ein Gesamtkonzept angestrebt würde, müsste hierfür auch das Kernenergiethema geklärt werden.[32]

8. Das Ertragspotenzial kooperativer Leistungsziele haben wir bislang nur in relativ wenigen Studien, Projekten und Kommissionsarbeiten, die an ihnen orientiert waren, erfahren – zum Beispiel in der ersten energiepolitischen Enquete-Kommission des Bundestages (Deutscher Bundestag 1980). Die Kommission hat erstmals die „systemaren Alternativen" herausgearbeitet und damit verdeutlicht, dass es für eine breit getragene langfristige Energiepolitik um den erfolgreichen Umgang mit kontroversen Rationalitäten und verschiedenen Bezugssystemen geht. Diese Analyse ist im Kern durch alle folgenden Studien und Kommissionen bestätigt und in keiner wissenschaftlichen Arbeit bestritten worden.[33]

Die alternativen Kontexte wurden als alternative langfristige Entwicklungspfade unseres Energiesystems dargestellt. Mit einer politischen Interpretation dieses Bezugsrahmens alternativer Zukünfte wurden Bewertungsaufgaben erkannt und Verständigungen über eine Strategie erzielt. Für uns ist wichtig, dass mit dieser Vorgehensweise ein für Befürworter und Skeptiker der Atomenergie akzeptabler Vorschlag erreicht werden konnte. Sein Kerngedanke: Mit starken Anstrengungen sollten die Potenziale der rationellen Energienutzung und der erneuerbaren Energieträger erschlossen werden, um beurteilen zu können, ob und wann auf die Atomenergienutzung verzichtet werden könnte. Weder die damalige SPD-geführte Bundesregierung noch die ihr 1982 folgende CDU-geführte sind dieser integrativen – also alle Teilbereiche der Energiepolitik zusammenführenden – Strategie gefolgt. Von den Bundesregierungen nach 1980 wurde aber auch keine andere integrative Strategie entwickelt und umgesetzt. Energiepolitik wurde unstrategisch betrieben – als Stückwerkspolitik. Dass damit auch

---

[32] Um Missverständnissen vorzubeugen: Die Aufnahme des Kernenergiethemas heißt hier nicht mehr und nicht weniger, als dass eine breit getragene Verständigung zu ihm angestrebt wird – und nicht durch den sogenannten „Atomkonsens" fingiert oder als Verständigungsaufgabe aufgegeben wird.
[33] Diese Enquete-Kommission war im Zusammenhang mit der Kontroverse um die Brutreaktortechnologie eingesetzt worden. Ausgangsfrage war konkret, ob der in Kalkar gebaute Brutreaktor SNR 300 verantwortlich und energiepolitisch sinnvoll wäre. Damit ging es vordergründig um eine Projektkontroverse. Es hätte auch jede andere Projekt- oder Maßnahmenkontroverse sein können, die zu der Einsicht führt, dass solche strittigen Projekte und Maßnahmen nur dann gut diskutiert werden, wenn sie in ihrem jeweiligen Kontext und diese im Kontext alternativer Kontexte gesehen werden. Ein historisches Forschungsprojekt zu dieser Enquete-Kommission wird derzeit an der Universität Bielefeld durch Cornelia Altenburg bearbeitet.

gute ‚Stücke' gelungen sind, muss nicht bestritten werden – wohl aber, dass so eine zukunftsfähige Umgestaltung unseres Energiesystems erreicht werden konnte – in der gebotenen Zeit. Dies ist – so meine These – als Folge eines falschen Umgangs mit Konflikten zu verstehen. Wie denken wir, richtig mit ihnen umzugehen?[34]

9. Mit unserem Bezugssystem sind zwei Ansätze grundsätzlich zu unterscheiden – eine positionelle Denkweise und eine aufgabenorientierte:

- Ausgehend von eigenen energiepolitischen Positionen können wir uns inhaltlich zuordnen und gegen andere argumentieren und Mehrheiten anstreben, um so viel wie möglich von unseren Positionen durchzusetzen. Wenn versucht wird, das eigene Konzept im Stile der positionellen Politik durchzusetzen und dies gleichzeitig von allen getan wird, verhindert jeder beim anderen die Mehrheit, die er selber auch verfehlt, um ein langfristiges Konzept beschließen zu können. Wenn diese Wege nicht zum Erfolg führen können, stellt sich die Frage, wie Erfolgspotenziale erschlossen werden können. Wie können wir die Potenziale der wissenschaftlichen Institute besser nutzen?

- Mit dem Wissen, was in diesem Umgang mit Konflikten im Stil der positionellen Politik bislang erreicht und nicht erreicht wurde, können wir fragen, (a) was wir im Großen energiepolitisch eigentlich erreichen wollen, (b) ob wir dies mit dem bislang praktizierten Umgang mit unseren Konflikten erreicht haben und (c) ob wir es so überhaupt erreichen können.

Zur Überwindung des dominanten positionellen Politikstils (den nicht wenige Wissenschaftler bewusst oder ungewollt dadurch verstärken, indem sie dieser oder jener politischen Richtung folgen und als ‚deren' Wissenschaftler nicht nur gelten, sondern auch agieren): Wissenschaftler können im Hinblick auf Handlungskonzepte nur verschiedene Handlungsoptionen vorstellen. Als Wissenschaftler können sie diese Mehrzahl nicht reduzieren. Sie wissen aber, dass eine politische Reduktion dieser Pluralität erreicht werden muss. Orientiert an den kooperativen Leistungszielen können sie diesen Prozess befördern. Vier Zielsetzungen für entsprechende Arbeitsprozesse seien genannt:

- Kein Institut sollte (wie zu oft geschehen und in der positionellen Politik dann genutzt) Szenarien/Entwicklungsmöglichkeiten unseres Energiesystems vorstellen, ohne den Versuch, die Pluralität politischer Denkweisen zu erfassen und alternative Entwicklungsmöglichkeiten mindestens so gut darzustellen, wie es die jeweiligen Vertreter verschiedener Denkweisen könnten. Durch diese Arbeiten sollte der fehlende Bezugsrahmen für politische Diskussionsprozesse geschaffen werden.

- Mit implikationsanalytischen Arbeiten könnten Bewertungsoptionen klarer herausgearbeitet werden. Damit wird auch deutlich, welche Bewertungsfragen in den vergangenen Jahrzehnten noch nicht einmal adäquat herausgearbeitet wurden. Dies sähe ich so für sicherheitsphilosophische Verständigungsaufgaben in Verbindung mit der Kernenergie.

---

[34] Es fällt auf, dass diese Frage in der Regel bei der Vorstellung kontroverser Konzepte nicht gestellt, geschweige denn mitgedacht und mitbeantwortet wird.

- Zeitfenster für Entscheidungsmöglichkeiten sind herauszuarbeiten. Dies hilft den politischen Akteuren, Zeitfenster zu erkennen, und Entscheidungsprozesse daran zu orientieren. Vorsichtiger gesagt: Es schafft diese Möglichkeit.
- Der Bedarf für strategische Akteurskoalitionen ist klar herauszuarbeiten. Es wird bislang zu wenig erkannt, dass keine der kontroversen langfristigen energiepolitischen Strategien ohne eine langfristige gesellschaftliche Akteurskoalition umgesetzt werden kann. So diese Aussage falsch sein sollte, wären entsprechende wissenschaftliche Erkenntnisse sehr hilfreich, um genauer zu wissen, was mit einem sogenannten „energiepolitischen Gesamtkonzept" anzustreben ist.

Ob Wissenschaftler, ihre Freiheit zur Definition von Aufgaben nutzend, diese Arbeiten durchführen oder entsprechende Aufträge aus dem politischen Raum erhalten – beides ist möglich. Wenn die Politiker auf diese Aufträge verzichten, manifestiert sich darin eine andere Sichtweise. Konträr zu der hier skizzierten Sichtweise ist auch die Entscheidung der rot-grünen Bundesregierung zu sehen, die Einsicht in die Notwendigkeit einer integrativen langfristigen Energiepolitik, an der in den 90er Jahren auch die Energiekonsensverhandlungen orientiert waren, aufzugeben. Wenn der Koalitionsvertrag der großen Koalition so interpretiert werden müsste, wie er von seinen Autoren interpretiert wird, stünde dies im Widerspruch zu der hier postulierten Erschließung der Politikpotenziale für eine langfristige Energiepolitik.

10. Für alle in diesem Abschnitt skizzierten Argumente ist ihre Abhängigkeit von einer spezifischen Wechselwirkung hervorzuheben. Die mit dem skizzierten Politikverständnis zum Umgang mit politischen Konflikten bedingt eingeführten Argumente zur operativen Interpretation kooperativer Leistungsziele werden nur in bestimmten thematischen Kontexten aktiviert. Thematische Aspekte aktivieren das Argument für kooperative Leistungsziele in konkreten Situationen, und deren operative Interpretation erschließt das Thema für einen Umgang mit dem Politischen. Dieselben thematischen Aspekte führen mit anderen Bezugssystemen zum Verständnis eines Umgangs mit dem Politischen zu anderen Maximen im Umgang mit politischen Konflikten. Die Frage nach dem Umgang mit kontroversen Bezugssystemen soll im abschließenden Abschnitt IV als Schlüsselthema herausgestellt werden.

IV

Aus der schlichten Frage nach nicht beliebigen Leistungszielen freier politischer Akteure im Umgang mit politischen Konflikten und der schlichten Antwort,[35] die ich in den Abschnitten II und III gegeben habe, wird ein komplexeres Thema, wenn wir auf das eingangs angesprochene Schlüsselproblem der kontroversen Bezugssysteme zurückkommen, mit denen Akteure und Autoren in unserer Zeit die Möglichkeit eines anzustrebenden Umgangs mit dem Politischen denken. In der Pluralität dieser Bezugssysteme sehe ich den schwierigsten Aspekt des vorgeschlagenen Themas. Mit ihm geht es um kulturelle Verständigungsprozesse, auf die wir als Einzelne nur mit vielen Anderen hinwirken und nur in grö-

---

[35] Schlicht heißt hier, dass die Frage zum Umgang mit dem Politischen nur mit einem bestimmten Bezugssystem gestellt und beantwortet wurde.

ßeren Kommunikationsprozessen Ergebnisse finden können. Die Frage ist: Wer will mit welchen Erkenntniszielen und Verständigungsmotiven mit der Pluralität kontroverser Bezugssysteme zum Verständnis eines richtigen Umgangs mit dem Politischen umgehen? Das wird sich zeigen. Klar ist, dass es um ein Thema geht, das wir mit individuellen Reflexionen und Textarbeiten nicht adäquat bearbeiten können. Anzustreben sind kulturelle Verständigungsprozesse, auf die wir als Einzelne nur mit vielen anderen hinwirken und die nur in größeren Kommunikationsprozessen ihre Ergebnisse finden können.

Wenn dieses Aufgabenfeld – wofür ich plädiere – seine ersten größeren systematischen Studien und Diskussionen gefunden haben wird, wird es auch einen hoffentlich kurzen und prägnanten Namen bekommen. Von der Sache her geht es um das Feld, in dem kontroverse Politikverständnisse im Hinblick auf ihre impliziten Sollmodelle für den Umgang mit politischen Konflikten analysiert und normativ reflektiert werden: analysiert im Hinblick auf die Frage, ob und inwieweit mit der Pluralität dieser Politikverständnisse auch Vorstellungen über vorzugswürdige oder gar nicht beliebige Regelsysteme für den Umgang mit politischen Konflikten pluralisiert werden; und normativ reflektiert im Hinblick auf die Frage, ob wir dies wollen dürfen, wenn wir einen praktischen Umgang mit dem Politischen anstreben.

Die Vielfalt der Politikverständnisse zeigt: Wir sind stark im Hervorbringen einer Pluralität von Denkweisen. Wie gut aber sind wir im Umgang mit dieser Pluralität und was sind unsere Gütekriterien für diesen Umgang? In der Folge versäumter Reflektionen und versäumter Verständigungsprozesse zu den kontroversen Politikverständnissen fehlen uns viele Themen – darunter auch das nicht weithin anerkannte Thema der nicht beliebigen kooperativen Leistungsziele im Umgang mit politischen Konflikten. In der Folge der Pluralisierung von Politikverständnissen haben wir immer mehr unterschiedliche Antworten auf unterschiedliche Fragen – und immer weniger gemeinsame Fragen. Diese zu erkennen und zu begründen ist aber unmöglich, so lange sie nur mit den Augen derer betrachtet werden, die sie nicht sehen können. Die Frage ist, ob wir unser Thema der nicht beliebigen Leistungsziele als Aufgabenfeld begründen können, wenn es doch mit der Vielfalt der Sichtweisen kontroverser Politikverständnisse derzeit nicht gemeinsam gesehen wird. Mein Vorschlag ist, die Frage des Umgangs mit kontroversen Politikverständnissen als Frage unseres Umgangs mit einer Pluralität von Bezugssystemen zu verstehen, mit denen eine Verständigung über nicht beliebige Leistungsziele im Umgang mit politischen Konflikten anzustreben und immer wieder neu zu finden ist. Dieses Aufgabenfeld als Arbeitsfeld der Politikwissenschaft anzusprechen, war das nicht kleine Anliegen dieser kleinen Betrachtung.[36]

Literatur

Altenhof, Ralf, 2002: Die Enquete-Kommissionen des Deutschen Bundestages. Wiesbaden.
Bundesministerien, 2006: Bundesministerium für Wirtschaft und Technologie und Bundesministerium für Umwelt, Naturschutz und Reaktorsicherheit: Energieversorgung für Deutschland. Statusbericht für den Energiegipfel am 3. April 2006, Berlin März 2006.

---

[36] Auf das hier aus Platzgründen nur herausgestellte Problem der Interpretation kontroverser Bezugssysteme möchte ich in nächsten Publikationen weiter eingehen. Vgl. die Beiträge des Verfassers in der Zeitschrift EWE Heft 2/2007 (im Erscheinen) und in dem Diskussionsband zur Konkreten Ethik des Philosophen Ludwig Siep (im Erscheinen).

Burns, Tom R./Ueberhorst, Reinhard, 1988: Creative Democracy. Systematic Conflict Resolution and Policymaking in a World of High Science and Technology, New York/Westport, Connecticut/London.
Deutscher Bundestag, 1980: Bericht der *Enquete-Kommission* „Zukünftige Kernenergie-Politik" über den Stand der Arbeit und die Ergebnisse. Drs. 8/4341 vom 27. Juni.
Grimm, Dieter, ²1994: Die Zukunft der Verfassung. Frankfurt am Main.
Habermas, Jürgen, 2006: Ein avantgardistischer Spürsinn für Relevanzen. Was den Intellektuellen auszeichnet. Dankesrede bei der Entgegennahme des Bruno-Kreisky-Preises im Renner-Institut am 9. März 2006.
Hennis, Wilhelm, 1977: Politik und praktische Philosophie. Schriften zur politischen Theorie. Stuttgart.
Koenigs T., Schaeffer, R. (Hrsg.), 1993: Energiekonsens? Der Streit um die zukünftige Energiepolitik, München.
Scharpf, Fritz W., 2000: Interaktionsformen. Akteurzentrierter Institutionalismus in der Politikforschung. Opladen
Schmalz-Bruns, Rainer, 1995: Reflexive Demokratie. Die demokratische Transformation moderner Politik. Baden-Baden.
Schwanhold, Ernst/Kummer, Beate (Hrsg.), 2006: Nachhaltige Energiepolitik. Herausforderungen der Zukunft. Honnefer Verlagsgesellschaft. Bad Honnef.
Ueberhorst, Reinhard, 1984: Normativer Diskurs und technologische Entwicklung. Juristische Fiktionen und Noch-nicht-Beiträge, in: *Rossnagel, Alexander* (Hrsg.): Recht und Technik im Spannungsfeld der Kernenergiekontroverse, Opladen 1984, 244-258. Nachdruck in: *Ropohl, Günter/Schuchardt, Wilgart/Wolf, Rainer* (Hrsg.): Schlüsseltexte zur Technikbewertung, Dortmund 1990, 149-162.
Ueberhorst, Reinhard, 1986a: „Technologiepolitik – was wäre das?" Über Dissense und Meinungsstreit als Noch-nicht-Instrumente der sozialen Kontrolle der Gentechnik, in: *Kollek, Regine/Tappeser, Beatrix/Altner, Günter* (Hrsg.): Die ungeklärten Gefahrenpotentiale der Gentechnologie, München, 203-232
Ueberhorst, Reinhard, 1986b: Methodische Reflexionen zu Beratungsprozessen im Interaktionsfeld „Wissenschaft-Politik-Gesellschaftliche Gruppen". Wissenschaftszentrum Berlin, (WZB), WZB-Papier P86-15, 46 S.
Ueberhorst, Reinhard, 1986c: Bonn will den Konsens nicht mehr. Reinhard Ueberhorst über den neuen Energiebericht der Bundesregierung, in: Der Spiegel 41/86.
Ueberhorst, Reinhard, 1993: Der Energiekonsens oder Die Überwindung der paradoxen Popularität positioneller Politikformen, in: *Koenigs T., Schaeffer, R.* (Hrsg.), 1993: Energiekonsens? Der Streit um die zukünftige Energiepolitik, München, 11-29.
Ueberhorst, Reinhard, 1994: Perspektiven gelingender Risikopolitik, in: Universitas, Heft 4, 319-331.
Ueberhorst, Reinhard, 1997: Über die Bildung von Kooperationsinteressen. Eine Betrachtung zur zukünftigen Umweltpolitik und der „Geschichte der Abderiten", in: *Mez, Lutz/ Weidner, Helmut*, Hrsg.): Umweltpolitik und Staatsversagen. Perspektiven und Grenzen der Umweltpolitikanalyse. Festschrift für Martin Jänicke zum 60. Geburtstag. Berlin, 401-412.
Ueberhorst, Reinhard, 2001: Über den politischen Umgang mit komplexen Alternativen. Eine Betrachtung (nicht nur) zur Energiepolitik der letzten 25 Jahre, in: *Michelsen, Gerd/Simonis, Udo E./de Witt* (Hrsg.), Ein Grenzgänger der Wissenschaften: aktiv für Natur und Mensch. Festschrift für Günter Altner zum 65. Geburtstag. Berlin, 125-146.
Ueberhorst, Reinhard, 2004a: Über die Liebe zur politischen Kontroverse. Eine Betrachtung für Hermann Scheer, in: Bücheler, Joachim (Hrsg.): Praktische Visionen. Festschrift für Hermann Scheer, Bochum.
Ueberhorst, Reinhard, 2004b: Komplexe politische Alternativen und richtige Leistungsziele von Ministerialverwaltungen, in: Forschungsjournal Neue Soziale Bewegungen, Heft 3, 55-65.

Ueberhorst, Reinhard/de Man, Reinier, 1990: Sicherheitsphilosophische Verständigungsaufgaben – Ein Beitrag zur Interpretation der internationalen Risikodiskussion, in: *Schüz, Mathias* (Hrsg.): Risiko und Wagnis. Die Herausforderung der industriellen Welt. Pfullingen, 81-106.

Ueberhorst, Reinhard et al., 1992: Planungsstudie zur Bildung und Arbeitsplanung einer unabhängigen Kommission zur Förderung energiepolitischer Verständigungsprozesse in der Bundesrepublik Deutschland. Im Auftrag des Bundesministeriums für Wirtschaft.

II. Konfliktfelder der Umwelt- und Technikpolitik

Der endlose Streit um die Atomenergie. Konfliktsoziologische Untersuchung einer dauerhaften Auseinandersetzung

Jochen Roose

1 Einleitung

Wenn heute in Deutschland von Umweltbewegung die Rede ist, dann sind die ersten Assoziationen die prominenteste Organisation der Bewegung, Greenpeace, und das wichtigste Thema der Bewegung, der Widerstand gegen die Atomenergie. In keinem anderen Land wird die Umweltbewegung so durch den Konflikt um die zivile Nutzung der Kernenergie geprägt wie in Deutschland. Andere Themen der Umweltbewegung kamen und gingen: Wasserschutz, Tempolimit, Waldsterben, Biodiversität, Klimaschutz. Die Atomenergie war dagegen in der Vergangenheit ein Thema, das immer wieder zu großen, oft auch vergleichsweise radikalen Protesten Anlass gab. Die Ausdauer, mit der um die Atomenergie intensiv gestritten wurde und wird, ist erstaunlich – also erklärungsbedürftig. Es gibt wenige Themen, zu denen ähnlich anhaltend mobilisiert wurde, und es gibt kein anderes Land, in dem sich der Streit um die Atomenergie über so lange Zeit hinzog.

Dieser Besonderheit des deutschen Atomkonflikts soll hier nachgegangen werden. Wie kann verständlich werden, dass ausgerechnet das Thema Atomenergie Gegenstand einer dauerhaften Auseinandersetzung wurde und warum geschah dies ausgerechnet in Deutschland? Die so gestellte Frage zielt auf den Unterschied mit Vergleichsfällen und würde einen Länder- und Themenvergleich erfordern, der in der notwendigen Tiefe hier nicht zu leisten ist. Die Ausgangsfrage lässt sich aber auch auf den Fall des Atomkonflikts fokussieren. Dann ergeben sich drei Unterfragen, deren Beantwortung deutlich machen könnte, warum der Atomkonflikt in Deutschland ein so dauerhafter wurde. Zu klären ist die Konfliktträchtigkeit des Themas, die Mobilisierung des Konflikts und schließlich die Dauerhaftigkeit des Konflikts. Anders formuliert sind drei Fragen zu beantworten: 1. Warum konnte die Frage der Atomenergie einen intensiven, gesellschaftsweiten Konflikt hervorrufen? 2. Warum kam es zu erheblicher Mobilisierung in diesem Konflikt? Und 3. Warum kam es nicht zu einer Beendigung des Konfliktes?

Im Folgenden geht es zunächst um eine Beschreibung des Atomkonflikts in Deutschland, die das Material bereit stellt für die analytischen Fragen. Die Beschreibung erfolgt in zwei Schritten. Der Konfliktverlauf wird in Phasen und in einer Querschnittsperspektive beruhend auf Protestereignisdaten und Meinungsumfragen dargestellt (2.). Im zweiten Schritt stehen die Arenen der Konfliktregelung im Zentrum. Dieser spezielle Blick ist insbesondere wichtig, um der Frage nach der Dauerhaftigkeit des Konflikts nachzugehen (3.). Ein vergleichender Blick in andere europäische Länder und auf andere Konfliktthemen in Deutschland bleibt notwendig holzschnittartig (4.). Die Besonderheit des Atomkonflikts in Deutschland wird durch zahlreiche vergleichende Studien deutlich, die hier nur angerissen werden können. Abschließend sollen die drei Untersuchungsfragen geklärt werden (5.). Um die Konfliktträchtigkeit des Themas, die Mobilisierung des Konflikts und die Dauerhaftigkeit des Konflikts plausibel machen zu können, wird auf Ansätze der Konfliktsoziologie und der Bewegungssoziologie zurückgegriffen.

2 Konfliktverlauf

2.1 Phasen des Konflikts

Großkonflikte wie die Auseinandersetzung um die Atomenergie sind nicht leicht zu überschauen. Eine Vielzahl von Akteuren ist involviert, die Auseinandersetzung findet an vielen und wechselnden Orten statt. Die Unterscheidung von Phasen macht die Entwicklung übersichtlicher und gibt bereits Hinweise zum Verständnis des Ablaufs.[1]

2.1.1 Phase 1: Skepsis gegenüber dem Versprechen (bis 1974)

Die Geschichte der zivilen Nutzung der Atomenergie beginnt in Deutschland wie auch in anderen Ländern mit einem Versprechen: der Aussicht auf preiswerte Energieerzeugung. Die Wirtschaftsentwicklung der Nachkriegszeit führt zu einem ständig steigenden Energiebedarf. Mit billiger Energie schien steigender Wohlstand für alle unmittelbar einherzugehen. Die Atomenergie mit ihrem enormen Wirkungsgrad und dem reichlich vorhandenen Rohstoff trat an als die ideale Lösung für die Energieprobleme der Menschheit (Radkau 1983: 78ff.). In Westdeutschland wurden zwischen 1958 und 1972 drei staatlich finanzierte Forschungs- und Entwicklungsprogramme aufgelegt, um die zivile Nutzung der Atomenergie voran zu bringen (Radkau 1983: 265ff.). Ab Ende der 1960er Jahre, im Vergleich zu anderen Ländern eher spät, wurden Atomkraftwerke von den Energieunternehmen bestellt und die Bauplanung begann.

Die Euphorie für die Entwicklung dieser neuen Technologie war von Beginn an begleitet von Skepsis, die sich vor allen Dingen aus der diskursiven Verbindung von Atomenergie und Atomwaffen speiste. „Damals [1955, J.R.] assoziierten die weitaus meisten der Befragten, nämlich 76 %, ‚Bomben, Krieg und Vernichtung' mit dem Begriff Atomenergie. Nur 6 % dachten an ‚Kraft und Energie'" (Dube 1988: 6). Protest blieb allerdings vereinzelt und lokal. Von einem Konflikt im nationalen Maßstab konnte keine Rede sein.

Zu Beginn der 1970er Jahre änderte sich das Bild. Das geplante Atomkraftwerk in Wyhl wurde zum Geburtsort einer nationalen Anti-Atomkraftbewegung (Rucht 1980; 1994: 446ff.; Rüdig 1990: 129ff.). Auch hier war der Widerstand lokal, allerdings gelang die Organisation einer breiten und national wahrgenommenen Opposition, wohl auch wegen der Erfahrungen aus vergangenen Protestmobilisierungen gegen andere großtechnische Anlagen. Insbesondere die prominent in der Öffentlichkeit wahrgenommene Besetzung des Bauplatzes in Wyhl 1975 brachte der Auseinandersetzung um die Atomenergie nationale Aufmerksamkeit.

---

[1] Zum Atomenergiekonflikt in Deutschland, jeweils im Vergleich mit anderen Ländern, vgl. insbesondere Flam (1994), Joppke (1993), Kitschelt (1986), Kolb (2005), Rucht (1994: 443ff.) und Rüdig (1990).

2.1.2 Phase 2: Entstehung und Radikalisierung einer Bewegung (1975 bis 1985)

In der Folge des (letztlich erfolgreichen) Widerstands in Wyhl entwickelt sich der lokale Widerstand gegen den Bau von Atomkraftwerken und andere nukleare Einrichtungen an verschiedenen Orten. Der Protest wird zwar weiterhin jeweils vornehmlich von Akteuren vor Ort getragen, diesen gelingt es aber zunehmend besser, Massenproteste zu mobilisieren. Neben einer Vielzahl anderer Protestformen werden nun erfolgreich Großdemonstrationen organisiert; im Frühjahr 1979 kommen rund 100.000 Menschen in Hannover zusammen, im Herbst desselben Jahres sind es noch mehr bei einer zentralen Demonstration in Bonn (Rucht 1994: 450). Auch Anfang der 1980er Jahre finden eine Reihe von Großdemonstrationen statt. Die Anti-Atomkraft-Bewegung wird in dieser Zeit zu einer nationalen politischen Größe.

Doch nicht nur, vermutlich nicht einmal hauptsächlich, die Großdemonstrationen bringen die Bewegung in die Medien. Vor allem die Eskalation der Protestformen prägt diese Zeit. Die Anti-Atomkraft-Bewegung ist in ihren Protestformen durchweg eine vergleichsweise radikale Bewegung. Insbesondere konfrontative Protestformen wie Blockaden und Platzbesetzungen sind kennzeichnend. Auch die Gewalt im Umfeld der Proteste nimmt zu. Während die Platzbesetzung in Wyhl durch Verhandlungen friedlich endet, wird ein ähnlicher Plan der Bewegung in Brokdorf mit Polizeigewalt verhindert. In den 1980er Jahren nimmt die Gewalt deutlich zu. Diese Militanz des Protestes, die freilich von einer Minderheit ausgeht und permanent Gegenstand interner Auseinandersetzungen ist, prägt das Außenbild der Bewegung. In einer Eurobarometerumfrage von 1982 geben 23 % der Befragten an, die Anti-Atomkraft-Bewegung stark zu missbilligen, 1984 steigt dieser Anteil auf 27 %. Es liegt nahe, als Grund dieser Ablehnung die Gewaltbereitschaft der Bewegung zu vermuten.[2]

Die Anti-Atomkraft-Bewegung hat ihren Mobilisierungsschub gemeinsam mit anderen Neuen sozialen Bewegungen. Ende der 1970er und Anfang der 1980er Jahre mobilisiert die deutsche Friedensbewegung gegen den NATO-Doppelbeschluss zur Stationierung modernisierter Atomraketen (Schmitt 1990; Schneider 1987). Die gedankliche und technologische Verbindung von Atomwaffen und friedlicher Nutzung der Atomenergie (vgl. oben) führt auch zu erheblichen Überschneidungen bei den Bewegungen. Die Verbindung mit der Umweltbewegung ist so eng, dass vielfach wie selbstverständlich der Protest gegen Atomkraft als Aktivität der Umweltbewegung interpretiert wird. Die Ablehnung der Atomenergie bezeichnen Blühdorn (1995: 172) und Fredrichs (1980) als kleinsten gemeinsamen Nenner der Umweltorganisationen. Die „Bewegungsfamilie" (della Porta/Rucht 1991) der Neuen sozialen Bewegungen wird in Deutschland nicht nur zusammen gehalten durch ähnliche Aktivitätsformen und die Unterstützung aus einem Milieu, sondern auch durch ihre skeptische Distanz zu Staat und Kapitalismus (Kriesi 1987). In der Anti-Atomkraft-Bewegung wird diese Haltung durch das Schlagwort des „Atomstaates" illustriert, also eines Staatsapparates, in dem die Interessen einer monopolistischen Atomwirtschaft vom Staat mit hoher Gewaltbereitschaft undemokratisch vertreten werden (Jungk 1977). Der Volkszählungsboykott (Pfetsch 1986) oder das weithin als plausible Prognose angesehene Buch von George Orwell „1984" sind andere Belege für das Misstrauen gegen den Staat innerhalb der Neuen sozialen Bewegungen.

---

[2] Zum Vergleich: Die Ökologiebewegung findet 1984 bei 21 % der Befragten starke Missbilligung, die Naturschutzverbände nur bei 1 %.

Die Rede vom „Atomstaat" findet Nahrung in der Politik der Bundesregierung. Der Bau und Betrieb von Atomkraftwerken wird intensiv vorangetrieben. Die Atomkraft genießt die volle Unterstützung der Bundesregierung, den Forderungen nach einem Ausstieg aus der Atomenergie wird eine klare Absage erteilt. Für die Durchsetzung des Baus von Atomanlagen ist oftmals die Polizeigewalt zuständig.

Ausgesprochen schwierig gestaltet sich die Frage, wie mit dem entstehenden Atommüll umgegangen werden soll. 1979 wurde ein integriertes Entsorgungskonzept beschlossen, das von einer Wiederaufarbeitungsanlage ausgeht. Damit können abgebrannte Brennstäbe zu einem großen Teil nochmals verwendet werden. Für die verbleibenden hochradioaktiven Rückstände muss ein Endlager gefunden werden, wobei Salzstöcke als die technologisch günstigste Lösung gelten. Die Umsetzung dieser Lösung erweist sich aber als kaum durchführbar. Zunächst wird am niedersächsischen Gorleben ein „integriertes Entsorgungszentrum" mit einer Wiederaufarbeitungsanlage und der Endlagerung im dortigen Salzstock geplant. Gegen diese Pläne bildet sich massiver Widerstand, der wiederum von Akteuren vor Ort getragen wird, aber national mobilisiert. Gorleben wird neben Wyhl und Brokdorf zum Brennpunkt der Protestbewegung. Schließlich gibt die niedersächsische Landesregierung die Planung für Gorleben als politisch nicht durchsetzbar auf (Rucht 1980). Damit rückt das bayerische Wackersdorf als Standort in den Mittelpunkt der Planungen (Kretschmer 1988). Auch an diesem neuen Standort entsteht eine starke Widerstandsbewegung. Die Wiederaufbereitungsanlage erhält nicht primär wegen ihrer technologischen Risiken eine so große Aufmerksamkeit der Bewegung. Vielmehr handelt es sich (auch) um den Versuch, durch eine Blockade der Entsorgungsmöglichkeiten den Atomkreislauf insgesamt zu blockieren.

2.1.3 Phase 3: Tschernobyl und das Ende von Wackersdorf (1986 bis 1988)

Der Unfall im sowjetischen Atomkraftwerk von Tschernobyl (heute Ukraine) am 24. April 1986 bedeutet eine Wende für die öffentliche Diskussion um die Atomenergie, allerdings zunächst kaum für die Atompolitik. Die Katastrophe illustriert (zumindest in der Deutung der Kritiker) die Gefahren der Atomenergie. Anstelle von abstrakten Restrisiken geht es nun konkret um die Gefahren und Verunsicherungen durch die „radioaktive Wolke aus Tschernobyl".[3] Atomunfälle sind jetzt nicht mehr fiktive, abstrakte Szenarien. Tschernobyl wird zum Schlagwort der Debatte, um auf die katastrophalen Folgen der Atomenergie hinzuweisen. Dass die Ursache für den Unfall in Tschernobyl nicht die Technologie allein war, sondern ein kapitaler Bedienungsfehler, dringt in der Debatte kaum durch und wird auch nicht mehr als wesentliches Argument wahrgenommen. Genau so wenig überzeugt offensichtlich, dass im Westen eine andere Technologie verwendet wird. Die Ablehnung der Atomenergie nimmt in der Öffentlichkeit dramatisch zu (Peters u.a. 1990). Die SPD nimmt den Ausstieg aus der Atomenergie in ihre Programmatik auf, auch die meisten Gewerkschaften sprechen sich gegen die Atomenergie aus (Rucht 1994: 453).

Mit dem Unfall von Tschernobyl wird der Protest in Deutschland nochmals intensiver und radikaler. In der zweiten Hälfte der 1980er Jahre, dem Zeitraum mit den meisten Protesten, ist mehr als jeder achte Protest gegen Atomkraft mit Gewalt verbunden

---

[3] Welche Folgen der Unfall von Tschernobyl tatsächlich hatte, ist bis heute umstritten. Vgl. „Der deutsche Glaubenskrieg", Die Zeit, Nr. 14, 30.3.2006, S. 14.

(Rucht/Roose 2001: 189).[4] Die Radikalität der Bewegung betrifft allerdings nicht allein die Protestformen. Auch in der Rhetorik zeichnet sich die Bewegung durch Radikalität aus. Die Gefahren der Atomkraft werden als umfassend und in diesem Sinne radikal vorgestellt. Das Argument des vernachlässigbaren „Restrisikos" dürfte sich vor allem deshalb als so wenig schlagkräftig in der öffentlichen Debatte herausgestellt haben, weil die Katastrophe im Falle eines Unfalls als umfassend dargestellt wurde.[5] Das Szenario eines atomaren Unfalls als Ende jeglichen menschlichen Lebens in einem ganzen Landstrich auf unabsehbare Zeit, dieses Szenario ist mit dem Unfall in Tschernobyl keineswegs neu, es gewinnt aber an Plausibilität. Damit wird die Radikalität der Argumentation nach dem Unfall in Tschernobyl für breite Bevölkerungsschichten plausibel.

Die CDU-geführte Bundesregierung hält derweil an der Technologie fest. Im Bau befindliche Atomkraftwerke werden zu Ende gebaut und in Betrieb genommen. Allerdings werden keine neuen Reaktoren mehr geplant. Das ursprüngliche Atomprogramm ist damit bis Ende der 1980er Jahre deutlich hinter den anfänglichen Planungen zurück geblieben. Dies liegt allerdings nur zum Teil an den Protesten der Anti-Atomkraft-Bewegung. Der Energieverbrauch hat sich bei weitem nicht in dem Maße entwickelt, wie es in den späten 1960er Jahren vermutet worden war. Damit sank auch der Bedarf an Atomkraftwerken.

Ein weiteres Ereignis markiert die Wendezeit des Atomkonflikts. 1988 wird das Projekt einer Wiederaufbereitungsanlage in Wackersdorf von der Deutschen Gesellschaft für Wiederaufarbeitung von Kernbrennstoffen (DWK), einem Zusammenschluss von Atomkraftwerksbetreibern, aufgegeben. Stattdessen entscheiden sich die Betreiber für eine Wiederaufbereitung im Ausland. Damit gibt die Wirtschaft das intensiv umkämpfte nukleare Großprojekt auf. Verantwortliche Politiker hatten bis zuletzt an dem Projekt festgehalten, ungeachtet der massiven Proteste. Das Aus für eine Wiederaufarbeitung in Deutschland kam nicht aus der Politik, sondern Kostenkalkülen folgend aus der Wirtschaft.

Die Wiederaufbereitungsanlage in Wackersdorf war nicht das erste Projekt, das nach heftigen Protesten gestoppt wurde. Der Unterschied im Fall Wackersdorf liegt darin, dass die Wiederaufbereitungsanlage nun nicht an einem anderen Ort geplant, sondern als Projekt komplett aufgegeben wurde. Es folgten auch keine neuen Pläne für andere Nuklearanlagen. Insofern steht das Ende von Wackersdorf für das Ende der nuklearen Bautätigkeit in Deutschland.

In die zweite Hälfte der 1980er Jahre fällt auch die Entstehung einer sichtbaren Anti-Atomkraft-Bewegung in der DDR.[6] Unter den Bedingungen einer Diktatur sind die Möglichkeiten für Protest gänzlich andere. Umwelt- und Anti-Atomkraft-Protest wurde vom DDR-Staat überwiegend als oppositionelle Tätigkeit eingestuft und verfolgt, nicht immer zu Recht. Die ostdeutsche Umweltbewegung war daher klein, durch das Fernsehen aus Westdeutschland war die Bevölkerung allerdings für Umweltprobleme und die Gefahren der Atomkraft sensibilisiert. Als die Bürgerrechtsbewegung sich 1988/89 zu einer breiteren Oppositionsbewegung entwickelt, gehören auch Anti-Atomkraft-Gruppen dazu.

---

[4] Darunter ist eine große Zahl von Protesten, die überwiegend friedlich sind, während ein kleiner Teil der Protestierenden gewalttätig wird.
[5] So beispielsweise Beck in seinem auch jenseits der Sozialwissenschaften breit rezipierten Buch zur Risikogesellschaft (1986: 68): „Einer großen Bevölkerungsgruppe stehen heute, mit oder ohne Absicht, durch Unfall oder Katastrophen, im Frieden oder Krieg Verheerungen und Zerstörungen ins Haus, vor denen unsere Sprache versagt, unser Vorstellungsvermögen, jegliche medizinische und moralische Kategorie" (vgl. Pettenkofer 2003).
[6] Zur Umwelt- und Anti-Atomkraft-Bewegung in der DDR vgl. Rink/Gerber (2001).

2.1.4 Phase 4: Latenz und Wiedergeburt (1989 bis 1997)

Mit dem Ende der nuklearen Bautätigkeit geht auch der Protest zurück. Die Wende in der DDR und die deutsche Vereinigung rückten andere Themen in den Vordergrund. Gleichzeitig war der atom-skeptische Konsens so stark, dass beispielsweise die sofortige Abschaltung der Atomkraftwerke in der DDR eine weitgehende Selbstverständlichkeit ist.

In Westdeutschland löst sich die Anti-Atomkraft-Bewegung nicht auf, sondern befindet sich in einer Latenzphase. Insbesondere die lokalen Gruppen an den Orten, wo Nuklearanlagen geplant sind, bleiben wachsam und schalten sich immer wieder in die Debatten etwa um das nun unklare Entsorgungskonzept und die Auswahl eines atomaren Endlagers ein. Die Bürgerinitiative Lüchow-Dannenberg, die ganz maßgeblich den Protest in Gorleben organisiert, ist weiter aktiv, aber auch die Schwandorfer Bürgerinitiative an der unvollendeten Baustelle in Wackersdorf verfolgt die Diskussion intensiv weiter.

Die Entsorgungsfrage bringt ab Mitte der 1990er Jahre wieder Dynamik in den Atomkonflikt, was wiederum gleichbedeutend ist mit Protest. Mit der Entscheidung für eine Aufarbeitung der Kernbrennstäbe im Ausland werden umfangreiche Atommülltransporte erforderlich. In den Verträgen mit den Wiederaufarbeitungsanlagen in Großbritannien und Frankreich verpflichtet sich Deutschland, radioaktiven Müll zurückzunehmen und für eine Lagerung selbst zu sorgen. Die Frage der Atommülllagerung stellt sich damit nicht nur langfristig, sondern bereits mittelfristig. Der Atommüll muss bis zur Auswahl der Endlagers zwischengelagert werden (vgl. Blowers/Lowry 1997).

Aus dieser Konstellation entstehen zwei neue Streitpunkte, die Ausgangspunkt für intensive Auseinandersetzungen werden: Zum einen muss ein Zwischenlager benannt, zum anderen der Atommüll transportiert werden. Die Frage des Zwischenlagers gewinnt an Brisanz durch die Befürchtung der Atomkraftgegner, dass mit der Zwischenlagerung die Frage der Endlagerung präjudiziert wird.

Mitte der 1990er Jahre werden die Atommülltransporte Gegenstand von zahlreichen Protestaktionen, die große Teilnehmerzahlen und erhebliche Medienresonanz erzielen können (Kolb 1997). Wiederum geht es bei diesen Protesten nicht allein um Sicherheitsfragen beim Transport oder der Zwischenlagerung. Der Protest soll insgesamt einen Umgang mit dem Atommüll verhindern und damit indirekt das Ende der Atomkraft erzwingen. Die „Verstopfungsstrategie", die bereits beim Widerstand gegen die Wiederaufbereitungsanlage verfolgt wurde, ist auch nun eine Motivation der nationalen Bewegung. Mit den Protesten gegen die Atommülltransporte findet die Anti-Atomkraft-Bewegung zu alter Mobilisierungsstärke zurück. Es gelingt ihr wieder, das Thema auf die Medien-Agenda zu setzen. Die Proteste sind wiederum konfrontativ mit massenhaften Besetzungen von Bahnstrecken, beantwortet mit umfangreichen Polizeieinsätzen.

2.1.5 Phase 5: Atomausstieg (ab 1998)

Mit der Wahl einer SPD-geführten Bundesregierung unter Beteiligung der Grünen ändert sich die Ausgangslage im Atomkonflikt dramatisch. In das Regierungsprogramm nehmen die Parteien den Ausstieg aus der Atomenergie auf. Damit genießt die Atomkraft zum ersten Mal in ihrer Geschichte nicht mehr die volle Unterstützung der Bundesregierung. Um Regressforderungen der Betreibergesellschaften zu vermeiden, tritt die Regierung in Verhandlungen mit den Stromversorgern über einen Ausstieg. Im Jahr 2000 wird der Atomkompromiss ausgehandelt, der einen schrittweisen Ausstieg aus der Atomenergie vorsieht. Für die in Betrieb befindlichen Atomkraftwerke wird eine kumulative Restlaufzeit vereinbart, die von den Betreibergesellschaften auf die Kraftwerke verteilt werden kann.

Der Ausstiegsbeschluss stößt in der Bewegung auf heftige Kritik (vgl. beispielsweise BUND o.J.). Die Sorgen der Atomkraftgegner beziehen sich nicht allein auf die Gefahren während der verbleibenden Laufzeit, sondern zusätzlich herrscht die Sorge vor, der Ausstiegsbeschluss sei in einer neuen Regierungskonstellation reversibel.[7]

Dennoch markiert der Atomausstieg eine radikale Trendwende der Atompolitik. Die zentrale Forderung der Anti-Atomkraftbewegung, der Ausstieg aus der Atomenergie, ist zur Regierungspolitik geworden, wenn auch nicht der geforderte Sofortausstieg. Die Mobilisierung gegen die Atommülltransporte ging in der Folge zurück.

Damit ist der Atomkonflikt keineswegs beendet. Zum einen wird eine Rückkehr zur Atomenergie vermutlich noch länger in der Diskussion bleiben, insbesondere angesichts von Diskussionen um Versorgungssicherheit und Klimawandel. Zum anderen steht nach wie vor die Entscheidung für ein atomares Endlager aus. Standortentscheidungen haben sich in der Vergangenheit immer wieder als Ausgangspunkt für Protestmobilisierungen herausgestellt.

2.2 Protest und öffentliche Meinung im Zeitverlauf

Der Beschreibung von Ereignissen in Phasen droht immer eine gewisse Willkür. Manche Ereignisse werden als zentral interpretiert, andere fallen unter den Tisch. Es ist daher hilfreich, die qualitative Phasenbeschreibung zu ergänzen mit systematischen, quantifizierenden Erhebungen zentraler Aspekte. Zu zwei Aspekten sind systematische Daten über einen längeren Zeitraum verfügbar: für die Proteste gegen die Atomenergie und für die öffentliche Meinung.

In der Protest- und Bewegungsforschung haben sich in den letzten Jahren Protestereignisanalysen etabliert (Kriesi u.a. 1995; Rucht u.a. 1998; Rucht 2001b). Aus Tageszeitungen wird systematisch erhoben, welche Proteste in den Meldungen vorkommen. Protest ist dabei sehr weit definiert und reicht von Unterschriftensammlungen über Demonstrationen bis hin zu gewaltsamen Auseinandersetzungen. Entscheidend ist, dass es sich um eine „kollektive, öffentliche Aktion nicht-staatlicher Träger [handelt], die Kritik oder Widerspruch zum Ausdruck bringt und mit der Formulierung eines gesellschaftlichen oder politischen Anliegens verbunden ist" (Rucht 2001a: 316).

Für die Aussagekraft von Protestereignisanalysen ist es wichtig, ihre Abhängigkeit von den Quellen im Blick zu behalten. Tageszeitungen als Basis zur Bestimmung von Protestaktivitäten zu wählen, bedeutet, sich den Selektionskriterien von Zeitungen zu unterwerfen und die so entstehenden Lücken in Kauf zu nehmen.[8] Die Überschätzung besonders mediengeeignet inszenierter Proteste dürfte die Folge sein, während eher kleine, lokale Proteste unberücksichtigt bleiben. Gleichwohl unterscheidet sich die Protestereignisanalyse von einem gewöhnlichen Eindruck beim Zeitungslesen, weil sie Proteste unabhängig von der

---

[7] Diskussionen zu Beginn der großen Koalition 2006 machen deutlich, wie begründet diese Annahme ist.
[8] Ausführlich diskutiert werden die methodischen Fragen von Protestereignisanalysen bei Rucht, Koopmans und Neidhardt (1998) sowie Fillieule und Jimenez (2003).

Prominenz in der Berichterstattung gleich behandelt. Während von der Leserin beispielsweise Berichte auf der Titelseite mit höherer Wahrscheinlichkeit wahrgenommen werden, ist die Protestereignisanalyse gegenüber der Platzierung oder Länge von Berichten invariant. Damit ergibt sich aus der Analyse durchaus ein modifiziertes, vermutlich realitätsnäheres Bild. Insbesondere für den Zeitverlauf mit tendenziell ähnlichen Selektionsverzerrungen der Zeitungen dürfte sich ein recht realistisches Bild ergeben.

Der Anti-Atom-Protest in Deutschland wurde in zwei Protestereignisanalysen untersucht: Zum einen hat das PRODAT-Projekt (Rucht 2001a; 2001c; Rucht u.a. 1992) in der Süddeutschen Zeitung (SZ) und der Frankfurter Rundschau (FR) von 1950 bis 1997 alle berichteten Proteste erhoben. Der Atomkonflikt ist in dieser Erhebung also ein Thema unter anderen. Die Erhebung greift auf die Wochenendausgaben der Zeitungen zurück, zusätzlich wurde jede vierte Woche vollständig erhoben. Eine zweite, an die erste eng angelehnte Studie umfasst die Jahre 1988 bis 2000 und war Teil eines europäisch ländervergleichenden Projekts zu Umweltbewegungen (Rootes 1999; 2003). In diesem kürzeren Zeitraum wurden für Deutschland alle Umweltproteste erhoben, die in der Berliner „tageszeitung" berichtet wurden, wobei alle erschienenen Ausgaben berücksichtigt sind. Da beide Erhebungen in wesentlichen methodischen Festlegungen identisch sind, ergänzen sie sich gut.[9]

Abbildung 1 zeigt die Häufigkeit von Protesten gegen die zivile Nutzung der Atomenergie zwischen 1970 und 2000, wobei beide Datenquellen berücksichtigt sind.[10] Vor 1970 wurden lediglich zwei Proteste gegen Atomenergie kodiert. Auf den ersten Blick wird deutlich, dass die Protesthäufigkeit über die Jahre erheblich schwankt. In einzelnen Jahren gibt es deutliche Ausschläge, während dann die Proteste wieder deutlich seltener werden. Die Kurve der aufsummierten Teilnehmer von Protesten (hier nicht abgebildet) hat einen ähnlichen Verlauf. Die dargestellten Phasen lassen sich in der Grafik wiederfinden.

Bis 1974, der ersten Phase des Atomkonflikts, ist Protest kaum in der Presse. Der Widerstand gegen geplante Atomanlagen ist lokal und erreicht kaum die nationale Aufmerksamkeit. Allerdings zeigt sich schon in den frühen 1970er Jahren der aufkeimende Protest. Ab 1975 nimmt die Protestintensität deutlich zu. Die Protesthäufigkeit ist sehr unterschiedlich, die Teilnehmerzahlen schwanken noch stärker, doch insgesamt hat sich der Anti-Atomkraft-Protest intensiviert. 1986, das Tschernobyljahr, sticht aus der Zeitreihe deutlich hervor. In keinem anderen Jahr wurde so oft protestiert. In den beiden Folgejahren fällt die Protestintensität auf das Niveau der vorherigen Jahre zurück.

Ab 1989 geht die Protesthäufigkeit schrittweise zurück, wobei erst 1991 das Niveau der frühen 1980er Jahre unterschritten wird. Der Protest ebbt nicht unmittelbar mit der Entscheidung gegen die Wiederaufbereitungsanlage in Wackersdorf ab, sondern die Bewegung bleibt zunächst aktiv und in den Medien präsent. Mitte der 1990er Jahre kommt es zu einer Wiederbelebung.[11] Nun stehen die Atommülltransporte und die Frage der Lagerung im Mittelpunkt. Die Regierungsbeteiligung der Grünen auf Bundesebene und der Atomaus-

---

[9] Mein herzlicher Dank gilt Dieter Rucht für die Erlaubnis, diese Daten zu nutzen.
[10] Die Anzahl der Proteste, die in der tageszeitung (taz) erhoben wurden, ist aufgrund der Vollerhebung naturgemäß größer. Um diesen Effekt optisch zu kompensieren, wird die Protestanzahl des ersten Datensatzes (SZ und FR) links und des zweiten Datensatzes (taz) rechts in einem anderen Maßstab abgetragen.
[11] Die in der SZ und der FR berichteten Anti-Atomkraft-Proteste nehmen bereits 1993 wieder zu, während auf Basis der taz erst ein Anstieg im Jahr 1994 festzustellen ist. Für diese Divergenz gibt es keine gute Erklärung. Vgl. auch Eilders (2001) für eine Untersuchung, in welchem Umfang Umweltproteste von mehreren Zeitungen berichtet werden.

stieg führen ab 1998 schließlich zu einer deutlich verminderten Protestaktivität, wobei nur bis zum Jahr 2000 Daten vorliegen.

Abbildung 1: Protest gegen Atomenergie

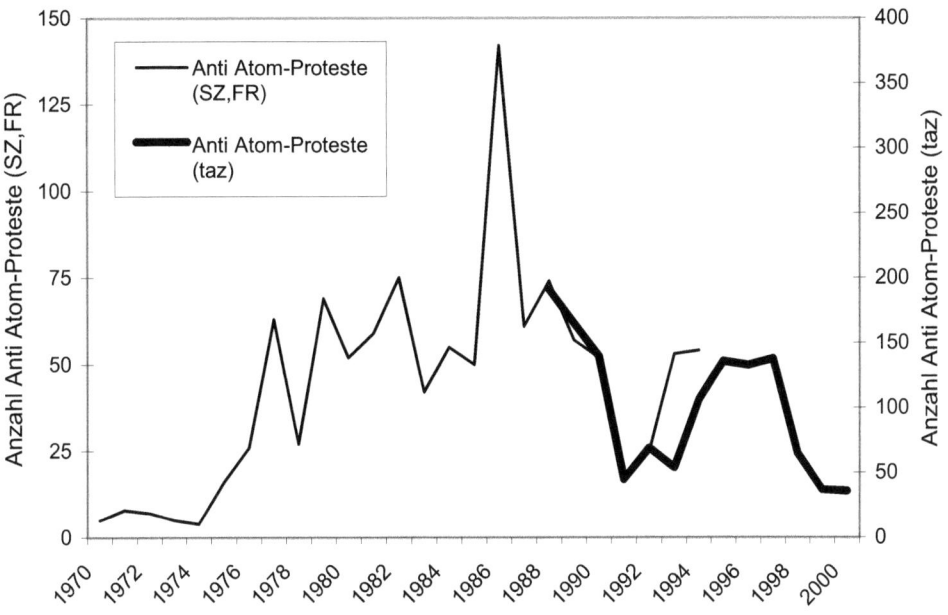

Quelle: PRODAT und TEA.

Protest geht immer nur auf wenige, sehr engagierte Menschen zurück. Das Meinungsbild einer Bevölkerung können Proteste nicht abbilden, allenfalls beeinflussen (vgl. Roose 2006a). Um die Einstellungen zur Atomkraft zu erfahren, wurde eine ganze Reihe von Umfragen durchgeführt, die einen Eindruck vermitteln über die Entwicklung der Bevölkerungsmeinung (vgl. auch Dube 1988). Allerdings sind auch Bevölkerungsumfragen eine problematische Quelle, insbesondere wenn auf zeitliche Verläufe geschlossen werden soll. Für den Zeitvergleich ist eine exakt gleiche Frageformulierung mit identischen Antwortvorgaben von größter Bedeutung. Andernfalls ist nicht entscheidbar, ob Veränderungen auf eine veränderte Bevölkerungsmeinung oder die veränderte Formulierung zurück gehen. Außerdem sind kurzfristige und langfristige Einflüsse nicht unterscheidbar. Aktuelle Ereignisse können erheblichen Einfluss auf die Umfrageergebnisse haben, während die Wirkung des Ereignisses auf die tatsächliche Bevölkerungsmeinung nur sehr kurz anhält. Diesen Nachteilen steht die Unverzichtbarkeit von Umfragen gegenüber, gibt es doch keine andere Möglichkeit, die Bevölkerungsmeinung jenseits des Elitendiskurses der veröffentlichten Meinung zu erheben.[12]

---

[12] Zur Unterscheidung von Bevölkerungsmeinung, veröffentlichter Meinung und öffentlicher Meinung vgl. Gerhards und Neidhardt (1990).

Ab 1975 sind Umfragen vom Institut für Demoskopie Allensbach und vom Politbarometer zugänglich.[13] Allerdings hat sich beim Politbarometer im Laufe der Zeit die Frageformulierung verändert, weshalb hier zunächst nur die Ergebnisse des Allensbacher Instituts dargestellt werden. In den Umfragen wurde erhoben, ob weitere Atomkraftwerke gebaut oder die vorhandenen stillgelegt werden sollten. Als dritte Antwortmöglichkeit konnte ausgewählt werden, die bestehenden zu nutzen, aber keine neuen Kraftwerke zu bauen. In Abbildung 2 ist über die Jahre der Anteil von Gegnern der Atomenergie abgetragen.[14]

Abbildung 2: Ablehnung der Atomenergie

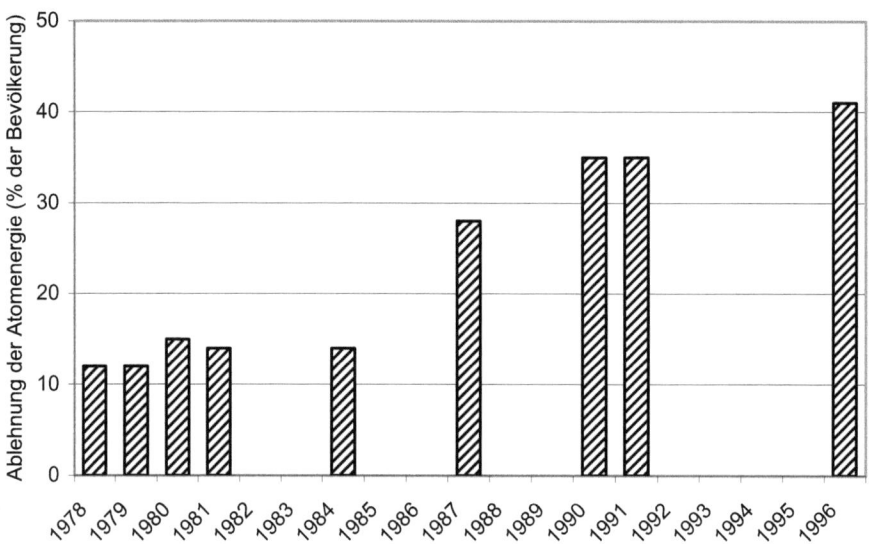

Quelle: Noelle-Neuman 1977, Noelle-Neumann/Piel 1983, Noelle-Neumann/Köcher 1993, 1997, 2002. Zusammenstellung: Projekt Umweltprotesteffekte.

Bereits in der ersten Phase des Atomkonflikts (1978/79) gibt es eine erhebliche Skepsis gegenüber der Atomenergie. 12 % der Befragten lehnen die Atomenergie ab und wollen die bestehenden Atomkraftwerke abschalten. Weitere 47 % sprechen sich zumindest gegen einen weiteren Ausbau der Atomenergie aus. 1980 nimmt die Ablehnung leicht zu und bleibt in den Folgejahren stabil bei 14 % (Noelle-Neumann/Piel 1983: 527).

---

[13] Einzelne frühere Umfragen weisen für die 1950er Jahre auf eine deutliche Skepsis gegenüber der Atomenergie hin. Im Laufe der 1960er und frühen 1970er Jahre wurde die öffentliche Wahrnehmung positiver (Dube 1988), in der Presse dominierten die Befürworter der Technologie (Kepplinger 1988). – Die Zusammenstellung und Aufbereitung der hier präsentierten Ergebnisse erfolgte in dem Projekt „Effekte von Umweltprotest in der Bundesrepublik Deutschland (Umweltprotesteffekte)", das dankenswerter Weise von der Fritz Thyssen Stiftung gefördert wurde.

[14] Atomkraftgegner sind Befragte, die für eine Stilllegung der Atomkraftwerke plädieren.

Die Wende in der öffentlichen Meinung im Tschernobyl-Jahr 1986 ist deutlich erkennbar. Der Anteil derer, die Atomkraftwerke stilllegen möchten, hat sich nach dem Unfall 1987 gegenüber 1984 verdoppelt (vgl. auch Peters u.a. 1990; Renn 1990). Im Laufe der 1990er Jahre nimmt der Bevölkerungsanteil, der eine Abschaltung der Atomkraftwerke fordert, nochmals zu.[15]

Die Phasen und Zäsuren des Atomkonflikts finden sich sowohl in den Protesthäufigkeiten als auch den Umfragen wieder. Die Entstehung des Konflikts mit häufigeren und radikaleren Protesten zeigt sich ebenso deutlich wie die nochmalige Intensivierung der Auseinandersetzung und der Meinungswandel im Nachgang des Tschernobyl-Unfalls.

3 Arenen der Konfliktregelung

Die Geschichte des Atomkonflikts in Deutschland ist vor allem eine Geschichte der Konfrontation und anhaltender Militanz. Der Protest der Anti-Atomkraft-Bewegung wurde staatlicherseits durch massiven Polizeieinsatz beantwortet. Diese konfrontative Konstellation blieb im Grundsatz über drei Jahrzehnte nahezu unverändert. Einzelne Projekte wurden aufgrund des Widerstands verzögert und schließlich aufgegeben, eine grundsätzliche Einigung zwischen Befürwortern bzw. Betreibern der Atomkraft und ihren Gegnern kam aber nicht zustande. Diese Pauschalbetrachtung verdeckt den differenzierteren Konfliktumgang. Parallel zum Protest an den Bauplätzen nuklearer Anlagen gab es vor allem zwei Arenen, in denen eine Konfliktregelung angestrebt wurde: die Parlamente und politischen Gremien sowie die Gerichte.

Die frühe Kritik bezüglich der von Atomkraftwerken ausgehenden Gefahren wurde nicht komplett ignoriert. Es kam zur Modifikation von Plänen, insbesondere im Hinblick auf Standortfragen. So wurde aus Sicherheitsgründen von dem ursprünglichen Vorhaben Abstand genommen, Atomkraftwerke in Großstädten zu bauen (Radkau 1983: 372ff.). Die dominante Reaktion der Betreibergesellschaften und der Politik war allerdings der Versuch, Überzeugungsarbeit zu leisten. Die Bevölkerung sollte durch die Experten von der Ungefährlichkeit und den Segnungen der Atomkraft überzeugt werden. Die öffentliche Darstellung der guten Argumente für die Atomkraft und vor allem der geringen, vernachlässigbaren Risiken angesichts umfassender Sicherheitsvorkehrungen sollten die Öffentlichkeit und die Gegner überzeugen.[16]

Den Atombefürwortern, die sich wesentlich aus den universitären Expertenkreisen rekrutierten, standen überwiegend autodidaktisch gebildete Laien gegenüber. Der Laienstatus ist zunächst unproblematisch, wenn es um die normative Einschätzung geht, ob bzw. wie viel Risiko der Gesellschaft und speziell den Anwohnern von Nuklearanlagen zugemutet werden darf. Um diese Frage zu diskutieren, muss aber zunächst geklärt sein, wie gefährlich die Technologie faktisch einzuschätzen ist, wie groß also das Risiko ist, mit der ein kleiner Unfall oder der berühmte „GAU", der größte anzunehmende Unfall, eintreten kann. Um diese Fragen klären zu können, ist detailliertes technologisches Wissen erforderlich,

---

[15] Dieses Ergebnis ist allerdings mit Vorsicht zu interpretieren. Die Politbarometer-Befragungen in den 1990er Jahren weisen eine leicht abnehmende Ablehnung der Atomenergie aus. Allerdings ist bei diesen Befragungen zu beachten, dass hier nach der *sofortigen* Abschaltung der Atomkraftwerke gefragt wird, das Allensbacher Institut fragt nur nach der Abschaltung. Dies macht wiederum deutlich, wie problematisch die Erhebung der Bevölkerungsmeinung ist.
[16] Zum Konzept des „Public Understanding of Science" vgl. Wynne (1995).

das typischerweise den Experten vorbehalten ist. In dieser Frage waren die Kritiker in den Expertendiskussionen tendenziell unterlegen, weil es in Deutschland kaum atomkraftkritische Wissenschaftler gab.

Das Ungleichgewicht der Kräfte, die Überlegenheit der Atomkraftbefürworter in der Kenntnis von technologischen Details, hatte allerdings keineswegs zum Ergebnis, dass sich die Kritiker von den Segnungen der Atomenergie überzeugen ließen. Vielmehr wuchs unter den Atomkraftgegnern das Misstrauen gegenüber der Wissenschaft insgesamt. In den Reihen der Atomkraftgegner entstanden eigene Experten, sogenannte Gegenexperten (Roose 2006b; Rucht 1988; Saretzki 1997a). Veröffentlichungen aus den USA boten Argumente gegen die Atomkraft, die dann in Deutschland zunächst von Laien vorgetragen wurden (Rucht 1994: 447). Im Laufe der Intensivierung des Atomkonflikts kam es auch zu verstärkten Bemühungen, die fachliche Basis der Bewegung zu stärken (Roose 2002). Die Gegenexperten wurden wichtige Akteure in der Auseinandersetzung um die Atomkraft, vor Gericht und in politischen Debatten.

3.1 Debatten in der Politik

Die Bundesregierung blieb bis zum Regierungswechsel 1998 ein klarer Befürworter der Atomenergie. Doch bereits Mitte der 1970er Jahre konnten die Kritiker nicht mehr ignoriert werden. In verschiedenen Foren wurde der Kritik organisatorisch und symbolisch Rechnung getragen.

In Abbildung 3 ist die Häufigkeit von Debatten und Anfragen im Bundestag zu Themen rund um die Atomkraft dargestellt. Vor allem ab Mitte der 1980er Jahre ist im Deutschen Bundestag die Atomenergie häufig Gegenstand von Debatten. Dabei geht es um große und kleine Anfragen, aber auch Gesetzesvorlagen. 1995 werden neben einer Reihe von anderen Themen die hoch umstrittenen Atommülltransporte Gegenstand von Anfragen. 2000 geht es noch einmal intensiv um die Frage der Endlagerung und den Atomausstieg mit seinen Folgen.[17]

Betrachtet man die Geschehnisse im Bundestag, so scheint die Politik erst sehr spät auf die Proteste reagiert zu haben. Diese Einschätzung ist aber nur eingeschränkt richtig. Bereits 1976 wurde der „Bürgerdialog Kernenergie" ins Leben gerufen. In diesem Rahmen sollten Befürworter und Kritiker der Technologie zu Wort kommen. Der damalige Koordinator des Dialogs im Forschungsministerium Klaus Lang kommt rückblickend zu der Einschätzung: „Es war schon ein durchsetzungsorientierter Dialog der Bundesregierung" (Litz 2004: 78). Die Strategie der Bundesregierung war die Überzeugung der Kritiker mit den überlegenen Argumenten der Experten.

Eine ähnliche Vorstellung war Hintergrund der 1980 eingesetzten Enquete-Kommission „Zukünftige Kernenergiepolitik". Hier sollten die technologischen Alternativen Leichtwasserreaktor und Schneller Brüter auf ihre Vor- und Nachteile verglichen werden. Auf eine Einbindung von Kritikern konnte allerdings angesichts der starken Bewegung

---

[17] Die Anzahl von Debatten zu einem Thema im Bundestag ist freilich ein recht kruder Indikator für die Intensität der politischen Verarbeitung eines Themas. Die Anzahl der Debatten enthält keine Information über die Bedeutung und inhaltliche Reichweite der diskutierten Anfragen und Gesetze. Auch geht hier nicht ein, ob die Gesetze beschlossen wurden oder gar wirksam sind (vgl. dazu auch Roose 2006a; und die Kritik von Kolb 2006). Gleichwohl ist die Anzahl der Debatten im Zeitverlauf ein hilfreicher Hinweis auf die Intensität der politischen Diskussionen.

nicht mehr verzichtet werden. Mit Prof. Günter Altner, Mitbegründer des Öko-Instituts, wurde ein prominenter Kritiker in die Kommission aufgenommen, dann aber, wie Altner berichtet (Roose 2002: 74), herablassend behandelt und weitgehend ausgegrenzt. 1992/93, in der Spätphase des Konflikts, wurden die Energiekonsensgespräche zwischen Betreibergesellschaften und SPD-geführten Landesregierungen ins Leben gerufen. Doch auch dieser Versuch, den Konflikt zu entschärfen und zu einer gemeinsamen Haltung über die Atomenergie zu kommen, scheiterte an den unüberbrückbar gegensätzlichen Ansichten der beteiligten Parteien (Barthe/Brand 1996; Rucht 1994: 454).

Abbildung 3: Debatten im Bundestag zu Atomenergie

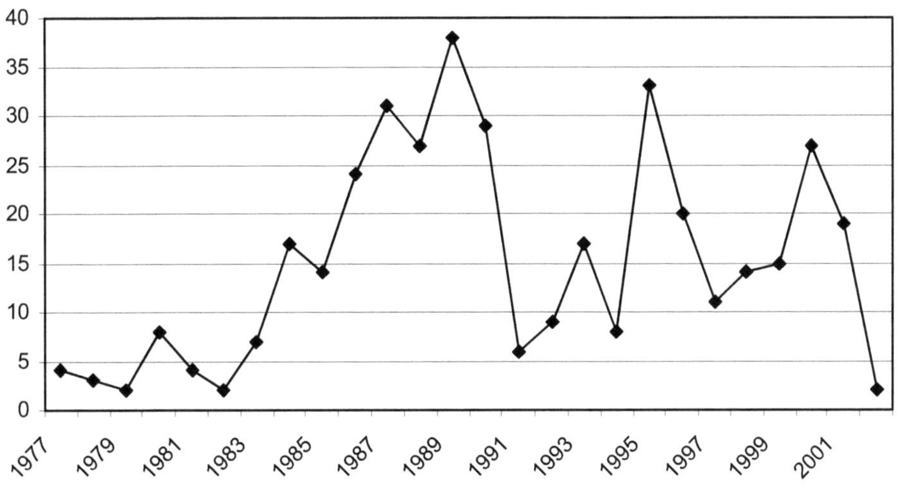

Quelle: dip.bundestag.de, Zusammenstellung Projekt Umweltprotesteffekte.

Die politischen Beratungsgremien, insbesondere die Reaktorsicherheitskommission, blieben allein den Befürwortern der Atomenergie vorbehalten. Erst die rot-grüne Bundesregierung berief 1998 auch Kritiker in die Gremien.

Der Konfliktumgang in der deutschen Bundespolitik war geprägt durch das Bemühen, die Kritiker der Atomenergie zu überzeugen. Das Ergebnis des Diskurses war also aus Sicht der Regierung keineswegs offen, sondern es ging lediglich darum, die (aus Regierungssicht) unbegründete Kritik zu entkräften. Es bedurfte der Gründung und Etablierung einer neuen Partei (der Grünen) sowie eines Regierungswechsels, um diese Situation zu ändern.

3.2 Gerichtsverfahren

Die für den Einfluss der Anti-Atomkraft-Bewegung über lange Zeit wichtigste Arena waren in Deutschland die Gerichte. Während die Politik ungeachtet der Proteste konsequent an der Atomkraft festhielt, konnten vor Gericht erhebliche Teilerfolge erzielt werden. Ansatzpunkt der Gerichtsverfahren waren die Genehmigungsverfahren. In einem Planfeststellungsverfahren für den Standort von Nuklearanlagen gibt es Einspruchsmöglichkeiten für Bürger. Von diesen Einspruchsmöglichkeiten wurde umfassend Gebrauch gemacht. Bereits 1971 wurden gegen ein geplantes Atomkraftwerk in Neckarwestheim 5.232 Einsprüche eingelegt, gegen ein letztlich nie realisiertes Atomkraftwerk nahe Bonn sogar 15.577 Einsprüche (Rucht 1994: 446). Beim Kernkraftwerk Wyhl kamen rund 65.000 Einsprüche zusammen. Bei späteren Projekten war die Zahl von Einsprüchen noch deutlich höher mit schließlich rund 800.000 Einsprüchen gegen die Wiederaufbereitungsanlage Wackersdorf.

Auf die Einsprüche folgt im Planfeststellungsverfahren ein öffentlicher Erörterungstermin. Im Rahmen dieser Erörterungstermine wurden durchweg die Einsprüche als sachlich unbegründet zurück gewiesen, blieben also zunächst wirkungslos. Das macht allerdings die Einsprüche keineswegs obsolet. Neben ihrer symbolischen Bedeutung waren die abgewiesenen Einsprüche der Ausgangspunkt für zahlreiche Gerichtsverfahren. Die Klagen bezogen sich zum einen auf Verfahrensfehler, zum anderen auf substanzielle Entscheidungen bei der Risikoabwägung.

Die Erfahrung mit massenhaften Einsprüchen bei Planfeststellungsverfahren war zu Beginn der 1970er Jahre noch gering. Entsprechend ergab sich immer wieder die Möglichkeit, Verfahrensfehler festzustellen und damit Klagen zu begründen. In der Anti-Atomkraft-Bewegung entstand ein detailliertes Wissen über die Rechtsgrundlagen von Planfeststellungsverfahren. Teil der Genehmigungsverfahren waren darüber hinaus Risikoabschätzungen, die immer wieder zum Gegenstand von Gerichtsverfahren wurden. Die Gerichtsverfahren hatten einen doppelten Effekt. Zum einen wurde der Bau eines Atomkraftwerks ein langwieriges Unterfangen. Die Bauzeiten für Atomkraftwerke haben sich vor allem für Projekte mit Beginn zwischen 1974 und 1977 deutlich verlängert (Kolb 2005: 383; vgl. auch Joppke 1993: 214). Dadurch wurden die Planungen für die Betreibergesellschaften unsicherer, die Baukosten erhöhten sich deutlich (Radkau 1983: 586). Ab 1981 wurde das Planungsverfahren vereinfacht und für mehrere Kraftwerke zusammengefasst (Kolb 2005; vgl. auch Hatch 1991). Zum anderen wurden von den Gerichten Entscheidungen getroffen über zusätzliche Sicherheitsanforderungen. Basis dieser Entscheidungen war das Atomgesetz, wonach Atomkraftwerke nur genehmigt werden dürften, wenn „die nach dem Stand von Wissenschaft und Technik erforderliche Vorsorge gegen Schäden (...) getroffen ist" (Atomgesetz § 7.2). Mit dieser unspezifischen Formulierung wurde die Festlegung, welche Sicherheitsvorkehrungen notwendig sind, an Gerichte delegiert. Hier fanden intensive, wissenschaftlich-technische Auseinandersetzungen über Sicherheitsfragen statt. In der Anti-Atomkraft-Bewegung wurde umfangreiches technologisches Wissen über die Kraftwerke gesammelt, um in diesen juristischen Verfahren argumentieren zu können.

Resultat der Gerichtsverfahren waren immer wieder substanzielle Zusatzanforderungen. Der Klageweg war mit entscheidend für die Verlangsamung und Reduzierung der Bautätigkeit bei Atomkraftwerken in Deutschland (Kolb 2005: 475).

4 Der deutsche Atomkonflikt im Vergleich

Um Besonderheiten komplexer Geschehnisse und Entwicklungen einschätzen zu können, ist eine vergleichende Betrachtung oftmals hilfreich. Der Atomkonflikt wurde hier zunächst im nationalen Rahmen dargestellt als ein Konflikt in Deutschland, vor allem in Westdeutschland bzw. der alten Bundesrepublik. Auseinandersetzungen über die friedliche Nutzung der Atomenergie gab es allerdings auch in anderen Ländern. Die oben angegebene Literatur (vgl. Fußnote 1) betrachtet den deutschen Konflikt jeweils im Ländervergleich. Hier kann nur pauschal auf einige Besonderheiten hingewiesen werden.

Die auffälligste Besonderheit des deutschen Atomkonflikts im europäischen Vergleich ist seine Beständigkeit. In Deutschland kam es zu einem endlosen Streit um die Atomkraft, während der Protest in anderen Ländern meist nach einiger Zeit wieder abflaute und anderen Themen Platz machte. Dieses Abflauen hatte unterschiedliche Ursachen. In Frankreich blieb die Bewegung weitgehend erfolglos, der Staat setzte sein Atomprogramm unbeirrt von den Protesten durch. Die Zentralregierung in Paris verfügt über die entsprechende Durchsetzungsmacht (Kitschelt 1986; Rucht 1994: 428ff.). In anderen Ländern, zum Beispiel Österreich und Schweden, wurde der sofortige oder schrittweise Ausstieg aus der Atomenergie beschlossen. In diesen Ländern konnte sich die Anti-Atomkraft-Bewegung durchsetzen. In Deutschland bleibt der Konflikt dagegen unentschieden. In den 1990er Jahren dominiert in der deutschen Umweltbewegung das Thema Atomkraft, in den Bewegungen anderer EU-Länder spielt es eine weitgehend untergeordnete Rolle (Rootes 2003).

Eng mit diesem Phänomen verbunden ist die Radikalität der Bewegung. Konfrontative Protestformen sind bei Protesten gegen Atomkraft weit stärker verbreitet als etwa parallel in der Umweltbewegung (Rucht/Roose 2001: 189).[18] Die deutsche Anti-Atomkraft-Bewegung war nicht nur dauerhaft in der Lage, für ihre Anliegen zu mobilisieren. Sie tat dies zudem mit ungewöhnlicher Radikalität und auch diese Radikalität wurde über mehrere Jahrzehnte aufrecht erhalten.

Dieser Konfliktverlauf ist allerdings keineswegs typisch für Konflikte in Deutschland insgesamt. Die Friedensbewegung hat zu Beginn der 1980er Jahre sehr umfangreich mobilisiert. Es kam zu mehreren Großdemonstrationen, die größte im Herbst 1983 parallel in vier Städten mit insgesamt rund 1.000.000 Teilnehmern. Mit der Stationierung der neuen Mittelstreckenraketen flaute der Protest aber recht bald ab und die Friedensbewegung wurde unbedeutend (Schmitt 1990). Die Umweltbewegung hat in Deutschland über eine lange Zeitspanne immer wieder mobilisiert (Rucht/Roose 1999; 2003). Allerdings haben die Themen immer wieder gewechselt, sie ist mit ihrer thematischen Breite nicht vergleichbar mit der Single-Issue-Bewegung gegen die Atomenergie. Intensiv debattiert wurde in Deutschland außerdem die gesetzliche Regelung der Abtreibung. Auch hier kam es zu Mobilisierungen aus der Frauenbewegung. Allerdings beruhigte sich der Konflikt jeweils, nachdem eine gesetzliche Regelung festgelegt war (Ferree u.a. 2002; Gerhards u.a. 1998; Rucht 1994: 325ff.). In seiner Dauerhaftigkeit ist der Konflikt um die Atomenergie in Deutschland eine Ausnahmeerscheinung, die eine Erklärung herausfordert.

5 Warum ein endloser Streit?

Drei Fragen gilt es für eine Erklärung der Dauerhaftigkeit des Atomkonfliktes zu beantworten: 1. Warum konnte die Frage der Atomenergie einen intensiven, gesellschaftsweiten Konflikt hervorrufen? 2. Warum kam es zu erheblicher Mobilisierung in diesem Konflikt?

---

[18] Allein in der ersten Hälfte der 1980er Jahre sind die ökologischen Proteste in Deutschland radikaler als die Proteste gegen Atomkraft. Dies geht vor allem auf die Eskalation des Protestes gegen die Startbahn-West am Flughafen Frankfurt Rhein-Main zurück.

Und 3. Warum kam es nicht zu einer Beendigung des Konfliktes? Theorien der Konfliktsoziologie können helfen, auf die Fragen Antworten zu finden.

5.1 Konflikthaftigkeit des Atomenergie-Themas

Zwei Dimensionen des Themas Atomenergie prädestinieren es für eine intensive Auseinandersetzung: die Unteilbarkeit des Konflikts und das mit der Technologie verbundene Risiko mit erheblichen Folgen im Falle eines Unfalls.

Die Beurteilung von Risiken in der Debatte um Atomenergie birgt eine erhebliche Brisanz. Zunächst zeichnet sich das mit der Technologie verbundene Risiko durch Merkmale aus, die zu einer besonders dramatischen Risikobeurteilung durch Laien führt. Jungermann und Slovic (1993; vgl. Cavigelli 1996: 22ff.) haben drei Faktoren ausgemacht, welche die Risikowahrnehmung durch Laien beeinflussen. Die „Schrecklichkeit" bezieht sich auf die Intensität der Katastrophe, wenn ein Schadensfall eintritt. Hier geht die Zahl der Betroffenen ein, die Gefahr tödlicher Folgen, die Folgen auch für spätere Generationen und die Beeinflussbarkeit des Risikos. Dieser Faktor wird als der einflussreichste angesehen. Der zweite Faktor bezieht sich auf die „Bekanntheit" des Schadensfalles, wobei das Risiko mit höherer Wahrscheinlichkeit nicht akzeptiert wird, wenn der Schaden nicht direkt wahrnehmbar und unbekannt ist und zeitlich verzögert eintritt. Der dritte Faktor schließlich bezieht sich auf den Wirkradius, also die geographische Ausdehnung der betroffenen Region. In allen drei Dimensionen ist für die Atomenergie eine besonders dramatische Risikobeurteilung durch Laien zu erwarten.

Eng mit dieser Risikobeurteilung hängt ein Aspekt des Konfliktgegenstandes zusammen, den Albert O. Hirschman beschrieben hat. Er unterscheidet teilbare und unteilbare Konflikte, um die unterschiedliche Intensität und Möglichkeiten der Lösung von Konflikten zu erklären (Hirschman 1994). Streng genommen sind nicht die Konflikte als solche teilbar oder unteilbar, sondern ihr jeweiliger Gegenstand. Bei teilbaren Konflikten kann der Gegenstand des Konfliktes geteilt werden. Damit sind Kompromisse zwischen den Konfliktparteien möglich und die Einigung wird bei einem Mehr-oder-Weniger zu finden sein. Diese Art des Konfliktes ist vergleichsweise leicht zu lösen. Sie lassen einen Ausgleich zwischen den Parteien zu. Der Tarifkonflikt ist das paradigmatische Beispiel (vgl. auch Dahrendorf 1972; zusammenfassend Dubiel 1999). Demgegenüber geht es bei unteilbaren Konflikten um Gegenstände, die eine solche Aufteilung nicht erlauben. Typische Beispiele sind Anerkennungs- oder Wertkonflikte (ähnlich Aubert 1972). Sind zentrale Werte der Konfliktakteure betroffen, so ist der Konfliktausgang nicht mehr verhandelbar. Der Konflikt lässt sich nicht mit einem Kompromiss „in der Mitte" lösen, sondern erfordert eine Entscheidung zu dem unteilbaren Gut. Diese Art der Konflikte trägt erheblichen gesellschaftlichen Sprengstoff in sich.

Hirschman argumentiert zunächst mit objektiven Eigenschaften des Konfliktgegenstandes. Nach seiner Ansicht sind die Konfliktgegenstände als solche teilbar oder unteilbar. Allerdings schließt er seine Überlegungen mit dem Hinweis, dass möglicherweise unteilbare und damit unversöhnliche Konflikte nur so erscheinen, weil für sie noch kein Mechanismus gefunden wurde, sie in teilbare Konflikte zu transformieren. Mit diesen Überlegungen, die von Dubiel (1999: 141) klarer dargelegt werden als in Hirschmans Artikel, wird der konstruktivistische Aspekt des Konfliktumgangs deutlich. Demnach ist die Konfliktart und die mit ihr verbundene Möglichkeit einer Lösung abhängig von der Interpretation des Konflikts durch die Beteiligten. Von ihrem Verständnis des Streitobjekts und ihrer Bereitschaft, auf eine Transformation des Gegenstandes in ein teilbares Gut einzugehen, hängen die Lösungsmöglichkeiten ab.

Der Atomkonflikt in Deutschland lässt sich in weiten Teilen als ein unteilbarer Konflikt verstehen. Die Atomkraft-Gegner betonen die Gefahr, dass ganze Landstriche verseucht und die dort lebende Bevölkerung getötet wird. Andreas Pettenkofer zeigt ausgehend von Publikationen aus der Bewegung, wie total die Bedrohung dargestellt wird (Pettenkofer 2003). Angesichts eines so verstandenen Szenarios handelt es sich zweifellos um einen Wertkonflikt, der keine Kompromisse erlaubt und entsprechend die Radikalität eines unteilbaren Konfliktes herauf beschwört. Auf der Seite der Atomkraft-Befürworter lassen sich ähnliche Interpretationen finden. Wenn die Ablehnung der Atomkraft gleichgesetzt wird mit der Ablehnung von Fortschritt und Wissenschaft, entsteht ebenfalls eine erhebliche Wertaufladung der eigenen Position.[19] Von dieser Warte geht es nicht mehr allein um eine wirtschaftlich sinnvolle Technologie, sondern um Fortschritt und Wohlstand insgesamt. Auch aus dieser Perspektive wird der Atomkraftkonflikt ein unteilbarer Konflikt, der Kompromisse ausschließt. Aus dieser Interpretation des Konflikts ergibt sich seine besondere Brisanz. Indem beide Seiten die Auseinandersetzung um Sinn und Sicherheit der Atomkraft aufgeladen haben als unteilbaren Konflikt, rückte eine Lösung in weite Ferne.

5.2 Mobilisierung des Konflikts

Die Tatsache, dass ein Thema Konfliktstoff in sich birgt, reicht als Erklärung für Protestmobilisierung keineswegs aus. Die Forschung zu sozialen Bewegungen hat mehrfach darauf hingewiesen, dass Unzufriedenheit oder die Betroffenheit durch Missstände keineswegs zu Protest führt. „Die Geschichte der Gesellschaften ist eine Geschichte von sozialen Bewegungen, die nicht stattgefunden haben – obwohl die Probleme ihrer Gesellschaften gute Gründe zur Mobilisierung gaben" (Neidhardt 1985: 198; ähnlich McCarthy/Zald 1977). Eine Reihe von Faktoren muss zusammen kommen, damit eine Bewegung entsteht, die mit Protest auf – aus ihrer Sicht – Missstände aufmerksam macht und auf deren Behebung drängt. Hier können nicht alle Faktoren aufgearbeitet werden, welche die Entstehung einer Bewegung möglich machten.[20] Auf zwei Aspekte sei aber verwiesen, weil sie für die längerfristige Mobilisierung gegen die Atomenergie von erheblicher Bedeutung sind: die Interpretation des Konfliktgegenstandes durch mobilisierende Akteure und die Struktur von Einflussmöglichkeiten für die Bewegung.

5.2.1 Interpretation des Themas Atomenergie

Es sind nicht allein die objektiven Eigenschaften des Themas, die ihn für einen Konflikt prädestinieren. Die beteiligten Akteure interpretieren die Situation auf eine bestimmte Wei-

---

[19] So beispielsweise Helmut Kohl: „Die Gegner der Atomenergie sind Reaktionäre. Sie wenden sich gegen den Fortschritt. Sie wollen den Bürger mit einer Strategie des Rückschritts und der Armut beglücken" (Spiegel 2.7.1979, zitiert nach Rucht 1994: 449).
[20] Vgl. dazu die einschlägigen Untersuchungen der Bewegungsforschung, siehe Fußnote 1.

se und versuchen dann, ihr Publikum nicht allein auf einige Fakten aufmerksam zu machen, sondern das Publikum auch von bestimmten Deutungen zu überzeugen. Der Framing-Ansatz hat in der Bewegungsforschung auf die wichtige Rolle dieser Interpretationen aufmerksam gemacht (u.a. Snow u.a. 1986; Snow/Benford 1988; Gamson 1992; vgl. auch Saretzki 1996).

Oben war bereits deutlich geworden, dass es der deutschen Atomkraftbewegung gelungen ist, die Gefahren als besonders dramatisch und bedrohlich darzustellen. Eigenschaften des Gegenstandes waren dabei sicherlich hilfreich, reichen aber allein zur Erklärung der Situationsdeutung nicht aus. Das Verständnis des Konflikts als unteilbar mit der Folge einer massiven Polarisierung ist eine Interpretation, die auch anders möglich gewesen wäre. Zwei weitere „Interpretationserfolge" sind zudem bemerkenswert: die Verbindung des Atomkonflikts mit den Themen andere sozialer Bewegungen und die Verbindung des Themas mit gesellschaftlich zentralen Fragen.

Der Atomkonflikt wurde in enger thematischer Verbindung mit zwei anderen Themen gesehen, zu denen ebenfalls umfangreich mobilisiert wurde. Zum einen blieb die enge Kopplung von ziviler und militärischer Nutzung der Atomenergie in der Diskussion präsent. Damit war die Frage der Atomenergie auch für die Friedensbewegung relevant. Während die Verbindung von ziviler und militärischer Nutzung in den 1950er und 1960er Jahren eher assoziativ begründet war (weshalb schließlich der Begriff der Kernenergie erfunden wurde), tauchte die Frage der militärischen Nutzbarkeit im Zusammenhang mit der Wiederaufbereitungsanlage wieder auf (z.B. Schelb 1987; vgl. Kliment 1994: 214). Die enge Kopplung von ziviler und militärischer Anwendung legt nahe, dass friedenspolitischer Protest sich auch gegen die Atomkraft, insbesondere die Wiederaufarbeitung wenden müsse. Eine weitere Brücke wurde zu ökologischen Themen geschlagen. Die Verknüpfung von Umwelt- und Naturschutzthemen mit dem Widerstand gegen die zivile Nutzung der Atomenergie ist in Deutschland ausgesprochen eng (vgl. 2.1.2) und verknüpft das Mobilisierungspotenzial der Umweltschutzbewegung mit dem Potenzial der Anti-Atomkraft-Bewegung. Diese Erfolge des „Frame-Bridging", also der thematischen Verknüpfung von unterschiedlichen Protestthemen mit der Folge einer breiten Mobilisierungsbasis (Snow u.a. 1986), dürften für die Mobilisierung des Atomkonflikts von erheblicher Bedeutung gewesen sein.

Der zweite „Interpretationserfolg" der Anti-Atomkraft-Bewegung liegt in der engen Anknüpfung des Themas an zentrale gesellschaftliche Fragen. Nach Luhmann (1984: 541ff.; vgl. auch Cavigelli 1996: 34) sind Konflikte dann gesellschaftlich bedeutsam und weitreichend, wenn sie sich entweder in der Form von sozialen Bewegungen äußern oder die Bereiche Recht, Macht und Eigentum betreffen. Für eine Bewegung ist der erste Fall definitionsgemäß gegeben, doch die Verbindung zu den von Luhmann genannten wesentlichen Aspekten der Grundordnung von Gesellschaft sind interpretationsabhängig. Die Anti-Atomkraft-Bewegung hat genau diese Verbindungen hergestellt. Die Kritik bezog sich nicht allein auf die Risiken der Technologie, sondern auf den „Atomstaat" insgesamt (z.B. Jungk 1977). Auch wurde das Recht des Staates grundsätzlich in Frage gestellt, über das Eingehen der mit der Atomtechnologie verbundenen Risiken überhaupt entscheiden zu dürfen (Kliment 1994). Das Thema der Atomkraft war damit nicht allein ein Konflikt um Risiken und Formen der Energieerzeugung, sondern auch ein Konflikt um die Entscheidungsbefugnisse des Staates und die Verflechtung von wirtschaftlichen und politischen Interessen.

5.2.2 Einflussmöglichkeiten der Bewegung

Die Mobilisierung von Bewegungen ist dann unwahrscheinlich, wenn sich wenig Chancen der Einflussnahme abzeichnen, wenn der Protest aussichtslos ist. Koopmans und Duyvendak (1995) weisen in ihrem internationalen Vergleich der Proteste nach Tschernobyl auf diesen Punkt hin. Protest ist auf längere Sicht nur dann wahrscheinlich, wenn die Ziele einerseits nicht relativ einfach durchsetzbar sind, andererseits aber eine Durchsetzung auch nicht vollkommen aussichtslos erscheint (Eisinger 1973). In Deutschland ist für den Atomkonflikt eine solche „mittelgünstige" Gelegenheitsstruktur zu finden. Zwar unterstützte die Bundespolitik bis 1998 konsequent den Bau von Atomkraftwerken und der Wiederaufarbeitungsanlage, gleichwohl konnte die Bewegung auf Länderebene oder vor Gericht immer wieder Erfolge erringen (vgl. 3.). Deutschland bietet mit seiner föderalen Struktur sozialen Bewegungen gute Möglichkeiten. Hinzu kommt, dass zwar die Bundesregierung die Atomenergie unterstützte, in der Opposition favorisierten aber die Grünen, ab 1986 auch die SPD, einen Ausstieg aus der Technologie (Rucht 1994: 453). Ein dritter Einstiegspunkt waren die Gerichte, die vergleichsweise unabhängig von der Politik immer wieder einschränkende Urteile gegen die Atomenergie fällten (3.2).

Eine große Zahl von „Einstiegspunkten" in das politische System, wie in diesem Fall die Landesregierungen und die Gerichte, sowie gespaltene Eliten, wie hier die unterschiedlichen Positionen von Regierung und Opposition, gelten als günstige Gelegenheitsstrukturen, die Mobilisierung wahrscheinlicher machen. Beide Aspekte waren in Deutschland über lange Zeit gegeben. Damit war die Gelegenheitsstruktur für die Anti-Atomkraft-Bewegung in Deutschland recht günstig, günstiger auch als in zahlreichen anderen europäischen Ländern, in denen der Protest gegen die Atomenergie schneller wieder abflaute (Kitschelt 1986; Koopmans/Duyvendak 1995; Kriesi u.a. 1995).

5.3 Dauerhaftigkeit der Konflikts

Das eigentliche Rätsel des deutschen intensiv geführten Atomkonflikts ist allerdings nicht die Tatsache der Mobilisierung, sondern die Dauer des Konflikts. Die dauerhaft günstige Gelegenheitsstruktur ist bereits ein Hinweis, wie der Streit zu einem endlosen Streit werden konnte. Doch auch in Anschluss an die weiteren Überlegungen zur Konflikthaftigkeit des Themas und der Mobilisierung des Konflikts lassen sich Gründe finden, die eine Fortsetzung des Konflikts über lange Zeit möglich machten.

Das Verständnis als unteilbarer Konflikt erschwerte eine Lösung aufgrund der fehlenden Möglichkeit zum Kompromiss. Diese Erklärung trägt aber nur zum Teil. Nach Dubiel wäre zu erwarten, dass es zu Versuchen kommt, den unteilbaren Konflikt in einen teilbaren Konflikt zu transformieren. Tatsächlich ist dies in den Gerichtsverfahren geschehen. In dieser Arena kam es zu Entscheidungen mit tatsächlicher Wirkung für den Konfliktgegenstand, wobei eben nicht ausschließlich eine Seite als Sieger hervor ging. Die totale Gefahr auf der einen Seite und die Durchsetzung menschlichen Fortschritts auf der anderen wurde transformiert in eine Abwägung von Risiken und technologischen Möglichkeiten der Risikovermeidung. Die Detaildebatte vor Gericht klärte im Einzelnen, welche Abläufe welche Risiken bergen und welche Möglichkeiten der Lösung oder zumindest Risikoverminderung bestehen. Die Gerichte transformierten den Atomkonflikt zu einer Abwägung von Mehr oder Weniger mit der Möglichkeit, Kompromisse einzugehen. Die Konfliktgegner haben sich auf einen solchen Konfliktumgang weitreichend eingestellt. Sie bauten wissenschaftliche Expertise auf, die vor Gericht gegen die Experten der Betreibergesellschaften Bestand hat. Die Bewegung war mit ihrer Strategie so erfolgreich, dass die Bundesregierung in den 1970er und 1980er Jahren als Befürworter der Atomenergie nach Wegen suchen musste, die Rahmenbedingungen der Gerichtsverfahren zu ihren Gunsten zu beeinflussen. Die Verkürzung der Genehmigungswege und die enge Fassung von Klagerechten waren Mittel dazu.

Mit der rot-grünen Bundesregierung ab 1998 änderte sich die Konstellation schlagartig. Nach Jahrzehnten der konsequenten Unterstützung der Atomenergie strebte die Bundesregierung nun ein Ende der Technologie an. Der Atomausstieg, den die Regierung mit den Betreibergesellschaften aushandelte, beruht wiederum auf der von Hirschman eingeführten Logik. Er entspricht nicht der Forderung der Atomkraft-Gegner nach einem sofortigen Ausstieg. Vielmehr wurde die Totalforderung transformiert in teilbare Restlaufzeiten, die eine Verhandlungslösung mit Kompromiss ermöglichten. Damit ist die Transformation des unteilbaren Konflikts in einen teilbaren auch in der politischen Arena angekommen.

Die Frage bleibt aber, warum die Transformation in einen teilbaren Konflikt so lange gedauert hat, warum die Kompromisslösung so spät kam. Verständlich wird dieses lange, zähe Ringen erst durch einen Blick auf das Milieu, das den Protest getragen hat. In den 1970er Jahren entstand ein links-alternatives Milieu aus relativ hoch gebildeten, jüngeren Menschen. Aus diesem Milieu kam die Unterstützung für die neuen sozialen Bewegungen (Kriesi 1987; Zwick 1990), sie unterstützten die neuen politischen Themen (Gerhards 1993; Inglehart 1989) und bildeten schließlich das Potenzial für eine neue Partei, die Grünen (Raschke 1993). Der Atomkonflikt wurde in den 1970er Jahren zu einer Klammer dieses Milieus in einer polarisierten Gesellschaft. Das links-alternative Milieu mobilisierte bei einer ganzen Reihe von Themen, so beispielsweise gegen die Volkszählung (Pfetsch 1986) oder die Tagung des Weltwährungsfonds in Berlin (Gerhards/Rucht 1992). Dabei hatte das Atomthema aber eine Zentralstellung, weil in ihm eine ganze Reihe zentraler Ideen des Milieus zusammen kamen, wie die Kritik an zu geringen Partizipationsmöglichkeiten, eine Technikskepsis und der Generalverdacht gegen Staat und Wirtschaft. Die Ablehnung der Atomenergie war zentral für die politischen Einstellungen dieses Milieus, der Konflikt um die Atomenergie hatte eine identitätsstiftende Bedeutung für dieses Milieu.

Im Laufe der 1990er Jahre nahm die politische Polarisierung in Deutschland ab. Das links-alternative Milieu, das sich in der SINUS-Studie von 1985 noch als Milieu mit eigenständigem Lebensstil nachweisen ließ (Geißler 1992: 72), ist in der Studie von 2000 verschwunden (Geißler 2002: 133). Mit dem Abflauen der neuen sozialen Bewegungen (Neidhardt/Rucht 1999) hat auch die identitätsstiftende Kraft des Atomkonflikts nachgelassen. Es bedurfte dieses Milieuwandels, um die Transformation des Konflikts von einem unteilbaren in einen teilbaren Konflikt in einer Form möglich zu machen, die von einem Großteil der Bevölkerung akzeptiert wird.

6 Schluss

Der Atomkonflikt kann in seinem Einfluss auf weitere Technikkonflikte kaum überschätzt werden. Die Frage des zumutbaren Risikos wurde hier zum ersten Mal intensiv öffentlich diskutiert und war fortan immer wieder zentraler Gegenstand politischer Debatten (Bechmann 1993; Krohn/Krücken 1993). Der Konflikt hat die Notwendigkeit partizipativer Verfahren bei der Errichtung technologischer Anlagen vor Augen geführt. Diese Notwendigkeit ist wohlgemerkt nicht nur eine normative, sondern ergibt sich auch aus den Folgen der Protestmobilisierung, die eine Durchsetzung zahlreicher Projekte praktisch unmöglich machte und gleichzeitig die Kosten massiv in die Höhe trieb. Bei zahlreichen Gelegenheiten wurde versucht, dem „Schicksal der Atomenergie" zu entgehen und eine ähnliche Radikalisierung des Konflikts zu vermeiden. Diskurs- und Mediationsverfahren sind eine Lehre aus dem Atomkonflikt (vgl. Daele/Neidhardt 1996; Saretzki 1997b).

Für den Atomkonflikt selbst gelang eine Lösung lange Zeit nicht. Die Transformationen des als unteilbar verstandenen Konflikts in einen teilbaren mit Kompromisslösungen gelang immer nur fallweise und konnte die Konfliktparteien letztlich nicht binden. Teilerfolge vor Gericht wurden nicht als Lösung des Konflikts begriffen, sondern wiederum nur als Zwischenschritt, möglicherweise auch als Zeitgewinn beim Einsatz für das unteilbare Ziel. Auch der Beschluss zum schrittweisen Ausstieg aus der Atomenergie mit festgelegten Restlaufzeiten ist möglicherweise nicht der Endpunkt des Konflikts, wenn dieser auch nicht mehr polarisierende und milieubindende Kraft hat wie in den 1970er Jahren. Doch noch immer agieren einige Protagonisten im Sinne eines unteilbaren Konflikts, wenn die konservativen Parteien auf eine Rücknahme des Ausstiegsbeschlusses drängen und die Anti-Atomkraft-Bewegung weiterhin gegen den Transport von Atommüll mobilisiert.

Es bleibt abzuwarten, wann bzw. ob es langfristig gelingen wird, den Atomkonflikt für eine Seite endgültig zu entscheiden. Als Lehrstück für den Umgang mit Technikinnovationen, für die Bedeutung partizipativer Verfahren, kritischer Wissenschaftsbetrachtung und für die Grenzen obrigkeitsstaatlicher Politikdurchsetzung ist der Atomkonflikt aus der deutschen Geschichte nicht mehr wegzudenken.

7 Literatur

Aubert, Vilhelm, 1972: Interessenkonflikt und Wertkonflikt. Zwei Typen des Konflikts und der Konfliktlösung. In: Walter L. Bühl (Hg.): Konflikt und Konfliktstrategie - Ansätze zu einer soziologischen Konflikttheorie. München: S. 178-205.

Barthe, Susan/Brand, Karl-Werner, 1996: Reflexive Verhandlungssysteme. Diskutiert am Beispiel der Energiekonsens-Gespräche. In: Volker von Prittwitz (Hg.): Verhandeln und Argumentieren. Dialog, Interessen und Macht in der Umweltpolitik. Opladen: Leske+Budrich, S. 71-109.

Bechmann, Gotthard (Hg.), 1993: Risiko und Gesellschaft. Grundlagen und Ergebnisse interdisziplinärer Risikoforschung. Opladen: Westdeutscher Verlag.

Beck, Ulrich, 1986: Risikogesellschaft. Auf dem Weg in eine andere Moderne. Frankfurt/Main: Suhrkamp.

Blowers, Andrew/Lowry, David, 1997: Nuclear Conflict in Germany: The Wider Context. Environmental Politics, 6(3), S. 148-155.

Blühdorn, Ingolfur, 1995: Campaigning for Nature: environmental pressure groups in Germany and generational change in the ecology movement. In: Ingolfur Blühdorn/Frank Krause/Thomas

Scharf (Hg.): The Green Agenda. Environmental Politics and Policy in Germany. Keele: Keele University Press, S. 167-220.
BUND, o.J.: Ausstieg aus der Atomenergie? www.bund.net/lab/reddot2/pdf/atom.pdf.
Cavigelli, Regula Enderlin, 1996: Risiko und Konflikt. Fallanalyse in der Kernenergiekontroverse und theoretische Reflexionen. Bern, Suttgart, Wien: Paul Haupt.
Daele, Wolfang van den/Neidhardt, Friedhelm (Hg.), 1996: Kommunikation und Entscheidung. Politische Funktionen öffentlicher Meinungsbildung und diskursiver Verfahren. Berlin: edition sigma.
Dahrendorf, Ralf, 1972: Konflikt und Freiheit. Auf dem Weg zur Dienstklassengesellschaft. München: Piper.
della Porta, Donatella/Rucht, Dieter, 1991: Left-Libertarian Movements in Context: A Comparison of Italy and West Germany, 1965-1990. Berlin: WZB-Paper FS3/91-102.
Dube, Norbert, 1988: Die öffentliche Meinung zur Kernenergie in der Bundesrepublik Deutschland. 1955-1986. Eine Dokumentation. WZB- Paper FS II 88-203. Berlin: Wissenschaftszentrum.
Dubiel, Helmut, 1999: Integration durch Konflikt? In: Jürgen Friedrichs/Wolfgang Jagodzinski (Hg.): Soziale Integration. Sonderheft 39 der Kölner Zeitschrift für Soziologie und Sozialpsychologie. Opladen, Wiesbaden: Westdeutscher Verlag, S. 132-143.
Eilders, Christiane, 2001: Die Darstellung von Protesten in ausgewählten deutschen Tageszeitungen. In: Dieter Rucht (Hg.): Protest in der Bundesrepublik. Strukturen und Entwicklungen. Frankfurt/M., New York: Campus, S. 275-311.
Eisinger, Peter K., 1973: The Conditions of Protest Behavior in American Cities. The American Political Science Review, 67(1), S. 11-28.
Ferree, Myra Marx/Gamson, William A./Gerhards, Jürgen u.a., 2002: Shaping Abortion Discourse: Democracy and The Public Sphere in Germany and the United States. New York: Cambridge University Press.
Fillieule, Olivier/Jiménez, Manuel, 2003: The Methodology of Protest Event Analysis and the Media Politics of Reporting Environmental Protest Events. In: Christopher Rootes (Hg.): Environmental Protest in Western Europe. Oxford, New York: Oxford University Press, S. 258-279.
Flam, Helena (Hg.), 1994: States and Anti-Nuclear Movements. Edinburgh: Edinburgh University Press.
Frederichs, Günter, 1980: Ursachen und Entwicklungstendenzen der Opposition gegen die Kernenergie. Zeitschrift für Umweltpolitik, 3(3), S. 681-705.
Gamson, William A., 1992: Talking Politics. Cambridge: Cambridge University Press.
Geißler, Rainer, 1992: Die Sozialstruktur Deutschlands. Ein Studienbuch zur sozialstrukturellen Entwicklung im geteilten und vereinten Deutschland. Opladen: Westdeutscher Verlag.
Geißler, Rainer, 2002: Die Sozialstruktur Deutschlands. Die gesellschaftliche Entwicklung vor und nach der Vereinigung. Bonn: Bundeszentrale für politische Bildung.
Gerhards, Jürgen, 1993: Neue Konfliktlinien in der Mobilisierung öffentlicher Meinung. Eine Fallstudie. Opladen: Westdeutscher Verlag.
Gerhards, Jürgen/Neidhardt, Friedhelm, 1990: Strukturen und Funktionen moderner Öffentlichkeit. Fragestellungen und Ansätze
Gerhards, Jürgen/Neidhardt, Friedhelm/Rucht, Dieter, 1998: Zwischen Palaver und Diskurs. Strukturen öffentlicher Meinungsbildung am Beispiel der deutschen Diskussion zur Abtreibung. Opladen: Westdeutscher Verlag.
Gerhards, Jürgen/Rucht, Dieter, 1992: Mesomobilization: Organizing and Framing in Two Protest Campaigns in West Germany. American Journal of Sociology, 98(3), S. 555-595.
Hatch, Michael T., 1991: Corporatism, Pluralism and Post-industrial Politics: Nuclear Energy Policy in West Germany. West European Politics, 14(1), S. 73-97.
Hirschman, Albert O., 1994: Wieviel Gemeinsinn braucht die liberale Gesellschaft? Leviathan, 22(2), S. 293-304.
Inglehart, Ronald, 1989: Kultureller Umbruch. Wertwandel in der westlichen Welt. Frankfurt/M, New York: Campus Verlag.

Joppke, Christian, 1993: Mobilizing Against Nuclear Energy. A Comparison of Germany and the United States. Berkeley u.a.: University of California Press.

Jungermann, Helmut/Slovic, Paul, 1993: Charakteristika individueller Risikowahrnehmung. In: Wolfgang Krohn/Georg Krücken (Hg.): Technologien: Reflexion und Regulation. Einführung in die sozialwissenschaftliche Risikoforschung. Frankfurt/M.: Suhrkamp, S. 79-100.

Jungk, Robert, 1977: Der Atom-Staat. Vom Fortschritt in die Unmenschlichkeit. München: Kindler.

Kepplinger, Hans Mathias, 1988: Die Kernenergie in der Presse. Eine Analyse zum Einfluß subjektiver Faktoren auf die Konstruktion von Realität. Kölner Zeitschrift für Soziologie und Sozialpsychologie, 40, S. 659-683.

Kitschelt, Herbert P., 1986: Political Opportunity Structures and Political Protest: Anti-nuclear Movements in Four Democracies. British Journal of Political Science, 16(1), S. 57-85.

Kliment, Tibor, 1994: Kernkraftprotest und Medienreaktion. Deutungsmuster einer Widerstandsbewegung und öffentliche Rezeption. Wiesbaden: Deutscher Universitätsverlag.

Kolb, Felix, 1997: Der Castor-Konflikt. Das Comeback der Anti-AKW-Bewegung. Forschungsjournal Neue Soziale Bewegungen, 10(3), S. 16-29.

Kolb, Felix, 2005: Protest, Opportunities, and Mechanisms. A Theory of Social Movements and Policy Change. Berlin: Freie Universität, unveröffentlichte Dissertation.

Kolb, Felix, 2006: Die politischen Auswirkungen und Erfolge sozialer Bewegungen. Forschungsjournal Neue Soziale Bewegungen, 19(1), S. 12-23.

Koopmans, Ruud/Duyvendak, Jan Willem, 1995: The Political Construction of the Nuclear Energy Issue and Its Impact on the Mobilization of Anti-Nuclear Movements in Western Europe. Social Problems, 42(2), S. 235-251.

Kretschmer, Winfried, 1988: Wackersdorf: Wiederaufbereitung im Widerstreit. In: Ulrich Linse u.a. (Hg.): Von der Bittschrift zur Platzbesetzung. Konflikte um technische Großprojekte. Berlin, Bonn: J.H.W. Dietz, S. 165-218.

Kriesi, Hanspeter, 1987: Neue soziale Bewegungen. Auf der Suche nach ihrem gemeinsamen Nenner. Politische Vierteljahresschrift, 28(3), S. 315-334.

Kriesi, Hanspeter/Koopmans, Ruud/Dyvendak, Jan Willem u.a., 1995: New Social Movements in Western Europe. A Comparative Analysis. Minneapolis: University of Minnesota Press.

Krohn, Wolfgang/Krücken, Georg (Hg.), 1993: Technologien: Reflexion und Regulation. Einführung in die sozialwissenschaftliche Risikoforschung. Frankfurt/M.: Suhrkamp.

Litz, Christian, 2004: Der Arbeiterführer. brand eins (4), S. 76-79.

Luhmann, Niklas, 1984: Soziale Systeme. Grundriß einer allgemeinen Theorie. Frankfurt/M.: Suhrkamp.

McCarthy, John D./Zald, Mayer N., 1977: Resource Mobilization and Social Movements: A Partial Theory. American Journal of Sociology, 82(6), S. 1212-1241.

Neidhardt, Friedhelm, 1985: Einige Ideen zu einer allgemeinen Theorie sozialer Bewegungen. In: Stefan Hradil (Hg.): Sozialstruktur im Umbruch. Karl Martin Bolte zum 60. Geburtstag. Opladen: Leske+Budrich, S. 193-204.

Neidhardt, Friedhelm/Rucht, Dieter, 1999: Protestgeschichte der Bundesrepublik Deutschland, 1950-1994. Ereignisse, Themen, Akteure. In: Max Kaase/Günther Schmid (Hg.): Eine lernende Demokratie. 50 Jahre Bundesrepublik Deutschland. WZB-Jahrbuch. Berlin: edition sigma, S. 129-164.

Noelle-Neumann, Elisabeth (Hg.), 1977: Allensbacher Jahrbuch der Demoskopie, Band 7, 1976-1977. Wien, München, Zürich, Innsbruck: Fritz Molden.

Noelle-Neumann, Elisabeth/Köcher, Renate (Hg.), 1993: Allensbacher Jahrbuch für Demoskopie, Band 9, 1984-1992. München: Saur.

Noelle-Neumann, Elisabeth/Köcher, Renate (Hg.), 1997: Allensbacher Jahrbuch für Demoskopie, Band 10, 1993-1997. München: Saur.

Noelle-Neumann, Elisabeth/Köcher, Renate (Hg.), 2002: Allensbacher Jahrbuch für Demoskopie, Band 11, 1998-2002. München: Saur.

Noelle-Neumann, Elisabeth/Piel, Edgar (Hg.), 1983: Allensbacher Jahrbuch der Demoskopie, Band 8, 1978-1983. München, New York, London: K.G.Saur.

Peters, Hans Peter/Albrecht, Gabriele/Hennen, Lea u.a., 1990: 'Chernobyl' and the Nuclear Power Issue in West German Public. Journal of Environmental Psychology, 10(2), S. 121-134.

Pettenkofer, Andreas, 2003: Erwartung der Katastrophe, Erinnerung der Katastrophe: Die apokalyptische Kosmologie der westdeutschen Umweltbewegung und die Besonderheiten des deutschen Risikodiskurses. In: Lars Clausen/Elke M. Geenen/Elísio Macamo (Hg.): Entsetzliche soziale Prozesse. Theorie und Empirie der Katastrophen. Münster: LIT, S. 185-204.

Pfetsch, Barbara, 1986: Volkszählung '83. Ein Beispiel für die Thematisierung eines politischen Issues in den Massenmedien. In: Hans-Dieter Klingemann/Max Kaase (Hg.): Wahlen und politischer Prozeß. Analysen aus Anlaß der Bundestagswahl 1983. Opladen: Westdeutscher Verlag, S. 201-231.

Radkau, Joachim, 1983: Aufstieg und Krise der deutschen Atomwirtschaft. Reinbek: Rowohlt.

Raschke, Joachim, 1993: Die Grünen. Wie sie wurden, was sie sind. Köln: Bund-Verlag.

Renn, Ortwin, 1990: Public Responses to the Chernobyl Accident. Journal of Environmental Psychology, 10(2), S. 151-167.

Rink, Dieter/Gerber, Saskia, 2001: Institutionalization in lieu of Mobilization. The environmental movement in eastern Germany. In: Helena Flam (Hg.): Pink, Purple, Green. Women's, Religious, Environmantal and Gay/Lesbian Movements in Central Europe Today. Boulder, Columbia: Columbia University Press, S. 120-131.

Roose, Jochen, 2002: Made by Öko-Institut. Wissenschaft in einer bewegten Umwelt. Freiburg/Breisgau: Öko-Institut Verlag.

Roose, Jochen, 2006a: 30 Jahre Umweltprotest: Wirkungsvoll verpufft? Forschungsjournal Neue Soziale Bewegungen, 19(1), S. 38-49.

Roose, Jochen, 2006b: Interessierte Wahrheit als Argument? Ökologisches Wirtschaften, 1, S. 22-25.

Rootes, Chris, 1999: The Transformation of Environmental Activism: activists, organisations and policy-making. Innovation, 12(2), S. 153-173.

Rootes, Christopher (Hg.), 2003: Environmental Protest in Western Europe. Oxford: Oxford University Press.

Rucht, Dieter, 1980: Von Wyhl nach Gorleben. Bürger gegen Atomprogramm und nukleare Entsorgung. München: C.H.Beck.

Rucht, Dieter, 1988: Gegenöffentlichkeit und Gegenexperten. Zur Institutionalisierung des Widerspruchs in Politik und Recht. Zeitschrift für Rechtssoziologie, 9(2), S. 290-305.

Rucht, Dieter, 1994: Modernisierung und neue soziale Bewegungen. Deutschland, Frankreich und USA im Vergleich. Frankfurt/M., New York: Campus.

Rucht, Dieter, 2001a: Anlage, Methode und externe Validierung von Prodat. In: Dieter Rucht (Hg.): Protest in der Bundesrepublik Deutschland. Frankfurt/M.: Campus, S. 315-322.

Rucht, Dieter (Hg.), 2001b: Protest in der Bundesrepublik. Strukturen und Entwicklungen. Frankfurt/M., New York: Campus.

Rucht, Dieter, 2001c: Protest und Protestereignisanalyse. Einleitende Bemerkungen. In: Dieter Rucht (Hg.): Protest in der Bundesrepublik Deutschland. Frankfurt/M.: Campus, S. 7-25.

Rucht, Dieter/Hocke, Peter/Ohlemacher, Thomas, 1992: Dokumentation und Analyse von Protestereignissen in der Bundesrepublik Deutschland (Prodat). Codebuch. Berlin: Wissenschaftszentrum Berlin, WZB-Papers, FS III 92-103.

Rucht, Dieter/Koopmans, Ruud/Neidhardt, Friedhelm (Hg.), 1998: Acts of Dissent. New Developments in the Study of Protest. Berlin: edition sigma.

Rucht, Dieter/Roose, Jochen, 1999: The German Environmental Movement at a Crossroads. Environmental Politics, 8(1), S. 59-80.

Rucht, Dieter/Roose, Jochen, 2001: Von der Platzbesetzung zum Verhandlungstisch. Zum Wandel von Aktionen und Struktur der Ökologiebewegung. In: Dieter Rucht (Hg.): Protest in der Bundesrepublik Deutschland. Frankfurt/M.: Campus, S. 173-210.

Rucht, Dieter/Roose, Jochen, 2003: Germany. In: Christopher Rootes (Hg.): Environmental Protest in Western Europe. Oxford: Oxford University Press, S. 80-108.

Rüdig, Wolfgang, 1990: Anti-Nuclear Movements. A World Survey of Opposition to Nuclear Energy. Harlow, Essex: Longman.

Saretzki, Thomas, 1996: Wie unterscheiden sich Argumentieren und Verhandeln? Definitionsprobleme, funktionale Bezüge und strukturelle Differenzen von zwei verschiedenen Kommunikationsmodi. In: Volker von Prittwitz (Hg.): Verhandeln und Argumentieren. Dialog, Interessen und Macht in der Umweltpolitik. Opladen: Leske+Budrich, S. 19-39.

Saretzki, Thomas, 1997a: Demokratisierung von Expertise? Zur politischen Dynamik der Wissensgesellschaft. In: Ansgar Klein/Rainer Schmalz-Bruns (Hg.): Politische Beteiligung und Bürgerengagement in Deutschland. Möglichkeiten und Grenzen. Baden-Baden: Nomos, S. 277-313.

Saretzki, Thomas (Hg.), 1997b: Mediation - Konfliktregelung durch Bürgerbeteiligung. Themenheft 4 des Forschungsjournal Neue Soziale Bewegungen. Opladen: Westdeutscher Verlag.

Schelb, Udo (Hg.), 1987: Reaktoren und Raketen. Von der zivilen zur militärischen Atomenergie? Köln: Pahl-Rugenstein.

Schmitt, Rüdiger, 1990: Die Friedensbewegung in der Bundesrepublik Deutschland. Opladen: Westdeutscher Verlag.

Schneider, Norbert F., 1987: Ewig ist nur Veränderung. Entwurf eines analytischen Konzepts sozialer Bewegungen. Frankfurt/M., Bern, New York: Peter Lang.

Snow, David A./Benford, Robert D., 1988: Ideology, Frame Resonance and Participant Mobilization. In: Bert Klandermans/Hanspeter Kriesi/Sidney Tarrow (Hg.): From Structure to Action: Comparing Social Movement Across Cultures. London: Jai Press, S. 197-218.

Snow, David A./Rochford, E. Burke jr./Worden, Steven K. u.a., 1986: Frame Alignment Processes, Micromobilization and Movement Participation. American Sociological Review, 51(4), S. 464-481.

Wynne, Brian, 1995: Public Understanding of Science. In: Sheila Jasanoff u.a. (Hg.): Handbook of Science and Technology Studies. Thousand Oaks, London, New Delhi: Sage, S. 361-388.

Zwick, Michael M., 1990: Neue soziale Bewegungen als politische Subkultur. Zielsetzung, Anhängerschaft, Mobilisierung - eine empirische Analyse. Frankfurt/M.: Campus.

Reflexive Wissenspolitik: die Bewältigung von (Nicht-) Wissenskonflikten als institutionenpolitische Herausforderung

Stefan Böschen[1]

Christoph Lau zum 60. Geburtstag

1 Einleitung: Nichtwissenskonflikte als Motor institutionellen Wandels?

Wissen garantiert Innovation. Wissen stiftet Frieden. Die Erzeugung von Wissen ist die Urform eines demokratischen Prozesses. Wissenschaftliches Wissen erhielt in modernen Gesellschaften aufgrund seines Status als methodisch gesichertes experimentelles Wissen eine Vielfalt von gesellschaftlichen Funktionen zugewiesen. Es trug zu einer enormen Steigerung technischer Innovationen, ökonomischer Wertschöpfung und gesellschaftlicher Wohlfahrt bei. Und je erfolgreicher sich Wissenschaft entwickelte umso weit gespannter wurden die sozialen Erwartungen an eben dieses Wissen. Die mit der Erzeugung wissenschaftlichen Wissens schon immer verbundenen Konflikte konnten durch eine institutionelle Trennung zwischen Wissenschaft und Gesellschaft bewältigt werden. Denn die Sonderstellung der Wissenschaft qua Forschungsfreiheit war der Garant für die Erzeugung eines Wissens, das sich allen gesellschaftlichen Bindungen entsagte, allein der unvoreingenommenen Wahrheitsfindung verpflichtet war und damit unangefochtene Legitimationskraft besaß. So garantiert(e) in modernen Gesellschaften die Sonderstellung wissenschaftlichen Wissens die Befriedung jedweder Art von Wissenskonflikten.

Jedoch traten im Zuge wissensgesellschaftlicher Entwicklungen einige Kehrseiten der Medaille immer deutlicher zu Tage, die Bruchkanten zwischen Idee und sozialer Wirklichkeit dieser Form der Konfliktlösung werden spürbar (vgl. Nowotny 2005). So verdichtet sich in den vielfältigen risikopolitischen Debatten und Auseinandersetzungen, etwa um Insektizide wie DDT, um BSE, den Klimawandel oder Stammzellenforschung, der Eindruck, dass das Nichtwissen der Wissenschaft oftmals bedeutender ist als das Wissen (vgl. Wehling 2006a). Aber nicht nur Prognoseunsicherheiten, fehlendes Faktenwissen, überkomplexe Problemlagen oder die Nebenfolgenproblematik überfordern wissenschaftliche Expertise, sondern ebenso Bewertungsambivalenzen und kategoriale Uneindeutigkeiten weisen ihren Geltungsanspruch in Grenzen. Wie ist z.B. mit Bezug auf die Frage nach dem Anfang und dem Ende menschlichen Lebens oder nach dem Nutzen und Nachteil der Nanotechnologie oder Verfahren invasiver Medizin mit den kategorialen Uneindeutigkeiten zu verfahren, die nicht mehr im selbstevidenten Modus von Fakten aufgelöst, sondern durch Wertentscheidungen gebunden werden müssen (vgl. Viehöver u.a. 2004)?

Die vor diesem Hintergrund zu untersuchende These lautet, dass die bisher eindeutige Unterscheidung zwischen Wissens- und Wertekonflikten im Typus von (Nicht-)Wissenskonflikten unscharf wird. Wissenskonflikte werden unter Nichtwissensbedingungen zu

---

[1] Ich danke den Herausgebern sowie den anonymen Gutachtern ganz herzlich für die wertvolle Kritik zur Überarbeitung des ursprünglichen Textes.

Wertkonflikten. Das kann nicht ohne Wirkung auf die Ordnungen der Gesellschaft sein. Entsprechend entsteht die Herausforderung, die „Wissensordnung und soziale Ordnung in ihrer gegenseitigen Abhängigkeit und Verschränkung wieder zusammenzudenken" (Nowotny 2005, S. 108f.). Und hierfür bedarf es konkreter Studien über das mehr oder minder konfliktreiche Zusammenwirken unterschiedlicher Wissensakteure bei der Formulierung und institutionellen Bearbeitung risikopolitischer Problemlagen. Wie gestaltet sich die „Ko-Produktion" (vgl. Jasanoff 2004) wissenschaftlicher und öffentlicher Aufmerksamkeitshorizonte sowie technologischer und institutioneller Strategien der Problembearbeitung? Erst mit Blick auf die Beobachtung von solchen Konfliktdynamiken lässt sich die Frage beantworten, ob wir es hier tatsächlich mit der Entstehung eines neuen Konflikttypus zu tun haben und wenn ja, welche institutionellen Antworten darauf gefunden werden müssten.

Deshalb soll im Mittelpunkt dieses Aufsatzes die Beschreibung zweier bedeutender risikopolitischer Konflikte stehen, bei denen Nichtwissen zu einem zentralen Topos geworden ist: die gesellschaftlichen Auseinandersetzungen um die Einführung der grünen Gentechnik einerseits (vgl. z.B. Gill et al. 1998; Jasanoff 2005), die Formierung und Bewältigung der so genannten „BSE-Krise" andererseits (vgl. z.B. Millstone 2000; Dressel 2002). In einem ersten Abschnitt wird, der empirischen Analyse vorgeschaltet, ein kurzes Kapitel relevante konflikttheoretische Differenzierungen und ihre Rezeption im Kontext politikberatender Expertise diskutieren, um schließlich eine vorläufige Definition des Begriffs (Nicht-)Wissenskonflikte zu erhalten. Unter (Nicht-)Wissenskonflikten sollen solche Auseinandersetzungen verstanden werden, in denen unterschiedlich institutionalisierte Wissensakteure um Richtigkeitsansprüche in Bezug auf Wissen und Aufmerksamkeitshorizonte für Nichtwissen ringen mit dem Ziel, das für gesellschaftliche Problemlösungsprozesse relevante und legitime Wissen bereitzustellen (Abschnitt 2). Was ist jedoch die Konsequenz solcher Konflikte, welche die bisher (zumindest in der Öffentlichkeit) unhinterfragte Gültigkeit wissenschaftlichen Wissens in Frage stellen? Welche Institutionalisierungsprozesse lassen sich zur Lösung solcher Konflikte aufzeigen? Hierzu wird die Entwicklung in den beiden empirischen Feldern knapp skizziert, um die Formierung von Aufmerksamkeitshorizonten, die Konstruktion von Validierungskontexten sowie die institutionellen Verfahren zur Lösung von (Nicht-)Wissenskonflikten zu beschreiben (Abschnitt 3, 4). In einem vierten Schritt werden in kritischer Würdigung die dabei beobachteten diskursiven wie institutionellen Lösungen diskutiert (Abschnitt 5).

2 Problemanzeige: Konflikttheorie und Konfliktlösungspraxis

Moderne Gesellschaften strukturieren sich wesentlich durch Evolution von Konflikten und der Verschiebung ihrer Muster (vgl. insbesondere Lau 1989; Giegel 1998). Indem sie sich als Abgrenzungsprojekt zur traditionalen Gesellschaft entwickelten, entdeckten sie die ungeheure vergesellschaftende Wirkung von Konflikten (vgl. schon Simmels „Der Streit", Simmel 1908, S. 186-255). Unter dieser Perspektive weisen Konflikte eine „hervorragende schöpferische Kraft" auf, weil sie „über je bestehende Zustände hinausweisen" und letztlich der „Prozeß des Wandels als allmähliche Entwicklung erhalten bleibt" (Dahrendorf 1962, S. 125). Dieser Prozess des Wandels als allmählicher Entwicklung konnte aber nur dadurch in Gang gesetzt und aufrecht erhalten werden, dass Institutionen geschaffen wurden, die die Konflikte auf spezifische Kerncharakteristika verdichteten und so die Chance für eine geregelte und zumeist auch rechtlich strukturierte Aushandlung schufen (vgl. z.B. Giegel 1998). Hierzu müssen die ‚Streitenden' sich immer wieder auf Regeln und Verfahren der Streitaustragung verständigen. Die

> „Demokratie weist sich gegenüber anderen Herrschaftssystemen dadurch aus, dass sie einen überaus weiten Selektionsbereich von Interessen und Ideen zulässt, die sich aufgrund der politischen Grundrechte artikulieren und organisieren können. Dementsprechend stabil und effizient müssen die Verarbeitungsprozeduren sein, die am Ende verbindliche Entscheidungen ermöglichen." (Eckert/Willems 1992, S. 23)

Was geschieht mit den gesellschaftlichen „Verarbeitungsprozeduren" unter dem Einfluss von Nichtwissen? Im Folgenden soll zunächst dargelegt werden, dass die allermeisten Klassifizierungen von Konflikttypen spezifisch moderne Selbstverständlichkeiten reflektieren, welche die institutionell stabile Organisierung von Konflikten bis dato garantierten. Diese beruhen aber ihrerseits auf Voraussetzungen, die bei der Austragung von (Nicht-)Wissenskonflikten selbst zum Gegenstand von Konflikten werden. (Nicht-)Wissenskonflikte in dieser Lesart würden also auf Grundlagenkonflikte hinweisen, welche zu neuen Formen der institutionalisierten Konfliktaustragung führen müssten. Dies ist eine empirische Frage und entsprechend Gegenstand der Abschnitte drei und vier; hier soll zunächst die konflikttheoretische Problemstellung präzisiert werden.

Für konflikttheoretische Analysen sind insbesondere drei Typen zentral: Interessenkonflikte, Wertkonflikte und Wissenskonflikte. Diese Differenzierung verdankt sich einer Unterscheidung dessen, um was im Kern gestritten wird. Bei *Interessenkonflikten* steht der Streit um die Verteilung von knappen Gütern im Vordergrund. Diese Form des Konfliktes wird gerade von Dahrendorf in den Blick gerückt. Im Mittelpunkt seiner Konfliktsoziologie stehen insbesondere „alle strukturell erzeugten Gegensatzbeziehungen von Normen und Erwartungen, Institutionen und Gruppen" (Dahrendorf 1962, S. 125). Und: „Die Struktur von Gesellschaften wird (…) zum Ausgangspunkt sozialer Konflikte, insoweit Gesellschaften (und gewisse ihrer Teile) sich als Herrschaftsverbände beschreiben lassen" (Dahrendorf 1972, S. 32).[2] Vilhelm Aubert (1963) macht darüber hinaus die Kategorie des *Wertkonfliktes* im Gegensatz zu Interessenkonflikten stark. Interessenkonflikte formieren sich im Streit um knappe Güter, Wertkonflikte entzünden sich im Gegensatz dazu an der differenten Bewertung sozialer Güter. Die Frage nach dem moralisch-rechtlichen Status von Embryonen entfaltet sich als Wertkonflikt. Hier konfligieren verschiedene Akteure auf Grund spezifischer Werthaltungen, die als unverhandelbar gelten. Da bei dieser Form des Konfliktes immer auch individuelle Standards von Erkennen und Urteilen bewahrt werden müssen, verschärft sich hierbei die Konfliktdynamik. Der moderne Verfassungsstaat hat bisher recht erfolgreich einer Überhitzung wertinduzierter sozialer Konfliktlagen vorzubeugen versucht, indem er die Trennung zwischen privat und öffentlich institutionalisierte. Denn diese Unterscheidung eröffnet die Zuteilung spezifischer Konfliktmöglichkeiten. Pointiert: Öffentlich können nur Interessen verhandelt werden, wohingegen Werte in die Sphäre des Privaten abgedrängt werden. Wertkonflikte wurden auf diesem Wege gleichsam privatisiert. Jedoch kehren sie auf Grund spezifischer Risikokonflikte (im Feld der Biomedizin; vgl.

---

[2] Dahrendorfs Konfliktsoziologie folgt einem herrschaftskritischen Impuls, was zum einen den Blick auf die gesellschaftliche Strukturebene als Auslöser für Konflikte lenkt, zum anderen die Gruppengröße mit einbezieht und schließlich das Problem der Über- und Unterordnung einbezieht.

z.B. Bogner/Menz in diesem Band) oder durch das Entwicklungsprojekt nachhaltiger Entwicklung wieder in die Gesellschaft zurück.

Der dritte hier zu nennende Konflikttypus stellen *Wissenskonflikte* dar. Dabei konzentriert sich die Auseinandersetzung um Geltungsansprüche von Tatsachenbehauptungen.[3] Wissenskonflikte dieser Art schienen lange Zeit durch das Primat wissenschaftlicher Rationalität lösbar. Methodisch geprüfte Tatsachenfeststellungen fungierten als Schiedsinstanz zwischen verschiedenen Geltungsansprüchen. Entsprechend lässt sich vielfach das von Thomas Saretzki gezeichnete Bild der wissenspolitischen Wahrnehmung und Beschreibung von Konflikten finden[4]:

„Konflikte um die Entwicklung, Anwendung und Verbreitung von neuen Technologien gelten auch am Ende des 20. Jahrhunderts vielfach noch als überflüssig und unproduktiv, wenn nicht gar als schädlich für das Gemeinwohl und infolgedessen auch als illegitim. Folgt man den Protagonisten und Promotoren neuer Technologien, dann erscheint das Entstehen von Technisierungskonflikten bei einer ‚sachlichen' Betrachtung der Dinge letztlich als unverständlich. Technisierungsprozesse müssten aus dieser Sicht eigentlich weitgehend ‚ungestört' und ‚konfliktfrei' verlaufen können." (Saretzki 2001, S. 185)

Im Kontext wissenschaftlicher Politikberatung wurde mit der öffentlichkeitsbezogenen Wende zumindest Rechnung getragen, dass Widerstände nicht einfach übergangen werden können, jedoch wurden die Konfliktmöglichkeiten durch die Formulierung klarer Zuständigkeiten zu kanalisieren versucht. Dazu postulierte man die Möglichkeit der eindeutigen Trennung von „Fakten" und „Werten", die Erwartung einer konsensuellen Einigung auf den Stand des wissenschaftlichen Wissens sowie das Erreichen normativer Kompromisse auf der Basis allgemein geteilter Werte.[5]

Diese ‚Logik der Trennungen' scheint gegenwärtig aus sehr unterschiedlichen Gründen ihren selbstverständlichen Charakter zu verlieren. Hier sollen drei knapp skizziert werden: i) Nimmt man das Argument von Habermas auf, dass System und Lebenswelt nicht mehr notwendig aufeinander abgestimmt sind, dann zeigt sich eine Problematisierung dieser Logik der Trennungen darin, dass bei (Nicht-)Wissenskonflikten nicht allein das Problem einer mangelnden Leistungserfüllung des Systems für die Lebenswelt in den Blick

---

[3] Im diskursethischen Projekt von Habermas stellt diese Form von Konflikten einen zentralen Typus dar. Bekanntlich geht Habermas hierbei von einem weiten Wissensbegriff aus, der alles umfasst, was einer rationalen Argumentation zugänglich ist. In dieser Formulierung klingt ein optimistisch aufklärerischer Ton durch, der sich in der griffigen Formel vom „zwanglosen Zwang des besseren Arguments" verdichtet. Sicherlich findet man eine Reihe von Einwänden – aber ist es nicht einfach ein schöner Gedanke?

[4] Diese Selbstbeschreibung war erkenntniskritisch zwar immer schon hinterfragbar, sie prägte jedoch lange Zeit und vielfach noch bis heute den Umgang mit Expertise in politischen Entscheidungsprozessen. Dies lässt sich eindrücklich an der Rezeption Habermas' mit seinem starken Rationalitätsanspruch in Kreisen risikopolitischer Politikberatung aufweisen. Hier werden die von Habermas analytisch eingeführten Unterscheidungen zwischen den verschiedenen Diskursformationen gleichsam reifiziert und auf dieser Grundlage ein Modell entwickelt, welches Wissenskonflikte eindeutig von Wertkonflikten zu differenzieren vermag (vgl. z.B. Renn 1999).

[5] Dies lässt sich etwa am Versuch der Integration von Formen der Öffentlichkeitsbeteiligung in Prozesse der Technikfolgenabschätzung zeigen. Unter partizipativer TA (pTA) lässt sich mit Grunwald (2002, S. 127) grundsätzlich „eine Technikfolgenabschätzung unter Beteiligung von Personen und Gruppen außerhalb von Wissenschaft und Politik" verstehen. Im Mittelpunkt steht dabei etwa die ‚Rationalisierung' der Debatte, die Suche nach Konsensen oder die Kanalisierung von Konflikten (vgl. Grunwald 2002, S. 128f.). Allerdings erfüllten sich die mit solchen Verfahren verbundenen Erwartungen hinsichtlich einer „Rationalisierung" technologiepolitischer Entscheidungen nur sehr bedingt. In jüngster Zeit machen sich deshalb Vorbehalte und Einschränkungen hinsichtlich der Anwendbarkeit solcher ‚Instrumente' breit (vgl. z.B. ebd.).

kommt, sondern vielmehr konstitutive Voraussetzungen von Lebenswelt überhaupt in Frage gestellt werden (vgl. Habermas 1981 II, S. 575-583; Habermas 2001). ii) Die Differenzierung in verschiedene Konflikttypen und die entsprechende Modellierung von Konfliktlösungsprozessen setzt einen bestimmten Wissensbegriff voraus. Wissen erscheint dabei als System rationaler Aussagen. Im Kontext des ‚practical turn' (vgl. z.B. Pickering 1995) der Wissenschaftsforschung wird aber deutlich, dass die Chancen der ‚Herauslösung' von Wissen aus der konkreten Praxis der Wissensgenese begrenzt sind (vgl. Wehling 2006a). Somit kann in Wissenskonflikten nicht alles relevante Wissen in argumentative Statements überführt werden. Wenn dem so ist, dann müsste sich dies in einer Pluralisierung der Validierungskontexte von Wissen manifestieren. Dies heißt, dass die Hintergrundannahmen der jeweiligen epistemischen Praktiken zum Gegenstand des Konfliktes werden würden. Eine Verschärfung von Wissenskonflikten ist hierbei wahrscheinlich. Denn diese würden zugleich den Charakter von Wertkonflikten über angemessene Standards der Wissensproduktion annehmen. iii) Wenngleich der Typus des Wissenskonfliktes nicht mehr ausschließlich an die Überprüfung von Faktenaussagen gebunden wird, sondern etwa das Problem unterschiedlicher Evidenzen reflektiert wird, so bleibt doch vielfach die Vorstellung prägend, dass komplexe dissente Sachfragen weiterhin ausschließlich mit wissenschaftlichen Mitteln zu lösen sind, um dann diesem Prozess nachgelagert die Öffentlichkeit über Risikokommunikation einzubinden (vgl. z.B. Wiedeman/Schütz 1994). Jedoch eröffnet die Thematisierung „wissenschaftlichen Nichtwissens" (vgl. Wehling 2006a) neue Konfliktperspektiven.[6] Denn auf diese Weise wird nicht nur die moderne Wissensgewissheit in Frage gestellt. Darüber hinaus kommt das Problem in den Blick, dass die Spezifikation von Nichtwissen sich gerade bei Risikowissen auf eine unbekannte Zukunft bezieht, deren Gestalt notwendigerweise von normativen Vorannahmen geprägt wird. Mit der Verbindung von Wissens- und Weltbildfragen gerät die eindeutige Unterscheidung zwischen Wissens- und Wertkonflikten auch auf diesem Wege ins Rutschen (vgl. Krohn 2006).

Vor diesem Hintergrund begründet sich die Definition von (Nicht-)Wissenskonflikten als solche Auseinandersetzungen, in denen Wissensakteure um Richtigkeitsansprüche in Bezug auf Wissen und Aufmerksamkeitshorizonte für Nichtwissen ringen mit dem Ziel, das für gesellschaftliche Problemlösungsprozesse relevante und legitime Wissen bereitzustellen. Dazu drei Bemerkungen. Zum einen ist bedeutsam, dass die bisher selbstverständliche Delegation der Evidenzproduktion an die Wissenschaft fragwürdig wird. Es muss also die Frage nach legitimen Formen der Evidenzproduktion jenseits der Grenzen der Wissenschaft, also im ‚Diesseits' der Gesellschaft, gestellt werden. Dies können etwa Formen „strukturierte[r] Koexistenz" (Kettler et al. 1989, S. 41) von Wissen sein. Zum anderen muss aber ebenso die Frage nach der angemessenen Evidenzproduktion innerhalb der Wissenschaft bearbeitet werden. Dadurch werden Voraussetzungen wissenschaftlichen Arbeitens, die meist als wissenschaftliches Weltbild zum normativen Bestand gehören, selbst zum Gegenstand von Konflikten. Schließlich wird deutlich, dass in der Formulierung „Richtigkeitsanspruch" eine zweifache Perspektive steckt. Denn wir haben es hier mit Situationen zu tun, die folgendermaßen gekennzeichnet sind: „Es fehlt uns an Möglichkeiten,

---

[6] Die herausforderndsten Formen von Nichtwissen sind zweifelsohne einerseits die *unknown unknowns*, die Dinge, von denen wir nicht wissen, dass wir sie nicht wissen (Problem in der Wissensdimension: Nicht wissen des Nichtwissens), andererseits das Nichtwissen-Können (Problem in der Zeitdimension: zeitliche Unauflöslichkeit von Nichtwissen), da es auf die grundlegende Begrenztheit unserer Erkenntnismöglichkeiten verweist und sich u.a. in dem Paradox ausdrückt, dass zwar Fragen mit wissenschaftlichen Mitteln zu stellen, aber keineswegs zu beantworten sind (vgl. Weinberg 1972; zu den Dimensionen von Nichtwissen: Wehling 2006a: 116-148).

die Richtigkeit im Sinne der *Wahrheit* bestimmter Informationen endgültig zu ermitteln; es fehlt uns aber auch an Möglichkeiten, die Richtigkeit im Sinne der *Gutheit* bestimmter Entscheidungen verbindlich zu prüfen" (Dahrendorf 1972, S. 297; Herv. im Orig.). Ein so generalisiertes „Prinzip der Ungewißheit" (Dahrendorf 1972, S. 299; Herv. weggelassen) provoziert pointiert die Frage nach möglichen Konfliktlösungen.[7] Nachdem Konflikte keine „fixierten sozialen Tatbestände" (Giegel 1998, S. 17) sind, sondern Prozesse markieren, stellt sich insbesondere die Frage nach möglichen Verlaufsformen von (Nicht-)Wissenskonflikten.

Da Wissenskonflikte zumeist durch wissenschaftliche Expertise lösbar erscheinen, bleiben viele latent – und werden auch latent gehalten, um die Problemlösungsarbeit so konfliktarm wie möglich zu gestalten. Würden Wissenskonflikte als (Nicht-)Wissenskonflikte gerahmt, so müsste das mit der Infragestellung bisheriger institutioneller Gefüge verbunden sein. Offensichtlich wäre „(...) eine Ausweitung der manifesten Konfliktaustragung (...) nur sinnvoll, wenn komplementär dazu Mechanismen der Konfliktbearbeitung entwickelt würden, die es möglich machten, daß sich aus dem ausgeweiteten Konfliktgeschehen produktive Entwicklungschancen ergeben" (Giegel 1998, S. 25). Und dies ist im Kontext von (Nicht-)Wissenskonflikten besonders kniffelig. Zwar lässt sich der mögliche Gewinn bestimmen: „Für die Gesellschaft als Ganzes scheint (...) Dissens die Funktion zu erfüllen, soziale Gestaltungsoptionen offen zu halten" (Gill 1997: 187). Jedoch stellt sich die Frage, wie dies konkret behandelt werden könnte. Für die Lösung solcher (Nicht-)Wissenskonflikte scheinen insbesondere zwei Perspektiven nahe liegend: entweder im Sinne einer Parallelisierung durch Verschärfung der Trennungsarbeit und ihrer institutionellen Stabilisierung, die im Sinne Auberts (1963) eine Entspannung von Konflikten aufgrund organisierter Indifferenz eröffnen könnte; oder im Sinne einer Sequenzialisierung durch das (mehr oder minder) strukturierte Durchbrechen oder Unterlaufen der ‚Trennungsarbeit', wodurch der (Nicht-)Wissenskonflikt in zwei Zonen eingeteilt würde. In der einen ginge es um die Bearbeitung der wertseitigen ‚Hälfte' des Konflikt, in der anderen um die wissensseitige ‚Hälfte'. Die folgenden beiden Fallstudien sollen *empirisch* Aufschluss über Konfliktformen und Lösungsmuster geben.

3 Die BSE-Krise – Konfliktlösung durch verschärfte Trennung?

Ende 1984 wurde auf einer Farm in Sussex eine neue Erkrankung bei Rindern festgestellt. Der betroffene Landwirt schickte ein krankes Tier auf eigene Kosten zum staatlichen tierärztlichen Zentrallabor in Weybridge. Die untersuchenden Tierärzte teilten ihm mit, dass

---

[7] Zum damaligen Zeitpunkt formulierte Dahrendorf diesen Zusammenhang dezidiert im Sinne eines Gedankenexperiments, indem er den „allenfalls als wahrscheinlich dargestellten Sachverhalt als wirklich gegeben" (Dahrendorf 1972, S. 299) annahm, um nach den entsprechenden Konsequenzen zu fragen. Seine Antwort, die mit Blick auf sein liberales Gesellschaftsmodell nicht überrascht, aber dennoch bedenkenswert ist, lautet: „Wir müssen uns entscheiden. Da aber das, im Hinblick worauf wir uns entscheiden, das Wahre, das Gute, uns nach unserer Annahme nicht gewiß sein kann, kann jede Entscheidung falsch sein, und – was vielleicht noch wichtiger ist – kann keine Entscheidung nachweislich endgültig richtig sein (...). Wenn aber keine Erkenntnis unzweifelhaft wahr, keine Entscheidung endgültig richtig sein kann und man den Irrtum – das Unwahre, das Ungute – nicht gerade zum Prinzip erheben will, dann folgt aus dieser Situation, daß sowohl im Hinblick auf das Wahre als auch im Hinblick auf das Gute andere Erkenntnisse und Entscheidungen, insbesondere auch einander widersprechende Erkenntnisse und Entscheidungen möglich bleiben müssen. (...) Aus der Annahme der prinzipiellen Ungewißheit im Hinblick auf das Richtige folgt die Notwendigkeit des Konflikts." (Dahrendorf 1972, S. 300)

wohl eine Vergiftung an der Erkrankung schuld sei; gleichzeitig wurde die von einer Veterinärin diagnostizierte leichte spongiforme Enzephalopathie in der Auswertung „übersehen". 1986 sprach der Tierarzt Colin Whitaker auf einer Versammlung von Rinder-Veterinären seine Vermutung aus: „Ich glaube, wir haben da eine neue Krankheit" (zit. nach Supp 1998, S. 127). Er wurde bei anderer Gelegenheit von höchster ministerieller Ebene aufgefordert, das Wort „Scrapie-ähnlich" zu vermeiden. Nichtwissen entstand hier infolge eines intentionalen Aktes. Die Vertuschung begann, um nicht die Rinderwirtschaft zu gefährden – paradoxerweise führte dies gerade zum bekannten Ausgang der Geschichte. 4,7 Millionen Rinder wurden allein in Großbritannien zwangsgeschlachtet.

Nachdem sich nun 1986 die Anzeichen für die neue Tierkrankheit BSE verdichteten, wurde politisch mit der Einsetzung einer Expertenkommission reagiert. Im April 1988 wurde unter dem Zoologen Sir Richard Southwood ein Beratergremium eingerichtet. Dem zu erwartenden Politisierungsdruck wollte man wissenschaftlichen Sachverstand entgegenstellen können.[8] Das BSE-Problem wurde auf der Grundlage der so genannten „Futtermitteltheorie" definiert und entsprechende Maßnahmen eingeleitet; andere Ansteckungspfade (wie maternale Übertragung) wurden dabei ausgeschlossen (Dethlefs/Dohn 1996, S. 22ff.).[9] In Bezug auf die Beeinflussung der menschlichen Gesundheit wurde ausgeführt: „Nach heutiger Erkenntnislage (...) wird BSE für die menschliche Gesundheit keine Folgen haben. Dennoch, sollten unsere Abschätzungen dieser Wahrscheinlichkeiten falsch sein, wären die Folgen äußerst ernsthaft" (Southwood-Report, zitiert nach: Hoffmann 1994, S. 41).

Zugleich wurde die Zahl der politisch legitimen Aufmerksamkeitshorizonte über die ausgewählten Wissenschaftler in diesem Gremium sowie durch Ausschluss wissenschaftlicher und öffentlicher Akteure begrenzt.[10] Die vernehmbaren Stimmen einer grundsätzlicheren Kritik an den Praktiken der Landwirtschaft fanden kein Gehör. Dabei wurde die Auswahl der Wissenschaftler mit dem notwendigen Problemüberblick begründet. Sir Richard

---

[8] Das Beratergremium formulierte die ersten Verhaltensregeln. Offensichtlich kranke Tiere sollten nicht mehr geschlachtet und zum Verkauf angeboten werden, Landwirten eine 100%ige Entschädigung gezahlt werden; schließlich wurden 50% zugestanden und indirekt das Unterschlagen kranker Tiere gefördert. Mit dem 21. Juni 1988 galt für BSE im Vereinigten Königreich eine Meldepflicht (BT-Drs. 13/4436, S. 9). Gleichzeitig wurde die Verfütterung von Proteinen, die aus Rindern und Schafen gewonnen wurden, untersagt.

[9] Nach dem „Katastrophen-Paradox" (von Prittwitz) werden diejenigen Probleme wahrgenommen, für die auch (technische) Lösungswege angeboten werden. Mit der Futtermitteltheorie eröffneten sich einfache und schnelle Maßnahmen, die auf die Tierkörpermehlfabriken abzielten. Mit der „Futtermitteltheorie" wurde zumindest ein Wissensstandard definiert (auch wenn es schon eine Reihe von kritischen Stimmen gab) und zum Ausgangspunkt von Problemlösungen gemacht. Zugleich wurde für schon infizierte Rinder ansatzweise nach Quarantäne-Regeln verfahren, wonach betroffene Rinder auszusondern waren. Problematisch war allerdings hierbei die nur halbherzige Durchführung mit einer 50%igen Entschädigung, die ein ordnungswidriges Verhalten geradezu provozierte und damit die Maßnahmen zur Problemlösung unterminierten. So glaubte man sicherstellen zu können, dass die Rinderseuche die Höchstzahl von 17.000 bis 20.000 Fällen nicht überschreiten würde (tatsächlich wurden aber allein am Höhepunkt der BSE-Krise in UK im Jahr 1992 37.280 Fälle bekannt und von Anfang bis einschließlich September 2006 184.453 Fälle. Festzuhalten ist dabei, dass der Höhepunkt der Seuchenausbreitung 1992 erreicht war und die Zahl der Fälle seitdem kräftig und kontinuierlich zurückging (1996: 8.149; 2000: 1.443; 2004: 343); nach: Angaben des Office International des Épizooties (OIE): http://www.oie.int/eng/info/en_esbru.htm (17.10.2006).

[10] Zwar wurden die Kommissionen mit unabhängigen Wissenschaftlern besetzt; einschränkend muss aber darauf aufmerksam gemacht werden, dass die meisten Wissenschaftler in anderweitigen Abhängigkeiten durch die Vergabe von Forschungsgeldern standen und durch den „Official Secret Act" einer Schweigepflicht über Informationen wirtschaftsschädigenden Einflusses unterzogen werden (Dethleffs/Dohn 1996, S. 81). So nutzte man zwar die Legitimationskraft wissenschaftlichen Wissens, begrenzte aber andererseits indirekt die Möglichkeiten zu seiner Produktion.

Southwood zur Frage, warum er die Einbeziehung von neuropathologischem Sachverstand aus dem Institut in Edinburgh nicht stärker in Anspruch genommen habe: „Weil ich dachte, dass diese Leute zu nah am Problem sind und nicht das Große und Ganze sahen so wie wir" (Sir Richard Southwood, nach: Supp 1998, S. 128; vgl. auch: Dressel 2002, S. 167).[11] Die Erfahrungen mit der Southwood-Kommission verweisen nicht nur auf Lernblockaden in der Dimension des substantiellen Wissens durch die Negation einer Gefährdung für den Menschen, sondern auch auf Fehler in der prozeduralen Dimension (vgl. auch: Jensen 2004). Erstens führte dies dazu, dass alternative Aufmerksamkeitshorizonte systematisch aus dem politischen Diskurs ausgeschlossen und so eine mögliche Wissensakkumulation verhindert wurde und zweitens dazu, dass für das Lernen fruchtbare Interaktionseffekte zwischen unterschiedlichen Wissensakteuren durch die Zusammensetzung der Southwood-Kommisssion blockiert wurden.[12]

Erst die einsetzende öffentliche Diskussion gab alternativen Problemrahmungen kritischer Wissenschaftler, die die Gefahren von BSE für den Menschen beschrieben, ein höheres Maß an Aufmerksamkeit und zeitigte so weitere institutionelle Reaktionen (vgl. Dressel 2002). Auch konnten alternative Theorien über die Entstehung und die eigentliche Ursache der Krankheit formuliert werden. Im Mittelpunkt: die Prionen-Theorie, für die der amerikanische Biochemiker Stanley B. Prusiner 1997 den Nobelpreis erhielt (vgl. Bhakdi/Bohl 2002; kritisch: Scholz/Lorenzen 2005). Allerdings blieb die Frage der Konsequenzen für den Menschen hoch umstritten und damit auch, wie viele Menschen wohl an vCJD erkranken würden (nach der Prionen-Theorie ein relativ seltenes Ereignis). Etwa das Nichtwissen über die Inkubationsdynamik ließ die Schätzungen über die Zahl der menschlichen Krankheitsfälle ins Unermessliche steigen.[13] Zumindest konnte im April 1996 der mögliche Zusammenhang zwischen BSE und vCJD kaum mehr bestritten werden. Erst mit dem Auswachsen der Krise wurden das britische Ministry for Agriculture, Fisheries, and Food (MAFF) und seine wissenschaftlichen Berater zur Revision ihrer Problemrahmung gezwungen. Der Entscheidungsdruck, der durch ein Jahrzehnt des ‚Kleinredens' aufgetürmt wurde, entlud sich schließlich in einem generellen Misstrauen der Bevölkerung gegen wissenschaftlich begründete Unbedenklichkeitserklärungen. Aber erst deren massenmediale Inszenierung zeitigte institutionelle Reaktionen und führte zu einem Legitimationsverlust staatlicher Institutionen – und letztlich zu einem institutionellen Umbau. Im Jahr 2000 wurde die Food Standards Agency etabliert. Diese Institution verfolgt nicht nur einen bedeutend offeneren Ansatz der Risikokommunikation, sondern auf diesem Wege wurde auch die in der EU sich allgemein durchsetzende ‚Trennung der Gewalten' institutionell stabilisiert.

---

[11] Ulrich Beck hat mit Blick auf das Problem verengter Expertenblickwinkel den Experten für den Zusammenhang gefordert (Beck 1986, S. 295). Jedoch werden durch diese Experten die Blickverengungen nicht aufgelöst, wenn diese nicht vor dem Hintergrund des prinzipiell immer möglichen Irrtums denken. In jedem Fall müssen auch diejenigen kritisch befragt werden, die für sich in Anspruch nehmen, ‚Experten für den größeren Zusammenhang' zu sein.
[12] Um die Entwicklung der Seuche weiter zu verfolgen, wurde 1989 mit dem *Spongiforme Encephalopathy Advisory Committee* (SEAC) unter Vorsitz des Mediziners David Tyrell wieder eine Kommission eingerichtet (vgl. Dressel 2002, S. 170ff.).
[13] Anfänglich wurde von offizieller Seite in Großbritannien mit Inkubationszeiten von 5 Jahren für vCJK gerechnet, analog zu dem Auftreten der Krankheit bei Rindern. Die schon zitierten Lacey und Dealler gingen von einer Inkubationszeit von 20-40 Jahren aus (vgl. Dealler 2000, S. 43). Die Divergenz der Inkubationszeiten hat direkte Auswirkungen auf die Schätzungen. Ein worst case scenario unter der Annahme einer Inkubationszeit von 25 Jahren lieferte 80.000 Fälle von vCJK bis 2040, bei einer Ausdehnung der Inkubationszeit auf 60 Jahre lieferte das Szenario 500.000 Erkrankungen (Bhakdi/Bohl 2002, S. A 1135).

Nachdem BSE als ein europäisches Problem erkannt worden war, mussten grundlegende Strategien entworfen werden, um nicht nur die BSE-Krise zu bewältigen, sondern auch um dem Problem zu begegnen, wie ‚zukünftige BSE-Krisen' vermieden werden könnten (vgl. Trichopoulou et al. 2000). Schließlich wurde die Philosophie einer strikten Trennung der unterschiedlichen Risikoakteure verfolgt. Dem lag die Problemdiagnose zu Grunde, dass eine unzulässige Vermischung der Funktionen und die dadurch mögliche Beeinflussung von Experten die BSE-Krise heraufbeschworen habe. Entsprechend sollte die „Trinität" von Risikobewertung, Risikomanagement und Risikokommunikation in unterschiedlichen Organisationen verkörpert werden, um dysfunktionale Vermischungen zukünftig zu vermeiden.[14] Wie gestaltet sich dies konkret? Blicken wir in diesem Fall auf die deutsche Szene, die im Anschluss an die Entdeckung des ersten deutschen BSE-Rindes sich nach dem November 2000 entwickelte. Rasend schnell ging es geradezu. Die Deutschen, deren Strategie bis dato vom Vorsorgeprinzip geprägt war, reagierten mit grundlegenden Reformen. Das Landwirtschaftsministerium wurde zu einem Verbraucherschutzministerium (BMVEL). Die damalige Präsidentin des Bundesrechnungshofes, Hedda von Wedel, wurde mit einer Expertise zum Umbau der deutschen Strukturen nach europäischem Vorbild beauftragt (von Wedel 2001). Nach diesem Gutachten sollte die Trennung der Risikobewertung vom Risikomanagement im nachgeordneten Behördenbereich verwirklicht werden.[15] Erhofft wird von der funktionellen Trennung eine sachgerechte Risikobewertung auf unabhängiger wissenschaftlicher Grundlage. Das Risikomanagement im Bereich der Exekutive ist dagegen gefordert, auch andere legitime Fragestellungen und politische Einschätzungen bei der Abwägung von Handlungsoptionen einfließen zu lassen. So wurden zum 1. November 2002 das Bundesinstitut für Risikobewertung (BfR) sowie das Bundesamt für Verbraucherschutz und Lebensmittelsicherheit (BVL) eingerichtet.

Die hoheitlichen Aufgaben im Bereich des *Risikomanagements* werden seitdem vom Bundesamt für Verbraucherschutz und Lebensmittelsicherheit (BVL) wahrgenommen.[16] Im Gegensatz zu diesem Aufgabenprofil ist das Bundesinstitut für Risikobewertung (BfR) im

---

[14] Auch wenn dieser Idee einer Aufgabentrennung durchaus Plausibilität und Charme zu Eigen ist, unumstritten ist sie dennoch nicht – vor allem auf der europäischen Bühne (s. Böschen et al. 2002, Kap. 6). Im Hinblick auf die europäische Lebensmittelbehörde haben viele der Mitgliedsstaaten ihrer Skepsis Ausdruck gegeben, inwiefern eine Trennung der Bereiche „Bewertung" und „Management" überhaupt sinnvoll ist (Trichopoulou et al. 2000, S. 79). Andererseits ist der Rat ausgewiesener Politikwissenschaftler eindeutig (z.B. Millstone 2000): Die Rolle der Wissenschaftler ist die Bewertung von Risiken und das Deutlichmachen von Bereichen des Nichtwissens. Sie sollen überdies unterschiedliche (wissenschaftliche) Optionen aufzeigen. An dieser Stelle endet jedoch ihre Aufgabe und andere (Politiker) haben nun – unter Einbeziehung der Öffentlichkeit – die Aufgabe, politische Entscheidungen zu treffen, für deren Konsequenzen sie selbst auch einstehen müssten.

[15] Vor der BSE-Krise war die Bearbeitung von Fragen des gesundheitlichen Verbraucherschutzes im nachgeordneten Bereich des Bundesgesundheitsministeriums im Bundesamt für gesundheitlichen Verbraucherschutz und Veterinärmedizin (BgVV) angesiedelt. Diese Konstruktion einer wissenschaftlichen Behörde, basierend auf der Kombination eigenen wissenschaftlichen Sachverstandes mit politischen Management-Aufgaben, war und ist bisher das gängige Muster, um staatliches Handeln in wissenschaftlich ausgewiesenen Problemfeldern zu organisieren.

[16] Laut Gesetz zur Neuorganisation des gesundheitlichen Verbraucherschutzes und der Lebensmittelsicherheit vom 6. August 2002 (BGBl S. 3084ff.; vgl. auch BMVEL 2001, S. 10) ist es dabei im Wesentlichen zuständig für: i) Zulassungsaufgaben für Stoffe und Produkte; ii) Koordinierungsaufgaben des Bundes, wobei es Referenz- und Serviceleistungen für die Lebensmittel- und Futtermittelüberwachung zur Verfügung stellt; sowie iii) Koordinierungsaufgaben mit der EU, die nicht nur die Verbindung mit den europäischen Behörden sicherstellen sollen, sondern ebenso der konsequenten Umsetzung von EU-Vorgaben im Bereich des Bundes und der Länder. Als Zielvorgaben erwartet man von der neuen Behörde eine Verbesserung der Koordination, der Transparenz, der Kommunikation wie des Krisenmanagements (vgl. BMVEL 2001, S. 27f; BGBl S. 3084ff).

Wesentlichen mit Aufgaben der *Risikobewertung* und der *Risikokommunikation* im Bereich des gesundheitlichen Verbraucherschutzes betraut. Dabei wird, entsprechend dem von Wedel-Gutachten, der Unabhängigkeitsstatus für diese Institution als entscheidende Erfolgsgarantie angesehen, die durch folgende Maßnahmen gesichert werden soll (vgl. BMVEL 2001, S. 9; BGBl S. 3082ff): i) es wird beratend tätig für das BMVEL und das BVL; ii) es wird der Rechtsform nach als rechtsfähige Anstalt des öffentlichen Rechts errichtet; iii) es erhält einen eigenen Verwaltungshaushalt; und iv) eine Fachaufsicht hinsichtlich der angewandten wissenschaftlichen Methoden, Bewertungsergebnisse und der Risikokommunikation findet nicht statt. Jedoch zeigt sich in der Konkretisierung, dass die ‚reine Lehre' nicht durchgehalten wird. So wird etwa die Stellung des BfR gegenüber dem BMVEL wie folgt konkretisiert: „Um die Kompetenz und damit die Glaubwürdigkeit dieser Einrichtung im nationalen und internationalen Bereich sicherzustellen und um gleichzeitig Forschungslücken abzudecken, wird das BfR *auch* eigene Forschung betreiben, wobei seine Forschungsaktivitäten *in die Gesamtforschungsplanung des BMVEL einzubeziehen* sind." (BMVEL 2001, S. 8; Herv. SB) Ebenso ist die Abgrenzung zum BVL nicht immer eindeutig.[17]

Offensichtlich hat die BSE-Krise das politische Feld des gesundheitlichen Verbraucherschutzes nachhaltig verändert. Und deutlich ist auch, dass diese Krise eine Krise des Wissens und der Verarbeitungsstrukturen von Wissen war. Wie entfalteten sich die (Nicht-) Wissenskonflikte und auf welche Weise konnten sie gelöst werden? Am Anfang lag Nichtwissen in Form eines intentionalen Aktes vor: Wissen wurde unterdrückt. Dann aber zeigten sich auch immer stärker die Grenzen des Wissens. Denn was war die eigentliche Krankheitsursache und wie kam es zu einer Übertragung und Verbreitung der Krankheit? Die Prionen-These wurde erst im Laufe des Diskurses entwickelt und war dann zunächst ein Forschungsprogramm und noch nicht gesichertes Wissen (vgl. Bhakdi/Bohl 2002). Letztlich verschwand die Krankheit nach umfangreichen Schlachtungen, auch vCJK ist rückläufig. Was sind die wichtigsten Ergebnisse? *Erstens* zeigt sich am Anfang der Geschichte der Versuch, BSE zu leugnen. Erst mit der Verschärfung des Konfliktes wurde die Southwood-Kommission eingesetzt, die aber eine unglückliche Rolle spielte: einerseits, weil sie zu einem relativ späten Zeitpunkt eingesetzt wurde und somit mit einer starken Wissenserwartung konfrontiert war, die sie zu diesem Zeitpunkt nicht einlösen konnte; andererseits, weil hierbei zur Vermeidung von Spezialistenurteilen Expertise begrenzt wurde, die für das Gesamtbild wichtig gewesen wäre. Das ganze Setting war dabei so organisiert, dass wenig Raum für einen produktiven Umgang mit kognitiven Unklarheiten und normativen Widersprüchen blieb. Diese Vermeidung eines (Nicht-)Wissenskonfliktes hat sich als fatal herausgestellt. Denn in der Folge konnten abweichende Aufmerksamkeitshorizonte nur massenmedial vermittelt werden, was aber die Konfliktdynamik politisierte und somit anheizte. *Zweitens* konnte dieser hochdynamische (Nicht-)Wissenskonflikt erst da-

---

[17] Hierbei werden neue Schnittstellen, neue Abstimmungserfordernisse und neue ‚Vermischungen' etabliert. Schließlich gibt es beim Übergang in neue Strukturen naturgemäß Probleme, worauf Klaus Jürgen Henning vom BfR im Beitrag „Theorie und Praxis der Risikobewertung – Voraussetzungen und Entwicklungsmöglichkeiten des BfR" explizit hinweist. So sei es nach wie vor eine offene Frage, ob BfR und BVL Bewertungen doppelt durchführen dürfen oder sogar sollen. Des Weiteren beklagt Henning eine Reihe systemwidriger Aufteilungen in der Folge verschiedener Ressortzuständigkeiten. Schließlich äußert auch er Zweifel an der Sinnhaftigkeit der Trennung von Bewertungs- und Managementaufgaben vor allem in der praktischen Durchführbarkeit, und hofft, dass „die notwendige Profilbildung beider Behörden" so gestaltet werden könne, dass sie nicht gegeneinander arbeiten würden (Henning 2003). Möglicherweise hält das zuständige Ministerium deshalb ein in Auftrag gegebenes Organisationsgutachten für das BfR unter Verschluss, weil die Übergangsprobleme nicht allein „bei gutem Willen und Geschick" (Henning 2003, S. 5) lösbar erscheinen.

durch aufgefangen werden, dass die jeweiligen Aufgaben (Genese von Wissen, Treffen von Entscheidungen, Kommunikation mit der Öffentlichkeit) in einen neuen institutionellen Rahmen gebracht wurden. Die Strategie der Separierung soll für größere ‚Reinheit' bei der Aufgabenerfüllung sorgen. In gewissem Sinne kommt es hierbei zu einer Art ‚Restauration' wissenschaftlichen Wissens. Allerdings erlaubt die Zuordnung der Risikokommunikation zum BfR eher auch die Kommunikation wissenschaftlichen Nichtwissens, ohne dass dadurch politisches Handeln de-legitimiert würde. *Drittens* kam Öffentlichkeit zumeist massenmedial zustande. Diese Formation führte in Deutschland gleichsam zu einem Moment ‚akuter Reflexivität', als mit Bekanntwerden des ersten deutschen BSE-Rindes für die Politik ein gewaltiger Entscheidungsdruck entstand. Die vorher – auf der Grundlage von Vorsorgestrategien – angenommene BSE-Freiheit von Deutschland stellte sich als unbegründet heraus. Nach einer kurzen Hochphase verebbte dieser Impuls sofort wieder und die Geschäfte gingen gleichsam im Normalprogramm weiter. Vorsorgestrategien, die dezidiert auf der Anerkennung von Nichtwissen basieren, können bei Versagen zu einer weitaus verschärften Dynamik des (Nicht-)Wissenskonfliktes beitragen, weil dann die Sicherheitsvorstellungen in ihrem fiktiven Charakter sichtbar werden. Die institutionellen Lösungen müssen dann umso tief greifender ausgestaltet werden.

4 „Grüne Gentechnik" – Anerkenntnisprozesse von Nichtwissen?

Seit nunmehr drei Jahrzehnten kommt die gesellschaftliche Auseinandersetzung um die verschiedenen Formen der Gentechnik nicht zur Ruhe. Dies ist sicherlich auch dem Umstand geschuldet, dass Wissenschaftler selbst vor den möglichen Folgen dieser noch zu entwickelnden Technik frühzeitig warnten. Deshalb bildete sich bei der gesellschaftlichen Aneignung der Gentechnik im Nachgang an die Konferenz von Asilomar (1975) ein relativ offenes Arrangement. Ein Forschungsmoratorium wurde beschlossen. Dies erzeugte in der Öffentlichkeit eine zwiespältige Resonanz. Durch drohende regulative Eingriffe von außen aufgeschreckt, versuchten Wissenschaftler mittels der Containment-Strategie die Risiken auf solche der Laborsicherheit zu reduzieren und setzten sich mit ihrer professionszentrierten Variante des *Risk Assessment* zunächst auch durch (vgl. Wright 1994, S. 221ff.). Gleichwohl zeigen sich in dieser Frühgeschichte schon Konturen eines *Social Assessment of Science* als neuer Form des Umgangs mit wissenschaftlich induzierten Risiken (vgl. z.B. Krimsky 1982, S. 169). Damit wurden Fragen der sozialen Wünschbarkeit einer Technik zugleich im Prozess ihrer Entwicklung diskutiert und mit Fragen ihrer Legitimität konfrontiert. Die gesellschaftliche Auseinandersetzung um die Aneignung der Gentechnik und ihre institutionelle Festschreibung entwickelte sich in der Folge im Spannungsfeld zwischen diesen beiden Strategien eines expertenorientierten *Risk Assessment* und eines öffentlichkeitsorientierten *Social Assessment of Science* (vgl. auch Isaac 2001, S. 3). Im Grunde spiel(t)en sich dabei immer wieder Prozesse der Öffnung und Schließung des diskursiven Feldes, oder der Regulation und Deregulation (vgl. Bandelow 1999) ab. Dies ist der Tatsache geschuldet, dass dieser Konflikt, bei dem einzelne Länder (etwa USA und die Staaten der EU) sehr unterschiedliche Philosophien verfolgen (vgl. Jasanoff 2005), sich auch als Interessenkonflikt beschreiben lässt, der insbesondere über die WTO ausgetragen wird und dadurch ein komplexes Mehrebenenspiel provoziert. Im Folgenden soll allein auf das Phänomen einer Fülle von diskursiven Verfahren und schließlich die Freisetzungsrichtlinie der

EU (2001/18) als institutionelle Lösung der ‚Unlösbarkeit' des (Nicht-)Wissenskonfliktes in diesem Feld hingewiesen werden.

Der Konflikt um die grüne Gentechnik ist hoch politisiert. Zwar prognostizierte noch Mitte der 1980er Jahre das Office of Technology Assessment (OTA), dass „die öffentliche Wahrnehmung kein wichtiger Faktor bei der Kommerzialisierung der Biotechnologie" sein werde (zit. nach: Bullard 1986, S. 25). Jedoch stellte sich die Öffentlichkeit zunehmend als kritischer Faktor heraus, da sie den neuen ‚Designerpflanzen' überwiegend skeptisch gegenüber stand. Entsprechend sollte aus der Sicht der Befürworter eine prozedurale Konfliktbearbeitung im Anschluss an Verfahren der beteiligungsorientierten Planungsdiskussion (vgl. Simonis/Droz 1999, S. 926) die Folgen dieser Politisierung so bearbeiten, dass die Gentechnik allen öffentlichen Widerständen zum Trotz eingeführt werden konnte. Eine Vorreiterrolle nahm dabei das „Verfahren zur Technikfolgenabschätzung des Anbaus von Kulturpflanzen mit gentechnisch erzeugter Herbizidresistenz" am Wissenschaftszentrum Berlin (WZB) ein, das von 1991 bis 1993 stattfand. Es markiert nicht nur den Auftakt zu einer Reihe von Diskurs-Verfahren, sondern war einem bestimmten Diskursziel verpflichtet: der Herstellung von Konsens über die objektiven Wissensgrundlagen (vgl. van den Daele et al. 1996). Die Veranstalter werteten diesen Diskurs als Erfolg, obgleich kurz vor dessen Ende die Umweltverbände ausstiegen. Die WZB-Arbeitsgruppe sah darin lediglich den Versuch der Umweltverbände, ihr Scheitern auf argumentativer Ebene medienwirksam zu kaschieren. Für sie stand fest, mit dieser Anwendung der Gentechnik seien keine besonderen Risiken verbunden – zumindest ließen sich hierfür keine rationalen Beweise erbringen. Das Verfahren demonstriere zudem die Zuständigkeit der Wissenschaft für Faktenaussagen. Aufgrund der objektiven Informationen sei es nicht legitim, weiter die mögliche Anwendung zu bekämpfen.[18] Für die Argumentation der Organisatoren des Verfahrens war die Annahme einer alle Wissenschaftler verbindenden Rationalität von zentraler Bedeutung. Ihrem Selbstverständnis nach dienen Diskurse als „Instrumente", um „die Sachangemessenheit in einem wohlerwogenen Urteil ‚berechenbar' erzeugen" zu können (Döbert 1997, S. 202). Nach dem Modell szientifischer Risikoabschätzung führt der Hinweis auf Nichtwissen zu einer Unbearbeitbarkeit von Problemlagen, da letztlich beliebige Risikovermutungen ins Feld geführt werden können. Deren einzige Legitimation sei Angst. Diese schwirrende emotionale Orientierung muss durch Kausalität gebändigt werden (van den Daele 2001, S. 488f.). Dieser Haltung korrespondiert das Postulat: „(S)ubjektive Angst bleibt unbeachtlich, wenn ihr kein objektives Risiko entspricht (...)." (ebd., S. 476)

Entsprechend wurde das Verfahren aufgebaut. Die unterschiedlichen Aussagen wurden in einem System von Entscheidungsbäumen klassifiziert und hinsichtlich ihrer Gültigkeit überprüft. Jedoch gab es zu vielen Fragestellungen nur eine geringe Faktenbasis und viele der gerade von den Kritikern erhobenen Einwände bezogen sich auf Risiken, die einen sehr großen Zeithorizont umfassen. Insbesondere ging es dabei um die Klärung der Frage, ob „ökologische Schäden" möglich seien. Über das Noch-Nicht kann man aber nur schwer im Modus von Faktenaussagen argumentieren, sondern man ist darauf angewiesen, das damit verbundene Nichtwissen zu qualifizieren. Dabei laufen jedoch die Einschätzungen der verschiedenen Experten auseinander, u.a. da die Spezifikation des Nichtwissens zum einen von unterschiedlichen Wissenskulturen abhängig ist (vgl. Böschen et al. 2006), zum

---

[18] Diese Präferenz der Information und die damit einhergehenden Begrenzung des Diskurses kann und muss ihrerseits jedoch als ein politischer Akt gewertet werden: „(...) the orientation towards ‚a scientific type of discourse' is just as political as the ‚political type of discourse'" (Gloede/Hennen 2002, S. 106).

anderen stärker interpretative und normative Züge trägt (vgl. Skorupinski 2001). Ein ökologischer Schaden könnte die ungewollte Ausbreitung von GVO sein. Dies wurde jedoch nach Faktenlage für unmöglich erklärt – ist aber in der Zwischenzeit gleichwohl zum Fakt geworden. Letztlich misslang dieser Schließungsversuch. Das Nichtwissen um Langzeit- und Fernwirkungen brach vielmehr verstärkt in die Debatte ein und führte zu einer grundlegenden Öffnung für die ökologische Risikoperspektive und unbekannte Risiken („WZB-Paradox"). Seither stehen sich unterschiedliche Risiko-Weltbilder unversöhnlich gegenüber (vgl. Kollek 1997).

An dieses Verfahren schloss sich eine ganze Reihe weiterer Verfahren an, die die Kommunikation und Bewertung möglicher Risiken der Gentechnik in unterschiedlich konstruierten Arenen eröffneten. Auffällig war hierbei:

1. dass in den meisten Verfahren die ‚Öffentlichkeit' durch entsprechende Stakeholder vertreten wurde (also: Greenpeace, das Gen-ethische Netzwerk, den BUND oder das Öko-Institut). Ausnahmen sind etwa das Dialog-Verfahren des Landes Baden-Württemberg (1993-1995) (vgl. Gloede/Hennen 2002), bei dem Bürger direkt einbezogen wurden;
2. die starke Divergenz der Diskursrahmungen von Seiten der Befürworter und Kritiker. Von Seiten der Befürworter der Gentechnik wurden die Verfahren überwiegend im Sinne der Aufklärung über die erwartbaren Chancen und die möglichen Risiken ausgedeutet; damit wurde der Diskurs wesentlich als einer des zu behebenden Wissensdefizits auf Seiten der Öffentlichkeit gerahmt. Von Seiten der Kritiker wurde auf die breite Palette von Risiken und das Nichtwissen verwiesen und der Diskurs stärker im Sinne konträrer Weltbilder und damit politisch ausbuchstabiert;
3. dass kein Diskursverfahren umfassende Einigungen über den Gegenstand erbrachte. Gleichwohl kam es zu bemerkenswerten Verschiebungen. Vertraten die Initiatoren des WZB-Verfahrens noch dezidiert die These, eine Einigung unter der Perspektive einer übergreifenden Experten-Rationalität sei möglich, wurde dieser Anspruch in nachfolgenden Diskursverfahren zunehmend relativiert und es kam zur Anerkennung unaufhebbarer Differenz. Das Risiko-Dialog Verfahren „Nachhaltige Landwirtschaft und Ernährung" (1997-1999) betonte sogar die Normativität der Risiko-Weltbilder (Stiftung Risiko Dialog 2000, S. 5), die nicht überbrückbare Vorentscheidungen darstellen würden. Danach ist der (Nicht-)Wissenskonflikt nicht durch Wissen zu lösen. Das Verfahren am BMVEL (2001/2002) brachte die unterschiedlichen Stakeholder in die Debatte, um das Verwaltungshandeln vor dem Hintergrund unüberbrückbarer Gegensätze zu strukturieren. In der Summe nahm schließlich der öffentliche Diskurs wesentlichen Einfluss auf die relevanten Themen und die rechtliche Strukturierung.

Mit der Neufassung der EU-Freisetzungsrichtlinie (Richtlinie 2001/18/EU) wurde auf diese Pattsituation schließlich eine institutionelle Antwort gefunden. Diese Pattsituation zeigt sich an der Verschiebung des Konfliktgegenstandes „ökologischer Schaden". Nachdem sich nach 2000 immer deutlicher abzeichnete, dass eine ungewollte Verbreitung von GVO jenseits der Felder stattfindet, wurde von den Befürwortern ins Feld geführt, dass das zwar richtig sei, aber keinen ökologischen Schaden darstellen würde, weil keine weiteren Effekte beobachtet werden könnten. Die Gegner halten entgegen, dass die ursprüngliche Rahmung ökologischer Schäden anders ausgesehen hätte und dass man nicht wissen könne, was die

GVO jenseits des Feldes anrichten würden. Vor diesem Hintergrund werden Genehmigungen für „In-Verkehr-Bringen" mit einem wissenschaftlichen Monitoring verknüpft und auf zehn Jahre begrenzt, um danach eine Neubeantragung vorzusehen (vgl. Sauter/Meyer 2000). Das Instrument der Neubeantragung erlaubt „begründungsärmere" administrative Entscheidungen. Zugleich wird auf der Ebene der ökologischen Forschung versucht, durch Indikatoren zweiter Ordnung ein Wissensmodell des Nichtwissens zu etablieren. Hierbei wird nicht die Ebene ökologischer Schäden direkt untersucht, sondern die Wahrscheinlichkeit ermessen, mit der bestimmte gentechnisch veränderte Pflanzensorten zu irreversiblen Umweltveränderungen und damit potenziellen Schäden führen können (vgl. Böschen et al. 2008). In der öffentlichen Diskussion erhielt schließlich, neben die Klassifizierung ökologischer Risiken, das Problem der Erhaltung der Wahlfreiheit zwischen unterschiedlichen Formen der Landwirtschaft – und außerdem die Wahl zwischen gentechnikfreien und gentechnischen Produkten – eine exponierte Stellung („Koexistenzfrage").[19] Die Neufassung des deutschen Gentechnikgesetzes sucht durch Verschärfung von Haftungsregeln eine Antwort darauf.

Im Kontext der Debatte um die gesellschaftliche Einbettung der grünen Gentechnik weisen die (Nicht-)Wissenskonflikte eine andere Struktur auf als im Fall BSE. *Erstens* wurde durch Experten selbst der Topos des Nichtwissens in die Debatte eingeführt. Dadurch geschah eine frühe Öffnung, die das Nichtwissen politisierte und zu organisationalen wie institutionellen Innovationen zwang. Vor diesem Hintergrund erklären sich die vielen diskursiven Verfahren, in denen versucht wurde, Akzeptanz herzustellen. So wurde nicht gefragt, was ‚Sachangemessenheit' überhaupt heißen könnte und wer legitimiert ist (oder sein könnte), darüber zu befinden und einen Beitrag zu leisten. Die gezielte Herstellung von Konsens provozierte Dissensbedürfnisse, die schließlich den (Nicht-)Wissenskonflikt erst umfassend hervortreten ließen. Denn *zweitens* manifestiert sich bei der Festlegung von Aufmerksamkeitshorizonten und Validierungskontexten „a combined ethical-intellectual judgement", das sich charakterisieren lässt als „combining and informing emotional orientations with a rational calculative one deriving from public awareness of inevitable ignorance behind science" (Wynne 2001, S. 53, 58). Wissenschaftliches Nichtwissen erhält bei diesem Technikkonflikt eine zentrale Stellung und es zeigt sich, dass das Problem nicht allein in den verschiedenen Gewichtungen ansonsten objektiv feststellbarer Risiken besteht, sondern vielmehr in der Eröffnung und Anerkennung von divergierenden Aufmerksamkeitshorizonten. *Drittens* verweist die ablehnende Haltung der Öffentlichkeit wohl nicht ausschließlich auf eine Blockadeperspektive (vgl. etwa Bora 1999), sondern offenbart eher einen Grundlagen-Konflikt. Denn nicht nur scheinen bestimmte Natürlichkeitsvorstellungen bedroht (vgl. Gill 2003), sondern in der Diskussion um die Koexistenz prägt sich ein Grundlagenkonflikt um die Sicherung der Entscheidungsfreiheit aus. Voraussetzungen des

---

[19] Die Diskussion um die Koexistenz von Agro-Gentechnik und Anbau ohne Gentechnik ist nicht einfach zu schlichten. Das Problem besteht darin zu definieren, welches persönliche Recht im Rahmen der Koexistenz zugestanden wird. Würde es heißen ‚Recht auf gentechnikfreie Produkte', dann müsste man letztlich die Agro-Gentechnik verbieten, da es notwendigerweise zu Vermischungen kommen wird. Denn die Landwirtschaft stellt ein offenes System dar. Die mit wie viel Vorsicht auch immer gezogenen Grenzen können nicht anders als durchlässig sein. Insofern kann ein Zugleich von beiden Formen der Landwirtschaft allein bedeuten, dass nur „zwischen Produkten, die mit und ohne *bewusste Anwendung* der Gentechnik erzeugt wurden" (vgl. http://www.transgen.de/recht/koexistenz/234.doku.html; Stand 06/04/2006; Herv. im Orig.) unterschieden wird. Ein entsprechender Schwellenwert von 0,9 % soll diese Grenze markieren. Unterhalb dieses Wertes muss das Produkt nicht gekennzeichnet werden. Dieser Wert gilt im Übrigen für Produkte aus konventioneller wie auch aus ökologisch orientierter Landwirtschaft.

‚lebensweltlichen' Selbstverständnisses scheinen hier durch systemische Imperative in Frage gestellt zu werden. *Viertens* lässt sich die institutionelle Lösung des (Nicht-)Wissenskonfliktes als Formierung eines ‚Intervall-Containment' beschreiben. Dieses zeichnet sich durch eine sequenzielle Anordnung von Lernschritten aus, bei denen über die Prinzipien des „step-by-step" und „case-by-case" Wissensgewissheiten auf Zeit generiert werden (vgl. Gill et al. 1998). Über das Nachzulassungsmonitoring wird zudem die Überwachung freigesetzter Organismen fortzusetzen versucht und dadurch die Möglichkeit zur entscheidungsrelevanten Austragung von (Nicht-)Wissenskonflikten auf Dauer gestellt und in einem 10-Jahres-Rhythmus sequenzialisiert.

5 Reflexive Wissenspolitik: Lösung von (Nicht-)Wissenskonflikten?

Die Risikodebatten zu BSE und zur grünen Gentechnik wurden, wenn auch in unterschiedlichem Maße, von Nichtwissensargumenten bestimmt. Dabei wird die Differenzierung zwischen Wissens- und Wertekonflikten unterlaufen, da die Konfliktlinie nicht nur zwischen Wissenschaft und Öffentlichkeit verläuft, sondern zudem zwischen verschiedenen wissenschaftlichen Wissenskulturen. (Nicht-)Wissenskonflikte lassen sich deshalb weder durch einen Rückgriff auf vorliegende Expertise noch durch die „Fokussierung auf geteilte Werte" (Döbert 1997, S. 209) lösen. Die Auseinandersetzung um die grüne Gentechnik mit ihren räumlich und zeitlich weit gestreuten Wirkungs- und Schadenshorizonten ist ein für das Nichtwissensproblem paradigmatischer Technikkonflikt. Es stehen weniger das bekannte Wissen und die daraus abzuleitenden Konsequenzen im Mittelpunkt als vielmehr das unbekannte Wissen mit seinen entsprechend bisher nicht erkannten Risiken. Zugleich erweist sich die Suche nach geteilten Werten als problematisch, da sich mit den unterschiedlichen disziplinären bzw. öffentlichen Aufmerksamkeitshorizonten für Nichtwissen komplexe Weltbilder verbinden, die nicht einfach den Mechanismen von Konsens und Kompromiss unterzogen werden können.

Bei beiden Fallstudien ist die Rolle von Öffentlichkeit aufschlussreich, die sich entweder durch massenmedial geführte öffentliche Diskurse oder situativ inszenierte öffentliche Verfahren artikulieren konnte. Zunächst: Die Öffnung von (Nicht-)Wissenskonflikten hat nicht nur „irrationale" Blockadechancen eröffnet, sondern verspricht darüber hinaus auch politische Kreativität freizusetzen. Es stellt sich also gleichsam die Frage nach der ‚Produktivkraft Diskurs'. Nach Gerhards et al. (1998) eröffnet der massenmediale Diskurs die Chance zur Präzisierung von Argumenten. Jedoch wird dies bei (Nicht-)Wissenskonflikten nur dann der Fall sein, wenn der Konflikt nicht auf Selbstverständnisse durchschlägt, die als unverhandelbar erscheinen. Dann kann die Dynamik des Diskurses zwar irrational erscheinen, weil die emotionale Dichte der Aussagen zu-, ihre argumentative Schärfe jedoch eher abnehmen dürfte. Allerdings adressiert diese Dynamik dann eher die Ebene kultureller Selbstverständlichkeiten und muss als besonderes Konfliktmoment entsprechend ernst genommen werden.

Bei den (Nicht-)Wissenskonflikten zeigen sich unterschiedliche institutionelle Lösungsstrategien. Diese sind wesentlich geprägt von dem je besonderen Verlauf und der Rolle, die unterschiedliche Akteure in diesen Konflikten spielen konnten. Zunächst einmal ist auffällig, dass die (Nicht-)Wissenskonflikte in beiden Fällen zur Formierung neuer institutioneller Lösungen führten. Sie setzten also gesellschaftliches Lernen frei, wenn auch in unterschiedlicher Weise. Bei BSE scheint es sich in der Summe eher um einen episodenhaften (Nicht-)Wissenskonflikt gehandelt zu haben, der durch die Unterdrückung von Wissen und die schwierige Formierung von Forschungsperspektiven gekennzeichnet war, dann aber auch mit einer strikteren Arbeitsteilung als bisher beantwortet werden konnte. Die Lösung bestand in einer gezielten Separierung des Konfliktes. Nicht so beim Fall der grünen Gentechnik. Hier scheint es sich eher um einen unlösbaren (Nicht-)Wissenskonflikt zu handeln. Entsprechend sind die institutionellen Lösungen weniger durch soziale Separierung als durch eine zeitliche Prozeduralisierung gekennzeichnet, wie sie in der Formierung eines ‚Intervall-Containments' zum Ausdruck kommt.

Spiegelt man die hier zusammen getragenen Ergebnisse mit der Diskussion um Formen einer „reflexiven Wissenspolitik" (vgl. z.B. Böschen 2005), dann ließe sich das zu formulierende Forschungsprogramm so beschreiben. (Nicht-)Wissenskonflikte verweisen auf Grundlagenkonflikte, da die bisher funktionalen und eindeutigen Zuordnungen von Wissens- oder Werte- oder Interessenskonflikten unterlaufen werden. Spätmoderne Gesellschaften sind herausgefordert auf diese neue Konfliktkonstellation neue (institutionelle) Antworten zu finden, die sich den bisher etablierten Regeln und Prozeduren entziehen. Somit sind Prozesse reflexiver Wissenspolitik dadurch gekennzeichnet, dass sie nicht nur die Charakterisierung von Wissenskonflikten als (Nicht-)Wissenskonflikte ernst nehmen, sondern auch auf die Grundlagen der Austragung solcher Konflikte reflektieren und entsprechende Verfahren zur gezielten Inklusion von Wissensakteuren zur Verfügung stellen.

6   Literatur

Aubert, V. (1963): Competition and Dissensus. In: Journal of Conflict Resolution 7, S. 26-42.
Bandelow, N. (1999): Lernende Politik. Advocacy-Koalitionen und politischer Wandel am Beispiel der Gentechnologiepolitik. Berlin: edition sigma.
Beck, U. (1986): Risikogesellschaft. Auf dem Weg in eine andere Moderne. Frankfurt am Main: Suhrkamp.
Bhakdi, S.; Bohl, J. (2002): Prionen und der „BSE-Wahnsinn". Eine kritische Bestandsaufnahme. In: Deutsches Ärzteblatt 99, A 1134-1137
BMVEL (Bundesministerium für Verbraucherschutz, Ernährung und Landwirtschaft) (2001): Bericht der Arbeitsgruppe „Reorganisation des gesundheitlichen Verbraucherschutzes", Berlin: BMVEL (Ms. 56 S.).
Bora, A. (1999): Differenzierung und Inklusion. Partizipative Öffentlichkeit im Rechtssystem moderner Gesellschaften. Baden-Baden: Nomos.
Böschen, S. (2005): Vom Technology zum Science Assessment: (Nicht-)Wissenskonflikte als konzeptionelle Herausforderung. In: Technikfolgenabschätzung – Theorie und Praxis 14, H.3, S. 122-127.
Böschen, S.; Dressel, K.; Schneider, M.; Viehöver, W. (2002): Pro und Kontra der Trennung von Risikobewertung und Risikomanagement – Diskussionsstand in Deutschland und Europa. Berlin: TAB (TAB-Diskussionspapier Nr. 10).
Böschen, S.; Kastenhofer, K.; Marschall, L.; Rust, I.; Wehling, P.; Soentgen, J. (2006): Scientific Cultures of Non-Knowledge within the GMO Controversy: The Cases of Molecular Biology and Ecology. In: GAIA 15, S. 294-301.
Böschen, S.; Kastenhofer, K.; Rust, I.; Soentgen, J.; Wehling, P. (2008): Entscheidungen unter Bedingungen pluraler Nichtwissenskulturen. In: Neidhardt, F.; Mayntz, R.; Weingart, P.; Wengenroth, U. (Hrsg.): Wissen für Entscheidungsprozesse. Bielefeld (im Erscheinen).

Bullard, L. (1986): Die öffentliche Auseinandersetzung um die Gentechnologie in den USA. In: Kollek, R. (Hg.) (1986): Die ungeklärten Gefahrenpotenziale der Gentechnik. München, S. 24-36
Dahrendorf, R. (1962): Gesellschaft und Freiheit. Zur soziologischen Analyse der Gegenwart. München: Piper.
Dahrendorf, R. (1972): Konflikt und Freiheit. Auf dem Weg zur Dienstklassengesellschaft. München: Piper.
Dealler, St. (2000): Das BSE-Risiko ist größer, als Sie denken. In: FAZ 281/2000, S. 41-43; 02/12/2000.
Dethlefs, K.; Dohn, N. (1996): Das BSE-Kartell. Reinbek: Rowohlt.
Döbert, R. (1997): Rationalitätsdimensionen von partizipativer Technikabschätzung. In: Köberle, S: Gloede, F.; Hennen, L. (Hrsg.): Diskursive Verständigung? Mediation und Partizipation in Technikkontroversen. Baden-Baden: Nomos, S. 200-213.
Dressel, K. (2002): BSE – The New Dimension of Uncertainty. The Cultural Politics of Science and Decision-Making. Berlin: edition sigma.
Eckert, R.; Willems, H. (1992): Konfliktintervention. Perspektivenübernahme in gesellschaftlichen Auseinandersetzungen. Opladen: Leske + Budrich.
Gerhards, J.; Neidhardt, F.; Rucht, D. (1998): Zwischen Palaver und Diskurs. Strukturen öffentlicher Meinungsbildung am Beispiel der deutschen Diskussion zur Abtreibung. Opladen
Gill, B.; Bizer, J.; Roller, G. (1998): Riskante Forschung: Zum Umgang mit Ungewißheit am Beispiel der Genforschung in Deutschland. Eine sozial- und rechtswissenschaftliche Untersuchung. Berlin: edition sigma.
Gill, B. (1997): Verständigungsprobleme in der Biomedizin: Zum konstruktiven Umgang mit Dissens in technologiepolitischen Konflikten. In: Elstner, M. (Hrsg.): Gentechnik, Ethik und Gesellschaft. Berlin etc.: Springer, S. 181-189.
Gill, B. (2003): Streitfall Natur. Wiesbaden: Westdeutscher Verlag.
Giegel, H.-J. (1998): Gesellschaftstheorie und Konfliktsoziologie. In: ders. (Hrsg.): Konflikt in modernen Gesellschaften. Frankfurt am Main: Suhrkamp, S. 9-28.
Gloede, F.; Hennen, L. (2002): Germany: a Difference that makes a difference? In: Joss, S.; Bellucci, S. (eds.): Participatory Technology Assessment. European Perspectives. London: Centre for the Study of Democracy, S. 92-107.
Grunwald, A. (2002): Technikfolgenabschätzung – eine Einführung. Berlin: edition sigma.
Habermas, J. (1981): Theorie des kommunikativen Handelns (2 Bde.). Frankfurt am Main: Suhrkamp.
Habermas, J. (2001): Die Zukunft der menschlichen Natur. Frankfurt am Main: Suhrkamp.
Henning, K.J. (2003): Theorie und Praxis der Risikobewertung – Voraussetzungen und Entwicklungsmöglichkeiten des BfR. Berlin: Bundesinstitut für Risikobewertung (Ms. 8 S.) http://www.bfr.bund.de/cms/detail.php?template=internet_de_index_js. (17/09/03).
Hoffmann, P. (1994): BSE Rinderseuche – Gefahr für den Menschen. Frankfurt am Main: pmi.
Isaac, G. (2001): Regulating Biotechnology. In: AgBiotech Bulletin, Bd. 9 (2001), H. 7, S. 1-4.
Jasanoff, Sh. (ed., 2004): States of Knowledge. The co-production of science and social order. London: Routledge.
Jasanoff, Sh. (2005): Designs on Nature: Science and democracy in Europe and the United States. Princeton: Princeton University Press.
Jensen, K.K. (2004): BSE in the UK: Why the risk communication strategy failed. In: Journal of Agricultural and Environmental Ethics 17, S. 405-423.
Kettler, D.; Meja, V.; Stehr, N. (1989): Politisches Wissen. Studien zu Karl Mannheim. Frankfurt am Main: Suhrkamp.
Kollek, R. (1997): Risikokonzepte: Strategien zum Umgang mit Unsicherheit in der Gentechnik. In: Elstner, M. (Hg.) (1997): Gentechnik, Ethik, Gesellschaft. Berlin, S. 123-140.
Krimsky, Sh. (1982): Genetic Alchemy. The Social History of the Recombinant DNA Controversy. Cambridge, MA/London.
Krohn, W. (2006): Deliberative Constructivism. In: Science, Technology & Innovation Studies, Special Issue 1, July 2006, pp. 41-60.

Lau, Chr. (1989): Risikodiskurse. Gesellschaftliche Auseinandersetzungen um die Definition von Risiken. In: Soziale Welt 40, S. 418-436.
Millstone, E. (2000): Recent developments in EU food policy: institutional adjustments or fundamental reforms? In: Zeitschrift für Lebensmittelrecht, Vol. 27, Nr. 6, 1-15.
Nowotny, H. (2005): Unersättliche Neugier. Berlin: Kadmos.
Pickering, A. (1995): The mangle of practice. Time, Agency and Science. Chicago/London: University of Chicago Press.
Renn, O. (1999): Sozialwissenschaftliche Politikberatung: Gesellschaftliche Anforderungen und gelebte Praxis. In: Berliner Journal für Soziologie 9, S. 531-548.
Saretzki, Th. (2001): Entstehung, Verlauf und Wirkungen von Technisierungskonflikten: Die Rolle von Bürgerinitiativen, sozialen Bewegungen und politischen Parteien. In: Simonis, G.; Martinsen, R.; Saretzki, Th. (Hrsg.): Politik und Technik. Wiesbaden: Westdt. Verlag, S. 185-210 (zugleich: PVS-Sonderheft 31/2000).
Sauter, A.; Meyer, R. (2000): Risikoabschätzung und Nachzulassungs-Monitoring transgener Pflanzen. Berlin: Büro für Technikfolgenabschätzung (Arbeitsbericht, Nr. 68).
Scholz, R.; Lorenzen, S. (2005): Phantom BSE-Gefahr. Irrwege von Wissenschaft und Politik im BSE-Skandal. Berenkamp.
Simonis, G.; Droz, R. (1999): Die neue Biotechnologie als Gegenstand der Technikfolgenabschätzung und Technikbewertung in Deutschland. In: Bröchler, S.; Simonis, G.; Sundermann, K. (Hrsg.): Handbuch Technikfolgenabschätzung (Bd. 3), Berlin: edition sigma, S. 909-933.
Simmel, G. (1908): Soziologie. Untersuchungen über die Formen der Vergesellschaftung. Berlin: Duncker & Humblot.
Skorupinski, B. (2001): „Normalisierung durch Vergleich": Zur Verhandlung von Risiken in einem diskursiven und partizipativen TA-Verfahren. In: Skorupinski, B; Ott. K. (Hrsg.): Ethik und Technikfolgenabschätzung. Basel/Genf/München: Helbing & Lichtenhahn, S. 104-137.
Stiftung Risiko-Dialog (2000): Nachhaltige Landwirtschaft und Ernährung: Differenzierte Standpunkte zum Bt-Mais von Novartis. St. Gallen: Stiftung Risiko-Dialog.
Supp, B. (1998): Auch Minister haben Angst. In: Der Spiegel 41/1998: S. 126-132.
Trichopoulou, A.; Millstone, E.; Lang, T.; Eames, M.; Barling, D.; Naska, A.; van Zwanenberg, P.; Chambers, G. (September 2000), European Policy on Food Safety, report to the European Parliament's Scientific and Technological Options Assessment Programme (STOA), PE number: 292.026/Fin.St., http://www.europarl.eu.int/dg4/stoa/en/publi/default.htm. (20/03/02).
van den Daele, W.; Pühler, A; Sukopp, H. (1996): Grüne Gentechnik im Widerstreit, Weinheim: VCH.
van den Daele, W. (2001): Gewissen, Angst und radikale Reform – Wie starke Ansprüche an die Technikpolitik in diskursiven Arenen schwach werden. In: Simonis, G.; Martinsen, R.; Saretzki, Th. (Hrsg.): Politik und Technik. Wiesbaden: Westdt. Verlag; S. 476-498 (zugleich: PVS-Sonderheft 31/2000).
von Wedel, H. (2001): Organisation des gesundheitlichen Verbraucherschutzes (Schwerpunkt Lebensmittel). Stuttgart/Berlin/Köln: Kohlhammer.
Viehöver, W.; Gugutzer, R.; Keller, R.; Lau, Ch. (2004): Vergesellschaftung der Natur – Naturalisierung der Gesellschaft. In: Beck, U.; Lau, Ch. (Hrsg.): Entgrenzung und Entscheidung: Was ist neu an der Theorie reflexiver Modernisierung? Frankfurt am Main: Suhrkamp, S. 65-94.
Wehling, P. (2006a): Im Schatten des Wissens? Perspektiven einer Soziologie des Nichtwissens. Konstanz: UVK.
Wehling, Peter (2006b): The Situated Materiality of Scientific Practices: Postconstructivism – a New Theoretical Perspective in Science Studies? In: Science, Technology & Innovation Studies, Special Issue 1, July 2006, pp. 81-100.
Weinberg, A. (1972): Science and Trans-Science. In: Minerva 10, S. 209–222.

Wiedemann, P.; Schütz, H. (1994): Risikokommunikation als Aufgabe. Neue Entwicklungen und Perspektiven der Risikokommunikationsforschung. In: Rosenbrock, R.; Kühn, H.; Köhler, B.M. (Hrsg.): Präventionspolitik. Berlin: edition sigma, S. 115-136.

Wright, S. (1994): Molecular Politics. Developing American and British Regulatory Policy for Genetic Engineering, 1972-1982. Chicago/London.

Wynne, B. (2001): Expert Discourses of Risk and Ethics on Genetically Manipulated Organisms: the Weaving of Public Alienation. In: Politeia 17(62), S. 51-76.

Konflikte um verrückte Kühe? Risiko- und Interessenkonflikte am Beispiel der europäischen BSE-Politik

Robert Fischer

1 Einleitung[*]

Wissenschaftliches Wissen – insbesondere in seiner naturwissenschaftlichen Form – spielt bei vielen Umwelt- und Technikkonflikten in den modernen westlichen Demokratien eine herausragende Rolle. Dies gilt vor allem für Konflikte um Risiken, die sich einer unmittelbar sinnlichen Wahrnehmung entziehen. Ob Gentechnik, FCKW oder BSE – stets wird dabei auf Modelle, Theorien oder Hypothesen aus den Naturwissenschaften zurückgegriffen. Prima facie ist der Einfluss von naturwissenschaftlichem Wissen auf die Regulierung von Risiken evident: Ohne die Risikohypothesen und daran anschließende empirische Nachweisverfahren aus den Naturwissenschaften würden weder Politik noch Öffentlichkeit über horizontalen Gentransfer, Ozonloch oder die neue Variante der Creutzfeldt-Jakob-Krankheit diskutieren und es gäbe insofern auch keine Konflikte. Auch in denjenigen Fällen, in denen ein Risikoverdacht zuerst in anderen gesellschaftlichen Subsystemen formuliert wurde, wurde meist zu einem späteren Zeitpunkt auf wissenschaftliches Wissen zurückgegriffen; sei es um den Verdacht zu erhärten, zu widerlegen oder auch nur um das Risiko neu zu definieren. Der Einfluss von (natur-)wissenschaftlichem Wissen auf derartige Risikokonflikte ist deutlich erkennbar, und es erscheint daher gerechtfertigt, das Augenmerk gerade auf diese Wissensform und ihre Rolle bei der Regulierung von Risiken zu legen. Unter welchen Bedingungen spielt wissenschaftliches Wissen eine Rolle? Was sind Risikokonflikte und wie unterscheiden sie sich von Umwelt- und Technikkonflikten?
Vor dem Hintergrund dieser Fragen liegt ein Schwerpunkt dieses Beitrags auf einem wenig beachteten Aspekt der politikwissenschaftlichen Debatte. Ging es bisher bei ideen- und wissenszentrierten Ansätzen der Politikfeldanalyse darum nachzuweisen, dass Wissen einen Einfluss auf das Policy-Making haben kann (Maier et al. 2003), so soll hier der These nachgegangen werden, dass auch das Gegenteil der Fall sein könnte: Auch wissenschaftliches Nichtwissen spielt möglicherweise eine Rolle bei politischen Entscheidungsprozessen und Konflikten. An diese Erweiterung der Perspektive – vom Wissen zum Nichtwissen – lassen sich eine Reihe von Fragen anschließen: Was passiert, wenn die Wissenschaft das für politische Entscheidungen erforderliche Wissen nicht liefern kann? Wer erzeugt das Nichtwissen? Welche Arten von Nichtwissen lassen sich unterscheiden? Wie wirkt sich wissenschaftliches Nichtwissen auf politische Konflikte aus? Werden politische Konflikte dadurch verstärkt oder bleiben sie vom jeweiligen Stand des wissenschaftlichen Wissens bzw. Nichtwissens unberührt?
  Mein Beitrag ist folgendermaßen aufgebaut: Als erster Schritt soll der Unterschied von Umwelt-, Technik-, und Risikokonflikten herausgearbeitet werden. Zweitens sind die Ein-

---

[*] Für die vielen hilfreichen Kommentare zu diesem Beitrag möchte ich mich recht herzlich bei den Herausgebern und Gutachtern dieses Bandes bedanken.

flussmöglichkeiten von wissenschaftlichem Wissen bzw. Nichtwissen auf politische Entscheidungsprozesse zu erörtern. Dabei geht es um das Verhältnis von Wissenschaft und Politik unter einer konflikttheoretischen Perspektive. Nichtwissen ist kein unmittelbar einleuchtender Begriff, deshalb soll er über eine Typologie des Nichtwissens genauer bestimmt werden. Dabei kann auf theoretische Konzepte der Wissenssoziologie zurückgegriffen werden. Was für Konfliktmöglichkeiten sind denkbar? Wie beeinflusst wissenschaftliches Wissen/Nichtwissen Risikokonflikte?

In einem dritten Schritt wird das erarbeitete Nichtwissenskonzept am Beispiel der BSE-Regulierung innerhalb des europäischen Mehrebenensystems illustriert. Welche Rolle spielte wissenschaftliches Wissen/Nichtwissen im Verlauf der BSE-Krise? Welche Konflikte traten auf? Wie beeinflussten sie die Politikgestaltung?

2 Risikokonflikte: Eine Klasse für sich?

Der politikwissenschaftliche Konfliktbegriff war lange Zeit vor allem innerhalb bestimmter realistischer Theorien der internationalen Beziehungen beheimatet. Er ging grundsätzlich von einer anarchisch geprägten Staatenwelt aus, in der (militärische) Konflikte immerzu möglich sind (Bonacker 2002). Diese Konzeption trägt wenig zur konkreten Analyse von Umwelt- und Technikkonflikten bei, denn diese können auch auf nationaler oder lokaler Ebene stattfinden und erreichen überdies selten das Niveau eines bewaffneten Konflikts. Innerhalb der Policy-Analyse wird der Konfliktbegriff meistens nur alltagssprachlich verwendet. Seit Beginn der Policyforschung wurde jedoch versucht verschiedene Arten von Politik mit unterschiedlichen Konfliktniveaus zu koppeln um daraus Prognosen über die Konflikthaftigkeit von Politiken zu machen (Lowi 1964). An diese Tradition soll hier angeknüpft werden. Dabei gehe ich davon aus, dass Risikokonflikte ein Konflikttypus sind, der bei Umwelt- und Technikkonflikten innerhalb westlicher Demokratien eine zentrale Rolle spielt.

Bei der Bestimmung von Risikokonflikten steht man vor dem Problem, dass sowohl der Risiko- als auch der Konfliktbegriff innerhalb der Sozialwissenschaften weit davon entfernt sind, einheitlich verwendet zu werden (Bonacker 2002, Hiller/Krücken 1997). In einer ersten Annäherung können Risiken als zukünftige Ereignisse, die von der Gesellschaft negativ bewertet werden, bezeichnet werden (Renn 1998, Klinke/Renn 2002). Im Zusammenhang mit Umwelt- und Technikkonflikten sind diese „zukünftigen negativen Ereignisse" meist unerwünschte und nichtgewollte Nebenfolgen auf die Umwelt oder die menschliche Gesundheit, die eintreten können, aber nicht notwendigerweise eintreten müssen. An das politische System, so könnte man im Eastonschen Sinne argumentieren, wird die Anforderung nach einer Minimierung dieser Umwelt- und Gesundheitsrisiken herangetragen. Die Konflikte entstehen dann unter anderem dadurch, dass es in der Gesellschaft, beispielsweise zwischen Industrie und Verbraucher, Verwaltung und Bürger oder zwischen Experten und Laien, unterschiedliche Vorstellungen darüber gibt, was überhaupt ein Risiko ist, welche Risiken als tolerierbar gelten sollen und auf welcher Höhe das Sicherheitsniveau festgesetzt werden soll (Slovic 1999). Risikokonflikte zeichnen sich dadurch aus, dass bei ihnen sowohl das wissenschaftliche Wissen als auch die darin involvierten Interessen und zugrundeliegenden Werte und Normen umstritten sein können (Gough 2003).

Ein Merkmal von Risikokonflikten im Umwelt- und Technikbereich ist der Einfluss von mathematisch-naturwissenschaftlichem und technischem Wissen. Während beispielsweise bei Konflikten um Umweltressourcen oder bei Konflikten um religiöse Bewertungen von Technologien wissenschaftliches Wissen weniger dominant zu sein scheint, steht bei Risikokonflikten der Einfluss von wissenschaftlichem Wissen, insbesondere der Streit darüber, welches das ‚richtige' Wissen sei, stärker im Vordergrund. Das strittige bzw. nicht vorhandene wissenschaftliche Wissen kann sich auf eine Vielzahl von Dimensionen erstrecken. So kann über das Vorhanden- bzw. Nichtvorhandensein von Daten und deren Interpretation gestritten werden, es können aber auch Meinungsverschiedenheiten über Theorien, Methoden, Mess- und Analyseverfahren oder Paradigmen im Kuhnschen Sinne auftreten.

Man könnte deshalb versucht sein, Risikokonflikte als bloße Wissenskonflikte zu interpretieren, übersieht dabei aber, dass das Risikokonzept auch eine normative Seite besitzt. Bei Risikokonflikten geht es deshalb immer zugleich auch um die Fragen: „Wie viel Sicherheit wollen wir?" und „Wie sicher ist sicher genug?" (Seiler 2000, Fischhoff et al. 1978). Wären Risikokonflikte reine Wissenskonflikte, bei denen es sich lediglich um einen Dissens über Sachverhalte handelte, wäre eine Lösung dieser Differenzen durch mehr und exzellentere Wissenschaft prinzipiell möglich. Die anfänglichen Hoffnungen der Experten, dass die Konflikte einfach durch eine engagiertere Aufklärung der Öffentlichkeit über die berechneten Risiken gelöst werden können, haben sich jedoch nicht erfüllt (Slovic 1999, Gough 2003). Da die Diskussion über Risiken immer auch eine normative Seite besitzt, dürfte diese Strategie auch selten zum Erfolg führen. Erschwerend kommt hinzu, dass das generierte wissenschaftliche Wissen stets von der Gefahr bedroht ist, durch den Konflikt politisiert zu werden. Es wird dann nicht mehr als neutral und objektiv wahrgenommen, sondern politischen Interessen zugeordnet (Weingart 2001).

Dieser politisch-normative Aspekt von Risikokonflikten ist nicht nur von unterschiedlichen Wertvorstellungen über das richtige Sicherheitsniveau geprägt, sondern er ist auch durch wirtschaftliche, politische und gesellschaftliche Interessengegensätze gekennzeichnet, die sich wiederum auf die Generierung/Verhinderung von Wissen und Anerkennung/Nichtanerkennung von wissenschaftlichem Nichtwissen auswirken dürften. Interessen, Wert- und Sachargumente überlagern sich daher fortwährend und bilden eine für Risikokonflikte typische Mischung, die in der Empirie nur schwer analytisch getrennt werden kann. Andernfalls könnte von einem reinen Fakten- bzw. Wissens-, Wert- oder Interessenkonflikt gesprochen werden (Eckert/Willems 1992). Erstere mögen zwar wissenschaftssoziologisch interessant sein, haben allerdings kaum politische Relevanz. Es ist vielmehr fraglich, ob der Konfliktbegriff hier überhaupt angemessen ist und nicht vielmehr einfach von Dissens oder wissenschaftlichem Disput zu sprechen ist. Interessen- und Wertkonflikte sind dagegen politikwissenschaftlich relevanter, erfassen aber den spezifischen Wissensanteil bei Risikokonflikten nur unzureichend. Alle Risikokonflikte ausschließlich auf Interessengegensätze oder umstrittene Normen zurückzuführen würde verkennen, dass gerade innerhalb der Umwelt- und Technikpolitik politischer Wandel durch verändertes wissenschaftliches Wissen verursacht werden kann. Das bedeutet nicht, dass die Generierung, Distribution und Verwendung des wissenschaftlichen Wissens völlig unpolitisiert bleiben, sondern dass das innerhalb von Risikokonflikten verwendete Wissen von den jeweiligen Akteuren instrumentalisiert und strategisch genutzt wird (Nelkin 1992). Dieser Effekt müsste sich auch für den Umgang mit wissenschaftlichem Nichtwissen nachweisen lassen.

Ein Risikokonflikt lässt sich also über die Abwesenheit von Konsens über die Beschaffenheit des Risikos und das Nichtvorhandensein eines Kompromisses über den Umgang mit dem Risiko definieren. Risikokonflikte enthalten Elemente von Wissens-, Wert- und Interessenkonflikten, können aber nicht auf einen Typus reduziert werden. Risikokonflikte sind nach dieser Konzeption keine Unterart der Umwelt- und Technikkonflikte, auch wenn diese Politikfelder die Mehrzahl der Risikokonflikte abdecken müssten, sondern liegen quer dazu. Es sind also auch Risikokonflikte denkbar, die außerhalb des Umwelt- und Technikbereichs liegen, wie z.B. Konflikte über die richtige Regulierung von Gesundheitsrisiken, die nicht technisch induziert sind.

3 Wissen trifft Macht: Wissenschaftliche Politikberatung und Risikokonflikte

Vorab soll der Einfluss von wissenschaftlichem Wissen auf politische Entscheidungen idealtypisch dargestellt werden. Bei dieser typisierenden Zuspitzung wird die weitverbreitete Trias der Risikoanalyse, bestehend aus Risikobewertung, Risikomanagement und Risikokommunikation, zugrundegelegt. In welchen Phasen im Politikprozess könnte wissenschaftliches Wissen besonders relevant sein? Wie geht die Politik mit dem wissenschaftlichen Sachverstand um?

Wie bereits erwähnt, spielt wissenschaftliches Wissen innerhalb von Umwelt- und Technikkonflikten, bei denen es um die Regulierung von Risiken geht, eine besondere Rolle. Einerseits liegt das daran, dass viele Risiken, die im Zusammenhang mit Umwelt- und Gesundheitsschäden kontrovers diskutiert werden, erst durch die Anwendung von wissenschaftlichem Wissen – sei es beispielsweise durch physikalische Messverfahren oder medizinische Diagnosen – erkannt werden. Andererseits sind die in derartigen Konflikten benutzten Argumente, Theorien und Begriffe, unabhängig davon, wie inadäquat sie auch immer verwendet werden, aus der Wissenschaft entlehnt. Wenn etwas als radioaktiv, biologisch nicht abbaubar oder karzinogen bezeichnet wird, ist dies offensichtlich. Es gilt aber auch für die Annahme von elektromagnetischen Feldern, der Existenz von Viren oder das bloße Aufstellen einer deskriptiven Statistik.

Geht man von einem ‚technokratischen' Modell aus, wie wissenschaftliche Politikberatung idealiter ablaufen sollte, so gilt zumindest für den Bereich der Regulierung von Technik-, Umwelt- und Gesundheitsrisiken auf europäischer und internationaler Ebene der Dreischritt: Bewertung von Risiken durch wissenschaftliche Experten, Management der Risiken durch die politischen Verantwortungsträger und anschließende Kommunikation der Risiken mit der Öffentlichkeit bzw. organisierten Interessengruppen (European Commission COM(97)183, Europäische Kommission KOM(2000)1, FAO/WHO 1995, Codex Alimentarius 1999). Sind die Risikobewertungen wissenschaftlich exakt und fällen daraufhin die politisch Verantwortlichen die richtigen Entscheidungen, so dürfte es nach diesem Modell zu keinen Risikokonflikten kommen. Nach dieser Idealvorstellung identifizieren die Experten ein Problem und die Politik beseitigt es, bevor überhaupt ein politischer Konflikt entsteht.[1] Kommt es dennoch zu einem Konflikt, so liegt das daran, dass die objektive Risikobewertung der Experten nicht mit der subjektiven, emotionalen oder irrationalen Risiko-

---

[1] Es gibt fast täglich Produktwarnungen und Rückrufaktionen und nur einige wenige Risiken münden in einen politischen Konflikt. So wurden allein im Jahr 2003 rund 4.300 Warnmeldungen über das Europäische Schnellwarnsystem verbreitet (Müller 2005).

wahrnehmung der Öffentlichkeit übereinstimmt (Slovic 1999: 690). Aus dieser ‚technokratischen' Sicht ist es deshalb für die Politik entscheidend, sowohl die Öffentlichkeit über die ‚realen Risiken' aufzuklären als auch über möglichst objektives Wissen zu verfügen (Breyer 1993).

Geht man von dieser idealtypischen Beschreibung des Verhältnisses von Politik und Wissenschaft aus, dann müssten die wissenschaftlichen Institutionen, die für die Risikobewertung zuständig sind, eher am Anfang des Prozesses involviert sein, bzw. müsste der Einfluss wissenschaftlichen Wissens während dieser Phase am größten sein.

Mit dieser Vermutung ist aber noch nichts darüber ausgesagt, warum die Politik glaubt, auf diese Art von Expertise angewiesen zu sein. Zwei Verwendungsweisen des Umgangs mit wissenschaftlichem Wissen sind dabei theoretisch denkbar (Weingart 2001). Erstens wird dieser Wissensform eine hohe Problemlösekompetenz zugetraut, so dass die wissenschaftlichen Expertisen zur Lösung von Konflikten beitragen könnten. Zweitens verfügt wissenschaftliches Wissen über ein großes Legitimationspotential. Auf diese Weise unterstützt es den politischen Standpunkt desjenigen, der sich auf die Expertise berufen kann. Die politischen Akteure suchen sich demzufolge die für ihre eigenen Interessen günstigste wissenschaftliche Aussage aus (Nennen/Garbe 1996). Wird diese instrumentelle Nutzung allzu offensichtlich betrieben und besteht das Problem weiterhin, könnte es sein, dass dadurch der Risikokonflikt an Intensität gewinnt, da dann der Legitimationsbonus verbraucht sein dürfte.

4 Wissenschaftliches Nichtwissen und Risikokonflikte

Nachdem über die Rolle von wissenschaftlichem Wissen im Zusammenhang mit Risikokonflikten einige Hypothesen aufgestellt wurden, soll nunmehr auf den Begriff des wissenschaftlichen Nichtwissens eingegangen werden. Nichtwissen ist keine einfach zu fassende Denkfigur, deshalb soll auf verschiedene Dimensionen des Nichtwissens eingegangen werden. Dabei kann auf theoretische Ansätze der Wissenssoziologie zurückgegriffen werden, die anschließend an einen politikwissenschaftlichen Kontext angepasst werden müssen. Zentrale These dieses Abschnitts ist, dass unterschiedliche Formen von wissenschaftlichem Nichtwissen möglicherweise auch unterschiedliches Konfliktpotenzial besitzen.
Wie wirkt sich wissenschaftliches Nichtwissen auf Risikokonflikte aus? Bei der Betrachtung von wissenschaftlichem Wissen wurde von soziologischer Seite in jüngerer Zeit verstärkt auf Phänomene des Risikos, der Ungewissheit und des Nichtwissens aufmerksam gemacht (Merton 1987, Smithson 1989, Bonß 1995, Beck 1996, Nowotny et al. 2001). Während Risiko in diesem Beitrag als zukünftiges von der Gesellschaft negativ bewertetes Ereignis definiert wurde, und Ungewissheit sich auf verschiedene Grade der Robustheit des Wissens bezieht, ist die Bestimmung dessen, was man unter Nichtwissen verstehen könnte, nur schwer möglich. Wehling definiert es in Anlehnung an Walton schlicht als „the absence, or negation of knowledge" (Wehling 2001: 69, Walton 1996: 139). Dies scheint mir insofern etwas unglücklich, da man unter einer Negation von Wissen auch einen Irrtum verstehen könnte. Nichtwissen meint jedoch etwas anderes als Irrtum, auch wenn die beiden Begriffe umgangssprachlich oft synonym verwendet werden. Man kann sich den Unterschied leicht vergegenwärtigen, wenn man folgende alltagssprachlichen Äußerungen betrachtet, die hier exemplarisch für die Bedeutung von Nichtwissen eingeführt werden.

Man wird beispielsweise in einer fremden Stadt nach dem Weg zum Bahnhof gefragt und sagt daraufhin: „Ich weiß nicht, wo sich der Bahnhof befindet, ich bin auch fremd hier". Dieses Nichtwissen einer konkreten Person zu einer bestimmten Zeit bedeutet nicht, dass man sich irrt, sondern dass man im Augenblick nicht über das nötige Wissen verfügt. Damit ist aber noch nichts über den Wahrheitswert (wahr/falsch) des Sachverhalts ausgesagt. So könnte es beispielsweise sein, dass es sich um einen fingierten Sachverhalt handelt und es in dieser Stadt gar keinen Bahnhof gibt. Dadurch wird aber die Aussage „ich weiß nicht, wo sich der Bahnhof befindet" nicht falsch, die befragte Person weiß es wirklich nicht.

Nichtwissen heißt also, dass eine Person bzw. eine Institution zu einem bestimmten Zeitpunkt nicht über einen bestimmten Sachverhalt verfügt. Unter einem Sachverhalt sind eine oder mehrere Aussagen zu verstehen, die wahr oder falsch sein können (Kamlah/Lorenzen 1990: 138). Wissenschaftliches Nichtwissen hieße demnach, dass zu einem bestimmten Zeitpunkt niemand innerhalb der Wissenschaft über einen bestimmten Sachverhalt verfügt.

Interessanterweise konnte gezeigt werden, dass eine Vermehrung von wissenschaftlichem Wissen gleichzeitig zu einer Zunahme des Nichtwissens führt (Wehling 2001, 2004). Je mehr die Wissenschaft weiß, desto größer wird auch das Wissen darüber, was sie nicht weiß. Was zunächst paradox klingt, lässt sich leicht erklären, wenn man verschiedene Arten von Nichtwissen unterscheidet. So lässt sich nach Wehling (2004) eine kognitive, eine intentionale und eine temporale Dimension des Nichtwissens ausmachen.

Die kognitive Dimension ist gerade für wissenschaftliches Nichtwissen relevant. Das Nichtwissen, welches die Wissenschaft hervorbringt, ist eine Art „gewusstes Nichtwissen" oder wie es bei Robert Merton (1987) heißt: spezifiziertes Nichtwissen. Das bedeutet, man weiß, was man nicht weiß – genau dies gilt es dann zu erforschen. Gewusstes Nichtwissen wird im Forschungsprozess durch Definieren und Finden von Forschungslücken erzeugt und kann demnach auch kommuniziert werden. Dadurch wird es allerdings auch politischen Erwägungen zugänglich. Die Politik kann nämlich über das Bewilligen oder Kürzen von Forschungsgeldern entscheiden oder wie im Falle des reproduktiven Klonens ganze Forschungszweige verbieten. Ferner kann ein Recht auf Nichtwissen gefordert werden, beispielsweise um vor bestimmten medizinischen Diagnosen oder gentechnologischen Prognosemöglichkeiten verschont zu bleiben.

Dies sind aber nicht die einzigen Möglichkeiten, wie die Politik auf wissenschaftliches Nichtwissen reagieren kann. Politische Akteure könnten die Unwissenheit der Wissenschaft auch strategisch nutzen und durch eine geschickte Politisierung von gewusstem Nichtwissen zu einer Verschärfung von Risikokonflikten beitragen. Die Politisierung eines innerwissenschaftlichen Disputes über die Grenzen des wissenschaftlichen Wissens bei der Bewertung von Risiken zerrt ihn gewissermaßen an das Licht einer breiten Öffentlichkeit, die immer auch sofort die Frage nach dem „cui bono" stellt. Sind Verlierer und Nutznießer erst einmal ausgemacht, so ist eine Verschärfung des Konfliktes wahrscheinlich. Diese Politisierung eines in der Öffentlichkeit ausgetragenen Risikokonflikts wirkt möglicherweise wieder auf die Wissenschaft zurück. Es ist nun nicht mehr eine rein wissenschaftsinterne Angelegenheit, welcher Wissenschaftler in welches Expertengremium entsandt wird und wer welche Forschungsgelder für was bekommt. Aus diesem Effekt lässt sich die Hypothese ableiten, dass gewusstes Nichtwissen bei Risikoentscheidungen ein hohes Konfliktpotential besitzen dürfte.

Wenn es ein gewusstes Nichtwissen gibt, ist es naheliegend, dass auch sein Gegenteil möglich ist. Nichtgewusstes Nichtwissen scheint der alltagssprachlichen Verwendung des

Wortes Nichtwissen am nächsten zu kommen, drückt es doch das Nichtwissen aus, welches in einem umfassenden Sinn nicht bekannt ist. Methodisch ergibt sich daraus das Problem, dass es immer erst ex post zu fassen ist. Auf den BSE-Fall übertragen bedeutet das beispielsweise das Nichtwissen über BSE vor Entdeckung der Krankheit im Jahre 1986. Dazu lässt sich die Hypothese aufstellen, dass diese Form von Nichtwissen keinerlei politisches Konfliktpotential bergen dürfte.

Die beiden anderen Dimensionen des Nichtwissens – intentional und temporal – können ebenfalls auf ihr Konfliktpotential hin untersucht werden. Bei langfristigem und permanentem wissenschaftlichem Nichtwissen ist die Zeitspanne für die politikwissenschaftliche Analyse eher unbedeutend. Da es in der Politik auf den jeweils zur Verfügung stehenden Wissensstand in der konkreten Entscheidungssituation ankommt, dürfte es für das Policy-Making annähernd egal sein, ob es sich um ein unauflösliches Nichtwissen oder um ein längerfristiges Nichtwissen handelt. Umgekehrt ist es jedoch bei mittel- und kurzfristigem, gewusstem Nichtwissen, also Nichtwissen, welches schnell behoben werden kann bzw. bei dem absehbar ist, wann es zur Verfügung stehen wird. Dies dürfte über ein hohes Konfliktpotenzial verfügen. So könnte es durchaus einen Einfluss auf den Konfliktverlauf haben, wenn die Transformation von wissenschaftlichem Nichtwissen in Wissen verzögert wird, beispielsweise die Veröffentlichung von brisanten Laboruntersuchungen. Es dürfte auch eine relevante politische Option sein, keine Entscheidung zu fällen und erst einmal zukünftige Forschungsergebnisse abzuwarten. Die Entscheidung zu warten oder bereits vorsorgend zu handeln, ist selbst wiederum eine politische Entscheidung, die für Risikokonflikte typisch ist. Bei unauflöslichem, somit permanentem, Nichtwissen macht das Warten indes keinen Sinn. Was nun als unauflösliches Nichtwissen gilt und wie es festgestellt werden kann, wo also die Grenzen unseres Naturerkennens liegen, ist eine philosophische Frage, die hier nicht beantwortet werden kann.

Politikwissenschaftlich relevanter ist dagegen die Frage nach der Intentionalität. Hier lässt sich dichotom zwischen gewolltem und ungewolltem Nichtwissen unterscheiden (Wehling 2004). Das nichtgewollte Nichtwissen dürfte konflikthemmend sein, da ihm keine bewusste politische Entscheidung vorangegangen ist. Es könnte aber im Extremfall, wenn fahrlässige Unachtsamkeit nachgewiesen werden kann, politisiert werden. Betrachtet man Umwelt- und Technikrisiken, so dürfte sein Konfliktpotential allenfalls schwach ausgeprägt sein.

Sein Gegenteil – „gewolltes Nichtwissen" – dürfte bei den meisten Risikokonflikten eine größere Rolle spielen. Aus dieser Überlegung lässt sich die Hypothese aufstellen, dass gewolltes Nichtwissen, wenn es denn nachgewiesen werden kann, viel stärker konfliktbeladen sein müsste als ungewolltes.

Die Zuordnung von Konfliktpotentialen zu den verschiedenen Dimensionen des Nichtwissens ist in der folgenden Tabelle 1 zusammengefasst.

Tabelle 1: Dimensionen des Nichtwissens und ihr Konfliktpotential

Nichtwissensdimension	Konfliktpotential
gewusstes/spezifisches Nichtwissen	hohes Konfliktpotential
nichtgewusstes Nichtwissen	kein Konfliktpotential
unauflösliches Nichtwissen	kein Konfliktpotential
langfristiges Nichtwissen	geringes Konfliktpotential
kurz- mittelfristiges Nichtwissen	hohes Konfliktpotential
nichtgewolltes Nichtwissen	geringes Konfliktpotential
gewolltes Nichtwissen	hohes Konfliktpotential

Quelle: eigene Darstellung

5 Der ganz normale Wahnsinn oder verrückte Konflikte? Eine empirische Illustration der europäischen BSE-Politik

Die erarbeiteten Nichtwissensdimensionen und Konfliktarten sollen im Folgenden auf das Policy-Making der BSE-Krise innerhalb der EU angewandt werden. Das Fallbeispiel stellt allerdings noch keinen systematischen Test der oben aufgestellten Hypothesen dar, sondern dient lediglich zur Illustration und weiteren Hypothesengenerierung.

5.1 Wie ist die wissenschaftliche Politikberatung innerhalb der Europäischen Kommission organisiert?

Um zu verstehen, welche Rolle wissenschaftliches Wissen bei der BSE-Regulierung spielte, muss, bevor auf die konkrete Regulierungspraxis eingegangen werden kann, das System der naturwissenschaftlichen Politikberatung auf europäischer Ebene vorgestellt werden.[2]

Die beiden Phasen der Problemdefinition und des Agenda-Setting sind für den Einfluss von wissenschaftlichem Nichtwissen entscheidend. Aufgrund der primärrechtlichen Bestimmungen des EG-Vertrags steht die Kommission als die Institution im Vordergrund, welche die Politikgestaltung in diesen Anfangsphasen wesentlich kontrollieren kann (Peters 1994). Das Initiativmonopol einerseits und die der Kommission übertragenen Durchführungsbefugnisse andererseits führen dazu, dass wissenschaftliche Expertise vor allem über die Kommission in das europäische Institutionensystem eingespeist wird. Allerdings ist die Kommission weder in der Lage, die notwendigen wissenschaftlichen Expertisen intern zu produzieren, noch verfügt sie über einen großen Unterbau an nachgeordneten Ressortforschungseinrichtungen. Sie ist aufgrund ihrer schwachen Ressourcenausstattung auf externen Sachverstand angewiesen, der aus den für Risikobewertung und Risikomanagement zuständigen nationalen Institutionen kommt. Auf diese Weise ist ein Hybridsystem an wissenschaftlichen Ausschüssen entstanden, das an der Schnittstelle zwischen Politik und Wis-

---

[2] Dieses System ist aufgrund der BSE-Krise mehrmals geändert worden (vgl. dazu Fischer 2005), ich stelle hier den für die BSE-Regulierung maßgeblichen Stand bis 2001 dar.

senschaft angesiedelt ist und annähernd dem Typus einer gemischten Mehrebenenverwaltung entspricht (Wessels 2003).

Die Tätigkeit der wissenschaftlichen Ausschüsse umfasst mehrere Aufgabenbereiche. Von besonderem Interesse sind ihre Expertisen beim Erlass von Rechtsakten (Richtlinien, Verordnungen, Entscheidungen) und bei den der Kommission übertragenen Durchführungsbefugnissen im Komitologieverfahren. Im Normalfall berücksichtigt die Kommission die wissenschaftlichen Expertisen, sie ist allerdings rechtlich nicht dazu verpflichtet. Bis 1997 waren sechs „Wissenschaftliche Ausschüsse" im Bereich der Lebensmittelpolitik zuständig:

- Wissenschaftlicher Ausschuss für Lebensmittel,
- Wissenschaftlicher Veterinärausschuss,
- Wissenschaftlicher Ausschuss für Futtermittel,
- Wissenschaftlicher Ausschuss für Kosmetologie,
- Wissenschaftlicher Ausschuss für Schädlingsbekämpfungsmittel,
- Wissenschaftlicher Ausschuss für Toxizität/Ökotoxizität.

Ein Ausschuss setzte sich aus bis zu 20 Wissenschaftlern und Wissenschaftlerinnen zusammen, die zumeist aus staatlichen oder semistaatlichen Forschungseinrichtungen oder Fachbehörden kamen (Gray 1998). Auf diese Weise ist auf europäischer Ebene ein Expertennetzwerk entstanden, in dem die Risikobewertungen der mitgliedstaatlichen Behörden und Wissenschaftseinrichtungen zusammengetragen und gebündelt werden. Im Falle Deutschlands war beispielsweise das Bundesamt für gesundheitlichen Verbraucherschutz und Veterinärmedizin und die Bundesanstalt für Fleischforschung an diesen Expertengruppen beteiligt. Die Stellungnahmen der wissenschaftlichen Ausschüsse wurden von kleineren Arbeitsgruppen verfasst, die sich auch mit den Arbeitsgruppen der anderen wissenschaftlichen Ausschüsse austauschen konnten. So wurde z.B. im Falle von BSE das Multi-Disciplinary Scientific Committee gegründet, in dem Mitglieder des Wissenschaftlichen Veterinär-, Lebensmittel- und Kosmetikausschusses beteiligt waren (Schlacke 1998).

5.2 Der Einfluss von wissenschaftlichem Wissen und Nichtwissen bei der Regulierung der BSE-Krankheit

Nach dieser kurzen Darstellung der Struktur der wissenschaftlichen Politikberatung im Lebensmittelbereich wird das erarbeitete Nichtwissenskonzept auf den Fall der europäischen BSE-Regulierung angewendet. Welche Rolle spielte wissenschaftliches Wissen/Nichtwissen im Verlauf der BSE-Krise? Welche Typen von Nichtwissen traten auf? Wie beeinflussten sie den Konflikt?

Der Stand an wissenschaftlichem Wissen über die neue Rinderkrankheit war Ende der 1980er Jahre äußerst gering. Mit der Klassifizierung der Krankheit im November 1986 als übertragbare schwammartige Gehirnerweichung war allerdings der erste Schritt getan, um nichtgewusstes Nichtwissen in spezifiziertes Nichtwissen zu verwandeln. Folgende Spezifizierungen des Nichtwissens konnten aus der Entdeckung der neuen Rinderkrankheit vorgenommen und als Forschungsfragen formuliert werden: Um welchen Erregertyp handelt es sich? Was ist der Ursprung des Erregers? Wie kann er bekämpft werden? Wie verlaufen die Übertragungswege? Gibt es eine Speziesbarriere? Und als eine der wichtigsten noch zu erforschenden Fragen: Lässt sich die Krankheit auf den Menschen übertragen? Falls ja, konnten daraus wiederum neue Spezifizierungen des Nichtwissens generiert werden: Wie ansteckend ist sie? Gibt es Heilungsmöglichkeiten? Gibt es besonders gefährdete Risikogruppen? Wie lange dauert die Inkubationszeit?

Immerhin wurde die Hypothese, dass eine Übertragung auf den Menschen möglich sei, bereits 1988 von der britischen Southwood-Kommission diskutiert. Bei der Kommission handelte es sich um eine ad hoc eingesetzte Expertenkommission, die unter Leitung des Zoologen Sir Richard Southwood die britische Regierung in Bezug auf BSE-Risiken beraten sollte. Der fertige Bericht wurde im Februar 1989 dem zuständigen Landwirtschaftsministerium (MAFF) überreicht. Die Wahrscheinlichkeit einer Übertragung auf den Menschen wurde von den Experten als sehr unwahrscheinlich eingeschätzt (Southwood 1989: 14). Diese Risikobewertung wurde nicht auf der Grundlage von gesichertem Wissen über die neue Krankheit getroffen, es handelte sich lediglich um eine Vermutung vor dem Hintergrund von – wie sich später herausstellen sollte – längerfristigem Nichtwissen. Die Annahme beruhte darauf, dass nicht alle Tierkrankheiten auf den Menschen übertragbar sind und dass das Rind einen Endwirt für den Erreger darstellt (Southwood 1989: 21). Der britischen Regierung standen nun idealtypisch zwei politische Optionen zur Verfügung: Sie hätte sich erstens für ein vorsorgeorientiertes Risikomanagement entscheiden können, das sich trotz des verbleibenden Nichtwissens um den gesundheitlichen Verbraucherschutz kümmert. Die zweite Möglichkeit bestand darin, die neue Krankheit als reine Tierseuche zu betrachten und sich nur um die Tiergesundheit zu sorgen. Letztere Strategie hat prinzipiell den Nebeneffekt, dass eine erfolgreiche Tierseuchenbekämpfung immer zugleich auch dem Verbraucher zugute kommen müsste.

Die Regierung entschied sich dafür, BSE als bloße Tierseuche zu behandeln und das verbleibende Nichtwissen in Bezug auf den Verbraucherschutz nicht weiter aufzulösen. Im Gegenteil – da es sich um ein genuines Problem der Rindfleischproduzenten handelte, sollten die Verbraucher nicht unnötig durch Informationen verunsichert werden. Das MAFF entschied sich deshalb nicht nur für gewolltes Nichtwissen in Bezug auf die weitere Erforschung von BSE, sondern sogar für eine konsequente Geheimhaltungspolitik gegenüber allen Akteuren, die nicht zu den britischen Produzenteninteressen gerechnet werden konnten (Zwanenberg/Millstone 2005). Das betraf nicht nur den Gesundheits- und Verbraucherschutz, sondern auch die Produzenteninteressen der anderen EU-Mitgliedstaaten. Ziel des MAFF war es, den Absatzmarkt für Rindfleisch weder durch einen „Verbraucherboykott" noch durch Exportverbote für britisches Rindfleisch zu verlieren. Die lediglich vermuteten Annahmen der Southwood-Kommission wurden von der Regierung zum gesicherten Wissen hochstilisiert – „British beef is save" – das verbleibende Nichtwissen wurde ausgeblendet. Dieses gewollte Nichtwissen, das sich unter anderem in der Vergabe von Forschungsvorhaben nur an regierungsnahe Wissenschaftler und Wissenschaftlerinnen und in der Unterdrückung von kritischen Expertenmeinungen niederschlug, war anfangs recht erfolgreich (da es nicht zu den befürchteten Einbrüchen im Rindfleischkonsum kam) und führte nahezu zehn Jahre lang nicht zu einer nennenswerten Erhöhung des Konfliktniveaus. Erst 1996, als die britische Regierung die Übertragbarkeit auf den Menschen einräumte, spielte das gewollte Nichtwissen eine entscheidende Rolle, da es gerade der Opposition die Möglichkeit gab, das Regierungshandeln scharf zu kritisieren.

Ähnlich gingen auch die Europäische Kommission und die anderen Mitgliedstaaten mit dem vorhandenen Nichtwissen um, wobei man diesen Akteuren zugute halten kann, dass es sich zunächst aufgrund der bewussten britischen Geheimhaltungstaktik um nichtgewusstes Nichtwissen handelte. Im weiteren Verlauf zeigte sich, dass die zu Beginn getroffene Problemdefinition der wissenschaftlichen Experten die BSE-Regulierung stark beeinflusste. Die neue Krankheit wurde sowohl in Großbritannien als auch auf EU-Ebene und in den Mitgliedstaaten als Tierseuche definiert und war damit vorerst kein Problem für den gesundheitlichen Verbraucherschutz. Konsequenterweise war deshalb anfangs auch nur der Wissenschaftliche Veterinärausschuss mit dem Problem befasst. Da keine Gefahr für die menschliche Gesundheit nachgewiesen werden konnte, beinhaltete die erste europäische Regulierung aus dem Jahre 1989 auch nur ein Exportverbot von lebenden Rindern aus Großbritannien (Entscheidung 89/469/EWG). Die Kommission und die anderen Mitgliedstaaten hofften, auf diese Weise die kontinentalen Rinderherden vor einem Befall zu schützen. Die Entscheidung wurde von der Kommission nach einer Stellungnahme des Wissenschaftlichen Veterinärausschusses im Komitologieverfahren verabschiedet. Die Problemdefinition war damit vorerst abgeschlossen. Mögliches nichtgewusstes Nichtwissen spielte keine Rolle, aber selbst das vorhandene gewusste Nichtwissen führte nicht zu einer regen Forschungstätigkeit.

Aufgrund einer epidemiologischen Studie im Auftrag der britischen Regierung über die Verbreitung der Krankheit war man sich innerhalb der Wissenschaft schnell einig (kurzfristiges Nichtwissen), dass das Tiermehl zumindest einen der Übertragungswege darstellt (DEFRA 2003). Auf diesen wissenschaftlichen Erkenntnissen beruhte auch das Fütterungsverbot von Tiermehl an Wiederkäuer im Vereinigten Königreich von 1988. Andere mögliche Übertragungswege – obwohl im Southwood-Report bereits genannt – wurden nicht weiter thematisiert. Auf europäischer Ebene befasste sich der Wissenschaftliche Veterinärausschuss allerdings erst sechs Jahre später mit dem Tiermehlproblem. Insofern handelt es sich nicht um einen Fall von Nichtwissen, sondern von Nichthandeln trotz Wissen. Die Untätigkeit des Ausschusses konnte – so der Bericht des Europaparlaments – unter anderem auf die massive Einflussnahme der britischen Regierung zurückgeführt werden (Europäisches Parlament 1997). Erst 1994 empfahl der Wissenschaftliche Veterinärausschuss in seiner Stellungnahme für die Kommissions-Entscheidung 94/381/EG ein europaweites Fütterungsverbot von Tiermehl an Wiederkäuer. Die Kommission und auch die im Ständigen Veterinärausschuss versammelten mitgliedstaatlichen Delegierten folgten diesem Rat.[3] Hintergrund für die Ausdehnung der BSE-Maßnahmen über Großbritannien hinaus waren die zahlreichen BSE-Fälle, die in anderen Mitgliedstaaten auftauchten. So waren in sechs Mitgliedstaaten (darunter auch Deutschland) eingeführte BSE-Fälle zu vermelden. In Frankreich, Irland und Portugal gab es bereits erste heimische BSE-Fälle und auch die Schweiz hatte 64 eigene BSE-Fälle registriert (Europäische Kommission 1998). Das neue Wissen um die ansteigende Zahl an BSE-Fällen führte also zu neuen politischen Maßnahmen.

---

[3] Die Komitologie- oder Ständigen Ausschüsse sind aus einem Kontrollbedürfnis der Mitgliedstaaten entstanden und setzen sich aus mitgliedstaatlichen Delegierten zusammen. Sie dienen den Mitgliedstaaten in denjenigen Bereichen, in denen der Rat der Kommission die Durchführungsbefugnisse übertragen hat, als Kontrollinstrument. Sie sind je nach Verfahrensart in der Lage Kommissionsentscheidungen anzunehmen oder abzulehnen und damit zurück an den Rat zu verweisen (Schlacke 1998).

In Bezug auf ein anderes Problem der BSE-Seuche, der Frage nach der Sicherheit des Rindfleisches für den Verbraucher, hielt der Wissenschaftliche Veterinärausschuss ein generelles Handelsverbot für britisches Rindfleisch nicht für erforderlich (Europäisches Parlament 1997). Die Kommission sah insofern auch keinen Handlungsbedarf. Dieses „Nichthandeln" aufgrund von spezifischem Nichtwissen wurde der Kommission später stark angekreidet.

Auch wenn innerhalb der Europäischen Union in den kommenden Jahren keine wesentlichen regulativen Tätigkeiten erfolgten, so entwickelte sich der Stand der wissenschaftlichen BSE-Forschung immer weiter. Mittlerweile waren erste Fälle von spongiformen Enzephalopathien bei Hauskatzen und Antilopen bekannt geworden, im Labor gelang die Übertragung von BSE auf Schweine und Rinder und sogar die orale Übertragung auf Mäuse konnte belegt werden (DEFRA 2004). Ein Beweis, dass eine orale Übertragung auch auf den Menschen möglich ist, fehlte allerdings. Auch Ursprung der Krankheit und Erregertyp waren bzw. sind immer noch wissenschaftlich umstritten. Das mit Schweinen durchgeführte BSE-Übertragungsexperiment veranlasste die Kommission schließlich zu dem Versuch, ein Tiermehlverfütterungsverbot für Schweine durchzusetzen. Bemerkenswerterweise lehnte der Ständige Veterinärausschuss diesen Vorstoß mit dem Verweis auf ein fehlendes zustimmendes Gutachten des Wissenschaftlichen Veterinärausschusses ab (Baule 2003). Dieser Konflikt zwischen den Mitgliedstaaten und der Kommission bzw. den Experten des wissenschaftlichen Veterinärausschusses zeigt einerseits die hohe Relevanz der wissenschaftlichen Stellungnahmen, andererseits den starken Einfluss der Mitgliedstaaten auf den Prozess der Gesetzgebung. Abermals setzten sich die wirtschaftlichen Interessen der Fleisch- und Tiermehlproduzenten via nationalstaatlicher Agrarbürokratie durch.

1995 kommen neue wissenschaftlich gesicherte Indizien dazu, die für die Übertragbarkeit von BSE auf den Menschen sprechen. Im Mai 1995 ist das erste Todesopfer der neuen Variante der Creutzfeldt-Jakob-Krankheit zu beklagen, im selben Jahr folgen noch zwei weitere Fälle (Phillips et al 2000). Diese neuen wissenschaftlichen Erkenntnisse hatten allerdings keine unmittelbaren politischen Auswirkungen. Selbst der Wissenschaftliche Veterinärausschuss konnte sich nicht zu einer Verschärfung der Maßnahmen durchringen (Europäisches Parlament 1997). Politische Konsequenzen erfolgen erst ein Jahr später, als am 20. März 1996 die britische Regierung einen möglichen Zusammenhang zwischen BSE und der neuen Variante der Creutzfeldt-Jakob-Krankheit einräumte. Interessanterweise ist es nicht die wissenschaftliche Bestätigung einer neuen Krankheit, sondern erst die offizielle Regierungsmitteilung, die den Ausschlag für verschärfte regulatorische Maßnahmen sowohl in den Mitgliedstaaten als auch in der Europäischen Union gab.

Nur zwei Tage später spricht sich der Wissenschaftliche Veterinärausschuss in einer Sondersitzung für „vorläufige Dringlichkeitsmaßnahmen" angesichts „erheblicher Besorgnisse" der Verbraucher aus (Entscheidung 96/239/EG), weigert sich aber, angesichts der verbleibenden Ungewissheiten, zu der Gefahr einer Übertragbarkeit von BSE auf den Menschen Stellung zu nehmen. Mit anderen Worten, der Wissenschaftliche Veterinärausschuss war sich seines Nichtwissens sehr wohl bewusst (gewolltes Nichtwissen). Immerhin zog er aber erstmalig das „hypothetische Risiko" einer Übertragung auf den Menschen überhaupt in Betracht (Fischer 2005).

Trotz des verbleibenden Nichtwissens rang sich die Kommission gegen den Willen der britischen Regierung zu einem umfassenden Exportverbot für das Vereinigte Königreich sowohl für lebende Rinder als auch für Rindfleisch und Rindfleischerzeugnisse durch.

Diesmal ging der Kommissionsvorschlag sogar noch über die empfohlenen Maßnahmen des Wissenschaftlichen Veterinärausschusses hinaus und folgte damit den politischen Interessen der Mitgliedstaaten, die bereits nationale Alleingänge beschlossen hatten (Baule 2003: 190).[4] Dieser Interessenkonflikt zwischen Großbritannien auf der einen und den meisten anderen Mitgliedstaaten auf der anderen Seite stellt auf europäischer Ebene den Höhepunkt der Auseinandersetzungen um BSE dar. Beide Konfliktparteien versuchten nach wie vor ihre heimischen Rindfleischmärkte zu schützen. Die Briten wollten sich den Export sichern, die Kontinentaleuropäer wollten sich gerade davor schützen. Der Konflikt verlagerte sich nun von den intransparenten Expertenausschüssen und abgeschotteten diplomatischen Gremien auf die höchste politische Ebene und in die öffentliche Debatte hinein.

Die britische Reaktion auf das Exportverbot war drastisch und ließ den Konflikt nun endgültig eskalieren. Ähnlich wie bei Frankreichs Politik des leeren Stuhls unter Charles de Gaulle entschloss sich John Major für eine Blockade der Abstimmungsprozesse in der EU. Seit dem 21. Mai 1996 blockierten die britischen Vertreter alle Entscheidungen im Ministerrat, die mit Einstimmigkeit getroffen werden mussten (Westlake 1997). Zusätzlich drohte Major mit einem Vertragsverletzungsverfahren vor dem Europäischen Gerichtshof wegen des unverhältnismäßigen und wissenschaftlich nicht begründeten Exportverbots. Diese Kooperationsverweigerung sollte auch für das kommende Gipfeltreffen des Europäischen Rates in Florenz gelten, falls die EU ihren Exportbann bis dahin nicht aufheben sollte. Bis dahin blockierten die Briten rund 80 Entscheidungen im Ministerrat (Joffe 1996: 4).

Die britischen Medien und auch die Opposition unter Führung von Tony Blair stellten sich hinter Major und kritisierten die europäische BSE-Politik. Aus britischer Sicht ging es den anderen Mitgliedstaaten nur darum, ihre eigenen Rindfleischexporte auf Kosten der Briten zu steigern. Die europaskeptische Stimmung wurde von einigen Zeitungen weiter angeheizt: So titelte der linksliberale Guardian: „Major erklärt Europa den Krieg", und das Boulevardblatt Sun gab als Gegenmaßnahme 20 Tipps, wie Deutsche und andere Europäer boykottiert werden können (Merck et al 1996: 226). Das eigentliche Problem, eine adäquate BSE-Regulierung und die konsequente Bekämpfung der Rinderseuche, geriet dabei in den Hintergrund. Auf dem Gipfeltreffen in Florenz konnte schließlich doch ein Kompromiss gefunden werden. Großbritannien versprach seine Blockadepolitik zu beenden und die anderen Mitgliedstaaten stimmten im Gegenzug einer schrittweisen Aufhebung des Exportverbotes zu. Zusätzlich wurden Finanzhilfen an Großbritannien in Höhe von 650 Millionen ECU für die BSE-Bekämpfung bewilligt (Neyer 2000). Die Kommission war in diesem Interessenkonflikt stets darum bemüht, das Funktionieren des Binnenmarktes zu sichern. So kämpfte sie vehement gegen jegliche Form von nationalen Alleingängen und war nur dann für Sicherheitsregulierungen, wenn sie auf europäischer Ebene verabschiedet wurden. Beispielsweise drohte sie nach der Lockerung des britischen Exportverbotes denjenigen Mitgliedstaaten, die ihre nationalen Importverbote gegen Großbritannien aufrechterhalten wollten, mit einem Vertragsverletzungsverfahren.

Ein weiterer Konflikt zeigte sich bei der von der Kommission vorgeschlagenen Entscheidung 97/534/EG, die eine Entfernung von spezifischem Risikomaterial (v.a. Gehirn und Rückenmark) aus der Lebens- und Futtermittelkette vorsah. 1996 lehnte der Wissenschaftliche Veterinärausschuss diesen Vorschlag noch ab. Man konnte sich lange Zeit nicht auf eine europaweit geltende Definition einigen, welche Teile vom Rind als Risikomaterial

---

[4] Mit Ausnahme von Irland und Dänemark hatten alle Mitgliedsländer einen nationalen Importstopp für britisches Rindfleisch verhängt.

einzustufen seien – ein klassischer Risikokonflikt. Der neu gegründete Wissenschaftliche Lenkungsausschuss kam 1996 zu der Risikoeinschätzung, dass sich der BSE-Erreger vor allem im Gehirn und im zentralen Nervengewebe einnistet. Die Kommission folgte im Dezember 1996 dieser Risikobewertung, scheiterte aber mit ihrer Initiative an den mitgliedstaatlichen Interessen im Ständigen Veterinärausschuss – einer der wenigen Fälle, in denen die Mitgliedstaaten nicht der wissenschaftlichen Expertise des Wissenschaftlichen Lenkungsausschusses folgten. Vom ersten Vorschlag bis zum Inkrafttreten des Verbotes von spezifischem Risikomaterial vergingen nahezu vier Jahre. Diese Verhinderung der europaweiten Regulierung ist vor allem einzelnen Mitgliedstaaten anzulasten. Dabei spielten hauptsächlich diejenigen Mitgliedstaaten – insbesondere Deutschland – eine Bremserrolle, die bisher BSE-frei waren oder nur wenige Fälle zu verzeichnen hatten.

Positive Abstimmungsergebnisse über ein Verbot von spezifischem Risikomaterial wurden erst im Jahr 2001 über die beiden Entscheidungen 2001/2/EG und 2001/233/EG erzielt (Krapohl 2003). Zu dieser Wende kam es allerdings nicht, weil die BSE-Expertengemeinschaft sich deliberativ auf eine objektive Risikobestimmung einigte, sondern weil in zahlreichen blockierenden Mitgliedstaaten die ersten heimischen BSE-Fälle auftauchten. Im Laufe des Jahres 2000 wurden in Deutschland, Dänemark und Spanien die ersten eigenen BSE-Rinder registriert und in Frankreich wurden zahlreiche neue BSE-Fälle entdeckt. Auch wurde zunehmend deutlicher, dass die Kennzeichnungsvorschriften für Rindfleisch nicht überall eingehalten wurden (Europäischer Rechnungshof 2001). Das Erstaunliche an diesem Prozess ist, dass hier offenbar ein eindrucksvoller Fall von Nichtwissenwollen bei einigen Mitgliedstaaten vorlag. Der Wissenschaftliche Lenkungsausschuss hatte gerade Deutschland in seinen geographischen Risikobewertungen als Land mit „wahrscheinlichen aber bisher nicht bestätigten" BSE-Fällen eingestuft (SSC 2000). Dieses gewollte Nichtwissen verhinderte sowohl eine systematische Suche nach eigenen BSE-Fällen als auch nationale Maßnahmen einer auf den Ernstfall vorbereiteten Risikokommunikation.

Die kontinuierlich steigenden Fallzahlen in den Jahren 2000 und 2001 machten auf ein altes Problem aufmerksam, das man eigentlich schon als gelöst betrachtet hatte. Neue BSE-Fälle hätten aufgrund des Futtermittelverbots für Wiederkäuer nicht mehr auftreten dürfen. Stimmte also die Hypothese, dass der Hauptübertragungsweg des BSE-Erregers das Futtermittel war, so deuteten die neuen BSE-Fälle auf Vollzugsdefizite in den Mitgliedstaaten hin. Und in der Tat war seit 1996 aufgrund der Erfahrungen in Großbritannien bekannt, dass es bei der Produktion zu Kreuzkontaminationen zwischen den Futtermitteln für Rinder und den nach wie vor Tiermehl enthaltenden Futtermitteln für andere Tiere kommen kann. Weiterhin war zumindest den Experten bewusst, dass die Standards zur Tiermehlherstellung nicht eingehalten wurden – ein klassisches Vollzugsdefizit. In den vom europäischen Lebensmittel- und Veterinäramt erstellten Kontrollberichten wurden diese Defizite auch regelmäßig angemahnt (Europäischer Rechnungshof 2001). Sowohl die Kommission als auch der Wissenschaftliche Lenkungsausschuss blieben gerade in diesem Bereich untätig – ein erneuter Fall von Nichthandeln trotz Wissen.

Erst am 28. November 2000 empfahl der Wissenschaftliche Lenkungsausschuss in einer Stellungnahme, ein vorübergehendes, aber vollständiges Verbot von Tiermehl zu erlassen. Es sollte so lange bestehen bleiben, bis das Problem der Kreuzkontaminationen technisch gelöst sei. Nachdem dieser Vorschlag im Ständigen Veterinärausschuss scheiterte, stimmte der Rat – gegen den Willen von Finnland und Deutschland – diesem Vorschlag in seiner Entscheidung vom 4. Dezember in abgeschwächter Form zu, so dass ab 1.1.2001 ein befristetes Tiermehlverbot für alle landwirtschaftlichen Nutztiere in der EU galt (Entscheidung 2000/766/EG). Erneut zeigte sich Deutschland als Bremser.

Mit diesen Maßnahmen war die BSE-Politik vorerst abgeschlossen. Die zahlreichen Entscheidungen fanden Eingang in einer von Parlament und Rat nach dem Mitentscheidungsverfahren verabschiedeten Verordnung, die am 1. Juli 2001 in Kraft trat und die zahlreiche Einzelmaßnahmen zusammenfasste (Verordnung 999/2001/EG).

6 Fazit

Die Regulierung der BSE-Krise innerhalb Europas ergibt insgesamt betrachtet ein unübersichtliches Bild der Rolle von wissenschaftlichem Wissen und Nichtwissen bei politischen Entscheidungsprozessen. Nicht beobachtet werden konnte eine Abkehr der Politik von der Nutzung wissenschaftlicher Expertise, selbst in denjenigen Fällen, wo das wissenschaftliche Nichtwissen groß und die Experteneinschätzungen ungewiss waren. Im Gegenteil – wissenschaftliche Expertengremien wurden stets mit einbezogen und übten einen großen Einfluss auf die Gesetzgebung aus – auch dann, wenn sie zu keinem eindeutigen Ergebnis gekommen waren. Fast alle Vorschläge der wissenschaftlichen Ausschüsse – bis auf die oben erwähnten abweichenden Fälle – wurden von der Kommission so übernommen und auch verabschiedet. Insofern kam es zu keinen nennenswerten Konflikten zwischen den wissenschaftlichen Ausschüssen und der Kommission. Dies liegt zum einen daran, dass die wissenschaftlichen Ausschüsse bereits nach den Anforderungen der Kommission ausgestaltet waren bzw. sind – mithin als Hybridinstitutionen zwischen Wissenschaft und Politik stehen – zum anderen daran, dass die in den Ausschüssen versammelten Wissenschaftler und Wissenschaftlerinnen in ihren jeweiligen nationalen Institutionen mit ähnlichen Aufgaben betraut waren. Die von den Ausschüssen produzierten Gutachten waren deshalb unmittelbar anschlussfähig an die zu verabschiedenden Rechtsakte. Das wissenschaftliche Nichtwissen führte nicht dazu, dass die Kommission deshalb die wissenschaftlichen Stellungnahmen als nutzlos ansah. Im Gegenteil – gerade wegen des spezifizierten Nichtwissens waren sie ständig damit beschäftigt ihre Risikoeinschätzungen zu revidieren. Daran zeigt sich, dass nicht nur die Produktion von Wissen zu vermehrtem Nichtwissen führt, sondern dass auch umgekehrt verbleibendes Nichtwissen zu reger Gutachtertätigkeit führen kann. Das Nichtwissen – insbesondere das Fehlen eines Beweises für die Übertragbarkeit auf den Menschen – wurde allerdings von den politischen Akteuren als Argument dafür verwendet, keine strengeren Regulierungen verabschieden zu müssen.

Eindeutig ist das Ergebnis in Bezug auf die Kommunikation des verbleibenden Nichtwissens mit der Öffentlichkeit. Nirgends wurde auf das verbleibende Nichtwissen von den politisch verantwortlichen Entscheidungsträgern – egal auf welcher Ebene – hingewiesen. Deshalb wirkte es sich nicht, wie anfangs vermutet, unmittelbar auf das Konfliktniveau aus. Zu einer höheren Konfliktintensität kam es daher immer erst mit zeitlicher Verzögerung. Dabei ist unklar, ob nicht ein frühzeitiges Hinweisen auf gewusstes Nichtwissen langfristig sogar besser gewesen wäre. So ist es durchaus denkbar, dass eine umfassende Risikokommunikation, die auch das wissenschaftliche Nichtwissen miteinbezogen hätte, die drastischen Markteinbrüche 1996 und 2000 abgemildert hätte. Zur Bestätigung oder Wiederlegung dieser Hypothese bedarf es noch weiterer Forschung darüber, wie Verbraucher und

Verbraucherinnen darauf reagieren, wenn sie von ihrer Regierung auf vorhandenes wissenschaftliches Nichtwissen im Zusammenhang mit Gesundheitsrisiken hingewiesen werden.

Der Einfluss von Wissen und Nichtwissen auf politische Entscheidungsprozesse ist komplexer als anfangs vermutet. Es finden sich Fälle, in denen sich ganz klar wirtschaftliche Interessen gegenüber den Ratschlägen aus den wissenschaftlichen Ausschüssen durchgesetzt haben, wie z.B. das Verbot von spezifischem Risikomaterial. Hier war der Wissenschaftliche Ausschuss dafür, die Mitgliedstaaten dagegen. Es gibt Fälle, wo dies nicht so leicht nachweisbar ist bzw. uneindeutig bleibt, wie beispielsweise das generelle europaweite Tiermehlverbot, bei dem sowohl der Wissenschaftliche Lenkungsausschuss als auch der Ständige Veterinärausschuss lange Zeit untätig blieben. Interessanterweise lag das aber nicht am fehlenden Wissen, denn das Kontaminationsproblem und die Vollzugsdefizite in den Mitgliedstaaten waren seit längerem bekannt.

Es gibt aber auch Fälle, bei denen die Transformation von Nichtwissen in wissenschaftliches Wissen einen Politikwechsel ermöglichte. Als entscheidendes Wissen für die europäische Regulierung, das auch unmittelbare Wirkung zeigte, stellte sich die wissenschaftliche Bestätigung von heimischen BSE-Fällen heraus. Sobald hier neue Zahlen oder überhaupt Zahlen gemeldet wurden, wurde auch politisch reagiert – oft innerhalb nur weniger Tage. Die verschärften Regulierungen ab 2001 sind ausschließlich den festgestellten BSE-Fällen geschuldet. Gerade die anfängliche Untätigkeit wurde den politisch Verantwortlichen insbesondere dann vorgeworfen, wenn es sich nachweislich um gewolltes und spezifiziertes Nichtwissen handelte. Insbesondere die Europäische Kommission und die britische Regierung kamen deshalb stark unter Beschuss und wurden in ihrer Glaubwürdigkeit immens geschwächt. Allerdings gilt der Umkehrschluss nicht immer: Nicht jedes Wissen um Risiken führt unmittelbar zu politischen Entscheidungen. Die Ergebnisse von Laborexperimenten, das Wissen um Kreuzkontaminationen bei der Tiermehlproduktion und die ersten Opfer der neuen Variante der Creutzfeldt-Jakob-Krankheit führten nur mit sehr starker zeitlicher Verzögerung zu politischem Handeln.

Wie im Theorieteil vermutet, spielte nichtgewusstes Nichtwissen und nichtbeabsichtigtes Nichtwissen keine Rolle für den Konfliktverlauf und die Erklärung von politischen Entscheidungen oder Nichtentscheidungen. Was von dem Untersuchungsausschuss des Europaparlaments an Missständen bei der BSE-Bekämpfung angeprangert wurde und schließlich zu einem Konflikt zwischen Parlament und Kommission führte, bezog sich vor allem auf die Formen von gewolltem und gewusstem Nichtwissen. Auch für die nationalen Regierungen wurden diejenigen Fälle, bei denen gewolltes und gewusstes Nichtwissen vorlag, zum Problem. Der deutsche Agrarminister Funke musste unter anderem deswegen zurücktreten, weil er spezifisches Nichtwissen nicht kommuniziert hatte und bestimmte Probleme wie die Vollzugsdefizite nicht wissen wollte. Konfliktverstärkend erwies sich insbesondere die Strategie der Mitgliedstaaten Sicherheit vorzugaukeln, wo Nichtwissen hätte kommuniziert werden müssen. Durch die Versprechen „Deutschland ist BSE frei" bzw. „Rindfleisch ist sicher" wurde das gewusste Nichtwissen bewusst ausgeblendet.

Die Fallstudie zeigt zwar, dass der Umgang mit Nichtwissen eine Rolle spielen kann und dieses Nichtwissen von der Politik auch strategisch genutzt wurde, das weitaus größere Konfliktpotenzial lieferten allerdings die wirtschaftlichen und nationalstaatlichen Interessen. So ging es auf dem Höhepunkt des BSE-Konfliktes 1996 vor allem um wirtschaftliche Interessen. Der Versuch der britischen Regierung, für den Export an Drittstaaten lockerere

Regelungen einzuführen, zeugt von dieser Einstellung. Der Konflikt ließ sich denn auch durch Kompensationszahlungen und erleichterte Handelsbedingungen lösen.

Vor dem Hintergrund dieses Befundes scheinen einige soziologische Studien die kulturellen und kognitiven Aspekte zu stark zu betonen. Die Einschätzung des britischen Regierungshandelns als „Lernblockade" oder die Bewertung der BSE-Krise als „Nichtwissenskonflikt" (Japp 2002, Böschen et al 2004, Wehling 2004) erscheint als geradezu beschönigende Darstellung knallharter Interessenpolitik. Der Effekt, dass gerade gewolltes Nichtwissen das Konfliktpotential erhöhen kann, macht aus einem Interessenkonflikt weder einen Wissenskonflikt noch einen Nichtwissenskonflikt. Gerade der Blick auf die europäische Ebene zeigt, dass beispielsweise die Bewertung der deutschen BSE-Politik nur dann als vorsorgend (Dressel 2002) – und damit spezifiziertes Nichtwissen beachtend – erscheint, wenn man den Schutz vor britischen Importen als Verbraucherschutz und nicht als handelspolitischen Protektionismus zur Stärkung des heimischen Marktes auffasst. Den entscheidenden Lackmustest, ob es sich um genuinen vorsorgenden Verbraucherschutz handelt, hat die deutsche BSE-Politik nicht bestanden. Ging es nämlich nicht darum, britisches Rindfleisch vom deutschen Markt fernzuhalten oder den Briten strengere Regeln aufzubürden, sondern selbst Maßnahmen zur BSE-Bekämpfung einzuführen, die die heimische Wirtschaft betreffen, so war Deutschland bis Ende 2000 einer der großen Bremserstaaten auf europäischer Ebene. Ein grundsätzlich anderer Umgang mit BSE – gar eine Nichtwissen anerkennende Risikokultur der deutschen Regierung – konnte auf EU-Ebene nicht ausgemacht werden.

Es ist zwar deutlich geworden, dass die BSE-Politik von längerfristigem Nichtwissen begleitet wurde und wird, aber es finden sich auch Beispiele, bei denen sich selbst wissenschaftliches Wissen nicht immer durchsetzen konnte. Die sowohl in den wissenschaftlichen Expertengremien als auch auf Ratsebene aufbrechenden Interessengegensätze stehen den Wissensdissensen innerhalb des Risikokonflikts um die Sicherheit von Rindfleisch jedoch in nichts nach. Das dabei auftretende gewusste Nichtwissen, so lässt sich resümieren, wurde entweder zur Legitimation der eigenen Untätigkeit benutzt oder schlicht verschwiegen.

7 Literaturverzeichnis

Baule, Sylvia 2003: BSE-Bekämpfung als Problem des Europarechts. Köln u.a.
Beck, Ulrich 1996: Wissen oder Nicht-Wissen? Zwei Perspektiven ‚reflexiver Modernisierung', in: Beck, Ulrich/Giddens, Anthony/Lash, Scott (Hrsg.): Reflexive Modernisierung – Eine Kontroverse. Frankfurt/Main, 289-315.
Bonacker, Thorsten 2002: Sozialwissenschaftliche Konflikttheorien – Einleitung und Überblick, in: Bonacker, Thorsten (Hrsg.): Sozialwissenschaftliche Konflikttheorien. Eine Einführung. Opladen, 9-29.
Bonß, Wolfgang 1995: Vom Risiko: Unsicherheit und Ungewißheit in der Moderne. Hamburg.
Böschen, Stefan/Schneider, Michael/Lerf, Anton 2004: Die BSE-Krise: Lernen unter Nichtwissensbedingungen, in: Böschen, Stefan/Schneider, Michael/Lerf, Anton (Hrsg.): Handeln trotz Nichtwissen. Vom Umgang mit Chaos und Risiko in der Politik, Industrie und Wissenschaft. Frankfurt/Main, 99-119.
Breyer, Stephen 1993: Breaking the vicious circle. Toward effective risk regulation. Cambridge u.a.
Codex Alimentarius 1999: Principles and Guidelines for the Conduct of Microbiological Risk Assessment. CAC/GL-30.

DEFRA - Department for Environment, Food & Rural Affairs 2004: Chronology of the Events, http://www.defra.gov.uk/animalh/bse/publications/chronol.pdf (26.04.2006).
Dressel, Kerstin 2002: BSE – The New Dimension of Uncertainty. The Cultural Politics of Science and Decision Making. Berlin.
Eckert, Roland/Willems, Helmut 1992: Konfliktintervention: Perspektivenübernahme in gesellschaftlichen Auseinandersetzungen. Opladen.
Entscheidung 2000/766/EG des Rates vom 4. Dezember 2000 über Schutzmassnahmen in Bezug auf die transmissiblen spongiformen Enzephalopathien und die Verfütterung von tierischem Protein, Amtsblatt Nr. L 306, vom 07/12/2000, 0032-0033.
Entscheidung 2001/2/EG der Kommission vom 27. Dezember 2000 zur Änderung der Entscheidung 2000/418/EG zur Regelung der Verwendung von bestimmtem Tiermaterial angesichts des Risikos der Übertragung von TSE-Erregern, Amtsblatt Nr. L 001, vom 04/01/2001, 0021-0022.
Entscheidung 2001/233/EG der Kommission vom 14. März 2001 zur Änderung der Entscheidung 2000/418/EG im Hinblick auf Separatorenfleisch und Rinderwirbelsäulen, Amtsblatt Nr. L 084, vom 23/03/2001, 0059-0061.
Entscheidung 89/469/EWG der Kommission vom 28. Juli 1989 zum Erlass von Maßnahmen zum Schutz gegen spongiforme Rinderenzephalopathie im Vereinigten Königreich Amtsblatt Nr. L 225 vom 03/08/1989, 0051-0051.
Entscheidung 94/381/EG der Kommission vom 27. Juni 1994 über Schutzmassnahmen in bezug auf die spongiforme Rinderenzephalopathie und die Verfütterung von aus Säugetieren gewonnenen Futtermitteln, Amtsblatt Nr. L 172, vom 07/07/1994, 0023-0024.
Entscheidung 96/239/EG der Kommission vom 27. März 1996 mit den zum Schutz gegen die bovine spongiforme Enzephalopathie (BSE) zu treffenden Dringlichkeitsmaßnahmen, Amtsblatt Nr. L 078, vom 28/03/1996, 0047-0048.
Entscheidung 97/534/EG der Kommission vom 30. Juli 1997 über das Verbot der Verwendung von Material angesichts der Möglichkeit der Übertragung transmissibler spongiformer Enzephalopathie, Amtsblatt Nr. L 216, vom 08/08/1997, 0095-0098.
Europäische Kommission 1998: Zweiter halbjährlicher BSE-Follow-up-Bericht, Mitteilung der Kommission an das Europäische Parlament, den Rat, den Wirtschafts- und Sozialausschuß sowie den Ausschuß der Regionen, 18. November 1998. Brüssel.
Europäische Kommission 2000: Mitteilung der Kommission. Die Anwendbarkeit des Vorsorgeprinzips, KOM 2000, 1 endg. Brüssel.
Europäischer Rechnungshof 2001: Sonderbericht 14/2001 Weiterverfolgung zum Sonderbericht Nr.19/98 des Hofes über BSE, zusammen mit den Antworten der Kommission (2001/C 324/01).
Europäisches Parlament 1997: Bericht über behauptete Verstöße gegen das Gemeinschaftsrecht bzw. Mißstände bei der Anwendung desselben im Zusammenhang mit BSE unbeschadet der Zuständigkeiten der nationalen und gemeinschaftlichen Gerichte. Luxembourg.
European Commission 1997: Communication of the European Commission. Consumer Health and Food Safety, COM(97)183 final. Brussels.
FAO/WHO 1995: Application of Risk Analysis to Food Standard Issues. Report of the Joint FAO/WHO Consultation. Geneva.
Fischer, Robert 2005: Regulierter Rinderwahnsinn. Die Reform der wissenschaftlichen Politikberatung innerhalb der Europäischen Union, in: Bogner, Alexander/Torgersen, Helge (Hrsg.): Wozu Experten? Ambivalenzen der Beziehung von Wissenschaft und Politik. Wiesbaden, 109-130.
Fischhoff, Baruch/Slovic, Paul/Lichtenstein, Sarah/Read, Stephen/Combs, Barbara 1978: How safe is safe enough? A psychometric study of attitudes towards technological risks and benefits. Policy Sciences 9, 127-152.
Gough, Janet 2003: Introduction and Overview, in: Gough, Janet (Hrsg.): Sharing the Future. Risk Communication in Practice. Christchurch, 1-14.
Gray, Paul 1998: The Scientific Committee for Food, in: Schendelen, Maria P. C. M. van (Hrsg.): EU Committees as Influential Policymakers. Aldershot u.a., 68-88.

Hiller, Petra/Georg Krücken 1997: Risiko und Regulierung. Soziologische Beiträge zu Technikkontrolle und präventiver Umweltpolitik. Frankfurt/Main.
Japp, Klaus Peter 2002: Wie normal ist Nichtwissen?, in: Zeitschrift für Soziologie 31, 435-439.
Joffe, Josef 1996: Lende gut, alles gut?, in: Süddeutsche Zeitung vom 21. Juni 1996, 4.
Kamlah, Wilhelm/Lorenzen, Paul 1990: Logische Propädeutik. Vorschule des vernünftigen Redens. 2. Aufl., Mannheim u.a.
Klinke, Andreas/Renn, Ortwin 2002: A new Approach to Risk Evaluation and Management: Risk-Based, Precaution-Based, and Discourse-Based Strategies, in: Risk Analysis 22, 1071-1094.
Krapohl, Sebastian 2003: Risk regulation in the EU between interests and expertise: the case of BSE. In: Journal of European Public Policy 10, 189-207.
Lowi, Theodore J. 1964: American Business, Public Policy, Case-Studies, and Political Theory, in: World Politics 16, 677-715.
Maier, Matthias L./Nullmeier, Frank/Pritzlaff, Tanja/Wiesner, Achim (Hrsg.) 2003: Politik als Lernprozeß: wissenszentrierte Ansätze der Politikanalyse. Opladen.
Merck, Georg/Nathe, Hartwig/Schrotthofer, Klaus/Mayer, Catherine 1996: Großbritannien: Kriegserklärung, in: Focus Magazin vom 25. Mai 1996, 226-230.
Merton, Robert K. 1987: Three Fragments from A Sociologist's Notebook: Establishing the Phenomenon, Specified Ignorance, and Strategic Research Materials, in: Annual Review of Sociology 13, 1-28.
Müller, Emilia 2005: Verbraucherschutz in Europa aus der Sicht Bayerns, Rede von Staatssekretärin Emilia Müller bei Europa-Union Deutschland KV-Memmingen, 24. Januar 2005. Memmingen.
Nelkin, Dorothy (Hrsg.) 1992: Controversy. Politics of Technical Decisions, 3. Aufl. Newbury Park u.a.
Nennen, Heinz-Ulrich/Garbe, Detlef (Hrsg.) 1996: Das Expertendilemma. Zur Rolle wissenschaftlicher Gutachter in der öffentlichen Meinungsbildung. Berlin u.a.
Neyer, Jürgen 2000: The Regulation of Risks and the Power of the People. Lessons from the BSE Crisis. European Integration online Papers, Vol 4.
Nowotny, Helga/Scott, Peter/Gibbons, Michael 2001: Re-thinking science: Knowledge and the Public in an Age of Uncertainty, Cambridge.
Peters, Guy 1994: Agenda-setting in the European Community, in: Journal of European Public Policy 1, 9–26.
Phillips of Worth Matravers, Nicholas/Bridgeman, June/Ferguson-Smith, Malcolm (Hrsg.) 2000: The BSE inquiry: return to an order of the Honourable House of Commons dated October 2000 for the report, evidence and supporting papers of the inquiry into the emergence and identification of Bovine Spongiform Encephalopathy (BSE) and variant Creutzfeldt-Jakob Disease (vCJD) and the action taken in response to it up to 20 March 1996, London.
Renn, Ortwin 1998: Three decades of risk research: accomplishments and new challenges, in: Journal of Risk Research 1, 49-71.
Schlacke, Sabine 1998: Risikoentscheidungen im europäischen Lebensmittelrecht: eine Untersuchung am Beispiel des gemeinschaftlichen Zusatzstoffrechts unter besonderer Berücksichtigung des europäischen Ausschußwesens ("Komitologie"). Baden-Baden.
Seiler, Hansjörg 2000: Risikobasiertes Recht. Wieviel Sicherheit wollen wir? Bern.
Slovic, Paul 1999: Trust, Emotion, Sex, Politics, and Science: Surveying the Risk-Assessment Battlefield, in: Risk Analysis 19, 689-701.
Smithson, Michael 1989: Ignorance and Uncertainty. Emerging paradigms. New York u.a.
Southwood, Sir Richard/Department of Health/Ministry of Agriculture, Fisheries and Food 1989: Report of the Working Party on Bovine Spongiform Encephalopathy. London.
SSC - Scientific Steering Committee 2000: Report on the assessment of the Geographical BSE-risk of Germany, July 2000.
Verordnung 999/2001/EG des Europäischen Parlaments und des Rates vom 22. Mai 2001 mit Vorschriften zur Verhütung, Kontrolle und Tilgung bestimmter transmissibler spongiformer Enzephalopathien, Amtsblatt Nr. L 147, vom 31/05/2001, 0001-0040.

Walton, Douglas 1996: Arguments from ignorance. Pennsylvania.
Wehling, Peter 2001: Jenseits des Wissens? Wissenschaftliches Nichtwissen aus soziologischer Perspektive, in: Zeitschrift für Soziologie 30, 465-484.
Wehling, Peter 2004: Weshalb weiß die Wissenschaft nicht, was sie nicht weiß? – Umrisse einer Soziologie des wissenschaftlichen Nichtwissens, in: Böschen, Stefan/Wehling, Peter (Hrsg.): Wissenschaft zwischen Folgenverantwortung und Nichtwissen. Aktuelle Perspektiven der Wissenschaftsforschung. Wiesbaden, 35-105.
Weingart, Peter 2001: Die Stunde der Wahrheit? Zum Verhältnis der Wissenschaft zu Politik, Wirtschaft und Medien in der Wissensgesellschaft. Weilerswist.
Wessels, Wolfgang 2003: Beamtengremien im EU-Mehrebenensystem. Fusion von Administrationen?, in: Jachtenfuchs, Markus/Kohler-Koch, Beate (Hrsg.): Europäische Integration, 2. Aufl., Opladen, 353-383.
Westlake, Martin 1997: 'Mad Cows and Englishmen' – The Institutional Consequences of the BSE Crisis, in: Journal of Common Market Studies (Annual Review) 35, 11-36.
Zwanenberg, Patrick van/Millstone, Erik 2005: BSE: risk, science, and governance. Oxford.

Der Konflikt um die Grüne Gentechnik und seine regulative Rahmung. Frames, Gates und die Veränderung der europäischen Politik zur Grünen Gentechnik

Jürgen Hampel und Helge Torgersen

1 Einleitung

Die Einführung von neuen Techniken ist nicht erst seit der Spätmoderne paradigmatischer Auslöser und Gegenstand von gesellschaftlichen Konflikten. Bereits im 18. und 19. Jahrhundert hatte die Mechanisierung der Textilindustrie zu heftigen, teilweise gewalttätigen gesellschaftlichen Auseinandersetzungen geführt (Randall 1995), die den eingeschlagenen Pfad der Technisierung und Industrialisierung nicht in Frage stellen konnten. In der zweiten Hälfte des 20. Jahrhunderts wurden Konflikte um die Einführung neuer Technologien dagegen als Ausdruck eines zumindest von Teilen der Gesellschaft als problematisch empfundenen gesellschaftlichen Wandels verstanden. Beispiele sind die Auseinandersetzung um die Kernenergie, die Kontroverse um die Einführung moderner I&K-Technologien in den 1980er Jahren und der bis heute andauernde Kampf um die Grüne Gentechnik. Dabei waren und sind derartige Technikkonflikte nicht nur gesellschaftliche Kontroversen um Interessen und Weltbilder, sondern auch politische Auseinandersetzungen, bei denen es wesentlich um die Implementierung verbindlicher Regeln geht.

In diesem Beitrag wird daher die Interaktion zwischen gesellschaftlichen Auseinandersetzungen und regulatorischen Entscheidungen anhand eines Abschnitts im fortwährenden Konflikt um die Grüne Gentechnik untersucht. Insbesondere nach der ersten Einfuhr gentechnisch veränderten Sojas im November 1996, in den nachfolgenden „Years of Controversy" (Gaskell, Bauer 2001), hat der Konflikt um die Grüne Gentechnik durch koordinierte NGO-Aktivitäten und deren Resonanz in den Medien eine erhebliche Bedeutung bekommen. Das Entstehen neuer Elemente der Regulierung, von der Novel-Food-Verordnung bis hin zur Einführung des Vorsorgeprinzips, wird nicht selten als Folge dieser temporären Eskalation angesehen. In diesem Beitrag widmen wir uns der Frage, wie die Entwicklung der europäischen Regulierung der Gentechnik nach 1996 zu verstehen ist.

2 Die sozialwissenschaftliche Analyse von Konflikten

Für Konflikte bei der Einführung von neuen Technologien wurden in der sozialwissenschaftlichen Literatur unterschiedliche Ursachen diskutiert: Zum einen wurden die Probleme auf individuelle Eigenschaften von Akteuren zurückgeführt, die technische Innovationen ablehnen. Diskutiert wurden beispielsweise eine generelle Technikfeindlichkeit (Sieferle 1998) oder die vom sogenannten Defizit-Modell beklagten Wissensmängel und aus diesen resultierende Ängste.[1] In der neueren Auseinandersetzung mit dem Problem hat Bauer (1995) vorgeschlagen, Technikkonflikte als Manifestationen von gesellschaftlichen Problemen zu verstehen: Demnach weisen Konflikte in sozialen Systemen auf Fehlentwicklungen hin, die die Selbstreproduktion des Systems gefährden. Diese Feststellung lässt allerdings noch offen, was als Fehlentwicklung zu gelten hat.

Damit ergibt sich, anders formuliert, die Frage, um was für Konflikte es sich eigentlich handelt, ob sie – über den Bezug auf „Technik" hinaus – überhaupt Gemeinsamkeiten aufweisen und wo die Unterschiede liegen – ob es also Kategorien gibt, mit Hilfe derer sich solche Konflikte analysieren lassen.

Hier bietet sich an, die Erkenntnisse der Konfliktforschung zu nutzen, die seit dem Ende einer durch die Dominanz des strukturfunktionalistischen Paradigmas bedingten Unterbrechung der sozialwissenschaftlichen Analyse zum Thema „Konflikt" enorm an Bedeutung und Differenziertheit gewonnen hat. Ausgangspunkt dieser Entwicklung war Dahrendorfs Konflikttheorie (für eine selbstkritische Reflexion siehe Dahrendorf 1985). Einen weiteren Bedeutungszuwachs erlebte die sozialwissenschaftliche Konfliktforschung noch einmal seit dem Abebben des Ost-West Konflikts (siehe Bonacker 2005: 10ff.). Dabei zeigt bereits ein erster Blick, dass die Konfliktforschung, der Komplexität und Heterogenität des Gegenstands angemessen, weit entfernt ist von einer Vereinheitlichung ihrer Konzepte und Perspektiven.

Konfliktanalytische Modelle und Konzepte unterscheiden sich zunächst darin, dass sie ihren Gegenstand auf unterschiedlichen Ebenen analysieren, wobei die Bandbreite von der Analyse zwischenstaatlicher Konflikte (oder von solchen zwischen Nationalstaaten und überstaatlichen Institutionen) über die Analyse politischer und gesellschaftlicher Konflikte innerhalb einzelner Ländern bis hin zu Auseinandersetzungen zwischen Individuen reicht. Beispielhaft für diese Differenzierung ist die Theorie der Internationalen Politischen Ökonomie (Cox 1987), die zwischen Konflikten auf der gesellschaftlichen, der zwischenstaatlichen und der Ebene der globalen Weltordnungsstrukturen unterscheidet. Technikkonflikte haben sich bisher in erster Linie auf der gesellschaftlichen Ebene manifestiert, wobei allerdings auch Elemente zwischenstaatlicher oder globaler Interessengegensätze zutage traten.[2]

Ein weiteres Unterscheidungsmerkmal liefert der jeweilige Inhalt des Konflikts. Gebräuchlich ist etwa die Unterscheidung zwischen Wert- und Interessenkonflikten, die sich bis auf Webers Differenzierung von zweckrationalem und wertrationalem Handeln zurückführen lässt (Weber 2002). Auf Technikkonflikte bezogen haben andere Autoren die Analyse der inhaltlichen Dimension von Konflikten weiter ausgedehnt. So differenziert die sozialwissenschaftliche Konfliktforschung, wie Bogner/Menz (in diesem Band) ausführlich zeigen, zwischen drei unterschiedlichen Typen von Konflikten, die sich nicht nur in ihrem Gegenstand unterscheiden, sondern auch in den jeweiligen Akteurskonstellationen, den Möglichkeiten zur Mobilisierung, der Bedeutung von Expertise und den Austragungsformen. Eine derartige Typologie leistet einen wesentlichen Beitrag zum Verständnis von Technikkonflikten.

Daneben spielen aber auch Fragen der Institutionalisierung von Konflikten eine bedeutsame Rolle. Vor allem durch die Anwendung konstruktivistischer Ansätze in der Kon-

---

[1] für eine kritische Diskussion des Defizit-Modells siehe Bucchi (2004).
[2] Man denke etwa an die Auseinandersetzungen im Rahmen der WTO um die Frage, ob es sich bei dem Verbot technischer Maßnahmen wie Hormongaben in der Rindermast um ein nicht-tarifäres Handelshemmnis handelt oder nicht (Millstone 2005).

fliktforschung tritt das Element der Interessenorganisation in den Vordergrund, das gerade bei Technikkonflikten nicht trivial erklärbar ist und die analytische Trennung von Konflikt und Konfliktursache erforderlich macht. Bereits Etzioni (1975) hat darauf hingewiesen, dass nur organisierte Gruppen konfliktfähig sind. Während er aber kollektive Akteure noch als Großgruppen verstand, die die Fähigkeit zu handeln besitzen, indem sie sich auf normative Bindungen der Mitglieder einer Schichtungskategorie stützen (Etzioni 1975:20), hat sich in Bezug auf die Interessenorganisation und -artikulation seither ein Perspektivwandel vollzogen: Konstruktivistisch argumentierende Theoretiker betonen, dass sich Gruppen und ihre Repräsentanten erst durch Identifikation finden müssen. Snow et al. (1986) etwa verweisen darauf, dass in ausdifferenzierten Gesellschaften erst die Interpretationen und Deutungsangebote entwickelt werden müssen, denen sich reale Gruppen dann anschließen können.

Konflikte sind damit sozial konstruiert.[3] Akteure versuchen, bei anderen beteiligten Akteuren Zustimmung für ihre Deutungen zu erhalten (siehe auch Luhmann 1998).[4] Das heißt aber auch, dass gesellschaftliche Akteure nur dann konfliktfähig sind, wenn es ihnen gelingt, für ihre Deutungen gesellschaftliche Unterstützung zu bekommen. Auf der inhaltlichen Ebene ist es somit kaum mehr möglich, trennscharf zwischen instrumentellen und Wertekonflikten zu unterscheiden, da auch Wertekonflikte organisatorischer Strukturen bedürfen, die einen Bedarf an Ressourcen entwickeln und damit ihre instrumentelle Dimension haben. Desgleichen ergeben sich auch Überschneidungen von anderen Konflikttypen – etwa Wissens- und Interessenkonflikten, die sich z.B. in der wandelnden Rolle wissenschaftlicher Expertise für die Politik manifestieren (Willke 2005). Derartige Typologien scheinen sich also nicht auf sozusagen inhärente Qualitäten eines Konflikts zu gründen, sondern sind eher Momentaufnahmen in der Beschreibung eines bestimmten Konflikts. Diese wenigen Hinweise legen bereits nahe, dass die moderne Konfliktsoziologie zwar durchaus brauchbare Heuristiken für die Analyse von Konflikten bereithält, dass deren Erklärungskraft aber, wie auch die folgende Analyse zeigt, an Grenzen stößt.

3 Konflikttypen und Frames

Diese Grenzen zeigen sich insbesondere dann, wenn man konkrete Beispiele von komplexen Technikkonflikten zu analysieren versucht, die sich unter sehr unterschiedlichen Gesichtspunkten diskutieren lassen. Beispiele sind etwa die Konflikte um die Kernenergie, den Treibhauseffekt oder um embryonale Stammzellen. Je nach Betrachtungsweise erscheint derselbe Konflikt als Interessen-, Werte- oder Wissenskonflikt. Es fällt daher schwer, eine „Essenz" des Konflikts fest zu machen, vielmehr wird jedes Thema unter einer oder mehreren unterschiedlichen Perspektiven behandelt, die sich je nach Akteur und Zeitpunkt auch unterscheiden können: Was sich zum Beispiel im Fall der Grünen Gentechnik aus Sicht eines Molekularbiologen als Wissenskonflikt um Risikofragen gestaltet, ist für den Aktivisten einer gentechnikkritischen NGO letztlich ein Wertekonflikt und für die US-Regierung ein Interessenkonflikt. Unter den Konfliktteilnehmern ist meist strittig, um was

---
[3] Das bedeutet nicht, dass Konflikte nicht reale Ursachen haben, aber damit sich tatsächlich ein Konflikt entwickelt, muss das Thema von Akteuren aufgegriffen werden.
[4] Konfliktthemen sind, mit anderen Worten, Katalysatoren der Systembildung (Bonacker 2005:282).

es eigentlich geht – um materielle Interessen, um unterschiedliche Wissensansprüche oder um Differenzen in grundlegenden Fragen der Bewertung.

Diese Unklarheit ist nicht nur für eine akademische Aufarbeitung eines Konflikts von Bedeutung, sondern hat auch eine eminent politische Bedeutung. Konflikte über neue Technologien spielen sich auch auf einer politischen Ebene ab, insbesondere dann, wenn es für politische Akteure notwendig wird, staatliche Eingriffe durchzuführen und zu rechtfertigen. Da unterschiedliche Konflikttypen unterschiedliche Modi der Konfliktbearbeitung haben (Bogner/Menz in diesem Band), bedarf es einer Übereinkunft unter den beteiligten Akteuren, ob es primär um die Verteilung von Ressourcen, um gegensätzliche Wahrheitsansprüche oder um grundlegende normative Aussagen geht. Mit anderen Worten, es bedarf zumindest einer Übereinstimmung über den jeweils einzuhaltenden Modus der Konfliktbearbeitung, ob also z.B. verhandelt, argumentiert oder diskutiert werden soll.[5] Das heißt, der Konflikt benötigt eine Übereinkunft über die jeweils dominante Rahmung oder den „Frame".[6] Erst wenn diese Rahmung von den Konfliktbeteiligten akzeptiert wird, kann auch in der Analyse von einem Konflikttyp gesprochen werden.

Da aber vielfach auch bei Technikkonflikten die Beteiligten meist unterschiedlicher Meinung über den anzulegenden gemeinsamen Frame sind, ist dieser selbst Gegenstand und – im besten Fall – Ergebnis eines Konflikts.[7] Die Entscheidung für einen Frame hat erhebliche Bedeutung, denn die in einem Konflikt auftretenden Argumente entfalten eine jeweils unterschiedliche diskursive Kraft, je nachdem, wie gut sie mit dem gerade geltenden Frame in Übereinstimmung zu bringen sind. Für Regulierungsinstitutionen folgt daraus, dass mit der Festlegung auf einen Frame den Beteiligten unterschiedliche Durchsetzungschancen zugewiesen werden.

Frames erhalten somit einen politischen Charakter, da implizit diejenigen Akteure im Vorteil sind, deren Frame dem offiziell dominanten am nächsten kommt. Für Akteure, deren Frames (in ihren Augen) ungenügend zur Geltung kamen, ist es von Vorteil, den dominanten Frame anzugreifen und zu versuchen, ihn in ihrem Sinn zu verändern. Gerade für den Erfolg von Bemühungen, mit Hilfe von Regulierungen Konflikte zu schließen, ist es daher bedeutsam, die Frames wichtiger Akteure in die Gestaltung der Regulierung mit einzubeziehen, da ansonsten die Schließung von Konflikten nur schwer gelingen kann.

In Technikkonflikten wird also nicht nur der Konfliktgegenstand problematisiert, sondern ebenso die Frage, wie über diesen Gegenstand angemessen zu diskutieren sei – denn der Gegenstand trägt mitnichten die Anweisung für die je angemessene Bearbeitungsform

---

[5] Die Unterscheidung zwischen „Arguing" und „Bargaining" als unterschiedliche Modi der Konfliktaustragung hat bereits Kingdon (1984) hervorgehoben. Siehe auch Saretzki (1996) zum Thema Kommunikationsformen in Umweltkonflikten.

[6] Uns ist bewusst, dass diese Verwendung des Frame-Begriffs sich von der etwa nach Lindenberg (1993) unterscheidet, da wir im Unterschied zu diesem vor allem an einer Betrachtung auf Makro-Ebene interessiert sind. Wir gehen von einem heuristischen Konzept kognitiver und normativer Frames aus, wie sie Surel (2000 p. 496) umschrieb: „Cognitive and normative frames... are intended to refer to coherent systems of normative and cognitive elements which define, in a given field, 'world views', mechanisms of identity formation, principles of action, as well as methodological prescriptions and practices for actors subscribing to the same frame." Diese Frames bezeichnen also, wie und in welchen Termini von einer Sache die Rede ist, welche impliziten Normen damit verbunden sind bzw. was als adäquates Instrument der Bearbeitung dieser Sache gilt.

[7] Darauf, dass die Gestaltung der Rahmenbedingungen für Konfliktaustragungen selbst zentraler Inhalt von Konflikten sind, hat bereits die Internationale Politische Ökonomie hingewiesen. Cox (1983:171) sieht beispielsweise den Kampf um „universal norms, institutions and mechanisms which lay down general rules of behaviour for states and for those forces of civil society that act acros national boundaries – rules which support the dominant mode of production".

in sich. Die Debatte um den angemessenen Modus der Bearbeitung ist insbesondere am Anfang eines Konflikts prägend, zieht sich aber meist wie ein roter Faden über die gesamte Konfliktdauer. Denn wenn sowohl die Definition des Inhalts als auch die Form der Bearbeitung eines Problems zunächst offen und selber Gegenstand von Konflikten sind, liegt es nahe, auch (regulative) Schließungen als lediglich temporäre Lösungen innerhalb rekursiver Schleifen anzusehen.

Aus dieser Dynamik ergibt sich die Möglichkeit für Lernprozesse bei Technikkonflikten. So postuliert das Konzept des „Policy-Learning" (Bandelow 1999), dass aus vergangenen Konflikten gewonnene Erfahrungen es ermöglichen, neu aufbrechende argumentativ zu begrenzen und Kritiker einzubinden. Mit anderen Worten: Politischen Akteuren gelingt es nach dieser These zunehmend, sich auf gesellschaftlichen Druck hin bei Entscheidungen über einen dominanten Frame die Positionen der wichtigsten Akteure anzueignen und diese zu berücksichtigen. Die Angleichung der Frames ermöglicht es, eine Übereinkunft unter den beteiligten Akteuren zu erreichen, in welcher Form ein Konflikt zu bearbeiten sei, um so einer dauerhaften Lösung näher zu kommen. Das impliziert allerdings, dass sich die Positionen der Entscheidungsträger tatsächlich verändern und die Frames aneinander angleichen. So ergibt sich eine Beziehung zwischen der Wahl von Frames – und damit auch von Konflikttypen – und dem Vorgang des Policy-Learning.[8]

Es erhebt sich nun die Frage, ob derartige Lernprozesse tatsächlich bei konkreten Technikkonflikten zu beobachten sind und wenn ja, um welche Prozesse es sich jeweils handelt. In der Folge soll dies am Beispiel des Konflikts um die Grüne Gentechnik diskutiert werden. Ziel ist es, über eine typisierende und daher eher statische Analyse des Konflikts hinaus die Dynamik und die Bedeutung von Frames für die Politikgestaltung zu betonen. Insbesondere steht die Frage im Vordergrund, ob und wie Änderungen im dominanten Frame und Politikwechsel in der Bearbeitung dieses Technikkonflikts miteinander in Beziehung stehen.

Nach einer kurzen Schilderung eines entscheidenden Abschnitts im Konflikt um die Grüne Gentechnik in Europa wird untersucht, inwieweit die regulative Antwort auf diesen Konflikt mit dem Konzept des Policy-Learnings erklärt werden kann. Im Anschluss wird ein alternatives Konzept vorgestellt, das stärker auf die Analyse der Dynamik des Konflikts abzielt.

4 Die Regulierung der Grünen Gentechnik in Europa vor und nach 1996

Zu den zentralen Kontroversen im Umfeld der Diskussion um die Gentechnik zählt der Konflikt um die Frage, unter welchen Bedingungen gentechnisch veränderte Organismen und Nahrungsmittel, die mit Hilfe solcher Organismen hergestellt wurden, auf den Markt gebracht werden dürfen. Während diese Frage in den 1980er Jahren in erster Linie auf der Ebene des Nationalstaats verhandelt wurde, hat sich seit der Einführung der beiden Richtlinien 90/219/EWG und 90/220/EWG im Jahr 1990 die Regulierungshoheit über die Grüne Gentechnik mehr und mehr auf die Europäische Kommission verlagert, die seither versucht,

---

[8] Die Frage, inwieweit das individualpsychologische Konzept des Lernens auf Institutionen und Organisationen angewendet werden kann, kann im Rahmen dieser Arbeit nicht ausführlich diskutiert werden. In unserem Kontext kann von Lernen dann ausgegangen werden, wenn es zu stabilen Veränderungen der Frames führt, die für die Betrachtung eines Gegenstandes herangezogen werden.

einen einheitlichen europäischen Regulierungsraum und damit einen gesamteuropäischen Markt zu schaffen (Torgersen et al. 2002). Diese Bemühungen erlitten allerdings nach der erneuten Politisierung des Themas Grüne Gentechnik 1996 einen erheblichen Rückschlag. In der Folge kam es zu nicht unbeträchtlichen regulativen Anpassungen, die nicht nur einzelne Rechtsakte betreffen, sondern vielfach als Anzeichen für eine Änderung des Politikstils empfunden wurden.

Aus zwei Gründen sind solche Anpassungen von besonderem theoretischem und empirischem Interesse: Zum einen kommt Veränderungen auf der europäischen Ebene eine größere regulative Bedeutung zu als solchen auf der nationalen, da EU-Richtlinien ja von allen EU-Mitgliedsstaaten in nationales Recht umgewandelt werden müssen. Zum anderen sind die Aushandlungsprozesse in der EU überaus komplex, so dass Veränderungen der europäischen Agenda auf grundlegendere Ursachen schließen lassen. Entwicklungen auf der nationalen Ebene sind nicht zuletzt daher von geringerer theoretischer und empirischer Bedeutung, da in einem einzigen Mitgliedsstaat bereits kontingente Ereignisse wie etwa Regierungswechsel Änderungen nationaler Regulierungsstile erklären können (Hampel et al. 2006).[9]

Eine deutliche Veränderung in der Politik zur Grünen Gentechnik auf der europäischen Ebene hat es nach Einschätzung vieler Beobachter nach 1996 gegeben (Vogel 2001), als nach dem ersten Import gentechnisch veränderter Sojabohnen aus den USA im November 1996 das Thema zu einem öffentlich kontrovers diskutierten Gegenstand wurde, der erhebliche NGO-Aktivitäten und Medienaufmerksamkeit hervorrief (Bauer et al. 2001).

Diese Ereignisse hatten zur Folge, dass sich der dominante Frame des Umgangs mit der Materie änderte. Vor 1996 war die europäische Regulierung von der Einschätzung geprägt, dass die Grüne Gentechnik nur in Hinblick auf ihre Risiken zu regulieren sei, wobei ein auf wissenschaftlicher Evidenz basiertes Risikoverständnis Grundlage der Regulierung war. Die damit nicht kompatiblen Risikopostulate von Kritikern wurden dagegen mit dem Hinweis auf mangelnde wissenschaftliche Beweise abgewiesen. Mit anderen Worten, der Konflikt wurde als reiner Wissenskonflikt konfiguriert, in dem allein wissenschaftliche Evidenz Grundlage für Entscheidungen sein sollte.[10]

Andererseits wurde der Konflikt auf politischer Ebene auch mit Argumenten geführt, die die Interessenlage betonten. Sheila Jasanoff (1995) etwa identifizierte sowohl für die USA als auch für Großbritannien und Deutschland die politische Maxime „to make biotechnology happen", da Biotechnologie als Basis für die künftige technologische und damit wirtschaftliche Entwicklung galt. Auch die EU-Kommission hob mehrfach die Bedeutung dieser „strategischen" Technologie für die europäische Wettbewerbsfähigkeit hervor und erklärte Gentechnik inklusive der landwirtschaftlichen Anwendungen im 5. Rahmenprogramm zu einem Schwerpunktgebiet der Forschungsförderung.[11] Die implizite Annahme,

---

[9] Das politische Mehrebenensystem der EU hat zur Folge, dass Entscheidungen nicht unbedingt auf der Ebene getroffen werden, auf der die gesellschaftlichen Interessen aggregiert sind. Die Frage nach den demokratischen Prozessen in diesem Mehrebenensystem wird in der Politikwissenschaft kontrovers diskutiert. Während einige Beobachter bemängeln, dass es weder einer nationalen Demokratie vergleichbaren europäischen Willensbildungsprozess mit europäischen Parteien, Verbänden oder Massenmedien noch eine europäische Öffentlichkeit gebe, verweisen andere Autoren darauf, dass sich auch auf europäischer Ebene ein komplexes Interessenvermittlungssystem findet, das allerdings nach anderen Regeln funktioniere als die Interessenvertretung auf nationaler Ebene und wesentlich vielschichtiger und komplizierter sei (vgl. Hartmann 2001, Schmidt 2000: 424-437).
[10] Diese Auffassung, wie sie bereits in der Enquete-Kommission „Chancen und Risiken der Gentechnik" in Deutschland zum Ausdruck kam (Gill 1991), dominierte seit den späten 1980er Jahre die Diskussion.
[11] Bereits im 6. Rahmenprogramm spielte hingegen Pflanzenbiotechnologie eine weitaus geringere Rolle.

dass technische Innovation als Basis für wirtschaftliches Wachstum unhinterfragbar sei, begleitete die Diskussion um diese Technologie wie ein Generalbass – sie galt für die meisten staatlichen Akteure als Selbstverständlichkeit, die nicht eigens hervorgehoben zu werden brauchte. Das einzige Argument, das dieser impliziten Annahme gegenübergestellt werden konnte, wurde in einem nachweisbaren Risiko für Leib und Leben (und später für die Umwelt) gesehen. Die Fokussierung auf das technisch-naturwissenschaftliche Risikoverständnis erwies sich für die Kommission insofern als unproblematisch, als in vielen Ländern die als relevant angesehenen Interessenverbände wie die der Bauern, der Industrie und auch die Gewerkschaften ebenso Befürworter der Grünen Gentechnik waren wie die Institutionen der Wissenschaft.

Kritiker der Gentechnik, vor allem NGOs, die sich als Wahrer von Umwelt- und Verbraucherinteressen sahen, betonten hingegen gerade den normativen Aspekt, der sich hinter dieser scheinbaren Selbstverständlichkeit verbarg. Dass technische Innovation unhinterfragbar sei, wurde vehement in Abrede gestellt. Neben potenziellen Gesundheitsrisiken wurden unter anderem die Erhaltung der Artenvielfalt und der bäuerlichen Produktionsstruktur, aber auch die als ungerechtfertigt angesehene Eingriffstiefe in die Natur und die ungerechte Verteilung der Risiken als zu berücksichtigende Kritikpunkte hinzugefügt (vgl. Gill 2003). Da diesen Organisationen aber der direkte Zugang zum Regulierungssystem fehlte, suchten sie ihre Themen im Rahmen des als adäquat angesehenen Risikodiskurses zu reformulieren, wobei das technisch-naturwissenschaftliche Risikoverständnis durch ein alternatives ersetzt wurde, das vor allem die Unsicherheit technischer Entwicklungen thematisierte. Vergleichbare Ansätze waren in den 1980er und 1990er Jahren vor allem von der sozialwissenschaftlichen Risikoforschung entwickelt worden (etwa Beck 1986).

Diese Argumentation gewann nach 1996 an Popularität. Unsicherheit wurde nun über eine normativ aufgeladene, aber als Wissensfrage gefasste Interpretation des Konsumenten als Versuchskaninchen einer technischen Entwicklung mit unabsehbaren Auswirkungen thematisiert. Mit anderen Worten, normative Fragen wurden in Wissensfragen transformiert. Möglich wurde dies, weil neue Risikokonzepte zu prinzipiell unabschließbaren Kontroversen geführt hatten und damit regulative Entscheidungen blockiert wurden.[12]

Offizielle Versuche, die Interpretation des Risikobegriffs wieder auf ein engeres technisch-naturwissenschaftliches Verständnis zu begrenzen, gelangen zwar zunächst in Hinblick auf die Regulierung, in der öffentlichen Auseinandersetzung scheiterte dieser Versuch allerdings. Im öffentlichen Diskurs über die Grüne Gentechnik spielte die technisch-naturwissenschaftliche Risikobewertung nur eine untergeordnete Rolle (Wagner et al. 2001). Wie Umfragen zeigten, war die öffentliche Meinung zur Gentechnik näher an der Position gentechnikkritischer NGOs als an der Position der Regulatoren (Durant et al. 1998).

In diesem konzeptuellen und interpretativen Spannungsfeld änderte sich nun der regulative Umgang mit der umstrittenen Technologie zusehends in einer Weise, die den Eindruck einer Neuorientierung der europäischen Politik auf diesem Gebiet hervorrufen konnte. Gegenüber der Regulierung von vor 1996, die die Förderung der Gentechnik mit dem

---

[12] Offensichtlich wurde dies auf EU-Ebene in erster Linie im Abstimmungsverhalten über Anträge zum Inverkehrbringen von gentechnisch veränderten Nutzpflanzensorten, wobei die Vertreter der Mitgliedsländer in etlichen Fällen zu keinem eindeutigen Abstimmungsergebnis kommen konnten. Daraus resultierte ein Hin- und Herschieben des strittigen Themas zwischen Rat und Kommission, mit der Folge, dass Entscheidungen unmöglich wurden (Grabner et al. 2001).

Ziel verband, die unterschiedlichen nationalen Regulierungsansätze zu integrieren, schienen die neuen Regelungen und Institutionen eine andere Botschaft zu vermitteln: Das de-facto-Moratorium für Neuzulassungen gentechnisch veränderter Pflanzen von 1999 etwa bedeutete – zumindest auf den ersten Blick – eine teilweise Abkehr von der Priorität wissenschaftlicher Expertise und damit vom Framing als reinem Wissenskonflikt. Später – und auf einer allgemeineren Ebene – schien das 2001 veröffentlichte „White Paper on European Governance" (Commission of the European Communities 2001) diesen Trend zu bestätigen. Die 2001 erfolgte Neuformulierung der Richtlinie zur Freisetzung und zum Inverkehrbringen von gentechnisch veränderten Organismen (2001/18/EG) schien ebenfalls der neuen Linie zu folgen.

Die Verankerung einer Kennzeichnungspflicht etwa war für Vertreter aus Industrie und Wissenschaft ein schwerer Rückschlag. Diese hatten stets argumentiert, dass Risiken nicht nachweisbar wären und daher eine Kennzeichnung zur Warnung der Konsumenten nicht notwendig sei. Die Regelung wurde aber nicht mit den Risiken gentechnisch veränderter Lebensmittel begründet, sondern damit, dass die Konsumentensouveränität gesichert werden solle – was zwar nichts mit wissenschaftlichen Erkenntnissen, aber viel mit politischen Prioritäten zu tun hatte.

Darüber hinaus wurde von der EU-Kommission das Vorsorgeprinzip als offizielles Policy-Prinzip explizit in der Richtlinie 2001/18 verankert. Mit der Schadensdimension wurde ein wertbezogenes Konstrukt in die europäische Regulierung eingebaut und – zumindest auf den ersten Blick – der Fokus vom Wissensframe weiter hin zu einem Werteframe verschoben.

Insbesondere US-amerikanische Kritiker der europäischen Politik vermuteten hingegen, dass es sich hier um eine versteckte Errichtung eines Handelshemmnisses handelte, um die Interessen der europäischen Nahrungsmittelindustrie zu schützen (Grabner et al. 2001). Damit gerieten auch Elemente eines Interessenkonflikts in den Fokus der Aufmerksamkeit.

Die Einrichtung einer europäischen Behörde für Lebensmittelsicherheit (EFSA)[13] im Jahr 2002 stellte hingegen einen Versuch dar, das Vertrauen der Öffentlichkeit in den Umgang mit Lebensmitteln zu erhöhen, indem eine unabhängige Behörde mit der Beurteilung der Risiken betraut wurde.[14] Gleichzeitig war aber mit der Etablierung einer für alle verbindlichen Expertise untrennbar der Aspekt der Zentralisierung und damit der Ausschaltung nationaler Egoismen verbunden (Levidow 2005, für den Bereich der Lebensmittelregulierung siehe auch Joerges/Neyer 1997).

Abgesehen von der anfangs schwer einschätzbaren Position der EFSA schienen sich mit der Politikkorrektur insgesamt die Rahmenbedingungen für die breite Einführung der Grünen Gentechnik in Europa deutlich verschlechtert zu haben. Gentechnisch veränderte Lebensmittel – zumindest soweit sie kennzeichnungspflichtig sind – haben auch ein Jahrzehnt nach ihrer ersten Einfuhr nur selten den Weg in die europäischen Lebensmittelmärkte gefunden.[15]

---

[13] Siehe http://www.efsa.eu.int/ (27.5.2006)
[14] Der Mangel an Unabhängigkeit der Untersuchungsbehörden war einer der Hauptkritikpunkte in der vorangegangenen Debatte um die Rinderseuche BSE (Millstone 2005).
[15] Das Scheitern gentechnisch veränderter Lebensmittel in Europa ist allerdings vor allem darauf zurückzuführen, dass gentechnisch veränderte Lebensmittel gar nicht erst in den Handel gelangten (vgl. Dreyer/Gill 2000).

5 Erklärungsansatz Policy-Learning?

Für diese Entwicklung wurde in der sozialwissenschaftlichen Literatur eine Reihe von Erklärungsansätzen diskutiert. So wurde auf den Bedeutungszuwachs von grünen Parteien hingewiesen, die seit den 1990er Jahren vermehrt auch an nationalen Regierungen beteiligt sind, vor allem aber auf Kampagnen von Umweltschutz-NGOs – u.a. im Zuge von gentechnikunabhängigen Lebensmittelskandalen – und der daraus resultierenden öffentlichen Mobilisierung. Diese Interpretation entspricht theoretischen Ansätzen zur Mobilisierung und zu Advocacy-Koalitionen (Sabatier 1988), die darauf verweisen, dass als Reaktion politischer Akteure auf öffentlichen Druck bestimmte mobilisierungsauslösende Elemente im Sinne eines Policy-Learning in geltende Regulierungen integriert werden. Eine solche Auffassung wäre auch mit der Annahme kompatibel, dass es 1996 eine „Störung"[16] gegeben hätte, die mittlerweile zu einem neuen, mittelfristig stabilen Policy-Gleichgewicht mit neuen Institutionen geführt hätte, die die kritischen Stimmen aufnahm. Diese Erklärungen führen zur Einschätzung, dass die nach 1996 zu beobachtende Neuausrichtung der Gentechnikregulierung in Europa das Ergebnis von Policy-Learning sei, bei dem die politischen Entscheidungsträger auf den nach 1996 stärker werdenden Druck der europäischen Öffentlichkeit reagiert und den vor 1996 dominierenden Wissensframe durch einen Werteframe zumindest ergänzt hätten. Dabei hätte sich in einer Mehrebenenperspektive der öffentliche Druck in den Mitgliedsstaaten auf die Entscheidungsfindung auf EU-Ebene ausgewirkt (für viele: Vogel 2001).

Die These vom Policy-Learning hat zwei empirisch überprüfbare Komponenten: Einerseits wird gesellschaftlicher Druck auf die politischen Institutionen postuliert, andererseits eine Neuausrichtung der Politik dieser Institutionen. Eine implizite Annahme verbindet beide Elemente: Die Neuausrichtung wäre aufgrund des öffentlichen Drucks erfolgt. Wie steht es nun mit der empirischen Grundlage dieser Aussagen?

Einige Befunde stützen die These vom gesellschaftlichen Druck auf die politischen Institutionen. In den Jahren nach 1996, den erwähnten „Years of Controversy" (Gaskell/Bauer 2001), ist laut Umfragen die gesellschaftliche Akzeptanz der Gentechnik in Europa gesunken. Gleichzeitig wurde Gentechnik zu einem mediengängigen Thema (Bauer et al. 2001). Allerdings hat die Einfuhr gentechnisch veränderter Sojabohnen nach Europa nicht zu einer einheitlichen Mobilisierung der europäischen Öffentlichkeit geführt (Hampel et al. 2006). In einigen europäischen Ländern gab es zwar ein relativ großes Medienecho, aber selbst dort waren etwa Massendemonstrationen als Anzeichen einer breiten Mobilisierung nicht zu beobachten. Es gab auch keine Marktzusammenbrüche, wie sie der europäische Rindfleischmarkt aufgrund der Rinderseuche BSE erlebt hatte. In manchen Ländern wie Frankreich und Italien waren es zudem erst die Regierungen, die die Diskussionen auslösten (Allansdottir et al, 2001, Marris 2000).

---

[16] Baumgartner und Jones (1993) unterscheiden zwei Funktionsmodi institutioneller Politik: Im „Normalmodus", in dem Experten eine große Rolle spielen, können mehrere Themen gleichzeitig („parallel") vom politisch-regulativen System bearbeitet werden. In Krisenzeiten wird das System überlastet und wechselt in den Modus der „seriellen" Abarbeitung, bei der nur ein oder wenige Themen von erheblicher Bedeutung von der jeweiligen politischen Institution beachtet werden. Neue Akteure werden involviert, und eine Restrukturierung eines politischen Subsystems kann die Folge sein. Bestehende Leitbilder und Institutionen werden ersetzt, auch wenn das jeweilige Thema wieder weniger Beachtung erhält. Nach Baumgartner und Jones wechseln Phasen der Umwälzung mit lang andauernden Phasen der Stabilität und des Gleichgewichts, wobei diejenigen Gruppen den Frame der Politik bestimmen, die zuvor wesentlich am Zustandekommen eines rapiden Wandels beteiligt waren.

Nach den klassischen Kriterien für öffentliche Mobilisierung (Kriesi 2001) kann nach 1996 also nicht von einer solchen gesprochen werden. Am ehesten verweisen noch die Aktionen der französischen Landwirtschafts-NGO „Conféderation Paysanne" unter ihrem charismatischen Führer José Bové auf faktische Ansätze einer Mobilisierung. Zumeist blieb der Protest auf der Ebene von mehr oder weniger medienwirksamen kurzfristigen Aktionen von NGOs, die zwar auf offenbar weit verbreiteten, jedoch stillen Beifall trafen und kaum Nachfolgeaktionen hervorriefen. Diese Aktionen wurden von den Medien aufgegriffen, was eine entsprechend gesteigerte, aber eher kurzfristige öffentliche Aufmerksamkeit hervorrief. In diese Richtung deuten Befunde aus den Eurobarometer-Umfragen von 1996 bis 2002, wonach Gentechnik trotz ihrer Mediengängigkeit durchaus kein Thema der Alltagskommunikation wurde.[17]

Ebensowenig kam es zu stabilen sektorübergreifenden Koalitionen gegen die Einführung der Grünen Gentechnik, es ließen sich lediglich temporäre Interessenüberlappungen ausmachen, etwa zwischen Umweltverbänden und großen Handelsunternehmen. In Frankreich, Belgien, Großbritannien, Irland und Italien erklärten sich diese 1999 bereit, bei ihren Eigenmarken auf gentechnisch veränderte Lebensmittel zu verzichten, was auch in anderen Ländern zu verstärktem Druck auf Handelsketten führte.[18] Derartige strategischen Allianzen übten Druck auf die Hersteller aus, die sich erheblichen Problemen ausgesetzt sahen, hätten sie gentechnisch veränderte Lebensmittel vermarktet.

Wenn die Input-Seite des Konzepts problematisch ist, was ihre empirische Evidenz betrifft, stellt sich die Frage, wie es dann mit der Output-Seite aussieht? Die zweite Annahme der Policy-Learning These thematisierte ja die Reaktionen des Regulierungssystems[19], das demnach mit einer Neuausrichtung der entsprechenden Politik reagiert hätte. Die Frage ist also, ob es die postulierte Neuausrichtung tatsächlich gab bzw. was darunter zu verstehen sei.

Es wurde bereits darauf hingewiesen, dass das White Paper der EU-Kommission, das Moratorium und die Einführung des Vorsorgeprinzips als Hinweise für ein Policy-Learning gesehen werden können. Demnach hätten die Europäische Kommission und der Rat „gelernt", dass es nicht ausreicht, den Konflikt um die Grüne Gentechnik ausschließlich als Wissenskonflikt zu konfigurieren, sondern dass die Werteperspektive integriert werden müsse. Bei genauerer Betrachtung relativiert sich aber auch hier der Befund, dafür zeigt sich deutlich die Problematik eines Balanceakts zwischen dem Werte- und dem Wissensframe unter politisch brisanten Vorzeichen.

Zunächst ist anzumerken, dass die regulativen Neuerungen, die als Beleg für die Policy-Learning-These herangezogen werden, sich auf einer eher allgemeinen Ebene bewegen, auch wenn die Neuformulierung der entsprechenden Richtlinie natürlich auch in praktischer Hinsicht zunächst als tief greifende Maßnahme gelten kann. Dennoch fällt auf, dass der Konflikt in der Praxis nach wie vor als reiner Wissenskonflikt gerahmt wird. So spricht etwa die spezielle Umsetzung des Vorsorgeprinzips und der Umgang mit Unsicherheit in

---

[17] So ist der Anteil der vom Eurobarometer Befragten, der angab, vor dem Interview noch nie über Gentechnik gesprochen haben, zwischen 1996 und 2002 nicht gesunken, sondern von 50,9% im Jahr 1996 auf 52,6% im Jahr 2002 gestiegen (eigene Berechnungen).
[18] In Deutschland etwa organisierte Greenpeace ein Konsumentennetzwerk gegen die Vermarktung gentechnisch veränderter Lebensmittel. Vorreiter dieser Entwicklung war Österreich, wo bereits 1997 NGOs und drei große Handelsketten eine Arbeitsgruppe zu gentechnikfreien Lebensmitteln bildeten.
[19] Unter dem Begriff „Regulierungssystem" verstehen wir das Zusammenspiel von Institutionen der Politik und Verwaltung zum Zweck der Regelung strittiger Themen.

der „Mitteilung zum Vorsorgeprinzip" der Kommission (Commission of the European Communities 2000) eher für eine Fortführung des klassischen Risiko-Ansatzes, Unbeherrschbares in Beherrschbares zu transformieren, als für eine grundlegende Veränderung des Risikokonzepts, die den Gentechnikkritikern entgegenkäme. Für die Beibehaltung des technisch-naturwissenschaftlichen Risikoverständnisses spricht auch die Tatsache, dass die erwähnte Europäische Lebensmittelbehörde (EFSA) im Wesentlichen nach dem „Sound Science"-Prinzip agiert (Levidow 2005).

Ansätze wie das Prinzip der Rückverfolgbarkeit („Traceability") und damit verbunden die obligatorische Kennzeichnung gentechnisch veränderter Lebensmittel, die oft als Zeugen eines Policy-Wandels bemüht werden, lassen sich hingegen eher als Verlagerung des Governance-Schwerpunkts von der Einzelregulierung auf die Definition allgemeiner Bedingungen interpretieren, die stärker auf Marktmechanismen setzt. Das Verbot von Antibiotika-Markern schließlich folgte einer technischen Entwicklung: Mittlerweile waren derartige Instrumente in der Züchtung nicht mehr notwendig, boten aber Anlass für Kritik in der Öffentlichkeit. Die Befristung der Genehmigung für das Inverkehrbringen allerdings war für die Anwender ein schwerer Schlag, eröffnet den Behörden einerseits mehr Möglichkeiten für eine Revision einmal getroffener Entscheidungen und reduzierte damit die Bedeutung von Zulassungsentscheidungen, die so leichter als nicht-endgültig kommunziert werden können. Es scheint somit, dass sich am Ziel wenig geändert hatte, dass aber die Methoden mit Blick auf Erleichterungen für die Behörden adaptiert worden waren.

Es fragt sich also, wie die oben geschilderten Veränderungen zu interpretieren sind. Die Policy-Learning-Hypothese geht davon aus, dass gesellschaftlicher Druck die politischen Institutionen gezwungen oder motiviert hat, den Frame ihrer Regulierung zu verändern. Sie unterstellt damit ein unidirektionales Kausalmodell, bei dem die unabhängige Variable – der gesellschaftliche Druck – die abhängige Variable – die Reaktion der Politik – erklärt. Dass sich beide Komponenten dieser Erklärung nicht eindeutig identifizieren lassen, legt die Vermutung nahe, dass für die Analyse dieses speziellen Konflikts dieser Ansatz, der gesellschaftliche Akteure als aktiv und das politische System als passiv betrachtet, etwas zu eng gewählt ist.[20]

6 Frames und Gates – Schnittstellen zwischen Gesellschaft und Regulierungssystem

An Stelle eines gerichteten Kausalmodells schlagen wir ein Interdependenzmodell vor, bei dem die wechselseitigen Interaktionen zwischen Akteuren im Vordergrund stehen. Das politische System ist hier selbst ein Akteur, der um Entscheidungskompetenz kämpft. Ein wesentlicher Parameter für diese Kompetenz ist die Wahl eines Frames, auf den die Akteure verpflichtet werden können. Um diese Unabhängigkeit zu erhalten, ist, wie eine systemtheoretische Sicht nahe legt, neben Routineprozessen der Informationsselektion und -verarbeitung auch eine explorative Umweltbeobachtung erforderlich, um möglichst frühzeitig Entwicklungen beeinflussen zu können, die diese Unabhängigkeit gefährden.[21]

---

[20] Damit wird natürlich nicht die These vom Policy-Learning als solche widerlegt, sondern nur gezeigt, dass diese zwar auf den ersten Blick gut geeignet scheint, die politische Entwicklung des Biotechnologie-Konflikts nach 1996 zu beschreiben, auf den zweiten und dritten Blick aber kein geeignetes Instrument ist, um die Entwicklung zu analysieren.
[21] Lernen setzt die Möglichkeit voraus, Erfahrungen aus Vorgängen in bestimmten Kommunikationszusammenhängen in anderen Kontexten anzuwenden. In systemtheoretischer Sicht sind derartige Übertragungen über Sys-

Zur Erläuterung eines solchen Modells müssen wir uns zunächst mit den Bedingungen der Umweltwahrnehmung des Regulierungssystems beschäftigen. Nicht nur aus der Systemtheorie wissen wir, dass Umwelt überkomplex ist und nur dann bearbeitet werden kann, wenn diese Komplexität reduziert wird. Diese Reduktion erfolgt zunächst durch die Wahl eines als adäquat angesehenen Frame aus einer Reihe von möglichen. So wurde zum Beispiel der Frame „Wissenskonflikt" als passend für die Bearbeitung des Konflikts um die Grüne Gentechnik ausgewählt, während der Frame „Wertekonflikt" verworfen und der Frame „Interessenkonflikt" als für die Regulierung ebenfalls als inadäquat angesehen wurde.[22] Dabei können unterschiedliche Frames aber durchaus auch gegeneinander abgewogen werden,[23] wobei es zu einer Kompromissbildung kommen kann, in der einzelne Argumente aus einem anderen Frame importiert werden.[24] Entsprechend können sich Frames auch verändern, wenn der bei einem Konflikt ständig mitlaufende Abwägungsprozess aufgrund anderer Inputs (oder veränderter Machtverhältnisse) zu differierenden Ergebnissen kommt.

Die Entwicklung eines Frames muss allerdings für die politisch-administrative Praxis so präzisiert werden, dass, wie eingangs erwähnt, unterschiedliche Akteure innerhalb des regulativen Systems zu ähnlichen, zumindest kompatiblen Entscheidungen kommen.[25] Um aber den gewählten Frame aufrechterhalten zu können, bedarf es eines präzisen Filters, der Information nach formalen und deklarierten Kriterien selektiert. Das hypothetische Filterelement, das diese Aufgabe bewältigt, nennen wir „Gate" (Torgersen/Hampel 2001). Mit diesem Begriff bezeichnen wir die politisch-administrative Operationalisierung des vom regulativen Systems präferierten Frames. Das Gate lässt sich als eine funktionale Einheit, sei es eine Institution, etwa eine Behörde oder ein Gesetz, oder ein formaler Prozess oder eine Kombination von beidem verstehen. Entscheidend ist, dass die Zulassung durch explizite Entscheidungsregeln definiert wird. So bildet das Gate – themenabhängig – die offizielle Schnittstelle eines bestimmten Teils des Regulierungssystems mit der Umwelt.[26] Während Frames allgemein eingenommene Perspektiven bezeichnen, die unterschiedliche Konkretisierungen erfahren können, operiert das Gate unter definierten Bedingungen und

---

temgrenzen hinweg sinnlos, weil die Kommunikationszusammenhänge in verschiedenen (Teil-)Systemen jeweils andere sind. Insofern ist es auch müßig, von Lerneffekten zu sprechen – die Eigensinnigkeit der jeweiligen Kommunikationszusammenhänge in einem (Teil-)System lässt nur ex-post Aussagen bezüglich einer adäquaten Kommunikation innerhalb dieser zu. In dieser strengen Sicht ist es tatsächlich unfruchtbar, von Lernen zu sprechen. Eine Kritik lerntheoretischer Ansätze aus einer streng systemtheoretischen Sicht ist daher wenig Ziel führend und hier auch nicht beabsichtigt. Vielmehr wird versucht, Vorgänge zu veranschaulichen, deren Ergebnisse als Resultat von Policy- Learning erscheinen.
[22] Beide Frames existierten aber weiter – der Frame „Wertekonflikt" in der Argumentation vieler Gentechnik-Gegner, der Frame „Interessenkonflikt" in der Argumentation von Industrievertretern, einiger Beamter der EU-Kommission und einiger nationaler Regierungen, insbesondere auch – auf einer anderen Ebene – der US-Regierung. Auch in der Literatur findet sich dieser Frame, z.B. bei Vogel (2001).
[23] In der Rechtsprechung ist dies unter der Bezeichnung Güterabwägung durchaus gängig.
[24] Ein Beispiel liefert etwa die Diskussion um die Stammzellforschung, bei der neben Wissensfragen auch moralische Aspekte berücksichtigt werden.
[25] Die Aufgabe der Verwaltungsgerichtsbarkeit ist es dann, dafür zu sorgen, dass der Entscheidungsspielraum präzisiert wird.
[26] Funktionsbasierte Analysekategorien wie die eines „Gates" sind notorisch problematisch, nicht zuletzt deswegen, weil sie zu essentialistischen Missverständnissen Anlass geben können. Wir postulieren allerdings keine realen institutionellen Korrelate zu diesen Kategorien, sondern wollen sie heuristisch zur Veranschaulichung und konzeptuellen Trennung unterschiedlicher Funktionen bei Vorgängen verstanden wissen, deren Resultat hier als Policy-Learning angesprochen wird. Dass zuweilen institutionelle Korrelate auftreten, wird damit aber nicht ausgeschlossen.

nach etablierten und allgemein bekannten Kriterien.[27] Allerdings setzt es der jeweilige Frame (oder die als gültig angesehene Präferenzordnung mehrerer Frames oder deren Elemente) nicht immer vollständig um. Da sich Frames ständig entwickeln, kann es unter Umständen zu mehr oder weniger ausgeprägten Diskrepanzen zwischen Frame und Gate kommen.

Die entscheidende Aufgabe des Gate ist es, zwischen zugelassenen und nicht zugelassenen Argumenten zu unterscheiden. Nur solche Argumente passieren das Gate, die mit den definierten Kriterien übereinstimmen. Wenn der Input eines Akteurs diesen Kriterien nicht entspricht, wird dieser nicht weiter verarbeitet.[28] In unserem Beispiel der Grünen Gentechnik etwa wird jedes Argument bezüglich eines möglichen Risikos zurückgewiesen, das nicht den Kriterien wissenschaftlicher Evidenz genügt. Nicht zugelassen bedeutet in diesem Zusammenhang, dass Argumente zwar geäußert werden können, aber nicht weiter verarbeitet werden.

Das Gate erlaubt somit dem Regulierungssystem, die Informationsmenge so weit zu begrenzen, dass sie mit den vorhandenen Informationsverarbeitungsroutinen bearbeitet werden kann, und weist alle darüber hinausgehenden Informationen zurück. Informationen, die das Gate passieren, können in der Folge durch etablierte und formalisierte Entscheidungsroutinen weiter verarbeitet werden. Das Regulierungssystem reduziert damit Umweltkomplexität und schützt sich vor Überlastung.

Die Definition eines Gates ist – wie auch die eines gültigen Frames – nicht von vornherein festgelegt, sondern selbst Resultat vergangener politischer Entscheidungen. Wie ein Gate definiert ist, hängt einerseits von der politischen Durchsetzungsfähigkeit unterschiedlicher Interessen ab, andererseits auch von den Eigeninteressen des Regulierungssystems. Ein Gate ist allerdings veränderbar (wenn auch meist auf längere Sicht als Frames), und politische Akteure versuchen dementsprechend, das Gate zu ihren Gunsten zu verändern.

Das Konzept des Gate betont Selektion und Exklusion und konzeptualisiert diejenigen Teile des politischen Prozesses, bei denen die Öffentlichkeit und Interessenvertreter aktiv sind, während das Regulierungssystem passiv bleibt. Vor allem bei erhöhtem Druck von außen – im Fall von Technikkontroversen etwa durch öffentliche Mobilisierung gegen das jeweilige technische Vorhaben oder die Technologie an sich – kann nun die Selektionsfunktion des Gate außer Kraft gesetzt werden. Dann wird das Gate „überflutet" und Argumente werden akzeptiert, die normalerweise zurückgewiesen würden. Die Folge ist meist, dass das Regulierungssystem in einen anderen „Bearbeitungsmodus"[29] übergeht und Teile seiner Autonomie verliert. Eine solche Entwicklung gilt es aus Sicht der jeweiligen politischen Institution zu verhindern.

Die entscheidende Frage ist nun, ob es sich bei der „Überflutung" des Gate um eine vorübergehende Erscheinung handelt oder ob sich die Selektionskriterien des Gate dabei wesentlich verändern.[30] Die Policy-Learning-These impliziert, dass als Folge gesellschaftlichen Drucks das Gate längerfristig verändert wird und „lernt", Argumente passieren zu

---

[27] Salopp gesprochen könnte man sagen, ein Frame sei, wie man über eine Sache spricht, ein Gate hingegen das, was man (regulativ) damit tut.
[28] Dies verweist auf die eingangs betonte Bedeutung, die der Selektion von Frames – und damit Gates – für die Entwicklung von Durchsetzungschancen unterschiedlicher Konfliktparteien zukommt.
[29] Nach Baumgartner/Jones (1993) der „Notfallmodus", in dem nicht mehr mehrere Themen parallel, sondern nur mehr ein dringendes mit der ganzen Kapazität der Institution behandelt wird, siehe Fußnote 11.
[30] So wurde zum Beispiel am Höhepunkt der BSE-Krise ein Importverbot für britisches Rindfleisch als Notmaßnahme beschlossen, ohne dass allerdings der wissenschaftliche Hintergrund völlig anders beurteilt worden wäre.

lassen, die vor dem Prozess zurückgewiesen worden wären.[31] Das bedeutet aber, dass es eine derartige Krise, oder, um im Bild zu bleiben, „Überflutung", tatsächlich gegeben hat.

Im Fall der Grünen Gentechnik ist dies, wie wir darzulegen versucht haben, trotz der vermehrten Medienberichterstattung zumindest fraglich. Hingegen scheint sich das dominante Frame verändert zu haben, indem es Elemente aus Wert- und Interessenkonflikten aufnahm. Im Gegensatz dazu erwies sich das Gate als weitgehend resistent gegen Veränderungen – zulässige Argumente waren nach wie vor im Wesentlichen beschränkt auf nachgewiesene oder zumindest empirisch untermauerte Risikopostulate für Gesundheit und Umwelt, die von den Kritikern nicht beigebracht werden konnten. In der Folge konnte daher auch die EFSA keine Gründe erkennen, warum die nach Aufhebung des de-facto-Moratoriums zur Begutachtung vorgelegten Anträge auf Inverkehrbringen nicht genehmigt werden sollten.

7 Mobilisierung und Detektoren

Ein zentrales, wenn auch zuweilen implizites Element der Policy-Learning-These ist öffentliche Mobilisierung. Eindeutig zu bestimmen, was Mobilisierung im Fall von Technikkontroversen eigentlich ausmacht, ist allerdings nicht leicht (s.o.). Zwar liefert etwa die Kontroverse um die Kernkraft und den Verzicht auf den Bau weiterer Atomkraftwerke in Deutschland und Österreich Beispiele zuhauf – hier ergaben sich zeitweise für die Politik äußerst bedrohliche Konstellationen, die lange nachwirkten.[32] Die Bewegungsforschung operationalisiert den Begriff daher vor allem in Hinblick auf sein Ergebnis, den Protest, und sucht Kriterien für dessen Beurteilung aufzustellen (z.B. Rucht 2001, Kriesi 2001), wobei Ereignisse wie etwa Großdemonstrationen und die Berichterstattung hierüber als wesentliche Elemente gelten. Solche „echten" Mobilisierungsereignisse sind allerdings vergleichsweise rar.

Oft ist es in erster Linie von der Perspektive des Betrachters abhängig, ob von Mobilisierung gesprochen wird oder nicht – Mobilisierung lässt sich daher allenfalls als soziale Konstruktion verstehen. So kann beispielsweise bereits eine stillschweigende Übereinkunft in den Medien, dass ein Thema von großer öffentlicher Bedeutung sei, einen erheblichen politischen Druck ausüben.[33] Themen, die für Normalbürger völlig nebensächlich sind, werden so für das Regulierungssystem zu brisanten „heißen Kartoffeln", deren adäquate Behandlung äußerst kontrovers diskutiert wird. Störungen aufgrund solcher als bedrohlich wahrgenommener Themen, die etwa zu einer Außerkraftsetzung des Gate führen könnten, gilt es daher zu vermeiden.

---

[31] Als Beispiel lässt sich etwa die BSE-Krise anführen, in deren Verlauf die Möglichkeit der Übertragung des krankheitsauslösenden Agens (Prionen) vom Rind auf den Menschen anerkannt wurde – was vorher als vom wissenschaftlichen Standpunkt aus unmöglich dargestellt wurde. Dieses Eingeständnis hatte weit reichende Konsequenzen bis hin zu einem vorübergehenden Embargo britischen Rindfleischs (Millstone 2005).
[32] So verzichtete die österreichische Bundesregierung nach der Niederlage in der Volksabstimmung über die Nutzung der Kernenergie 1976 in Österreich auf die Inbetriebnahme des vollständig fertig gestellten Kernkraftwerks in Zwentendorf. Dies wird als eine der größten politischen Niederlagen des damaligen Bundeskanzlers Kreisky angesehen (Gottweis/Latzer 1991).
[33] Das ist insbesondere dann der Fall, wenn große Fernsehsender oder auflagenstarke Boulevard-Blätter das Thema aufgreifen. Es ist allerdings zu betonen, dass Medien Themen meist nicht „erfinden", sondern solche Themen aufgreifen, von denen sie annehmen, dass sie für viele ihrer Nutzer von Interesse sind (Schenk 2002).

Aber wie werden solche Themen frühzeitig identifiziert? Denn wenn das Regulierungssystem für die Interaktion mit der Umwelt nur Gates hätte, würden Phasen des normalen Funktionierens und Konfliktphasen, in denen der öffentliche Druck so groß wird, dass der normale Modus nicht mehr funktioniert, rasch alternieren. Das Regulierungssystem wäre daher permanent von Krisensituationen erschüttert, insbesondere bei neuen Konflikten.[34] Das Regulierungssystem verfügt daher über einen weiteren Kanal zur Umweltbeobachtung, den wir „Detektor"[35] nennen. Denn obwohl ein Filtern von Informationen notwendig ist, um nicht in der Informationsflut zu ertrinken, ist es auch erforderlich, über potenziell relevante soziale, politische und wissenschaftliche Entwicklungen ausreichend informiert zu werden, bevor es „zu spät" ist.[36]

Zu diesem Zweck beobachtet jedes Teil des Regulierungssystems seine Umwelt und sucht Entwicklungen zu identifizieren, die seine Autonomie und Legitimität entweder stärken oder gefährden. Die Detektoren screenen dabei aktiv ihre Umwelt, ohne zunächst die wahrgenommenen Inhalte auf Kompatibilität mit dem jeweils gültigen Frame zu selektieren. Vielmehr suchen sie nach Hinweisen auf mögliche Bedrohungen für das normale Funktionieren des Regulierungssystems. Dabei ist es für einen Detektor nicht erforderlich, dass z.B. gesellschaftlicher Druck aus Mobilisierung „wirklich" entsteht, um Auswirkungen zu haben. Es ist ausreichend, wenn die Erwartung vorhanden ist, dass eine Mobilisierung eintreten könnte.

Was hätten, um im Bild zu bleiben, die postulierten Detektoren nun nach 1996 zum Thema Grüne Gentechnik und Öffentlichkeit an das Regulierungssystem berichten können? Einige Entwicklungen wirkten tatsächlich bedrohlich (Seifert 2002): So war infolge der BSE-Krise das Vertrauen der Öffentlichkeit in das auf einem technisch-naturwissenschaftlichen Verständnis basierenden Risikomanagement erschüttert worden. Der Zusammenbruch des europäischen Rindfleischmarkts hatte gezeigt, welche Risiken ein Unterschätzen der Öffentlichkeit barg. Die nach den ersten Importen gentechnisch veränderten Sojas angelaufenen Kampagnen internationaler NGOs gegen die Grüne Gentechnik in vielen Ländern wurden, von den Medien amplifiziert, zu einem ernst zu nehmenden Bedrohungsfaktor (Hampel et al. 2006).

Eine derartige Mischung, so könnte man annehmen, erforderte Gegenmaßnahmen. Um eine Mobilisierung zu verhindern, war offenbar eine Hauptstrategie, Zeit zu gewinnen. So könnte das Thema aus den Schlagzeilen und damit der öffentlichen Wahrnehmung gebracht werden (Downs 1972). Eine Änderung des Frames, die den Kritikern entgegenkam, konnte hierbei helfen, den Druck zu verringern. Eine weitere Strategie beruhte darauf, durch proaktives Handeln etwaigen Mobilisierungsversuchen zuvor zu kommen, wobei auch neue Wege beschritten wurden. Ein Beispiel lieferte Frankreich, wo eine dort unübliche „Bürgerkonferenz" nach dänischem Muster Möglichkeiten bot, den kritischen Stimmen Raum zu geben und gleichzeitig den Protest zu begrenzen (Marris 2000). Außerdem sollten gentechnikkritischen NGOs keine Anlässe für die Organisation von Kampagnen geboten werden. In diesem Licht macht die aktive Auseinandersetzung mit dem Thema durch die französische Regierung durchaus Sinn. In Brüssel kam es zu hektischen Aktivitäten, die etwa zu der

---

[34] Hingegen sind bei traditionellen Konflikten wie etwa Tarifkonflikten die zur Bearbeitung notwendigen Routinen seit langem eingefahren – jedenfalls in den meisten Fällen.
[35] Ähnlich wie der Begriff ‚Gate' bezeichnet der Begriff ‚Detektor' keine abgegrenzte organisatorische Einheit – Detektoren können sehr vielgestaltig sein, entscheidend ist die Funktion, die sie erfüllen.
[36] Während das Gate Input von außen selektiert, beobachten Detektoren in umgekehrter Richtung von innen nach außen.

im Januar 1997 etwas überhastet verabschiedeten Novel-Food-Verordnung[37] führten. Auch die Verkündung des De-facto-Moratoriums (das allerdings offiziell nie so genannt wurde) für neue Produktzulassungen, bis die entsprechende Richtlinie überarbeitet sein würde, lässt sich durchaus als öffentlichkeitswirksame Maßnahme im Sinn einer „Denkpause" zur Verminderung des Drucks durch Zeitgewinn verstehen.[38]

Die weiteren, bereits dargelegten Maßnahmen der EU-Kommission griffen z.T. den dominierenden Frame der Gentechnikkritiker rhetorisch auf, ohne aber wesentliche Änderungen in der praktische Politik zu fixieren; sie führten aber einen deutlich öffentlichkeitsbezogenen Duktus ein. Anders als es das Konzept des Policy-Learning erwarten ließe, wurde das Gate also nicht verändert, sondern erhielt vielmehr – nach einer Unterbrechung – seine alte Funktion zurück. Lediglich das Framing hatte sich zumindest temporär verändert: Es ging offenbar in erster Linie um die Erhöhung der regulatorischen Glaubwürdigkeit durch Maßnahmen, die über den bloßen Rekurs auf wissenschaftliche Wahrheit hinausgingen, ohne diesen in seiner Bedeutung für die Entscheidungsfindung zu schwächen. Als Folge wurde der Konflikt weiterhin als Wissenskonflikt geführt.

Der Erfolg war, dass auch nach Inkrafttreten der neuen Richtlinie 2001/18, der Gründung der EFSA und der Beendigung des Moratoriums 2004 die alten Konflikte um Risikopostulate und deren Entkräftung wieder auflebten.[39] An der regulativen Praxis hatte sich nichts wesentliches geändert, damit blieb auch die Pattsituation, in der einzelne Mitgliedsstaaten und die Kommission gefangen waren, was so wohl nicht beabsichtigt war. Außerdem hatte sich eine Diskussion um die Koexistenzfrage von gentechnischer und konventioneller Landschaft ergeben, die weitere regulative Unsicherheiten eröffnete.

Dass das Gate gleich geblieben ist, dürfte im übrigen mit den grundlegenden Frames der Gentechnikdiskussion zusammenhängen: Jasanoffs Postulat vom „to make biotech happen" gilt nach wie vor, denn die Vorstellung, dass technische Innovation als Grundlage ökonomischer Prosperität zu forcieren sei, ist so aktuell wie kaum je. Es fällt daher nicht schwer vorherzusagen, dass die Auffassung, lediglich nachgewiesene Risiken könnten Gegenargumente bieten, bis auf weiteres den regulativen Diskurs beherrschen wird. Das Novum ist, dass aus Sicht des Regulierungssystems zu diesen Risiken auch das der Mobilisierung gehört, nur ist hier offenbar kein Nachweis nötig. Aus sozialwissenschaftlicher Perspektive ist es allerdings keineswegs überraschend, dass die bloße Einschätzung, ein massives Problem könnte entstehen, zu entsprechenden Policy-Reaktionen führt.[40]

---

[37] Verordnung (EG) Nr. 258/97.
[38] Im Übrigen wäre vermutlich sowieso keine neue Produktgenehmigung erteilt worden, weil sich die Mitgliedsländer und die Kommission diesbezüglich wiederholt nicht einigen konnten.
[39] Durch die Verlagerung des Konflikts auf die WTO-Ebene wurden darüber hinaus die Anstrengungen der Europäischen Union zur Demobilisierung der europäischen Öffentlichkeit als Versuche gewertet, die Interessen der europäischen Landwirtschaft gegen ihre internationalen Mitbewerber zu protegieren. Der Konflikt, der innerhalb Europas vornehmlich als Wert- und Wissenskonflikt geführt wurde, wurde damit international endgültig als Interessenkonflikt rekonfiguriert.
[40] Zu denken ist hier an das Thomas-Theorem, demzufolge die Konsequenzen einer Situation real sind, wenn die Menschen sie als real definieren.

8 Schlussfolgerungen

Die analytische Differenzierung von Frames, Gates und Detektoren als Schnittstellen zwischen dem Regulierungssystem und der Öffentlichkeit erlaubt es, die Veränderungen der EU-Regulierung zur Grünen Gentechnik aus einer differenzierteren Perspektive zu betrachten und der Kontingenz des aufgetretenen Konfliktes besser gerecht zu werden. In einem solchen Licht wird nachvollziehbar, warum es weder eine zu beobachtende Mobilisierung noch grundlegende Veränderungen des praktischen regulativen Umgangs mit der Grünen Gentechnik gab, obwohl etliche politische Maßnahmen und offenkundige institutionelle Änderungen die Art veränderten, wie die europäische Politik die Grüne Gentechnik behandelte.

Die analytische Trennung von Gates und Detektoren erlaubt es, unterschiedliche Richtungen der Interaktion zwischen dem Regulierungssystem und seiner Umwelt zu thematisieren, die über die system- wie institutionentheoretisch wenig überraschenden Annahme hinaus geht, dass das Regulierungssystem Informationen selektiert und seine Umwelt kritisch zu beobachten versucht. Detektoren sind offen für Informationen, die von den Gates zurückgewiesen werden, was Auswirkungen auf das Handeln Betroffener hat. Während die Detektoren wichtig für die Interaktion mit der Umwelt sind, bestimmen die Gates nach wie vor die Regulierung. Die Entwicklung des Gentechnikkonflikts hat gezeigt, dass die Formulierung der Gates die Kommunikation der Akteure beeinflusst, die Einfluss auf politische Entscheidungen nehmen wollen.[41]

Anstatt reaktiv auf einen (wenn auch nur erwarteten) Druck der Öffentlichkeit zu reagieren, wie es die Policy-Learning-These für die Regulierungsinstitutionen unterstellt, können die institutionellen Änderungen in der europäischen Grünen-Biotechnologie-Regulierung als Versuch interpretiert werden, aktiv mit einem potentiellen Druck umzugehen, um trotz einer zweifellos vorhandenen kritischen Öffentlichkeit weiterhin an einer Politik festhalten zu können, die sich an der Förderung der Gentechnik und an einer evidenzbasierten „sound-science"-Risikobewertung orientiert. Es handelte sich dieser Interpretation zufolge weniger um eine Politikänderung (etwa im Sinne des policy shifts im advocacy-coalition-Ansatz) als um eine taktische Korrektur, weil die der Politik zugrunde liegenden Annahmen (und damit das „Gate") nicht verändert wurden, im Gegensatz zum „Frame" der Diskussion. Die dargestellten Veränderungen dienten demnach eher dem Ziel, erwartetem politischem Druck auszuweichen bzw. diesen zu kanalisieren als eine neue Regulierungsgrundlage für die Gentechnik umzusetzen, was im großen und ganzen gelungen ist: Eine Mobilisierung der Öffentlichkeit hat nicht stattgefunden. Bei den Policy-Veränderungen handelte sich demnach nicht um eine rein passive Reaktion auf Druck, sondern um Interaktionsprozesse aktiver Akteure, die danach trachten, ihre Frames durchzusetzen. Die eingangs erwähnte Veränderung der Regulierung wäre unter dieser Perspektive der Versuch, das alte Ziel der Förderung der Gentechnik weiter verfolgen zu können. Die damit verbundene Hoffnung auf einen reibungslosen Transfer gentechnisch veränderter Organismen vom Labor auf die Felder und in den Markt hat sich bislang allerdings nicht erfüllt. Dieses Ziel, nämlich ein funktionierendes regulatives Fließband einzurichten, auf

---

[41] Wie in FN 28 bereits angedeutet, sind Gates und Detektoren zwar analytische Kategorien, sie können aber zuweilen durchaus beobachtet werden. Eine sorgfältige Lektüre von Gesetzestexten etwa macht deutlich, welche Argumente eingebracht werden können und welche Argumente als irrelevant zurückgewiesen werden.

dem gentechnisch veränderte Nutzpflanzen von der Petrischale auf den Tisch der Konsumenten gelangen, konnte bisher trotz aller Bemühungen nicht erreicht werden.

9 Literatur

Allansdottir, Al. et al., 2001, Italy: from moral hazard to a cautious take on risks, in: Gaskell, G./ Bauer, M. (Hg.) a.a.O., 215-228

Bandelow, N. C., 1999, Lernende Politik. Advocacy-Koalitionen und politischer Wandel am Beispiel der Gentechnologiepolitik, Berlin: edition sigma.

Bauer, M., 1995: Towards a functional analysis of resistance, in: Bauer, M. (Hg.): Resistance to New Technology – Nuclear power, information technology and biotechnology, London: Cambridge University Press, 393-417.

Bauer, M., Kohring, M., Allansdottir, A., und Gutteling, J., 2001: The dramatisation of biotechnology in elite mass media. In: Gaskell, G. und Bauer, M. (Hg.): a.a.O., 35-52

Baumgartner, F. R. und Jones, B. D., 1993, Agendas and instability in American Politics, Chicago/London: University Chicago Press.

Beck, U., 1986, Risikogesellschaft – Auf dem Weg in eine andere Moderne, Frankfurt: Suhrkamp.

Bonacker, Th. 2005³, Sozialwissenschaftliche Konflikttheorien. Eine Einführung. Wiesbaden: Verlag für Sozialwissenschaften.

Bucchi, M., 2004, Science in Society. An Introduction to Social Studies of Science. London/ New York: Routledge.

Commission of the European Communities, 2000: Mitteilung der Kommission vom 2. Februar 2000 zur Anwendbarkeit des Vorsorgeprinzips [KOM(2000) 1 endg], http://europa.eu/scadplus/leg/de/lvb/l32042.htm (27.6.2006).

Commission of the European Communities, 2001. European Governance. A White Paper, COM 428, Brussels: CEC.

Cox, R. W., 1987, Production, Power and World Order. Social Forces in the Making of History, New York: Columbia University Press.

Dahrendorf, R., 1985, Soziale Klassen und Klassenkonflikte: Zur Entwicklung und Wirkung eines Theoriestücks. Ein persönlicher Bericht, Zeitschrift für Soziologie 3, 236-240.

Downs, A. 1972, Up and Down with Ecology – the "Issue Attention Cycle", in: Public Interest, 28,1, 38-50

Dreyer, M., Gill, B., 2000, Die Vermarktung transgener Lebensmittel in der EU - die Wiederkehr der Politik aufgrund regulativer und ökonomischer Blockaden, in: Spök, A., K. Hartmann, A. Loinig, C. Wagner, B. Wieser, B. (Hg.), GENug gestritten? Gentechnik zwischen Risikodiskussion und gesellschaftlicher Herausforderung, Graz: Leykam, 125-148

Durant, J. et al., (Hg.) 1998, Biotechnology in the Public Sphere. A European Sourcebook, London: Science Museum Press.

Etzioni, A., 1975, Die aktive Gesellschaft. Eine Theorie gesellschaftlicher und politischer Prozesse, Opladen: Westdeutscher Verlag.

Gaskell, G., Bauer, M. (Hg.), 2001, Biotechnology 1996-2000: the years of controversy, London: Science Museum.

Gill, B., 1991, Gentechnik ohne Politik. Wie die Brisanz der Synthetischen Biologie von wissenschaftlichen Institutionen, Ethik- und anderen Kommissionen systematisch verdrängt wurde, Frankfurt/New York, Campus.

Gill, B., 2003, Streitfall Natur. Weltbilder in Technik- und Umweltkonflikten, Wiesbaden, Westdeutscher Verlag.

Gottweis, H., Latzer, M., 1991, Technologiepolitik, in: Dachs, H. et al. (Hg.): Handbuch des politischen Systems Österreichs, Wien, Manz, 601-612.

Grabner, P. et al., 2001, Biopolitical diversity: the challenge of multilevel policy-making, in: Gaskell, G., Bauer, M. (Hg.), a.a.O., 15-34.
Hampel, J., Grabner, P., Torgersen, H., Boy, D., Allansdottir, A., Jelsøe, E., Sakellaris, G., 2006, Public Mobilization and Policy Consequences, in: Gaskell, G., Bauer, M. (Hg.). Genomics: Ethical, legal and social dimensions. London: Earthscan, im Druck
Hartmann, J. 2001, Das Politische System der Europäischen Union. Eine Einführung. Frankfurt/New York, Campus.
Jasanoff, S., 1995, Product, Process or Programme: Three Cultures and the Regulation of Biotechnology, in: Bauer, M. (Hg.): Resistance to New Technology – Nuclear power, information technology and biotechnology, London: Cambridge University Press, 311-331.
Joerges, C., Neyer, J., 1997, Transforming Strategic Interaction into Deliberative Problem-Solving: European Comitology in the Foodstuffs Sector, Journal of European Public Policy 4 (4), 1350-1763.
Kingdon, J. W., 1984, Agendas, alternatives and public policies, Little Brown/Boston/Mass.
Kriesi, H., 2001, Die Rolle der Öffentlichkeit im politischen Entscheidungsprozess, Discussion Paper P 01-701, Berlin: Wissenschaftszentrum Berlin für Sozialforschung.
Levidow, L., 2005, Expert-Based Policy of Policy-based Expertise? Regulationg GM Crops in Europe, in: Bogner, A., Torgersen, H. (Hg.): Wozu Experten? Wissenschaft und Politik: Sozialwissenschaftliche Diagnosen einer Beziehung im Umbruch, Wiesbaden: Verlag für Sozialwissenschaften, 86-108.
Lindenberg, S., 1993, Framing, empirical evidence, and applications, in: Herder-Dorneich, P., Schenk, K.-E., Schmidtchen, D. (Hg.), Jahrbuch für Neue Politische Ökonomie, Tübingen: Mohr (Siebeck), 11-38.
Luhmann, N. 1998, Die Gesellschaft der Gesellschaft. Bd. 2. Frankfurt/Main: Suhrkamp.
Marris, C. 2000: Swings and Roundabouts: French Public Policy on Agricultural GMOs since 1996: In: Notizie di Politeia 60/16: 22-37
Millstone, E., 2005, Science-based Policy-Making: An Analysis of Processes of Institutional Reform, in: Bogner, A., Torgersen, H. (Hg.): Wozu Experten? Wissenschaft und Politik: Sozialwissenschaftliche Diagnosen einer Beziehung im Umbruch, Wiesbaden: Verlag für Sozialwissenschaften, 314-344.
Randall, A. 1995, Reinterpreting ‚Luddism': resistance to new technology in the British Industrial Revolution, in: Bauer, M. W. (Hg.): Resistance to new technology. Nuclear power – information technology – biotechnology. Cambridge: Cambridge University Press, 57-79.
Rucht, D., 2001, Protest und Protestereignisanalyse: Einleitende Bemerkungen, in: Rucht, D. (Hg.): Protest in der Bundesrepublik – Strukturen und Entwicklungen, Frankfurt/New York: Campus, 7-25.
Sabatier, P. A., 1988, An Advocacy coalition Framework of Policy change and the Role of Policy-Oriented Learning Therein, Policy Science 21 (1), 129-168.
Saretzki, T., 1996, Wie unterscheiden sich Argumentieren und Verhandeln? in: Prittwitz, V. v. (Hg.): Verhandeln und Argumentieren, Dialog, Interessen und Macht in der Umweltpolitik, Opladen: Leske und Budrich, 19-39.
Schenk, M. 2002, Medienwirkungsforschung, Tübigen: Mohr Siebeck.
Schmidt, M. 2000^3, Demokratietheorien, Opladen: Leske und Budrich.
Seifert, F. 2002: Gentechnik - Öffentlichkeit - Demokratie. Der österreichische Gentechnikkonflikt im internationalen Kontext. München: Profil.
Sieferle, R. 1998, Fortschrittsfeinde. Opposition gegen Technik und Industrie von der Romantik bis zur Gegenwart. München: C.H. Beck.
Snow, D. A., Rochford, E. B., Worden S. K., Benford, R. D, 1986, Frame Alignment Processes, Micromobilization, and Movement Participation, American Sociological Review 51, 464-481.
Surel, Y. (2000): The role of cognitive and normative frames in policy-making, Journal of European Public Policy 7 (4), 485-512.

Torgersen, H. et al. 2002, Promise, problems and proxies: twenty-five years of debate and regulation in Europe. In: Bauer, M.W., Gaskell, G. (Hg.): Biotechnology - the Making of a global Controversy. Cambridge: Cambridge University Press, S. 21-94.

Torgersen, H., Hampel J. 2001, The Gate-Resonance Model. The Interface of Policy, Media and the Public in Technology Conflicts. Wien, Österreichische Akademie der Wissenschaften. http://epub.oeaw.ac.at/0xc1aa500d_0x0010b27b

Vogel, D., 2001, Ships Passing in the Night – GMOs and the Politics of Risk Regulation in Europe and the United States., RSC Working Papers, San Domenico di Fiesole: European University Institute (EUI) <http://hdl.handle.net/1814/1725>.

Wagner, W. et al. 2001, Nature in disorder: the troubled public biotechnology. In: Gaskell, G., Bauer, M. (Hg.) a.a.O., S. 80-95

Weber, Max, 2002[5] Wirtschaft und Gesellschaft. Aktuelle Ausgabe. Tübingen: Mohr (Siebeck). Erstausgabe 1922.

Willke, H., 2005, Welche Expertise braucht die Politik? in: Bogner, A., Torgersen, H. (Hg.): Wozu Experten? Ambivalenzen der Beziehung von Wissenschaft und Politik, Wiesbaden: VS Verlag für Sozialwissenschaften, 45-63.

Ein lokaler Umweltkonflikt in Latenz: grüne Gentechnik und Entwicklungspfade der Pflanzenbiotechnologie

Jobst Conrad

1 Einleitung

Die beiden Leitfragen dieses Beitrags sind, ob und in welcher Form gesellschaftliche Kontroversen um die grüne Gentechnik in Deutschland Entwicklungspfade und -muster der Pflanzenbiotechnologie in dem Innovationsverbund InnoPlanta in Nordharz/Börde beeinfluss(t)en, und weshalb es zu keinem Umwelt- und Technikkonflikt vor Ort kam. Außerdem wird abschließend nach den Möglichkeiten und Grenzen der Verallgemeinerbarkeit dieses Falls auf Umwelt- und Technikkonflikte in der Pflanzenbiotechnologie gefragt. Seine empirische Basis ist eine 2004 abgeschlossene sozialwissenschaftliche Begleitstudie über Optionen und Restriktionen ebendieses Innovationsnetzwerks (vgl. Conrad 2005).

Zu diesem Zweck resümiert der Beitrag zunächst dessen Entwicklung und die diese prägenden Rahmenbedingungen und skizziert konflikttheoretische Bezüge der Fallstudie. Danach beschreibt er den primär indirekten Einfluss der politischen Diskurse um die grüne Gentechnik auf Orientierung und Projektauswahl des Netzwerks und die diesbezüglichen Wahrnehmungen, Einstellungen und Vorgehensweisen seiner Mitglieder. Von Interesse sind im Rahmen dieses Buches sodann vor allem die Gründe, warum es bislang zu keinem signifikanten lokalen Technikkonflikt kam, während die nationalen Kontroversen um die grüne Gentechnik sehr wohl bedeutsam waren und sind (vgl. Bauer/Gaskell 2002, Gaskell/Bauer 2001).

Während andere sehr wohl vorhandene, den Innovationsverbund InnoPlanta prägende (interne) Konflikte nicht weiter behandelt werden, macht der Vergleich mit sich andernorts lokal sehr wohl manifestierenden Konflikten um die grüne Gentechnik deutlich, dass ein genereller gesellschaftlicher Konflikt selbst bei Vorliegen typischer Konfliktmerkmale nur bei ausgeprägter politischer Virulenz und/oder unter geeigneten (situativen) Bedingungen (einschließlich von Cournot-Effekten) mit hoher Wahrscheinlichkeit zu lokalen Konflikten führt, und dass umgekehrt zumeist nur ein massiver lokaler Konflikt eine überregionale technologische Kontroverse signifikant beeinflussen dürfte.

2 Rahmenbedingungen des Innovationsverbunds InnoPlanta

Nicht nur seitens der deutschen Technologiepolitik wird die Biotechnologie als Schlüsseltechnologie für internationale Wettbewerbsfähigkeit angesehen und entsprechend gefördert. Dabei zeichnen sich auch vielfältige Nutzungsmöglichkeiten der Pflanzenbiotechnologie ab, wobei die grüne Biotechnologie allerdings im Vergleich zur roten Biotechnologie mit eher geringen Gewinnspannen rechnen muss. Der 1996 begonnene kommerzielle Anbau transgener Pflanzen wuchs weltweit rapide auf 81 Mio. ha in 2004, allerdings konzentriert auf wenige Länder, insbesondere die USA. Dabei handelt es sich im Wesentlichen um die Input-Eigenschaften Herbizidtoleranz und Insektenresistenz der großflächig angebauten Kulturpflanzen Soja, Raps, Mais und Baumwolle. Wenige Agrochemiekonzerne (Syngenta, Bayer, Monsanto, DuPont, BASF, Dow) beherrschen den damit verknüpften Markt für Saatgut und Pflanzenschutzmittel (als die zentralen Märkte der Pflanzengentechnik) weitgehend. Die wirtschaftlichen Vorteile dieser ersten Generation transgener Pflanzen wurden bislang nur eingeschränkt nachgewiesen (vgl. Bernauer 2003). Die Profitabilität für die auf veränderte Output-Eigenschaften abzielende zweite Generation und für die auf *molecular farming* gerichtete dritte Generation transgener Pflanzen ist aufgrund biologischer, technischer und ökonomischer Probleme häufig noch fraglich. Daher ist nur für einige spezifische Output-Eigenschaften und Pflanzenarten mit deren kommerziellem Anbau in der nächsten Dekade zu rechnen, auch wenn sie gegenüber der ersten (auf Input-Eigenschaften gerichteten) Generation weit größere Marktpotenziale besitzen.

In der Europäischen Union spielen der kommerzielle Anbau transgener Pflanzen und der Handel mit Genfood bislang kaum eine Rolle. Diese Situation resultierte aus einer Kombination folgender Faktoren:

- heftige politische Kontroversen und soziale Diskurse um die (grüne) Gentechnik,
- Skepsis der Verbraucher gegenüber Genfood und dem Anbau transgener Kulturpflanzen,
- Misstrauen der Bevölkerung gegenüber Agro- und Nahrungsmittelindustrie und Regulierungsinstanzen,
- ein deshalb vorwiegend auf gentechnikfreie Lebensmittel setzender Lebensmittelhandel,
- im internationalen Vergleich restriktive Kennzeichnung und Gefährdungshaftung einschließende Regulierungen der Gentechnik und
- ein sechsjähriges De-facto-Moratorium der EU (1998-2004) für den Import von Genfood und den vermehrten Anbau transgener Pflanzen.

Von daher stellt sich für Akteure, die auf die kommerzielle Nutzung der Pflanzenbiotechnologie setzen, verstärkt die Frage nach der sozialen und politischen Akzeptanz der von ihnen entwickelten Produkte und Verfahren, die gentechnische Methoden und/oder gentechnisch veränderte Substanzen nutzen.

Unter der Voraussetzung, dass es zu keinem schwerwiegenden, der grünen Biotechnologie anzulastenden Unfall kommt, dürften sich die politischen und öffentlichen Kontroversen um die grüne Gentechnik mittelfristig vermutlich auf ein mit anderen Wirtschaftssektoren vergleichbares ‚normales' Maß einpendeln (Conrad 2005). Hierfür voraussichtlich maßgeblich verantwortlich wären

- die Durchsetzung von und Gewöhnung an rechtlich vorgegebene Sicherheitsstandards und -maßnahmen wie Kennzeichnung, Zulassungsbestimmungen, Gefährdungshaftung,
- die vermehrt fallspezifische und differenziertere Betrachtung von Nutzen und Risiken der grünen Biotechnologie,
- das Angebot von Produkten der grünen Biotechnologie, die mit nachvollziehbaren Nutzeffekten für den Verbraucher verbunden sind,

- und die allmähliche Ermüdung des gentechnischen Protests im öffentlichen Diskurs.[1]

Innovationspolitik will die Wettbewerbsfähigkeit einer Volkswirtschaft oder ausgewählter Sektoren stärken, die sich in einer zunehmend globalen Innovationsdynamik bewähren muss. Angesichts einer vergleichsweise geringen Produktivität und Konkurrenzfähigkeit der Wirtschaft in den ostdeutschen Bundesländern streben staatliche Transfers und Fördermittel vor allem die Stärkung von Wirtschaftskraft, Innovationsdynamik und Innovationseffizienz dieser Regionen an, um sie in den internationalen Technologiewettbewerb zu integrieren. Das in diesem Kontext entstandene InnoRegio-Programm des BMBF zielt primär darauf ab, mithilfe einer regional induzierten und organisierten Innovationsdynamik in ostdeutschen Gebieten die Bildung sich mittelfristig ökonomisch selbsttragender Netzwerke und Cluster anzustoßen (vgl. BMBF 2000, 2002, 2005, Conrad 2005, Eickelpasch et al. 2003). Verzweifelte Anstrengungen etwa des wirtschaftlich mit am ungünstigsten dastehenden Bundeslandes Sachsen-Anhalt, erfolgsträchtige wirtschaftliche Entwicklungen z.B. über eine Biotechnologieoffensive in Gang zu setzen, treffen sich dabei mit aus dem InnoRegio-Wettbewerb hervorgegangenen Netzwerken wie dem auf Pflanzenbiotechnologie ausgerichteten InnoRegio InnoPlanta in Nordharz/Börde. Von daher bestehen günstige Förderbedingungen, damit sich InnoPlanta zu einem nach Möglichkeit auch ökonomisch erfolgreichen Innovationsnetzwerk entwickeln kann.

Dabei zeichnet sich die Region Nordharz/Börde, zwischen Magdeburg und Quedlinburg liegend, wie die meisten ländlichen Regionen der ostdeutschen Bundesländer durch geringe wirtschaftliche Stärke und Dynamik und hohe Arbeitslosigkeit aus. Zugleich verfügt sie jedoch, klimatisch begünstigt, über eine relativ durchgängige Tradition und Expertise im Bereich von Sonderkulturen, Gewürz- und Heilpflanzenanbau und Saatzucht. Dies ist insofern von Bedeutung, als eine international wettbewerbsfähige Pflanzenzüchtung den Flaschenhals für die wirtschaftliche Umsetzung des Potenzials der Pflanzengentechnik bildet (Voß et al. 2002).

3   Entwicklungsgeschichte von InnoPlanta

Kennzeichnend für die Entwicklungsgeschichte von InnoPlanta sind vor allem folgende Merkmale:

Auf akteurzentrierter Handlungsebene nutzte ein kleiner Kreis von ca. zehn regional verankerten Promotoren mit komplementären Kompetenzen das sich mit dem InnoRegio-Wettbewerb öffnende Gelegenheitsfenster in 2000 zur Gründung eines Vereins, um die in der Region Nordharz/Börde im Bereich von Pflanzenbiotechnologie, Saatzucht und Landwirtschaft traditionell existierenden Institutionen und Kompetenzen in einem Netzwerk zu bündeln. Dieses Netzwerk, für dessen Gestaltung und strategische Entscheidungen viele der nämlichen Promotoren weiterhin maßgeblich verantwortlich zeichnen, bemüht(e) sich nun, wissenschaftlich und wirtschaftlich erfolgversprechende Forschungs- und Entwicklungs- (FE)-Projekte mithilfe öffentlicher Fördermittel in die Wege zu leiten und hierüber eine selbsttragende Innovationsdynamik in Gang zu setzen, die auf der Kooperation von wissen-

---

[1] Unter diesen Bedingungen gibt es keinen systematischen Grund, warum sich nicht langfristig ein alltäglicher und vertrauter Umgang mit Produkten der grünen Gentechnik einspielen können soll, wenn in der Praxis im Normalfall die weitgehend gefahrlose Nutzbarkeit gentechnischer Verfahren unterstellt werden kann.

schaftlichen Einrichtungen mit regionalen Industrieunternehmen, vor allem mit Saatzüchtern, auf der Gründung von innovativen Biotech-Unternehmen und auf der Einbindung von interessierten Dienstleistern und öffentlicher Verwaltung beruht. Letztendlich soll sie auf die Bildung eines Clusters der Pflanzenbiotechnologie hinauslaufen, in dem sich über Kooperationsabkommen auch Global Player aus Agrochemie und Biotechnologie engagieren würden.

Bis 2003 konnte sich InnoPlanta als ein organisatorisches Netzwerk mit einer kleinen Geschäftsstelle etablieren und stabilisieren. Dieses Netzwerk regt die Entwicklung von Projektideen an, begutachtet Projektanträge, administriert und koordiniert Projektbewilligungen und -abläufe zusammen mit den die FE-Vorhaben durchführenden Personen und Institutionen und dem Fördermittel bewilligenden Projektträger, betreibt externe Kontaktpflege und Öffentlichkeitsarbeit, führt eigene Veranstaltungen durch, bemüht sich um Wagniskapital und eine verstärkte Eigenfinanzierung von Projekten und entwickelt vermehrt längerfristig angelegte Netzwerkstrategien, wozu in 2004 auch eine klar erkennbare Positionierung zugunsten der grünen Gentechnik gehörte. Dabei spielten teils erzwungene Lernprozesse eine wichtige Rolle. Diese betrafen die Organisation der Netzwerkprozesse, die Möglichkeiten, sich substanziell einbringende Mitglieder jenseits wissenschaftlicher Institutionen für InnoPlanta zu gewinnen, die Abstimmung von Modalitäten der Projektbeantragung und -bewilligung, und die Umorientierung von einer vorrangig wissenschaftlichen Orientierung auf eine stärker industrielle Anwendungen anvisierende Ausrichtung der FE-Projekte, wie sie von BMBF und Projektträger verlangt wurde. Durch diesen Entwicklungsprozess wandelte sich InnoPlanta in Maßen von einer Beutegemeinschaft in ein Innovationsnetzwerk, auch wenn die eigenen Forschungs- und Geschäftsinteressen der ihm angehörenden Akteure im Zweifelsfall Vorrang genießen.

Bis 2004 waren, mit Ausnahme von BASF, die ein InnoPlanta angehörendes Biotech-Start-up mehrheitlich besitzt, weder Global Player aus Agrochemie und Biotechnologie noch potenzielle Gegenspieler des Innovationsverbunds, wie insbesondere Gegner der grünen Gentechnik als Akteure des Netzwerks oder im seine Aktivitäten mitprägenden Umfeld präsent. Als politische Akteure und Teilnehmer am öffentlichen Gentechnik-Diskurs spiel(t)en letztere jedoch als potenzielle Opponenten und Projektionsfiguren mental eine beachtliche Rolle, insofern die Mehrzahl der (entscheidungsrelevanten) InnoPlanta-Mitglieder sie für mögliche Akzeptanzprobleme verantwortlich macht; denn diese Mitglieder befürworten den Einsatz der Gentechnik in der Pflanzenbiotechnologie grundsätzlich, teils pragmatisch-selbstverständlich, teils auch enthusiastisch, und sind von dieser positiven eigenen, naturwissenschaftlich oder ökonomisch geprägten Einstellung auch völlig überzeugt.

Angesichts des zumindest bis 2004 gegebenen Kontexts mangelnder Akzeptanz von Genfood (vgl. Hampel 2004) und politischer Beschränkungen des Anbaus transgener Pflanzen finden sich unter den FE-Projekten von InnoPlanta keine, die speziell Genfood-Produkte entwickeln, und verzichten viele darauf, transgene Pflanzen zu erzeugen.[2] Thema-

---

[2] Drei FE-Vorhaben betreffen den Nonfood-Bereich transgener Pflanzen zur Herstellung industrieller Rohstoffe und zur Energiegewinnung. Vier FE-Vorhaben streben an, transgene Pflanzen mit veränderten Output-Eigenschaften zu generieren, im Wesentlichen verbesserte Gehalte an erwünschten Inhaltsstoffen, z.B. einen erhöhten Proteingehalt. Vier FE-Projekte zielen auf veränderte Input-Eigenschaften ab, im Wesentlichen Virus- und Fusariumresistenzen im Getreide. Und schließlich streben einige FE-Vorhaben die Entwicklung von Plattformtechnologien an.

tisch und verfahrenstechnisch decken die Vorhaben von InnoPlanta ein relativ breites Spektrum ab: neue molekulargenetische Verfahren für die Züchtungsforschung, neue Resistenzzüchtungen gegen wichtige europäische Kulturpflanzenschädlinge, die Züchtung von Kulturpflanzen mit neuen Inhaltsstoffen, und die züchterische Optimierung von Sonderkulturen mit regionaler Bedeutung. Hierfür stehen rund 20 Mio. € an öffentlichen Fördermitteln und rund 10 Mio. € an Eigenmitteln zur Verfügung, was durchschnittlich 1 Mio. € pro Vorhaben entspricht. Dabei schwanken die Projektvolumina zwischen 200.000 € und knapp 5 Mio. €. Rund ein Drittel der Fördermittel beanspruchen das Institut für Pflanzengenetik und Kulturpflanzenforschung in Gatersleben und die Bundesanstalt für Züchtungsforschung in Quedlinburg für sich, die an der Mehrzahl der FE-Projekte beteiligt sind, über die umfangreichsten Forschungskapazitäten verfügen und als maßgebliche Promotoren ihr starkes Interesse an Forschungsgeldern deutlich zur Geltung bringen können.

Überwiegend zielen die Projekte entweder stark wissenschaftsorientiert auf die Entwicklung innovativer biotechnologischer Verfahren in Plattformtechnologien oder auf die Gewinnung von solchen pflanzenbiotechnologischen Produkten und Verfahren, die zunächst einmal die Verbesserung regional bedeutsamer Kulturpflanzen und von kleinere Marktvolumina umfassenden Arznei- und Gewürzpflanzen, somit also eher Marktnischen betreffen, in denen aufgrund der bestehenden lokalen Kompetenzen und Stärken Wettbewerbsfähigkeit erwartet werden kann. Die (landwirtschaftliche) Nutzbarkeit der Projektergebnisse wird sich überwiegend erst in anschließenden züchtungsbasierten Folgeprojekten herausstellen, deren Wettbewerbsfähigkeit auf dem regionalen und dem Weltmarkt sich erst danach in zehn und mehr Jahren zeigen wird. In einigen wenigen Fällen ist allerdings auch mit einer baldigen Marktfähigkeit der entwickelten Verfahren und Produkte zu rechnen.

4 Konflikttheoretische Bezüge und Fragestellungen

Wenn in diesem Beitrag im Prinzip Entstehung und Verlauf eines möglichen Umwelt- und Technikkonflikts im Rahmen eines auf grüne Gentechnik setzenden Innovationsverbunds im Zentrum stehen sollen, dann ist dessen konflikttheoretische Einordnung mit entsprechender begrifflicher Präzisierung maßgeblicher Untersuchungsfragen vonnöten.

Insofern die Konfliktforschung weit entfernt ist von einer Vereinheitlichung ihrer Konzepte und Perspektiven, im Hinblick auf Konfliktgegenstand, Konfliktakteure und Konfliktregelungen vielfältige Differenzierungen vornimmt, und Metakonflikte um Rahmung und Regulierungsmodi von Konflikten[3] eindeutige Bestimmungen des jeweiligen vorherrschenden Konflikttypus und der Konfliktbearbeitung fragwürdig machen (vgl. Bonacker 2005, Saretzki und Hampel/Torgersen in diesem Band), ist eine präzise begriffliche Verortung des in Bezug auf InnoPlanta bislang latent gebliebenen Umweltkonflikts allenfalls eingeschränkt möglich.

---

[3] „Je nach Betrachtungsweise erscheint derselbe Konflikt gleichzeitig als Interessen-, Werte- und Wissenskonflikt ... Was sich zum Beispiel im Fall der grünen Gentechnik aus Sicht eines Molekularbiologen als Wissenskonflikt um Risikofragen gestaltet, ist für den Aktivisten einer gentechnikkritischen NGO letztlich ein Wertekonflikt und für die US-Regierung ein Interessenkonflikt ... Da unterschiedliche Konflikttypen unterschiedliche Modi der Konfliktbearbeitung haben, bedarf es einer Übereinkunft unter den beteiligten Akteuren, ob es primär um die Verteilung von Ressourcen, um gegensätzliche Wahrheitsansprüche oder um grundlegende normative Aussagen geht." (Hampel/Torgersen in diesem Band).

Analytisch lassen sich etwa folgende Konflikttypen unterscheiden, wobei je nach Konflikttyp unterschiedliche Möglichkeiten der Konfliktlösung und Chancen der kooperativen Konfliktbearbeitung bestehen. Konsensuale Konflikte resultieren aus einer Mangelsituation, in der alle Beteiligten dasselbe wollen, aber nicht genug für alle vorhanden ist. Dabei geht es in Interessenkonflikten um absolut bestimmte Güter um solche Güter, deren Wert unabhängig davon ist, wie viel andere von ihm besitzen (z.B. Grundbedürfnisse wie ausreichende Nahrung oder sauberes Wasser). Interessenkonflikte um relativ bestimmte Güter entspringen daraus, dass ein Akteur mehr von ihnen besitzt als andere, was seine Machtposition tendenziell stärkt. Dissensuale Konflikte beruhen auf einem Dissens über den normativen oder empirischen Status eines strittigen Objekts. Wertekonflikte bestehen dann, wenn mindestens zwei Akteure unvereinbare Positionen über ein anzustrebendes Ziel einnehmen. Bei Mittelkonflikten hingegen liegt der Dissens im Weg zur Erreichung eines gemeinsamen Ziels. Theoretisch zu erwarten und empirisch vielfach bestätigt ist nun folgende Rangfolge in der kooperativen Bearbeitbarkeit dieser Konflikttypen: Interessenkonflikt über absolut bewertete Güter, Mittelkonflikt, Interessenkonflikt über relativ bewertete Güter, Wertekonflikt (vgl. z.B. Efinger et al. 1988, Müller 1991, Zürn et al. 1990). Diese absteigende Rangfolge ergibt sich grob daraus, dass die emotionale Zentralität und Wertigkeit des Konfliktgegenstands und die Unvereinbarkeit der Positionen in ihr tendenziell zunehmen, und die Teilbarkeit der angestrebten Güter/Werte und die bei Kooperation im Vergleich mit Defektion gegebenen Auszahlungswerte in der spieltheoretischen Auszahlungsmatrix tendenziell abnehmen.

(Potenzielle) InnoPlanta betreffende Konfliktkonstellationen betreffen im Wesentlichen Konflikte um (finanzielle) Ressourcen, um Entscheidungskompetenzen und -modalitäten, um Forschungsprioritäten und um die grüne Gentechnik allgemein. In diesem Beitrag interessiert allein ein möglicher lokaler Konflikt um die grüne Gentechnik.

Festgehalten werden kann hierbei zunächst, dass es sich (gegenstandsbezogen) um einen möglichen Umwelt- und zugleich (implizit) um einen Technikkonflikt handelt, weil die grüne Gentechnik primär in Bezug auf ihre Umwelt- (und die daraus resultierenden Gesundheits-)Risiken kontrovers eingestuft wird und weil (in der Vergangenheit) um die grundsätzliche Zulässigkeit dieser Technik gestritten wurde. Bei Kontroversen um die (grüne) Gentechnik handelt es sich (in Europa) immer auch um einen Wertekonflikt, insofern mit ihr mehr oder weniger grundlegende, und damit emotional relativ hoch besetzte Werte (Leben, gesunde Nahrungsmittel, Naturerhalt) verbunden werden und häufig unvereinbare Positionen der Kontrahenten vorherrschen. Zugleich ist diese ausschließliche Einordnung des Konflikts wie gesagt nicht zwingend, weil seine Rahmung selbst heftig umstritten ist.

Wesentliche Fragen im Hinblick auf die Latenz des von der Mehrzahl der beteiligten Akteure für zumindest wahrscheinlich gehaltenen lokalen Konflikts um die grüne Gentechnik sind etwa:

- Weshalb schlägt sich eine auf nationaler Ebene durchaus manifeste Kontroverse nicht in einem lokalen Konflikt im Kontext eines auf die grüne Gentechnik setzenden regionalen pflanzenbiotechnologischen Innovationsverbunds nieder?
- Ver- oder behinder(te)n anderweitige Konfliktkonstellationen die Entwicklung eines lokalen Umweltkonflikts um die grüne Gentechnik?
- Wenn die ökonomische (und politische) Durchsetzung der grünen Gentechnik entscheidend von den Global Playern in der Agrochemie bestimmt wird, welche Rolle

spielt dann deren Präsenz oder Abwesenheit vor Ort für die Entwicklung eines lokalen Umweltkonflikts?
- Wenn es sich um einen latenten Umweltkonflikt handelt, der unter geeigneten situativen Bedingungen durchaus manifest werden kann, wie zwangsläufig würde ein gravierender, der grünen Biotechnologie zugerechneter Unfall andernorts diesen lokalen Konflikt virulent werden lassen?
- Welche Struktur- und Verlaufsmuster würde schließlich ein ausbrechender lokaler Konflikt um die grüne Gentechnik unter den gegebenen (situativen) Bedingungen wahrscheinlich aufweisen?

5 Einfluss politischer Diskurse und Konflikte um die grüne Gentechnik

Wenn angesichts der aufgeführten strukturellen Rahmenbedingungen und Entwicklungsdynamiken nun erörtert wird, ob und in welcher Form Kontroversen um die grüne Gentechnik in Deutschland Entwicklungspfade und -muster der Pflanzenbiotechnologie in dem Innovationsverbund InnoPlanta in Nordharz/Börde beeinfluss(t)en, ist bei den (lokalen) Impacts von technologischen Kontroversen zum einen zwischen der einstellungs- und verhaltensprägenden Wirkung von (öffentlichen) Diskursen[4], den mit charakteristischen Polarisierungen und Auseinandersetzungen verbundenen manifesten Konflikten und den (hieraus resultierenden) häufig erst in nachfolgenden Gerichtsverfahren genauer festgelegten und durchgesetzten rechtswirksamen Regulierungen zu unterscheiden, wobei zumeist gerade die Wechselwirkungen zwischen strukturellen Gegebenheiten, *past decisions*, Akteurkonstellationen und Einstellungsmustern lokale Umwelt- und Technikkonflikte maßgeblich prägen. Zum andern ist bei den Auswirkungen dieser im Fallbeispiel primär externen politischen Diskurse und Konflikte nach unterschiedlichen Wirkungsbereichen zu differenzieren: Wie wirken sie sich auf angestrebte Projektziele und Projektdesign aus? Kommt es zu eigener Diskursbeteiligung des Netzwerks? Sind in (nationale) Konflikte involvierte Akteure an den FE-Aktivitäten von InnoPlanta beteiligt? Kommt es zu Blockaden von (bestimmten) FE-Projekten und Züchtungsvorhaben? Schließlich sind die lokalen Gegebenheiten in Rechnung zu stellen, die über die Wirksamkeit und Virulenz eines Technikkonflikts mitentscheiden: Wie sieht die interne Netzwerkstruktur aus? Finden lokale Diskurse statt? Wird eine Profilierung des Netzwerks von seinen maßgeblichen Mitgliedern in der (lokalen) Kontroverse angestrebt? Welche Mobilisierungsressourcen für gentechnischen Protest sind vor Ort (überhaupt) vorhanden?

Die nachfolgenden Ausführungen verdeutlichen zusammenfassend, wie sich gentechnische Regulierungen und Kontroversen in der Entwicklung der (Pflanzen-)Biotechnologie zum einen allgemein und zum andern in Projektauswahl und -design von InnoPlanta niederschlagen.

Für den Protest gegen moderne Biotechnologien gilt auch für Deutschland, wo die gentechnologischen Kontroversen im internationalen Vergleich mit am stärksten ausgebildet waren, dass von einem kollektiven Widerstand im Sinne einer „Anti-Gen-Bewegung" nicht sinnvoll gesprochen werden kann, da ihm die Kollektivität der Akteure, die Mobilisierungskraft, die sichtbaren Vernetzungsstrukturen, die kollektive Identität sowie die gemein-

---
[4] Zu den Bestimmungsfaktoren von gentechnischen Diskursen und Einstellungen vgl. Bonfadelli 1999, Conrad 2005, 2008, Daele 1996, 2001, Hampel/Renn 1999, Schell/Seltz 2000, Spök et al. 2000, Urban/Pfenning 1999

samen Zielvorstellungen der Akteure und die Kontinuität der Aktionen mehr oder weniger fehlen (Hoffmann 1997).[5]

Die systematischen Mobilisierungsbarrieren der durchaus großen Zahl von Gentechnikskeptikern beruhen angesichts sehr wohl bestehender Betroffenheitspotenziale und vielfältig vorhandener Mikro- und Mesomobilisierungsgruppen vor allem auf unzureichenden kulturellen Mobilisierungsfaktoren.

Für die Entwicklung des Protests gegen die *grüne* Gentechnik lässt sich festhalten (vgl. Bauer/Gaskell 2002, Conrad 2005, Dolata 2003, Gaskell/Bauer 2001, Marris et al. 2001, Spök et al. 2000, Voß et al. 2002):

- Der Protest artikulierte sich – bei wachsender kognitiver Verknüpfung der einzelnen Ereignisse – bislang deutlich fallspezifisch (bestimmte Versuchsfelder, spezifische Importe von Genmais).
- Das von 1998 bis 2004 währende EU-Moratorium für den (kommerziellen) Anbau und Importe von GVO-Pflanzen(produkten) ist primär Verbrauchereinstellungen und -verhalten, auf gentechnikfreie Lebensmittel setzenden Strategien von Nahrungsmittelproduzenten und -handel sowie situativen politischen Gegebenheiten, und kaum dem Protest selbst geschuldet.
- Im Falle der (primär von ihrer wirtschaftlichen Konkurrenzfähigkeit abhängenden) Durchsetzung der zweiten und dritten Generation gentechnisch veränderter Pflanzen auf dem Markt ist die zukünftige, sozial und institutionell verankerte Tragfähigkeit gentechnischen Protests unter den seit 2004 gegebenen rechtlichen und politischen Bedingungen ohne einen gravierenden, der grünen Biotechnologie zugerechneten Unfall als eher prekär einzuschätzen.
- Der Protest dürfte sich am ehesten bei fall- und bereichsspezifischen Anwendungen der grünen Biotechnologie sozial verankern können, insofern die Bevölkerung zunehmend differenziertere Einstellungsmuster entwickelt, z.B. Genfood (noch) überwiegend ablehnt, aber nicht (mehr) krankheits- und schädlingsresistente Pflanzen. Demgemäß ist mittelfristig eher mit einer partiellen und kaum mit einer umfassenden Marktdurchdringung von Produkten und Verfahren der grünen Biotechnologie zu rechnen, insbesondere als verfahrenstechnische Querschnittstechnologie und bei weltweit großflächig angebauten Kulturpflanzen.

Auch wenn die öffentliche Kontroverse um die Gentechnik in Deutschland maßgeblich zur gesellschaftlichen Bewusstseinsbildung und (im internationalen Vergleich) restriktiven Regulierung der Gentechnik und zusammen mit der Ablehnung von Genfood durch die Verbraucher zu dessen weitgehender Blockade in Lebensmitteln zumindest bis 2004 beigetragen haben dürfte, blieben vor allem in den 1990er Jahren organisierte, meist staatlich finanzierte Dialog- und Diskursprojekte (vgl. Behrens et al. 1997, Hampel/Renn 1999, Kohtes Klewes 2000, Menrad et al. 1996, Renn/Hampel 1998) ohne erkennbare Anbindung an und Auswirkung auf politische Entscheidungsfindungsprozesse (vgl. Conrad 2004, Dolata

---

[5] „Es gibt zwar im Bereich der Bio- und Gentechnologie nicht nur Skepsis und Ablehnung, sondern auch lokale Protestaktionen gegen die Ansiedlung gentechnischer Anlagen oder gegen Freisetzungsversuche von gentechnisch veränderten Pflanzen. Über diese lokalen Initiativen hinaus werden Kritik und Protest gegen die Entwicklung und Anwendung der Bio- und Gentechnologie in der Bundesrepublik aber nicht von einer eigenständigen sozialen Bewegung, sondern von bestehenden Organisationen der Umwelt- und Frauenbewegung, von Verbraucherverbänden, Dritte-Welt-Gruppen und Bürgerrechtsinitiativen getragen." (Saretzki 2001:199f)

2003).⁶ Ihre Wirkung ist via mind framing primär indirekter Natur und sie stoßen lediglich dann auf öffentliche, politisch bedeutsame Resonanz, wenn sich die Hauptakteure der öffentlichen Kontroverse im (nichtöffentlichen) Diskurs geeinigt haben und diese Übereinkunft in die öffentliche Arena einbringen (vgl. Daele 1996, 2001).

Für den Innovationsverbund InnoPlanta lässt sich auf empirischer Ebene folgendes festhalten:
Der allgemeine Gentechnik-Diskurs wirkt(e) sich in Form von *mind framing*, partiell in Form aktiver Diskursbeteiligung und kaum handlungsprägend und in Form interner Diskurse aus.

Für die Durchführung der konkreten FE-Vorhaben spielt(e) er faktisch keine (handlungsbestimmende) Rolle, hingegen eine begrenzte bei deren Auswahl: Verzicht auf genuine Genfood-Projekte, Förderung von Nonfood-Projekten.

Die über den Gentechnik-Diskurs im Sinne von *mind framing* etablierten Problem- und Realitätsdefinitionen (z.B. die Wichtigkeit der Unterscheidung von gentechnischen und nicht gentechnischen Verfahren und Produkten, die prominente Position von Risikofragen) schlagen sich indessen eindeutig in den Sicht- und Argumentationsweisen der InnoPlanta-Mitglieder nieder.

Da diese durchweg die Gentechnik als solche nicht ablehnen, findet innerhalb von InnoPlanta keine kontroverse Debatte um die Gentechnik statt. Allerdings vertreten sie dabei innerhalb der dominanten *story-line* durchaus unterschiedliche Auffassungen, was etwa die Marktperspektive genetisch veränderter Nutzpflanzen angeht, insofern die Einschätzung von deren wirtschaftlicher Konkurrenzfähigkeit oder deren Akzeptanz auf Verbraucherseite deutlich variiert und sich in unterschiedlichen Projektdesigns niederschlägt.

Nach außen hin bezieht dagegen insbesondere die Mehrzahl der Protagonisten von InnoPlanta klar Position zugunsten der grünen Gentechnik und beteiligt sich auch häufiger am öffentlichen Diskurs, durchaus mit dem Ziel, eigene Wertungen, Präferenzen und Risikourteile als angemessen(er)e zu propagieren und durchzusetzen.⁷ Dem gelten u.a. auch die Öffentlichkeitsarbeit und das (externe) Netzwerk-Management von InnoPlanta.

Insofern sich der Gentechnik-Diskurs auch in Protestaktionen seitens der Kritiker niederschlägt, ist dann mit einer (voraussichtlich polarisierend wirkenden) Einbindung von InnoPlanta in kontroverse öffentliche Debatten zu rechnen, wenn sich der gentechnische Protest in der Region – nach der Vernichtung von Versuchsfeldern mit Genweizen – an dem durch InnoPlanta koordinierten, im Frühjahr 2004 begonnenen Erprobungsanbau von Bt-Mais unter Beteiligung der Firmen Monsanto, Pioneer und KWS festmachen sollte. Vor Ort kann jedoch trotz der bewussten (strategisch begründeten) Übernahme der Koordinierung und wissenschaftlichen Begleitung von Feldversuchen mit Bt-Mais durch InnoPlanta, abgesehen von wenigen gezielten Protestaktivitäten und Auskunftsklagen seitens Green-

---

⁶ „Derartige Diskursprojekte, die ihre Hochzeit in der ersten Hälfte der neunziger Jahre hatten, sind im Rückblick allerdings ein temporäres Phänomen geblieben und hatten im Vergleich zu öffentlichem Druck und gesellschaftlicher Akzeptanzverweigerung nur geringe Auswirkungen auf politische Entscheidungsprozesse" (Dolata 2003:281). So formulierte Katzek, heutiger Geschäftsführer der Bio Mitteldeutschland, früherer BUND-Gentechnikkritiker, in einem Interview: „Also TAB, Loccum, Unilever und WZB hatten keinen Einfluss auf die Politik. Ich sehe nicht, wieso sich die Gentechnik-Politik reell geändert hätte aufgrund dieser Diskurse. Ich glaube, das hängt auch damit zusammen, dass die Politik sich immer schön rausgehalten hat. Die haben die Sachen zum Teil bezahlt, aber das war es dann auch. Lasst die man spielen." (zitiert nach Dolata 2003:281)
⁷ Aus diesem Kontext resultierte auch das Interesse an einer Akzeptanzstudie des UFZ Leipzig-Halle mit dem Ziel, Kommunikationsstrategien zwecks Akzeptanz der grünen Gentechnik zu entwickeln (vgl. Conrad 2005).

peace[8], einigen Aktionen des Aktionsbündnisses „Keine Gentechnik auf Sachsen-Anhalts Feldern" und von begrenzter Medienresonanz in 2004, bis 2006 allenfalls von einem latenten Umwelt- und Technikkonflikt mit sporadischen Aktionen gesprochen werden, dem InnoPlanta durch gut präparierte Informations- und Kommunikationsstrategien (Info-Telefon, Webseite www.erprobungsanbau.de, Diskussionsforen, Pressekonferenzen) zu begegnen suchte. Bedeutsam für Strategiewahl und Entwicklung InnoPlantas in der Pflanzenbiotechnologie waren vielmehr politische Diskurse und Konflikte um die grüne Gentechnik vor allem auf nationaler Ebene. Diese drehten sich insbesondere im Zuge der Novellierung des Gentechnikgesetzes um Haftungsregeln, Koexistenz sowie die Zulassung und Offenlegung von Feldversuchen. Sie schlugen sich bei den durch InnoPlanta koordinierten Feldversuchen etwa in geringem Beteiligungsinteresse von Landwirten, in Geheimhaltung der genauen Versuchsorte aus Angst vor destruktiven Protesten, in Rechtsgutachten über die qua Eigentumsgarantie begrenzte Zulässigkeit von Gefährdungshaftung und in landespolitischer Absicherung teilnehmender Landwirte im Falle von Schadenersatzansprüchen nieder.

Zusammenfassend sind somit in Bezug auf gentechnische Diskurse und Kontroversen folgende Strukturmerkmale für die Rolle von InnoPlanta hervorzuheben:

1. Zweifellos spielt die gesellschaftspolitische Kontroverse um die Gentechnik für InnoPlanta eine bedeutsame Rolle. Denn sie wirkt sich sowohl intern auf die Entscheidungskriterien seiner Mitglieder etwa für Projektanträge als auch extern auf politische und rechtliche Vorgaben aus. Sie ist für InnoPlanta (bislang) jedoch überwiegend von indirekter Bedeutung, weil an eine ins Gewicht fallende Marktpenetration der derzeit in Entwicklung befindlichen pflanzenbiotechnologischen Verfahren oder (nur zum Teil gentechnisch veränderten) Produkte in den meisten Vorhaben frühestens in zehn Jahren zu denken ist, so dass deren heutige Akzeptanz relativ bedeutungslos ist; und es lässt sich nicht prognostizieren, ob die Ablehnung gentechnisch veränderter Produkte, insbesondere von Genfood, in zehn oder mehr Jahren noch ein wesentliches Kriterium diesbezüglicher Kaufentscheidungen sein wird.
2. Anders als in einigen anderen Gebieten spielte organisierter Widerstand gegen gentechnisch arbeitende Pflanzenbiotechnologie in der Region praktisch keine Rolle. Allerdings kann er aufgrund entsprechend wahrgenommener Ereignisse rasch aufflammen, wie sich im Juni 2004 vorübergehend andeutete, nachdem InnoPlanta die Koordination des Erprobungsanbaus von Bt-Mais in Sachsen-Anhalt übernahm.[9] Eine solche Positionierung ist mit dem Risiko genereller Akzeptanzprobleme verbunden, weil sich der Protest gegen sie qua Generalisierung auch gegen andere Vorhaben desselben Netzwerks richten kann. Bislang kam er als (Werte-)Konflikt um die (kommerzielle) Nutzung der grünen Gentechnik nur in sporadischen kleineren Protestaktionen einerseits und InnoPlantas prophylaktischen Informations- und Kommunikationsstrategien andererseits zum Tragen.
3. Ein gesellschaftlicher Diskurs ist auch für einflussreiche Akteure nicht wirklich steuerbar. InnoPlanta als Netzwerk kann zwar an ihm teilnehmen, ihn aber als Nicht-Akteur

---

[8] Greenpeace etablierte 2004 in diesem Zusammenhang eigens ein Regionalbüro in Magdeburg.
[9] Tatsächlich hat sich der InnoPlanta-Vorstand 2004 bei der Übernahme der Koordination des Erprobungsanbaus von Bt-Mais auf Betreiben seiner primär politisch aktiven Promotoren Schrader (Vorsitzender und FDP-Landtagsmitglied) und Katzek (Geschäftsführer von Bio Mitteldeutschland) für ein offensives, die grüne Gentechnik als Zukunftstechnologie propagierendes Engagement im (regionalen) Gentechnik-Diskurs entschieden.

erst recht nicht steuern, wohingegen seine Mitglieder hierdurch Lernprozesse durchlaufen können.
4. Entsprechend ist der öffentliche Gentechnik-Diskurs auch vor Ort für InnoPlanta kaum steuerbar. Seine Einflussmöglichkeiten sind im Konfliktfall z.B. kontroverser Feldversuche relativ begrenzt und hängen maßgeblich von seiner zuvor erworbenen Glaubwürdigkeit ab.[10]
5. Während bei InnoPlanta qua Vereinssatzung formal Vorkehrungen zur Beteiligung seiner Mitglieder existieren, spielen Prozesse genuiner Partizipation jenseits des inneren Kreises seiner Promotoren in der Praxis (erwartungsgemäß) kaum eine Rolle.
6. Bei den tatsächlich zu beobachtenden Konfliktkonstellationen handelt es sich überwiegend um prozedurale und durch Verhandlung regulierte Konflikte um die Verteilung von Ressourcen und diesbezüglicher Entscheidungskompetenzen.
7. Die bei maßgeblichen Netzwerkakteuren vorherrschenden Orientierungs- und Denkmuster wirken sich tendenziell positiv auf eine erfolgreiche wissenschaftlich-technische Durchführung der FE-Vorhaben aus, während sie sich als tendenziell ungünstig für ihre Dialogfähigkeit im öffentlichen Diskurs erweisen. Ein kontroverser netzwerkinterner Gentechnik-Diskurs existiert nicht.

6 Bedingungen zur Entwicklung eines lokalen Umwelt- und Technikkonflikts

Nach dieser Erörterung des Einflusses genereller gesellschaftlicher Diskurse und Konflikte um die grüne Gentechnik ist nun nach den Gründen zu fragen, weshalb selbst die sichtbare Positionierung von InnoPlanta in 2004 als Promotor der grünen Gentechnik trotz entsprechender Bemühungen von Umweltgruppen bislang nicht zu einem lokalen Umwelt- oder Technikkonflikt geführt hat, obwohl damit hierfür einige Voraussetzungen gegeben waren. Zu seiner wirksamen Etablierung und Verankerung bedarf es jedoch seiner Stabilisierung über die Wechselwirkung konfliktfördernder Faktoren.[11] Relevante Determinanten lokaler (pflanzenbiotechnologischer) Innovationsprozesse und Konflikte um die grüne Gentechnik und ihre Wechselwirkungen sind in Abbildung 1 skizziert.

Erkennbar trägt das (strategische) Verhalten zentraler Netzwerkmitglieder maßgeblich dazu bei, ob es zu einem lokalen Technikkonflikt kommt oder nicht.[12] So wird auf der einen Seite mit der anvisierten Profilierung durch grüne Gentechnik die zwangsläufige Einbeziehung von InnoPlanta in die Gentechnik-Kontroverse wahrscheinlicher. Hier dürfte sich die

---

[10] In diesem Kontext spielt die gelungene Mitwirkung von InnoPlanta an (regionalen) Veranstaltungen und Diskursen zur Pflanzenbiotechnologie für die eigene Vertrauenswürdigkeit und Sichtbarkeit eine wesentliche Rolle, ohne dass dies eine Erfolgsgarantie für die Durchsetzbarkeit eigener Vorstellungen und Vorhaben darstellt.
[11] Generell hängt die gesellschaftliche Stabilisierung und Tragfähigkeit einer technologischen Kontroverse von ihrer organisatorischen und institutionellen Verankerung, ihrer sozialen Verankerung, ihrer sozialen Relevanz und ihrer inhaltlichen Stabilisierung ab (Frederichs et al. 1983, Conrad 1990). Von daher wird erklärbar, warum sich technologische Kontroversen um eine Technologie, jedoch nicht um eine andere, früher oder später, in manchen Ländern und nicht in anderen entwickeln, und in welchen Formen sich speziell der gentechnische Protest artikuliert.
[12] Hingegen ist der Einfluss spezifischer persönlicher Denkmuster und Einstellungen von InnoPlanta-Akteuren in Bezug auf die grüne Gentechnik letztlich als relativ begrenzt einzuschätzen, weil deren Durchsetzung weitgehend von den Global Playern vor allem in Agrochemie, Futtermittelindustrie und Nahrungsmittelindustrie bestimmt und entschieden wird und sich damit de facto unabhängig von solchen regionalen Orientierungs- und Denkmustern vollzieht.

Präferenz für PR-orientierte Kommunikationsstrategien zur Akzeptanzgewinnung bei mangelhafter Dialogfähigkeit gerade des inneren Führungskreises vermutlich kontraproduktiv auswirken und mit Enttäuschungen und weiterer Verhärtung stereotyper Wahrnehmungen verbunden sein, zumindest solange gentechnischer Protest und soziale Ablehnung von Genfood gesellschaftlich bedeutsam bleiben. Eine Vorgehensweise, die auf der machtpolitischen Durchsetzung pflanzengentechnischer Vorhaben, unbedingtem Festhalten propagierter Positionen und mangelndem genuinen Respekt vor andere Auffassungen vertretenden Akteuren basiert, impliziert insbesondere aufgrund ihrer – infolge des prozeduralen Beziehungsaspekts solcher Kommunikationsstrategien (vgl. Schulz von Thun 1981) – konfliktverschärfenden Tendenz zumindest ein steigendes Risiko für die Marktfähigkeit der Produkte und die Lebensfähigkeit des InnoPlanta-Netzwerks, gerade wenn es sich nicht nur als eine verschworene Gemeinschaft verstehen will, die nach ihrem Selbstverständnis vor Ort allein über zutreffende Sachkenntnisse verfügt.

Auf der anderen Seite haben wesentliche Gegebenheiten die Entwicklung eines regionalen Technikkonflikts bislang jedoch verhindert:

- Vor Ort ist u.a. aufgrund fehlender wirtschaftlicher Entwicklungsperspektiven und hoher Arbeitslosigkeit derzeit kein signifikantes Widerstandspotenzial mobilisierbar. Dabei verdeutlicht eine Akteurkonstellation, in der Mitglieder und Förderer von InnoPlanta – noch verstärkt durch eine eindeutige Positionierung zugunsten der grünen Gentechnik – durchweg mit gentechnischem Protest rechnen, der dann bestenfalls kurzfristig rudimentär erkennbar wird, wie notwendig ein vor Ort mobilisierbares Widerstandspotenzial ist, das durch mobile Protestaktivisten zwar zu verstärken, aber höchstens kurzzeitig zu substituieren ist.
- Es geht bislang vorrangig um pflanzenbiotechnologische FE-Projekte, und nicht um ihre Fortführung und praktische Umsetzung in Saatzuchtversuchen und nicht um Genfood.

Entwicklungspfade und -muster der Pflanzenbiotechnologie 175

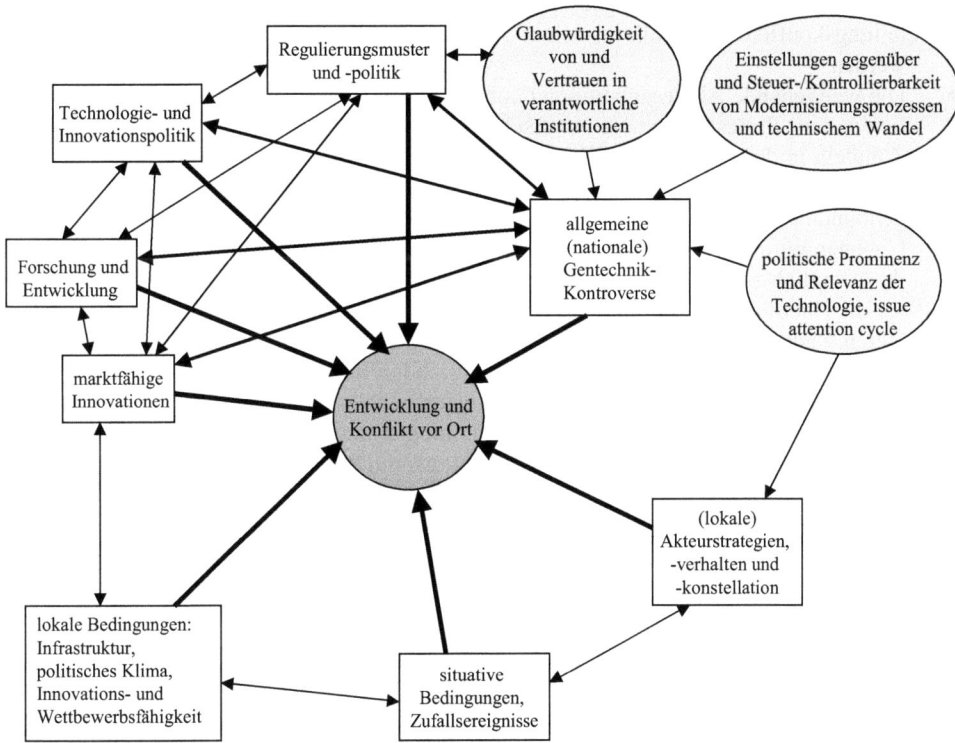

Abbildung 1: Relevante Determinanten lokaler (pflanzenbiotechnologischer) Innovationsprozesse und Konflikte um die grüne Gentechnik und ihre Wechselwirkungen

- Die Feldversuche dienen gerade auch der wissenschaftlichen Untersuchung über die Bedingungen der Koexistenz und (noch) nicht dem großflächigen kommerziellen Anbau von Bt-Mais, sodass bei seiner grundsätzlichen rechtlichen Zulässigkeit keine durchschlagenden prinzipiellen Argumente gegen den Erprobungsanbau ins Feld geführt werden können.
- Außerdem wurde von Seiten InnoPlantas eine auf wenige Personen beschränkte, gezielte Außenkommunikation zur Absicherung und Akzeptanz des Erprobungsanbaus betrieben.

Im Hinblick auf die oben in Abschnitt 4 gestellten Fragen kann angesichts dieser Gegebenheiten begründet angenommen werden:

- Anderweitige Konfliktkonstellationen (vgl. Conrad 2005) ver- oder behinder(te)n die Entwicklung eines lokalen Umweltkonflikts um die grüne Gentechnik kaum, da dessen Ausbleiben primär auf dem fehlenden Widerstandspotenzial beruht(e). Wäre es vorhanden und mobilisierbar, dürfte ein lokaler Konflikt um die grüne Gentechnik und

entsprechende Feldversuche durch (netzwerkinterne) Ressourcen- und Kompetenzverteilungskonflikte allenfalls in seiner Ausformung modifiziert, jedoch nicht blockiert werden.[13]
- Die weitgehende Abwesenheit von Global Playern vor Ort dürfte im Falle eines mobilisierbaren Protestpotenzials wahrscheinlich konfliktdämpfend, jedoch kaum (als Zünglein in der Waage) konfliktvermeidend wirken, insofern damit markante Akteure fehlen, an denen sich gentechnischer Protest festmachen, generalisieren und über Gegenbündnisse z.B. mit lokalen Landwirten sozial breiter verankern ließe.
- Unabhängig davon wäre umgekehrt ein mit der grünen Gentechnik verbundener und ihr öffentlich zugerechneter gravierender Unfall zweifellos mit massiven Restriktionen für die Handlungsspielräume von InnoPlanta verbunden, auch wenn er mit dessen Projekten weder örtlich noch sachlich, d.h. mit der Region bzw. mit einem gleichartigen biotechnologischen Verfahren oder Produkt zu tun haben sollte. In einem solchen Fall stiege auch die Wahrscheinlichkeit eines manifesten lokalen Konflikts um die Nutzung grüner Gentechnik in der Pflanzenbiotechnologie, der dann umgekehrt wiederum fördernd auf den generellen (öffentlichen) Diskurs und Konflikt wirken dürfte.

Abbildung 1 macht schließlich zweierlei plausibel: Zum einen reicht die Existenz mehrerer, gentechnischen Protest begünstigender Einflussfaktoren (manifeste nationale Gentechnik-Kontroverse, polarisierende Akteurstrategien, Erprobungsanbau von Bt-Mais) nicht aus, einen lokalen Umweltkonflikt auszulösen, insofern mobilisierbares Widerstandspotenzial vor Ort hierfür eine notwendige, im konkreten Fall nicht erfüllte Bedingung darstellen dürfte. Zum andern wäre unter den gegebenen (situativen) Bedingungen im Falle eines dennoch ausbrechenden lokalen Umwelt- und Technikkonflikts um die grüne Gentechnik dessen weiterer Verlauf insbesondere wegen seiner möglichen überregionalen Rückwirkungen einerseits nicht prognostizierbar, jedoch wäre andererseits seine mittelfristig allenfalls begrenzte Virulenz, Wirksamkeit und Befriedung angesichts der in ihrer Mehrzahl voraussichtlich konfliktdämpfend wirkenden Determinanten (Regulierungsmuster, Technologiepolitik, Forschung und Entwicklung, situative Bedingungen, lokale Gegebenheiten und Infrastruktur, hinhaltende, auf Zeit spielende Akteurstrategien) wahrscheinlich.

7 Generalisierbare Strukturmerkmale des Fallbeispiels InnoPlanta

Fragt man nun abschließend nach generalisierbaren Strukturmerkmalen des Fallbeispiels InnoPlanta, so ist zunächst festzuhalten, dass sich aus gleichartigen Akteurkonstellationen, gleichlautenden Umfrageergebnissen oder ähnlichen situativen Kontextbedingungen je für sich genommen keine eindeutigen Politikergebnisse (policy outputs, impacts oder gar outcomes), Konflikt- oder Einstellungsmuster ableiten lassen, weil (wissenschaftlich konstruierte) soziale Gebilde und Prozesse (vgl. Esser 1999) wie Biotechnologiepolitiken oder soziale Einstellungsprofile zur Gentechnik stets aus einem meist fallspezifisch variierenden Zusammenspiel vielfältiger Einflussfaktoren resultieren. Es ist gerade die Interaktionsdynamik dieser Einflussfaktoren, die letztendlich etwa über Protestwirkungen und Politikfolgen

---

[13] Ein lokaler Konflikt könnte umgekehrt eher dazu führen, dass die Zuweisung der vergleichsweise umfangreichen InnoRegio-Fördermittel seitens des BMBF, soweit rechtlich möglich, in Frage gestellt würde, da deren Ziel innovativer wettbewerbsfähiger regionaler Clusterbildung nicht mehr realisierbar erschiene.

entscheidet. In ihrer konkreten Form handelt es sich um eine fallspezifische und allenfalls in einigen grundlegenden Aspekten generalisierbare Interaktionsdynamik.[14] Daher sind zwar nicht das untersuchte Fallbeispiel als solches, im Prinzip jedoch seine lokale Technik- und Umweltkonflikte fördernden oder hemmenden Strukturmerkmale generalisierbar. Allerdings ist der Ausbruch solcher (lokalen) Konflikte selbst kaum prognostizierbar, weil die Wirksamkeit dieser Strukturmerkmale vielfach von Cournot-Effekten abhängt, sodass in der Vergangenheit Protest auslösende Faktorkonstellationen einen solchen in der Zukunft nicht notwendig auslösen müssen. Zu nennen sind insbesondere folgende tendenziell generalisierbare Kennzeichen:

a. Insofern sich die InnoPlanta-Projekte überwiegend im Forschungsstadium befinden, stellen sie einerseits *prima vista* keine akute Bedrohung dar und sind sie andererseits nur mit langfristigen Marktperspektiven verbunden, so dass mit ihnen weder für Gentechnik-Protagonisten noch für Gentechnik-Kritiker massive *vested interests* und *sunk costs* verknüpft sind und daher kein akuter Handlungsbedarf besteht.
b. Konflikthemmend wirkt außerdem der Verzicht auf von der deutschen Bevölkerung überwiegend abgelehnte Genfood-Produkte.
c. Begrenzte Feldversuche erhöhen die Sichtbarkeit und Angreifbarkeit pflanzengentechnischer Vorhaben, evozieren aber meist nur unter günstigen Kontextbedingungen Protestaktionen.
d. Ohne vor Ort empfundene Betroffenheiten und mobilisierbares Widerstandspotenzial ist gerade im Falle wenig sichtbarer Großprojekte mit keiner sozialen Verankerung einer lokalen gentechnischen Kontroverse zu rechnen.
e. Die regionalen sozialen Akteure vertreten überwiegend keine prononcierte Position gegenüber der grünen Gentechnik, stellen in ihren Entscheidungen aber die bestehenden Regulierungs- und Protestbedingungen durchaus rational in Rechnung, sodass beispielsweise Saatzüchter und Landwirte eher zurückhaltend agieren, zumeist ohne ein Interesse, sich in einem (lokalen) Konflikt um die grüne Gentechnik zu engagieren.
f. Solange keine Global Player markant in die pflanzenbiotechnologischen FE-Projekte involviert sind, die sich als Bösewichte für Protestaktionen eignen, wirken netzwerkartige Strukturen eines Innovationsverbunds eher protesthemmend.
g. Ein Glaubwürdigkeit unterminierendes Missmanagement wirkt konfliktfördernd, wie das Vorgehen Monsantos in England in den 1990er Jahren demonstriert. Hier ist die bisherige Bilanz von InnoPlanta ambivalent einzuschätzen. Dabei ist zu fragen, ob sich die in Abschnitt 5 geschilderte Vorgehensweise bereits als reflexive (präventive) Konfliktstrategie einstufen lässt.
h. Im Falle einer Konfliktzuspitzung verfügt das Netzwerk kaum über die erforderlichen Ressourcen, einen lokalen Technikkonflikt längerfristig durchzustehen. Infolgedessen dürfte sich InnoPlanta zunächst in einem solchen Konflikt verstärkt engagieren, um ihn möglichst rasch erfolgreich zu beenden, und sich auf die Dauer hingegen aus ihm zurückziehen, um eigene Verluste zu begrenzen.

---

[14] Während sich allgemein und nicht nur einzelfallspezifisch wirksame Einflussfaktoren auf soziale Strukturen und Prozessmuster noch relativ eindeutig identifizieren und in ihrer Bedeutung gewichten, und damit in ein ebendiese erklärendes theoretisches Konzept einbauen lassen, trifft dies für die aus der Wechselwirkung dieser Einflussfaktoren resultierende, letztlich wirkungsmächtigere Interaktionsdynamik aus mehreren Gründen nicht zu. Hieraus ergeben sich in den meisten Fällen strikte Grenzen ihrer grundsätzlich erwünschten Generalisierbarkeit und damit Theoretisierbarkeit (Conrad 2005).

Generell hängt die Virulenz von Technik- und Umweltkonflikten sicherlich maßgeblich ab

- von der – zeitlich variablen – Vordringlichkeit ihrer Thematik gegenüber anderen Themen,
- vom Ausmaß subjektiv empfundener Betroffenheit und damit der Mobilisierbarkeit von Konfliktteilnehmern,
- von den sich wechselseitig beeinflussenden Verhaltensmustern der Akteure und
- von der (aus vergangenem Verhalten resultierenden) Glaubwürdigkeit von und dem Vertrauen in die verantwortlichen Institutionen.

Ihre weiterreichende gesellschaftliche Stabilisierung erscheint jedoch solange wenig wahrscheinlich, wie zweifellos bestehende Steuerungs- und Umsetzungspathologien technischer Innovationsprozesse nicht infolge sich (teilsystemspezifisch differenzierter) überlagernder Konfliktlinien zu zentral die ganze Gesellschaft dauerhaft erfassenden Konflikten werden, die die im Allgemeinen vorhandene Kapazität moderner Gesellschaften übersteigen, solche Technik- und Umweltkonflikte soweit klein zu arbeiten, dass sie keinen systembedrohenden Charakter gewinnen.

In diesem Sinne ist gerade InnoPlanta ein Beispiel dafür, wie – trotz einer gewissen ideologischen Verbohrtheit der Hauptproponenten – ein latenter Umwelt- und Technikkonflikt weder virulent wird noch das Potenzial für eine Destabilisierung der Region hat. Dies dürfte allenfalls im Zusammenspiel mit anderen anomischen Tendenzen, wie z.B. hohe Arbeitslosigkeit und dem ökonomischen Fehlschlag von Förderprogrammen möglich sein. Dann wäre ein solcher (lokaler) Technikkonflikt aber primär Stellvertreter für nicht speziell die grüne Gentechnik betreffende Anliegen und Ängste.

8   Literatur

Bauer, M, Gaskell, G. (Hg). (2002): Biotechnology – the Making of a Global Controversy. Cambridge: Cambridge University Press

Behrens, M. et al. (1997): Gen Food. Einführung und Verbreitung, Konflikte und Gestaltungsmöglichkeiten. Berlin: edition sigma

Bernauer, T. (2003): Genes, Trade, and Regulation. The Seeds of Conflict in Food Biotechnology. Princeton: Princeton University Press

BMBF (Hg). (2000): InnoRegio – Die Dokumentation. Bonn

BMBF (Hg). (2002): InnoRegio – Die Reportage 2002. Bonn

BMBF (Hg). (2005): Das BMBF-Förderprogramm InnoRegio – Ergebnisse der Begleitforschung. Bonn

Bonacker, T. (2005): Sozialwissenschaftliche Konflikttheorien. Eine Einführung. Wiesbaden: VS Verlag

Bonfadelli, H. (Hg). (1999): Gentechnologie im Spannungsfeld von Politik, Medien und Öffentlichkeit. Zürich: Institut für Publizistikwissenschaft und Medienforschung der Universität Zürich

Conrad, J. (1990): Technological Protest in West Germany: Signs of a Politicization of Production?, Industrial Crisis Quarterly 4: 175-191

Conrad, J. (2004): Erklärungsansätze und Perspektiven sozialwissenschaftlicher Gentechnikforschung: Akzeptanz, Kontroversen, Regulierungsmuster, sozioökonomische Rahmenbedingungen und Entwicklungspfade. UFZ-Bericht 19/2004, Leipzig

Conrad, J. (2005): Grüne Gentechnik im Visier? Perspektiven eines regionalen Innovationsnetzwerks. Wiesbaden: Deutscher UniversitätsVerlag

Conrad, J. (2008): Diskursdeterminanten und -wirkungen: Bedingungen und Grenzen von Wissenschaftskommunikation in der grünen Gentechnik, in: G. Prütz, R. Busch (Hg), Biotechnologie in gesellschaftlicher Deutung. München: Herbert Utz Verlag: 29-58

Daele, W. van den. (1996): Objektives Wissen als politische Ressource: Experten und Gegenexperten im Diskurs, in: W. van den Daele, F. Neidhardt (Hg), Kommunikation und Entscheidung. Politische Funktionen öffentlicher Meinungsbildung und diskursiver Verfahren. WZB-Jahrbuch 1996. Berlin: edition sigma: 297-326

Daele, W. van den. (2001): Besonderheiten der öffentlichen Diskussion über die Risiken transgener Pflanzen - Dynamik und Arena eines Modernisierungskonflikts, in: Münchener Rückversicherungs-Gesellschaft (Hg), 5. Internationales Haftpflicht-Forum München 2001. München

Dolata, Ulrich. (2003): Unternehmen Technik. Akteure, Interaktionsmuster und strukturelle Kontexte der Technikentwicklung: Ein Theorierahmen. Berlin: edition sigma

Efinger, M. et al. (1988) : Internationale Regime in den Ost-West-Beziehungen. Frankfurt: Haag + Herchen

Eickelpasch, A. et al. (2003): Das InnoRegio-Programm: Eine Zwischenbilanz, DIW-Wochenbericht 50/2003): 787-293

Esser, H. (1999): Soziologie. Allgemeine Grundlagen. Frankfurt: Campus

Frederichs, G. et al. (1983): Großtechnologien in der gesellschaftlichen Kontroverse. KfK 3342, Karlsruhe

Gaskell, G, Bauer, M. (Hg). (2001): Biotechnology 1996-2000. The Years of Controversy. London: Science Museum

Hampel, J. (2004): Die Akzeptanz gentechnisch veränderter Lebensmittel in Europa. Stuttgarter Beiträge zur Risiko- und Nachhaltigkeitsforschung 3. Universität Stuttgart

Hampel, J, Renn, O. (Hg). (1999): Gentechnik in der Öffentlichkeit. Wahrnehmung und Bewertung einer umstrittenen Technologie. Frankfurt: Campus

Hoffmann, D. (1997): Barrieren für eine Anti-Gen-Bewegung. Entwicklung und Struktur des kollektiven Widerstandes gegen Forschungs- und Anwendungsbereiche der Gentechnologie in der Bundesrepublik Deutschland, in: R. Martinsen (Hg), Politik und Biotechnologie. Die Zumutung der Zukunft, Baden-Baden: Nomos: 235-255

Kohtes Klewes. (2000): Herausforderung Gentechnologie. Chancen durch Kommunikation. Düsseldorf

Marris, C. et al. (2001): Public Perceptions of Agricultural Biotechnologies in Europe. PABE Final Report. Lancaster

Menrad, K. et al. (1996): Communicating Genetic Engineering in the Agro-Food Sector to the Public. Projektbericht. ISI, Karlsruhe

Müller, H. (1991): Die Chance der Kooperation: Regime in der internationalen Politik. Darmstadt: Luchterhand

Renn, O, Hampel, J. (Hg). (1998): Kommunikation und Konflikt. Fallbeispiele aus der Chemie. Frankfurt: Königshausen und Neumann

Saretzki, Th. (2001): Entstehung, Verlauf und Wirkungen von Technisierungskonflikten: Die Rolle von Bürgerinitiativen, sozialen Bewegungen und politischen Parteien, in: G. Simonis et al. (Hg), Politik und Technik. Analysen zum Verhältnis von technologischem, politischem und staatlichem Wandel am Anfang des 21. Jahrhunderts. PVS-Sonderheft 31/2000. Wiesbaden: Westdeutscher Verlag: 185-210

Schell, T, Seltz, R. (Hg). (2000): Inszenierungen zur Gentechnik. Konflikte, Kommunikation und Kommerz. Wiesbaden: Westdeutscher Verlag

Schulz von Thun, F. (1981): Miteinander reden 1. Störungen und Klärungen. Allgemeine Psychologie der Kommunikation. Hamburg: Rowohlt

Spök, A. et al. (Hg). (2000): GENug gestritten?! Gentechnik zwischen Risikodiskussion und gesellschaftlicher Herausforderung. Graz: Leykam

Urban, D, Pfenning, U. (1999): Technikfurcht und Technikhoffnung. Die Struktur und Dynamik von Einstellungen zur Gentechnik. Stuttgarter Beiträge zur Politik- und Sozialforschung, Band 1. Beuren und Stuttgart: Grauer

Voß, R. et al. (2002): Technikakzeptanz und Nachfragemuster als Standortvorteil im Bereich Pflanzengentechnik. Bericht, Wildau

Zürn, M. et al. (1990) : Problemfelder und Situationsstrukturen in der Analyse internationaler Politik. Eine Brücke zwischen den Polen?, in: V. Rittberger (Hg), Theorien der internationalen Beziehungen. Bestandsaufnahme und Forschungsperspektiven. Opladen: Westdeutscher Verlag: 151-174

Konflikte um die Offshore-Windkraftnutzung – eine neue Konstellation der gesellschaftlichen Auseinandersetzung um Ökologie

Rüdiger Mautz

1   Einleitung

An der Windenergienutzung scheiden sich die Geister. Für die einen zählt sie zu den tragenden Säulen einer unter Umwelt- und Klimaschutzgesichtspunkten unabdingbaren Energiewendepolitik sowie zu einem inzwischen relevanten Wirtschafts- und Arbeitsmarktfaktor. Für andere manifestiert sich in der gesetzlichen Förderung der Stromerzeugung aus Windenergie eine politische Fehlsteuerung, die, so der Einwand, nicht nur volkswirtschaftlich bedenklich sei, sondern infolge der Errichtung vieler Tausend Windkraftanlagen längst auch zu erheblichen Beeinträchtigungen beim Landschafts- und Naturschutz geführt habe. Die Kontroverse wird auch auf bundespolitischer Ebene ausgetragen (etwa im Bundestagswahlkampf 2005), insofern es in der FDP und in Teilen der CDU Kritik an dem geltenden Einspeisevergütungsmodell für Windstrom und Präferenzen für eine stärker marktwirtschaftlich ausgerichtete Regulierung gibt.

Ausgangspunkt des vorliegenden Beitrags ist die These, dass bei den Auseinandersetzungen um die Windenergie Interessen- und Wertekonflikte in spezifischer Weise miteinander verknüpft sind. Charakteristisch dabei ist, dass ökologische Ziele von den beteiligten Akteuren zur Legitimation gegenläufiger Handlungsoptionen verwendet werden. Am empirischen Beispiel der in der deutschen Nord- und Ostsee geplanten Offshore-Windparks wird der Frage nachgegangen, in welcher Form sich die Konflikte manifestieren, vor welchen Dilemmata die Akteure stehen und welche Probleme sich für die politische Steuerung der Windkraftnutzung auf dem Meer ergeben. Die Konfliktanalyse stützt sich auf handlungstheoretische Annahmen, wobei insbesondere Anleihen beim akteurzentrierten Institutionalismus und dessen konfliktanalytischem Ansatz (Scharpf 2000) gemacht werden. Um die These zu begründen, dass es sich bei den Auseinandersetzungen um die Offshore-Windenergie um eine neuartige Konfliktkonstellation handelt, soll in einem ersten Argumentationsschritt der Wandel von Umweltkonflikten aus historischer Perspektive betrachtet werden. Gezeigt wird, dass es sich bei diesen Konflikten ursprünglich um grundlegende gesellschaftliche Wertekonflikte („Ökonomie kontra Ökologie") handelte, in denen sich aber zumeist auch unterschiedliche Interessenlagen sowie ungleich verteilte Machtressourcen kollektiver Akteure manifestierten. Mit der zunehmenden institutionellen Rahmung und Verregelung des Umweltschutzes tritt der Aspekt des fundamentalen Wertekonflikts in den Hintergrund. Umweltkonflikte äußern sich nun mehr und mehr in der Form gesellschaftlich regelbarer und produktiv bearbeitbarer Interessenkonflikte. Mit der Expansion der erneuerbaren Energien zeichnet sich eine neue Entwicklung ab: Erstens entstehen ungewohnte Konfrontationslinien, weil sich der Risikoverdacht nun auch gegen regenerative Energietechniken – und damit auch gegen Umweltschutzakteure – wendet. Zweitens tritt bei diesen

Konflikten der Aspekt des (innerökologischen) Wertekonflikts – neben spezifischen Interessenkonflikten, z. B. um konkurrierende Flächen- oder Meeresnutzungen – wieder stärker in den Vordergrund.

2   Umweltkonflikte im Wandel

Der von der rot-grünen Bundesregierung durch gesetzliche Regelungen und Förderprogramme forcierte – und von der Großen Koalition bislang fortgeführte – Ausbau regenerativer Energien[1] steht in der Kontinuität einer politischen und gesellschaftlichen Entwicklung, die in der Umweltsoziologie gemeinhin als „Institutionalisierung" des Umweltschutzes und der Ökologiebewegung bezeichnet wird. Umweltschutz ist nicht nur zu einem längst etablierten Bereich staatlich-administrativen Handelns geworden. Im Verlauf einer die bundesrepublikanische Entwicklung der letzten drei Jahrzehnte in mancherlei Hinsicht prägenden Entwicklung diffundierten ökologische Orientierungen „auf breiter Front" in politische, wirtschaftliche, wissenschaftliche und alltagskulturelle Handlungsfelder, begleitet von einem die Ökologiebewegung transformierenden Prozess innerverbandlicher Konsolidierung und zunehmender gesellschaftlicher Integration ihrer Akteure und Organisationen.[2]

Mit der Institutionalisierung des Umweltschutzes ging ein Wandel einher, der auch die Form und die Inhalte der gesellschaftlichen Auseinandersetzungen um Ökologie betraf. In den Phasen- bzw. Zyklenmodellen zur Entwicklung der Umweltbewegung wird der Zeitabschnitt zwischen 1975 und den frühen 1980er Jahren als Phase der „Fundamentalopposition" sowie der „konfrontativen Mobilisierung" und „polaren Entgegensetzung von Ökonomie und Ökologie" beschrieben (Huber 2001: 264 ff.; Brand 1999: 244). Das wesentliche Merkmal dieser Phase sieht Huber in der „Herausforderung des industriellen Establishments durch die Umweltbewegung" (Huber 2001: 266), wobei es das Energiethema war, das zu *dem* zentralen Brennpunkt der Auseinandersetzungen wurde. Die Jahre des systemoppositionellen Widerstands und der Massenmobilisierung gegen Atomkraftwerke und andere energietechnische Großprojekte (z. B. luftverschmutzende Kohlekraftwerke) waren die Inkubationsphase eines kritischen Energiediskurses, der spätestens ab den 1980er Jahren innerhalb der Ökologiebewegung sowie der neu gegründeten Partei der Grünen geführt und unter dem Leitbegriff der „Energiewende" in die eigene Programmatik aufgenommen wurde. Es handelte sich dabei um einen kompletten Gegenentwurf zur bisherigen bundesdeutschen Energiepolitik sowie zu den Technikpfaden und ökonomischen Strukturen, auf die sie sich stützte.[3] Unter soziokulturellen Gesichtspunkten standen sich mit Blick auf die beteiligten Akteursgruppen Welten gegenüber: Dort führende Repräsentanten des großin-

---

[1] Die wichtigste gesetzliche Grundlage bildet das Erneuerbare-Energien-Gesetz (EEG), das im Jahr 2000 in Kraft trat und 2004 novelliert wurde. Das EEG garantiert den Betreibern von regenerativen Energieanlagen feste Einspeisevergütungen, die für einen Zeitraum von 20 Jahren von der Bindung an den Marktpreis für Strom entkoppelt sind. Eine schrittweise Absenkung der Vergütungssätze für Neuanlagen soll die Produktivitätsentwicklung im Bereich der regenerativen Energien fördern.
[2] Für ausführlichere Darstellungen der Institutionalisierung von Umweltschutz und Umweltbewegung sei auf Brand 1999, Brand et al. 1997 und auf Huber 2001: 245 ff. verwiesen.
[3] Das Ziel lautete: Umstieg auf einen „sanften Energiepfad" (Bechmann 1984: 218), d. h. Ausstieg aus Kernenergie, Energiesparkonzepte, konsequenter Umstieg auf regenerative Energiegewinnungstechniken (Binswanger et al. 1988: 45 ff.).

dustriellen und politischen Establishments sowie gewerkschaftsnahe, noch stark im Arbeitermilieu verwurzelte Belegschaften, die in den energiepolitischen Umbauprogrammen vor allem eine Gefährdung ihrer Arbeitsplätze sahen (Heine/Mautz 1989: 11 f.); hier die Repräsentanten der noch jungen Umwelt- und Alternativbewegung, die politisch-weltanschaulich zumeist links und antikapitalistisch, zum Teil anti-industriell, auf jeden Fall pro-ökologisch eingestellt und in ein alternatives Milieu eingebunden waren, das einen hohen Grad an kultureller Integration und sozialer Vernetzung aufwies (Brand 1999: 247). Was sich in der skizzierten Phase manifestierte, war der „klassische" Typus des Umweltschutzkonflikts als fundamentaler Wertekonflikt, der im öffentlichen Diskurs gemeinhin als Konflikt von „Ökologie kontra Ökonomie" bezeichnet wurde. Es prallten aber nicht nur kontroverse Bewertungen gesellschaftlicher Grundziele aufeinander. Die Härte der Auseinandersetzungen rührte auch daher, dass den gesellschaftspolitisch mobilisierbaren Handlungsorientierungen im Sinne des ökologischen „Gattungsinteresses" konkurrierende Erwerbsinteressen gegenüberstanden, die ebenfalls über ein beträchtliches politisches Mobilisierungspotenzial verfügten – in der Regel Gewinninteressen von Unternehmensvertretern sowie Einkommens- und Arbeitsplatzinteressen von Arbeitnehmern in ökologisch problematisierten Wirtschaftszweigen.

Als die Sozialwissenschaften in den 1970er Jahren – nicht nur in der Bundesrepublik, sondern auch in Ländern wie den USA oder Frankreich – begannen, sich mit dem Umweltthema zu befassen, war es diese neuartige Konfliktdynamik moderner, mit der Ökologiefrage konfrontierter Gesellschaften, die im Zentrum des Erkenntnisinteresses stand. Was sich in einigen der markantesten Analysen abzeichnete, war das Bild einer im Angesicht der Umweltkrise fundamental gespaltenen Gesellschaft, in der der gesellschaftliche Grundantagonismus nicht mehr, wie es die Marx'sche Theorie postuliert, zwischen den Besitzern und Nicht-Besitzern von Produktionsmitteln verläuft. Vielmehr sei es der Grad an ökonomischer Abhängigkeit von dem auf Naturausbeutung beruhenden industriellen Produktionsmodus, der unterschiedliche soziale Fraktionen, die um gesellschaftliche Macht, wirtschaftliche Vorteile und um die Verbesserung der eigenen Lebensbedingungen kämpften, jetzt aufeinanderprallen lasse.[4] Ein ganz ähnliches Szenario skizzierte Beck Mitte der 1980er Jahre: Sollte es zur Zuspitzung öffentlicher Risikodiskurse und Umweltschutzkonflikte kommen, sei ein fundamentales Neuarrangement sozialer Konfliktlinien möglich – zum einen der branchenspezifische Zusammenschluss der alten „Klassengegner" Kapital und Arbeit, zum anderen Konfrontationen „dieses Gewerkschafts-Unternehmer-Blocks mit anderen gemischten Teilfraktionen über die unter dem Druck ‚ökologischer Politisierung' zusammengedrückten Klassengräben hinweg" (Beck 1988: 240). Folgt man den beschriebenen Szenarien, so entwickelte sich der „Ökologie-kontra-Ökonomie-Konflikt" zu *dem* neuen sozialen Grundkonflikt, von dessen Ausgang nicht nur die Eindämmung gesellschaftlich wahrgenommener Umweltrisiken, sondern auch die Verteilung materieller und sozialer Lebenschancen abhängen sollte.

Angesichts der an der Ökologiefrage aufbrechenden Konfliktdynamik schien es zunächst höchst fraglich zu sein, ob die Perzeption und Bearbeitung von ökologischen Problemen jemals den Status gesellschaftlicher „Normalität" erlangen könnte, da hierzu ein Mindestmaß an Konsens und Kooperation zwischen den Konfliktparteien erforderlich gewesen wäre. Gleichwohl setzte ein solcher – von der Umweltsoziologie breit dokumentier-

---

[4] Diese These wird insbesondere von Morrison (1973) vertreten, der sich auf Anfang der 1970er Jahre in den USA durchgeführte empirische Analysen stützt. Auf Morrison beziehen sich Buttel/Flinn 1974; Sills 1975.

ter – Normalisierungs- und Institutionalisierungsprozess in den 1980er Jahren ein und stellte die Auffassung einer fundamentalen gesellschaftlichen Konfliktlinie, die dem Ökologie-Ökonomie-Antagonismus geschuldet sei, in Frage. Empirische Untersuchungen lieferten zunehmend Belege dafür, dass das Umweltthema keineswegs, wie ursprünglich angenommen, stark schichtspezifisch rezipiert und in erster Linie von ökonomisch und soziokulturell privilegierten Angehörigen industrieferner Mittelschichten aufgegriffen wurde. Vielmehr häuften sich die Anzeichen dafür, dass das Umweltbewusstsein mehr und mehr in andere Bevölkerungsgruppen „hineinsickerte" (Buttel 1986; Morrison 1986) und auch bei den industriellen Produzenten „angekommen" war, etwa bei Facharbeitern und dem mittleren Management der Chemischen Industrie (Deutsch/van Houten 1974; Duclos 1981; Heine/ Mautz 1989, 1993, 1995; de Haan/Kuckartz 1996).[5] Zur Entschärfung des Ökologie-kontra-Ökonomie-Konflikts trug auch bei, dass sich angesichts staatlicher Umweltschutzauflagen die Erkenntnis durchzusetzen begann, dass aktives Umweltschutzhandeln, etwa im Sinne des Präventionsprinzips (Heine/Mautz 1995: 48 ff.), durchaus im *ökonomischen* Eigeninteresse eines Industrieunternehmens liegt. Dieser zunächst nur auf einige Vorreiterunternehmen beschränkte Perspektivenwechsel entwickelte ab Mitte der 1980er Jahre eine beträchtliche Eigendynamik und führte, so Huber, zu einer „offensiven Kehrtwendung der Industrie gegenüber der ökologischen Frage", in deren Folge sich Umweltmanagement „unternehmens- und wirtschaftspolitisch etabliert" habe und in einer wachsenden Zahl von Firmen „zu einem zunehmend routinisierten Teil des Unternehmenshandelns geworden" sei (Huber 2001: 269, 379).

Institutionalisierung des Umweltschutzes bedeutete auch, dass Umweltschutzkonflikte nun unter den Vorzeichen ihrer zunehmenden institutionellen Rahmung und Verregelung kleingearbeitet werden konnten. Folgt man Blanke et al., dann setzte in den 1980er Jahren der Siegeszug eines „kooperativen Pragmatismus" ein, der mehr und mehr an die Stelle polarisierender Konfliktaustragung trat (Blanke et al., 1999: 39 ff.). So verbesserten sich die Voraussetzungen für Konfliktlösungen, die *nicht* unter dem Druck staatlicher Regulierung oder gerichtlicher Verfahren zustande kommen. Zu diesen – nach und nach sich institutionalisierenden – Voraussetzungen gehören die ab Mitte der 1980er Jahre entstehenden Kooperationsbeziehungen zwischen Umwelt- und Naturschutzorganisationen einerseits, Industrie und Großhandel andererseits (Huber 2001: 269). Ferner gehören hierzu „alternative" Instrumente der Konfliktregulierung wie das „Mediationsverfahren", das seit den 1990er Jahren auch in der Bundesrepublik in etlichen Konfliktfällen angewendet worden ist (Fietkau/Weidner 1998: 319). Ermöglicht wurde diese Entwicklung nicht zuletzt durch eine „konstruktiv-pragmatische Wende" innerhalb der Umweltschutzbewegung (Byzio et al. 2002: 16 f.): An die Stelle des Protests gegen ökologische Missstände tritt nun mehr und mehr das Ziel der aktiven (Mit-)Gestaltung von Umweltschutz. Der offensiv ausgetragene Umweltschutzkonflikt wird zur *ultima ratio*, an deren Drohpotenzial man prinzipiell festhält. In der Praxis setzen die Umweltverbände jedoch zunehmend auf die Überzeugungskraft eigener wissenschaftlicher Expertise und professioneller Öffentlichkeitsarbeit und weniger als früher auf die Mobilisierung der Basis, um eigene Ziele durchzusetzen. Anstelle von Konfrontation mit politischen und wirtschaftlichen Akteuren tritt nun immer

---

[5] Was natürlich auch weiterhin nicht ausschloss, dass Arbeitnehmer ökologischen Forderungen im *konkreten Fall* die Unterstützung entziehen, etwa dort, wo man den eigenen Arbeitsplatz (z. B. wegen einer drohenden Betriebsstillegung aus Umweltschutzgründen) oder die soziale Legitimation der eigenen Tätigkeit (z. B. wegen der wahrgenommenen Stigmatisierung als Umweltverschmutzer) in Frage gestellt sieht (Mautz 1993: 54 f.).

häufiger die Suche nach Verhandlungslösungen und nach „begrenzter Kooperation" (Brand 1999: 252). An der Grundkonstellation umweltschutzbedingter Auseinandersetzungen ändert sich jedoch wenig: hier die Umweltschützer, die in einem gemeinsamen Boot sitzen; dort die Vertreter anders gelagerter, zumeist ökonomisch begründeter Interessen und Bestrebungen.

3 Eine neue Konfliktkonstellation: die Ausweitung des Risikoverdachts

Mit dem Einstieg in die rot-grüne Politik der Energiewende und der gezielten Förderung regenerativer Energien ist Bewegung in diese Grundkonstellation gekommen. Es zeichnet sich eine neue Konstellation der gesellschaftlichen Auseinandersetzung um Ökologie ab, die, so die hier vertretene These, weder dem klassischen Konflikttyp „Ökologie-kontra-Ökonomie" entspricht noch mit den Akteurskonstellationen identisch ist, die für den institutionalisierten Interessenausgleich in Sachen Umweltschutz typisch sind. Wir begegnen dieser neuen Konstellation bei einer ganzen Reihe von Auseinandersetzungen um Techniken zur regenerativen Energiegewinnung, z. B. bei Konflikten um die Errichtung großflächiger Freiland-Solarstromanlagen oder um landwirtschaftliche Biogasanlagen. Ihre bisher markanteste Ausprägung haben solche Konflikte freilich bei den Auseinandersetzungen erkennen lassen, die um Windkraftanlagen geführt werden, sei es bei den Konflikten um den Ausbau der Windenergienutzung an Land oder sei es bei den Auseinandersetzungen, die um die in der deutschen Nord- und Ostsee geplanten Offshore-Windparks geführt werden.

Was genau ist gemeint, wenn hier von einer neuen Konfliktkonstellation die Rede ist? Das Schlüsselmerkmal dieser neuen Konstellation beruht auf einer spezifischen *Ausweitung des Risikoverdachts*:

Zweifellos zielten die aus den Reihen der Ökologiebewegung schon frühzeitig erhobenen Forderungen, den „sanften Energien" konsequent zum Durchbruch zu verhelfen, auf eine Strategie der *Risikominderung* im Energiesektor ab. Der Naturausbeutung (fossile Rohstoffe, Uran) und der Naturgefährdung (Emissionen, Strahlung) durch die traditionelle Energieproduktion stellte man das Prinzip der Naturbewahrung durch die erneuerbaren Energien gegenüber. Die wahrgenommene Risikoproduktion durch fossile und atomare Energieträger (im Hinblick auf Natur und Ökosysteme sowie auf die Gefährdung des Menschen) konfrontierte man mit dem Prinzip der Risikovermeidung durch die Nutzung regenerativer Energiequellen. Im Zuge der in den 1990er Jahren beginnenden Verbreitung der erneuerbaren Energien werden diese allerdings nun selbst vom Risikodiskurs „eingeholt". Insbesondere das Beispiel der Windenergienutzung verdeutlicht, dass es sich auch hier um eine mehrdimensionale Risikoperspektive handelt, die sich zum einen auf ökologische Gefährdungen der Natur (vor allem im avifaunistischen Bereich) und zum anderen auf die Gefährdung des Menschen richtet.[6] Dies alles hat zur Folge, dass die aus „klassischen" Umweltkonflikten bekannte David-gegen-Goliath-Konstellation mit ökomoralisch eindeutiger Rollenverteilung, die schon im Zuge der Institutionalisierung des Umweltschutzes

---

[6] Hier geht es vor allem um befürchtete Gesundheitsgefahren durch Geräuschemissionen, insbesondere im Infraschallbereich, um Beeinträchtigungen durch Licht-/Schatteneffekte der rotierenden Windräder sowie um Einbußen an Lebensqualität durch Eingriffe in das nahräumliche Landschaftsbild.

aufzuweichen begann,[7] sich in den Konflikten um regenerative Energien weiter auflöst. Eine solche Rollenverteilung traf allenfalls noch auf die Ende der 1980er Jahre beginnende Pionierzeit von Windkraftprojekten zu, die zunächst stark von selbstorganisierten und der Ökologiebewegung nahestehenden Initiativen getragen wurden (Byzio et al. 2002: 281 ff.). Mit dem ökonomischen Erfolg des Windkraftsektors änderte sich die Situation: Die Windkraftbetreiber, die den Energiekonzernen die Stirn boten, wurden nun selbst zur Zielscheibe von Bürgerprotesten und gelten heute manchem Anwohner als „Goliath", den man mit organisiertem Protest bekämpfen sollte. Eine solche Haltung wird dadurch bestärkt, dass sich in der Windkraftbranche, die längst von professionellen Hersteller- und Betreiberfirmen dominiert wird, gutes Geld verdienen lässt, so dass der Vorwurf des kurzsichtigen und egoistischen Interessenkalküls auf Kosten der Umwelt nun auch *gegen* die Windkraftbetreiber ins Feld geführt werden kann. Damit wird der zentrale Anspruch der Verfechter der Energiewende, durch ökonomische Anreize für Privatinvestoren einem ganzen Bündel von Allgemeinwohlinteressen – globaler Klimaschutz, Nutzung „sanfter" Energien, Minderung von Risiken für Mensch und Natur – zum Durchbruch zu verhelfen, in Frage gestellt. Die Ausweitung des Risikoverdachts führt im Fall der regenerativen Energien somit insofern zu neuartigen Umweltkonflikten, als ökologische Argumente nun zur Legitimation *entgegengesetzter* Handlungsoptionen genutzt werden können. Dies führt erstens zu ganz unterschiedlichen – und teils neuartigen – Verknüpfungen von ökonomischen Interessen und ökologischen Motiven und trägt zweitens die Auseinandersetzung – als innerökologischer Konflikt – in das Lager der Umweltschützer selbst hinein. Im Folgenden soll am empirischen Beispiel der *Offshore-Windkraftnutzung* gezeigt werden, welche Problemlage aus der skizzierten Konfliktkonstellation für eines der markantesten Vorhaben der jüngeren deutschen Umweltpolitik resultiert und welche – vorläufigen – Schlussfolgerungen daraus für die Frage der Konfliktlösung gezogen werden können.

4 Die umstrittene Offshore-Windkraftnutzung

Mit dem unter der rot-grünen Bundesregierung im Frühjahr 2000 verabschiedeten Erneuerbare-Energien-Gesetz (EEG) wurden nicht nur die Rahmenbedingungen für die Anbieter regenerativ erzeugten Stroms entscheidend verbessert, sondern man nahm nun auch die Vergütung von Elektrizität, die aus Offshore-Windparks stammt, in die gesetzliche Regelung mit auf. Damit war der Startschuss für den Einstieg in die Windenergienutzung vor den deutschen Küsten gefallen. Er löste eine Flut von Genehmigungsanträgen aus: Bis 2002 waren ca. 30 Genehmigungsverfahren für Offshore-Windparks in der Ausschließlichen Wirtschaftszone (AWZ) eingeleitet worden.[8] Hinzu kamen mehrere Anträge für die 12-Seemeilenzone, die bei den zuständigen Stellen der Bundesländer eingereicht wurden. Bis

---

[7] So betonen Brand et al. (1997) mit Blick auf die 1990er Jahre, dass sich Umweltorganisationen ihrer Resonanz als moralischer „Anwalt der Natur" nicht mehr so sicher sein können: „Auch die Akteure aus Wirtschaft und Politik können, bei entsprechender Glaubwürdigkeit, mit den Pfunden ökologischer Moral wuchern. David steht nicht mehr, im Namen einer überlegenen Moral, dem ökonomisch oder politisch übermächtigen, aber unverantwortlichen Goliath gegenüber. Auch Goliath hat seine ökologische Lektion gelernt" (Brand et al. 1997: 309).
[8] Die AWZ, auf die sich begrenzte nationale Hoheitsrechte erstrecken, schließt unmittelbar an das eigentliche Hoheitsgebiet, die 12-Seemeilenzone, an und darf laut internationalem Seerechtsübereinkommen maximal 200 Seemeilen breit sein. Die für Genehmigungsverfahren in der AWZ zuständige Behörde ist das Bundesamt für Seeschifffahrt und Hydrographie (BSH).

Ende 2007 erhielten mehr als 20 der beantragten Offshore-Projekte die Baugenehmigung. Mit der Inbetriebnahme des ersten deutschen Offshore-Windparks wird allerdings nicht vor 2009 gerechnet (Mautz et al. 2008: 86 f.). Der geplante Einstieg in die Offshore-Windkraftnutzung, dessen institutionelle Voraussetzungen sich mit den 2004 und 2008 erfolgten Novellierungen des EEG noch einmal verbessert haben,[9] scheint auf den ersten Blick voll und ganz den „Win-Win-Optionen" zu entsprechen, die die rot-grüne Bundesregierung mit der Verknüpfung energie- und klimapolitischer Ziele nutzen wollte. Denn der Ausbau erneuerbarer Energien „dient sowohl dem Klimaschutz als auch der Verringerung der Abhängigkeit von Energieimporten" (Bundesregierung 2002: 155); überdies sei er ökonomisch und unter Arbeitsplatzgesichtspunkten vorteilhaft.[10] Dass man der Windenergie im Offshore-Bereich „das größte Ausbaupotenzial" zuschrieb, hatte erstens damit zu tun, dass geeignete Standorte für Windparks an Land zunehmend knapper wurden. Zweitens konnte man in Nord- und Ostsee angesichts der potenziell zur Verfügung stehenden Nutzungsareale mit deutlich größeren Windparks als *onshore* rechnen. Dies sollte der regenerativen Energiegewinnung in Kombination mit dem höheren Windertrag auf dem Meer einen bisher nicht gekannten – und angesichts der bundesdeutschen Klimaschutzziele politisch wünschenswerten – Schub verleihen.[11]

Das ist die eine Seite der Medaille. Auf der anderen Seite hat der geplante Einstieg in die Offshore-Windkraftnutzung einen Risikodiskurs entfacht, der mit spezifischen Interessen-, Ziel- und Wertekonflikten einhergeht. Die Ausweitung des Risikoverdachts drückt auch diesen Auseinandersetzungen ihren Stempel auf, wodurch sie sich von herkömmlichen Umweltschutzkonflikten unterscheiden.

Dies trifft erstens auf Interessenstrukturen in einem *regionalen Strukturwandelkonflikt* zu, der von den Offshore-Planungen ausgelöst wurde und in dem ökonomische und ökologische Risikowahrnehmungen miteinander verschmelzen. Für diejenigen, die sich als die regionalen Verlierer eines möglichen Offshore-Windkraftbooms betrachten, fällt auch die im Zuge dieser Entwicklung zu erwartende Ökobilanz negativ aus, was den befürchteten ökonomischen Niedergang aus ihrer Sicht zusätzlich fördern könnte. Eine solche Position ist in den stark vom Tourismus geprägten Insel- und Küstengemeinden sowie unter den Küstenfischern verbreitet. Während letztere den Verlust wichtiger Fanggebiete durch den Bau riesiger Offshore-Windparks fürchten, richtet sich die Sorge auf den Inseln und in den Badeorten darauf, dass weithin sichtbare Windkraftanlagen im Meer die Urlaubsgäste vertreiben könnten. Außerdem, so die Befürchtung, gehe von den Windparks ein erhöhtes Kollisionsrisiko für Schiffe aus, was wiederum die Gefahr von verheerenden Ölkatastrophen im Wattenmeer und an den Badestränden anwachsen lasse. Dagegen sind aus Sicht derjenigen, die sich als potenzielle Gewinner der Offshore-Entwicklung betrachten können, ökologische Ziele (hier: Energiewende und Klimaschutz) nicht nur die treibende Kraft eines

---

[9] Seit dem 1.1.2009 wird für Windkraftanlagen auf See mindestens 12 Jahre lang eine Einspeisevergütung von 13 Cent/kWh gezahlt (vorher: 9,1 Cent/kWh). Bei Inbetriebnahme bis zum 31.12.2015 kommt ein Bonus von 2 Cent/kWh dazu. Ab dem 13. Betriebsjahr wird eine Grundvergütung von 3,5 Cent/kWh gezahlt.

[10] Nach Angaben des Bundesumweltministeriums können dem regenerativen Energiesektor Ende 2007 fast 250.000 Arbeitsplätze in Deutschland zugerechnet werden – ein Zuwachs von etwa 55% gegenüber 2004 (BMU 2008: 31).

[11] So hat sich die Bundesregierung verpflichtet, den Ausstoß einer Reihe von klimaschädlichen Gasen in der Periode 2008-2012 um 21% gegenüber dem Basisjahr 1990 zu verringern (Bundesregierung 2002: 147). Die Ausbauziele im Bereich der Offshore-Windkraftnutzung gab die rot-grüne Bundesregierung für den Zeitraum bis 2010 mit 2.000 bis 3.000 MW Nennleistung und langfristig, d. h. bis 2030, mit 20.000 bis 25.000 MW an (Bundesregierung 2002: 155).

heilsamen Strukturwandels in der Küstenregion, sondern auch ein geeignetes Marketinginstrument, um Ökologie und Ökonomie im Bereich des Fremdenverkehrs zu versöhnen, etwa durch die imagefördernde Versorgung von Inseln mit „sauberem" Windstrom oder durch eine Art „Ökotourismus" zu den künftigen Offshore-Windparks. In der Erwartung regionalen Strukturwandels kristallisieren sich somit zwei konträre Grundpositionen heraus, wobei „Ökologie" in beiden Fällen dazu verhilft, die eigene Haltung normativ zu legitimieren: Für die einen scheint sich mit den Offshore-Projekten ein Königsweg regionaler Nachhaltigkeitsentwicklung zu eröffnen, und zwar in der Kombination aus regenerativer Energienutzung und einem regionalen Wirtschaftswachstum, das mit einer „sauberen" Reindustrialisierung, mit der Schaffung qualifizierter Dauerarbeitsplätze sowie mit einer allgemeinen Wohlstandssteigerung in einer strukturschwachen Region einhergeht. Andere rechnen dagegen allenfalls mit einem regionalen Nullsummenspiel bei einer innerregional ungerechten Verteilung der Gewinne und Kosten künftigen Strukturwandels. Schlimmstenfalls erwartet man existenzbedrohende Probleme für den regionalen Fremdenverkehr und die Fischerei, und zwar zugunsten einer neuen Technologie, an deren ökonomischen wie ökologischen Nutzen man zweifelt (Byzio et al. 2005: 78 f.).

Ein zweiter Konfliktherd resultiert aus den am Beispiel der Offshore-Windenergie aufbrechenden *innerökologischen Divergenzen*, denen wir zwar auch beim Ausbau anderer regenerativer Energien begegnen, die nun aber eine zusätzliche Brisanz erhalten. Sie besteht darin, dass mit dem Einstieg in die Offshore-Windkraftplanungen zwei jeweils identitätsstiftende Leitbilder der Umweltbewegung in Widerstreit geraten sind, die zuvor unter dem Dach der großen Umweltorganisationen weitgehend friedlich koexistieren konnten. Im Kern handelt es sich bei dem einen Leitbild um die ökologische Modernisierung des Energiesektors mit dem übergeordneten Ziel des Klimaschutzes. Das mit dem anderen Leitbild verknüpfte zentrale Anliegen ist die Erhaltung bzw. Einrichtung von Naturschutz(-gebieten), wobei das übergeordnete Ziel in der Sicherung von Biodiversität und im Artenschutz liegt. Das Problem des Leitbildkonflikts stellt sich nicht zuletzt deswegen, weil sich moderner Naturschutz längst nicht mehr auf die Konservierung isolierter Naturreservate beschränkt, sondern sich heute an dem naturwissenschaftlich-systemischen Ziel orientiert, ein multinationales Schutzgebietsnetzwerk im Sinne des europäischen NATURA 2000-Programms aufzubauen (Byzio et al. 2005: 152 ff.). Beim Ausbau der regenerativen Energien ist hingegen seit Jahren eine Entwicklung zur Zentralisierung von Dezentralität zu beobachten, in deren Verlauf z. B. immer größere Windparks oder Freiland-Solaranlagen gebaut wurden. Im Fall der Offshore-Projekte wird diese Entwicklung in Form riesiger Meeres-Windparks auf die Spitze getrieben. Aus der Sicht vieler Naturschützer ist es dagegen vordringlich, weiträumige Meeresareale auch außerhalb des Nationalparks Wattenmeer für den Naturschutz zu „retten". Beide Seiten haben somit ein ökologisch begründbares Interesse an den gleichen Naturräumen. In der Frage von Klimaschutz und Naturschutz brechen folglich gegenläufige Werthaltungen, Zielperspektiven und Prioritätensetzungen auf, die auch auf unterschiedliche, unter dem Dach der modernen Umweltorganisationen zusammengefasste „Bewegungstraditionen" zurückgehen (Byzio et al. 2005: 139 ff.), aus deren jeweiliger Sicht die Gewinne und Verluste eines umweltpolitischen Konzepts, das an der Leitidee von ökologischer Modernisierung und Energiewende ausgerichtet ist, ganz unterschiedlich ausfallen.

5 Der Streit um die Offshore-Windenergie als Technikkonflikt

Inwieweit ist angesichts der beschriebenen Konfliktkonstellation zu erwarten, dass die vor den deutschen Küsten geplante Offshore-Windkraftnutzung das Schicksal manch anderer neuen Technologie teilen könnte, nämlich „an der mangelnden Kompatibilität mit dem ökonomischen, rechtlich-institutionellen und sozialen Umfeld (zu) scheitern" (Coenen 2002: 395)? Diese Frage ist nicht zuletzt deswegen von Relevanz, weil es sich bei der skizzierten Konfliktkonstellation um einen Sonderfall von *Technikkonflikten* handelt – Konflikte, die schon immer dadurch ausgelöst wurden, dass technologische Innovationen „in der Regel nicht nur Gewinner, sondern *Gewinner und Verlierer* zur Folge" haben (Fleischer/Grunwald 2002: 110). Dies erschwert die gesellschaftliche Durchsetzung von (technologischen) Neuerungen in vielen Fällen ganz beträchtlich und bringt es mit sich, dass die „Emergenz" und anschließende „Potenzialentfaltung" von Innovationen in der Regel nicht antizipiert werden können (Huber 2001: 117). Aus der Perspektive evolutorischer Innovationstheorien liegt am Beispiel der regenerativen Energien, die sich seit den späten 1980er Jahren in der Bundesrepublik aus einer kleinen soziokulturellen Nische heraus verbreitet haben, der typische Fall einer „technologischen Evolution" vor – wobei der Einstieg in die Offshore-Windkraftnutzung, sofern er gelingen sollte, zu einer wichtigen Stufe der „Potenzialentfaltung" werden könnte. Evident ist, dass die regenerativen Energien noch längst keinen vollständigen Zyklus der Technikgenese und -diffusion durchlaufen haben (ihr Anteil an der Stromerzeugung liegt Ende 2008 bei ca. 15%). Vielmehr befinden sie sich – in der Terminologie evolutorischer Ansätze der Techniksoziologie – nach wie vor im Stadium der „Fermentierung", in dem das alte mit dem neuen technologischen Paradigma rivalisiert und „nicht vorherbestimmt" sei, „ob sich das Neue und vermeintlich Bessere tatsächlich durchsetzen wird" (Braun-Thürmann 2005: 47 f.). Wie generell im Fall neuer technologischer Paradigmen werden auch die Durchsetzungschancen der regenerativen Energietechniken dadurch eingeschränkt, dass die dominante Technologie, hier der fossil-atomare Energiepfad, „durch ein ganzes Regime stabilisiert (wird), welches neben wissenschaftlichen Wissen und ingenieurwissenschaftlichen Praktiken insbesondere auch die bereits vorhandene Infrastruktur und die Verwendungsroutinen umfasst" (Braun-Thürmann 2005: 48). Die Besonderheit im Fall der (Offshore-)Windkrafttechnologie liegt darin, dass es sich hier nicht nur um die Konkurrenz zwischen den Promotoren des traditionellen und denen des neuen energietechnischen Paradigmas handelt. Hinzu kommen, wie sich zeigte, drohende Strukturwandelkonflikte in der Küstenregion sowie ein die Durchsetzung des neuen Paradigmas erschwerender Widerstreit unter den Promotoren des ökologisch-technischen Wandels selbst.

6 Das Problem der Konfliktlösung: Handlungsdilemmata der Akteure

Um die Frage nach den Realisierungschancen der Offshore-Windkraftnutzung – bzw. nach den Chancen weiterer „technologischer Evolution" in diesem Bereich – wieder aufzunehmen, möchte ich mich im Folgenden auf die Konfliktdynamik konzentrieren, die von der hier betrachteten „neuen" Konfliktkonstellation ausgelöst wurde. Die Konfliktanalyse zeigt[12]: Aus handlungstheoretischer Perspektive betrachtet stoßen wir bei den Auseinandersetzungen um konkrete Planungen für Offshore-Windparks in der Regel auf den Typus des „partiellen Konflikts", für den charakteristisch ist, dass es zwischen den Konfliktparteien nicht nur deutliche Interessendivergenzen, sondern auch partielle Interessenkonvergenzen gibt. Verglichen mit dem Nullsummenspiel eines „reinen Konflikts", bei dem es buchstäblich um „alles oder nichts" geht, sind die Chancen, dass es zu Bargainingprozessen und Verhandlungslösungen kommt, in partiellen Konflikten größer, da im Prinzip für beide Seiten Gewinnmöglichkeiten bestehen.[13] Der Streit dreht sich dann im Wesentlichen um die gerechte Verteilung der Kosten und Gewinne einer Einigung. Doch birgt auch dies noch genügend Konfliktstoff, der etlichen Akteuren ernsthafte Handlungsdilemmata beschert, deren Auflösung beim gegenwärtigen Stand der Dinge – sämtliche Offshore-Windparks befinden sich noch in der Planungsphase – weitgehend offen ist. Dies wiederum gefährdet die weitreichenden umweltpolitischen Ziele, die man mit dieser Technologie erreichen will.

6.1 Das Dilemma der Umweltschutzakteure

Typisch für die von uns untersuchten Konflikte zwischen Umweltverbänden und den für bestimmte Offshore-Windkraftprojekte verantwortlichen Planungs- und Betreiberfirmen ist, dass es anfangs zu Bargainingprozessen kommt, etwa im Kontext von Genehmigungsverfahren, an denen die Umweltverbände in der Regel beteiligt sind, oder im Rahmen freiwilliger Verhandlungen von Akteuren beider Seiten. Doch führen die Verhandlungen zumeist nicht zu stabilen Kompromissen, sondern münden häufig in erneuter Konfrontation, z. B. in gerichtlichen Auseinandersetzungen, die von den Umweltverbänden angestrengt werden. Dies hängt vor allem damit zusammen, dass es in diesen Konflikten aus Sicht der Umweltverbände um zentrale, am modernen Naturschutz orientierte Grundpositionen geht: Keine Windparks in potenziellen Naturschutzgebieten und keine Kabeltrassen durch den Nationalpark Wattenmeer. Damit legen sich die Umweltakteure auf normativ begründete Entweder-Oder-Haltungen fest, die nur wenig Spielräume für Bargainingstrategien lassen. Hier liegt im Übrigen ein Unterschied zu den Auseinandersetzungen zwischen Touristikgemeinden und Offshore-Betreiberfirmen. Dass es zwischen diesen Kontrahenten trotz zum Teil heftiger Konfrontationen mittlerweile auch zu Bargainingprozessen gekommen ist, lässt vermuten, dass den Gemeinden im Vergleich zu den Umweltverbänden, denen es in der Frage von Windpark-Standorten immer auch um naturschutzpolitische Grundsatzfragen geht, alles in allem größere Verhandlungsspielräume offen stehen. Die Frage, welches

---

[12] Wichtigster theoretischer Bezugspunkt ist der von Scharpf (2000) im Theoriekontext des akteurzentrierten Institutionalismus entwickelte konfliktanalytische Ansatz. Empirisch stützen sich die folgenden Ausführungen auf die Untersuchungsergebnisse, die wir in einer 2005 veröffentlichten Monographie ausführlicher dargestellt haben (vgl. Byzio et al. 2005, insbesondere 81 ff. u. 167 ff.). In die Konfliktanalyse sind Informationen und Sachverhalte aus einem breiten Spektrum an Einzelkonflikten um Offshore-Windkraftplanungen eingeflossen, doch basiert die empirische Analyse im engeren Sinne auf drei Fallstudien über konkrete Konfliktverläufe. Es handelt sich in allen drei Fällen um Projekte im fortgeschrittenen Planungsstadium, die auf eine bereits mehrjährige „Konfliktgeschichte" zurückblicken: Projekt „Sky 2000" (schleswig-holsteinische Ostseeküste); Projekt „Borkum West" (niedersächsische Nordseeküste); Projekt „Butendiek" (schleswig-holsteinische Nordseeküste). Im Zentrum der empirischen Erhebungen standen ca. 45 Expertengespräche, die wir im zweiten Halbjahr 2002 mit Vertreterinnen und Vertretern aus Umweltorganisationen, aus Planungs- und Betreiberfirmen, aus der Lokal- und Regionalpolitik, aus Wirtschaftsverbänden sowie aus den zuständigen Landesadministrationen geführt haben.
[13] Zur Unterscheidung von „reinen" und „partiellen" Konflikten vgl. Esser 2000: 95 ff.; Scharpf 2000: 130 ff.

Ausmaß an Sichtbarkeit von Offshore-Windparks noch tolerabel oder welche Mindestentfernung zur nächsten Schifffahrtsroute unter Risikoaspekten noch zumutbar ist, bleibt eine Ermessensfrage und ist im Prinzip ebenso verhandelbar wie die (wenn auch begrenzten) Spielräume, die auf Betreiberseite im Hinblick auf die Standortwahl wahrgenommen werden.

Der von einigen Umweltverbänden eingeschlagene Weg der Konfrontation ist nicht ohne Tücken. Die Verbände befinden sich in der gemischten Interessenlage eines partiellen Konflikts, in der sie konkurrierende ökologische Ziele – Naturschutz *und* Klimaschutz – immer wieder gegeneinander abwägen müssen. Neben dem *Konflikt* in der Frage von Windparkstandorten und Kabeltrassen gibt es deswegen auch einen Bereich der Interessen*konvergenz* zwischen Umweltverbänden und Offshore-Windkraftplanern. Das *gemeinsame* Interesse beider Seiten besteht in seiner allgemeinsten Form darin, als Akteure der Energiewende und der damit verknüpften ökologischen Ziele öffentlich anerkannt zu werden. So ist die Weiterführung der Energiewende für die Windkraftbetreiber längst zur wichtigsten Geschäftsgrundlage geworden. Angesichts ihrer „ökologischen" Unternehmensausrichtung müssen sie ein Interesse daran haben, in der kritischen Öffentlichkeit – in der die Umweltverbände eine wichtige Wortführerrolle spielen – nicht als reine Geschäftemacher dazustehen, für die Natur- und Umweltschutzziele zweitrangig sind. An öffentlicher Akzeptanz sind auch die großen Umweltschutzorganisationen interessiert, zumal sie sich allesamt prinzipiell zu dem Ziel der Energiewende bekennen, so dass ihnen nicht daran gelegen sein kann, in der Öffentlichkeit als Gegner oder Verhinderer von Klimaschutz und erneuerbaren Energien gebrandmarkt zu werden. Damit geraten die Umweltverbände in ein *Dilemma*: So drohen ihnen Glaubwürdigkeitsprobleme und Reputationsverluste im Fall einer konfrontativen Strategie gegen maritime Windparks, sofern sie damit den öffentliche Vorwurf provozieren, den Klimaschutz zu behindern. Ähnliches droht ihnen aber auch im Fall eines kompromissbereiten Bargainings, da nun der Naturschutz, so die nicht weniger heftige Gegenkritik aus den eigenen Reihen, wieder einmal einem vermeintlich viel wichtigeren industriellen Projekt geopfert werde. Auch wenn es den Verbänden gelingen sollte, solche innerökologischen Konflikte überwiegend „produktiv" zu lösen, etwa durch die längst stattfindenden verbandsinternen Vermittlungsanstrengungen, durch gezielte Konfliktmoderation oder durch Lerneffekte infolge durchstandener Konflikte[14] – auch in Zukunft werden die großen Umweltorganisationen unterschiedliche Leitbilder und Präferenzsysteme unter ihrem Dach vereinen müssen, eine Tatsache, die je nach Perspektive als notwendiges Korrektiv oder als möglicher Hemmschuh eines energietechnischen Paradigmenwechsels betrachtet werden kann.

6.2 Das Dilemma der Offshore-Windkraftbetreiber

Auch die in der Offshore-Windkraftnutzung sich engagierenden ökonomischen Akteure sind in eine zwiespältige Lage geraten. Einerseits profitieren die Planungs- und Betreiberunternehmen von einer gesetzlichen Regelung, die nach den in 2004 und in 2008 erfolgten Novellierungen des Erneuerbare-Energien-Gesetzes noch mehr auf ihre spezifischen Interessen- und Handlungsmöglichkeiten zugeschnitten ist. Andererseits sind die Spielräu-

---

[14] Zur Diskussion „produktiver" Lösungen des Konfliktes zwischen erneuerbaren Energien und Naturschutz vgl. das diesem Thema gewidmete Schwerpunktheft der Zeitschrift „Ökologisches Wirtschaften", Nr. 5/2004.

me der Windkraftplaner bei der Auswahl konsensfähiger Offshore-Standorte merklich kleiner geworden, nachdem schon etliche der geplanten Windparks in der Reaktion auf öffentliche Proteste oder in der Antizipation möglicher Widerstände von Tourismusgemeinden und/oder Umweltverbänden weiter hinaus aufs offene Meer verlagert wurden. Anders als in Dänemark oder in Schweden sind ausgesprochene Nearshore-Standorte unter 12-15 Kilometer Küstenentfernung hierzulande kaum konsensfähig.

Das Dilemma der Offshore-Planer beruht im Wesentlichen darauf, dass sie sich zwar aus Gründen der Akzeptanzsicherung in der Standortfrage flexibel verhalten müssen, um konsensfähige Lösungen überhaupt zu ermöglichen. Doch ist der Weg einer *Konfliktregulierung durch Standortflexibilität* mit erhöhten technischen und ökonomischen Risiken verbunden, womit wiederum Grenzen der Flexibilität und der Kompromissbereitschaft vorgezeichnet sind. Wo diese Grenzen liegen, d. h. bis zu welchem Punkt und mit welchem Zeithorizont diese Risiken von der Windkraftbranche bewältigt werden können und ab welchem Punkt sie den Einstieg in die Offshore-Entwicklung gefährden, ist zurzeit eine offene Frage, zu der es kontroverse Einschätzungen gibt. Sogar etliche Offshore-Planer, die selbstredend von der Machbarkeit ihrer Projekte überzeugt sind, warnen davor, den zweiten vor dem ersten Schritt zu machen und bereits mit den Pionierprojekten in zu tiefe und küstenferne Meeresareale zu gehen. Dies entschärfe zwar die Akzeptanzproblematik, doch müsse man sehr viel höhere – und gegenwärtig nur begrenzt antizipierbare – technische und logistische Anforderungen sowie drastisch steigende Installations- und Betriebskosten in Kauf nehmen, was die erwartete Rentabilität der Projekte nachhaltig gefährden könnte. Die Offshore-Planer wenden sich hiermit auch gegen einen aus ihrer Sicht naiven Technikoptimismus, den sie z. B. bei etlichen Umweltschützern zu erkennen glauben und dem sie eine Ingenieursperspektive entgegensetzen, die insbesondere dort, wo es um technisches Neuland geht, einem *Trial-and-Error*-Prinzip verpflichtet ist, das auf den iterativen Fortschritt setzt und das Fehlerrisiko des eigenen Handelns zu begrenzen versucht.

Festzuhalten bleibt, dass die Offshore-Windkraftbetreiber ihre Entscheidungen auf der Grundlage einer schwierigen Risikoabwägung treffen müssen: Auf der einen Seite steht das von ihnen sehr ernst genommene Risiko des Akzeptanzverlustes mitsamt den langfristigen Folgen, die er für die Unternehmensziele haben könnte. Auf der anderen sehen sie sich dem Risiko ausgesetzt, sich bei zu großer Nachgiebigkeit gegenüber der Kritik aus Umweltverbänden und Touristikgemeinden bei der Standortentscheidung zu „verheben" und unter technischen oder betriebswirtschaftlichen Gesichtspunkten Schiffbruch zu erleiden. Die Offshore-Planer stehen somit vor dem Dilemma, ihre maritimen Windkraftprojekte entweder aufgrund mangelnder Kompatibilität mit den sozialen oder aber mit den ökonomischen Kontextbedingungen zu gefährden – ein Dilemma, dessen Handlungsrisiken von dem bisher geschaffenen gesetzlich-institutionellen Rahmen nur bedingt aufgefangen werden kann.

6.3 Das politische Steuerungsdilemma

Der staatlichen Regulierung wird im Hinblick auf die Erfolgschancen von Umweltschutzinnovationen gemeinhin ein hoher Stellenwert zugeschrieben – etwa aus der Perspektive institutionalistischer ökonomischer Theorie (Hübner/Nill 2001), im Rahmen von Policy-Ansätzen zur Umwelt- und Nachhaltigkeitspolitik (Blazejczak et al. 1999; Jänicke 2000; Coenen 2002; bezogen auf regenerative Energien Reiche 2004) oder aus der Sicht von soziologischen Analysen zur Genese umwelttechnologischer Innovationen (Huber 2004). Folgt man den Forschungen zur Entwicklung der Umweltpolitik in der Bundesrepublik, so hat es in den letzten 30 Jahren einen erheblichen Wandel in diesem Politikbereich gegeben. Dominierte bis in die 1980er Jahre hinein eine an Umweltreparatur und nachsorgenden Maßnahmen orientierte Politik, deren Instrumentarium vor allem auf bürokratischer Kontrolle und dem Ordnungsrecht beruhte (Simonis 2001: 10; Huber 2001: 351 ff.), so sind mittlerweile Instrumente zur Risikoprävention und der indirekt lenkenden Kontextsteuerung stärker in den Vordergrund gerückt, z. B. an Verhandlungslösungen orientierte Verfahren oder Finanzinstrumente wie Ökosteuern oder selektive Subventionen (Huber 2001: 362 ff.; Huber 2004: 228 ff.). Dieser umweltpolitische Kurswechsel beruhte nicht zuletzt auf der Einsicht in die Grenzen eines überwiegend kurativen Verständnisses von Umweltschutz. Letzterer bildet zwar die allgemeine Grundlage des staatlichen Umwelthandelns, insofern auf dem Wege des Ordnungsrechts verbindliche Umweltstandards gesetzt, ökologische Missstände behoben und Grenzwerte festgelegt werden können. Zur Aktivierung von Eigeninitiative und Innovativität auf dem Gebiet des Umweltschutzes hat sich dieses Regulierungsmuster jedoch als nicht ausreichend geeignet erwiesen (Huber 2001: 376).

Zu einem der erfolgreichsten Anwendungsgebiete umwelt- und innovationspolitischer Kontextsteuerung ist zweifellos der regenerative Energiesektor geworden, der in den letzten Jahren dank gesetzlich garantierter Einspeisevergütung und gezielten Investitionsförderungen erheblich expandieren konnte. Ein solches Instrumentarium beruht auf dem innovationspolitischen Konzept des „strategischen Nischenmanagements", mit dem „neuen Technologien, deren Einpassung in bestehende technologische Regime Schwierigkeiten bereitet, Nischen geschaffen werden, in denen Lerneffekte und in gewissem Umfang Economies of Scale ermöglicht werden" (Coenen 2002: 399; vgl. auch Huber 2004: 232 f.). Das Ziel ist dabei, neue Technologien durch politische Intervention vor den selegierenden Effekten des freien Marktes zu schützen, bis es zum „take off" des neuen technologischen Paradigmas kommt und der „geschützte Bereich zu einem geeigneten Zeitpunkt den Marktkräften anheim gegeben" werden kann (Braun-Thürmann 2005: 47).

Eine zentrale Voraussetzung für eine erfolgreiche umweltpolitische Kontextsteuerung und Innovationsförderung sei allerdings, so Huber, dass sie von einer langfristig stabilen kooperativen Akteurskonstellation getragen werde, die auf einem Netzwerk von Regierungs-, Industrie- und Forschungsakteuren sowie gegebenenfalls von Vertretern sozialer Bewegungen beruhe (Huber 2004: 228 f.). Nur über die partizipative und kooperative Aktivierung von Eigenbeiträgen relevanter Akteursgruppen sei ökologische Modernisierung zu erreichen (Huber 2001: 376). Diese zentrale Voraussetzung bilde aber zugleich „die Schwachstelle" eines solchen umweltpolitischen Ansatzes, denn „nur selten" gebe es dabei „klare Win-Win-Konstellationen", die eine dauerhafte Akteurskooperation garantiere. Die den Akteuren in Aussicht gestellten Vorteile blieben oft nur „undeutliche Erwartungswerte bei deutlichen Kostenimplikationen". Und falls es zu „ausgeprägten Win-Lose-Konstellationen" käme, bei denen Chancen und Risiken ungleich verteilt seien, so könne eine solche Politik angesichts der von ihr ausgelösten Konflikte schnell an ihre Grenzen stoßen (Huber 2001: 377).

Es scheint, dass es diese „Schwachstelle" ist, die auch die politischen Entscheider im Fall der Offshore-Windkraftnutzung vor ein Dilemma stellt, für das es derzeit keine probate Lösung gibt. So lag es ganz in der Logik umweltpolitischer Kontextsteuerung, den technologischen Vorreitern und Pionieren unter den Windkraftbetreibern, die sich als erste in den

Offshore-Bereich wagen wollten, entsprechende finanzielle Anreize sowie hinreichende technisch-planerische Handlungsspielräume bei der Auswahl geeigneter Windpark-Standorte zu gewähren. Ein solches Steuerungsprinzip erhöhte jedoch das Risiko, sich unerwünschte, nicht intendierte Folgen einzuhandeln, sei es im Bereich der Ökologie oder im Hinblick auf regionale Interessenkonflikte. Die Folge war, dass bestimmte Akteursfraktionen, insbesondere aus den Reihen der organisierten Umweltbewegung und aus dem Bereich der regionalen Wirtschaft und Politik, die Kooperation aufkündigten und zu einer konfrontativen Strategie übergingen (siehe oben). Das Steuerungsdilemma resultiert somit auch daraus, dass die Förderpolitik in Sachen Offshore-Windenergie an Leistungszielen des Klima- und Umweltschutzes ausgerichtet ist, für die im allgemeinen zwar mit breiter gesellschaftlicher Zustimmung gerechnet werden kann, deren demokratische Legitimation jedoch im *regionalen Kontext* der unmittelbar Politikbetroffenen (z.B. bei den vom Tourismus oder von der Fischerei abhängigen Küsten- und Inselbewohnern) in Frage steht.

Mit den bisherigen Versuchen staatlicher Akteure, die Förderbedingungen für Offshore-Windparks sowie die Rahmenbedingungen für die Auswahl der Standorte nachzujustieren, scheint das Dilemma keineswegs aufgelöst zu sein. Als ein erster Schritt des Nachjustierens zeichnete sich bereits frühzeitig ab, dass Nearshore-Projekte mit weniger als 12 bis 15 Kilometer Küstenentfernung auch aus Sicht der für diesen Bereich zuständigen Bundesländer nicht genehmigungsfähig sind. Mit den beiden Novellierungen des Erneuerbare-Energien-Gesetzes kam es zu weiteren Nachjustierungen: Der Zeitdruck, unter dem die Offshore-Planer bis dahin standen, wurde abgemildert, die Vergütung für Strom aus Offshore-Windparks angehoben. Ende 2005 definierte das Bundesamt für Seeschifffahrt und Hydrographie Eignungsgebiete für Windkraftanlagen in Nord- und Ostsee. Diese Maßnahme berührte zwar nicht die Planungen für bereits genehmigte Windparks, schränkte aber die Spielräume der Windkraftbetreiber für neue Planungen beträchtlich ein. Auf Seiten der politischen Entscheider versprach man sich hiervon größere Planungssicherheit sowie eine Entschärfung der Konflikte mit Umweltverbänden und Küstengemeinden.

Als offene Frage bleibt, ob die Einengung von Entscheidungsspielräumen, die den Offshore-Windkraftplanern ursprünglich gewährt wurden, sich ab einem gewissen Punkt kontraproduktiv auswirken könnte – eine Frage, die auf das Problem zurückverweist, die Entwicklung in einem technisch-ökonomischen Pionierbereich mit den Mitteln staatlicher Steuerung adäquat zu gestalten. So spricht einiges dafür, dass sich das Handlungsdilemma der Planungs- und Betreiberfirmen weiter zuspitzen könnte. Brancheninsider warnen davor, dass die Kostensituation für Offshore-Windparks vor den deutschen Küsten zunehmend ungünstiger werde, wofür man neben den Problemen in der Standortfrage steigenden Kostendruck im Bereich der Anlagenproduktion und -installation verantwortlich macht.[15] Die staatlichen Entscheider stehen angesichts dieser Problemlage vor dem Risiko, dass sie im Fall des *Verzichts auf weitere Nachjustierungen* ein innovations- und umweltpolitisch sinnvolles „Nischenmanagement" unter Umständen nicht konsequent genug bis zum „Take off" und zur anschließenden Marktreife einer neuen Technologie voran treiben, womit eine große Chance in den Bereichen Klimaschutz und regenerativer Energieerzeugung verspielt würde. Sie geraten damit allerdings in ein Dilemma, da auch eine *Politik des stetigen Nachbesserns von Förderbedingungen* irgendwann in Fehlsteuerung eines Teilbereichs der erneuerbaren Energien umschlagen könnte, sofern sich herausstellen sollte, dass das endo-

---

[15] Laut Vize-Präsident des Bundesverbandes WindEnergie (BWE) hätten „steigende Stahlpreise, Probleme mit den Fundamenten und technische Mängel an den Anlagen die Kosten massiv nach oben getrieben" (Lönker 2005: 12).

gene ökonomische und innovative Potenzial der maritimen Windkraftnutzung überschätzt wurde[16] – mit der Folge, dass eine solche Förderpolitik nicht nur in eine „Subventionsfalle" geraten, sondern auch gesellschaftliche Akzeptanz- und Legitimationsverluste erleiden könnte.

7 Schluss

Der Einstieg in die Offshore-Windenergienutzung könnte zur wichtigen Nagelprobe für den ökologischen Umbau des Energiesektors werden. Die Planungen für Windparks im Meer unterstreichen einerseits den Grad an Institutionalisierung, den der Umweltschutz hierzulande in Wirtschaft und Gesellschaft inzwischen erreicht hat. So entspricht der Ausbau der regenerativen Energien einer in weiten Teilen der Gesellschaft akzeptierten umweltpolitischen Leitidee und wird von ausgefeilten gesetzlich-normativen Rahmenbedingungen gefördert. Andererseits verweist die Konfliktträchtigkeit der Offshore-Planungen darauf, dass die Energieproduktionswende im Hinblick auf ihre weitere gesellschaftliche Institutionalisierung kein Selbstläufer ist. Die Konflikte um die Offshore-Windenergie zeichnen sich dadurch aus, dass sie weder als klassische Interessenkonflikte, etwa im Sinne der für regionale Strukturwandelprozesse typischen Ökonomie-Ökonomiekonflikte, noch als klassische Ökonomie-Ökologiekonflikte gelten können, bei denen – als zentrale Konfrontationslinie – normativ begründete Umweltschutzziele widerständigen Unternehmens- und/oder Arbeitsplatzinteressen gegenüber stehen. Das Besondere an der im vorliegenden Beitrag untersuchten Konfliktkonstellation ist erstens, dass in einem regionalen Strukturwandelkonflikt ökonomische und ökologische Risikowahrnehmungen miteinander verschmelzen: Ökologische Argumente werden sowohl von den regionalwirtschaftlichen Befürwortern als auch von den um ihre ökonomische Existenz bangenden Gegnern der Offshore-Projekte ins Feld geführt. Zweitens geraten etliche Akteure, die an der Realisierung von Offshore-Windkraftprojekten direkt oder indirekt beteiligt sind, in ernsthafte Handlungsdilemmata: Einige der großen *Umweltverbände* sind trotz prinzipieller Befürwortung der maritimen Windenergienutzung einem innerökologischen Ziel- und Wertekonflikt konfrontiert, der sie verbandsintern, aber auch in der öffentlichen Auseinandersetzung um die Offshore-Projekte vor neue Anforderungen der Konfliktregelung stellt. Die im Offshore-Geschäft engagierten *Planer- und Betreiberfirmen* sehen sich in der Zwickmühle, einem hohen öffentlichen Akzeptanz- und Erfolgsdruck ausgesetzt zu sein, jedoch nur über begrenzte ökonomische und technische Möglichkeiten bei der in der regionalen Bevölkerung sowie in den Umweltverbänden besonders umstrittenen Standortwahl ihrer Projekte zu verfügen. Das Dilemma der *Politik* schließlich besteht darin, dass sie mit den von ihr geförderten Offshore-Windkraftprojekten einerseits weitreichende umwelt- und technikpolitische Leistungsziele verfolgt, andererseits aber – wie generell bei der Förderung technologischer Innovationen mit Pionierstatus – unter den Vorzeichen prinzipieller Erfolgsungewissheit handeln muss. Damit geht sie das Risiko ein, bei nicht ausreichender partizipativer Einbindung der Politikbetroffenen zur Konfliktverschärfung beizutragen.

---

[16] Dieses Problem thematisiert Huber im Kontext der Diskussion politisch-regulativer Konzepte zur Förderung technologischer Umweltinnovationen (Huber 2004: 236 f.).

8 Literatur

Bechmann, Arnim (1984): Leben wollen. Anleitungen für eine neue Umweltpolitik. Köln.
Beck, Ulrich (1988): Gegengifte. Die organisierte Unverantwortlichkeit. Frankfurt/M.
Binswanger, Hans Christoph/Frisch, Heinz/Nutzinger, Hans G./Schefold, Bertram/Scherhorn, Gerhard/Simonis, Udo Ernst/Strümpel, Burkhard (Hrsg.) (1988): Arbeit ohne Umweltzerstörung. Strategien für eine neue Wirtschaftspolitik. Frankfurt/M.
Blanke, Bernhard/Block, Jürgen/Lamping, Wolfram/Plaß, Stefan (1999): Regionale Umweltpolitik und dezentrale ökologische Effizienzprojekte in Niedersachsen. Steuerungskapazitäten für eine nachhaltige Umweltpolitik. Abschlussbericht. Abteilung Sozialpolitik und Public Policy. Universität Hannover.
Blazejczak, Jürgen/Edler, Dietmar/Hemmelskamp, Jens/Jänicke, Martin (1999): Umweltpolitik und Innovation. Politikmuster und Innovationswirkungen im internationalen Vergleich. In: Klemmer, Paul (Hrsg.), Innovationen und Umwelt. Fallstudien zum Anpassungsverhalten in Wirtschaft und Gesellschaft. Berlin: 9-34.
BMU (Hrsg.) (2008): Erneuerbare Energien in Zahlen. Nationale und internationale Entwicklung. Bundesministerium für Umwelt, Naturschutz und Reaktorsicherheit. Referat Öffentlichkeitsarbeit.
Brand, Karl-Werner (1999): Transformation der Ökologiebewegung. In: Klein, Ansgar/Legrand, Hans-Josef/Leif, Thomas (Hrsg.), Neue soziale Bewegungen. Impulse, Bilanzen und Perspektiven. Opladen/Wiesbaden: 237-257.
Brand, Karl-Werner/Eder, Klaus/Poferl, Angelika (1997): Ökologische Kommunikation in Deutschland. Opladen.
Braun-Thürmann, Holger (2005): Innovation. Bielefeld.
Bundesregierung (Hrsg.) (2002): Perspektiven für Deutschland. Unsere Strategie für eine nachhaltige Entwicklung.
Buttel, Frederick H. (1986): Discussion: Economic stagnation, scarcity, and changing commitments to distributional policies in environmental-resource issues. In: Schnaiberg, Allan/Watts, Nicholas/Zimmermann, Klaus (ed.), Distributional Conflicts in Environmental-Resource Policy. Aldershot.
Buttel, Frederick H./Flinn, William L. (1974): The Structure of Support for the Environmental Movement, 1968-1970. In: Rural Sociology, Vol. 39, No. 1: 56-69.
Byzio, Andreas/Heine, Hartwig/Mautz, Rüdiger (unter Mitarbeit von Wolf Rosenbaum) (2002): Zwischen Solidarhandeln und Marktorientierung. Ökologische Innovationen in selbstorganisierten Projekten – autofreies Wohnen, Car Sharing und Windenergienutzung. Göttingen (SOFI Berichte).
Byzio, Andreas/Mautz, Rüdiger/Rosenbaum, Wolf (2005): Energiewende in schwerer See? Konflikte um die Offshore-Windkraftnutzung. München.
Coenen, Reinhard (2002): Umlenken auf nachhaltige Technologiepfade. In: Grunwald, Armin (Hrsg.), Technikgestaltung für eine nachhaltige Entwicklung. Berlin: 389-405.
Deutsch, Steven/van Houten, Donald (1974): Environmental Sociology and the American Working Class. In: Humboldt Journal of Social Relations, Vol. 2: 22-26.
Duclos, Denis (1981): Unemployment or pollution? Attitudes of the French working class to environmental issues. In: International Journal of Urban and Regional Research, Vol. 5, No. 1: 45-64.
Esser, Hartmut (2000): Soziologie. Spezielle Grundlagen. Band 3: Soziales Handeln. Frankfurt/M., New York.
Fietkau, Hans-Joachim/Weidner, Helmut (1998): Umweltverhandeln. Konzepte, Praxis und Analysen alternativer Konfliktregelungsverfahren. Berlin.

Fleischer, Torsten/Grunwald, Armin (2002): Technikgestaltung für mehr Nachhaltigkeit – Anforderungen an die Technikfolgenabschätzung. In: Grunwald, Armin (Hrsg.), Technikgestaltung für eine nachhaltige Entwicklung. Berlin: 95-146.
De Haan, Gerhard/Kuckartz, Udo (1996): Umweltbewusstsein. Denken und Handeln in Umweltkrisen. Opladen.
Heine, Hartwig/Mautz, Rüdiger (unter Mitarbeit von Michael Schumann) (1989): Industriearbeiter contra Umweltschutz? Frankfurt/M., New York.
Heine, Hartwig/Mautz, Rüdiger (1993): Dialog oder Monolog. Die Herausbildung beruflichen Umweltbewusstseins im Management der Großchemie angesichts öffentlicher Kritik. In: SOFI-Mitteilungen Nr. 20: 37-52.
Heine, Hartwig/Mautz, Rüdiger (unter Mitarbeit von Wolf Rosenbaum) (1995): Öffnung der Wagenburg? Antworten von Chemiemanagern auf ökologische Kritik. Berlin.
Huber, Joseph (2001): Allgemeine Umweltsoziologie. Wiesbaden.
Huber, Joseph (2004): New Technologies and Environmental Innovation. Cheltenham, Northampton.
Hübner, Kurt/Nill, Jan (2001): Nachhaltigkeit als Innovationsmotor. Herausforderungen für das deutsche Innovationssystem. Berlin.
Jänicke, Martin (2000): Ökologische Modernisierung als Innovation und Diffusion in Politik und Technik: Möglichkeiten und Grenzen eines Konzepts. In: FFU-report 00-01.
Lönker, Oliver (2005): Ausgeträumt. In: neue energie 06/2005: 12.
Mautz, Rüdiger (1993): Chemiearbeiter und Umweltschutz. Eine empirische Untersuchung zur Rezeption und Verarbeitung der Umweltdebatte durch Produktionsarbeiter eines ökologisch problematisierten Industriezweigs. Dissertation. Göttingen.
Mautz, Rüdiger/Byzio, Andreas/Rosenbaum, Wolf (2008): Auf dem Weg zur Energiewende. Die Entwicklung der Stromproduktion aus erneuerbaren Energien in Deutschland. Göttingen.
Morrison, Denton E. (1973): The Environmental Movement: Conflict Dynamics. In: Journal of Voluntary Action Research, Vol. 2, Spring 1973: 74-85.
Morrison, Denton E. (1986): How and why environmental consciousness has trickled down. In: Schnaiberg, Allan/Watts, Nicholas/Zimmermann, Klaus (ed.), Distributional Conflicts in Environmental-Resource Policy. Aldershot.
Reiche, Danyel (2004): Rahmenbedingungen für erneuerbare Energien in Deutschland. Möglichkeiten und Grenzen einer Vorreiterpolitik. Frankfurt/M., Berlin usw.
Scharpf, Fritz W. (2000): Interaktionsformen. Akteurzentrierter Institutionalismus in der Politikforschung. Opladen.
Simonis, Udo Ernst (2001): Stichwort Umweltpolitik. In: WZB-Papers FS II 01-403.
Sills, David L. (1975): The Environmental Movement and Its Critics. In: Human Ecology, Vol. 3, No. 1: 1-41.

Windenergienutzung in Deutschland im dynamischen Wandel von Konfliktkonstellationen und Konflikttypen

Dörte Ohlhorst/Susanne Schön

1 Einführung

Die Entwicklung der Windenergie in Deutschland ist durch eine bemerkenswerte Dynamik gekennzeichnet. Jedoch verlief die Entwicklung nicht linear. Sie wurde begleitet durch eine phasenweise Transformation vielschichtiger Umwelt- und Technikkonflikte, die eingebettet sind in sich immer wieder neu konstituierende Konfliktkonstellationen. Sie ist eng gekoppelt an die Debatte um die künftige Energieversorgung: Die nukleare Energieversorgung ist riskant, die Ölpreise steigen, die fossilen Ressourcen sind endlich und es gibt immer neue Konflikte um die vorhandenen Öl- und Gasreserven. Das besondere Charakteristikum der Windenergie stellt ihre Rolle einerseits als Konfliktlösungsmittel dar – als Technologie zur Verhinderung eines fortschreitenden Klimawandels – und andererseits ist sie selbst Gegenstand von Macht-, Strategie- und Interessenskonflikten.

Ziel dieses Beitrags ist es, die den Prozess der Windenergieentwicklung begleitenden Konfliktlinien und die Transformation der Konfliktkonstellationen aufzuzeigen. Die Ergebnisse werden mit einem interdisziplinären Brückenkonzept erarbeitet: dem am Zentrum Technik und Gesellschaft der TU Berlin entwickelten Ansatz der „Konstellationsanalyse".[1]

Die Konflikte um Windenergie in Deutschland haben sich in den letzten Jahrzehnten mehrfach tiefgreifend gewandelt. Die Windkraft, einst Nischentechnologie für eine alternative dezentrale Energieversorgung, entwickelte sich seit Ende der 1970er Jahre über mehrere Phasen mit zunehmend größer werdenden Anlagen zu einem Wirtschaftszweig mit einem jährlichen Umsatz von rund 7,1 Mrd. Euro (Bundesverband Windenergie 2005). Mit ca. 18.500 Megawatt installierter Leistung (2005) ist Deutschland trotz begrenzter Fläche und begrenztem Windpotential weltweit führend in der Erzeugung von Windenergie. Im Jahr 2005 betrug der Anteil der Windenergie am Nettostromverbrauch in Deutschland 6,7 Prozent und überstieg damit den der Wasserkraft. Diese Entwicklung folgt dem Ziel der Bundesregierung, die fossilen Energieträger schrittweise durch erneuerbare Energien zu ersetzen. Parallel zu der zunehmenden Anzahl aufgestellter Anlagen und dem steigenden Anteil der Windenergie an der Energieversorgung nahmen jedoch auch die Konflikte zu.

Zwar findet die Nutzung der Windenergie in der Gesellschaft insgesamt breite Akzeptanz. Aktuelle Meinungsumfragen kommen zu dem Ergebnis, dass in Deutschland ein Kli-

---

[1] Das Forschungsprojekt „Innovationsbiographie der Windenergie unter besonderer Berücksichtigung der Absichten und Wirkungen von Steuerungsimpulsen", gefördert von der VolkswagenStiftung, analysiert die Entwicklung der Windenergie mit einem interdisziplinären Ansatz. Das Vorhaben wird im Kontext der Nachhaltigkeits- und Innovationsforschung durchgeführt, über die gesamte Laufzeit kooperieren Politikwissenschaftler/innen, Soziolog/innen und Planungswissenschaftler/innen, zeitweise begleitet durch die Mitarbeit eines Ingenieurs. Das Forschungsprojekt ist zum Zeitpunkt der Erstellung dieses Beitrags noch nicht abgeschlossen, der Beitrag ist als ‚work in progress' zu betrachten. Zur Methode der Konstellationsanalyse vgl. Schön et al. 2006.

ma der Wertschätzung von regenerativen Energieträgern herrscht, in dem die Windenergie als Teil der Reformierung der Versorgungsstruktur Zustimmung im überwiegenden Teil der Bevölkerung findet (vgl. Forsa 2004, Allensbach-Studie 2003). Dennoch wird die Errichtung von Windenergieanlagen (WEA) und insbesondere von großen Windparks vor allem in den Regionen starker Windenergienutzung zunehmend kontrovers debattiert. Die mit der Nutzung der Windenergie verbundenen gesellschaftlichen Kontroversen änderten sich seit Mitte der 1970er Jahre im Hinblick auf die Konfliktkonstellation sowie den Konflikttypus.

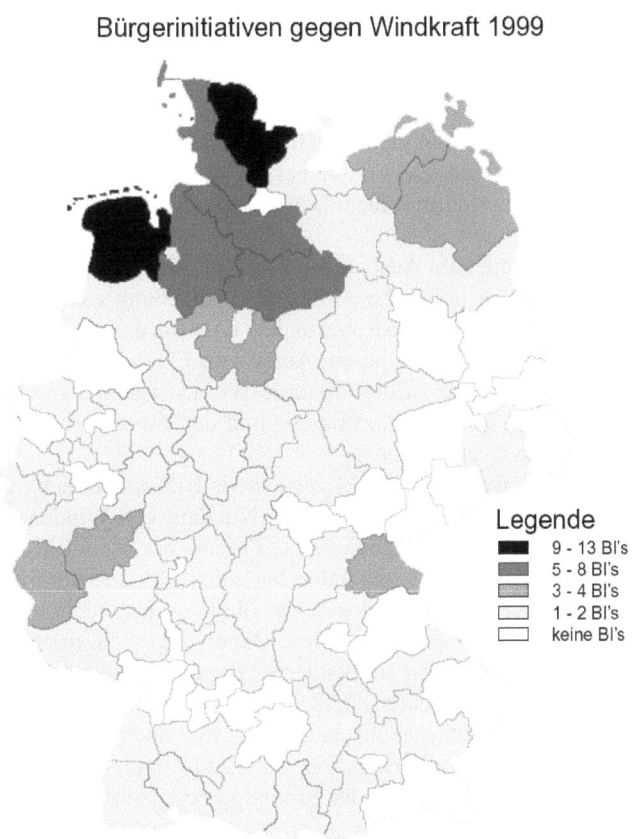

Abbildung 1: Bürgerinitiativen gegen Windkraft 1999, Quelle: Haberland 2005: 15.

Die sich im Entwicklungsverlauf stark verändernde Konfliktkonstellation zeigt, dass der Konflikt jeweils in engem Zusammenhang mit der Struktur der Konstellation steht, in die er eingebettet und mit dem Kontext, in dem er ausgetragen wird (vgl. Saretzki 2000: 207). Die Konstellationen sind sich immer neu konstituierende Zusammensetzungen aus Akteuren und Akteursgruppen, rechtlichen, ökonomischen und sozio-kulturellen Rahmenbedingen, Zielen, Normen und Machtverhältnissen, Umwelt, Natur und der Technik selbst.[2] Während anfangs die Windenergie im Kontext der Energiewende und in Konfrontation zur fossilen und atomaren Energienutzung stand und innerhalb der Befürworter der Windenergienutzung die normative Ausrichtung weitgehend eindeutig war – für die Förderung der Windenergie, für einen Ausstieg aus der Atomenergie und für eine Einschränkung des Verbrauchs fossiler Energien – gibt es zunehmend auch innerhalb beteiligter Akteursgruppen an unterschiedlichen Leitbildern orientierte Vorstellungen. Insbesondere seit Anfang der 1990er Jahre, als ein erster Boom der Windenergie in Deutschland einsetzte, nahmen die Kontroversen um die Windenergie zu. Die Auseinandersetzungen konzentrieren sich räumlich in den Bereichen, in denen die Dichte der Windräder besonders hoch ist (vgl. Abb. 1). Aber auch in landschaftlich sensiblen Gebieten, in denen bisher kaum Windkraft genutzt wird, schlagen die Wogen hoch, wenn Pläne zur Windkraftnutzung bekannt werden. Die Gründe sind mannigfaltig – es geht um die Verteilung von Kosten und Nutzen, um den Erhalt ökologisch und landschaftlich sensibler Räume, um konkurrierende Nutzungen sowie um unterschiedliche Grundüberzeugungen, die das Problemlösungspotential der zunehmend zentralisierten und technisch anspruchsvollen Nutzung von Windkraft betreffen.

Mit der „Strategie zum Ausbau der Windenergienutzung auf See" der deutschen Bundesregierung wurde der politische Wille zur Erschließung von Offshore-Standorten vor der deutschen Nord- und Ostseeküste bekundet. Es wird davon ausgegangen, dass allein mit der Offshore-Windenergienutzung ein Anteil von 15% am Stromverbrauch in Deutschland erreichbar ist. Gleichzeitig ist die Offshore-Windenergienutzung wesentlicher Bestandteil der bundesdeutschen Klimaschutzstrategie und des damit verbundenen Ziels, die Nutzung erneuerbarer Energien auszubauen.

In der Analyse werden Konflikttypen sowie Konstellationen und Kontextbedingungen von Konflikten im Zusammenhang mit der Nutzung von Windenergie in Deutschland untersucht. Wir unterscheiden dabei sechs Phasen der Entwicklung der Windenergie in Deutschland von Mitte der 1970er Jahre bis 2005. Für jede der Phasen haben wir zentrale Konfliktlinien im Kontext technologischer, ökologischer, rechtlicher, politischer und ökonomischer Bedingungen herausgearbeitet. Dabei zeigt sich, dass sich die jeweiligen Konfliktintensitäten und -ursachen, treibenden Kräfte und Widerstände sowie die Konfliktbeteiligten von Phase zu Phase unterscheiden und dies mit einer Verschiebung der Konfliktlinien einhergeht. Konfliktfreie Entscheidungen sind auch im Kontext der Windenergienutzung unwahrscheinlich (vgl. Bonacker 2002: 11). Die Auseinandersetzungen stehen in einem engen Zusammenhang mit der Erhöhung des Zentralisierungs- und Konzentrationsgrades der Windenergienutzung.

Im vorliegenden Beitrag werden zunächst die wichtigsten Konflikttypen des Prozesses der Windenergieentwicklung zusammengefasst und erläutert. Im daran anschließenden Abschnitt zeichnen wir in einer Rekonstruktion der Windenergieentwicklung in sechs Phasen seit Mitte der 1970er Jahre die Konflikte sowie ihre Ursachen und Veränderungen im Verlauf der Entwicklung nach, um im letzten Abschnitt Ansätze zur prozeduralen Bearbeitung der Konflikte sowie zu reflexiven Konfliktstrategien aufzuzeigen.

---

[2] Zur Kategorisierung der in der Konstellationsanalyse verwandten Elementetypen, die jeweils in Konstellationen eine maßgebliche Rolle spielen können, vgl. Schön et al. 2006: 17-19.

2 Konflikttypen im Prozess der Windenergieentwicklung

Die Konstellationsanalyse verdeutlicht, wann zwischen welchen Akteuren Konflikte auftraten und welcher Gegenstand im Zentrum des Konflikts stand. In der empirischen Betrachtung der Entwicklung der Windenergie in den letzten 30 Jahren werden die folgenden zentralen Typen von Konflikten sichtbar:

- Technik- und Strategiekonflikte: Im Zusammenhang mit der Windkraftnutzung treten Konflikte um adäquate Problemlösungen im Umgang mit begrenzten natürlichen Ressourcen, um den Einsatz unterschiedlicher Energieerzeugungstechniken und die damit verbundenen Strategien zur Sicherung der künftigen Energieversorgung auf. Dieser Konflikt äußert sich z.B. in der Auseinandersetzung um das Kosten-Nutzen-Verhältnis der Windenergie, also das Verhältnis zwischen dem Nutzen der Windenergie für den Klimaschutz auf der einen und der von einigen Akteuren bezweifelten Wirtschaftlichkeit der Windenergie im Vergleich zu anderen Energieerzeugungstechniken auf der anderen Seite.
- Interessen- und Machtkonflikte: Typische Interessenkonflikte sind insbesondere Nutzungskonflikte zwischen Windenergie und anderen räumlichen Nutzungen. Sie bewegen sich zwischen „NIMBYism" (Devine-Wright 2004) und der Abwägung von Techniknutzen und anderen Belangen. Vielfach werden die konträren Positionen durch die Inszenierung in den Medien zugespitzt (vgl. Bonacker 2002: 13). Auch latente Machtkonflikte werden im Zuge zunehmender Marktanteile der Windenergie auf dem Strommarkt deutlich, wenn zum Beispiel Vertreter der etablierten Stromwirtschaft aus Sorge um den Verlust ihrer Monopolstellung auf dem Strommarkt Steuerungsimpulse zur Förderung der Windenergie zu verhindern suchen oder den Zugang zum Stromnetz durch Nutzung von Monopolvorteilen erschweren.
- Zielkonflikte treten im Kontext der Windenergienutzung auf, sobald unterschiedliche Ziele der beteiligten Akteure in Konkurrenz zueinander geraten. So konkurriert zum Beispiel das Ziel, Klimaschutz durch Windenergie zu betreiben, mit dem Ziel, Natur und Landschaft zu schützen – hier spannt sich ein innerökologischer Zielkonflikt auf. Ein anderes Beispiel für einen Zielkonflikt sind regionale Auseinandersetzungen um ökologische Ziele wie etwa Vogel- oder Meeresschutz auf der einen und ökonomische Ziele wie Schaffung und Erhalt von Arbeitsplätzen in der Windenergieindustrie auf der anderen Seite.

Die Konstellationsanalyse hat gezeigt, dass in realen Konfliktsituationen mehrere dieser Konflikttypen zugleich auftreten oder sich gegenseitig beeinflussen können. Es zeigte sich, dass in jüngeren Geschichte der Windenergie technische, natürliche und soziale Entwicklungen eng miteinander verflochten sind und auf verschiedenen Ebenen immer wieder zu Konflikten unterschiedlichen Typs führen. Im Zeitverlauf emergierten immer neue Konfliktkonstellationen, die zu differenzierten und jeweils an das neue Setting aus Technik, Umwelt und Gesellschaft angepassten Lösungen herausforderten.

2.1 Technologie- und Strategiekonflikte um die Sicherung der Energieversorgung und den Umgang mit begrenzten natürlichen Ressourcen

Seit Mitte der 1970er Jahre wurde deutlich, dass die vor allem auf dem Ausbau der Kernenergie und der Nutzung fossiler Energieträger beruhende energiepolitische Strategie der Bundesregierung nicht mehr auf einem gesellschaftlichen Konsens aufbaut. Die Ereignisse der Öl-, Atom- und Umweltkrise mobilisierten große Teile der Öffentlichkeit und brachten einen Bewusstseinswandel mit sich, der die Voraussetzungen für strukturelle Veränderungen in Energiepolitik und Stromversorgung schaffte. Die Windenergie stand im Kontext der Konflikte um den Umgang mit natürlichen Ressourcen, der Auseinandersetzungen um die Strategie zur künftigen Energieversorgung sowie den Ängsten vor nuklearen Risiken.

Vor diesem Hintergrund wurde der Einsatz der Windenergie zur Stromerzeugung in Deutschland durch innovative Konstrukteure, politisch Engagierte und private Betreiber vor allem mit dem Ziel aus der Wiege gehoben, eine *dezentrale* Energieversorgung mit einem möglichst hohen Anteil an erneuerbaren Energien zu realisieren. Demgegenüber gab (und gibt) es viele Kritiker, die die Windenergietechnologie aufgrund der Unbeständigkeit des Windes für ungeeignet halten, einen nennenswerten Beitrag zur Stromversorgung zu leisten und die gerade die *Dezentralität* der Anlagen *als Hindernis* für die Integration dieser Energieerzeugungsform in das Stromversorgungssystem betrachten.[3] Sie beklagen die unkritische Förderung der Windenergie trotz ihrer ökonomischen, sozialen und ökologischen Belastungen sowie ihres hohen Raumbedarfs. „The core contention of critics is that wind power entails economic, social and environmental costs" (Szarka 2004: 8). Alternativ wird auf der einen Seite eine Verbesserung der vorhandenen Kraftwerkstechnologien fossiler Energieumwandlung und/oder der vermehrten Nutzung nuklearer Energie gefordert. Auf der anderen Seite lautet eine zentrale Forderung, anstelle der Förderung erneuerbarer Energien zur Substitution fossiler und nuklearer Energieerzeugung vorrangig die Reduktion des Energieverbrauchs voran zu treiben (vgl. z.B. Binswanger 1999: 113) und die Effizienz und Umweltverträglichkeit herkömmlicher Energieumwandlungstechniken zu verbessern.

Die Auseinandersetzung um die Relation zwischen Nutzen und Kosten der Windkraft wurde u.a. durch die Titelgeschichte einer Ausgabe des Nachrichtenmagazin *Der Spiegel* (Nr. 14/2004 vom 29.03.2004) mit dem Titel „Der Windmühlenwahn – Vom Traum umweltfreundlicher Energie zur hoch subventionierten Luftnummer" in die Öffentlichkeit getragen, die eine breite und kontroverse Diskussion zur Folge hatte. Die polarisierende Darstellung des Konflikts in den Medien sorgt für eine steigende Emotionalisierung. Kritiker verweisen u.a. auf die zu hohen Stromgestehungskosten der Windenergie, den hohen Flächenverbrauch für Windkraftanlagen sowie die Unbeständigkeit des Windes, die – unter der Maßgabe der Versorgungssicherheit – keine Reduktion der vorhandenen Kraftwerkskapazitäten zulasse. Der Ausbau der Windenergie hat aus dieser Perspektive nur einen geringen Kapazitätseffekt und kann nur in geringem Maße fossile und nukleare Kraftwerke substituieren. Die Kosten der CO_2-Vermeidung durch Windenergie lägen deutlich über den Kosten für andere Maßnahmen wie Energieeinsparung, Kraftwerkserneuerung oder Ge-

---

[3] Zum Teil ist diese Position verbunden mit einem Interesse an der Wahrung bestehender, durch eine zentralisierte Stromversorgung geprägter Strukturen. Zu den Kritikern zählen jedoch auch Akteure, die unabhängig von diesen Interessen argumentieren.

bäudesanierung. Zudem werden die aufgrund des Netzausbaus steigenden Kosten für Verbraucher beklagt und die hohe Differenz zwischen Nennleistung und tatsächlicher elektrischer Leistung gegen die Windenergietechnologie angeführt (vgl. z.B. Heck 1999, Binswanger 1999).

Die Befürworter der Windenergie hingegen betonen, dass durch den Ausbau der Windenergie herkömmliche Kraftwerke ersetzt und CO_2-Emissionen in erheblichem Umfang vermieden werden können. Eine Windkraftanlage erzeuge schon nach einem vier- bis sechsmonatigen Einsatz mehr Energie, als für ihre Herstellung, Nutzung und Entsorgung eingesetzt werde, während bei konventionellen Kraftwerken für den Betrieb ständig Energie in Form von Rohstoffen zugeführt werden müsse. Zudem enthielten die Strompreise nicht alle durch die Produktion verursachten Kosten – wäre dies der Fall, gehöre die Windenergie zu den kostengünstigsten Energiegewinnungstechnologien (BMU 2005).

Jens Peter Molly vom Deutschen Windenergieinstitut vertrat in einem Interview in diesem Zusammenhang die Ansicht: „Der Energiekonflikt ist eine Glaubensfrage. In den Diskussionen geht es vielfach um Ansichten und Glauben. Da ist nicht wirklich alles belegbar. Und das ist das Grundproblem".[4] Dieses Zitat bringt die ungelöste Kontroverse um die Windenergie als adäquate oder verfehlte Problemlösungsstrategie für Klima- und Ressourcenprobleme zum Ausdruck. Es illustriert die schwierigen Perspektiven einer rationalen Konfliktregelung in Bezug auf Energieversorgungsstrategien. Dieser grundlegende gesellschaftliche Konflikt um die Strategie der Energieversorgung bildet die Basis vieler Auseinandersetzungen um die Windenergie – es scheint ein Konflikt um Werte zu sein, der jedoch nicht ausgetragen wird. Die evidente Kontroverse impliziert Interessen-, Macht- und Zielkonflikte, die im Folgenden näher ausgeführt werden.

2.2 Interessen- und Machtkonflikte

Insbesondere nach Beginn des ersten Booms der Windenergie in Deutschland Anfang der 1990er Jahre protestierten Bürgerinitiativen gegen die Belastungen und Beeinträchtigungen durch Windenergieanlagen. Die Proteste häuften sich in Regionen mit hohen Aufstellungszahlen von WEA. Seither wehren sich zumeist lokal oder regional organisierte Initiativen mit Protestaktionen gegen die Errichtung neuer Windparks und nehmen damit oft medienwirksam Einfluss auf die Berichterstattung über die Windenergie. Die Proteste richten sich vor allem gegen Belastungen durch Schattenwurf und Lärm sowie die Beeinträchtigung des Landschaftsbildes, aber auch gegen Risiken für Vögel und Fledermäuse und den Wertverlust von Immobilien und Grundstücken.[5]

Die Einwände gegen Windräder werden zudem vielfach von Nachbarschaftskonflikten und Vorbehalten gegen auswärtige Investoren begleitet. Zunehmend investieren große

---

[4] Interview mit J.P. Molly, Leiter des Deutschen Windenergie-Instituts in Wilhelmshaven, am 11. Oktober 2005.
[5] Zum Teil wird der Widerstand gegen Windkraftanlagen durch subjektive Betroffenheit ausgelöst. So hängt der optische Einfluss auf das Landschaftsbild in hohem Maße von subjektiven Beurteilungen ab. Auch Belastungen wie Lärm- und Lichteffekte, die zwar den rechtlichen Grenzwerten entsprechen, von Anwohnern jedoch dennoch als störend empfunden werden, sowie Ängste vor Gesundheitsschäden durch nicht bewusst wahrnehmbare Emissionen wie Infraschall (Schall im Frequenzbereich unter 20 Hz), werden gegen Windkraftanlagen angeführt. Die Wertminderung von privaten Immobilien und Grundstücken durch die Errichtung von Windkraftanlagen in Sicht- und/oder Hörweite trägt zum Widerstand gegen Windkraftprojekte bei.

Unternehmen oder Betreibergesellschaften in Windparks oder diese werden von Kapitalanlegern über anonyme Fonds finanziert. Dadurch bleibt die erzielte Rendite in der Regel nicht in der Region, was den Unmut der Betroffenen verstärkt. Kritiker beklagen, dass Kapitalanleger und Windindustrie den Klimaschutz für ihre Interessen instrumentalisieren.

Auch Konflikte im Zusammenhang mit baurechtlichen Genehmigungen spielten eine maßgebliche Rolle im Entwicklungsprozess der Windenergie, sie verschärften sich Anfang der 1990er Jahre mit der rasch zunehmenden Verbreitung von WEA insbesondere wegen Erwägungen des Landschaftsschutzes. Windkraftanlagen waren zunächst weder im Bundesbaugesetz noch in den Bebauungsplänen vorgesehen.[6]

Konkurrierende Interessen bezüglich der Windenergienutzung und anderen räumlichen Nutzungen gibt es sowohl auf dem Land als auch im Offshore-Bereich. Auf dem Land konkurriert die Windenergie zum Beispiel mit den Bereichen Wohnen, Erholung, Tourismus, Straßenbau, Militär und Flugverkehr. Potentiell können Konflikte mit allen räumlichen Nutzungen auftreten, zu denen Mindestabstände festgelegt sind. Potentielle Konflikte der geplanten Windparks auf dem Meer bestehen insbesondere mit dem Tourismus, der Schifffahrt, der Hochseefischerei, dem Militär und dem Rohstoffabbau. Sowohl auf dem Meer als auch auf dem Land kollidiert die Windenergie mit den räumlichen Ansprüchen, die für den Naturschutz geltend gemacht werden.

Gegenwärtig werden in Deutschland im Hinblick auf den weiteren Ausbau der Windenergie Aspekte der Netzintegration und des langfristig erforderlichen Netzausbaus kontrovers diskutiert. Teilweise sind Belastungsgrenzen des Versorgungsnetzes erkennbar (dena 2005: 3-6).[7] Da die Energieversorger verpflichtet sind, eine störungsfreie öffentliche Energieversorgung zu gewährleisten, ist ein Ausbau des Leitungsnetzes notwendig. Ein Streitpunkt der Auseinandersetzung sind die Kosten, die der Ausbau des Stromnetzes verursacht und die Frage danach, wer diese Kosten zu tragen hat. Ein weiterer Dissens besteht darüber, in welchem Umfang die Kapazitäten der Leitungsnetze erweitert werden müssen bzw. in welchem Umfang die vorhandenen Kapazitäten durch eine intelligente Betriebsführung der WEA und des Stromnetzes effektiver genutzt werden können. Insbesondere mit der Energieerzeugung auf dem Meer wird ein Netzausbau (Hochspannungsleitungen) an Land erforderlich. Die Konflikträchtigkeit eines solchen Vorhabens ist hoch, denn die Beeinträchtigungen für die Anwohner können nicht durch einen Nutzen für die Region oder einen persönlichen Nutzen ausgeglichen werden. Mit der Konflikträchtigkeit steigt

---

[6] *Der Spiegel* berichtete über „eine Serie von Ablehnungsbescheiden der Baubehörden" und davon, dass etwa die Hälfte der ca. 400 Windkraftanlagen, die 1984 in Deutschland errichtet waren, ohne Genehmigung errichtet wurden (Spiegel, 16.5.1983., zitiert in Heymann 1995: 422). Zu verstärkter Zurückhaltung der Bauämter führte auch das Fehlen gültiger und allgemein anerkannter Sicherheitsnormen für Windkraftanlagen (Heymann 1995: 422).

[7] Das deutsche Stromnetz ist an den historischen Kraftwerkstandorten orientiert. Insbesondere aus der Strategie der Bundesregierung zum Ausbau der Windenergienutzung auf See resultiert eine starke räumliche Konzentration von Windenergieleistung in Norddeutschland, einer Region, die eine nur geringe Stromnachfrage aufweist. Hieraus ergeben sich neue Anforderungen u.a. an das Stromnetz. Nach der so genannten dena-Netzstudie (dena 2005) wird bis zum Jahr 2015 eine Erweiterung des bestehenden Hochspannungsübertragungsnetzes um insgesamt 850 km notwendig. Dies entspricht einem Anteil von 5% bezogen auf die bereits vorhandenen Höchstspannungsstrassen. Verglichen mit der Netzerweiterung der vergangenen Jahre ist der als notwendig ausgewiesene Netzausbau sehr ambitioniert (dena 2005: 7-8). Neuralgische Aspekte sind zum einen die zeitliche Synchronisierung des Netzausbaus (langfristige Raumordnungsverfahren) mit dem Bau der geplanten Offshore-Windparks sowie die Anzahl der notwendigen durch das Wattenmeer zu verlegenden Kabeltrassen.

die Planungsdauer des Vorhabens.[8] Die Realisierung einer neuen Hochspannungstrasse dauert nicht zuletzt aufgrund der heterogenen Interessenlage und der dadurch zeitaufwendigen Herstellung von Übereinkünften mit den beteiligten Trägern öffentlicher Belange in der Regel 5-10 Jahre. Diese Auseinandersetzungen um die Übernahme von Kosten, die technische Integration von Windenergie in das Stromnetz sowie die Erweiterung des Stromnetzes stehen in einem engen Zusammenhang mit den kontroversen Interessen auf dem Strommarkt.

Mit dem Ausbau der Windenergie und der damit einhergehenden Zunahme der Marktanteile von Windkraftbetreibern spielen Machtkonflikte eine immer stärkere Rolle. Ein Ende der 1990er Jahre von der Preußen Elektra ausgelöster Rechtsstreit um das deutsche Modell der Vergütung von Strom aus erneuerbaren Energien, der bis vor den Europäischen Gerichtshof getragen wurde, demonstriert die Sorge großer Energieversorger um ihre monopolartige Stellung am Energiemarkt. Die darauf folgende Unsicherheit bezüglich der künftigen Windenergievergütung trug maßgeblich zu einer massiven Verunsicherung des Windenergiemarktes und abnehmenden Wachstumszahlen bei. Weitere Auseinandersetzungen betreffen das Netzzugangsregime in Deutschland: Den Betreibern der Versorgungsnetze wird vorgeworfen, mit der Erhebung überhöhter Netzzugangsentgelte Monopolgewinne abzuschöpfen. Bei der Fokussierung auf großtechnische Energiegewinnungs- und Transportsysteme besteht eine Tendenz zur Zentralisierung und Ausprägung marktbeherrschender Stellungen. Die Kontrolle über das Stromnetz steht in einem engen Zusammenhang mit dem Einfluss auf das gesamte Stromversorgungssystem.

2.3 Zielkonflikte: Klima-, Natur- und Landschaftsschutz sowie ökonomische Ziele geraten in Konkurrenz

Die öffentliche Diskussion der Windenergie ist stark durch den Konflikt zwischen dem Ziel des Klimaschutzes auf der einen und dem Ziel des Biodiversitäts-, Natur- und Landschaftsschutzes auf der anderen Seite geprägt.[9] Angesichts dieser umweltpolitischen Zielkonkurrenz stehen Umweltverbände der Windenergie vielfach zwiespältig gegenüber. Viele Naturschutzverbände nehmen offiziell eine die Windenergie befürwortende Position ein, dennoch kommt es auf lokaler Ebene zu Auseinandersetzungen zwischen Klimaschützern und örtlichen Naturschützern auch innerhalb der Naturschutzverbände. So führt der innerökologische Konflikt anhand konkreter Windenergieprojekte dazu, dass Verbandsmitglieder teilweise zu Kontrahenten werden (vgl. Hirschl et al. 2004).

Auch die Entwicklung von Windenergieanlagen auf dem Meer (Offshore) bringt einen Konflikt zwischen unterschiedlichen umweltpolitischen Zielen mit sich (vgl. Byzio et al. 2005). So kollidiert etwa die Zentralisierung regenerativer Energieerzeugung in Form groß-

---

[8] Der Herstellung von Übereinkünften mit den Trägern öffentlicher Belange wird bei konfliktträchtigen Vorhaben wie Hochspannungstrassen hohe Aufmerksamkeit geschenkt, da potenzielle rechtliche Klagen die Realisierung des Vorhabens beeinträchtigen bzw. noch stärker verzögern können.

[9] Verfechter der Windenergie heben insbesondere ihren Beitrag zum Klimaschutz hervor. Jedoch kann sich die Nutzung von Windkraft auf Vögel und Fledermäuse durch Störungen und durch Erhöhung der Mortalität auswirken – wobei hinsichtlich der Gefährdung unterschiedlicher Arten differenziert werden muss. Zugvögel werden z.B. durch WEA auch insofern eingeschränkt, als sich für sie die Rastflächen verkleinern. Systematische Vorher-Nachher-Untersuchungen und Langzeitstudien an verschiedenen Windparks fehlen jedoch bisher weitgehend.

flächiger Windparks mit dem Ziel des Naturschutzes, möglichst weiträumige marine Bereiche vor industrieller und wirtschaftlicher Nutzung zu bewahren. Insbesondere die Offshore-Windenergie nutzt zwar den Wind als regenerative Energiequelle, tritt aber in großindustriellem Maßstab in Erscheinung und gefährdet damit ökologisch sensible Bereiche auf dem Meer. Beklagt wird auch die Beeinträchtigung des Landschaftsbildes bzw. eines ungestörten Blicks über den Meereshorizont.

Neben die konkurrierenden umweltpolitischen Ziele Klima- und Biodiversitätsschutz treten wirtschafts- und sozialpolitische Ziele zur Stärkung der Windindustrie und zum Erhalt der mittlerweile in der Windbranche entstandenen über 60.000 Arbeitsplätze.[10] Denn je mehr sich die Windenergie zu einem großen und umsatzstarken Industriezweig entfaltet, desto mehr wird sie auch von Politikvertretern, Industrieverbänden sowie Gewerkschaften politisch unterstützt, die die Entstehung von Arbeitsplätzen im Zuge der dynamischen Entwicklung begrüßen. Sie hoffen auf eine Stabilisierung der Hafenstandorte an Nord- und Ostsee, Profite für die ansässige marine Wirtschaft sowie einen konjunkturellen (regionalen) Aufschwung durch den erwarteten Offshore-Boom. Diese ökonomischen Ziele bilden eine kraftvolle Koalition mit den Klimaschutzzielen, die mit Hilfe der Windkraftnutzung erreicht werden sollen (vgl. Szarka 2004: 328). Sie kollidieren jedoch mit Zielen wie dem Biodiversitätsschutz oder mit regionalen Entwicklungskonzepten, denen die Windräder im Weg stehen. Hier spannt sich somit ein Konflikt auf, der die Gewichtung ökologischer und sozio-ökonomischer Aspekte der Windenergie zum Gegenstand hat.

3 Einfluss der Konstellation auf Verlauf und Transformation der Konflikte

Die Analyse der Konfliktkonstellationen im Bereich der Windenergie über mehrere Entwicklungsphasen hinweg zeigt, dass sich das Gewicht der unterschiedlichen Konflikte von Phase zu Phase unterscheidet. Konfliktarten, -ebenen und -intensitäten variieren von Phase zu Phase. Dieser Wandel geht sowohl mit der Ausbreitung und Veränderung der Technologieanwendung als auch mit sich verändernden Begründungskontexten für die Nutzung der Windenergie einher. Die unterschiedlichen Positionen, Ziele und normativen Orientierungen der Akteure differieren von Phase zu Phase, sie verdeutlichen die Richtung des Akteurshandelns und damit die Dynamik sowie Spannungen und Widersprüche in den jeweiligen Konstellationen. Wir untersuchen diesen Prozess seit dem Ende der 1970er Jahre bis heute. Um die Veränderungen der Konfliktlinien strukturiert nachzuvollziehen, haben wir den Untersuchungszeitraum in sechs Phasen eingeteilt:

3.1 Ende der 1970er Jahre bis ca. 1986: Windenergie im Kontext der Ökologiebewegung

Die zweite Hälfte der 1970er Jahre ist geprägt durch die beiden Ölpreiskrisen 1973/74 und 1979 und eine damit verbundene Zunahme wirtschafts- und energiepolitischer Probleme. Im Zentrum der Energiepolitik stand die Atomkraft, die neben Kohle und Energieeinsparungen die Energieprobleme der Bundesrepublik lösen sollte. Der schnelle und umfangreiche Ausbau der Kernenergie löste Demonstrationswellen aus und war der Fokus der ‚Anti-

---

[10] Zur Arbeitsplatzstatistik in der Windenergiebranche vgl. www.wind-energie.de/de/statistiken.

AKW-Bewegung'. Auch das in Deutschland von der Öffentlichkeit intensiv wahrgenommene Waldsterben spielte eine zentrale Rolle.

Somit stand in dieser Phase die Windenergie im Kontext der Problemlösungskonflikte um den Umgang mit natürlichen Ressourcen und die Strategie zur künftigen Energieversorgung, der Umweltbewegung sowie den Ängsten vor nuklearen Risiken, die sich mit dem Atomkraftunfall in Tschernobyl 1986 zuspitzten.

Die Ereignisse der Öl-, Atom- und Umweltkrise der 70er und 80er Jahre vermochten große Teile der Öffentlichkeit zu mobilisieren und brachten einen Bewusstseinswandel mit sich, der die Voraussetzungen für strukturelle Veränderungen in Energiepolitik und Stromversorgung schaffte. Mit dem Widerstand gegen die eingeschlagene Energieversorgungsstrategie der Bundesregierung begann auch die Suche nach technischen Alternativen.

In dieser Phase wurden – neben einigen weitgehend erfolglosen Experimenten mit Großwindanlagen – vor allem kleine (10 bis 50 kW), dezentrale Windkraftanlagen installiert, die einerseits von landwirtschaftlichen Nutzern mit dem Motiv der Eigenversorgung, andererseits von „Idealisten" betrieben wurden, deren Beweggrund eine dezentralere Versorgung auf der Basis „sanfter" Energie war. Jedoch schien das Ziel, mit Anlagen dieser Größenordnung einen nennenswerten Beitrag zur Energieversorgung liefern zu können, in weiter Ferne.

Im Gegensatz zu Privatbetreibern, die bei der Eigennutzung des erzeugten Stroms aus Windenergie Kosten in Höhe der erheblich höheren Elektrizitätstarife sparten, konnten die Energieversorger lediglich Brennstoffkosten einsparen, nicht aber Kapitalkosten für bereits erstellte Kraftwerke und Stromnetze. Der Verband der Elektrizitätswirtschaft hatte somit keine Motivation zum Ausbau der Windenergie oder zu einer Integration der Windenergie in das bestehende Energieversorgungssystem beizutragen (Heymann 1995: 443). Resümierend war dies eine Phase der unfriedlichen Koexistenz. Latente Technik- und Strategiekonflikte waren vorhanden, wurden jedoch nicht ausgetragen.

3.2 1986-1990: Divergenzen bei der Suche nach neuen Problemlösungsstrategien

Ab Mitte der 1980er Jahre können Veränderungen im energiepolitischen Umfeld festgestellt werden, die einerseits die Entwicklung der Windenergie begünstigten, andererseits zu einer Polarisierung im Handlungsfeld führten. Die Reaktorkatastrophe von Tschernobyl brachte das endgültige Ende des energiepolitischen Konsenses in der Bundesrepublik (Saretzki 2001: 196). Mit dem Brundtlandreport von 1987 kam die Diskussion um eine Nachhaltige Entwicklung auf die politische Agenda und in der Bundesrepublik wurde eine Enquête-Kommission „Vorsorge zum Schutz der Erdatmosphäre" eingesetzt. Der Bericht der Kommission von 1990 veranlasste die Regierung Kohl ein Ziel zur Reduktion der CO_2-Emissionen festzusetzen.[11] Die Diskussionen um Nachhaltigkeit, Klimaschutz und die Endlichkeit der fossilen Ressourcen wirkten sich begünstigend auf die Entwicklung der Windenergie aus. Gleichzeitig fanden sich Kritiker der Windenergie quer durch alle großen Parteien. Ihre Motive waren unterschiedlich. Zwar wurde die Windenergienutzung meist nicht kategorisch abgelehnt, aber insbesondere die hohen Kosten ihrer Förderung gegenüber der geringen Leistung wurden beklagt.

---

[11] Festgesetzt wurde das Ziel, die $CO2$-Emissionen um 25-30% (bezogen auf 1987) bis zum Jahr 2005 zu senken.

Trotz dieses Dissenses über geeignete Technologien zur Sicherung der künftigen Energieversorgung legten sowohl der Bund[12] als auch einzelne Bundesländer Förderprogramme für die Windenenergie auf, die erhebliche Signalwirkung auf die junge Branche ausübten. Das Bundesforschungsministerium (BMFT) verfolgte in dieser Phase eine neue Strategie der technischen Weiterentwicklung der Windenergie: Es wurden Wege gesucht, die vorhandenen Prototypen unter unterschiedlichen Bedingungen zu testen, um die Anlagen mit der Behebung von Fehlern und Schwächen und einer neuerlichen Erprobung in einem iterativen Prozess weiter zu entwickeln (Tacke 2004: 173-174).

Windräder, vor allem Einzelanlagen, wurden außer von Landwirten und anderen privaten Betreibern auch von Stadtwerken und erste Windparks[13] von Betreibergemeinschaften betrieben (vgl. Byzio et al. 2002: 272-310). Die Elektrizitätsversorgungsindustrie jedoch hatte überschüssige Kapazitäten durch konventionelle Energieträger aufgebaut und zeigte daher nach wie vor nur geringes Interesse am Aufbau neuer Technologien zur Energiegewinnung. Darüber hinaus zog sie große Kraftwerke wegen der Größenvorteile gegenüber kleinen dezentralen Einheiten vor. Somit war diese Phase kaum durch Konflikte um die Windenergie geprägt, sondern eher durch Auseinandersetzungen um die beste Strategie der künftigen Energieversorgung.

3.3 1991-1995: Ausbreitung der Windenergie und regionale Interessenkonflikte

Obwohl große Teile der Regierungsfraktionen der Windenergie kritisch gegenüber standen, wurde 1990 das Stromeinspeisungsgesetz (StrEG) verabschiedet, das erstmals die Abnahmepflicht der Energieversorger für Strom aus erneuerbaren Energien festsetzte, eine an den Strompreis gekoppelte Vergütung garantierte und den Netzzugang für erneuerbare Energiequellen regelte. Das Gesetz trat 1991 in Kraft. Damit setzte eine dynamische Entwicklung der Windenergie ein. Die neuen Förderkonditionen bewirkten eine unerwartet hohe Nachfrage am Markt. Immer mehr private Interessenten, oft Landwirte, waren nun bereit, in Windkraftanlagen zu investieren.

Der veränderte und verbesserte Kontext war eine zentrale Bedingung für die inkrementelle und erfolgreiche Weiterentwicklung der Technologie. Sowohl die durchschnittliche Nennleistung der Windkraftanlagen als auch die installierte Leistung nahmen in rasantem Tempo zu (vgl. Abb. 2). Die Anzahl der Beschäftigten der Branche stieg von unter 2.000 (1991) auf knapp 10.000 (1995) direkt und indirekt Beschäftigte.

Förderprogramme und garantierte Abnahmepreise machten Windenergieanlagen zu einem wirtschaftlich interessanten Investitionsobjekt. Aus Effizienzgründen und wegen des Interesses an einer räumlichen Konzentration von Belastungen wurden Windenergieanlagen zunehmend in Windparks zusammengefasst.[14] Die erforderlichen Investitionen hierfür überstiegen jedoch die Möglichkeiten einzelner (ortsansässiger), privater Nutzer. Größere Investoren oder Betreibergesellschaften traten an ihre Stelle.

---

[12] Das Bundesministerium für Forschung und Technologie legte das 100-MW-Wind-Programm auf, das später zum 250-MW-Programm erweitert wurde.
[13] Der erste Windpark in Deutschland mit 30 Anlagen wurde im Jahr 1987 eingeweiht. Der Windpark bei Niebüll, der im Jahr 1990 eröffnet wurde, galt zu dieser Zeit mit seinen 35 Anlagen als größter Windenergiepark Europas.
[14] Je nach Definition im jeweiligen Landesrecht bestehen Windparks aus fünf oder mehr Anlagen.

Im Zuge des Ausbaus der Windenergie vergrößerte sich das Konfliktpotential. Insbesondere in Regionen mit stark wachsenden Anlagenzahlen stieg die Angst vor einer unkontrollierten „Verspargelung" der Landschaft, es kam immer häufiger zu Interessenskonflikten zwischen Anwohnern und Anlagenbetreibern, zwischen Natur- und Umweltschützern und Genehmigungsbehörden. Die Bedenken der Anwohner richteten sich gegen Lärmbelästigung, Infraschallemissionen, Wertverlust von Immobilien und Grundstücken in der Nähe von Windkraftanlagen und die Beeinträchtigung des Landschaftsbildes, naturschutzfachliche Einwände hatten vor allem negative Einflüsse auf die Tierwelt, insbesondere Vögel zum Gegenstand.

Eine Konzentration zeichnete sich bereits in den Küstenländern ab, hier nahmen mit steigender Anzahl der Bauanträge für WEA auch die Konflikte um die Auslegung des Baurechts zu (Heymann 1995: 422). Die Einwände und Proteste aus der Bevölkerung wirkten sich auf politische Entscheidungen aus. Die Konfliktlinie durchschnitt nun auch Parteien wie beispielsweise die SPD: Im Juli 1994 scheiterte die Baurechtsänderung zur Privilegierung der erneuerbaren Energien an der Ablehnung der SPD-geführten Länder im Bundesrat aus Angst vor dem drohenden „Wildwuchs" von Windkraftanlagen, nachdem die Baurechtsänderung im Bundestag bereits einstimmig angenommen worden war (Johnsen 1994: 10). So entwickelten sich die regionalen Interessenkonflikte zu Konflikten auf bundespolitischer Ebene weiter.

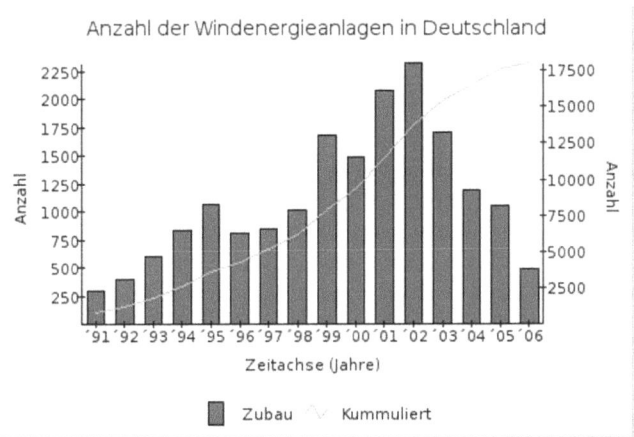

Abbildung 2: Anzahl der WEA 1991-2006, kumuliert und jährlicher Zubau, Quelle: BWE

3.4 1995-1997: Polarisierungsphase - Emotionalisierung und Politisierung von Interessen-, Macht- und Zielkonflikten

Mitte der 1990er Jahre, als der Anteil der Windenergie insbesondere in Norddeutschland immer weiter wuchs, spitzten sich die Konflikte zu. Nicht nur die Anwohnerproteste nahmen zu, sondern auch der Widerstand der Stromversorger, die den Verlust von Marktanteilen fürchteten und ihre starke Machtstellung auf dem Strommarkt sichern wollten (vgl. Deutscher Bundestag 1995: 3107-3124). Der Verband der deutschen Elektrizitätswirtschaft (VDEW) bezeichnete das StrEG als verfassungswidrig, seine Konformität mit den Beihilfebestimmungen des EG-Rechts (Art. 87 ff. EGV) wurde angezweifelt. 1999 leitete die EU-Kommission aufgrund einer Klage der Preussen Elektra vor dem Landgericht Kiel, die an den Europäischen Gerichtshof überwiesen wurde, ein beihilferechtliches Verfahren gegen die Bundesregierung in Bezug auf das Stromeinspeisungsgesetz ein. Der Prozess erfuhr eine zunehmende Politisierung, als das Wirtschaftsministerium ankündigte, die Einspeisevergütungen kürzen zu wollen und sich damit auf die Seite derjenigen begab, die die dynamische Entwicklung der Windenergie bremsten. Der Weiterbestand des StrEG war massiv bedroht, was zu einer erheblichen Verunsicherung in der Branche führte. Gegen die Pläne des Bundeswirtschaftsministers regte sich breiter Widerstand. Der erst wenige Monate zuvor gegründete Bundesverband Windenergie (BWE) organisierte eine bis dahin einmalige Allianz[15] für den Ausbau erneuerbarer Energien, die so genannte „Aktion Rückenwind", zum Erhalt des Stromeinspeisungsgesetzes. Darüber hinaus bekannten sich Vertreter aller im Bundestag vertretenen Parteien zu einer Förderung erneuerbarer Energien. Das Bundeswirtschaftsministerium zog seine Initiative zurück.

Inzwischen hatte aber eine Flut von Anträgen auf Errichtung immer größerer Anlagen und deren zum Teil unabgestimmte Bewilligung zu problematischen Standortentscheidungen geführt. Die lokalen und regionalen Interessenkonflikte fanden ihren Ausdruck in der Zunahme regionaler Bürgerinitiativen gegen die Windenergie, deren emotionsgeladene Proteste das durch die Medien vermittelte Stimmungsbild im Hinblick auf die Windenergienutzung beeinflusste.

Mit der Gründung des Bundesverbandes Landschaftsschutz (BLS) 1995 erhielten die dispersen Windkraftgegner und Bürgerinitiativen Unterstützung durch einen bundesweit agierenden Akteur. Zu den formell bekundeten Aufgaben und Zielen des Verbandes zählte „die Bewahrung von Vielfalt, Schönheit und Eigenart von Landschaften gegenüber jeglichen Eingriffen" (Franken 1998b: 17-18). In der Praxis richtete sich die Arbeit des Verbands jedoch maßgeblich auf die Verhinderung des Baus von Windkraftanlagen oder deren Beseitigung. Es kamen Zweifel an den Argumentationslinien des Verbandes auf, als Verbindungen des BLS zur Stromwirtschaft aufgedeckt wurden (Franken 1998a: 87-95; vgl. Schlegel 2004: 47f). Dies unterstützt die These eines sich zuspitzenden Konfliktes um die Machtstrukturen auf dem Strommarkt.

Zudem fand eine häufig emotional geführte Auseinandersetzung um die Änderung des Baurechts statt: Mit der baurechtlichen Privilegierung von Windkraftanlagen sollten die Konflikte einen klaren rechtlichen Rahmen erhalten und Probleme bei der Genehmigung beseitigt werden. Die Bundesvereinigung der kommunalen Spitzenverbände lehnte jedoch eine Privilegierung von Windkraftanlagen im Baurecht unter Hinweis auf die nach wie vor ansteigende Zahl von Windkraftanlagen ab. Auch der NABU wollte eine Privilegierung mit der Begründung verhindern, dass es sich bei Windkraftanlagen nicht mehr um Einzelerscheinungen, sondern um ein Massenphänomen handele, das durch planerische Steuerung kontrolliert werden müsse. Viele weitere Umwelt- und Naturschutzorganisationen begannen, ihre Position zu Windrädern zu überdenken.

---

[15] Das Spektrum der beteiligten Verbände umfasste die IG Metall, den deutschen Bauernverband, die evangelische Kirche, Anlagenhersteller, Versicherungen, Bürgerinitiativen und mehrere Umweltverbände.

Resümierend war diese Phase der Windenergie-Entwicklung durch Konflikte um die Rechtsauslegung geprägt, als deren Hintergrund ein Machtkonflikt um den Einfluss auf den Strommarkt vermutet werden kann, denn mit dem seit Beginn der 1990er Jahre immer deutlicher werdenden Potential der Windenergie nahm die Sorge der Energieversorger um ihre monopolartige Marktstellung zu. Die durch Interessenkonflikte geprägten Genehmigungsverfahren sollten durch eine Novellierung der Genehmigungsgrundlagen geebnet werden, was jedoch zunächst am Widerstand der Länder, Kommunen und Umweltorganisationen scheiterte. Zunehmende Konflikte innerhalb der beteiligten Akteursgruppen kennzeichnen den seit der Verbreitung der Windenergie an Schärfe zunehmenden innerökologischen Zielkonflikt.

3.5 1997/98 bis 2002: Konfliktregulierung durch Rechtsetzung, Interessenabwägung und Entschärfung des Machtkonflikts

Die Situation stabilisierte sich, als durch klare Planungsvorgaben[16] und Ausräumung von Rechtsunsicherheiten mehr Investitionssicherheit geschaffen wurde und ein zweiter Entwicklungsboom einsetzte. Die letztlich dann doch beschlossene Novellierung des Baurechts[17], die eine Privilegierung von Wind- und Wasserkraftanlagen in §35 BauGB vorsah, trug maßgeblich zum Wachstum der Windenergie in Deutschland ab 1997 bei. Zugleich wurden mit der Novellierung bessere Steuerungsmöglichkeiten (Planungsvorbehalt[18]) geschaffen: Kommunen können im Rahmen der kommunalen Bauleitplanung Eignungsgebiete für die Windkraftnutzung ausweisen bei gleichzeitiger Ausschlusswirkung für andere Flächen. Ziel ist es, auf diese Weise einem „Wildwuchs" bzw. einer „Verspargelung" durch die verstreute Errichtung von WEA vorzubeugen. Die koordinierte Planung brachte zwar einen deutlichen Rückgang der Konflikte zwischen Behörden und Betreibern, lokale Interessenkonflikte mit Windenergiegegnern bzw. Anwohnern konnten damit jedoch nicht ausgeräumt werden.

Mit dem Wechsel zu einer rot-grünen Bundesregierung wurden neue Schwerpunkte in der Energiepolitik gesetzt. Die Bundesregierung beschloss den Atomausstieg und sprach sich für die verstärkte Nutzung regenerativer Energien aus. Das Stromeinspeisegesetz wurde novelliert und seit 2000 als Erneuerbare Energien Gesetz (EEG) in wesentlichen Punkten zugunsten der Windenergie verbessert. Mit dem EEG wurden auch Energieversorgungsunternehmen berechtigt, sich die Einspeisung von aus Windenergie erzeugtem Strom vergüten zu lassen – durch diese Neuerung konnte der politische Widerstand gegen das neue Gesetz erheblich vermindert und auch der Machtkonflikt etwas entschärft werden. Das Interesse der Energieversorger an der wirtschaftlichen Nutzung der Windenergie stieg

---

[16] Baurechtsnovelle 1996, Novellierung des Stromeinspeisegesetzes 1998, Energiewirtschaftsgesetz 1998, Erneuerbare-Energien-Gesetz 2000, Entscheid des Europäischen Gerichtshofs 2001.
[17] Am 20.6.1996 wurde die Änderung des § 35 BauGB vom Bundestag beschlossen. Sie wurde zum 1. Januar 1997 wirksam.
[18] Die Gemeinden und Landesplanungsbehörden erhielten durch den sog. Planungsvorbehalt die Möglichkeit, die Errichtung von Windkraftanlagen auf speziell für diesen Zweck ausgewiesene Flächen zu beschränken, indem sie im Flächennutzungsplan bzw. Regionalplan Flächen zur Nutzung der Windenergie festlegen und somit im übrigen Planungsraum ausschließen.

nun zumindest teilweise. Im Offshore-Bereich treten heute auch große Energieversorgungsunternehmen wie RWE und E.ON als potentielle Investoren auf.

Für Herstellerunternehmen wurde es entsprechend der steigenden Marktnachfrage möglich, zunehmend leistungsfähigere und größere Anlagen zu entwickeln. Damit war ein Anstieg der Investitionskosten verbunden. Es kam daher vermehrt zur Gründung von Investorengemeinschaften, deren Handlungsmotive überwiegend wirtschaftlicher Art waren und die nur noch wenig Bezug zu den Standorten und regionalen Rahmenbedingungen der Windenergieanlagen hatten. Lokaler Widerstand gegen einzelne Windenergie-Projekte wurde durch diesen Kapitalisierungsprozess z.T. verschärft. In dieser Phase wurden somit Interessen- und Machtkonflikte mittels Reformen entschärft, während regionale Interessen- und innerökologische Zielkonflikte weiter bestehen, ihnen aber weniger Beachtung geschenkt wird.

3.6 Seit 2002: Planungen zur Offshore-Windkraftnutzung und neue Konfliktdimensionen

Mittlerweile haben sich die Zuwachspotentiale für Windenergie an Land verringert, da immer weniger wirtschaftliche Standorte ohne planungsrechtliche Restriktionen zur Verfügung stehen. Wie in Abb.2 ersichtlich, ist eine deutliche Abnahme des jährlichen Zubaus an Windkraftanlagen zu verzeichnen. Erhebliches Zuwachspotential besteht durch „Repowering" (Ersatz alter Anlagen durch neue, leistungsstärkere Anlagen), aber die zur Erreichung der Substitutionsziele der Bundesregierung[19] erforderliche Zunahme an Energieeinspeisung durch Windkraft wird nur durch die Gewinnung von Offshore-Windenergie erreicht werden können. Energie war Wahlkampfthema im Vorfeld der Bundestagsneuwahlen des Jahres 2005, die Äußerungen der designierten Kanzlerkandidatin der Union Angela Merkel waren jedoch widersprüchlich. Sie kündigte einerseits eine verminderte Förderung der Windenergie an, versprach ihr gleichzeitig jedoch eine „große Zukunft".[20]

Die garantierte Einspeisevergütung nach EEG und das beträchtliche Windpotenzial auf See rief das Interesse vieler Investoren an Offshore-Windparkprojekten in der deutschen Ausschließlichen Wirtschaftszone (AWZ)[21] von Nord- und Ostsee hervor. Die Planung und Umsetzung von Offshore-Windparks liegt vornehmlich in der Hand von mittelständischen Aktien- und Betreibergesellschaften, global agierenden Konzernen und großen Stromproduzenten.[22]

Mit der Planung riesiger Windparks vor den Küsten der Nord- und Ostsee ist die Windenergie in eine neue Entwicklungsphase getreten – in der Konfliktkonstellation spie-

---

[19] Der Anteil erneuerbarer Energien (EE) an der gesamten Stromgewinnung soll bis 2010 von heute ca. 6% auf einen Anteil von 12,5 % (auf mehr als 22 500 Megawatt in Deutschland) verdoppelt werden. Bis zum Jahr 2030 soll eine Stromversorgung zu 25% aus EE erreicht sein.
[20] Vgl. www.weserwind.de/downloads/19.pdf; www.tagesschau.de/aktuell/meldungen/0,1185,OID4636726_REF 1,00.html
[21] Nord- und Ostsee sind in Sektoren mit bestimmten Nutzungen eingeteilt. Die AWZ (Ausschließliche Wirtschaftszone) schließt seewärts an das Küstenmeer (12-Seemeilenzone) an und erstreckt sich bis zu maximal 200 Seemeilen Abstand von der Basislinie. Sie gehört nicht zum Hoheitsgebiet des Küstenstaates. Von den insgesamt 33 in der AWZ beantragten Windparks liegen 27 in der Nordsee und 6 in der Ostsee, sie umfassen zum Teil mehrere hundert einzelne WEA (Bundesamt für Seeschifffahrt und Hydrographie 2006).
[22] Eine Besonderheit stellt der „Bürgerwindpark Butendiek" dar; vgl. http://www.butendiek.de/projekt/projekt.php3 und BMU 2002.

len konkurrierende Raumnutzungsinteressen z.B. mit der Schifffahrt, dem Sedimentabbau, der Fischerei, Leitungstrassen, dem Militär und bestehenden sowie potentiellen Meeresschutzgebieten sowie dem Tourismus eine wichtige Rolle (vgl. Mautz in diesem Band). Zu den regionalen Offshore-Windkraftgegnern gehören Vertreter des Tourismus, insbesondere der Inseln und Badeorte, die ein Fortbleiben ihrer Gäste wegen des durch Windkraftanlagen bewegten Horizonts befürchten. Fischereivertreter, die den Verlust wichtiger Fanggebiete durch die für die Fischerei unzugänglichen Offshore-Windparks fürchten, sorgen sich um ihre Existenz. Darüber hinaus wird von beiden Interessengruppen auf das Risiko der Kollision eines Öltankers mit einer Windkraftanlage hingewiesen, was sowohl ökologisch als auch ökonomisch verheerende Folgen für den gesamten Küstenbereich hätte (vgl. Byzio et al. 2005).

Bereits bei der Nutzung der Onshore-Windenergie nahm der Grad der Konzentration durch Ballung der Anlagen in immer größeren Windparks und die Errichtung immer größerer und leistungsstärkerer Anlagen zu, dennoch wurden der Windenergietechnologie immer noch Merkmale einer dezentralen Energieversorgung zugeschrieben. Mit der Strategie des Ausbaus der Windenergie auf dem Meer und dem stark durch die entsprechende politische Kontextgestaltung geförderten technologischen Fortschritt steigt der Zentralisierungsgrad, die Nähe zum Verbraucher nimmt ab und der Trend zur Großtechnologie wird verstärkt. Dabei zeichnet sich ab, dass die Konzentrationstendenzen wiederum Konflikte mit sich bringen (vgl. Steinhauer 2006). Die für das Offshore-Windkraftgeschäft erforderlichen Volumina an Risiko- und Investitionskapital können nur noch von großen Unternehmen, gestützt durch Banken und Versicherungen, aufgebracht werden. Nur ein einziger der bisher zehn genehmigten Windparks auf dem Meer ist als Bürgerwindpark und somit als Modell der partizipativen Gewinnaufteilung geplant. Die Realisierung dieses Vorhabens gestaltet sich doch angesichts der Forderungen der Kredit gebenden Banken nach finanzkräftigen Bürgen als schwierig. Das ursprüngliche Modell der gemeinschaftlich getragenen Risiken, Belastungen und Kosten von Bürgerwindkraftanlagen gehört mit der Offshore-Windkraftnutzung auch deshalb der Vergangenheit an, weil hier die Belastungen externalisiert werden – die Gruppe der potentiellen Gewinner weist keinen Überschneidungsbereich mehr mit der Gruppe der potentiellen Verlierer auf. Angesichts der hohen Unsicherheiten und Kosten der Offshore-Windenergie warnen vereinzelt auch Windpioniere wie Aloys Wobben (Geschäftsführer der Enercon GmbH) vor unkalkulierbaren Risiken.

Über die beschriebenen Interessen- und Technologiekonflikte hinaus zeichnet sich ein weiterer, übergeordneter Dissens ab: Die Dimensionen der Offshore-Projekte mit ihren potentiellen, nicht-intendierten Risiken und hohen Kosten provoziert Widerspruch angesichts des Leitbildes der nachhaltigen Entwicklung, bei der es um eine möglichst gleichgewichtige Berücksichtigung der einzelnen Nachhaltigkeitsdimensionen geht (vgl. Kopfmüller et al. 2001: 47-116). Die heterogene Konfliktlage wird somit ergänzt um die Frage der Kongruenz von Offshore-Windenergienutzung mit Zielen der nachhaltigen Entwicklung, wie zum Beispiel der Entkopplung von Wachstum und Ressourcenverbrauch und der Nutzung von Effizienzpotentialen. In dieser jüngsten Phase der Windenergienutzung scheint ein bisher unausgetragener *Wertkonflikt* hoch zu kochen, der in den folgenden Phasen Bedeutung erhalten könnte.

4 Prozedurale Bearbeitung der Interessenkonflikte und Ansätze zu reflexiven Konfliktstrategien

Politik und Interessenverbände zeigten sich resonanzfähig gegenüber den Protesten aus der Bevölkerung und verfolgten vielfach eine konsens- und akzeptanzorientierte Strategie. Zur Verringerung der Umwelteinflüsse wurde z.B. in Niedersachsen eine Leitlinie zur Errichtung von Windkraftanlagen erarbeitet, in der u.a. Empfehlungen zur Verminderung von Landschaftsbeeinträchtigungen und für Ausgleichs- und Ersatzmaßnahmen gegeben werden. Vielfach wird durch eine intensivere Information über geplante Projekte und eine Beteiligung der Bevölkerung an der Projektplanung sowie dem Betrieb der Anlagen für eine verbesserte lokale Akzeptanz gesorgt.[23]

Zur Vermeidung von lokalen und regionalen Interessenkonflikten mit Anwohnern und zur Verringerung negativer Einflüsse auf das Landschaftsbild kommt der raumordnerischen Steuerung besondere Bedeutung zu. Hier wird versucht, durch die Integration von landschaftsplanerischen Fachbeiträgen in die raumordnerische Gesamtplanung und durch vorausschauende Flächen- und Standortplanung für Windkraftanlagen das Konflikt- und Problempotenzial der Zulassungsverfahren zu verringern (vgl. Abschnitt 3.5).

Ein weiterer Ansatz zur Lösung regionaler Interessenkonflikte sind Instrumente des Integrierten Küstenzonenmanagements (IKZM).[24] Das auf Initiative der europäischen Kommission ins Leben gerufene IKZM bezieht sich nicht nur auf die Planungen auf dem Meer, sondern schließt die Raumnutzungen an der Küste mit ein. Im Prozess des Küstenzonenmanagements werden alle relevanten Akteure und Gruppen des Entscheidungs- und Planungsprozesses beteiligt.[25] Darüber hinaus sollen ordnungsrechtliche Regelungen wie die neue Seeanlagenverordnung (§ 3a SeeAnlV) und das Bundesnaturschutzgesetz (§ 38 BNatschG) Steuerungsmöglichkeiten schaffen, mit denen Nutzungskonflikte durch Ressortabstimmung vermieden oder ausgeräumt werden können.

Hinsichtlich der potentiellen Umweltauswirkungen von marinen Windparks ist vorgesehen, die Offshore-Erschließung umwelt- und naturverträglich zu gestalten und stufenweise durchzuführen. Dennoch löste die Beantragung und z.T. bereits Bewilligung vieler Quadratkilometer Windparks auf dem Meer Konflikte mit Vertretern des Naturschutzes aus. Sie fürchten eine Beeinträchtigung insbesondere von Zugvögeln und Meeressäugern (z.B. Schweinswale).[26] Das Projekt „Butendiek" vor Sylt, dessen Genehmigung in einem

---

[23] So startete etwa der BWE in Zusammenarbeit mit dem Deutschen Naturschutzring (DNR) im Jahr 2004 eine Öffentlichkeitskampagne mit dem Ziel, die Akzeptanz in der Bevölkerung zu stärken und Planungsstandards für einen sozialverträglichen Ausbau der Windenergie zu entwickeln. Mit Hilfe der Kampagne sollte vor allem in windträchtigen Gebieten durch Aufklärungsveranstaltungen für die Windenergie geworben werden (Deutscher Naturschutzring: Deutschland-Rundbrief Nr. 07/08 2004: 12).
[24] Die Europäische Kommission hatte bereits 1999 ein erstes Reflektionspapier „Eine europäische Strategie für das integrierte Küstenzonenmanagement (IKZM): Allgemeine Prinzipien und politische Optionen" herausgegeben. Im Mai 2002 folgten dann die konkreten Empfehlungen des europäischen Parlaments und des Rates zur Umsetzung einer Strategie für ein integriertes Management der Küstengebiete in Europa (2002/413/EG).
[25] Vgl. „Raumordnung auf dem Meer", Informationen zur Raumentwicklung, Heft 7/8, 2004.
[26] Die möglichen Auswirkungen des Baus und Betriebs der Windparks auf die Meeresumwelt werden derzeit erforscht (vgl. Bruns/Steinhauer 2004). Zwar werden die diesbezüglichen Kenntnisse zunehmend besser, jedoch fehlen bisher Konventionen, wie die prognostizierten Auswirkungen zu bewerten sind, vgl. Köppel et al. 2004.

zukünftigen Natura 2000-Schutzgebiet[27] erfolgte, zog bereits Klagen von Naturschutzverbänden und einer Küstengemeinde nach sich. Mit einem für den Energiesektor innovativen Stufenkonzept sollen nun aktuelle Forschungserkenntnisse der ökologischen Begleitforschung in die weitere Anlagengenehmigung einfließen und Kenntnislücken hinsichtlich möglicher Auswirkungen auf die Meeresumwelt geschlossen werden (vgl. Bruns/ Steinhauer 2004).

Geplant ist, in der „Ausschließlichen Wirtschaftszone" einerseits Eignungsgebiete für die Windenergie (sogenannte „low conflict areas"), andererseits Meeresschutzgebiete auszuweisen, um die Entwicklung räumlich zu steuern. Jedoch hat eine verbindliche Ausweisung von Eignungsgebieten für Offshore-Windparks bisher nicht stattgefunden. Ende 2004 wurden erstmals zwei Windpark-Anträge vom Bundesamt für Seeschifffahrt und Hydrographie aufgrund ihrer Lage in den zukünftigen Schutzgebieten und der damit einhergehenden Gefährdung der Meeresumwelt abgelehnt.[28] Jedoch wurden, ohne die raumplanerische Strukturierung abzuwarten, acht Genehmigungen für Windpark-Projekte bereits erteilt. Damit wird deutlich, dass dieses Instrument der Steuerung und Konfliktregulierung in Bezug auf potentielle Auswirkungen von Bau und Betrieb der Windenergieanlagen auf die Meeresumwelt zumindest in der Vergangenheit kaum Wirkung entfalten konnte, sondern vielmehr den Unmut der Gegner von Offshore-Windenergienutzung provozierte. Eine wirksame Regulierung ist zurzeit lediglich durch die Kontextsteuerung über das EEG zu erwarten: Indem das EEG in Meeresschutzgebieten keine Mindesteinspeisevergütung vorschreibt, sollen für Investoren die Standorte in Schutzgebieten unattraktiv werden (vgl. Steinhauer 2006: 51).

Zwar konnten die Ansätze zur prozessualen Konfliktregulierung zum Teil zur Reduktion der Interessenkonflikte mit Bürger/innen und Interessengruppen beitragen. Auch Machtkonflikte wurden bearbeitet und entschärft (vgl. Abschnitt 3.5). Kontroversen um den Ausbau der Windenergie werden jedoch aus den hier beschriebenen Gründen auch in Zukunft an der Tagesordnung sein.

5 Fazit

In der Verlaufsanalyse der Konfliktkonstellationen konnte gezeigt werden, wie die Konflikte um die Windenergietechnologie durch Verrechtlichung, gerichtliche Bearbeitung sowie Interessenausgleich durch exekutive Abwägung im Zuge der Raumplanung operationalisiert wurden. Der Konflikt wurde immer wieder zum Gegenstand gesellschaftlicher und politischer Auseinandersetzungen und erzeugte immer neuen Bedarf an steuernden Initiativen. Auffällig ist dabei der Multi-Ebenen-Kontext: Konflikte um die Windenergie spielten sowohl auf lokaler, regionaler, nationaler als auch europäischer Ebene eine maßgebliche Rolle. Die phasenweise Betrachtung des Entwicklungszeitraums von 30 Jahren

---

[27] Gebiet, das zur Ausweisung als europäisches Schutzgebiet an die Kommission gemeldet wurde, vgl. Steinhauer 2006: 41.
[28] Im Sommer 2004 wurde bei der Novellierung des Erneuerbare-Energien-Gesetzes (EEG) der Ausschluss der garantierten Einspeisevergütung in Meeresschutzgebieten sowie die Koppelung der erhöhten Anfangsvergütung an Wassertiefe und Küstenentfernung eingeführt. Diese Regelungen, die auf eine räumliche Steuerung der marinen Windenergienutzung über ökonomische Einflussgrößen abzielen, sollen Konflikte zwischen der Windenergienutzung und dem Umweltschutz auf dem Meer vermeiden.

unterstreicht aber nicht nur die Bedeutung der unterschiedlichen politisch-administrativen Ebenen, sondern auch die Bedeutung der zeitlichen Dimension bei der Bearbeitung der Konflikte: Maßnahmen der Konfliktvermeidung und -bearbeitung und waren nur schwer mit dem fortschreitenden Diffusions- und Entwicklungsprozess synchronisierbar.

Zu Anfang befand sich die Windenergie in einer weitgehend unbedeutenden und konfliktfreien Nischenkonstellation. Zwar war sie eingebettet in den Konflikt zwischen Ökonomie und Ökologie, sie war aber nicht der Gegenstand der Konflikte, sondern wurde von den Akteuren der Nische als Teil einer Problemlösungsstrategie betrachtet. Als die Nischentechnologie sich emanzipierte, wurde sie zum Gegenstand eines Strategiekonflikts um die sowohl für den Umwelt- und Klimaschutz als auch für die Sicherung der Energieversorgung bestgeeignete Strategie. Baugenehmigungsverfahren wurden zunächst noch ohne einheitliche Entscheidungskriterien bewältigt, aber zunehmende lokale Interessenkonflikte ließen den Ruf nach einheitlichen Genehmigungsgrundlagen verlauten, die in der Folge auf Landesebene erarbeitet wurden. Mit der rechtlich gesicherten Einspeisevergütung von Strom aus Windenergie stiegen die Bauantragszahlen explosionsartig, was zu Zielkonflikten kommunaler Entwicklung, Nachbarschafts- und massiven Interessenkonflikten führte und wiederum nach einem steuernden Eingriff auf übergeordneter Ebene verlangte – die Privilegierung der Windenergie mit der Möglichkeit der Beschränkung von Windenergievorhaben auf ausgewiesene Eignungsgebiete durch eine Baugesetznovelle.

Die Konzentration von WEA in Windparks war ein erster Schritt innerhalb eines umfänglicheren Konzentrationsprozesses, der Akteure, Kapital, Leistungen und Belastungen umfasste. Mit zunehmender Leistungsfähigkeit und ökonomischer Ertragskraft der Technologie nahmen auch die Risiken zu – nicht-intendierte Nebenfolgen erforderten eine Entwicklung von Kriterien für die Abwägung zwischen dem Nutzen der Windenergie für den Klimaschutz und dem Schutz von Natur, Umwelt und Landschaft vor den Auswirkungen der Windkraft. Innerökologische Zielkonflikte nahmen an Bedeutung zu. Unterschiedliche normative Orientierungen auch innerhalb von Organisationen führten zu Strategiekonflikten bei der politischen Kontextgestaltung.

Die Bearbeitung der Konflikte erfolgte durch eine immer stärkere Formalisierung und Institutionalisierung der Konstellation. Dennoch erfuhren die Vielfalt der Konfliktebenen und Konflikttypen sowie die zunehmende Konfliktintensität eine Zuspitzung, als latente Machtkonflikte massiv zum Ausbruch kamen und sich über die rechtliche Konfliktbearbeitung bis hin zur europäischen Ebene ausweiteten. Wiederum wurde, mit der Verabschiedung des EEG, Rechts- und Investitionssicherheit geschaffen – darüber hinaus sollte das EEG auch den Macht- und Interessenkonflikt durch Einbezug der Energieversorger in den Kreis der Vergütungsberechtigten entschärfen.

Abschließend konstatieren wir, dass mit jeder Phase der fortschreitenden Diffusion eine flexible und angepasste Konfliktbearbeitung und „Nachsteuerung" notwendig wird. Die im Zuge der Entwicklung stattfindende Transformation der Konflikte um die Windenergie verdeutlicht die Tragweite des politischen Steuerungsproblems sowie die Anforderungen an eine reflexive Konfliktregelung. Eine Stabilisierung der Situation setzte jeweils voraus, dass sich die Konstellation aus Akteuren, Technik und Steuerungsimpulsen jeweils neu ordnete. Dabei wurde deutlich, dass ein Ineinandergreifen von Regulierungsmaßnahmen lokaler, regionaler, nationaler und europäischer Ebene mit zunehmender Diffusion der Technologie zu einer immer wichtigeren, aber auch schwierigen Herausforderung wird.

Im Rückblick auf die Biographie der Windenergie und ihre Konfliktkonstellationen ähnelt diese einem klassischen Modernisierungsprozess, in dessen Verlauf eine zunehmende räumliche Konzentration und Verbraucherferne, eine zunehmende Professionalisierung, eine immer weitergehende Arbeitsteilung sowie zunehmend anonyme Beziehungen zwischen einer steigenden Anzahl beteiligter Akteure zu beobachten sind. Mit der Zunahme des Konzentrations- und Modernisierungsgrades läuft die Entwicklung dem ursprünglichen Ziel einer dezentralen, verbrauchernahen Energieversorgung entgegen. Durch die Frage, ob die Strategie der zentralisierten Offshore-Technologie mit der übergeordneten Nachhaltigkeitsstrategie übereinstimmt, erhält der Konflikt eine neue Dimension der Diskussion gesellschaftlicher Leitbilder. Es ist denkbar, dass dieser latente Wertkonflikt mit der Nutzung der Offshore-Windenergie zum Ausbruch kommt.

Mit der Stagnation der Windenergieentwicklung an Land aufgrund der Abnahme genehmigungsfähiger Standorte erfolgt eine Verlagerung auf vermeintlich konfliktarme – weil siedlungsferne – Standorte auf dem Meer. Aber auch hier kommen Naturschutzbelange und konfligierende Nutzungen zum Tragen. Zur Konfliktbearbeitung wird die Verrechtlichung, Formalisierung und Interessenabwägung fortgesetzt mit der Entwicklung einer Raumordnung auf dem Meer und differenzierter Genehmigungsgrundlagen. Es ist aus unserer Sicht jedoch fraglich, ob diese Form der Konfliktbearbeitung den Einwänden zur Kongruenz der Offshore-Windkraftentwicklung mit den Zielen der Nachhaltigkeit gerecht wird.

6 Literatur

Allensbach-Studie zu Energieversorgung und Energiepolitik 2003, Zusammenfassung des Bundespresseamtes; ohne Ortsangabe (http://www.wind-energie.de/fileadmin/dokumente/Themen_A-Z/Akzeptanz/Allensbach_energiepolitik.pdf).

Binswanger, Hans-Christoph 1999: Windenergie – eine erneuerbare Energie im Widerstreit. Erneuerbar aber umstritten. In: GAIA, Vol. 8 (1999), Nr. 2, 113.

Bonacker, Thorsten 2002: Sozialwissenschaftliche Konflikttheorien – Eine Einführung. Opladen.

Bruns, Elke/ Steinhauer, Ines 2004: Research Projects on Environmental Effects of Offshore Wind Energy in Europe. Review of Germany, Denmark and United Kingdom, Manuscript, Berlin (http://www.tu-berlin.de/~lbp/downloads/fpcod.pdf).

Bundesamt für Seeschifffahrt und Hydrographie 2006: Windparks. Ohne Ortangabe. (http://www.bsh.de/de/Meeresnutzung/Wirtschaft/Windparks/index.jsp)

Bundesministerium für Umwelt, Naturschutz und Reaktorsicherheit (BMU) 2002: Windpark Butendiek erhält zweite Genehmigung. Pressemitteilung 305/02 vom 18.12.2002. Berlin (http://www.bmu.de/pressearchiv/15_legislaturperiode/pm/1845.php)

Bundesministerium für Umwelt, Naturschutz und Reaktorsicherheit (BMU) (Hrsg.) 2005: Fragen zur Windenergie und anderen erneuerbaren Energien in Deutschland. Berlin (http://www.erneuerbare-energien.de/inhalt/4573/#3).

Bundesverband Windenergie 2005: Datenblatt Windenergie 2005, ohne Ortsangabe.

Byzio, Andreas/ Heine, Hartwig/ Mautz, Rüdiger, unter Mitarbeit von Wolf Rosenbaum 2002: Zwischen Solidarhandeln und Marktorientierung. Ökologische Innovation in selbstorganisierten Projekten – autofreies Wohnen, Car Sharing und Windenergienutzung. Göttingen.

Byzio, Andreas/ Mautz, Rüdiger/ Rosenbaum, Wolf 2005: Energiewende auf schwerer See? Konflikte um die Offshore-Windkraftnutzung. München.

dena (=Deutsche Energieagentur) (Hrsg.) 2005: Zusammenfassung der wesentlichen Ergebnisse der Studie „Energiewirtschaftliche Planung für die Netzintegration von Windenergie in Deutschland an Land und Offshore bis zum Jahr 2020" (dena Netzstudie) durch die Projektsteuerungsgruppe. Berlin.

Deutscher Bundestag, 13. Wahlperiode, 39. Sitzung, Stenographischer Bericht, 19.Mai 1995, 3107-3124.

Devine-Wright, Patrick 2005: Beyond NIMBYism: towards an integrated framework for understanding public perceptions of wind energy. In: Wind Energy 8(2), 125-139.

Forsa 2004: Meinungen zur Windenergie, Befragung der forsa Gesellschaft für Sozialforschung und statistische Analyse mbH, 2. und 3. Mai 2004, im Auftrag des Bundesministerium für Umwelt, Naturschutz und Reaktorsicherheit (http://www.bmu.de/files/pdfs/allgemein/application/pdf/umfrage_windenergie_040500.pdf)

Franken, Michael 1998a: Windiger Protest in der Eifel. In: Franken, Michael (Hrsg.): Rauher Wind – Der organisierte Widerstand gegen die Windenergie. Aachen, 69-98.

Franken, Michael 1998b: Landschaftsschützer machen mobil. In: Franken, Michael (Hrsg.): Rauher Wind – Der organisierte Widerstand gegen die Windenergie. Aachen, 17-58.

Haberland, Marius 2005: Akzeptanzprobleme der Windenergie? Berlin, unveröff. Manuskript.

Heck, Wilfried 1999: Die Windenergie im Energiemix – das Substitutionsziel wird verfehlt. In Abhängigkeit vom Stromnetz. In: GAIA, Vol. 8 (1999) Nr. 2, 199-121.

Heymann, Matthias 1995: Die Geschichte der Windenergienutzung 1890-1990, Frankfurt/New York.

Hirschl, Bernd/ Hoffmann, Esther/ Wetzig, Florian 2004: Erneuerbare Energien zwischen Klima- und Naturschutz. In: Ökologisches Wirtschaften 5/2004, 10-11.

Johnsen, Björn 1994: Wie Schleswig-Holstein die Ablehnung durchsetzte. In: Wind Energie Aktuell, 10/ 1994, 10.

Köppel, Johann/ Peters, Wolfgang/ Steinhauer, Ines 2004: Entwicklung von naturschutzfachlichen Kriterien zur Abgrenzung von besonderen Eignungsgebieten in der AWZ von Nord- und Ostsee. Endbericht eines F+E-Vorhabens, BfN-Skripten 114, Bonn-Bad Godesberg.

Saretzki, Thomas 2000: Entstehung, Verlauf und Wirkungen von Technisierungskonflikten: Die Rolle von Bürgerinitiativen, sozialen Bewegungen und politischen Parteien. Politische Vierteljahresschrift, 41. Jg., Sonderheft 31/2000 (Februar 2001), 185-210.

Saretzki, Thomas 2001: Energiepolitik in der Bundesrepublik Deutschland 1949-1999. Ein Politikfeld zwischen Wirtschafts-, Technologie- und Umweltpolitik, in: Ulrich Willems (Hrsg.): Demokratie und Politik in der Bundesrepublik Deutschland 1949-1999, Opladen, 195-221.

Schlegel, Stephanie 2004: Innovationsbiographie Windenergie. Eine Analyse des deutschen Windenergiebooms seit 1990, Diplomarbeit, Institut für Landschaftsarchitektur und Umweltplanung, TU Berlin.

Szarka, Joseph 2004: Wind power, discourse coalitions and climate change: breaking the stalemate? In: European Environment 14 (November-December 2004), 317-330.

Schön, Susanne/ Kruse, Sylvia/ Meister, Martin/ Nölting, Benjamin/ Ohlhorst, Dörte 2006: Handbuch Konstellationsanalyse. Ein interdisziplinäres Brückenkonzept für die Nachhaltigkeits-, Technik- und Innovationsforschung. München. Im Erscheinen.

Steinhauer, Ines 2006: Offshore-Windenergie – Umweltpolitische Steuerung zur Minimierung von Interessenkonflikten und Stärkung der Akzeptanz. In: Bechberger, Mischa; Reiche, Danyel (Hrsg.): Ökologische Transformation der Energiewirtschaft. Erfolgsbedingungen und Restriktionen. Initiativen zum Umweltschutz, Band 65. Berlin, 41-59.

Tacke, Franz 2004: Windenergie – Die Herausforderung. Gestern, Heute, Morgen, Frankfurt a. Main.

Politiksektoren als Determinanten von Umweltkonflikten am Beispiel invasiver gebietsfremder Arten

Christiane Hubo & Max Krott

Ein zentraler Grund für Umsetzungsdefizite im Umweltschutz[1] liegt in der mangelnden Integration in andere Sektorpolitiken (SRU 2004). Aufgrund des Querschnittscharakters von Umweltpolitik ist ihr Erfolg wesentlich davon abhängig, dass die umweltpolitischen Ziele in anderen Sektoren, die Umweltressourcen nutzen und potenzielle Verursacher von Umweltschäden sind, umgesetzt werden. Umweltpolitik steht somit im Spannungsfeld vielfältiger Konflikte mit anderen Sektoren, in denen der Schutz der Umwelt untergeordnete Bedeutung hat. Der Konfliktregelung in und zwischen Politiksektoren kommt daher eine Schlüsselstellung für den Erfolg oder Misserfolg von Umweltpolitik zu.

Der folgende Beitrag untersucht den Einfluss von Politiksektoren auf Entstehung, Verlauf und Regelung von Umweltkonflikten unter dem Gesichtspunkt der Durchsetzungsfähigkeit von Umweltinteressen. Nach einer konzeptionellen Verortung des verwendeten Konfliktbegriffs wird theoretisch und empirisch die Bedeutung der Politiksektoren für die Konfliktregelung aufgezeigt. Vor diesem Hintergrund werden die unterschiedlichen Formen politischer Konfliktregelung in und zwischen Politiksektoren diskutiert, um daraus Schlussfolgerungen für die umweltpolitische Strategieentwicklung abzuleiten. Die Untersuchung wird exemplifiziert anhand des aktuellen Konfliktfeldes um invasive gebietsfremde Arten, das vielfältige Konfliktkonstellationen mit unterschiedlichen Politiksektoren aufweist.[2]

1 Umweltinteressen und Konflikte

1.1 Interessen als Analyseansatz für Umweltkonflikte

Die klassischen Konflikte im Umweltschutz sind gekennzeichnet durch die Konfrontation vielfältiger Interessen am Schutz und an der Nutzung von Umweltgütern. Unter Interessen werden dabei langfristig wirksame Handlungsorientierungen verstanden, die den Nutzen aus bestimmten Objekten mit den Bedürfnissen von Individuen oder Gruppen verknüpfen (Krott 2001: 5-6; Abromeit 1993: 19). Konflikte entstehen dann, wenn die Interessen sich nicht gleichzeitig erfüllen lassen. Interessenkonflikte beruhen damit auf einem Konkurrenzverhältnis (Aubert 1963: 27), das durch Knappheit, hier das begrenzte Vorhandensein von Raum oder Umweltgütern, bedingt ist. Menschliches Handeln lässt sich allerdings

---

[1] Umsetzungsdefizite, die insbesondere im Naturschutz beklagt werden (Heiland 1999: 10, 22-23), bestehen auf mehreren Ebenen: im Vollzug auf Länderebene (Beirat für Naturschutz und Landschaftspflege beim BMU 1995, SRU 2002) sowie bei der Umsetzung internationaler Verpflichtungen (z.B. Biodiversitätsstrategie) und europäischer Programme (Natura 2000).

[2] Das Konfliktfeld wurde im Rahmen eines vom BMU geförderten FuE-Vorhabens an der Forschungsstelle Naturschutzpolitik, Georg-August-Universität Göttingen, untersucht; siehe Hubo et al. 2004.

nicht nur auf die Maximierung eigennütziger und materieller Vorteile begrenzen, vielmehr gründen die Interessen Einzelner oder Gruppen auch auf normativen und moralischen Orientierungen (Etzioni 1988: 93; Adloff 2005: 369), aus denen gerade Naturschützer vielfach Handlungsmotive beziehen. Auch bei Wertkonflikten, die aus einem Dissens in der Bewertung eines Objektes bestehen (Aubert 1963: 29), etwa der Schutzwürdigkeit einer bestimmten Tierart, konkurrieren Akteure zum Zwecke der Durchsetzung ihrer Positionen um knappe Güter. Gerade wenn die Gegensätze in Wertfragen liegen, wird eine vollständige Durchsetzung der eigenen, wertebezogenen Interessenposition angestrebt.[3] Wären die Ressourcen unendlich, so könnten die unterschiedlichen Werte beliebig verwirklicht werden. Erst die Knappheit führt zu Interessengegensätzen.

Naturschutz zeichnet aus, dass über seine Ziele kein grundlegender gesellschaftlicher Dissens besteht, die Schutzwürdigkeit der natürlichen Umwelt wird heute allgemein anerkannt. In der konkreten Umsetzung jedoch, wenn Interessen direkt betroffen sind, zeigt sich die eher symbolische Natur des Konsenses und Naturschutzkonflikte entstehen. Ausgehend von einer Betrachtung des Naturschutzes als ein Allgemeininteresse der Gesellschaft zeigt sich eine asymmetrische Interessenstruktur. Konkrete Nutzungsinteressen einiger Betroffener stehen gegen einen abstrakten Nutzen für alle (Hubo/Krott 1998: 59). Erst wenn auch der Naturschutz als ein Interesse in die politische Arena geht, das mit anderen Interessen konkurriert, wird Naturschutz konflikt- und politikfähig. Der Interessenansatz, der den einzelnen Mitgliedern der Gesellschaft unterschiedliche Interessen zugesteht, ermöglicht es, das Politische in der Austragung und Regelung von Konflikten zu sehen (Krott 1990: 50). Er liefert somit ein brauchbares Werkzeug für die politikwissenschaftliche Analyse von Umweltkonflikten.

1.2 Interessen im Konfliktfeld invasive gebietsfremde Arten

Das Konfliktfeld um invasive gebietsfremde Arten konstituiert sich aus sehr vielfältigen Interessen in unterschiedlichen gesellschaftlichen Bereichen. Unter *gebietsfremden* Arten werden Tier- und Pflanzenarten verstanden, die außerhalb ihres natürlichen vergangenen oder gegenwärtigen Verbreitungsgebietes eingebracht wurden (CBD 2002: 257). Ein großes Interesse besteht an der Einbringung gebietsfremder Arten als Zierpflanzen in botanischen und privaten Gärten, in Parkanlagen und anderen öffentlichen Grünflächen, sowie als Nutzpflanzen für den land- und forstwirtschaftlichen Anbau, als Wildfutter, Bienenweide, zur Bodenverbesserung und als Erosionsschutz. Gebietsfremde Tiere werden in der Fischerei zum Gewässerbesatz und als Köder verwendet, sie werden zu Jagdzwecken ausgesetzt und können für die biologische Schädlingsbekämpfung genutzt werden. Im Zusammenhang der verschiedenen Nutzungsarten sind auch die jeweiligen Zulieferbereiche (Aufzucht und Handel) involviert. Viele Arten werden auch unabsichtlich eingeschleppt, oftmals kommen sie als blinde Passagiere mit Tier-, Pflanzen- und anderen Warenimporten, durch Personentransport und Verkehr oder sie verbreiten sich mit Bodenverlagerungen, Abfällen und durch Anhaftungen an landwirtschaftlichen Geräten (Kowarik 2003; Geiter/Kinzelbach/Homma 2002).

---

[3] Dies zeigen Forderungen von Naturschützern, Artenschutz auf 100 % der Fläche zu betreiben (Erz 1981) und die Nutzung auf der Gesamtfläche an ökologische Erfordernisse anzupassen (Barth 1995: 102).

Gebietsfremde Arten sind *invasiv*, wenn durch ihre Einbringung und/oder Ausbreitung Ökosysteme, Lebensräume oder Arten gefährdet werden.[4] Die Einbringung führt dann zu Konflikten mit Naturschutzzielen[5], aber auch mit ökonomischen und gesundheitlichen Interessen.[6] Einige Arten verursachen in Deutschland massive Probleme: von ca. 30 gebietsfremden Pflanzenarten und etwa ebenso vielen Tierarten ist bekannt, dass ihre Ausbreitung zu Schäden geführt hat oder die Gefahr besteht, dass sie einheimische Arten verdrängen, Krankheiten übertragen, ökologische Kreisläufe und sogar das Landschaftsbild verändern oder durch Einkreuzen von Genen heimische Arten ‚unterwandern'. Zusätzlich zu den ökologischen treten auch beachtliche wirtschaftliche Schäden ein, etwa durch Nutzungsbeeinträchtigungen von Wasser- und Landflächen, Ernteausfälle und erhöhten Pestizideinsatz in Land- und Forstwirtschaft sowie zusätzliche Kosten für die Instandhaltung von Wasser-, Straßen- und Schienenwegen. Einige invasive Arten verursachen außerdem zum Teil schwere gesundheitliche Schäden durch Inhaltsstoffe, die zu Verbrennungen oder Allergien führen, wie dies bei der Herkulesstaude (*Heracleum mantegazzianum*) oder der Beifuß-Ambrosie (*Ambrosia artemisiifolia*) der Fall ist.

Bei der unabsichtlichen Verbreitung von Arten sind Interessen vielfältig betroffen, wie z.B. verschiedene landwirtschaftliche Bereiche, Gärten und die Fischerei sowie der Gesundheitssektor. Andere Interessen werden von Maßnahmen berührt, um die Einbringung gebietsfremder Arten zu verhindern, insbesondere in der Schifffahrt und anderen Verkehrsbereichen. Aufgrund eines fehlenden Nutzungsinteresses kommt es hier jedoch nicht zu größeren Konflikten. Anders verhält es sich, wenn die Einbringung wirtschaftlich interessant ist, gleichzeitig jedoch Interessen negativ von den Auswirkungen betroffen sind. Betroffene Interessen sind in den Bereichen Naturschutz, Gärten, Ackerbau, Viehwirtschaft, Forstwirtschaft, Fischerei, Straßenbau, Wasser- und Küstenschutz, Städte und Gemeinden zu finden, wobei die Konflikte jeweils artbezogen auftreten und unterschiedliche Akteurkonstellationen aufweisen.

2 Begriff des Politiksektors

Die Interessenbedingtheit von Umweltkonflikten impliziert, dass ein Konflikt erst dann politisch in Erscheinung tritt, wenn gegensätzliche Interessenpositionen im politischen Raum artikuliert werden. Dies geschieht überwiegend durch Akteure, die als Sachwalter bestimmter Politikbereiche auftreten und in sektoralen Zusammenhängen agieren. Politiksektoren kommt damit eine wichtige Rolle bei der Determinierung von Umweltkonflikten zu.

Politiksektoren können beschrieben werden als Vernetzung der horizontalen Zentren politischer Konfliktregelung in einer „polyzentrischen Organisationsgesellschaft" (Adloff

---

[4] § 8 h CBD. In den „Guiding Principles" (CBD 2002) wird eine invasive gebietsfremde Art definiert als eine gebietsfremde Art, deren Einführung und/oder Ausbreitung die biologische Vielfalt gefährdet.
[5] Die Schutzgüter des Naturschutzes werden durch wenige gebietsfremde Arten gefährdet. Von den heimischen Wildpflanzenarten sind 43 durch gebietsfremde Arten bedroht, eine im Vergleich zu anderen Gefährdungsursachen eher geringe Anzahl. 5% der gefährdeten Pflanzenarten (Rote Liste Arten) sind durch invasive gebietsfremde Arten gefährdet (Eberhardt/Klingenstein 2003: 19). Eine weit größere Bedeutung wird der Faunen- und Florenverfälschung durch gebietsfremde Herkünfte beigemessen.
[6] Dies berücksichtigen spätere Definitionen von invasiven gebietsfremden Arten, so die globale Strategie der IUCN (McNeely et al. 2001: 48) und die European Strategy on Invasive Alien Species (Genovesi/Shine 2003: 8).

2005: 366). Zentren legitimierter Politikgestaltung, Parlamente und Exekutivorgane, finden sich auf unterschiedlichen Ebenen, lokal, regional, national, supra- und international. Innerhalb der vertikalen Ebenen bestehen horizontale Zentren, die jeweils über die vertikalen Ebenen hinweg miteinander vernetzt sind. Die damit bezeichneten Politiksektoren regeln Konflikte nach eigenen Programmen in einem bestimmten öffentlichen Aufgabenfeld. Die Kompetenz zur Regelung der Sektorangelegenheiten schlägt sich besonders wirksam in einem eigenen Haushaltsansatz nieder. Institutionell sind die Sektoren in der selbständigen Fachplanungskompetenz der Minister verankert,[7] die ihre Entscheidungen an den Einzelinteressen ihres Geschäftsbereichs orientieren. Ressort- und Sektorinteressen bestehen in der dezentralen Aufgabenwahrnehmung weitgehend unkoordiniert nebeneinander (Obenhaus 1994: Rn. 1413, 1417). In der politischen Praxis dominiert dadurch die sektorale Problemfeldwahrnehmung und Politikgestaltung und abstimmungsnotwendige Querschnittsaspekte geraten in den Hintergrund (Jäckering 1994: Rn. 110).

Politiksektoren sind gekennzeichnet durch besondere Programme, Akteure und Verfahren. Die programmatische Komponente erfüllt wichtige Funktionen nicht nur für die inhaltliche, sondern auch für die institutionelle Konstituierung eines Sektors. Die programmatischen Aussagen bilden in ihrer Gesamtheit ein „Programm", welches das Aufgabenfeld und damit den Namen des Sektors bestimmt, die Ziele und Gestaltungsspielräume benennt sowie Zuständigkeiten und Entscheidungsstrukturen festlegt.

Unter Akteursgesichtspunkten können Politiksektoren auch als „Policy-Netzwerke" (Mayntz 1993) beschrieben werden, in denen Akteure aus Politik, Verwaltung und gesellschaftliche Gruppen sich in teilweise institutionalisierten Beziehungen um einen Aufgabenbereich organisieren.[8] Wesentlich für die Bildung und Erhaltung eines Sektors ist eine gemeinsame Identität der Akteure, die sich selbst aufgrund ihrer Tätigkeit, ihrer Ausbildung, ihrer Interessen, dem jeweiligen Aufgabenfeld zuordnen. Die „belief systems"[9] tragen zur inneren Integration der Politiksektoren bei. Sektoren handeln nicht als einheitliche oder korporative Akteure, vielmehr weisen sie spezifische interne Akteurs- und Interessenstrukturen auf. Je nach Integrationskraft bilden sich jedoch gemeinsame Interessenlagen aus, die Voraussetzung für Strategiefähigkeit sind und über Akteure des Sektors artikuliert und durchgesetzt werden.[10]

Der Aufbau von administrativen Einrichtungen und Verfahren liefert das institutionelle Handlungspotenzial. Der „administrative Arm" der Sektoren wird durch die staatlichen Ressorts gebildet, die jedoch nicht isoliert der Gesellschaft gegenüberstehen, sondern in einer strategischen Interaktion mit einem spezifischen gesellschaftlichen Umfeld stehen (Czada 1991: 153), in der die Durchsetzungsfähigkeit der gesellschaftlichen Akteure, ihr Organisationsgrad, ihre Einflusspotenziale Wirksamkeit entfalten und zu wichtigen Be-

---

[7] Nach den in Art. 65 GG verankerten Regierungsprinzipien ermöglicht die Richtlinienkompetenz dem Bundeskanzler die Festlegung von Rahmenvorgaben, während die Zielkonkretisierung sowie Programm- und Maßnahmenplanung in die Kompetenz der Ressortminister fallen.

[8] In diesem Sinn Shannon/Schmidt (2002: 15): „Policy sectors focus on a specific area of public policy (forests, water, agriculture, etc.) and include all the groups, organizations, and institutional rules pertaining to that arena of policy making and implementation."

[9] „Belief systems" sind „ein Set von grundlegenden Wertvorstellungen, Kausalannahmen und Problemperzeptionen". Sie bilden die gemeinsame Handlungsorientierung in „Advocacy-Koalitionen", zu denen sich Personen in unterschiedlichen Positionen (gewählte Beamte, Politiker und Verwaltungsbeamte, Vorsitzende von Interessengruppen, Wissenschaftler) in Policy-Feldern zusammenfinden (Sabatier 1993: 127).

[10] Aufgrund des ausgeprägten Selbstbildnisses von einer gemeinsamen Interessenlage und der Notwendigkeit geschlossenen Handelns können Analysen von Sektoren leicht einer „Akteurfiktion" (Schimank 1988) unterliegen.

standteilen erfolgreicher Sektorpolitik werden. Die strategische Interaktion konstituiert sich vielfach nicht demokratisch im Sinne einer Selbstorganisation gesellschaftlicher Interessen, die dann in staatliche Willensbildungs- und Entscheidungsprozesse transformiert werden. Die staatlichen Akteure organisieren ihre Unterstützer- und Interessengruppen jenseits formaler demokratischer Prozesse (Czada 1991). Kern der Strategie ist die Abschottung des Sektors gegenüber Einflüssen von außen. Der Sektor beansprucht besondere Problemlösungsfähigkeit und erlangt dafür auch ein Stück weit gesellschaftliche und politische Anerkennung. Aus Sicht des Sektors sind an der Suche nach Problemlösung bevorzugt die sektoreigenen Akteure zu beteiligen, Problemsicht und Lösungsinteressen anderer Akteure werden systematisch delegitimiert (Krott 2001: 17-28, Hogel 2002: 87). Der Sektor wirkt als politisches Gravitationszentrum, das Ressourcen anzieht. Nimmt sich kein Sektor einer Angelegenheit an, sinken die Chancen, dass das Thema auf die politische Agenda gelangt und Ressourcen für die politische Problemlösung eingesetzt werden, gegen Null.

3 Thematisierung im Wettbewerb der Politiksektoren

Die Thematik invasiver gebietsfremder Arten ist von mehreren Sektoren aufgegriffen worden. Die Impulse kamen aus der internationalen Politik, dem UN-Umweltgipfel in Rio de Janeiro 1992. Zur Umsetzung des Übereinkommens über die biologische Vielfalt (CBD)[11], in dem sich die Vertragspartner u.a. verpflichtet haben, die Einbringung und Ausbreitung gebietsfremder invasiver Arten zu verhindern (Art. 8 h CBD), hat das BMU Grundlagen für die Entwicklung einer nationalen Strategie erarbeiten lassen,[12] im Rahmen einer Biodiversitätsstrategie als Schwerpunktthema der Nationalen Nachhaltigkeitsstrategie für 2006 wurden gebietsfremde Arten als Querschnittsthema vorgeschlagen (Doyle et al. 2005: 352). Mit verschiedenen Forschungsprojekten im Ressort des BMU, Tagungen mit Wissenschaftlern und Praxisvertretern (Riedl 2003; Szyska 2004), dem Aufbau eines Internet-Handbuchs und einem Positionspapier des Bundesamtes für Naturschutz (Klingenstein et al. 2005) hat der Umweltpolitiksektor das Thema fachlich definiert, profiliert und damit Lösungskompetenz demonstriert. Die Umweltverbände haben das Konfliktfeld eher zurückhaltend behandelt. Sie haben sich mit Fachtagungen[13] und vereinzelten Fachbeiträgen (Eberhardt 2004) an der Thematisierung beteiligt, der Naturschutzbund Deutschland (NABU) hat zu der Problematik in seinem Grundsatzprogramm Position bezogen.

Als weiteres Ressort hat sich das Bundesministerium für Verbraucherschutz, Ernährung und Landwirtschaft (BMVEL) des Themas angenommen. Ein Positionspapier[14] zeigt unter Verweis auf die Zuständigkeit für die Agrar-, Wald- und marinen Ökosysteme, den Handel mit agrar-, gartenbaulichen, forst- und fischereiwirtschaftlichen Gütern sowie für

---

[11] Convention on Biological Diversity (CBD) vom 5.6.1992, in Kraft seit 29.12.1993 (www.biodiv.org/convention/articles.asp), deutsche Fassung s. BGBl. 1993 II S. 1741.
[12] UFO-Plan 2003, FKZ 803 11 221, siehe oben, Fußnote 2. Der SRU hat bereits in seinem Sondergutachten zum Naturschutz Handlungsbedarf für das Aufgabenfeld angezeigt (SRU 2002: 42)
[13] Unter dem Motto "Was macht der Halsbandsittich in der Thujahecke?" hat der NABU am 12. und 13. Februar 2000 in Zusammenarbeit mit dem Zoologischen Institut der Technischen Universität Braunschweig seine zweite große Fachtagung veranstaltet, die sich mit der Problematik von Neophyten und Neozoen und ihrer Bedeutung für den Erhalt der biologischen Vielfalt beschäftigte.
[14] BMVEL Referat 226: Invasive gebietsfremde Arten. Positionspapier als Beitrag zur sektorbezogenen Umsetzung der im April 2002 im Rahmen des Übereinkommens über die biologische Vielfalt verabschiedeten Leitprinzipien in Deutschland, November 2002, unveröffentlicht.

den Pflanzenschutz die sektoralen Potenziale des BMVEL zur Umsetzung der CBD auf. Das Ressort hat damit seine Regelungskompetenz für gebietsfremde Arten in Bezug auf die Sektoren Jagd, Pflanzenschutz, Fischerei und Forst geltend gemacht. Beiträge zur Themenbesetzung und Definierung gingen insbesondere vom Pflanzenschutz aus, der enge thematische Berührungspunkte zur Problematik gebietsfremder Arten aufweist.[15] Im Rahmen des internationalen Pflanzenschutzübereinkommens (IPPC) und der Europäischen Pflanzenschutzorganisation (EPO) sind gebietsfremde Organismen thematisiert worden, in Verbindung mit vielfältigen Aktivitäten der nationalen Pflanzenschutzorganisation BBA in Braunschweig.[16] Aus dem gesellschaftlichen Umfeld hat die Deutsche Gesellschaft für seltene Kulturpflanzen (DGSK), deren Anliegen der Erhalt seltener Arten und Sorten in der Landwirtschaft ist, zur politischen Positionierung mit einem „Neophytenkodex" beigetragen.[17] Auch die Jäger in Deutschland haben ihre Interessen formuliert. Ein Positionspapier des Deutschen Jagdschutzverbandes (DJV) betont die Übereinstimmung mit Naturschutzinteressen an der Bejagung eingewanderter Tiere und fordert zugleich im Dissens mit dem Naturschutz die Fallenjagd (DJV 2005).

Insgesamt verläuft die Thematisierung in wesentlichen Teilen als wissenschaftlicher Fachdiskurs, der dafür eingesetzt wird, sektorbezogene Kompetenzen zu demonstrieren und Argumente für die politische Positionierung der Interessen zu begründen. Das Konfliktfeld zeigt sich als ein Kompetenzkonflikt zwischen dem Umweltsektor und den Nutzersektoren. Dabei werden in den Positionen der Nutzersektoren Naturschutzaspekte im Sinne ökologischer Auswirkungen selektiv berücksichtigt. Erst aufgrund der Artikulation der Naturschutzinteressen durch das Umweltressort werden die Interessen jedoch als Konflikt sichtbar.

4 Regelung von Umweltkonflikten durch Politiksektoren

Versteht man unter sektoraler Politik die Regelung von Konflikten nach den Programmen des jeweiligen Sektors (Krott 2001: 9), so ist für die Durchsetzungsfähigkeit von Umweltinteressen entscheidend, durch welche Politiksektoren sie wahrgenommen werden. Die Regelung von Umweltkonflikten in den Nutzersektoren oder im Umweltsektor wirkt sich unterschiedlich auf die Formulierung von Umweltzielen und den Vollzug aus.

4.1 Einseitige Konfliktregelung im Nutzersektor

Umweltkonflikte können nach den Programmen von Politiksektoren, die sich mit der Nutzung bestimmter Umweltgüter befassen, geregelt werden. Formulierung und Vollzug von Umweltzielen geschehen dabei im Rahmen von Tätigkeitsfeldern, in denen der Schutz der

---

[15] Die Bekämpfung von gebietsfremden Schadorganismen hat eine lange Tradition, die in Deutschland und Europa auf Bekämpfungskampagnen gegen die bereits vor über 100 Jahren eingeschleppten Schadorganismen Reblaus *(Dactulosphaira vitifoliae)* und Kartoffelkäfer *(Leptinotarsa decemlineata)* zurückgeht (Unger 2003: 17).
[16] Dazu gehören nationale (Welling 2004) und internationale Tagungen (IPPC Secretariat 2005) sowie zahlreiche Fachbeiträge.
[17] Der Neophytenkodex fordert die Gleichbehandlung von Neophyten mit genetisch veränderten Organismen, Aufklärung der Bevölkerung, die Erstellung schwarzer Listen mit invasiven Arten und die Anwendung des Verursacheprinzips, s. ausführlich unter www.global-society-dialogue.org.

Politiksektoren als Determinanten von Umweltkonflikten 225

Umwelt eine gegenüber anderen Zielen untergeordnete Bedeutung hat. Beispielsweise werden Baumarten, die wirtschaftlich nützlich sind, gehegt und gepflegt, während Baumarten, die nur ökologisch erwünscht sind, in weit geringerem Maße beachtet werden. Gebietsfremde Arten mit guten Gewinnaussichten für die Forstwirtschaft, wie die aufgrund ihres schnellen Wachstums, guter Holzeigenschaften und geringen Schädlingsbefalls geschätzte Douglasie, werden trotz der ökologischen Gefährdungen verbreitet angebaut (Knoerzer/Reif 2002). Dagegen bereitet die Spätblühende Traubenkirsche (*Prunus serotina*), eine der aus Naturschutzsicht problematischsten Neophyten, in der Forstwirtschaft selbst große Probleme, da sie über den Stockausschlag und die Samenverbreitung eine hohe natürliche Verjüngung vollzieht und die forstlichen Maßnahmen der Waldbesitzer erschwert. Naturschutzbelange finden insoweit Beachtung. Ein anderes Beispiel liefert das Forstvermehrungsgutgesetz (FoVG),[18] das die Verwendung bestimmter Baumarten oder -gattungen nur innerhalb definierter Herkunftsgebiete vorschreibt. Dieses Instrument dient rein forstlichen, nutzenorientierten Zwecken des Forstsektors. Partiell decken sich diese Zwecke jedoch mit den Interessen des Naturschutzes, der in der Ausbringung von Pflanzen mit gebietsfremden genetischen Herkünften die Gefahr der Verfälschung der heimischen Flora sieht. Im Konfliktfall haben jedoch die forstlichen Ziele Vorrang. So befinden sich unter den für forstliche Zwecke geeigneten Baumarten und künstlichen Hybriden, die dem Gesetz unterworfen sind, auch gebietsfremde Arten, die aus Naturschutzsicht als invasiv eingeschätzt werden, wie z.B. Robinie, Rot-Eiche oder Douglasie.

Die Unterordnung von Umweltzielen unter andere Zwecksetzungen, für die der jeweilige Sektor geschaffen wurde, zeigt sich auch bei der Wahrnehmung öffentlicher Aufgaben im Infrastrukturbereich, die auch Pflanzungen beinhalten und damit für das Konfliktfeld um invasive gebietsfremde Arten von Bedeutung sind. Ein Beispiel liefert der Unterhalt der Binnenwasserstraßen, eine öffentliche Aufgabe im Geschäftsbereich des Bundesministeriums für Verkehr, Bau und Wohnungswesen. Zweck der Unterhaltung der Binnenwasserstraßen ist es, einen ordnungsgemäßen Zustand für den Wasserabfluss und die Schiffbarkeit zu erhalten. Dabei ist nach dem Bundeswasserstraßengesetz (WaStrG) auch „den Belangen des Naturhaushaltes Rechnung zu tragen", „Bild und Erholungswert der Gewässerlandschaft" sind zu berücksichtigen und die natürlichen Lebensgrundlagen zu bewahren (§ 8 I WaStrG).[19] Die Anwendung dieser allgemein formulierten Regelung wird durch einen ministeriellen Erlass eingeschränkt, nach dem Belange des Naturschutzes nur dann zu berücksichtigen sind, wenn dadurch keine Mehrkosten entstehen.[20] Im Vollzug ist für die Wasser- und Schifffahrtsämter vorrangig, dass die Arten, die an den Ufern zu finden sind, die Verkehrssicherheit der Bundeswasserstraßen nicht beeinträchtigen. Ob es sich dabei um Arten handelt, die gebietsfremd sind und invasiv werden, ist dabei ohne Belang. Interventionen von Naturschutzseite werden im Vollzug unterschiedlich behandelt: Vielfach wehrt der Sektor die Argumente mit Verweis auf die eigene Sektorkompetenz ab; es gibt jedoch auch Fälle, in denen die Wasser- und Schifffahrtsämter aus den Lösungsvorschlägen des Naturschutzes Nutzen zu ziehen suchen.

---

[18] Das FoVG setzt die EU-Richtlinie über den Verkehr mit forstlichem Vermehrungsgut um. Es dient der Erhaltung des Waldes in seiner genetischen Vielfalt durch die Bereitstellung von hochwertigem und identitätsgesichertem forstlichem Vermehrungsgut sowie der Förderung der Forstwirtschaft (§ 1 FoVG).
[19] Zu Konflikten zwischen den Anforderungen an die Unterhaltung der Wasserstraßen und den Zielen des Naturschutzes am Beispiel Berlin siehe Barsig/Keller 2002.
[20] So der sog. „Ökologie-Erlass" von 1991 (BW 16/52.01.00-0/58 VA 91), Handlungsanweisung für die Berücksichtigung von Naturschutz und Landschaftspflege bei der Unterhaltung von Bundeswasserstraßen.

Sofern Umweltziele im Nutzersektor selbst formuliert werden, spricht einiges für einen wirksamen Vollzug der sektorintern gesetzten und daher akzeptierten Ziele, wie etwa Umweltziele in forstlichen Programmen. Ein Beispiel aus dem Konfliktfeld invasiver gebietsfremder Arten ist die Aufnahme von Umweltauswirkungen in die Kriterien zur Bewertung von Schadorganismen (FAO 2004). Das erprobte Kontroll- und Maßnahmensystem des Pflanzenschutzes ist dann auch für den Schutz von Wildpflanzen, mithin für Naturschutzziele einsetzbar.

Theoretisch und empirisch kann festgestellt werden, dass Umweltkonflikte in Regelungen von Nutzersektoren behandelt werden. Es gibt Umweltziele in den Programmen der Sektoren, allerdings stehen sie unter dem Vorrang der Nutzerziele. Im Vollzug werden Umweltinteressen von den Nutzersektoren vertreten. Sie tun dies aber nur soweit, als dadurch die Interessen der Nutzersektoren nicht negativ beeinflusst werden. Im Konfliktfall gilt Priorität für die Nutzerinteressen. Stehen Umweltinteressen den Nutzerzielen nicht entgegen oder sind mit diesen im Gleichklang, werden sie in den Nutzersektoren auch berücksichtigt. Im Vollzug haben sie den großen Vorteil, dass hinter ihnen die gesamte Durchsetzungskraft der jeweiligen Nutzersektoren steht. Diese setzen ihre Ressourcen, ihre Institutionen mit großer Präsenz in der Fläche, für die Umsetzung der Umweltziele ein und treten als wirksame Problemlöser auf.

Die Problemlösung im Nutzersektor verdeckt den oben beschriebenen Interessenbezug, indem sie die „Umweltkonflikte" eindimensional als Sachprobleme deutet. Der Teil der Umweltlösungen, der keine negativen Auswirkungen auf die Nutzerinteressen hat, findet Eingang in die sektorale Sachlösung. Andere Sachargumente werden bei der Konfliktregelung im Nutzersektor nicht thematisiert. Die Versachlichung überdeckt damit die Interessengegensätze und der Umweltkonflikt wird im politischen Raum nicht mehr sichtbar.

4.2 Begrenzte Konfliktregelung im Umweltsektor

Das Konfliktregelungsmuster ändert sich grundlegend, wenn ein eigener Politiksektor die Umweltinteressen wahrnimmt. In der Politikformulierung erhalten Umweltinteressen Vorrang und Schutz- und Nutzungsinteressen werden politisch verhandelbar (Müller 1995: 39). Im Ergebnis ermöglicht eine konzentrierte Umweltpolitik die politische Profilierung von Umweltinteressen. Die Regelungskompetenz der Politiksektoren, nach der die öffentlichen Aufgaben, die ein Sektor vollzieht, in diesem Sektor auch definiert und formuliert werden (s. oben), impliziert, dass der Umweltsektor Ziele für den eigenen Vollzug formuliert. Zusätzlich gibt der Umweltsektor aufgrund des Querschnittscharakters von Umweltmaterien in seinen Programmen auch Ziele für den Vollzug in anderen Sektoren vor.

Im Konfliktfeld invasiver gebietsfremder Arten verfügt der Umweltsektor über zentrale Regelungskompetenz. Das Naturschutzrecht bestimmt, dass die Bundesländer geeignete Maßnahmen treffen, um die Gefahren einer Verfälschung der Tier- oder Pflanzenwelt durch Ansiedlung und Ausbreitung von Tieren und Pflanzen gebietsfremder Arten abzuwehren (§ 41 II BNatSchG).[21] Ein wichtiges Steuerungsinstrument der Naturschutzbehörden liegt in dem Genehmigungserfordernis für das Ansiedeln von Tieren und Pflanzen gebietsfremder

---

[21] Diese Regelung ist mit der Novelle von 2002 in das Bundesnaturschutzgesetz aufgenommen worden, sie bezieht sich auf Art. 8 h CBD und bestimmte relevante EU-Richtlinien.

Arten in der freien Natur.²² Dies ermöglicht dem Umweltsektor, nach eigenen Programmen die Aussetzung gebietsfremder Arten im Rahmen von Nutzungen anderer Sektoren, insbesondere Jagd und Fischerei, zu steuern.

Die Regelungskraft der Ansiedlungsgenehmigung stößt an Grenzen, die beispielhaft für die Restriktionen der Konfliktregelung im Umweltsektor sind. Die Regelung durch den Umweltsektor zeigt sich vor allem im Verhältnis zu anderen Politiksektoren als begrenzt. So ist eine Genehmigung nur für Ansiedlungen in der „freien Natur" erforderlich, nicht jedoch in besiedelten Bereichen.²³ Selbst bei geplanten Ansiedlungen gebietsfremder Arten in der freien Natur verliert das Genehmigungserfordernis dadurch an Gewicht, dass bestimmte Nutzungen davon ausgenommen sind: der Anbau von Pflanzen in der Land- und Forstwirtschaft sowie unter bestimmten Voraussetzungen das Einsetzen gebietsfremder Tiere zum Zwecke des biologischen Pflanzenschutzes. Die Sektoren Land- und Forstwirtschaft regeln den Pflanzenanbau nach eigenen Programmen, die nicht der Regelungskompetenz des Naturschutzes unterliegen.

Da diese Nutzungen besonders gravierende Auswirkungen auf Naturschutzbelange entwickeln, versucht der Naturschutzsektor durch eigene Programmregelungen dennoch darauf Einfluss zu nehmen. Das Naturschutzrecht konstituiert für „jeden" eine allgemeine Beachtung der Ziele und Grundsätze des Naturschutzes und der Landschaftspflege (§ 4 BNatSchG), zu denen auch der Erhalt der biologischen Vielfalt zählt (§ 2 I Nr. 8 BNatSchG). Für bestimmte Nutzungen macht das Bundesnaturschutzgesetz spezielle Vorgaben: Es legt Grundsätze für die gute fachliche Praxis in der Landwirtschaft fest (§ 5 IV), gibt Ziele für die Forstwirtschaft vor, u.a. dass ein hinreichender Anteil „standortheimischer Forstpflanzen" einzuhalten ist (§ 5 V), und bestimmt Naturschutzanforderungen an die fischereiwirtschaftliche Nutzung oberirdischer Gewässer, wonach u.a. der Besatz mit „nicht heimischen Tierarten" grundsätzlich zu unterlassen ist (§ 5 VI). Zusätzlich besteht eine besondere Beachtenspflicht der Ziele und Grundsätze des Naturschutzes und der Landschaftspflege bei der Bewirtschaftung von Grundflächen im Eigentum oder Besitz der öffentlichen Hand (§ 7) und speziell für Behörden des Bundes im Rahmen ihrer jeweiligen Zuständigkeit. Damit sind für die Nutzungen, die Programmen anderer Fachsektoren unterliegen, gleichwohl im Umweltsektor Vorgaben formuliert worden. Eine erfolgreiche Umsetzung ist allerdings insoweit fragwürdig, als im Konfliktfall allgemeine Zielvorgaben in konkretisierenden Programmen und im Vollzug, die in den Nutzersektoren stattfinden, zugunsten von Nutzerinteressen interpretiert werden. Unterstützt wird dies durch das Abwägungsgebot für die Anwendung der Naturschutzziele und -grundsätze im Einzelfall (§ 2 I 1 BNatSchG).

Soweit die Naturschutzverwaltung ihre Ziele selbst vollziehen kann, zeigen sich auch hier Defizite. So ist die Ansiedlungsgenehmigung in der Naturschutzpraxis wenig präsent, geringe Kenntnisse über die Genehmigungspflichtigkeit bei unterschiedlichen Nutzern führen zu seltenen Antragstellungen. Für das Genehmigungsverfahren fehlt es bisher an

---

²² Die Ansiedlungsgenehmigung ist zu versagen, wenn eine Gefahr der Verfälschung der Tier- und Pflanzenwelt oder eine Gefährdung des Bestandes, der Verbreitung oder von Populationen wild lebender Tier- oder Pflanzenarten in den Mitgliedstaaten der Europäischen Union nicht auszuschließen ist (§ 41 II BNatSchG).
²³ Kowarik/Seitz (2003: 20-21) zählen zu Pflanzungen in freier Natur u.a. die Anlage von Hecken, Feldgehölzen, Straßenbegleitgrün, Alleen, Uferbepflanzungen, Waldränder sowie die Begrünung von Deponien. Ausbringungen im besiedelten Bereich, die also nicht genehmigungspflichtig sind, finden statt in Grünanlagen, Hausgärten, an Straßen innerhalb von Ortschaften, in Parks, bei Fassaden- und Dachbegrünungen. Die Pflanzung gebietsfremder Arten ist hier möglich und häufig auch sinnvoll.

einer methodischen Handhabe für die naturschutzfachliche Bewertung.[24] In der Naturschutzverwaltung selbst bestehen erhebliche Wissensdefizite über die Problematik gebietsfremder genetischer Herkünfte von Pflanzen und Tieren,[25] so dass selbst im eigenen Handlungsbereich, bei Ausgleichsmaßnahmen nach der naturschutzrechtlichen Eingriffsregelung, überwiegend gebietsfremde Herkünfte ausgebracht werden (Kowarik/Seitz 2003: 20). Die Vollzugsdefizite in diesem Fallbeispiel sind stark durch Wissensdefizite begründet, die teilweise mit entsprechenden Informations- und Aufklärungsinstrumenten lösbar wären. Die finanzielle und personelle Ressourcenausstattung setzt allerdings deutliche Grenzen.

Wie anhand des Fallbeispiels gezeigt werden konnte, haben Umweltziele bei der Konfliktregelung im Umweltsektor Vorrang, ihre Geltung ist jedoch räumlich begrenzt. Für Räume mit großer Nutzerdichte und bei den Kernkompetenzen der Nutzersektoren versagt diese Regelungsform, da der Umweltsektor dort keine Regelungskompetenz hat. Dies entspricht dem sektoralen Nutzungskonzept, das dem Umweltschutz ebenso wie anderen Nutzungen Flächen zuweist, in denen die jeweiligen sektoralen Ziele Vorrang haben. Darüber hinaus versucht der Umweltsektor, durch allgemeine Zielvorgaben die Konfliktregelung in den Nutzersektoren zu beeinflussen und damit seiner Querschnittsaufgabe Rechnung zu tragen.

Im Vollzug kann der Umweltsektor nur eigene finanzielle, personelle und institutionelle Ressourcen einsetzen, die im Verhältnis zu den Ressourcen der Nutzersektoren schwach sind. Speziell der Naturschutz ist daher traditionell stark auf Unterstützung und ehrenamtliches Engagement aus dem gesellschaftlichen Umfeld angewiesen.

Trotz begrenzter Regelungskompetenz und begrenzter Umsetzungsressourcen hat der Umweltsektor aufgrund seiner Existenz als eigener Sektor mit eigenem Verwaltungsstab, einem Minister als politischem Fürsprecher, Vollzugsbehörden, Verbänden und anderen Unterstützern ein Potenzial zur Sichtbarmachung von Umweltkonflikten, indem er bei der Formulierung eigener politischer Programme und Stellungnahmen, in Verhandlungen mit anderen Ressorts und durch den Einsatz wissenschaftlicher Expertise als Anwalt von Umweltinteressen auftritt.

5 Sektorübergreifende Lösungsansätze

5.1 Koordination zwischen Politiksektoren

Die Problembearbeitung durch Politiksektoren, die auf begrenzte Aufgabenbereiche spezialisiert sind und dabei zu Anwälten der jeweiligen Interessen werden, führt zur Vernachlässigung von Gesamtzusammenhängen und übergeordneten Belangen. Die Ministerialverwaltung trägt diesem Problem durch verschiedene Abstimmungsmechanismen Rechnung. Vor dem Hintergrund des verfassungsrechtlichen Kollegialprinzips (Art. 65 GG) schreibt die Gemeinsame Geschäftsordnung der Bundesministerien (GGO) bei der Vorbereitung von Gesetzen die Beteiligung der jeweils in ihrem Aufgabenbereich betroffenen Ressorts vor

---

[24] Dazu haben Kowarik et al. einen Leitfaden entwickelt, gefördert vom Bundesministerium für Umwelt, Naturschutz und Reaktorsicherheit, UFO-Plan FKZ 299 812 02, siehe Kowarik/Heink/Starfinger (2003).
[25] Gebietsfremde Herkünfte werden vor allem bei Straßenbepflanzungen, Böschungsansaaten, nach wasserbaulichen Maßnahmen, im Zuge der Flurbereinigung oder bei Biotopvernetzungen sowie bei Ausgleichsmaßnahmen nach der naturschutzrechtlichen Eingriffsregelung ausgebracht.

(§ 45 GGO) und die Ressortchefs sind gehalten, untereinander eine Einigung herbeizuführen.[26] Institutionell wirkt sich dies bei abstimmungsnotwendigen Problemen in Anhörungs- und Beteiligungsrechten, bei komplexeren Aufgaben in der Bildung projektbezogener Arbeitsgruppen und interministerieller Koordinierungsgremien aus.[27]

Intersektorale Koordination hat in der Umweltpolitik seit der Herausbildung der Umweltpolitik als eigenem Sektor (Pehle 1998) Tradition. Die Konzentration umweltpolitischer Kompetenzen in einem Ministerium hatte für die politische Bearbeitung von Umweltkonflikten nicht nur zur Folge, dass umweltpolitische Themen auf eine höhere politische Ebene gehoben und dadurch die politische Profilierung des Umweltschutzes erleichtert wurde. Sie erzeugte gleichzeitig einen erhöhten Koordinierungsbedarf, da Umweltthemen aufgrund ihres ausgeprägten Querschnittcharakters vielfach der fachlichen Integration bedürfen (dazu Müller-Brandeck-Bocquet 1996).

Koordinierung zwischen Politiksektoren hat ein zusätzliches Gewicht durch den Bedeutungszuwachs internationaler Politikarenen für innenpolitische Aufgaben bekommen. Der Nationalstaat, der nach außen, in der internationalen Arena, staatsrechtlich als ein einheitlicher Akteur auftritt, ist im Innern durch Interessen- und Akteursvielfalt gekennzeichnet. Um in internationale Verhandlungen zu den jeweiligen Themen eintreten zu können, muss vorher eine nationale Position gebildet werden, was Abstimmungsprozesse mit den relevanten Akteuren der Innenpolitik, in der Regel mit unterschiedlichen Sektoren, erfordert.

Horizontale Abstimmungsprozesse sind in der Ministerialverwaltung der Regelfall. Das Zustandekommen einer abgestimmten Position wird dabei durch den „Schatten der Hierarchie" begünstigt (Scharpf 1993: 168). Prinzipiell werden hierarchische Mechanismen bei der Regelung ressortinterner Konflikte wirksam. Interministerielle Konflikte sind dagegen vorrangig Konflikte zwischen gleichrangigen Partnern, die in Verhandlungen als dem typischen Mittel horizontaler Koordination (Scharpf 1993: 65) geregelt werden. Im horizontalen Konfliktregelungsprozess hängt der Verhandlungserfolg von politischen Ressourcen ab. Dazu zählen Bündnispartner, die Unterstützung des Regierungschefs, das politische Gewicht sowie Partei- und Flügelzugehörigkeiten des Ministers, aber auch die Verhandlungsmasse und die Ressourcen, über die ein Ressort kraft seiner Kompetenz verfügt (z.B. die Vetofunktion des Bundesministerium des Innern und des Bundesministeriums für Finanzen, vgl. Müller 1995: 30f.).

Im Hinblick auf Verhandlungsmasse und kompetenzbedingte Ressourcen ist das Umweltressort prinzipiell in einer eher schwachen Verhandlungsposition. Beteiligungen des BMU werden vielfach behindert durch massive Ressortegoismen (Pehle 1998). Als ressortübergreifendes Handlungsziel benötigt Umweltpolitik daher die Unterstützung durch die jeweiligen politischen Führungsgremien (Buck/Kraemer/Wilkinson 1999: 16), die den „Schatten der Hierarchie" spenden. Als Instrumente sind vor allem sektorübergreifende Programme und Strategien einsetzbar.

---

[26] Meinungsverschiedenheiten zwischen Ministern dürfen erst dann dem Kabinett vorgelegt werden, wenn ein persönlicher Einigungsversuch erfolglos blieb (§ 17 GOBReg).
[27] Für Abstimmungen im Konfliktfeld um invasive gebietsfremde Arten ist eine interministerielle Arbeitsgruppe unter Beteiligung des BMU, BMVEL u.a. gebildet worden.

5.2 Strategische Falle integrativer Gesamtprogramme

In der internationalen und nationalen Umweltpolitik gewinnen sektorübergreifende Programme[28] und große Strategien an Bedeutung. In Umsetzung internationaler Verpflichtungen (Umweltgipfel von Rio 1992) und europäischer Vorgaben (Europäische Nachhaltigkeitsstrategie von 2001) hat Deutschland im Jahr 2002 eine nationale Nachhaltigkeitsstrategie beschlossen. Das 1992 in Rio de Janeiro beschlossene Übereinkommen zur biologischen Vielfalt sieht vor, dass die Mitgliedstaaten nationale Strategien entwickeln und die übergeordneten Programmziele in relevante sektorale und sektorübergreifende Programme und Pläne integrieren (Art. 6 CBD). Nachhaltige Entwicklung steht im Zeichen der Zieltrias von Ökonomie, Ökologie und sozialer Belange. Auch die CBD hat sowohl den Schutz als auch die nachhaltige Nutzung der biologischen Vielfalt sowie einen gerechten Vorteilsausgleich zum Ziel[29] und versucht damit, ökologische, ökonomische und soziale Zusammenhänge zu integrieren.[30]

Der strategische Vorteil integrativer Gesamtprogramme besteht für den Umweltsektor in der Chance, seine Themen in die Programme von Nutzersektoren zu integrieren und damit umweltbelastende Tätigkeiten von vornherein durch Umweltschutzziele zu regulieren. Die Integration von Umweltbelangen in die Nutzerprogramme stellt fachlich die beste Lösung dar und konzipiert wirksame Lösungen, soweit Umweltprobleme durch Handlungen im Rahmen von Nutzungen bedingt sind und eine Zielerweiterung der Nutzerprogramme stattfindet.[31] Allerdings gibt der Umweltsektor damit Kompetenzen an die Nutzersektoren ab, die alle die Eigeninteressen belastenden Teile der potenziellen Naturschutzlösung blockieren.

Dieses Dilemma integrativer Gesamtprogramme lässt sich anhand der Schlüsselbegriffe „Nachhaltige Entwicklung" und „biologische Vielfalt", auf welche die großen Strategien in der Umweltpolitik fokussieren, verdeutlichen. Strategien zur nachhaltigen Entwicklung bündeln die politischen Zielbestimmungen und Programme im Umweltschutz (BMU 1994, BMU 1998, Bundesregierung 2002), wodurch dieser zunehmend im Gewand nachhaltiger Entwicklung politisch in Erscheinung tritt. Damit gerät die Diskussion über Nutzungskonzepte in das Zentrum des umweltpolitischen Diskurses (dazu Feindt 2002). Eine ähnliche Entwicklung zeigt sich im Naturschutz mit dem Begriff der biologischen Vielfalt, der den Gegenstand des grundlegenden internationalen Regelwerkes im Naturschutz benennt, ohne jedoch den Schutzaspekt begrifflich noch zu enthalten. Indem „biologische Vielfalt" zum modernen Etikett des Naturschutzes wird, zeigt sich auch hier die Verlagerung von einer dominierenden Schutzposition zu einer stärkeren Nutzungsorientierung.[32]

---

[28] Hingewiesen sei hier darauf, dass die Problematik übergreifender Politikprogramme unter dem Gesichtspunkt politischer Aufgabenkoordinierung umfassend thematisiert worden ist im Rahmen der Planungsdiskussion der 1960er/1970er Jahre (ausführlich König 1976; Mayntz/Scharpf 1973).

[29] Ziele der Konvention sind die Erhaltung der biologischen Vielfalt, die nachhaltige Nutzung ihrer Bestandteile sowie die ausgewogene und gerechte Aufteilung der sich aus der Nutzung der genetischen Ressourcen ergebenden Vorteile, vgl. Art. 1 CBD.

[30] Ein als „Ökosystemansatz" bezeichnetes integriertes Management von Land, Wasser und lebenden Ressourcen soll die drei Ziele gleichgewichtig berücksichtigen und dabei alle einschlägigen Bereiche der Gesellschaft und der wissenschaftlichen Disziplinen mit einbeziehen (Beschluss V/6, UNEP/CBD/COP 5/23, p. 103).

[31] Zu den Formen und Voraussetzungen von Umweltpolitikintegration und Sektorstrategien SRU 2004: 526-527.

[32] Diese Entwicklung hat ein Äquivalent im europäischen Umweltdiskurs über eine „Verschiebung von Einfluss und Verantwortung aus der Umweltpolitik in andere Ressorts, bei denen die Stärkung der Wettbewerbsfähigkeit der europäischen Industrie im Mittelpunkt des Interesses steht" (SRU 2004: XI).

Aus Naturschutzsicht bedeutet die Synthese von Schutz und Nutzung der biologischen Vielfalt die Integration naturschutzfachlicher Ziele in sektorale Nutzungen (SRU 2004: 88). Allerdings zeigen bereits die politischen Kontroversen, die im Vorfeld der CBD um den Begriff der Biodiversität geführt wurden (Stadler 2003; Krebs et al. 2002; Suplie 1995), dass in anderen Sektoren die Erhaltung der biologischen Vielfalt durchaus nicht im Sinne des Naturschutzes verstanden werden muss. Der ursprünglich rein wissenschaftliche Terminus, der in der Konvention „interessenneutral" definiert worden ist,[33] steht heute im Spannungsfeld unterschiedlicher politischer Interessen (Krebs et al. 2002: 7). Während der Naturschutz „Biodiversität" weitgehend mit „Naturschutz" gleichsetzt und damit den Begriff auf die *natürliche* biologische Vielfalt reduziert, wird aus Agrarsicht vor allem die kulturell entstandene biologische Vielfalt[34] in den Blick genommen, deren Erhalt und Nutzung primär der Landwirtschaft obliegt. Der Begriff „Biodiversität" war aufgrund seiner Eignung als Integrationsbegriff für Interessen und Belange unterschiedlicher Gruppen (SRU 2004: 87) wesentliche Voraussetzung für das Zustandekommen der Biodiversitätskonvention – dies jedoch auch deshalb, weil der Begriff es ermöglicht hat, inhaltliche Kontroversen zu überdecken.[35] In der Konzeptualisierung und Umsetzung kommen jedoch die inhaltlichen Konflikte zum Tragen und hier, in der konkreten Ausgestaltung und Umsetzung, die in den Sektoren stattfindet, entscheidet sich der Erfolg.

Im Zuge der Nachhaltigkeitsorientierung verliert der Umweltsektor insofern an Terrain, als die umweltpolitischen Programme als Nachhaltigkeitsprogramme zu großen Teilen von den Ministerien der Nutzersektoren und nur noch in einzelnen Sparten im Umweltsektor formuliert werden. Damit vollzieht sich eine „umgekehrte Politikintegration" (Zieschank 2005: 96), bei der nachhaltige Entwicklung oder biologische Vielfalt als trojanische Pferde Ziele der Nutzersektoren in umweltpolitische Themen einbringen.

Eine wichtige Wirkung großer Strategien besteht in der Entfaltung symbolischer Strahlkraft, die das Thema in das öffentliche Bewusstsein rückt. Auf internationaler Ebene wird ein institutioneller Rahmen für die Zusammenarbeit geschaffen, Themenfelder für den Diskurs im nationalen Raum bezeichnet und Handlungsdruck aufgebaut, wodurch schwache Politiksektoren ohne Vetomacht Unterstützung erhalten. Neben diesen für die Formulierung von Umweltzielen positiven Wirkungen weisen die großen Strategien das Defizit auf, dass die oftmals aufwendigen ethischen Begründungen die Machtposition des Umweltschutzes nicht stärken. Zusätzlich führt die Inszenierung symbolischer Diskurse zu aktiver Desinformation, indem sie Hochglanzbroschüren mit geringem Informationsgehalt produziert und Wohlfühlfassaden aufbaut, die das Fehlen realer Änderungen überdecken.

---

[33] Die Konvention beschreibt den Begriff als „Vielfalt innerhalb der Arten und zwischen den Arten und die Vielfalt der Ökosysteme" (Art. 2 CBD). Der Begriff bezeichnet also die biologische Vielfalt der Natur auf den drei Ebenen: (1) genetische Vielfalt innerhalb und zwischen Populationen von Arten, (2) Vielfalt von Arten aller systemischen Gruppen in Lebensgemeinschaften oder bestimmten Raumausschnitten und (3) Vielfalt von Lebensräumen/Biotopen in Landschaften oder Landschaftsausschnitten.

[34] Der Konventionstext geht deutlich über den Naturbegriff hinaus und bezieht neben der natürlich vorkommenden Biodiversität auch Arten mit ein, die vom Menschen gezüchtet oder genetisch verändert wurden. Die Konvention berührt damit auch Themengebiete wie Pflanzensortenzüchtung im Zier- und Nutzpflanzenbereich, Genbanken, Gentechnik, Nahrungs- und Arzneimittelerzeugung. Zusätzlich werden soziale Themen wie Emanzipation und Beteiligung indigener Bevölkerungen angesprochen – insgesamt also ein mehrdimensionaler Ansatz, der die traditionellen Ansätze des Naturschutzes sprengt.

[35] Eser (2001: 145 ff.) zeigt anhand von Beispielen die „extrem divergierenden Einschätzungen der Ergebnisse der Konvention" auf. Dabei wird deutlich, dass es keinen inhaltlichen Konsens im Hinblick auf Ziele und Werte gibt und die politischen Akteure den Begriff der Biodiversität nach eigenem Bedarf deuten können.

Soweit umweltpolitische Ziele formuliert werden, bleiben diese im Vollzug der Nutzersektoren stecken. Die Zielvorstellungen werden, begünstigt durch ihre erhebliche Komplexität und Überfrachtung, in der konkreten Programmformulierung und im Vollzug durch die Vetomacht der Sektoren blockiert. Evaluierungen sektorübergreifender Steuerungsmechanismen in der EU, wie die Nachhaltigkeitsstrategie und Umweltaktionsprogramme, zeigen, dass Entscheidungsprozesse anderer Sektoren dadurch kaum beeinflusst wurden (Hey/Volkery/Zerle 2005: 11-12).

In sektorübergreifenden Programmen und Strategien verliert der Umweltsektor somit insgesamt eher an Einfluss, als dass es ihm gelingt, Umweltbelange in die Nutzersektoren zu integrieren. Die wenig effizienten Programmformulierungen erfordern jedoch den Einsatz der geringen Ressourcen des Umweltsektors, die ihm für die Formulierung eigener Konzepte damit nicht mehr zur Verfügung stehen.

5.3 Regelungskraft konfliktorientierter Gesamtprogramme

Anstatt die Ressourcen des Umweltsektors in das vergebliche Bemühen um Konsens für Gesamtprogramme zu verlieren, ist die Formulierung eigener sektorübergreifender Umweltpositionen, mit denen die Themen der Nutzersektoren besetzt und Konflikte sichtbar werden, aussichtsreich. In Abstimmungen zwischen Umwelt- und Fachressorts in der täglichen politischen und administrativen Praxis lassen sich Änderungen nur in kleinen Schritten, gegebenenfalls in harten Konflikten, erringen. Erfolge hängen dabei von situativen Handlungschancen und Allianzen mit Verbündeten und Institutionen ab (Hey 2005: 21). Nur ein sektorübergreifendes Gesamtprogramm, das die Umweltbelange auch im Konfliktfall aufzeigt, weist dem Umweltsektor für die Vielzahl inkrementaler Lösungen die übergeordnete Richtung. Dieser programmatische Kompass treibt den Sektor an, im Unterschied zu einem konsensualen Integrationsprogramm, das mit seinem symbolischen Gehalt Lösungen vortäuscht und dabei nicht einmal durch Offenlegung der Interessengegensätze eine brauchbare Problemanalyse leistet.

Für die Durchsetzung von Umweltzielen im Konfliktfeld um invasive gebietsfremde Arten ergeben sich dafür Möglichkeiten im Rahmen unterschiedlicher Kooperationen. Die Sektoren nehmen aufgrund ihrer Interessen an gebietsfremden Arten unterschiedliche Rollen als Verursacher, Betroffene oder Helfer ein. So spielt der Pflanzenschutz eine herausragende Helferrolle im Teilbereich gebietsfremder Pflanzenschädlinge. Aber auch im Rahmen von Transport und Verkehr, botanischen Gärten, öffentlicher Grünflächenbewirtschaftung und Jagd sind Helferpotenziale vorhanden. Die Sektoren Landwirtschaft, Forstwirtschaft, Jagd, Imkerei, Fischerei, Wasserwirtschaft und Küstenschutz, öffentliche Grünflächenbewirtschaftung, Gärten, Handel, Transport und Verkehr begünstigen zwar die Verbreitung invasiver Arten. Größtenteils sind diese Bereiche aber auch von Arten, die im Rahmen des eigenen Sektors oder von anderen Sektoren eingebracht wurden, betroffen. Aus den unterschiedlichen Rollen als absichtlicher oder unabsichtlicher Verursacher, Betroffener und Helfer ergeben sich differenzierte Potenziale für Bündnispartnerschaften. Grundsätzlich weisen Sektoren, die selbst auch von Schäden betroffen sind, sowie Helfersektoren günstige Voraussetzungen für Kooperationen auf, während aus der alleinigen Verursacherrolle ohne sektoreigene Interessen an der Verhinderung oder Beseitigung von invasiven Arten kein Bedarf nach Kooperation erwächst. Die Interessen können bei den einzelnen Arten sehr unterschiedlich sein, weshalb Kooperationspotenziale und Bündnispartnerschaften im Einzelfall zu suchen sind.

Land-, Forst- und Fischereiwirtschaft sowie Jagd sind regelungsstarke Sektoren, deren Akteure jeweils eigene Nutzeninteressen mit der Einbringung von gebietsfremden Arten verfolgen, teilweise aber auch unter Problemen durch Arten, die sie selbst oder Akteure anderer Sektoren eingebracht haben, leiden. Während die Ausbringung gebietsfremder Arten durch Jagd und Fischerei dem naturschutzrechtlichen Genehmigungserfordernis unterliegt, sind die Ausbringungen von Land- und Forstwirtschaft davon ausgenommen. Anliegen des Naturschutzes können dort nur durch Kooperation zur Geltung gebracht werden, die Erfolgsaussichten sind primär abhängig von übereinstimmenden Interessenlagen, die je nach Problem partiell herstellbar sind.

Auch die Sektoren Wasserwirtschaft und Küstenschutz, Straßenbau und Grünflächenpflege (kommunaler Aufgabenbereich) und teilweise Transport und Verkehr verfügen über eigene Regelungssysteme. Im Rahmen der Tätigkeiten dieser Sektoren werden invasive Arten ausgebracht, es bestehen jedoch auch Regelungspotenziale zur Problemlösung. Die Verursachung geschieht in diesen Sektoren in der Regel unabsichtlich, häufig unwissentlich, teilweise ohne Nutzenorientierung und im Rahmen öffentlicher Zwecksetzungen. Daher bestehen hier aussichtsreiche Potenziale, Naturschutzanliegen in die jeweiligen Regelungssysteme einzubringen oder auszubauen.

Die Bereiche Imkerei, botanische und private Gärten, Tierhaltung, Pflanzen- und Tierhandel stellen sich hingegen als regelungsschwach dar. Gerade diese regelungsschwachen Bereiche spielen jedoch eine erhebliche Rolle bei der Verursachung; Betroffene sind dagegen kaum zu finden, wohl aber potenzielle Helfer. Bezüglich der Verursacherrolle sind hauptsächlich weiche Instrumente wie freiwillige Maßnahmen und Aufklärung angezeigt, die eine kooperative Beteiligung des Naturschutzes erfordern. Im Übrigen ist das naturschutzrechtliche Instrument der Besitz- und Vermarktungsverbote nach §§ 42 II i.V.m. 52 IV BNatSchG einsetzbar, soweit Blockaden durch ungelöste Definitionsprobleme im BNatSchG überwunden werden können. Aus der Helferrolle etwa der Botanischen Gärten erwachsen Potenziale für die Beteiligung an Problemlösungen aufgrund des verfügbaren Fachwissens.

6 Schutzstrategien durch Mobilisierung der Sektoren

Theoretisch und empirisch zeigt sich, dass der Ansatz der Politiksektoren große Erklärungskraft für Entstehung, Verlauf und Regelung von Umweltkonflikten besitzt.

Die Befassung von Politiksektoren mit bestimmten Themen trägt entscheidend dazu bei, dass diese auf die politische Agenda gelangen. Ob dies in Nutzersektoren oder im Umweltsektor geschieht, hat unterschiedliche Auswirkungen auf den politischen Konfliktlösungsprozess. Bei der einseitigen Konfliktregelung nach Programmen von Nutzersektoren werden Umweltinteressen vertreten, sie stehen jedoch unter dem Vorrang der Nutzerziele. Im Konfliktfall werden Umweltziele nicht thematisiert. Sofern Umweltziele mit Nutzerzielen vereinbar sind, wird für ihren Vollzug die Umsetzungskraft des Sektors, seine Ressourcen und Institutionen, seine Akzeptanz im gesellschaftlichen Umfeld der Nutzersektoren und eingespielte Verfahren einsetzbar. Um die Vorteile der Umsetzung durch Nutzersektoren für umweltpolitische Strategien zu nutzen, kommt es darauf an, die Bereiche mit partieller Interessenübereinstimmung zu identifizieren. Die Identifizierung ist abhängig vom Stand des Wissens. Für die ökologische Naturschutzforschung liegt darin die Chance, mit Fachargumenten Einfluss zu nehmen.

Indem der Umweltsektor Schutzinteressen vertritt, werden Umweltkonflikte im politischen Raum sichtbar und mit politischen Mitteln verhandelbar. Bei der Bearbeitung von Umweltkonflikten im Umweltsektor erhalten Umweltinteressen Vorrang. Die Geltung der vorrangigen Umweltziele ist jedoch eng begrenzt. In Räumen mit großer Nutzerdichte und bei den Kernkompetenzen der Nutzersektoren findet die Regelung keine Anwendung. Gleichwohl werden für diese Bereiche allgemeine Vorgaben in Programmen des Umweltsektors formuliert, die allerdings im Vollzug der Nutzersektoren im Konfliktfall konkreten Nutzerinteressen unterliegen. Im Vollzug durch den Umweltsektor sind nur eigene Ressourcen einsetzbar, die im Verhältnis zu den Nutzerressourcen allerdings schwach sind. Insbesondere für den Naturschutz sind daher gesellschaftliche Unterstützergruppen und ehrenamtliches Engagement wichtig. Eine auf die Kompetenz des Umweltsektors beschränkte Strategie kann vorhersehbar nur einen geringen Beitrag zur Lösung von Umweltproblemen leisten. Gleichwohl hat es der Sektor in der Hand, durch professionelle Politikgestaltung im eng begrenzten Raum die Wirksamkeit von Regelungen zu verbessern. In diesem Sinne ist ein handlungsfähiger Umweltsektor ein wichtiger Baustein einer Umweltstrategie.

Der Querschnittscharakter der Umweltprobleme macht auf der Fachebene integrale Lösungen unverzichtbar, die politisch sektorübergreifende Regelungen bedeuten. Die aktuell angestrebten integrierten Gesamtprogramme führen in eine strategische Falle, die durch den Sektoransatz erklärt bzw. vorhergesagt werden kann. Am Widerstand starker Sektoren scheitern inhaltsreiche Schutzziele. Die symbolischen Schutzbekenntnisse binden die Nutzersektoren nicht. Im Gegenteil eröffnen sie den Nutzern Einfallstore in das Politikfeld Umwelt, um dort Schutzkompetenz zu beanspruchen, die mit nutzerfreundlichen Inhalten konkretisiert wird.

Beispielsweise wird Nachhaltigkeit von zentralen EU-Akteuren in globale Wettbewerbsfähigkeit zur Überlebenssicherung der Wirtschaft in der EU umgedeutet. Die symbolisch integrierten Gesamtprogramme dethematisieren Umweltkonflikte und binden durch die aufwendigen Formulierungsprozesse die schwachen Kräfte des Umweltschutzes. Der Sektor verläuft sich in eine strategische Falle, die ihm starke Nutzersektoren gestellt haben. Handlungsfähigkeit könnte der Umweltsektor zurückgewinnen, wenn er zum einen die integrierten Gesamtprogramme mit ressourcenschonender Symbolik bedient, wofür das Ereignismanagement professionelle Anleitung gibt (Kepplinger 1992). Zum anderen eröffnet die Strategie des konsensorientierten Gesamtprogramms Einflusschancen, indem sie sich die Eigenheiten von Sektoren zu Nutze macht. In diesen Programmen wagt der Sektor fachlich begründete querschnittsbezogene Schutzaussagen auch dann, wenn sie mit Nutzersektoren zu Konflikten führen. Nach Lösungen wird dann pragmatisch und inkremental gesucht. Dabei baut der Umweltschutz auf die externen und internen Konflikte der Nutzersektoren, auf komplexe Konkurrenz, Helfer- und Bündnisbeziehungen auf Zeit und auf „windows of opportunity", wie sie sich im politischen Prozess immer wieder auftun. Diese inkrementale Umsetzung hat als Zusatzaktivität keine Chancen. Nur als Hauptstrategie vermag sie durch Bündelung aller Ressourcen Wirkung zu erzielen. Der Sektoransatz spricht dafür, dass mit einem konfliktorientierten Gesamtprogramm mehr Umweltschutz durchgesetzt werden könnte als mit den aktuell im Trend liegenden integrierten Programmen für „Nachhaltigkeit" oder „Biodiversität".

7 Literatur

Abromeit, Heidrun (1993): Interessenvermittlung zwischen Konkurrenz und Konkordanz. Studienbuch zur Vergleichenden Lehre politischer Systeme, Opladen.
Adloff, Frank (2005): Die Konflikttheorie der Theorie kollektiver Akteure. In: Bonacker, Thorsten (Hrsg.): Sozialwissenschaftliche Konflikttheorien. Eine Einführung, 3. Aufl., Wiesbaden, S. 361-378.
Aubert, Vilhelm (1963): Competition and dissensus: two types of conflict and of conflict resolution, The Journal of Conflict Resolution, Vol. VIII, No. 1, S. 26-42.
Barsig, Michael/Keller, Oliver (Hrsg.) 2002: Dokumentation des Expertenworkshops „Umweltverträgliche Planung und Nachhaltigkeit von Gewässerrandstreifen an innerstädtischen Wasserstraßen in Berlin", Kooperations- und Beratungsstelle für Umweltfragen (kubus) in der Zentraleinrichtung Kooperation der Technischen Universität Berlin, Aktualisierte Ausgabe Juni 2002, Berlin: 56 S. (http://www.tu-berlin.de/zek/kubus/publikationen/Doku.pdf).
Bath, Wolf-E. (1995): Naturschutz: Das Machbare. Praktischer Umwelt- und Naturschutz für alle. Ein Ratgeber, 2., verb. und erw. Aufl., Hamburg.
Beirat für Naturschutz und Landschaftspflege beim BMU (1995): Zur Akzeptanz und Durchsetzbarkeit des Naturschutzes, Natur und Landschaft, 70. Jg., H. 2, S. 51-61.
Buck, Matthias/Kraemer, R. Andreas/Wilkinson, David (1999): Der „Cardiff-Prozeß" zur Integration von Umweltschutzbelangen in andere Sektorpolitiken, Aus Politik und Zeitgeschichte B 48/99, S. 12-20.
BMU (1994): Umwelt 1994 – Politik für eine nachhaltige, umweltgerechte Entwicklung, DB-Drs. 12/8451
BMU (1998): Nachhaltige Entwicklung in Deutschland. Entwurf eines umweltpolitischen Schwerpunktprogramms.
Bundesregierung (2002): Perspektiven für Deutschland. Unsere Strategie für eine nachhaltige Entwicklung (www.dialog-nachhaltigkeit.de mit weiteren Entwicklungen).
CBD (2002): Guiding Principles for the Prevention, Introduction and Mitigation of Impacts of Alien Species that threaten Ecosystems, Habitats or Species, 6. Vertragsstaatenkonferenz zum Übereinkommen über die biologische Vielfalt, Entscheidung VI/23, UNEP/CBD/COP/6/20, S. 256-261.
Czada, Roland (1991): Regierung und Verwaltung als Organisatoren gesellschaftlicher Interessen. In: Hartwich, Hans H./Wewer, Göttrik (Hrsg.): Regieren in der Bundesrepublik III. Systemsteuerung und „Staatskunst". Theoretische Konzepte und empirische Befunde, Opladen, S. 151-173.
DJV (2005): Neozoen in Deutschland, Positionspapier des Deutschen Jagdschutzverbandes, Neubrandenburg.
Doyle, Ulrike/Haaren, Christina von/Ott, Konrad/Leinweber, Tanja/Bartolomäus, Christian (2005): Noch fünf Jahre bis 2010 – eine Biodiversitätsstrategie für Deutschland, Natur und Landschaft, 80. Jg., H. 8, S. 349-354.
Eberhardt, Doris (2004): Invasive gebietsfremde Arten – eine Verbandsperspektive. In: Szyska, Brigitta (Bearb.): Neophyten. Ergebnisse eines Erfahrungsaustausches zur Vernetzung von Bund, Ländern und Kreisen, BfN-Skripten 108, Bundesamt für Naturschutz, Bonn, S. 31-34.
Eberhardt, Doris/Klingenstein, Frank (2003): Heimisches Saat- und Pflanzgut aus Sicht des Naturschutzes auf Bundesebene. In: Riedl, Ulrich (Bearb.): Authochtones Saat- und Pflanzgut. Ergebnisse einer Fachtagung. BfN-Skripten 96, Bundesamt für Naturschutz, Bonn, S. 18-24.
Erz, Wolfgang (1981): Flächensicherung für den Artenschutz. Grundbegriffe und Einführung, Jahrbuch für Naturschutz und Landschaftspflege, ABN (Bonn), Bd. 31.

Eser, Uta (2001): Die Grenze zwischen Wissenschaft und Gesellschaft neu definieren: *boundary work* am Beispiel des Biodiversitätsbegriffs. In: Verhandlungen zur Geschichte und Theologie der Biologie, Bd. 7, Berlin. S. 135 – 152.

Etzioni, Amitai (1988): The Moral Dimension: Toward a New Economics, New York.

FAO (2004): Pest risk analysis for quarantine pests including analysis of environmental risks and living modified organisms. – Internationaler Standard für Pflanzengesundheitliche Maßnahmen, Veröffentlichung Nr. 11, Rom.

Feindt, Peter H.: (2002): Gemeinsam gegen Niemanden. Der Umwelt- und Nachhaltigkeitsdiskurs in Deutschland, in: Forschungsjournal Neue Soziale Bewegungen, Jg. 15, Heft 4, S. 20-28.

Geiter Olaf/Kinzelbach Ragnar/Homma, Susanne (2002): Bestandsaufnahme und Bewertung von Neozoen in Deutschland. Forschungsbericht 296 89 901/01 des Umweltbundesamtes, Berlin.

Genovesi, Piero/Shine, Clare (2003): European Strategy on Invasive Alien Species. Europarat, T-PVS 7.

Heiland, Stefan (1999): Voraussetzungen erfolgreichen Naturschutzes. Individuelle und gesellschaftliche Bedingungen umweltgerechten Verhaltens, ihre Bedeutung für den Naturschutz und die Durchsetzbarkeit seiner Ziele, Landsberg.

Hey, Christian (2005): Die europäische Umweltpolitik im Europa der 25, Jahrbuch Ökologie, S. 11-25.

Hey, Christian/Volkery, Axel/Zerle, Peter (2005): Neue umweltpolitische Steuerungskonzepte in der Europäischen Union, Zeitschrift für Umweltpolitik, H. 1, S. 1-38.

Hogel, Karl (2002): Reflections on Inter-Sectoral-Co-ordination in National Forest Programmes, in: Tikkanen, Ilpo/Glück, Peter/ Pajuoja, Heikki (eds.): Cross-Sectoral Policy Impacts on Forests, EFI Proceedings No. 46, S. 75-89.

Hubo, Christiane/Krott, Max (1998): Inhalte und Ergebnisse der Arbeitsgruppe „Politikwissenschaft". In: Wiersbinski, Norbert/Erdmann, Karl-H./Lange, Hellmuth (Red.): Zur gesellschaftlichen Akzeptanz von Naturschutzmaßnahmen, BfN-Skripten 2, Bundesamt für Naturschutz, Bonn, S. 57-61.

Hubo, Christiane/Krott, Max/Bräuer, Ingo/Jumpertz, Elke/Nockemann, Lilly/Steinmann, Arthur (2004): Grundlagen für die Entwicklung einer nationalen Strategie gegen invasive gebietsfremde Arten. Abschlußbericht zum FuE-Vorhaben FKZ 803 11 221, Göttingen.

IPPC Secretariat (2005): Identification of risks and management of invasive alien species using the IPPC framework. Proceedings of the workshop on invasive alien species and the International Plant Protection Convention, Braunschweig, Germany, 22-26 September 2003. Rome.

Jäckering, Werner (1994): Verwaltung und öffentliche Aufgaben, in: Mattern, Karl-Heinz (Hrsg.): Allgemeine Verwaltungslehre, 4., überarb. und erw. Aufl., Berlin, Bonn, Regensburg, S. 15-31.

Kepplinger, Hans M. (1992): Ereignismanagement. Wirklichkeit und Massenmedien, Zürich.

Klingenstein, Frank/Kornacker, Paul M./Martens, Harald/Schippmann, Uwe (Bearb.) 2005: Gebietsfremde Arten. Positionspapier des Bundesamtes für Naturschutz, BfN-Skripten 128, Bundesamt für Naturschutz, Bonn.

Knoerzer, Dietrich/Reif, Albert (2002): Fremdländische Baumarten in deutschen Wäldern. Fluch oder Segen? Neobiota 1, S. 27-35.

König, Klaus (Hrsg.) 1976: Koordination und integrierte Planung in den Staatskanzleien, Berlin.

Kowarik, Ingo (2003): Biologische Invasionen: Neophyten und Neozoen in Mitteleuropa, Stuttgart.

Kowarik, Ingo/Heink, Ulrich/Starfinger, Uwe (2003): Bewertung gebietsfremder Pflanzenarten. Kernpunkte eines Verfahrens zur Risikobewertung bei sekundären Ausbringungen, Bedrohung der biologischen Vielfalt durch invasive gebietsfremde Arten, Schriftenreihe des BMVEL „Angewandte Wissenschaft", H. 498, S. 131-144.

Kowarik, Ingo/Seitz, Birgit (2003): Perspektiven für die Verwendung gebietseigener („authothoner") Gehölze. In: Dies. (Hrsg.): Perspektiven für die Verwendung gebietseigener Gehölze, Neobiota 2, S. 3-26.

Krebs, Melanie/Herkenrath, Peter/Meyer, Hartmut (2002): Zwischen Schutz und Nutzung. 10 Jahre Konvention über Biologische Vielfalt, hrsgg. vom Forum Umwelt & Entwicklung, Bonn.

Krott, Max (1990): Öffentliche Verwaltung im Umweltschutz. Ergebnisse einer behördenorientierten Policy-Analyse am Beispiel Waldschutz, Wien.
Krott, Max (2001): Politikfeldanalyse Forstwirtschaft. Eine Einführung für Studium und Praxis, Berlin.
Mayntz, Renate (1993): Policy-Netzwerke und die Logik von Verhandlungssystemen, in: Adrienne Héritier (Hrsg.): Policy-Analyse. Kritik und Neuorientierung, PVS-Sonderheft 24/1993, Opladen, S. 39-56.
Mayntz, Renate, Scharpf, Fritz W. (1973): Planungsorganisation. Die Diskussion um die Reform von Regierung und Verwaltung des Bundes, München.
McNeely, Jeffrey A./ Mooney, Harold A./ Neville, Laurie E./Schei, Peter Johan/Waage, Jeffrey K. (eds.) 2001: A Global Strategy on Invasive Alien Species, IUCN Gland, Switzerland, and Cambridge, UK. x + 50 pp.
Müller, Edda (1995): Innenwelt der Umweltpolitik. Sozial-liberale Umweltpolitik – (Ohn)macht durch Organisation?, 2. Aufl., Opladen.
Müller-Brandeck-Bocquet, Gisela (1996): Die institutionelle Dimension der Umweltpolitik. Eine vergleichende Untersuchung zu Frankreich, Deutschland und der Europäischen Union, Baden-Baden.
Obenhaus, Werner (1994): Programm und Haushalt, in: Mattern, Karl-Heinz (Hrsg.): Allgemeine Verwaltungslehre, 4., überarb. und erw. Aufl., Berlin, Bonn, Regensburg, S. 272-296.
Pehle, Heinrich (1998): Das Bundesministerium für Umwelt, Naturschutz und Reaktorsicherheit: Ausgegrenzt statt integriert? Das Institutionelle Fundament der deutschen Umweltpolitik, Wiesbaden.
Riedl, Ulrich (Bearb.) 2003: Authochtones Saat- und Pflanzgut. Ergebnisse einer Fachtagung. BfN-Skripten 96, Bundesamt für Naturschutz, Bonn.
Sabatier, Paul A. (1993): Advocacy-Koalitionen, Policy-Wandel und Policy-Lernen: Eine Alternative zur Phrasenheuristik, in: Héritier, Adrienne (Hrsg.): Policy-Analyse. Kritik und Neuorientierung, PVS-Sonderheft 24/1993, Opladen, S. 116-148.
Scharpf, Fritz W. (1993): Positive und negative Koordination in Verhandlungssystemen, in: Adrienne Héritier (Hrsg.): Policy-Analyse. Kritik und Neuorientierung, PVS-Sonderheft 24/1993, Opladen, S. 57-83.
Schimank, Uwe (1988): Gesellschaftliche Teilsysteme als Akteurfiktionen. KZfSS 4, S. 619-639.
Shannon, Margaret A./Schmidt, Claus Henning (2002): Theoretical Approaches to Understanding Intersectoral Policy Integration, in: Tikkanen, Ilpo/Glück, Peter/Pajuoja, Heikki (eds.): Cross-Sectoral Policy Impacts on Forests, EFI Proceedings No. 46, S. 15-26.
SRU (2002): Für eine Stärkung und Neuorientierung des Naturschutzes. Sondergutachten des Rates von Sachverständigen für Umweltfragen, BT-Drs. 14/9852.
SRU (2004): Umweltpolitische Handlungsfähigkeit sichern. Umweltgutachten 2004 des Rates von Sachverständigen für Umweltfragen, BT-Drs. 15/3600.
Stadler, Jutta (2003): Das Übereinkommen über die biologische Vielfalt – ein neuer Weg in den Naturschutz. UVP-report 17 (3/4), S. 142-144.
Suplie, Jessika (1995): Streit auf Noahs Arche. Zur Genese der Biodiversitäts-Konvention. Berlin: WZB.
Szyska, Brigitta (Bearb.) 2004: Neophyten. Ergebnisse eines Erfahrungsaustausches zur Vernetzung von Bund, Ländern und Kreisen, BfN-Skripten 108, Bundesamt für Naturschutz, Bonn.
Unger, Jens-G. (2003): Das Thema „Invasive gebietsfremde Arten" im Geschäftsbereich des BMVEL, Schriftenreihe des BMVEL „Angewandte Wissenschaft", H. 498, S. 14-23.
Welling, Michael (Red.) 2004: Bedrohung der biologischen Vielfalt durch invasive gebietsfremde Arten. Erfassung, Monitoring und Risikoanalyse, Beiträge des Symposiums „Bedrohung der biologischen Vielfalt durch invasive gebietsfremde Arten: Erfassung, Monitoring und Risikoanalyse" der Arbeitsgruppe „Biodiversität" des Senats der Bundesforschungsanstalten vom 20.-21. Mai 2003 in der Biologischen Bundesanstalt für Land- und Forstwirtschaft (BBA), Braunschweig, Münster.

Zieschank, Roland (2005): Nachhaltigkeitsstrategien der Europäischen Union. Konzepte und Konfliktlinien aus umweltpolitischer Sicht. In: Banse, Gerhard/Kiepas, Andrzej (Hrsg.): Nachhaltige Entwicklung: Von der wissenschaftlichen Forschung zur politischen Umsetzung, Berlin, S. 85-105.

Konflikte um die *Global Governance* biologischer Vielfalt.
Eine historisch-materialistische Perspektive

Ulrich Brand

Das Konfliktfeld des Schutzes bzw. Erhalts und der Aneignung biologischer Vielfalt steht exemplarisch für die Entwicklungen einer Global Environmental Governance. Dabei hängt es nicht zuletzt von theoretischen Vorannahmen ab, wo Konflikte, Kooperationen, Konsense und Kompromisse je konkret identifiziert und in welches Verhältnis sie zueinander gesetzt werden. Dominant sind in den Forschungen und Policy-Papieren zu internationaler Umweltpolitik die Möglichkeiten und Bedingungen von *Kooperation* und *Konsens*. Im politischen Prozess selbst spielen zudem *Kompromisse* eine wichtige Rolle. Es wird übergreifend nach Konstellationen gesucht, in denen verschiedene Akteure und die Natur (im Sinne ihres Schutzes oder ihrer nachhaltigen Nutzung) gewinnen. Man könnte hier von "win-win-win-Konstellationen" sprechen. *Konflikte* werden eher als störend empfunden und zuvorderst als unmittelbare politische Konflikte angenommen, die durch Argumentieren oder Verhandeln überwunden werden können. Politikwissenschaftlich zeigt sich das an der Dominanz der Regimetheorie zumindest in der englisch- und deutschsprachigen Diskussion.

Um das Feld der internationalen Biodiversitätspolitik genauer zu begreifen, muss jedoch die Konflikthaftigkeit systematischer in den Blick genommen werden. Es ist dabei nicht möglich, den Konfliktbegriff einheitlich zu bestimmen, denn seine Bedeutung und sein theoretischer Stellenwert hängen entscheidend mit dem gewählten Theorierahmen zusammen (so auch Bonacker 2005). Dennoch können sich über den Begriff, seine Verortung und seine empirische Verwendung unterschiedliche Theorien verständigen.

In diesem Beitrag wird zuvorderst auf die historisch-materialistische Gesellschaftstheorie zurückgegriffen. Mit dieser Theorie kommen – neben Kooperation, Konsens, Kompromiss und Konkurrenz – Konflikte und ihre Bearbeitung in spezifischer Weise in den Blick: Insbesondere sozio-ökonomische Prozesse werden als wichtig für politische Dynamiken verstanden, gesellschaftliche Kräfte spielen eine große Rolle, und der Staat bzw. internationale politische Institutionen werden anders begriffen als in den meisten politikwissenschaftlichen Theorien. Mit dem Begriff der *Hegemonie* wird zudem auf die spezifische historische Situiertheit von Konflikten verwiesen. Neben Konflikten spielen auch politische und vor allem ökonomische *Konkurrenzen* eine wichtige Rolle für gesellschaftliche Dynamik und Konflikte.

Nachdem diese Herangehensweise knapp skizziert wurde, geht es um das Konfliktfeld Schutz und Aneignung von Biodiversität. Es soll nach einer knappen Akteursanalyse gezeigt werden, wie das Paradigma der Inwertsetzung hegemonial und politisch-institutionell abgesichert wird. Fokussiert wird dafür auf die 1993 in Kraft getretene *Convention on Biological Diversity* (CBD).

Das zentrale Argument dieses Beitrages lautet, dass die politisch-institutionellen Formen internationaler Biodiversitätspolitik, als Teil der multiskalaren Global Governance of

Biodiversity, sich vor dem Hintergrund eines hegemonialen Inwertsetzungsparadigmas ausbilden. Die dominanten Akteure – nördliche biotechnologische Unternehmen und Regierungen – sind in der Lage, ihre Interessen am Zugang zu genetischen Ressourcen in südlichen biodiversitätsreichen Ländern wie auch an weitgehenden geistigen Eigentumsrechten zu sichern. Die relevanten südlichen Regierungen sehen in dieser Konstellation ihre Interessen vertreten und bemühen sich vor allem um eine Beteiligung an der Inwertsetzung.

1 Zum Konfliktbegriff aus historisch-materialistischer Perspektive

Es wird aus historisch-materialistischer Perspektive davon ausgegangen, dass gesellschaftliches Leben unter kapitalistischen Bedingungen spezifische Formen annimmt: Lohnarbeit, Waren, Kapital, Geld und kapitalistischer Staat. In diesen Formen konstituieren sich widersprüchliche Verhältnisse und sie werden gleichzeitig bearbeitet, d.h. Gesellschaft wird prozessierbar gemacht und institutionell stabilisiert. Diese Bearbeitung erfolgt über Konflikte, Konkurrenz, Kompromisse, Konsense und Kooperation und ermöglicht überhaupt erst die dynamische Reproduktion der (Welt-)Gesellschaft. Selbst die patriarchalen Geschlechterverhältnisse, obwohl sie historisch länger bestehen und eigene Konfliktmomente aufweisen, sind als bürgerliche Geschlechterverhältnisse von der Existenz der Lohnarbeit, des Kapitalverhältnisses oder des Staates geprägt. Das gilt auch für die Aneignung von Natur oder die Entwicklung von Technik, die es immer gibt, d.h. die zentral sind für die Produktion des Lebens, die aber historisch spezifische Formen annehmen und sich auch innerhalb bürgerlich-kapitalistischer Vergesellschaftung räumlich und zeitlich unterschiedlich ausformen.

Dynamiken und Konflikte ergeben sich aus den vielfältigen Formen gesellschaftlicher Arbeitsteilung, die wiederum gesellschaftliche Dynamik, soziale Herrschaft und damit latente wie manifeste Konflikte konstituiert. Vertikale Konflikte bestehen zwischen Klassen, die wiederum geschlechtsspezifisch und ethnisch strukturiert sind, um die Aneignung von gesellschaftlich produziertem Mehrwert, d.h. um Lohnhöhe, Arbeits- und damit Lebensbedingungen. Horizontale Konflikte bestehen etwa zwischen den Kapitalbesitzern selbst. Ein wesentliches Moment gesellschaftlicher Dynamik und von Konflikten liegt in dem Zwang der Unternehmen begründet, in Konkurrenz zu anderen Unternehmen – bei Strafe des Untergangs – erfolgreich zu sein. Daher werden permanent die gesellschaftlichen Verhältnisse umgewälzt und sollen produktiver gemacht werden. Horizontale Arbeitsteilung und Konkurrenz bestehen zudem zwischen Räumen, d.h. Ländern und Regionen, was zu Konflikten führen kann. Konflikte ergeben sich auch aus der Tendenz in kapitalistischen Gesellschaften, alles Leben warenförmig und damit für das Kapital verwertbar zu machen. Dies betrifft auch und gerade die außermenschliche Natur.

Ökonomische Verhältnisse zeichnen sich in der Regel nicht durch latente und manifeste Konflikte aus, sondern durch die *Konkurrenz* zwischen Unternehmen sowie durch die Institution des Geldes als Mittel, um Ansprüche auf die Güter und Dienstleistungen anderer geltend machen zu können. Gerade das Geld ist – trotz vielfältiger institutioneller Mechanismen – ganz zentral auf einen Konsens über seinen Wert angewiesen, sonst funktioniert die kapitalistische Ökonomie nicht. Konkurrenz gibt es aber auch, wie gesagt, zwischen „Standorten" (um Investitionen) oder zwischen Lohnabhängigen.

Es kann aus historisch-materialistischer Perspektive nicht auf einer allgemeinen Ebene bestimmt werden, wann latente Konflikte manifest werden und welche Inhalte und Formen sie annehmen (ob sie etwa gewalttätig werden). Das ist eine empirische Frage und hängt stark vom Gegenstandsbereich, aber auch den konkret organisierten Interessen, Strategien, historischen Verschiebungen und Möglichkeitsfenstern ab. Konflikte um Naturaneignung nehmen andere Formen und Inhalte an – und bleiben im Verlauf kontingent – als etwa Tarifkonflikte. Auch die Folgen von Konflikten, ob sie etwa integrierend oder desintegrierend wirken, kann nicht allgemein bestimmt werden (einige Ansätze schreiben ihnen ja per se eine integrierende Rolle zu). Es steht auch nicht von vornherein fest, ob die Ursachen materieller, ideeller oder institutioneller Natur sind. Dabei ist aus der hier eingenommenen Perspektive wichtig, wie gesellschaftliche Widersprüche und Konflikte institutionell bearbeitet werden (grundlegend Lipietz 1985, Esser/Görg/Hirsch 1994).

Konflikte können sich entwickeln, wenn etablierte und institutionalisierte gesellschaftliche Verhältnisse dysfunktional werden für soziale Dynamik und miteinander in Widerspruch geraten. In einer solchen Krisensituation werden sich verschiedene gesellschaftliche Kräfte erst der Tatsache bewusst, dass sie ihre Interessen, Wertvorstellungen und Identitäten umformulieren müssen. Das hat in der historisch-materialistischen Theorie insbesondere die Regulationstheorie stark gemacht.[1] Konflikte bestehen dort als manifeste, wo (kollektive) Akteure in der Lage sind, sich gegen bestehende Verhältnisse zu artikulieren und sie zu verändern versuchen – und andere Akteure eben die bestehenden Verhältnisse verteidigen oder in eine andere Richtung verändern wollen.

Ein sozialkonstruktivistisches Element spielt meines Erachtens aus historisch-materialistischer Perspektive dahingehend eine Rolle, dass Konflikte repräsentiert werden, d.h. es gibt zwar Strategien einzelner – in der Regel organisierter kollektiver – Akteure, gleichzeitig aber Auseinandersetzungen um die Anlässe, Bedeutung und Inhalte von Konflikten. Akteure müssen einen Sinn darin sehen, sich konfliktiv zu verhalten, etwa um einen Status quo zu verteidigen oder zu verändern. Ralf Dahrendorf (1994), einer anderen Theorietradition zugehörig, verallgemeinerte diesen Sachverhalt als Konflikte um menschliche Lebenschancen.

Trotz dieser vielfältigen Bestimmungen spricht aus historisch-materialistischer Sicht einiges dafür, dass die Auseinandersetzungen um die Schaffung und Verteilung von gesellschaftlich produziertem Mehrwert sowie das Eigentum an Produktionsmitteln (auch von geistigem Eigentum, siehe unten) eine wichtige Rolle spielen – eben auch in einem Bereich wie der Umweltpolitik. Wenngleich von vielen Konflikten ausgegangen wird, so wird dennoch angenommen, dass eine zentrale Antriebskraft von Konflikten in kapitalistischen Gesellschaften der Akkumulationsimperativ ist, der nicht nur ökonomische, sondern auch politische und kulturelle Prozesse entscheidend formt (nicht determiniert). Das ist kein Determinismus, sondern es besteht eine hohe Wahrscheinlichkeit, dass Dimensionen von Kapitalbesitz und -verwertung eine Rolle spielen, weil eben jene ein zentrales Element moderner Gesellschaften sind. Aber auch das ist nicht mehr als ein allgemeiner – wenngleich wichtiger – Hinweis, der dann konkret auf spezifische Politikbereiche angewendet werden muss. Und es spricht einiges dafür, dass umfassendere gesellschaftliche Konflikte über den Staat geregelt werden (siehe unten).

---

[1] Vgl. etwa Lipietz 1985, aber auch die Theorie der reflexiven Modernisierung mit ihrem Blick auf nicht-intendierte Folgen und auf die möglicherweise Krisen verursachende Eigendynamik in einzelnen Gesellschaftsbereichen hat diesen Aspekt betont (Beck et al. 1996).

2 Hegemonie, Staat und internationale Politik

Insbesondere auf Antonio Gramsci ist ein Begriff zurückzuführen, der für die je spezifische Bedeutung von Konflikten wichtige Hinweise gibt und Konflikte ins Verhältnis setzt zu anderen sozialen Interaktionsmodi wie Konkurrenz, Konsens und Kooperation: der Begriff der *Hegemonie* (Gramsci 1991ff.: 101f.). Damit ist eine Form bürgerlicher Herrschaft gemeint, in der Zwangselemente hinter jene von Konsens zurücktreten. Hegemonie impliziert unter bürgerlich-kapitalistischen Bedingungen ein mehr oder weniger dynamisches Wachstumsmodell, anerkannte Hierarchien auch innerhalb der herrschenden Kräfte sowie deren Fähigkeit und Bereitschaft zu Zugeständnissen als Grundlage ihrer Herrschaft. Der Hegemoniebegriff weist zudem darauf hin, dass sich gesellschaftliche Ordnung und Dynamik nur dann über einen gewissen Zeitraum stabilisieren, wenn Interessen, Werte und Identitäten der herrschenden Kräfte in den gesellschaftlichen Institutionen und Wertvorstellungen maßgeblich berücksichtigt sind.

Der Hegemoniebegriff ist für das hier zu bearbeitende Thema deshalb wichtig, weil er Hinweise auf die Reichweite von Konflikten bzw. die Formen der Konfliktaustragung gibt. Grob unterschieden werden können einerseits *Konflikte um Hegemonie*, d.h. um die breit akzeptierten Formen oder Regeln gesellschaftlichen Zusammenlebens und gesellschaftlicher Entwicklung. Dies betrifft neben Formen der formellen wie informellen Produktion, des alltäglichen Zusammenlebens oder der Geschlechterverhältnisse auch die Formen institutioneller Politik wie eben der internationalen Umweltpolitik. Hegemonie entsteht durch „hegemoniale Projekte" der herrschenden Klassen und Kräfte, d.h. durch komplexe Strategien, Kompromisse und Bündnisse, die im Fall erfolgreicher Etablierung von den relevanten beherrschten Akteuren akzeptiert werden. Die Kräfteverhältnisse selbst werden als Bestandteil und Kennzeichen einer hegemonialen Konstellation als solche akzeptiert. Wenn es diese hegemonialen Projekte in den meisten gesellschaftlichen Bereichen gibt und sie eine dynamische Wachstumskonstellation sichern, dann kann von einer „Entwicklungsweise" oder mit Gramsci von einem „historischen Block" gesprochen werden (Gramsci 1991ff.: 1045). Ein zentrales Konsenselement in kapitalistischen Gesellschaften ist daher nicht umsonst Wirtschaftswachstum, weil eben damit viele potenzielle Konflikte entschärft werden können. Es wird später die These vertreten, dass die Inwertsetzung von Natur ein solches hegemoniales Projekt ist und damit eine zentrale Rahmenbedingung für Biodiversitätspolitik darstellt (zum Begriff der Inwertsetzung vgl. Görg 2004).

Davon zu unterscheiden sind andererseits die unzähligen *Konflikte innerhalb einer hegemonialen Konstellation*. Kennzeichen dieser Konflikte ist, dass sie sich an den etablierten Formen der Konfliktaustragung orientieren und diese entweder nicht verändern wollen oder nicht verändern können. Etablierte Hegemonie bedeutet also, dass die relevanten gesellschaftlichen *Konflikte geregelt ausgetragen* werden, d.h. die Konfliktparteien sich an die Regeln halten. Dies bedeutet auch, dass Formen der Ausgrenzung oder Anwendung offener Gewalt entweder gesellschaftlich weniger sichtbar sind oder zumindest passiv akzeptiert werden. Ob also hegemoniale Verhältnisse bestehen oder nicht, ist wichtig für die Formen und Inhalte sozialer und politischer Konflikte.

Eine historisch-materialistische Herangehensweise an gesellschaftliche Konflikte muss die Konzeptualisierung jener Instanz explizit machen, welche die „allgemeinen Angelegenheiten" der Gesellschaft regelt – nämlich den Staat. Aus politikwissenschaftlicher Sicht ist wichtig, dass der Staat in modernen Gesellschaften als Akteur, institutionelles Ensemble und Terrain eine *spezifische Form der gesellschaftlichen Konfliktaustragung* ist. Unterschiedliche gesellschaftliche Kräfte ringen um die Verstetigung oder gar Verallgemeinerung ihrer Interessen, Normen und Identitäten. Dabei ist der Staat ein institutionelles Ensemble, das über das Recht, materielle, administrative und Wissensressourcen und Diskurse sowie über den Tatbestand, dass er als solcher anerkannt wird, spezifische Mittel zur Verfügung hat, um als Terrain der Konfliktaustragung zu dienen. Hier werden Entscheidungen getroffen, die dem Anspruch nach allgemeinverbindlich sind. Der Staat verfügt über die legitimen (notfalls Gewalt-)Mittel, um sie durchzusetzen. Viele (nicht alle) sozialen Konflikte werden daher in politische transformiert.

Hegemonie und Staat sind aus einer gramscianischen Sicht dahingehend verknüpft, dass staatliche Politiken Teil hegemonialer Verhältnisse sind und deren Konsenselemente insbesondere in der Zivilgesellschaft, also in den vielen politisch und ökonomisch organisierten, aber auch alltäglich-kleinteiligen Strukturen und Praxen geschaffen werden (vgl. Demirovic 1997; zum Begriff internationale Zivilgesellschaft vgl. Brand 2004). Der Hegemoniebegriff gibt – trotz allen Eigensinns staatlicher Politiken und der Dynamiken von Parteienkonkurrenz und Machtkämpfen – Hinweise auf staatlich-institutionelle „Korridore", die gesellschaftlich durch Auseinandersetzungen hindurchgeschaffen werden (Röttger 2004). Staat wird nicht verstanden als neutrale, über der Gesellschaft stehende Instanz, sondern als Kristallisationspunkt sozialer Auseinandersetzungen und Kräfterelationen. Damit wird er zu einem institutionellen Knotenpunkt sozialer Kräfteverhältnisse (Poulantzas 1978/2002, vgl. auch Bretthauer et al. 2006). Der Staat bleibt zentral auf die Gesellschaft, insbesondere deren Ökonomie, und damit auf soziale Kräfteverhältnisse bezogen.

Wie lassen sich die bislang angestellten theoretischen Überlegungen zu Konflikt, Hegemonie und Staat auf die internationale Politik beziehen? In Anlehnung an Robert Cox (1986) kann dann von internationaler Hegemonie gesprochen werden, wenn ein dynamisches Entsprechungsverhältnis von Produktionsverhältnissen, Staaten und politischer Weltordnung besteht, das wiederum durch einigermaßen kohärente Ideen, soziale Kräfteverhältnisse und institutionelle Konfigurationen bedingt wird. Entsprechend entsteht ein „internationaler historischer Block", wenn sich die vielfältigen Strategien unterschiedlichster Akteure sowie die gesellschaftlichen Institutionen zu einem mehr oder weniger dynamischen Ganzen formen (Cox 1993, Überblicke bei Bieling 2005, Bohle 2005).

Auch für die internationale Politik gilt: Staaten bzw. internationale politische Institutionen schaffen wesentlich die Voraussetzungen für sozio-ökonomische Prozesse. Sie ruhen aber gleichzeitig auf ihnen auf. Die einzelnen, in Konkurrenz und Kooperationsverhältnissen stehenden Gesellschaften und ihre verschiedenen Akteure sind sehr verschieden in den Weltmarkt und die internationale Arbeitsteilung integriert und richten Politiken nicht zuletzt daran aus. Internationale Politik ist daher nicht nur kooperativ, sondern in vielen Feldern auch kompetitiv.

Der Staat, das zeigen die Entwicklungen der letzten Jahrzehnte, ist nicht an den Nationalstaat gebunden, wenngleich dieser auf absehbare Zeit für viele Gesellschaften ein zentrales Terrain bleiben wird. Es ist aber sinnvoll, von einem „multiskalaren" Staat auszugehen, d.h. Existenz- und Handlungsmodi sowie Funktionen des Staates auf verschiedenen Ebenen zu konzeptualisieren. Insofern kann von einem *internationalisierten Staat* gesprochen werden (Hirsch 2005, im Bereich der Umweltpolitik: Görg 2003). Die Internationalisierung des Staates besteht darin, dass die internationalen politischen Institutionen bzw. Staatsapparate (zum Begriff Brand 2007) an Bedeutung gewinnen. Damit einher geht ein Prozess, in dem sich aufgrund sich verändernder Kräftekonstellationen auch die nationalen Staaten transformieren. Insofern kann heute von einem Typus des *internationalisierten Wettbewerbsstaates* (Hirsch 2005: 145-151) gesprochen werden.

Dabei sind die verschiedenen räumlichen Handlungsebenen (*scales*) nicht vorgegeben, sondern ihre Konstitution und Bedeutung sind selbst Teil von Machtstrategien.[2] Genau darum geht es bei der Analyse von Global Environmental Governance. Allerdings gibt es einen wichtigen Unterschied zwischen der nationalstaatlichen und der internationalen Ebene von Politik, nämlich das fehlende Monopol legitimer Gewaltsamkeit auf letzterer. Vielmehr dominiert das Prinzip nationaler Souveränität. Die Anwendung von Gewalt und offenem Zwang wird immer noch als Eingriff in jene Souveränität verstanden. Daher rührt auch die starke Orientierung bei sozialwissenschaftlichen Theorien, die sich mit internationaler Politik befassen, an (intergouvernementaler) Kooperation.[3]

Dabei ist eine Konfliktdimension von erheblicher Bedeutung in der internationalen Politik, die auch auf nationaler und lokaler Ebene eine große Rolle für politische Dynamiken spielt: nämlich die Konflikte zwischen einzelnen staatlichen Apparaten. In den unterschiedlichen Apparaten (etwa dem Wirtschafts- und dem Umweltministerium; ein Beispiel für die internationale Politik folgt unten) verdichten sich spezifische Kräfteverhältnisse und Interessenkonstellationen. Auf der nationalen Ebene ist es Teil von Politik, diese spannungsreichen Orientierungen zusammenzubringen; Bob Jessop nennt das die notwendige, aber nie ganz gelingende Etablierung von *hegemonialen Staatsprojekten* (1990: 315ff.).

Das zentrale Element der Internationalisierung von Politik besteht aus historisch-materialistischer Sicht darin, die sich internationalisierenden sozio-ökonomischen Entwicklungen rechtlich-institutionell abzusichern. Vor dem Hintergrund dieser Annahme soll zusätzlich zum Begriff des internationalisierten Staates (s.o.) eine weitere Kategorie eingeführt werden, die für die weitere Argumentation wichtig ist. Intergouvernementale Politik und Institutionen, egal ob klassisch-hierarchisch oder im Modus von Governance, sind Teil eines sich herausbildenden *globalen Konstitutionalismus* (Gill 2003, Bieling 2007), d.h. ein zentraler Bezugspunkt internationaler Politik und des sich internationalisierenden Staates besteht darin, dass die westlich-bürgerliche Eigentums- und Rechtsordnung internationalisiert wird. Der globale Konstitutionalismus ist die umkämpfte und kontingente Grammatik der hegemonialen Projekte in den unterschiedlichen Konfliktfeldern.

3 Ökologische und sozio-ökonomische Grundlagen internationaler Biodiversitätspolitik

Die Konfliktstruktur um die Aneignung biologischer Vielfalt entwickelte sich seit der Entstehung des modernen Kapitalismus. Doch die latenten Konflikte wurden nur selten manifest, da aufgrund bestehender Machtverhältnisse und hegemonialer Deutungsmuster die Aneignung biologischer Vielfalt und insbesondere ihrer vererbbaren Eigenschaften unpro-

---

[2] Hier liegt eine entscheidende Differenz zwischen dem sog. Mehrebenen-Ansatz oder Multi-Level-Governance einerseits und dem aus der kritischen Geographie stammenden *scale*-Begriff andererseits. Im ersten Fall werden die geographischen Maßstabsebenen als gegeben angenommen, im zweiten Fall deren herrschaftsförmige Konstitution berücksichtigt (vgl. den Überblick von Wissen 2007).

[3] Zwei wichtiger werdende Ausnahmen bestehen: Zum einen die Interventionsfähigkeit internationaler politischer Organisationen in bestimmten Fällen und zum anderen die Bemühungen der US-Regierung, den US-Staat zusammen mit der NATO zu einer Art Zentrum eines internationalen legitimen Gewaltmonopols zu entwickeln.

blematisch war. Der ‚Genfluss' von Süd nach Nord, etwa über Sammlungsreisen, war weitgehend kostenlos. Dass de facto die vererbbaren Eigenschaften nicht nur in zoologischen und botanischen Gärten und Genbanken gelagert, sondern auch kommerzialisiert wurden, insbesondere im Pharmabereich und landwirtschaftlich in der Grünen Revolution und der Entwicklung von Hochertragssorten, wurde kaum problematisiert (Kloppenburg 1988).

Zu einem manifesten Konflikt entwickelte sich die Aneignung biologischer Vielfalt nach und nach seit den 1970er Jahren, nämlich durch die Erosion der domestizierten und ‚wilden' biologischen Vielfalt, die über die Umweltbewegung, -verbände und ExpertInnen politisiert wurde. Im Rahmen der UN Food and Agricultural Organization (FAO) gab es Diskussionen und Politiken zum Erhalt der pflanzengenetischen Ressourcen.[4] Mit der Convention for International Trade in Endangered Species of Wild Fauna and Flora (CITES) wurden erste internationale Maßnahmen zum Artenschutz getroffen.

Eine zweite Dynamik entwickelte sich seit den 1980er Jahren. Durch die Entwicklung der neuen Biotechnologien wuchs das Interesse an den vererbbaren Eigenschaften von biologischer Vielfalt als eine Art ‚Rohmaterial'. Forschungsinstitute und Unternehmen benötigen daher ‚genetisches Material' aus *ex situ*-Beständen (zuvorderst Genbanken) oder *in situ*, also insbesondere Pflanzen, die sich in der Evolution befinden. Zentral für die ökonomische wie auch die gesellschaftliche Bedeutung dieser neuen Biotechnologien ist die Gentechnologie – wenn auch nicht alleine sie, denn konventionelle Nutzungsformen bleiben wichtig. Diese ermöglicht es, im Agrarbereich neue Lebensformen über bislang bestehende Grenzen konventioneller Züchtung hinweg zu produzieren und im Pharmasektor neue Wirkstoffe und damit neue Produkte und Produktionsmethoden zu entwickeln. Dafür werden einzelne DNA-Sequenzen isoliert und auf das Erbgut anderer Organismen übertragen. Durch Bioprospektierung soll das „grüne Gold der Gene" (Wullweber 2004) von Pflanzen, Tieren und Mikroorganismen auf seinen möglichen ökonomischen Wert hin untersucht werden. Kennzeichen dieses Prozesses ist ein hohes Maß an Unsicherheit, da sich in vielen Fällen erst später herausstellt, ob und wie bestimmte Eigenschaften und DNA-Sequenzen verwendet werden können. Daher kann der Rückgriff auf ‚traditionelles' Wissen im Umgang mit Pflanzen, Tieren und Mikroorganismen wichtige Hinweise geben. Die Unternehmen können damit erhebliche Forschungskosten einsparen. Von den neuen Biotechnologien wird die Erschließung ganz neuer Produktionszweige und Märkte und letztlich die Erzielung immenser Profite erwartet. Von den Industrien, die auf der Anwendung der selbsternannten *life sciences* im Agrar- und Pharmabereich basieren, gehen weitreichende Impulse zur Umgestaltung der Verhältnisse zwischen Gesellschaft und Natur aus. Dabei stehen die Unternehmen in einem harten Konkurrenzkampf um marktfähige Produkte und Profite. Dies führt zu einer starken Unternehmens- und damit Machtkonzentration.

Die Bedeutung der Entwicklung neuer Produkte kann an den Umsatzzahlen der Branchen, in denen genetische Ressourcen eine Rolle spielen, abgelesen werden. Auf dem Weltmarkt für *Saatgut* wurden 2004 etwa 21 Milliarden US-Dollar umgesetzt, wobei zehn Firmen etwa die Hälfte der Verkäufe kontrollieren. Marktführer sind die beiden US-amerikanischen Firmen Monsanto und DuPont/Pioneer. Die großen Saatgut-Hersteller sind auch wichtig im *Pestizid*-Geschäft, wo für etwa 30 Mrd. US-Dollar pro Jahr Produkte verkauft werden und die zehn größten Firmen über 80 Prozent des Weltmarkts kontrollieren (neben DuPont und Monsanto etwa Dow, Syngenta, Bayer und BASF). Der globale Markt

---

[4] Der Begriff der genetischen Ressource selbst ist problematisch, weil er Teile der Natur instrumentell als etwas ökonomisch zu Verwertendes konstituiert (vgl. etwa Heins/Flitner 1998).

für *Medikamente* macht sogar 240 Mrd. US-Dollar aus und die 10 größten Unternehmen kontrollieren fast 60 Prozent (Pfizer mit einem Umsatz von 46 Mrd. US-Dollar ist Marktführer gefolgt von GlaxoSmithKline, Sanofi-Aventis, Johnson & Johnson, Merck, Astra Zeneca, Hoffman-La Roche und Novartis). Die Sitze der großen Firmen sind in den USA, Großbritannien, Deutschland, der Schweiz und einigen anderen Ländern und haben mehr oder weniger starke Interessen am Zugang zu genetischen Ressourcen, um neue Produkte herzustellen. Noch stärker ist das der Fall für die biotechnologischen Firmen, die sich auf die Entwicklung gentechnisch veränderter Medikamente und Saatguts (insbesondere Mais, Soja und Reis) spezialisieren. Das sind etwa die beiden US-Firmen Amgen als Marktführer bei Medikamenten und Monsanto bei Saatgut, wobei die Umsätze sich bislang knapp über 10 Millionen US-Dollar oder darunter bewegen (Daten nach Zusammenstellungen von ETC Group 2005a, 2005b).

Biologische Vielfalt könnte das zentrale Schmiermittel für eine neue ökonomische Wachstumsdynamik sein, insbesondere in den Bereichen Landwirtschaft, Pharmazie und Kosmetik. Daher sind sicher rechtliche Rahmenbedingungen und gesellschaftliche Konsense hinsichtlich der Verwendung biotechnologischer und vor allem gentechnologisch veränderter Produkte von größter Bedeutung.

Nicht zu vergessen ist schließlich der Sachverhalt, dass die Aneignung biologischer Vielfalt vielfach ungeregelt verläuft. Im Falle der illegalen oder von der lokalen Bevölkerung als illegitim betrachteten Aneignung wird häufig von „Biopiraterie" gesprochen.[5] Damit soll der historische und aktuelle Prozess der als illegitim betrachteten Aneignung von biologischer Vielfalt und insbesondere ihrer vererbbaren Eigenschaften und das Wissen im Umgang damit kritisiert werden.

4 Akteure und das hegemoniale Projekt der Inwertsetzung

Um die eingangs entwickelte These eines sich herausbildenden hegemonialen Inwertsetzungsparadigmas zu belegen, soll knapp die Akteursstruktur im Konfliktfeld Schutz und Aneignung der biologischen Vielfalt skizziert werden (vgl. ausführlich Brand/Görg 2003).

a) Regierungen aus nördlichen Ländern mit starken biotechnologischen Industrien vertreten in der internationalen Politik zuvorderst die Interessen eben dieser Industrien, um ihnen Planungs- und Rechtssicherheit in den Bereichen Zugang und geistige Eigentumsrechte zu verschaffen. Die Strategien können eher auf Ausgleich bedacht sein, die Schweizer oder norwegische Regierungen als Beispiele, oder sich stärker auf einseitige Machtstrategien beziehen wie etwa die japanische oder US-Regierung, die international über die *JUSCANZ*-Gruppe agieren (Japan, USA, Kanada, Australien, Neuseeland). Treibende Kraft im Feld biotechnologischer Entwicklungen sind die USA. Obwohl der US-Senat die CBD nicht ratifiziert hat, versucht die Regierung deren Entwicklungen – zusammen mit anderen Regierungen – im Interesse der biotechnologischen Industrie auszurichten. Die nördlichen Regierungen warnen vor „Überregulierungen", sind bei der Frage der Kompensationen für südliche Akteure verhalten und wollen entsprechende Regeln freiwillig statt verbindlich vereinbaren. Sie formulieren vor diesem Hintergrund das hegemoniale Projekt, biologische Vielfalt und insbesondere genetische Ressourcen zum Teil von Inwertsetzungsstrategien zu machen. Der Schutz der biologischen Vielfalt wird an diesem Projekt ausgerichtet. Insofern

---

[5] Vgl. den jüngsten Überblick von GRAIN 2005, BUKO-Kampagne gegen Biopiraterie 2005, Wullweber 2004.

ist die Orientierung der relevanten nördlichen Regierungen im Konfliktfeld der Aneignung biologischer Vielfalt die eines „globalen Konstitutionalismus", d.h. der Etablierung und Absicherung der bürgerlichen Rechts- und Eigentumsordnung.

b) Regierungen aus südlichen Ländern mit hoher biologischer Vielfalt hatten in den 1990er Jahren keine einheitliche Position. Dies hängt vor allem mit der Angebotskonkurrenz der sog. „Geber"-Länder zusammen, d.h. mit einer Situation, in der die verschiedenen Regierungen darum werben, dass internationale Sammlungs- und Forschungsaktivitäten in ihrem Land stattfinden. Die zentrale Aufgabe südlicher Regierungen ist die Gewährung von Zugang zu genetischen Ressourcen für nördliche Akteure. Das eigene Interesse besteht darin, an sich entwickelnden marktfähigen Produkten (Saatgut, Medikamente, Kosmetika) beteiligt zu werden, d.h. im Fachterminus, dass *benefit-sharing* betrieben wird. Die nationale Legislation und damit die Implementierung der international verabredeten Regeln hat ein klares Ziel, nämlich „that the adoption of an appropriate legislation can become a highly useful tool in participating efficiently in international markets and in taking full advantage of their own comparative advantages" (Semarnat 2002: 116). Dieses Zitat verweist auf die eigenen ökonomischen Interessen der südlichen Regierungen. Schutzaspekte spielen dabei eine deutlich untergeordnete Rolle.[6] Hinsichtlich der Rechte der Bevölkerung, die die biologische Vielfalt nutzt oder sie überhaupt erst entwickelt hat (indigene Völker und lokale BäuerInnen), sind die Positionen der südlichen Regierungen unterschiedlich. Es hängt von internen Kräftekonstellationen und der Artikulationsfähigkeit schwächerer Akteure, vor allem der indigenen Völker, ab, welche Position die jeweilige Regierung bei bestimmten Fragen einnimmt. Die konservativ-militaristische kolumbianische Regierung vertritt die Interessen der indigenen Völker so gut wie gar nicht, während die bolivianische Regierung insbesondere nach dem Regierungswechsel Anfang 2006 überaus sensibel dafür ist.

Seit einigen Jahren gibt es eine interessante Entwicklung innerhalb der Geberländer, nämlich die Gründung einer *Like-Minded Group of Megadiverse Countries*, zu der die Regierungen Brasiliens, Chinas, Costa Ricas, Ecuadors, Indiens, Indonesiens, Kenias, Kolumbiens, Mexikos, Malaysias, Perus, der Philippinen, Südafrikas und Venezuelas gehören. Das Ziel dieser Gruppe ist, stärker zu kooperieren. 70 Prozent der weltweiten Biodiversität und 45 Prozent der Bevölkerung leben in diesen Ländern.

c) US-Firmen und Forschungsinstitute stehen an der Spitze biotechnologischer Entwicklungen in den Bereichen Landwirtschaft und Gesundheit. Doch auch in Ländern wie Japan, Großbritannien, Deutschland und der Schweiz haben sie eine große Bedeutung (siehe oben). Lange Zeit waren nördliche Unternehmensverbände und Unternehmen in der internationalen Politik vor allem über ‚ihre' Regierungen präsent. Doch in den letzten Jahren werden die Internationale Handelskammer und Verbände der Biotechnologieindustrie, unterstützt von der OECD und der Weltbank, aktiver. Die bemerkenswerteste Entwicklung ist die Gründung der American BioIndustry Alliance (ABIA; www.abiallience.com) im Jahr 2005. Die Mitglieder haben das explizite Ziel, die internationalen Verhandlungen in ihrem Sinne zu beeinflussen. Ihr Interesse liegt in der Sicherung des Zugangs und der geistigen Eigentumsrechte. Die Gründung und die Äußerungen von ABIA weisen darauf hin,

---

[6] Ein damit verbundener Aspekt ist wichtig, der in der internationalen Politik kaum berücksichtigt wird: Die südlichen Regierungen der biodiversitätsreichen Länder stehen konkurrierenden Nutzungsinteressen gegenüber. Holzeinschlag oder -plantagen, Infrastrukturprojekte, Siedlungsbau, großflächige Monokulturen für Soja, Zuckerrohr oder Ölpalmen, Viehwirtschaft, Shrimpszucht oder Erdöl-/Erdgasförderung stehen dem Erhalt der biologischen Vielfalt an vielen Stellen entgegen. Diese Tendenz ist durch die Orientierung am Agrarexport ungebrochen.

dass sich die biotechnologischen Unternehmen zukünftig stärker in die internationale Politik einbringen werden.

d) Nichtregierungsorganisationen und soziale Bewegungen sind sehr wichtig in dem komplexen und wissensabhängigen Konfliktfeld Biodiversität. Allerdings sind sie heterogener als viele politische und wissenschaftliche Zuschreibungen vermuten lassen. Die großen Naturschutz-NGOs, die „Big Three", World Wide Fund for Nature, The Nature Conservancy oder Conservation International verfügen nicht nur über enorme Ressourcen, sondern sind politisch konservativer als etwa Greenpeace oder die nationalen Sektionen von Friends of the Earth. Die konservativen Verbände legen wenig Wert auf die Beteiligung der lokalen Bevölkerung (Chapin 2004: 17). Dazu gibt es NGOs, die sich explizit für die Anliegen indigener Völker und lokaler Gemeinschaften einsetzen wie die vielen NGOs und Bewegungsorganisationen auf nationaler und lokaler Ebene oder auf internationaler Ebene Genetic Resources Action International (GRAIN) oder die ETC Group. Diese NGOs sind auch gegenüber Inwertsetzungsstrategien kritisch. Die Skepsis gegenüber den südlichen Regierungen äußert sich in jüngster Zeit etwa als Kritik an der erwähnten *Like-Minded Group of Megadiverse Countries*, denen vorgeworfen wird, ein Kartell und „a front for selling their biological diversity to the highest bidder" zu bilden (Ribeiro 2002: 40). Allgemein kann gesagt werden, dass die Spielräume für NGOs und soziale Bewegungen dann größer sind, wenn politische Konflikte wissensbasiert sind und wenn zwischen den dominanten politischen Akteuren, nämlich den Nord- und Süd-Regierungen, Dissens besteht. Zudem sind Mobilisierungskraft und Einflussnahme auf nationalstaatlicher Ebene wichtig.[7] Die Kritik am Inwertsetzungsparadigma kommt, trotz der genannten Differenzen, am ehesten aus dem Spektrum von Nichtregierungsorganisationen und sozialen Bewegungen.

In welchem Verhältnis stehen nun die skizzierten Akteursgruppen zueinander? Die ersten beiden Akteursgruppen, Nord-Regierungen und biotechnologische Firmen, verfolgen das hegemoniale Projekt einer Aneignung der genetischen Ressourcen zum Zweck der Inwertsetzung. Dafür sollen mittels internationaler Politiken Rechts- und Planungssicherheit geschaffen werden. Die relevanten südlichen Regierungen jener Länder, in denen ‚wilde' oder agrarisch-domestizierte genetische Güter vorkommen, die interessant für Forschungsinstitute und Unternehmen sind, haben sich auf die grundlegende Orientierung an der Inwertsetzung eingelassen. Es hat sich diesbezüglich in den letzten Jahren eine allgemeine Kompromisslinie zwischen Nord- und Süd-Regierungen herausgebildet, nämlich die Vermarktung der biologischen Vielfalt bzw. der genetischen „Ressourcen" voranzutreiben. Auch die großen internationalen Naturschutz-NGOs agieren nicht gegen das Inwertsetzungsparadigma (Brand/Görg 2003: 194ff). Sie gehen alle von einer potenziellen win-win-win-Konstellation für die nördlichen wie südlichen Gesellschaften wie auch für den Naturschutz aus, weil durch den Zugang zur biologischen Vielfalt und ihre Inwertsetzung überhaupt erst zu verteilende *benefits* entstehen. Deshalb kann von hegemonialen „postfordistischen Naturverhältnissen" dahingehend gesprochen werden, dass es einen breiten Konsens gibt, dass biologische Vielfalt und insbesondere die vererbbaren Eigenschaften ökonomisch potenziell enorm wertvoll ist.[8] Akteure, die grundsätzlich andere Anliegen vertreten, werden aus-

---

[7] Vgl. Görg/Brand 2001, Brand 2000, 5. Kapitel; hier wird der Rolle indigener Völker und ihrer Repräsentanten besondere Aufmerksamkeit gewidmet.
[8] Mit dem Begriff des „Postfordismus" soll Folgendes angezeigt werden: Nach der Phase des Fordismus von Mitte der 1940er bis Ende der 1960er/Mitte der 1970er Jahre, in der eine dynamische Wachstumskonstellation aufgrund relativ stabiler institutioneller Bedingungen möglich wurde, bilden sich nach und nach neue dominante oder gar hegemoniale Vergesellschaftungsmuster heraus (klassisch: Hirsch/Roth 1986). Dabei handelt es sich um einen

gegrenzt oder ihre „schwächeren Interessen" werden lediglich symbolisch integriert (wie etwa die Rechte der indigenen Völker oder lokalen BäuerInnen).

5 Konflikte und ihre institutionelle Bearbeitung

Auf internationaler Ebene bilden sich mit der CBD, FAO, dem WTO-TRIPS-Abkommen (Trade-Related Aspects of Intellectual Property Rights) und der WIPO (World Intellectual Property Organization) die intergouvernementalen Knotenpunkte einer Global Governance of Biodiversity heraus, welche die nationalen und lokalen Politiken anleiten soll. Auch die vielen bilateralen und regionalen Abkommen sollen den Rahmen bereitstellen, um insbesondere den Zugang und die geistigen Eigentumsrechte im Falle der Herstellung marktfähiger Produkte zu sichern.

Auf die Biodiversitäts-Konvention (CBD) wird im Folgenden genauer eingegangen, weil an ihr wesentliche Konflikte um die Aneignung biologischer Vielfalt und deren politische Verregelung verdeutlicht werden können. Mit der Konvention streben die Vertragsstaaten drei hauptsächliche Ziele an (Artikel 1 der CBD): Schutz der biologischen Vielfalt, die nachhaltige Nutzung ihrer Bestandteile und eine faire Aufteilung der sich aus der Nutzung ergebenden Vorteile (*benefit-sharing*); dabei sollen der Zugang zu genetischen Ressourcen und der Transfer von Technologie berücksichtigt werden. Bestimmungen gibt es an anderen Stellen auch zur Sicherung geistiger Eigentumsrechte. Einen im Vergleich zu anderen internationalen Abkommen hohen Stellenwert nimmt in der CBD die Rolle indigener und lokaler Gemeinschaften ein (Artikel 8(j); der Begriff indigene Völker wird in den offiziellen Dokumenten vermieden). Große Bedeutung hat auch, dass erstmals in einem völkerrechtlichen Vertrag die „nationale Souveränität" über natürliche (nicht nur genetische) Ressourcen festgeschrieben wurde (etwa in Artikel 15.1 der CBD). Das bis dahin in der Aneignung biologischer Vielfalt geltende Prinzip des „gemeinsamen Erbes der Menschheit" wird damit abgelöst. In der CBD ragen die Fragen von Zugang, Vorteilsausgleich (*access* und *benefit-sharing*; kurz ABS) sowie geistigen Eigentumsrechten als zentrale zu verregelnde Konflikte heraus.

Die CBD hat sich für den Bereich der ‚wilden' Biodiversität zum zentralen internationalen politischen Terrain entwickelt. Der Bereich der agrarbiologischen Vielfalt wird zuvorderst von der FAO und dem im November 2001 verabschiedeten Internationalen Vertrag zu pflanzengenetischen Ressourcen für Ernährung und Landwirtschaft (ITPGR) behandelt. Dennoch spielt auch hier die CBD eine wichtige Rolle. Die Sicherung geistiger Eigentumsrechte (IPR) wird auch innerhalb der WTO und des dortigen TRIPS-Abkommens verhandelt (Wissen 2003; Lasén Díaz 2005, Villareal et al. 2005).

Die hegemonie- und staatstheoretischen Überlegungen zu Beginn des Beitrages stellen ein begriffliches Instrumentarium bereit, um internationale Biodiversitätspolitik in einen umfassenderen Kontext zu stellen. Es geht allgemein um Konflikte um die Etablierung internationaler Regeln, d.h. der konkreten Ausgestaltung der Internationalisierung des Staa-

---

Prozess, der in verschiedenen Ländern und Regionen sowie in gesellschaftlichen Bereichen durchaus ungleichzeitig verläuft. Mit dem Begriff der „postfordistischen Naturverhältnisse" soll betont werden, dass sich gesellschaftliche Bearbeitungsformen für die sozial-ökologische Krise herausbilden (die nicht unbedingt die ökologischen Probleme verringern). Im Bereich der biologischen Vielfalt wird deutlich, dass Schutz- und Nutzungsstrategien nicht ausschließlich, aber zuvorderst Teil des internationalen Wettbewerbs werden (ausführlich Brand/Görg 2003, Görg 2003, dort auch zum Begriff der ökologischen Krise).

tes unter Bedingungen sich etablierender postfordistischer Naturverhältnisse. Wie werden nun aber konkret die gesellschaftlichen Kompromisslinien zwischen den Akteuren politisch-institutionell abgesichert, damit auf Dauer gestellt und spezifischen Kräftekonstellationen eine gewisse Kontinuität verliehen? Im Folgenden sollen diese Fragen derart beantwortet werden, dass die verschiedenen Konfliktdimensionen und ihre kompromisshafte institutionelle Bearbeitung genauer umrissen werden, mittels derer das hegemoniale Projekt der Inwertsetzung durchgesetzt werden soll (für Details vgl. Brand/Görg 2003).

Die Inwertsetzung biologischer Vielfalt ist zuvorderst ein *Aneignungskonflikt*, denn der Zugang zu genetischen Gütern wie auch die Absicherung geistiger Eigentumsrechte findet in einem politisierten Feld statt. Der Konsens ist breit, dass die Aneignung verregelt werden soll, um die historischen (und weiterhin aktuellen) Praxen der Biopiraterie zu vermeiden. Auf diesem Kompromissterrain, für das die CBD als eine Institution steht und über die etwa die nationale Souveränität über biologische Ressourcen anerkannt ist, werden Konflikte um Vorteilsausgleich und IPR ausgefochten.

Dabei handelt es sich zweitens um einen *Verteilungskonflikt*, der eine wesentliche Dynamik in der CBD konstituiert. Die südlichen Regierungen wollen Zugang und die Sicherung der IPR im Fall der postumen Entwicklung marktfähiger Produkte nur gewähren, wenn sie an den Marktergebnissen beteiligt werden oder vorab daraus Nutzen ziehen. Dies ist der Kern des Streits um einen „gerechten und fairen" Vorteilsausgleich (präzisiert etwa in den Artikeln 8(j) und 15.7. der CBD). Die CBD stellt hierfür ein institutionelles Terrain der Konfliktbearbeitung dar, denn die Regierungen können sich hier über Formen des Vorteilsausgleichs verständigen, die dann in den konkreten Situationen angewendet werden können. Ein Kennzeichen des Verteilungskonfliktes ist, dass er zum einen unter enormer Unsicherheit stattfindet: Ob nämlich die genetischen Eigenschaften und das Wissen um ihre Verwendung zu marktfähigen Produkten werden, ist im Moment der Bioprospektierung offen. Zudem findet dieser Verteilungskonflikt unter Bedingungen einer Angebotskonkurrenz der südlichen Biodiversitätsländer statt, die deren Verhandlungsposition schwächt.

Am Rande dieses dominanten und die politische Dynamik verursachenden Konflikts steht ein *Anerkennungskonflikt*, nämlich der indigenen Völker und lokalen Gemeinschaften um Berücksichtigung ihrer Existenz(-weisen) und damit verbunden als anerkannte politische Akteure. Konfliktfähigkeit ist nur deshalb möglich, weil die indigenen Völker und lokalen BäuerInnen für die Aneignung der biologischen Vielfalt wichtig sind und den nationalen Regierungen als wichtige Referenz im Verteilungskonflikt dienen. In diesem Sinne werden die indigenen Völker und lokalen BäuerInnen nicht nur für den Erhalt der Biodiversität und ihre effektive Aneignung instrumentalisiert, sondern auch für den zentralen (Verteilungs-)Konflikt. Die Ansprüche sind innerhalb der CBD (und dem Internationalen Vertrag der FAO als so genannte *farmers' rights*) anerkannt, aber sie werden nicht mit starken Rechten versehen. Damit konnten sich die Anerkennungskämpfe indigener Völker in schwacher Form in einen Teil des internationalen Regelsystems (CBD und FAO) einschreiben, in anderen (insbesondere der WTO) werden diese Akteure weiterhin ignoriert.

Eine vierte Konfliktdimension ist jene des *Schutzes*. Konflikte um den Schutz biologischer Vielfalt bzw. den Stopp der dramatischen Erosion der genetischen Vielfalt waren lange Zeit auf der internationalen Politikebene gar nicht als solche manifest. Alle Akteure waren und sind für den Schutz und Erhalt der biologischen Vielfalt. Erst auf einer konkreten Ebene, nämlich wenn es um die Strategien geht, treten viele Konflikte auf. Institutionell macht sich das etwa daran fest, dass die bei der Weltbank ansässige Global Environmental

Facility für die Finanzierung der internationalen Biodiversitätsprojekte zuständig ist. Viele südliche Regierungen wollen einen unabhängigen Fonds, können sich damit aber nicht durchsetzen. Insbesondere beim Thema Schutz und Erhalt wird deutlich, dass die meisten Konflikte entweder über andere internationale Politiken verursacht werden – etwa die sog. Strukturanpassungen, die das Agrarexportmodell fördern; oder aber sie finden vor Ort als konkrete Landnutzungskonflikten statt.

Quer zu diesen Dimensionen liegen fünftens *inter-institutionelle Konflikte* zwischen unterschiedlichen internationalen Abkommen und Organisationen, in denen sich aber wiederum konkrete Sachfragen mit Machtfragen verbinden.[9] Insbesondere das Verhältnis von CBD und WTO ist hier wichtig. Die WTO steht bislang eindeutig für das Freihandelsmodell und verfügt durch den Streitschlichtungsausschuss über eine größere Durchsetzungsmacht als die CBD. Die WTO beansprucht über das TRIPS-Abkommen auch die Zuständigkeit für Fragen des geistigen Eigentums, das auch von der CBD reguliert wird. In der CBD werden die Beiträge indigener Völker und lokaler BäuerInnen zur Entwicklung und zum Erhalt hoher biologischer Vielfalt explizit anerkannt und sollen geschützt werden. Das TRIPS-Abkommen hat dazu keine Bestimmungen und steht stärker für moderne ‚westliche' Vorstellungen geistigen Eigentums.

Deutlich werden sollte unter anderem: Es gibt im Bereich des Schutzes und der Aneignung biologischer Vielfalt nicht den einen Konflikt (weder inhaltlich, noch von der Form her), der auch noch klar zugeschrieben werden könnte. Es dominiert aktuell in der internationalen Politik ein Verteilungskonflikt, der – auf Kosten schwächerer Akteure – unter Bedingungen hegemonialer Naturverhältnisse stattfindet. Es könnten sich jedoch Konstellationen herstellen, in denen der aktuell dominante Verteilungskonflikt vom skizzierten Aneignungskonflikt überlagert wird, wenn nämlich die südlichen Regierungen (etwa aufgrund der Entwicklung eigener biotechnologischer Kapazitäten) den nördlichen Forschungsinstituten und Biotechnologiefirmen den Zugang zu ‚ihrer' biologischen Vielfalt verweigern.

Mit der oben eingeführten Kategorie der „hegemonialen Staatsprojekte" gerät in den Blick, dass es zwischen den unterschiedlichen internationalen Staatsapparaten wie der WTO, CBD, WIPO oder FAO zwar erhebliche Spannungen gibt. Dennoch hat sich als eine Art Staatsprojekt auf unterschiedlichen räumlichen Ebenen – insbesondere der nationalen und der internationalen – das Inwertsetzungsparadigma durchgesetzt sowie auf der internationalen Ebene eine in die Apparate eingelassene Orientierung an einem „globalen Konstitutionalismus".

Die internationale Biodiversitätspolitik ist außerdem dadurch gekennzeichnet, dass wichtige Fragen, die meist im Interesse von schwächeren Akteuren liegen, nicht behandelt werden. *De-Thematisierung* findet etwa im Bereich der Geschlechterverhältnisse statt. Die hochgradig geschlechtsspezifischen Formen der Naturaneignung, die besonders in Fragen von Landwirtschaft und Ernährung offensichtlich sind (Howard 2003, FAO Focus 2006), spielen in der internationalen Politik keine Rolle. Das hängt auch damit zusammen, dass es auf dieser Ebene kaum geschlechterpolitische Akteure gibt. Ein anderes Thema, das keine Rolle spielt, ist die Technikentwicklung. Die politische Dynamik wird ganz entschieden von den wissenschaftlich-technologischen „Transformationskernen" der Forschungsinstitu-

---

[9] Auf der theoretischen Ebene können in Anlehnung an Nicos Poulantzas die Apparate des internationalisierten Staates als „materielle Verdichtung sozialer Kräfteverhältnisse zweiten Grades" konzeptualisiert werden (vgl. Brand et al. 2007 und Brand 2005, 2007).

te und Unternehmen bestimmt, die jedoch auf der anderen Seite nicht öffentlichen und politischen Diskussionen zugänglich sind. Verhandelbar bleiben lediglich die Folgen (Becker/Wehling 1993). Zum Thema wird in der internationalen Politik jedoch allenfalls der Technologietransfer von Nord nach Süd (Bestandteil der CBD in Artikel 16) – aber auch das immer weniger, weil sich die nördlichen Akteure der Diskussion erfolgreich verweigern.

Besonders deutlich ist die De-Thematisierung hinsichtlich der zunehmenden Militarisierung der Naturaneignung auch im Bereich biologische Vielfalt. Eine Militarisierung findet insbesondere in Regionen statt, in denen die Aneignung der Natur auf Widerstand bei der lokalen Bevölkerung stößt und die politisch-rechtliche Aneignung schwierig ist. Bei Ressourcen wie Erdöl ist das offensichtlich, aber auch hinsichtlich der Aneignung biologischer Vielfalt bzw. genetischer Güter nimmt das zu (Ceceña 2006). Es geht um die Sicherung ‚strategischer Ressourcen' für ökonomisch und politisch dominante Kräfte. Unter dem Begriff der ‚ökologischen Sicherheit' werden Regionen und die dort lebende Bevölkerung teilweise mit Satelliten und militärisch überwacht, die Migration der lokalen Bevölkerung soll verhindert werden, um angeblich die biologische Vielfalt zu schützen. Vielfach geht es jedoch darum, Protest gegen Bioprospektion zu verhindern (Acselrad 2002). Alle diese Aspekte spielen im Rahmen der CBD keine Rolle.

6 Einige offene Fragen der Erforschung von Umwelt- und Technikkonflikten

Zum Schluss sollen vier Aspekte angesprochen werden, die vertiefter Diskussionen bedürfen: *Zum einen* ist es nicht nur sachlich, sondern auch methodisch m.E. sinnvoll, gerade die mannigfaltigen Konflikte und ihre Bearbeitung ins Zentrum sozialwissenschaftlicher Forschung zu stellen. Die wissenschaftlich immer prekäre Auswahl, was denn einen Untersuchungsgegenstand konstituiert und ihm Probleme wie Dynamik verleiht, wird teilweise an den Gegenstand selbst zurückgegeben. Die Akteure sprechen dabei selbst. Das hat einen Preis, insbesondere bei der Untersuchung internationaler Politikprozesse. Denn einige Akteure kommen gar nicht zum Sprechen wie etwa frauenpolitische oder vielfältige schwächere lokale Interessen. Es gibt auch Probleme – wie etwa die angesprochene Technikentwicklung –, die gar nicht politisch repräsentiert werden. Methodisch bleibt auch eine detaillierte Kenntnis der sachlichen Probleme wichtig, was außerhalb größerer Forschungszusammenhänge die Grenzen von Vergleichen in hoher Zahl darstellt. Die Konflikte im Feld als einen Ausgangspunkt zu nehmen, darf auch nicht zu einem falsch verstandenen Positivismus führen. Erkenntnisinteressen und theoretische Vorannahmen bleiben wichtig bei der wissenschaftlichen Konstitution des Gegenstandes, in meinem Fall des Konfliktfeldes „(internationale) Biodiversitätspolitik" – die Klammer ist bewusst gesetzt, weil das internationale sich ja nicht ablöst von anderen gesellschaftlichen Ebenen.

Konflikttheoretische Ansätze müssen sich *zweitens* im wissenschaftlichen Feld, darauf wurde zu Beginn des Beitrages und wird an anderen Stellen des Bandes hingewiesen, mit kooperationstheoretischen Herangehensweisen auseinandersetzen – nicht im Sinne sich ausschließender Perspektiven, sondern voneinander lernend. Im Feld der internationalen Umweltpolitik hat die Regimetheorie zu wichtigen Einsichten geführt. Dennoch geraten immer wieder wichtige Dynamiken durch die Fokussierung der Kooperation aus dem Blick. Aus historisch-materialistischer Perspektive kann zudem weiterhin an einem Anspruch von

Michael Kreile festgehalten werden, den dieser in einer klugen Kritik der Regimetheorie vor längerer Zeit formulierte, nämlich „von vornherein die *politische Ökonomie eines Problemfeldes* zum Forschungsgegenstand zu machen" (Kreile 1989: 99).

Drittens gilt es stärker zu beachten, dass Konflikte nicht nur verregelt sind, sondern vielfach offen gewaltförmig und mit Zwang ausgetragen werden. Unter Bedingungen prekärer Hegemonie, d.h. wenn relevante gesellschaftliche Gruppen sich nicht an die etablierten Regeln halten und über entsprechende Mittel verfügen, ist es sogar wahrscheinlich, dass Elemente von offenem Zwang und Gewalt zunehmen. Dieser Aspekt sollte mit den knappen Bemerkungen zur Militarisierung der Naturaneignung ins Bewusstsein gehoben werden.

Eine *vierte* abschließende Bemerkung betrifft die häufig anzutreffende analytische Ablösung internationaler Politiken von nationalen und lokalen Strukturen und Prozessen. Eine realitätsgerechte Analyse der Wirkungen internationaler Politik muss deren Wirkungen auf nationaler und lokaler Ebene berücksichtigen, wie auch umgekehrt die nationalen und lokalen Voraussetzungen internationaler Politik in den Blick genommen werden müssen. So kann deutlich werden, dass internationale politische und ökonomische Verhältnisse zwar wichtig sind, sie aber auf spezifische soziale und naturräumliche Konstellationen treffen.

Hier liegt noch einige Arbeit für eine Umwelt- und Technikforschung, welche neben Kooperation auch die Konflikte und deren Ursachen auf dem Weg zu einer effektiven und demokratischen Gestaltung gesellschaftlicher Verhältnisse in den Blick nimmt.

7   Literatur

Acselrad, Henri (2002): Die ökologische Herausforderung. Zwischen Markt, Sicherheit und Gerechtigkeit. In: Görg, Christoph/Brand, Ulrich (Hg.): Mythen globalen Umweltmanagements. „Rio + 10" und die Sackgassen nachhaltiger Entwicklung. Münster: Westfälisches Dampfboot, 48-73.

Beck, Ulrich/Giddens, Anthony/Lash, Scott (1996): Reflexive Modernisierung. Frankfurt/M.: Suhrkamp.

Becker, Egon/Wehling, Peter (1993): Risiko Wissenschaft. Frankfurt/M. und New York: Campus.

Bieling, Hans-Jürgen (2005): Die Konflikttheorie der Internationalen Politischen Ökonomie. In: Bonacker, Thorsten (Hg.): Sozialwissenschaftliche Konflikttheorien. Wiesbaden: VS, 121-142.

Bieling, Hans-Jürgen (2007): Die Konstitutionalisierung der Weltwirtschaft als Prozess hegemonialer Verstaatlichung – staatstheoretische Reflexionen aus der Perspektive einer neo-gramscianischen IPÖ. In: Buckel, Sonja/ Fischer-Lescano, Andreas (Hg.): Hegemonie gepanzert mit Zwang. Zivilgesellschaft und Politik im Staatsverständnis Antonio Gramscis. Baden-Baden: Nomos.

Bohle, Dorothee (2005): Neogramscianismus. In: Bieling, Hans-Jürgen/Lerch, Maria (Hg.): Theorien der europäischen Integration. Wiesbaden: UTB, 197-222.

Bonacker, Thorsten (2005): Sozialwissenschaftliche Konflikttheorien – Einleitung und Überblick. In: ders. (Hg.) Sozialwissenschaftliche Konflikttheorien. Wiesbaden: VS, 9-29.

Brand, Ulrich (2004): Artikel „internationale Zivilgesellschaft". In: Historisch-Kritisches Wörterbuch des Marxismus, herausgegeben von Wolfgang Fritz Haug, Band 6/II; Hamburg: Argument, 1413-1422.

Brand, Ulrich (2005): Die politische Form der Globalisierung. Politische Institutionen und soziale Kräfte im internationalisierten Staat (Habilitationsschrift), Kassel.

Brand, Ulrich (2007): Die Internationalisierung des Staates als Rekonstitution von Hegemonie. Zur staatstheoretischen Erweiterung Gramscis. In: Buckel, Sonja/Fischer-Lescano, Andreas (Hg.): Hegemonie gepanzert mit Zwang. Zivilgesellschaft und Politik im Staatsverständnis Antonio Gramscis. Baden-Baden: Nomos.

Brand, Ulrich (2000): Nichtregierungsorganisationen, Staat und ökologische Krise. Konturen kritischer NRO-Forschung. Das Beispiel der biologischen Vielfalt. Münster: Westfälisches Dampfboot.

Brand, Ulrich/Görg, Christoph (2003): Postfordistische Naturverhältnisse. Konflikte um genetische Ressourcen und die Internationalisierung des Staates. Münster: Westfälisches Dampfboot.

Brand, Ulrich/Görg, Christoph (2007): Sustainability and Globalisation: A Theoretical Perspective. In: Conca, Ken/Finger, Mathias/Park, Jacob (Hg.): Sustainability, Globalization and Governance.

Bretthauer, Lars/Gallas, Alexander/Kannankulam, John/Stützle, Ingo (Hg.) (2006): Poulantzas lesen. Zur Aktualität marxistischer Staatstheorie. Hamburg: VSA.

BUKO-Kampagne gegen Biopiraterie (2005): Grüne Beute. Biopiraterie und Widerstand – Argumente, Hintergründe, Aktionen. Grafenau und Frankfurt/M.: Trotzdem-Verlag.

Ceceña, Ana Esther (Hg., 2006): Los desafíos de las emancipaciones en un contexto militarizado. Buenos Aires: CLACSO.

Chapin, Mac (2004): A Challenge to Conservationists. In: World Watch magazine, Nov./Dec. 2004.

Cox, Robert W. (1986): Social Forces, States and World Orders: Beyond International Relations Theory. In: Keohane, Robert O. (Hg.): Neorealism and its Critics. New York, 204-254.

Cox, Robert W. (1993): Gramsci, Hegemony, and International Relations: An essay in method. In: Gill, Stephen (Hg.): Gramsci, Historical Materialism and International Relations. Cambridge, 49-66.

Dahrendorf, Ralf (1994): Der moderne soziale Konflikt. München: DTV.

Demirovic, Alex (1997): Demokratie und Herrschaft. Aspekte kritischer Gesellschaftstheorie. Münster: Westfälisches Dampfboot.

Esser, Josef/Görg, Christoph/Hirsch, Joachim (Hg., 1994): Politik, Institutionen und Staat. Zur Kritik der Regulationstheorie, Hamburg: VSA.

ETC Group (2005a): Global Seed Industry Concentration – 2005. ETC Communiqué. http://www.etcgroup.org/en/materials/publications.html?id=48.

ETC Group (2005b): Oligopoly, Inc. – Concentration in Corporate Power, 2005. http://www.etcgroup.org/en/materials/publications.html?id=44.

Executive Secretary of the CBD (2005): Annotations to the provisional agenda. <UNEP/CBD/COP/8/1/Add.1>.

FAO Focus (2006): Women: users, preservers and managers of agro-biodiversity. <www.fao.org/FOCUS/E/Women/Biodiv-e.htm>.

Gill, Stephen (2003): Power and Resistance in the New World Order. New York: Palgrave.

Görg, Christoph (2003): Regulation der Naturverhältnisse. Zu einer kritischen Theorie der ökologischen Krise. Münster: Westfälisches Dampfboot.

Görg, Christoph (2004): Artikel „Inwertsetzung". In: Historisch-Kritisches Wörterbuch des Marxismus, herausgegeben von Wolfgang Fritz Haug, Band 6/II; Hamburg: Argument, 1501-1506.

Görg, Christoph/Brand, Ulrich (2001): Postfordistische Naturverhältnisse. NGOs und Staat in der Biodiversitätspolitik. In: Brand, Ulrich/Demirovic, Alex/Görg, Christoph/Hirsch, Joachim (Hg.): Nichtregierungsorganisationen in der Transformation des Staates. Münster: Westfälisches Dampfboot, 65-93.

GRAIN (2005) – Genetic Resources Action International: Whither Biosafety? In these days of Monsanto Laws, hope for biosafety lies at the grassroots. www.grain.org/articles/index.cfm?id=9.

Gramsci, Antonio (1991ff.): Gefängnishefte, herausgegeben von Klaus Bochmann und Wolfgang Fritz Haug, zitiert aus den Bänden 1, 5, 7. Hamburg: Argument.

Heins, Volker/Flitner, Michael (1998): Biologische Ressourcen und „Life Politics". In: Flitner, Michael/ Görg, Christoph/ Heins, Volker (Hg.): Konfliktfeld Natur. Biologische Ressourcen und globale Politik. Opladen: Leske + Budrich, 13-38.

Hirsch, Joachim (2005): Materialistische Staatstheorie. Transformationsprozesse des kapitalistischen Staatensystems. Hamburg: VSA.

Hirsch, Joachim/Roth, Roland (1986): Das neue Gesicht des Kapitalismus. Vom Fordismus zum Postfordismus. Hamburg: VSA.

Howard, Patricia L. (Hg., 2003): Women and Plants. Gender Relations in Biodiversity Management and Conservation. London/ New York: Zed Books.

Jessop, Bob (1990): State Theory. Putting the Capitalist State in its Place. Cambridge: Polity.

Kloppenburg, Jack R. (1988): First the Seed. The political economy of plant technology, 1492-2000- Cambridge et al.

Kreile, Michael (1989): Regime und Regimewandel in den internationalen Wirtschaftsbeziehungen. In: Kohler-Koch, Beate (Hg.): Regime in den internationalen Beziehungen. Baden-Baden: Nomos, 89-102.

Lasén Díaz, Carolina (2005): Intellectual Property Rights and Biological Resources. An Overview over Key Issues and Current Debates. Wuppertal Papers 151. Wuppertal: Wuppertal Institut.

Lipietz, Alain (1985): Akkumulation, Krisen und Auswege aus der Krise. Einige methodologische Bemerkungen zum Begriff "Regulation". In: Prokla 58, 109-138.

Poulantzas, Nicos (1978/2002): Staatstheorie. Politischer Überbau, Ideologie, Sozialistische Demokratie. Hamburg: VSA.

Ribeiro, Silvia (2002): A Different Perspective. In: Heinrich Böll-Stiftung (Hg.), Comments on the Jo´burg Memo. World Summit Papers of the Heinrich Böll Foundation, Nr. 18, 36-41.

Röttger, Bernd (2004): Staatlichkeit in der fortgeschrittenen Globalisierung. In: Demirovic, Alex/ Beerhorst, Joachim/ Guggemos, Michael (Hg.): Kritische Theorie im gesellschaftlichen Strukturwandel. Frankfurt/M.: Suhrkamp, 153-177.

SEMARNAT (2002) – Mexikanisches Umweltministerium: Access to Genetic Resources and Fair and Equitable Sharing of Benefits: Building a Common Agenda. First Meeting of Like-Minded Megadiverse Countries, Februar. Mexiko. (http://www.megadiverse.org/armado_ingles/PDF/five/five1.pdf).

Villareal, Jorge/Helfrich, Silke/Calvillo, Alejandro (Hg., 2005): ¿Un mundo patentado? La privatización de la vida y del conocimiento. El Salvador: Ediciones Boell.

Wissen, Markus (2003): TRIPs, Trips-plus und WIPO. In: Brand/Görg, 128-155.

Wissen, Markus (2007): Politics of Scale. Multi-Level Governance aus der Perspektive kritischer (Raum-)Theorien, in: Achim Brunnengräber, Heike Walk (Hg.): Multi-Level Governance in einer interdependenten Welt. Empirische Befunde und theoretische Schlussfolgerungen.

Wullweber, Joscha (2004): Das grüne Gold der Gene. Globale Konflikte und Biopiraterie. Münster: Westfälisches Dampfboot.

III. Konfliktvermittlung bei Umwelt- und Technikkonflikten

Beteiligungsverfahren zwischen Politikberatung und Konfliktregelung: Die Frankfurter Flughafen-Mediation

Anna Geis

1. Einleitung

Der Frankfurter Flughafen soll 2011 im Zuge eines großen Ausbauprogramms eine vierte Landebahn erhalten. Mit dem Ausbau wäre dann eine mehr als zehnjährige Kontroverse vorläufig zum Abschluss gelangt, in der ein viel beachtetes „Mediationsverfahren" eine zentrale Rolle gespielt hat. Dass mit der vierten Bahn der Expansionsbedarf des siebtgrößten Flughafens der Welt ein für allemal befriedigt wäre, stünde indes nicht zu erwarten. Der Luftverkehrsbranche werden langfristig Wachstumsprognosen gestellt, die bei Eintritt den Konflikt zwischen Anrainern und Flughafen im Rhein-Main-Gebiet zum unlösbaren Dauerkonflikt machen würden. Seit den 1960er Jahren wird dieser traditionelle Konflikt zwischen Ökologie und Ökonomie immer wieder manifest, geändert haben sich jedoch die politischen Strategien der Konfliktbearbeitung. Wurde der Massenprotest der Bürger gegen die Startbahn West in den 1970/80er Jahren nach jahrelangen Auseinandersetzungen mit Hilfe staatlicher Gewalt ‚erstickt', so griff die Hessische Landesregierung Ende der 1990er Jahre zu einem Dialogverfahren, das alle Konfliktparteien frühzeitig an dem Entscheidungsprozess beteiligen sollte. Am Beispiel des Frankfurter Flughafens lässt sich sehr gut beobachten, dass bei der Bearbeitung von Umwelt- und Technikkonflikten politische Entscheidungsträger zunehmend auf Partizipation und Dialog setzen (Feindt 2001; Abels/Bora 2004; Bogner/Torgersen 2005). Gerade auch bei Flughafenerweiterungen sind in den letzten Jahren mehrfach partizipative Verfahren erprobt worden.[1]

Im vorliegenden Beitrag werden eine solche Konfliktkonstellation und die Form der Konfliktregelung näher beleuchtet. Die Konstellation war hier nicht nur wegen der Vielzahl der involvierten Akteure auf lokaler, regionaler und landespolitischer Ebene komplex, sondern auch, weil sich im Flughafenkonflikt eine Reihe von Konflikttypen vermischen – wobei hier unter Konflikt ein unvereinbarer Interessengegensatz verstanden werden soll (vgl. Bonacker/Imbusch 1999: 73-81): Verteilungs-, Wert-, Macht- und Wissenskonflikte (vgl. den Beitrag von Benighaus/Kastenholz/Renn, in diesem Band). Zum einen existieren zwischen den Konfliktparteien Anrainer und Wirtschaftsunternehmen *Verteilungskonflikte* hinsichtlich der konkurrierenden Nutzung begrenzter Ressourcen (u.a. Abholzung/Erhaltung von Bannwald) bzw. der Verteilung von ‚public bads' (u.a. Lärmbelästigung) und damit verbunden ein *Wertkonflikt* über die ‚richtige' Prioritätensetzung in den Bereichen Umweltschutz und Wirtschaftswachstum. Zum zweiten offenbarte die Einset-

---

[1] In Amsterdam-Schiphol, Wien, London-Heathrow, San Francisco, Berlin-Brandenburg, Frankfurt/Main (Sack 2001: 299). Ein systematischer Vergleich dieser Verfahren ist aufgrund der schwierigen Quellenlage nahezu unmöglich: Meist fehlen über solche Verfahren ausführliche, von Nichtbeteiligten erstellte Analysen, die eine ‚objektive' Beurteilung der Verfahren erlauben würden. Auf einen Vergleich muss daher hier verzichtet werden. Vgl. in diesem Kontext auch Abels/Bora (2004: 96), die auf das häufige Fehlen von Evaluationen im Bereich partizipativer TA-Verfahren hinweisen.

zung der Flughafen-Mediation auch einen *Machtkonflikt* zwischen der Hessischen Landesregierung und den Protestgruppen um das Ausmaß an Partizipation und Autonomie in der politischen Gestaltung der Konfliktregelung. Schließlich wurde auch noch ein *Wissenskonflikt* sichtbar; die Konfliktparteien stritten sich darüber, was an zukünftigen Risiken einer Flughafenerweiterung eigentlich gewusst werden kann und was gewusst werden muss, um eine legitime politische Entscheidung treffen zu können (vgl. Böschen 2005: 244-245; Geis 2005: 276-286).

Vor diesem Hintergrund sollen Rolle und Wirkung der Frankfurter Flughafen-Mediation als Beteiligungsverfahren zwischen Politikberatung und Konfliktregelung untersucht werden. Analytisch lässt sich das Frankfurter Verfahren am sinnvollsten als Governance-Form betrachten, als politisch gesteuertes Verhandlungssystem, das aus Sicht der Landesregierung dem ‚Outsourcing' von Politikentwicklung dienen sollte (vgl. Mayntz 2006: 115), das aber auch zur Konfliktregelung beitrug, indem es zu einer Rationalisierung des politischen Prozesses führte. Gesellschaftstheoretisch lassen sich Mediationsverfahren schließlich in die Perspektive der Theorie reflexiver Modernisierung rücken (Beck u.a. 2001). Diese Theorie lenkt den Blick auf die Politisierung der Nebenfolgen einer radikalen Modernisierung aller Gesellschaftsstrukturen. Demnach nötigt die tief greifende Modernisierung zur Erfindung neuer ‚reflexiver' Institutionen, die den Umgang mit Nichtwissen, Ambivalenz und Widersprüchlichkeit – d.h. insgesamt politische und gesellschaftliche Lernprozesse – eher fördern sollen als die ‚herkömmlichen' Institutionen der repräsentativ-parlamentarischen Demokratie (Barthe/Brand 1996; Barthe 2001). Insbesondere im Bereich der Umwelt- und Technikpolitik existiert inzwischen tatsächlich eine Vielzahl an reflexiven Verfahrensdesigns (Renn u.a. 1995; Feindt 2001; Abels/Bora 2004; Hennen u.a. 2004). So stellt auch das Design idealer Mediationsverfahren prinzipiell auf die Ermöglichung von Reflexivität ab – inwieweit dem die Verfahren in der Praxis gerecht werden, kann selbstredend nur empirisch beantwortet werden. Wie im letzten Kapitel zu zeigen ist, ist das umstrittene Frankfurter Verfahren der anspruchsvollen Idee reflexiver Verfahren nur in Maßen gerecht geworden.

2. Entstehungshintergrund der Frankfurter Flughafen-Mediation

Was unbeteiligte Beobachter letztlich nicht sonderlich erstaunen mag – an einem zentralen Flughafen wird vermutlich eine neue Bahn gebaut –, ist aus Sicht der betroffenen Region durchaus erklärungsbedürftig. Im Vorfeld des Baus der letzten Bahn hat diese Region einen der spektakulärsten Gewaltkonflikte der alten Bundesrepublik durchlebt: den lang andauernden „Kampf um die Startbahn West" in den 1970/80er Jahren (Rucht 1984). In diesem Konflikt traten nicht nur unversöhnliche, auf die Entwicklung der Region bezogene Interessen zu Tage, sondern auch kontroverse Vorstellungen über gerechtes Regieren in einer Demokratie. Der SPD-FDP-Regierung unter Ministerpräsident Börner wurde von einer politisch mobilisierten Region hartes „Durchregieren" und entfesselte Staatsgewalt vorgeworfen, die Grundprinzipien der repräsentativen Demokratie wurden als ungerecht empfunden: Wie konnte „der Staat" die lautstark artikulierten Interessen Hunderttausender einfach ignorieren?

Aufgrund dieser bis heute in der kollektiven Erinnerung der Region präsenten Ereignisse war der weitere Großausbau des Flughafens jahrzehntelang politisch tabuisiert. Erst im Herbst 1997 trat der damalige Lufthansa-Vorstandsvorsitzende Weber mit der Forderung einer neuen Start- und Landebahn für den Heimatflughafen der Lufthansa an die Öffentlichkeit. Weber warnte vor drohenden Kapazitätsengpässen und dem Bedeutungsverlust Frankfurts als internationale Verkehrsdrehscheibe. Seine Forderung alarmierte alte und neue Bürgerinitiativen sowie Kommunalpolitiker vieler Anrainerkommunen in der Rhein-Main-Region. Die Problemwahrnehmung war bei diesen Akteuren eine völlig andere als bei der Flugwirtschaft: Sie sahen die Zumutbarkeitsgrenze bei Lärm- und Umweltbelastungen seit langem erreicht. Durch eine weitere Expansion des Flughafens würde das einzige Naherholungsgebiet in der Region gefährdet, insgesamt stünden die Lebensqualität der Region sowie die Entwicklungsperspektiven der Kommunen auf dem Spiel. Viele Kommunalpolitiker konnten allerdings nicht ganz so eindeutig gegen einen geplanten Ausbau Stellung beziehen, da sie trotz der enormen Lärmbelastung für ihre Bevölkerung immer auch die ökonomischen Effekte und die Arbeitsplätze, die der Flughafen garantiert, berücksichtigen mussten.

So sah sich die damalige rot-grüne Landesregierung kurz vor einem Landtagswahlkampf mit zwei konkurrierenden Wahrnehmungen des Flughafenproblems konfrontiert: Die Ausbaubefürworter verwiesen ausschließlich auf die *Chancen*, die der Region in Form von Arbeitsplätzen und Wohlstand zukommen sollten. Ihre Erwägungen waren rein ökonomischer Natur, sie warnten vor dem Bedeutungsverlust Frankfurts vom „Weltflughafen" zum „Provinzflughafen". Die Ausbaugegner versuchten dagegen eine Deutungsperspektive der *Risiken* zu setzen, die der Flughafen jetzt schon für die Bevölkerung und die Natur beinhalte. Sie rahmten das Problem als ein ökologisches, gesundheitliches und soziales – der Flughafen dürfe nicht die Lebensbedingungen der Menschen zerstören (Sack 2001: 302-308). Die Kontroverse über eine mögliche neue Flughafenerweiterung brachte die seinerzeit amtierende rot-grüne Landesregierung in besondere Schwierigkeiten, da im Koalitionsvertrag eine Begrenzung des Flughafens auf sein damaliges Gelände festgeschrieben war. Die Grünen waren gegen eine Erweiterung des Bahnsystems, in der SPD gab es damals keine eindeutige Position zum Ausbau. Aus Furcht vor dem Wiederaufleben alter Auseinandersetzungen, um das Thema möglichst aus dem Wahlkampf herauszuhalten und um den Koalitionsfrieden zu wahren, berief Ministerpräsident Eichel daher den sogenannten Gesprächskreis Flughafen ein, der mit 17 Persönlichkeiten aus der Region besetzt war und schließlich den Vorschlag unterbreitete, ein Mediationsverfahren einzuleiten.

3. Umweltmediationsverfahren als Governance-Form

Umweltmediationsverfahren sind in den deutschen Sozialwissenschaften ausführlich diskutiert worden (z.B. Fietkau/Weidner 1998; Feindt 2001; Geis 2005), in der Praxis werden sie jedoch immer noch eher selten angewendet (Wörner 2003). Umweltmediation zielt darauf ab, durch die frühzeitige Einbeziehung und Kooperation der Betroffenen tragfähige Lösungen für umweltrelevante politische Probleme zu erarbeiten. Es gibt zahlreiche unterschiedliche Ansätze zur Durchführung von Mediation, anstelle einer Definition seien daher nur einige Grundmerkmale benannt: vermittelnde/r Dritte/r (Mediator/in), freiwillige Teilnahme möglichst aller betroffenen Konfliktparteien („stakeholder"), selbstbestimmte und an Konsens orientierte Verhandlungen der Parteien, Ergebnisoffenheit des Verfahrens (Fietkau/Weidner 1998: 15-16).

Eingesetzt werden Umweltmediationen z.B. in der Kommunalpolitik bei der Standortsuche für Infrastrukturmaßnahmen und bei der Ansiedlung großtechnischer Anlagen, die häufig auf den heftigen Widerstand der lokal ansässigen Bürger stoßen. Die durchaus aufwändigen Verfahren sollen für besonders „verzwickte" Fälle reserviert werden, in denen Konflikte bereits manifest sind. Bei Standortsuchen, Großbauprojekten und anderen umweltrelevanten kommunalen Problemen sollen sie Entscheidungsblockaden zwischen Anwohnern, Projektbetreibern und Verwaltung verhindern helfen. Mediationsverfahren werden in Deutschland üblicherweise von den Verwaltungen eingeleitet; die Haupteinsatzfelder liegen im Bereich Abfall/Entsorgung, Verkehr, Chemie/Gentechnik/Energie und Umweltprogrammen (Jeglitza/Hoyer 1998). Der Teilnehmerkreis setzt sich in der Regel aus Vertretern von konfliktrelevanten Interessengruppen, Umweltverbänden, Bürgerinitiativen, Verwaltungen und Kommunen zusammen, die Auswahl der Teilnehmer soll idealerweise über eine vorausgehende Interessen- und Konfliktanalyse eines Mediators vorbereitet werden (Voßebürger/Claus 1999). Mit Hilfe von wissenschaftlicher Expertise werden in strukturierten Verständigungs- und Verhandlungsprozessen Probleme gemeinsam diagnostiziert, Analysen erstellt, Gutachten in Auftrag gegeben, offene Fragen identifiziert, eigene Interessen offen gelegt und potenzielle Handlungsoptionen für alle Beteiligten erörtert. Die Machtverhältnisse der im Verfahren repräsentierten Interessengruppen bleiben jedoch ein wichtiger Einflussfaktor im Verfahrensprozess, insofern sich hieraus eine unterschiedliche Verfügung über Personal, Zeit, Geld und Expertise ergibt. Das Gelingen der Verfahren hängt stark davon ab, ob Vertrauen zwischen den Konfliktparteien gebildet werden kann. Das Abmildern von Asymmetrien im Kommunikationsprozess und die Bildung von Vertrauen sind zentrale Aufgaben des „überparteilichen" Mediators/der Mediatorin (Fietkau/Weidner 1998: 62-65).

Wissenschaftlich wurden Umweltmediationsverfahren hierzulande zunächst von der Verwaltungswissenschaft erörtert (z.B. Hoffmann-Riem/Schmidt-Aßmann 1990), in ihrer Eigenschaft als innovative Formen reflexiver Institutionalisierungen wurden sie dann auch Gegenstand demokratietheoretischer Überlegungen (Schmalz-Bruns 1995: 236). Die Verfahrensidee erscheint allgemein als so attraktiv, dass sich hohe Erwartungen an die Leistungsfähigkeit dieses Instruments ausgebildet haben: Sie könnten ‚Reflexionsschleifen' im Vorfeld politischer Entscheidungen darstellen, aufgrund der frühzeitigen Einbeziehung der Entscheidungsbetroffenen sowohl Rationalität als auch Legitimität von Entscheidungen vergrößern und die Nachhaltigkeit von Entscheidungen verbessern. Die erhöhte Sachrationalität kommt durch die Verknüpfung unterschiedlicher Wissensarten bzw. Rationalitäten im Verfahren zustande, die gesteigerte Legitimität durch die partizipative Erweiterung des Teilnehmerkreises. Die Effektivität der Entscheidungen soll durch das Interesse der Teilnehmer an der nachhaltigen Umsetzung der von ihnen erarbeiteten Lösungen gewährleistet werden.

Ähnlich wie in den USA behandelt man Mediationsverfahren auch in Deutschland häufig unter dem Aspekt der Konfliktregelung. In einer solchen Perspektive interessiert sich die Forschung vorwiegend für die internen Verhandlungs- und Kommunikationsvorgänge, d.h. für Mediation als avancierte Sozialtechnik. Im hier vorliegenden Beitrag soll jedoch eine andere Perspektive eingenommen werden: Mediation als Regierungstechnik, als Instrument der Politikberatung und des Konfliktmanagements. Da Mediationsverfahren als staatlich initiierte, gemischte Verhandlungssysteme auf Zeit aufgefasst werden können (vgl. Feindt 2001; Martinsen 2006: 143), lässt sich ihre Analyse mit der Governance-

Debatte verknüpfen, hebt der Governance-Begriff doch bekanntlich die gewachsene Bedeutung von Verhandlungssystemen für die Entwicklung und Implementation von Politik hervor (Mayntz 2004: 71). Unter „Governance" werden hier „netzwerkartige Strukturen des Zusammenwirkens staatlicher und privater Akteure" verstanden (Benz 2004: 18; 17-21). Verhandlungssysteme operieren meist im „Schatten der Hierarchie", ihre Existenz verdankt sich staatlicher prozeduraler Steuerung, ihre Struktur und internen Akteursbeziehungen lassen sich durch politische Interventionen verändern, und ihre Problemlösungen können prinzipiell der Gemeinwohlprüfung durch staatliche Instanzen unterzogen werden (Mayntz 1997: 279).

Im Hinblick auf Mediationsverfahren erzeugt der lange ‚Schatten der Hierarchie' Spannungen und Konflikte zwischen den Erwartungen gesellschaftlicher Akteure an Ausmaß und Ausgestaltung von Selbstregelung und den Steuerungsvorbehalten institutionalisierter Politik, die im vorliegenden Beitrag übergreifend als ‚Schnittstellenkonflikte' bezeichnet werden. Die potenziellen Teilnehmer einer Mediation müssen bereits vorgängig das Vertrauen haben, dass das ihnen angebotene Verfahren fair verlaufen wird und eine faire Lösung überhaupt (noch) möglich ist – die Teilnahme an einem informellen Prozess ohne institutionalisierte Rechte, die immer auch Risiken mit sich bringt, muss sich also für die betreffende Konfliktpartei ‚lohnen'. Gerade ressourcenschwächere Gruppen wie Bürgerinitiativen und Umweltverbände sind in dieser Hinsicht äußerst misstrauisch – zum einen, weil sie argwöhnen, für einen politischen Zweck instrumentalisiert zu werden; zum anderen sprechen ihre eigenen Organisationsinteressen (heterogene Klientel; Vorfestlegung auf eine Position; wenig Ressourcen) eher gegen eine Teilnahme. Die Einbindung solcher Gruppierungen, die durch Mediationsverfahren gerade angesprochen werden sollen, ist daher in der Praxis häufig schwierig oder gelingt nicht (Tils 1997). Ob Mediationsverfahren überhaupt zu einem umsetzbaren Ergebnis kommen, ist ohnehin alles andere als garantiert, da Verfahren teils abgebrochen werden oder kein ‚greifbares' Ergebnis produzieren (Troost 2001: 273; Herz 2003: 174, 179). Nach Abschluss einer gelungenen Mediation ist prinzipiell unklar, wie die politischen Entscheidungsträger mit etwaigen Ergebnissen umgehen. Allerdings kann die symbolische Aufladung von Mediationsverfahren für Entscheidungsträger auch zu einer gewissen Nötigung führen, deren Ergebnisse zu beachten: Mediation wird häufig mit mehr Bürgerbeteiligung, mit Diskurs und Dialog gleichgesetzt (kritisch Saretzki 1997), mit der Initiierung eines solchen Verfahrens kann sich die Exekutive daher als progressiv und innovativ darstellen – was andererseits auch impliziert, sich dessen Empfehlungen nicht gänzlich entziehen zu können.

4. Die Frankfurter Flughafen-Mediation

Die Frankfurter Flughafen-Mediation geriet in der deutschen ‚Mediationsszene' geradezu in Verruf, weil sich deren Wegbereiter in der Hessischen Staatskanzlei aufgrund der gewaltsamen Vorgeschichte des aktuellen Konflikts ein Ausmaß an „Maßschneiderung" vorbehielten, das vielen Experten als nicht mehr vereinbar mit der Grundidee von Mediation erschien (z.B. Kessen 1999; vgl. aber Ewen u.a. 2003). Die Staatskanzlei und der Gesprächskreis bereiteten Konzeption, Zusammensetzung und Fragestellung des Verfahrens vor und legten bereits zwei der drei vorgesehenen Mediatoren fest, die zudem aus den Reihen des Gesprächskreises stammten. Die Mediationsgruppe sollte klären, „unter welchen

Voraussetzungen der Flughafen Frankfurt dazu beitragen kann, die Leistungsfähigkeit der Wirtschaftsregion Rhein-Main im Hinblick auf Arbeitsplätze und Strukturelemente dauerhaft zu sichern und zu verbessern, ohne die ökologischen Belastungen für die Siedlungsregion außer Acht zu lassen" (Mediationsgruppe 2000: 7). Insgesamt zwanzig Personen wurden zur Teilnahme an der Mediation eingeladen: Bürgerinitiativen (vertreten durch 4 Personen), Umweltverbände (2), Städte und Kommunen (4), das Hessische Wirtschaftsministerium (1), das Hessische Umweltministerium (1), das Bundesverkehrsministerium (1), die Flughafenbetreiberin Fraport AG (1), die Lufthansa (1), die Interessenvertretung der Fluglinien BARIG (1), die Deutsche Flugsicherung (1), die Gewerkschaft ÖTV (1), die IHK Frankfurt (1) und die Vereinigung der hessischen Unternehmerverbände (1).

Umweltverbände und Bürgerinitiativen waren in die Vorbereitung des Verfahrens nicht eingebunden. Schließlich lehnten sie eine Teilnahme unter den gegebenen Bedingungen ab. Sie stützten sich in ihrer starken Kritik an dem Verfahren u.a. auf Kriterien, die in der Expertenliteratur zu Mediation erarbeitet worden sind (Busch 2000). Sie vermissten eine Selbstbestimmtheit des Verfahrens und hielten die Mediatoren für parteiisch. Zudem sei eine Ergebnisoffenheit des Verfahrens nicht gewährleistet, weil der Ausbau schon feststehe (wie schon allein an der Auftragsfrage der Mediation abzulesen sei). Einige Gegner bezweifelten prinzipiell, dass man in der Frage einer Landebahn überhaupt einen Kompromiss finden könne, der alle Seiten zufrieden stellt – der Einsatz eines an ,Win-Win-Lösungen' orientierten Mediationsverfahrens erschiene damit aber von vornherein aussichtslos. Insgesamt erfülle das angestrebte Verfahren also keines der wichtigen Kriterien eines Mediationsverfahren und diene nur der Akzeptanzbeschaffung für eine schon feststehende Entscheidung. Schließlich, so der letzte Einwand der Nichtteilnehmer, sei auch überhaupt nicht zu erkennen, wie etwaige Ergebnisse des Verfahrens die Politik binden würden.

Ungeachtet der starken Kritik konstituierte sich die Mediationsgruppe im Juli 1998 auf der Basis der Vorgaben durch die Staatskanzlei. Die freigelassenen Plätze nahmen schließlich Vertreter von Städten und Kommunen ein. Es wurde erwartet, dass die zahlreichen Kommunalvertreter die Argumente der nichtteilnehmenden Ausbaugegner quasi ,mitrepräsentieren' würden, da viele von ihnen ebenfalls gegen den Ausbau waren. Für die fachliche Begleitung wurden die Hessische Landesanstalt für Umwelt (HLfU) und die Hessische Landesentwicklungs- und Treuhandgesellschaft (HLT) ausgewählt, für die wissenschaftliche Begleitung das Öko-Institut e.V. Die Mediationsgruppe entwarf zur Beantwortung ihrer Prüffrage vier Szenarien, die eine Zielgröße von im Jahr 2015 nachgefragten jährlichen Flugbewegungen angaben sowie den Anteil an Nachtflügen enthielten (Mediationsgruppe 2000: 30-35):

(a) ein Ausbau mit voller Kapazität entsprechend der zunehmenden Nachfrage, wie es den Forderungen der Fraport und der Fluglinien entspräche (660.000 Flugbewegungen im Jahr, Anteil der Nachtflüge wie 1998 [etwa 9%]);
(b) ein Ausbau mit begrenzter Kapazität, mit dem die nachgefragten Flugbewegungen nicht vollständig abgewickelt werden könnten (560.000 Flugbewegungen im Jahr, Anteil der Nachtflüge wie 1998 [etwa 9%]);
(c) kein Ausbau, aber eine Optimierung der Kapazitäten des bestehenden Bahnensystems durch die Nutzung neuer technischer Möglichkeiten (500.000 Flugbewegungen pro Jahr, Nachtflugverbot 23-5 Uhr);

(d) eine Reduktion der Kapazitäten entsprechend der Forderungen belasteter Anwohner (420.000 Flugbewegungen im Jahr, Nachtflugverbot 22-6 Uhr).

Diesen vier Szenarien wurden nach Auswertung der eingeholten Gutachten, der Experten-Hearings und der Arbeitspapiere die jeweils bis 2015 zu erwartenden gesundheitlichen, ökologischen, sozialen, siedlungsstrukturellen und ökonomischen Wirkungen zugeordnet. Die Mediationsgruppe gab im Laufe des Verfahrens zwanzig Gutachten in Auftrag, ließ zahlreiche Kurzgutachten, Arbeitspapiere oder Stellungnahmen auch von den Mitgliedern ihrer Arbeitskreise selbst erstellen sowie fünfzehn Expertenanhörungen durchführen. Insgesamt wurden 129 externe Experten konsultiert (Mediationsgruppe 2000: 9). Die fachliche und insbesondere die wissenschaftliche Begleitung leisteten erhebliche Vorarbeiten bei der inhaltlichen Konkretisierung des Arbeitsprogramms und der Vorbereitung der Gutachten, da die meisten Mitglieder der Mediationsgruppe nicht die notwendige Expertise zur außerordentlich komplexen Problematik eines Flughafenbetriebs besaßen. Daher fungierte die Mediationsgruppe häufig vorwiegend als Beschlussorgan, Grundlage ihrer Beschlüsse waren die schriftlichen Ergebnisse ihrer Arbeitskreise.[2]

Die inhaltlichen Erkenntnisse fasste die Mediationsgruppe in ihrem 192-seitigen Endbericht zusammen. Die Gruppe untersuchte entlang der vier Kriterien ‚technische Voraussetzungen', ‚Folgen für Verkehr und Ökonomie', ‚Folgen für Lärm' und ‚Folgen für die Ökologie' neun Bahnvarianten und ihre Auswirkungen. Anhand der detaillierten Nebeneinanderstellung der denkbaren Varianten waren die zum Teil sehr starken Belastungen, die mit der Realisierung der jeweiligen Variante verbunden wären, gut vergleichbar. Die Mediationsgruppe schloss ihren Endbericht mit politischen Empfehlungen ab, dem sog. Mediationspaket. Dieser Kompromissvorschlag besteht aus fünf „untrennbar miteinander verbundenen" Komponenten: Optimierung des vorhandenen Bahnensystems, Kapazitätserweiterung durch Ausbau, Nachtflugverbot, Anti-Lärm-Pakt, Regionales Dialogforum. Wie die Mediationsgruppe erläuterte, würde die Optimierung des bestehenden Bahnensystems allein bis zu 20% mehr Kapazität ermöglichen. Zum Ausbau erklärte sie, dass sie diesen aufgrund der wirtschaftlichen Bedeutung des Flughafens für „erforderlich" halte. Gleichzeitig sei aber ein Nachtflugverbot von 23 bis 5 Uhr „unabdingbar". Der Anti-Lärm-Pakt sieht ein verbindliches Programm zur Lärmminderung und Lärmvermeidung vor. Mit dem Regionalen Dialogforum unterbreitete die Mediationsgruppe der Landespolitik den Vorschlag einer Institutionengründung, die ihren eigenen Kommunikationszusammenhang auf Dauer stellen sollte. Inhaltlich sollte das Gremium insbesondere offen gebliebene Sachfragen klären sowie detaillierte Umsetzungsvorschläge für das Nachtflugverbot und den Anti-Lärm-Pakt entwickeln.

5. Erfolgreiche Politikberatung: Politische Reaktionen auf die Empfehlungen

Eine Reihe von Verfahrensbeteiligten (Flugwirtschaft und Kommunalvertreter) distanzierte sich nach dem zustande gekommenen Kompromiss wieder vom Ergebnis und wollte sich nur die für sie jeweils günstigen Elemente des Mediationspakets ‚herauspicken' – im Gegensatz dazu übernahmen die politischen Parteien mit Ausnahme der Grünen das Gesamt-

---

2 Siehe für eine Bewertung der internen Vorgänge der Mediation die kritische Analyse, die aus der teilnehmenden sozialwissenschaftlichen Beobachtung hervorgegangen ist, von Troost (2001, hier S. 258).

paket jedoch geradezu distanzlos. Obwohl es inzwischen einen Regierungswechsel in Hessen gegeben hatte, akzeptierte die damalige CDU-FDP-Regierung, die dem von der rotgrünen Regierung initiierten Verfahren zu Anfang sehr skeptisch gegenüber gestanden hatte, nunmehr geradezu dankbar das vorgelegte Kompromisspaket – und auch noch die ab 2004 regierende CDU-Alleinregierung in Hessen erklärte das Mediationspaket zur Grundlage ihrer Politik.

In der ersten Jahreshälfte 2000 lobten Politiker in vielen Debatten des Landtags ausführlich das ihrer Meinung nach beeindruckende Ergebnis der Mediation. Am 21. Juni 2000 beschloss der Landtag schließlich mit 55 Ja-Stimmen der CDU-FDP-Koalitionsfraktionen, sich die Vorschläge der Mediationsgruppe komplett zu Eigen zu machen. In der SPD-Fraktion gab es 41 Enthaltungen und drei Abgeordnete der SPD votierten gegen den Antrag. Dennoch unterstützt die SPD in ihrer offiziellen Position zum Flughafen das Mediationspaket (Ausbau nur mit gleichzeitigem Nachtflugverbot und weiteren Lärmminderungsmaßnahmen), das Votum der Fraktion sollte die Einschätzung vieler SPD-Abgeordneter zum Ausdruck bringen, dass zum damaligen Zeitpunkt zu viele Fragen noch ungeklärt und daher eine Entscheidung unsolide sei. Die Grünen stimmten geschlossen gegen den Antrag, weil sie ebenfalls zu vieles als ungeklärt ansahen, aber vor allem, weil sie einen Ausbau ablehnten und daher die untrennbare Verknüpfung der fünf Komponenten des Mediationspakets nicht mittrugen. Mit dem Parlamentsentscheid bekannte sich die Regierungsmehrheit des Landtags rückhaltlos zu den Ergebnissen der Mediation. Bemerkenswert an diesem an sich schon ungewöhnlichen Akt der parlamentarischen Übernahme der Ergebnisse eines informellen Verfahrens ist, dass genau diejenigen Parteien (CDU, FDP) für die Mediationsempfehlungen votierten, die dem Verfahren zu Beginn äußerst skeptisch gegenüber gestanden hatten – während diejenigen, die es seinerzeit eingeleitet hatten (SPD, Grüne), nicht mit Ja stimmten.

Im Juni 2000 setzte die CDU-FDP-Landesregierung auch das vorgeschlagene „Regionale Dialogforum" (RDF) ein, das wiederum von der Staatskanzlei konzipierte und betreute Nachfolgegremium. Diesem zeitlich zunächst unbegrenzten Forum gehören rund 35 Vertreter von Institutionen, Organisationen und Städten/Kommunen an.[3] Auch die Bürgerinitiativen und Umweltverbände wurden erneut zum Forum eingeladen, aber nur letztere nahmen zunächst auch daran teil, zwei von drei Umweltverbänden verließen das Forum wieder. Ihrer Meinung nach treibt die Landesregierung zwar den Ausbau voran, nicht aber in gleichem Maße das Nachtflugverbot. Dieser Eindruck hat sich seitdem auch bei den Kommunalvertretern festgesetzt, was die Arbeit des RDF erheblich belastet.

Trotz dieser Schwierigkeiten des Regionalen Dialogforums, eine konzentrierte Kooperation der Konfliktparteien weiterhin aufrechtzuerhalten, muss festgestellt werden, dass die Mediation eine erstaunliche Orientierungswirkung auf weite Teile der Landespolitik ausübte. Dies lässt sich aus dem Ergebnis heraus erklären, das niemand so vorhergesehen hatte. Die unmittelbar von der weiteren Flughafenentwicklung Betroffenen – die Kommunen, Anwohner, Fluglinien und Wirtschaftsunternehmen – beurteilen das Mediationspaket als „Lose-Lose-Situation", als so einschneidenden Verzicht auf existenzielle Interessen, dass sie sich alle als Verlierer begreifen (Troost 2001: 273). Für die lärmbelasteten Bürger ist eine weitere Steigerung der Flugbewegungen um ein Drittel oder mehr nicht mehr er-

---

3 Weitere Informationen über Konzeption, Zusammensetzung und Arbeitsweise des Forums unter <http://www.dialogforum-flughafen.de>.

träglich, für die an Rentabilität orientierten ökonomischen Nutzer des internationalen Großflughafens ist das Nachtflugverbot inakzeptabel.

Die Landesregierung, die die Minderheitsinteressen unmittelbar Betroffener mit den Gemeinwohlinteressen des ganzen Landes abzuwägen hat, übernahm bereitwillig das Mediationspaket, weil es aus ihrer Sicht die „Win-Win-Lösung" darstellte: Alle Konfliktparteien werden zwar große Opfer bringen müssen, bekämen dafür aber auch noch größere Gewinne; im Netto-Effekt würden sich alle besser stellen. CDU, SPD und FDP maßen dem Mediationsergebnis hohe Akzeptanzfähigkeit zu, weil es der ideale Kompromissvorschlag zu sein schien. Den politischen Parteien war ihre bewusst eingegangene Bindung an das Ergebnis des informellen Verfahrens so willkommen, weil andere ihnen etwas vorgelegt hatten, was sie selbst nicht hätten leisten können. Die Ergebnisse der Mediation sind aufgrund des erklärten politischen Mehrheitswillens schließlich auch in die förmlichen Genehmigungsverfahren eingegangen.

6. Schnittstellen-Konflikte zwischen institutionalisierter Politik und informellen Beteiligungsverfahren

Am Frankfurter Fall lassen sich zwei strukturell bedingte Konfliktpunkte identifizieren, die durch den Einsatz von Mediations- oder mediationsähnlichen Verfahren erst entstehen: Der erste tritt bei der Vorbereitung und Einsetzung des Verfahrens auf und liegt im Spannungsverhältnis zwischen politischen Vorgaben und Erwartungen an solche Verfahren und den Autonomieansprüchen gesellschaftlicher Akteure, gerade von Protestakteuren, begründet. Der zweite große Konflikt resultiert aus der institutionellen Unverbundenheit von informellen Verfahren und förmlichen Verwaltungsverfahren. Beide lassen sich als Konflikte interpretieren, die an den *Schnittstellen* von institutionalisierter Politik und informellen Beteiligungsverfahren entstehen.

Von der scharfen Kritik der Bürgerinitiativen und Umweltverbände an der Frankfurter Flughafen-Mediation ist der Vorwurf der mangelnden Selbstbestimmtheit des Verfahrens der stichhaltigste. Die „ideale" Mediation geht von einem weitgehend selbstbestimmten Findungs- und Organisationsprozess von Betroffenen aus (Voßebürger/Claus 1999). Eine solche Vorstellung verkennt jedoch, dass Mediationsverfahren – wie andere Verhandlungssysteme auch – in einen politischen Kontext eingebettet sind und damit auch politisch gesteuert werden können. Im Frankfurter Fall ist zunächst festzustellen, dass die Exekutive den Konfliktparteien den Vorschlag einer Mediation unterbreitet hat. Sodann wurden nicht alle Konfliktparteien an der Vorbereitung direkt beteiligt, die Umweltverbände und Bürgerinitiativen fanden sich im „Gesprächskreis Flughafen" nicht repräsentiert, wohl aber die Fraport AG. Wie die Exekutive die anderen Mitglieder des Gesprächskreises ausgewählt hat, ist intransparent. Auffällig ist jedoch, dass die Mehrheit im Gesprächskreis staatliche Akteure aus Exekutive, Legislative und Judikative waren – eine Konstellation, die ein starkes politisches Interesse am Verfahren vermuten lässt. Der Gesprächskreis legte mit den Vereinbarungen entscheidende Verfahrensaspekte wie die Zielbestimmung, Themenkomplexe, Zeithorizont und Zusammensetzung der Mitglieder fest. Außerdem machte er für weitere Posten wie die Mediatorenbesetzung und die wissenschaftliche Begleitung schon konkrete Personalvorschläge. Die von der Staatskanzlei zugesicherte Autonomie der Mediationsgruppe bezog sich auf eine Selbstbestimmung in einem vorgegebenen Rahmen. Die

Mediationsgruppe und die Mediatoren akzeptierten ihre beschränkte Autonomie auch und suchten keine Machtkämpfe mit ihrem Auftraggeber.

Anders sah dies bei den Akteuren aus, die schließlich auf eine Teilnahme verzichteten und sich gerade an der starken politischen Steuerung des ‚Dialogs' störten. Sie inszenierten einen Machtkampf mit der Landesregierung und forderten, ihre eigenen Vorstellungen von der Gestaltung des Verfahrens einbringen zu können. Die Staatskanzlei und der Ministerpräsident zeigten sich recht unbeeindruckt von der massiven Kritik an ihrem Vorgehen, die Flughafenfrage erschien ihnen viel zu wichtig für die hessische Politik, als dass man sie der unberechenbaren Eigendynamik eines völlig in der Verantwortung gesellschaftlicher Gruppen liegenden Verfahrens überlassen wollte. Mit dem Setzen von Rahmenbedingungen wurden der Eigendynamik gewisse Grenzen gesteckt. In einer zutreffenden Formulierung hat der Gesprächskreis das Verfahren selbst als „Informations- und Beratungsverfahren" bezeichnet. Da demnach keine selbstorganisierte Konfliktvermittlung angestrebt war, sondern eine innovative Form der Politikberatung, ist eine Vorbereitung ‚von oben' aus dieser Sicht auch nichts Ungewöhnliches. Erst wenn man das Vorgehen „Mediation" nennt, wird das Ausmaß der politischen Steuerung kritisierbar (Troost 2001: 271).

Der zweite große Schnittstellenkonflikt entsteht nach Beendigung einer Mediation, da die institutionelle Unverbundenheit von informellen Verfahren und förmlichen Verwaltungsverfahren eine rechtliche Unverbindlichkeit der Mediationsergebnisse in Deutschland erzwingt (Martinsen 2006: 148). Diese Unverbindlichkeit ist schon vor Verfahrensbeginn ein Faktor, wenn potenzielle Mediations-Teilnehmer Kosten und Nutzen kalkulieren müssen. So brachten die im hier betrachteten Fall nichtteilnehmenden Gruppen als einen der Gründe für ihre Ablehnung die Unverbindlichkeit des Ergebnisses vor. Nach deutscher Rechtslage sind jedoch keine vertragsmäßigen Vorausbindungen der Politik an solche Verfahren möglich, und dies erscheint auch nicht wünschenswert. Legitimation und Inklusionsreichweite von Mediationsverfahren sind in der Realität immer problematisch, zum Schutz der Rechte Dritter darf die Verwaltung nicht in ihren vorgeschriebenen Abwägungsprozessen präjudiziert werden. Es ist für Akteure, die über nur geringe Ressourcen verfügen und daher ihre Verfahrensteilnahme genauestens abwägen müssen, zwar riskant, aber hier bleibt nur eines übrig: zu vertrauen (vgl. Geis 2003). Vertrauen zum einen in die eigene Leistungs- und Konsensfähigkeit der Mediationsgruppe, dass sie am Ende ein gutes Ergebnis erarbeiten wird, und zum anderen Vertrauen in die institutionalisierte Politik, dass sie ein solchermaßen erzieltes Ergebnis auch in konkrete Entscheidungen umsetzen wird. Indes fehlt im Flughafenkonflikt gerade bei den Ausbaugegnern das notwendige *vorgängige* Maß an Vertrauen (Busch 2000). Seit dem Ende der Frankfurter Mediation ist die rechtliche Unverbindlichkeit des Ergebnisses zum größten Streitpunkt zwischen den betroffenen Akteuren geworden.

7. Die Flughafen-Mediation zwischen Politikberatung und Konfliktregelung

Neben diesen Schnittstellen-*Konflikten*, die durch die Beteiligungsverfahren erst entstehen, können Mediations- oder mediationsähnliche Verfahren auch zur *Konfliktregelung* beitragen. In der Einleitung wurde erläutert, dass sich im Frankfurter Flughafenkonflikt Verteilungs-, Wert-, Macht- und Wissenskonflikte vermischten; im Folgenden soll erörtert werden, inwieweit das Mediationsverfahren zur Regelung der einzelnen Konflikttypen tatsächlich beigetragen hat. Hier wird die These vertreten, dass das Verfahren bezüglich des Verteilungs-, Macht- und insbesondere des Wissenskonfliktes maßgeblich zur Rationalitätssteigerung des Entscheidungsprozesses beigetragen hat, dass es hinsichtlich des Wertekonflikts jedoch wenig zu bewirken vermochte.

Was ist mit „Rationalitätssteigerung" gemeint? Mit dem Begriff ist ausdrücklich nicht die Herstellung von Übereinstimmungen in Sachfragen gleichzusetzen. Die Rationalisierungswirkung wird in sich schleichend vollziehenden Verschiebungsprozessen in der öffentlichen Debatte bemerkbar (vgl. Peters 2001: 667). Diese Wirkung läst sich in drei Unteraspekte aufgliedern: Strukturierung der Flughafen-Debatte, Steigerung des Wissensgehalts der Debatte und argumentatives ‚Empowerment' der beteiligten Akteure.

Das Mediationsverfahren erzeugte eine Reihe von Teilöffentlichkeiten (Fach-, Medien-, Protest-, Parlamentsöffentlichkeiten), die das Verfahren oder zumindest seine Ergebnisse aufmerksam begleiteten. Außerdem bewirkte die Mediation, dass nicht irgendeine diffuse öffentliche Debatte entstand, sondern eine in hohem Maße strukturierte und auch eine kontinuierliche Debatte. Besonders auffällig ist die Strukturierungswirkung nach Abschluss des Verfahrens: Die Vorlage des Mediationspakets mit den fünf Komponenten hat zu einer punktuellen Abarbeitung genau dieser Themenkomplexe geführt. Medienöffentlichkeit und Parlamentsdebatten nahmen die Strukturierungsleistung der Mediation auf.

Des Weiteren ist der Wissensgehalt und die thematische Komplexität der öffentlichen Debatte durch die Mediation enorm gesteigert worden. Selten oder womöglich nie zuvor lagen in einem so frühen Stadium so viele Daten und eine solch breite Untersuchungsgrundlage über ein geplantes Großprojekt vor. Zwar wurde zu Recht auch bemängelt, dass noch viele sachliche und rechtliche Fragen offen und ungeklärt sind, doch wurde diesem Monitum durch ‚Nacharbeitung' im Regionalen Dialogforum (RDF) teilweise entsprochen. Durch die Mediation ist ein großes Reservoir an Wissen produziert worden, aus dem entgegen ihrer kritischen Erwartungen auch die Ausbaugegner schöpfen können.

Die Protestakteure (Umweltverbände, Bürgerinitiativen, Kommunalvertreter) bezeichnen ihren Protest selbst als „reifer" als zu Zeiten der Startbahn West, da sich die Ausbau-Gegner jetzt auf wesentlich mehr Informationen stützen und damit auch mehr rationale Argumente gegen den Ausbau vorbringen können. Der Protest setzt heute frühzeitig ein, wird koordiniert getragen und besteht vor allem in wohl präparierten, kumulierten Klagen gegen die Pläne der Flughafenbetreiberin. Die Rationalisierung des Protests ist gewiss nicht allein Folge der Mediation, da sich die Arbeitsweise von Bürgerinitiativen und insbesondere Umweltverbänden vor dem Hintergrund eines gesellschaftlichen Wertewandels in Deutschland generell stärker professionalisiert hat. Die enorme Wissensproduktion, die die Mediation (und anschließend das Dialogforum) in Gang gesetzt hat, ist jedoch auf umfangreiche finanzielle und politische Ressourcen angewiesen, über die Protestgruppen nicht dauerhaft verfügen.

Schließlich ist es auch zu einem argumentativen Empowerment aller politisch wirksamen Akteure gekommen: Alle am Politikprozess Teilnehmenden wurden insgesamt besser in die Lage versetzt, ihre Interessen, Positionen und Handlungsoptionen rational zu entdecken, zu klären und zu prüfen (vgl. Saretzki 1996: 209). Bei einigen Betroffenen entstand sogar erst im Laufe des Verfahrens oder der Debatte ein Bewusstsein von dem tatsächlichen Ausmaß ihrer Betroffenheit. So erklärten viele Kommunalvertreter, dass sie erst durch das im Verfahren erarbeitete Wissen erfahren hätten, welch problematische Auswirkungen der

Flughafenbetrieb im Einzelnen hat und wie lärmbelastet bestimmte Kommunen tatsächlich beziehungsweise potenziell sind.

Insgesamt hat die Mediation vor allem durch das Erzeugen und Strukturieren von Wissen dazu beigetragen, den Konflikt rational zu hegen. Der bestehende Wissenskonflikt konnte zumindest abgemildert werden, indem allen Interessierten neues wissenschaftliches Wissen und neue Argumente zugänglich gemacht wurden – wenn auch umstritten bleibt, was eigentlich gewusst werden muss, um eine politische Entscheidung ‚guten Gewissens' treffen zu können (vgl. Geis 2005: 276-286). Heute werden im Entscheidungsprozess vorwiegend rationale Argumente gebraucht, anstatt wie zu Zeiten der Startbahn West auf staatliches Gewalthandeln oder einen zivilgesellschaftlichen „emotionalisierten Widerstand" (Rucht 1984: 269) zu rekurrieren. Im Vergleich zu Anfang der 1980er Jahre hat so eine Zivilisierung des Konfliktaustrags stattgefunden: Dissense werden im gegenwärtigen Konflikt zwischen allen im Feld aktiven Akteuren vorwiegend argumentativ geklärt.

Die Frankfurter „Mediation" hat demnach ihre stärkste Wirkung in dem Bereich erzielt, der ihr von der Landesregierung auch zugedacht war, nämlich ein „Informations- und Beratungsverfahren" zu sein. Es hat nicht nur *unmittelbar* politikberatend gewirkt, sondern auch die gesamte öffentliche Debatte entscheidend strukturiert und geprägt. Eine lange Zeit umstrittene Frage war, wieso dieses Verfahren dann unbedingt „Mediation" genannt werden musste. Dies lässt sich vermutlich am besten mit der dadurch eröffneten attraktiven Möglichkeit eines Regierens mit resonanzkräftiger Symbolik erklären (vgl. Barthe 2001: 126-146). Die Einberufung einer weiteren „Kommission" durch eine Regierung wäre nichts Unübliches, klingt daher bei weitem nicht so progressiv und innovativ wie die Einrichtung einer „Mediation". Das „Frankfurter Verfahren" dürfte sich am besten als eigentümlicher, quasi namenloser ‚Verfahrenshybrid' verstehen lassen, der sich eindeutigen Klassifizierungen entzieht. In der Landtags-Anhörung wurde meines Erachtens zutreffend davon gesprochen, dass das Verfahren mediative Elemente und Elemente eines Gutachter- sowie Schlichterverfahrens in sich vereinte.[4]

Wie lässt sich der politische ‚Erfolg' des von der Mediation produzierten Wissens erklären? Die Mediationsgruppe konnte sich dank ihrer guten Finanzausstattung eine umfangreiche wissenschaftliche Unterstützung leisten, mit deren Hilfe sie den Typ Wissen produzierte, der in der Wissenshierarchie am höchsten rangiert: wissenschaftliches Wissen (vgl. Weingart 2003: 15-30). Aus diesem Wissen hat die Gruppe dann für die fünf *Empfehlungen* des Endberichts praktisch umsetzbare Schlussfolgerungen gezogen, die die Landesregierung anschließend genau so übernommen hat – d.h. die Mediationsgruppe hat auch politisch nutzbares Wissen zur Verfügung gestellt. Man wird insgesamt davon sprechen dürfen, dass das Wissen der Mediation eine relativ hohe Geltungskraft im politischen Diskurs erlangen konnte. Dies lässt sich mit einigen wissenspolitologischen Überlegungen erhellen (Nullmeier 1993; Nullmeier/Rüb 1993): Auf allen Ebenen der Gesellschaft wird permanent Wissen unterschiedlichster Art erzeugt, und die produzierten Deutungsmuster und Wissensangebote stehen miteinander auf „Wissensmärkten" in der Konkurrenz um legitime Geltung (Nullmeier 1993: 177, 182-183). Die „Marktmacht" einzelner Akteure ergibt sich nicht nur aus ihrer Macht- und Rechtsposition, sondern auch aus der Verfügung über spezielle Interpretations- und Wissensressourcen, zu denen zum einen materielle, personelle

---

4 So Christoph Ewen, in: Hessischer Landtag, Protokoll der Anhörung zum Frankfurter Flughafen, 3. Tag, 12.05.2000, Teil 2, S. 53-54. Für weitere Diskussionen über dieses Thema siehe Kessen (1999), Busch (2000), Troost (2001), Ewen u.a. (2003) und Geis (2005: 167-172; 271-277).

und organisatorische Mittel zur Erzeugung und Prüfung von Wissen gehören, zum anderen die „kognitive Fähigkeit zur Mobilisierung guter Gründe" (Nullmeier 1993: 184; Nullmeier/Rüb 1993: 20, 30-31).

Die überlegene Stellung der Mediationsgruppe auf dem Wissensmarkt ließe sich dann damit erklären, dass sie aufgrund ihrer politischen Protektion, der Initiation und Ausstattung durch die Landesregierung, eine gewisse öffentliche Machtposition mit im Laufe des Verfahrens anwachsenden Ressourcen zur Wissensproduktion zu verbinden vermochte. Dies befähigte sie schließlich zur wissenschaftlich abgestützten Präsentation ‚guter Gründe'. Letzteres gelang zwar auch Umweltverbänden und Bürgerinitiativen, indem sie zum Teil aus Gegenexpertise bzw. Erfahrungswissen schöpften; sie konnten sich jedoch bei weitem nicht auf den gleichen Umfang an materiellen, organisatorischen und personellen Ressourcen zur Wissensproduktion stützen wie die Mediationsgruppe. Zudem fehlte jenen eine ebenbürtige politische Machtstellung und Protektion, um mit den von ihnen mobilisierten ‚guten Gründen' die politische Entscheidung in ihrem Sinne zu beeinflussen.

Konnte das Mediationsverfahren so im Bereich des *Wissenskonflikts* relativ starke Wirkungen erzeugen, war sein transformativer Einfluss auf den Machtkonflikt und den Verteilungskonflikt bereits geringer: Der *Machtkonflikt* zwischen Landesregierung und Protestgruppen, der sich um die demokratische Ausgestaltung der Konfliktregelung zuspitzte, wurde von der Landesregierung dezisionistisch zu ihren Gunsten aufgelöst. Nach wie vor sind die Protestgruppen unzufrieden angesichts der ihrer Meinung nach mangelnden Berücksichtigung ihrer Betroffeneninteressen bei der Flughafenfrage, jedoch hat das Mediationsverfahren auf Seiten der Gegner insgesamt zu einem Vernetzungsschub geführt (vgl. Troost 2001), der ihren Einfluss erhöht hat. Durch das Mediationsverfahren sowie das Regionale Dialogforum sind zahlreiche Institutionalisierungsprozesse in Gang gesetzt worden. Diese Formen erweiterter Partizipation durch Interessengruppen, Initiativen und Kommunalpolitiker bedeuten zwar keinen Zuwachs an direkter Bürgerbeteiligung, erhöhen jedoch tendenziell die Bedeutung der an ihnen beteiligten Akteure im politischen Prozess, weil von den Verfahren ein Zwang zu Aushandlung und Kooperation ausgeht. Ob dies zu einer langfristigen Neukonfigurierung der politischen Machtkonstellationen innerhalb des Geflechts von Kommunal-, Regional- und Landespolitik führen wird, ist allerdings eher fraglich.

Der *Verteilungskonflikt* zwischen Wirtschaftsunternehmen und Lärmbetroffenen ist insofern rationalisiert worden, als im Mediationspaket nicht nur der Ausbau empfohlen wurde, sondern auch Kompensationsmaßnahmen wie Lärmschutz, Nachtflugverbot und sog. Immobilienmanagement. Insoweit diese Maßnahmen tatsächlich dauerhaft umgesetzt würden, würden die Erweiterungsgegner im Lärmbereich zumindest in größerem Maße entschädigt werden als dies ohne das Mediationsverfahren zu erwarten wäre. Die öffentliche Resonanz des Mediationspakets hat auch den Forderungen der Ausbaugegner größere Aufmerksamkeit und Legitimität verschafft, während diese früher eher als zu vernachlässigende Minderheitsinteressen abgetan wurden. Im Hinblick auf das knappe Verteilungsgut „Bannwald", das durch den neuerlichen Großausbau weiter aufgebraucht werden wird, hat das Mediationsverfahren jedoch zu keinerlei Kompromissregelungen beigetragen. Bürgerinitiativen und Umweltverbände machten hier auch von Anbeginn deutlich, dass es aus ihrer Sicht ohnehin keine „Win-Win-Lösung" geben könne. Angesichts der Lage des Frankfurter Flughafens im dicht besiedelten Rhein-Main-Gebiet ist offenkundig, dass eine neue Bahn nur auf Kosten des Naherholungsgebietes gebaut werden kann – etwaige „kompensatorische" Aufforstungsmaßnahmen in anderen Gebieten Hessens kämen nicht mehr den Flughafen-Anwohnern zugute.

So mag es vielleicht kaum noch verwundern, dass in der Wertkonfliktdimension das Mediationsverfahren die geringsten Effekte erzielt hat. Die Flughafen-Debatte verblieb insgesamt in eher konventionellen Bahnen, die im Zeichen hoher Arbeitslosigkeit ökonomischem Wachstum den Vorrang einräumt vor innovativen Konzepten der ‚Versöhnung' von Ökologie und Ökonomie. Hier ist zu bemängeln, dass die Landesregierung keinen Willen erkennen ließ, das Dialogverfahren wirklich „ergebnisoffen" und „reflexiv" zu gestalten und somit einen regionalen Lernprozess anzustoßen. Die Auftragsfrage war eindeutig zugunsten der Ökonomie ausgerichtet, die Bemühungen um Einbindung der Protestgruppen waren relativ schwach, die Ausgestaltung der „Mediation" dagegen zu sehr von der politischen Exekutive dominiert. Reflexives Handeln bedeutet, dass man den eigenen Handlungen gegenüber die „Prüf-Perspektive zugleich des Experten, des generalisierten anderen und des eigenen Selbst im futurum exactum" einnimmt (Offe 1989: 758). Reflexive Verfahren ermöglichen durch Betroffeneninklusion und strukturierte Kommunikation idealerweise kooperative Situationsdeutungen und Problemlösungen – ein Verfahren, das eindeutig den Charakter eines Regierungsinstruments trägt, kann dem Anspruch reflexiver Verfahren dagegen kaum gerecht werden. Eine nachhaltige ‚Lösung' des Flughafenkonflikts war daher von der Frankfurter Flughafen-Mediation nicht zu erwarten. Eine andere Frage ist allerdings, ob Mediation überhaupt eine geeignete Form der Regelung von Wertkonflikten darstellt oder ob hierzu nicht stärker diskursive Verfahren benötigt würden (vgl. Benighaus/Kastenholz/Renn, in diesem Band).

Literaturverzeichnis

Abels, Gabriele/Bora, Alfons (2004): Demokratische Technikbewertung, Bielefeld: Transcript.
Barthe, Susan (2001): Die verhandelte Umwelt. Zur Institutionalisierung diskursiver Verhandlungssysteme im Umweltbereich am Beispiel der Energiekonsensgespräche, Baden-Baden: Nomos.
Barthe, Susan/Brand, Karl-Werner (1996): Reflexive Verhandlungssysteme, in: Prittwitz, Volker von (Hg.): Verhandeln und Argumentieren, Opladen: Leske & Budrich, 71-109.
Beck, Ulrich/Bonß, Wolfgang/Lau, Christoph Lau (2001): Theorie reflexiver Modernisierung, in: Beck, Ulrich/Bonß, Wolfgang (Hg.): Die Modernisierung der Moderne, Frankfurt a.M.: Suhrkamp, 11-59.
Benz, Arthur (2004): Einleitung: Governance – Modebegriff oder nützliches sozialwissenschaftliches Konzept?, in: Benz, Arthur (Hg.): Governance – Regieren in komplexen Regelsystemen, Wiesbaden: VS Verlag, 11-28.
Bogner, Alexander/Torgersen, Helge (2005): Sozialwissenschaftliche Expertiseforschung, in: Bogner, Alexander/Torgersen, Helge (Hg.): Wozu Experten? Ambivalenzen der Beziehung von Wissenschaft und Politik, Wiesbaden: VS, 7-29.
Bonacker, Thorsten/Imbusch, Peter (1999): Begriffe der Friedens- und Konfliktforschung, in: Imbusch, Peter/Zoll, Ralf (Hg.): Friedens- und Konfliktforschung. Eine Einführung mit Quellen, 2. erw. Auflage, Opladen: Leske & Budrich, 73-116.
Böschen, Stefan (2005): Reflexive Wissenspolitik, in: Bogner, Alexander/Torgersen, Helge (Hg.): Wozu Experten? Ambivalenzen der Beziehung von Wissenschaft und Politik, Wiesbaden: VS, 241-263.
Busch, Per-Olof (2000): Konfliktfall Flughafenerweiterung. Eine kritische Würdigung des Verfahrens „Mediation – Eine Zukunftsregion im offenen Dialog" zum Flughafen Frankfurt/Main, Frankfurt a.M.: HSFK-Report 8/2000.

Ewen, Christoph/Striegnitz, Meinfried/Troja, Markus (2003): Das Mediationsverfahren zum Frankfurter Flughafen aus der Sicht von Mediationsexperten (Gespräch), in: Wörner, Johann-Dietrich (Hg.): Das Beispiel Frankfurter Flughafen. Mediation und Dialog als institutionelle Chance, Dettelbach: Röll, 92-106.

Feindt, Peter Henning (2001): Regierung durch Diskussion? Diskurs- und Verhandlungsverfahren im Kontext von Demokratietheorie und Steuerungsdiskussion, Frankfurt a.M.: Peter Lang.

Fietkau, Hans-Joachim/Weidner, Helmut (1998): Umweltverhandeln. Konzepte, Praxis und Analysen alternativer Konfliktregelungsverfahren, Berlin: Edition Sigma.

Geis, Anna (2003): Vertrauen: Die Software demokratischer Gegenwartsgesellschaften, in: Neue Politische Literatur, 48: 1, 40-65.

Geis, Anna (2005): Regieren mit Mediation. Das Beteiligungsverfahren zur zukünftigen Entwicklung des Frankfurter Flughafens, Wiesbaden: VS.

Hennen, Leonhard/Petermann, Thomas/Scherz, Constanze (2004): Partizipative Verfahren der Technikfolgenabschätzung und parlamentarische Politikberatung. Berlin: TAB-Arbeitsbericht Nr. 96.

Herz, Jochen (2003): Eine Auswertung von praktischen Erfahrungen bei Beteiligungs- und Konfliktregelungsverfahren um Großbauvorhaben, in: Wörner, Johann-Dietrich (Hg.): Das Beispiel Frankfurt Flughafen. Mediation und Dialog als institutionelle Chance. Dettelbach: Röll, 163-186.

Hoffmann-Riem, Wolfgang/Schmidt-Aßmann, Eberhard (1990) (Hg.): Konfliktbewältigung durch Verhandlungen, Bände 1 und 2, Baden-Baden: Nomos.

Jeglitza, Matthias/Hoyer, Carsten (1998): Deutsche Verfahren alternativer Konfliktregelung bei Umweltstreitigkeiten, in: Zilleßen, Horst (Hg.): Mediation. Kooperatives Konfliktmanagement in der Umweltpolitik, Opladen: Westdeutscher Verlag, 137-183.

Kessen, Stefan (1999): Mediation zwischen Chance und Etikettenschwindel, in: Forschungsjournal Neue Soziale Bewegungen, 12:3, 83-90.

Martinsen, Renate (2006): Partizipative Politikberatung – der Bürger als Experte: in: Falk, Svenja u.a. (Hg.): Handbuch Politikberatung, Wiesbaden: VS, 139-152.

Mayntz, Renate (1997): Soziale Dynamik und politische Steuerung. Theoretische und methodologische Überlegungen, Frankfurt a.M./New York: Campus.

Mayntz, Renate (2004): Governance im modernen Staat, in: Benz, Arthur (Hg.): Governance – Regieren in komplexen Regelsystemen, Wiesbaden: VS Verlag, 65-76.

Mayntz, Renate (2006): Die Organisation wissenschaftlicher Politikberatung in Deutschland, in: Heidelberger Akademie der Wissenschaften (Hg.): Politikberatung in Deutschland. Wiesbaden: VS, 115-122.

Mediationsgruppe (Hg.) (2000): Bericht Mediation Flughafen Frankfurt/Main (= Endbericht, Fassung vom 2.2.2000), Darmstadt.

Nullmeier, Frank (1993): Wissen und Policy-Forschung, in: Héritier, Adrienne (Hg.): Policy-Analyse. Kritik und Neuorientierung (PVS-Sonderheft 24), Opladen: Westdeutscher, 175-196.

Nullmeier, Frank/Rüb, Friedbert W. (1993): Die Transformation der Sozialpolitik. Vom Sozialstaat zum Sicherungsstaat, Frankfurt a.M./New York: Campus.

Offe, Claus (1989): Fessel und Bremse. Moralische und institutionelle Aspekte „intelligenter Selbstbeschränkung", in: Honneth, Axel u.a. (Hg.): Zwischenbetrachtungen. Im Prozess der Aufklärung, Frankfurt a.M.: Suhrkamp, 739-774.

Peters, Bernhard (2001): Deliberative Öffentlichkeit, in: Wingert, Lutz/Günther, Klaus (Hg.): Die Öffentlichkeit der Vernunft und die Vernunft der Öffentlichkeit, Frankfurt a.M.: Suhrkamp, 655-677.

Renn, Ortwin/Webler, Thomas/Wiedemann, Peter (Hg.) (1995): Fairness and Competence in Citizen Participation, Dordrecht u.a.: Kluwer.

Rucht, Dieter (1984): Fallstudie: Startbahn West, in: Rucht, Dieter (Hg.): Flughafenprojekte als Politikum, Frankfurt a.M./New York: Campus, 195-272.

Sack, Detlef (2001): Glokalisierung, politische Beteiligung und Protestmobilisierung, in: Klein, Ansgar/Koopmans, Ruud/Geiling, Heiko (Hg.): Globalisierung, Partizipation, Protest, Opladen: Leske & Budrich, 293-317.

Saretzki, Thomas (1996): Technikfolgenabschätzung – ein neues Verfahren der demokratischen Konfliktregelung?, in: Feindt, Peter Henning u.a. (Hg.): Konfliktregelung in der offenen Bürgergesellschaft, Dettelbach: Röll, 191-214.

Saretzki, Thomas (1997): Mediation, soziale Bewegungen und Demokratie, in: Forschungsjournal Neue Soziale Bewegungen, 10: 4, 27-42.

Schmalz-Bruns, Rainer (1995): Reflexive Demokratie, Baden-Baden: Nomos.

Tils, Ralf (1997): „Vorsicht: Mediation!", in: Forschungsjournal Neue Soziale Bewegungen, 10: 4, 43-52.

Troost, Hans J. (2001): Neue Vernetzungsstrategien in der metropolitanen Region Rhein-Main: Das Beispiel des Mediationsverfahrens Flughafen Frankfurt, in: Esser, Josef/Schamp, Eike, W. (Hg.): Metropolitane Region in der Vernetzung. Der Fall Rhein-Main, Frankfurt a.M./New York: Campus, 245-279.

Voßebürger, Petra/Claus, Frank (1999): Ablauf von Mediationsverfahren, in: Förderverein Umweltmediation e.V. (Hg.): Studienbrief Umweltmediation, Bonn, 81-99.

Weingart, Peter (2003): Wissenschaftssoziologie, Bielefeld: Transcript.

Wörner, Johann-Dietrich (Hg.) (2003): Das Beispiel Frankfurt Flughafen. Mediation und Dialog als institutionelle Chance, Dettelbach: Röll.

Kooperatives Konfliktmanagement für Mobilfunksendeanlagen

Christina Benighaus, Hans Kastenholz, Ortwin Renn

1 Wachsende oder schwindende Skepsis gegenüber Sendeanlagen?

Das mobile Telefonieren wird nicht nur im geschäftlichen, sondern auch im privaten Bereich immer mehr zum Bestandteil des täglichen Lebens. Bereits im Jahr 2000 hat die Zahl der Mobilfunkteilnehmer die Zahl der Festnetzanschlüsse übertroffen. Die ständig wachsende Zahl der Mobilfunknutzer macht allerdings auch einen steten Ausbau des Netzes notwendig. Derzeit gibt es rund 50.000 Mobilfunksendeanlagen in Deutschland. Mit dem Erwerb der UMTS-Lizenzen haben sich die Netzbetreiber verpflichtet, bis Ende 2003 für mindestens 25 Prozent der Bevölkerung und bis 2005 für 50 Prozent einen Empfang mit UMTS-Netz zu ermöglichen. Für den UMTS-Ausbau ist mittelfristig eine Verdoppelung der Sendestandorte zu erwarten. Tendenziell ist der Widerstand gegen die Errichtung von Mobilfunkanlagen in den letzten Jahren trotz nachweisbar verbesserter Kommunikationsprozesse nicht wesentlich zurückgegangen (Deutsches Institut für Urbanistik 2005).

Gründe für den Widerstand aus der Bevölkerung

Trotz des weiten Verbreitungsgrades und der hohen Kaufbereitschaft von mobilen Telefonanlagen stoßen die Sendeanlagen in der Bevölkerung auf Skepsis und teilweise auf großen Widerstand. Hierfür gibt es eine Reihe von Gründen (Renn 2002; Zwick und Ruddat 2002; Ruddat und Sautter et. al. 2005):

- Ängste und Sorgen wegen möglicher Gesundheitsrisiken von Mobilfunk,
- unterschiedliche Wahrnehmungen des Mobilfunkrisikos durch Experten und Laien,
- wahrgenommene Glaubwürdigkeits- und Vertrauensdefizite in die Betreiber und Regulatoren,
- Informationsdefizite bei der Standortplanung,
- zu wenig Mitsprachemöglichkeiten bei der Standortsuche,
- Interessenkonflikte zwischen Bürgern, kommunalen Entscheidungsträgern und Betreibern,
- Verletzung des Fairnessgebots – einer hat den Nutzen (z.B. Grundstückseigner), alle tragen das potenzielle Risiko,
- Akzeptanzprobleme von UMTS-Anwendungen (geht über Basisversorgung hinaus),
- Errichtung von Anlagen auf Einrichtungen für sensible Personengruppen (z. B. Kindergärten, Schulen, Krankenhäuser), und
- negative Auswirkungen auf das Stadt- und Landschaftsbild.

Beteiligung der Kommunen beim Netzausbau

Vor diesem Hintergrund haben die kommunalen Spitzenverbände und Mobilfunkbetreiber bereits im Jahr 2001 eine „Vereinbarung über den Informationsaustausch und Beteiligung der Kommunen beim Ausbau der Mobilfunknetze" getroffen. Ziel dabei war es, vorhandene Informationsdefizite zu reduzieren, Konflikte bei der Installation neuer Sendeanlagen zu vermeiden und einvernehmliche Regelungen zu treffen. Die Vereinbarung auf Bundesebene wurde darüber hinaus durch die Mobilfunkvereinbarung für Nordrhein-Westfalen im Jahre 2003 (Mobilfunkvereinbarung NRW 2003), in Bayern durch den so genannten Mobilfunkpakt II im Jahre 2002 (Mobilfunkpakt II 2002) sowie im Frühjahr 2005 in Baden-Württemberg durch eine „Gemeinsame Mobilfunk-Erklärung" (Gemeinsame Erklärung der Mobilfunkbetreiber 2005) ergänzt.

Auch wenn sich die Zusammenarbeit und Kommunikation zwischen Mobilfunkbetreibern und Kommunen in den vergangenen Jahren deutlich verbessert hat, kommt es bei der Standortsuche weiterhin zu Auseinandersetzungen mit betroffenen Bürgern. Diese führen mitunter zu erheblichen Verzögerungen im Planungsprozess und sind mit großen finanziellen und sozialen Kosten für den Betreiber und die Gegner verbunden. Daher werden auch im Mobilfunkbereich mittlerweile alternative Verfahren zur Konfliktbeilegung (*Alternative Dispute Resolution/ADR*) diskutiert, die es ermöglichen, Konfliktpotenziale abzubauen, gegenseitiges Vertrauen zu stärken und die Standortsuche sozial- und umweltverträglicher zu gestalten (Büllingen et al. 2004). Der Einsatz von Verfahren der Konfliktbeilegung kann Konflikte nicht verhindern, aber durchaus entschärfen. So kann durch Kommunikation mit den Parteien weitgehend die Eskalation des Konfliktes verringert werden (Deutsches Institut für Urbanistik 2005).

Vor diesem Hintergrund wurde im Jahr 2003 in Balingen in Baden-Württemberg auf Initiative des Sozialministeriums des Landes ein richtungweisendes Modellprojekt über die Standortwahl von zwei Mobilfunkanlagen durchgeführt (Kastenholz und Benighaus 2003). Der nachfolgende Beitrag beschreibt die einzelnen Bestandteile und Ebenen des Konfliktes bei der Standortsuche, wobei hier auf die gesellschaftliche Funktionsdifferenzierung nach Talcott Parsons zurückgegriffen wird (Parsons 1957, 1961). Auf der Basis der Aufteilung in Wirtschafts-, Sozial-, Politik- und Kultursystem werden die einzelnen Schritte der Konfliktbeilegung analysiert und die Ergebnisse vor dem Hintergrund notwendiger Rahmenbedingungen für die erfolgreiche Prävention und Bearbeitung von Technik- und Umweltkonflikten diskutiert.

2 Kooperatives Konfliktmanagement: Fallbeispiel Balingen

Konflikte im Umwelt- und Technikbereich entstehen durch unterschiedliche Wahrnehmungen, Vorstellungen und Bewertungen von Sachverhalten, Handlungen und deren Folgen (Renn 1998, eine Übersicht in Deutschland geben Meuer und Troja 2004). Dissens in der Sache oder in der Bewertung ist aber noch nicht ausreichend, um von einem Konflikt sprechen zu können. Es muss vielmehr zu einem gegenseitigen Widerspruch in den unterschiedlichen Vorstellungen kommen, so dass eine mögliche Handlung des einen Partners die Handlung der anderen beeinträchtigt oder sogar ausschließt.

2.1 Entstehung des Konfliktes

Konfliktgegenstand

Der Mobilfunkbetreiber Vodafone D2 plante mehrere neue Standorte für Sendeanlagen in der Kreisstadt Balingen, so unter anderem auch in den Stadtteilen Endingen und Erzingen. Gegen das Vorhaben des Betreibers gab es in beiden Stadtteilen von Bürgerinitiativen organisierten aktiven Bürgerprotest. Vor diesem Hintergrund agierten in Endingen und Erzingen jeweils eine Bürgerinitiative, um die Interessen der Bürger in den Stadtteilen wahrzunehmen. Sie informierten dazu die Bürgerschaft der Orte per Flugblatt, stellten einen Informationsstand auf dem Marktplatz auf, sammelten Unterschriften gegen den Bau weiterer Sendeanlagen und veranstalteten Informationsabende mit den Netzbetreibern. Auch kommunizierten die Initiativen mit der regionalen Presse, dem Zollernalb Kurier, so dass die Initiativen und ihre Forderungen in der Bürgerschaft schnell bekannt wurden. Ebenso hatten sie gute Kontakte zu den Ortschaftsräten der Stadtteile und sammelten 5.000 Unterschriften mit dem Ziel, die Suche nach Standorten zu optimieren. Mit Optimierung war gemeint, die gesundheitlichen Risiken stärker in den Planungsprozess einzubeziehen und die Notwendigkeit weiterer Basisstationen zu überprüfen. Eine generelle Ablehnung von Mobilfunkmasten war mit dem Aufruf nicht verbunden. Allerdings wurde große Skepsis gegenüber den Risikoabschätzungen von Betreibern und Regulatoren geäußert. Bei ca. 35.000 Einwohnern in der Stadt Balingen weist die Zahl von 5.000 Unterschriften darauf hin, dass ein großer Teil der Bevölkerung der Stadtteile Endigen und Erzingen hinter den Initiativen stand. Der Bau der neuen Sendeanlagen war also schon im Vorfeld des Verfahrens politisiert, da auch die Ortschaftsräte und die Bürgerschaft bereits mehrfach über den Bau diskutiert hatten.

Für die Ablehnung der neuen Standorte in den beiden Stadtteilen gab es viele Gründe. In Erzingen wurde unter anderem generell die Notwendigkeit eines neuen Standortes zur Ortversorgung angezweifelt. In Endingen hatten die Bürger Sorge, dass zu den bestehenden Sendemasten noch weitere Anlagen hinzukommen. Zahlreiche Bürger und Kommunalvertreter fühlten sich außerdem unzureichend über die Standortplanung informiert. Sie sahen ihre Befürchtungen und Ängste nicht genügend Ernst genommen.

Vor diesem Hintergrund bat das Sozialministerium des Landes Baden-Württemberg die Akademie für Technikfolgenabschätzung in Baden-Württemberg, einen Verfahrensvorschlag zur Information und Beteiligung der Öffentlichkeit zu erstellen und die Leitung zu übernehmen. Diese Institution wurde als politisch neutral, kommunikativ kompetent und in der Sache als objektiv und fair eingestuft. Ziel war es, anhand eines Modellprojektes auszuloten, ob sich Konflikte dieser Art in einem Mediationsverfahren überhaupt lösen lassen und wie eine Konfliktlösung bei der Standortsuche aussehen könnte. Die Ergebnisse sollten dann in Praxishilfen für die Kommunen zur Standortsuche münden (Kastenholz und Benighaus 2003). Eine kommunalpolitische Legitimation erhielt das Projekt durch die Anfrage der Stadt Balingen, ein Schlichtungsverfahren einzuleiten, um die Bürgerschaft besser zu informieren und, falls notwendig, Standortalternativen zu den Vorschlägen des Betreibers zu suchen. Die vorhandenen Standorte waren bereits in den Ortschaftsräten abgelehnt worden.

Da sich der Konflikt nicht um eine grundsätzliche Infragestellung von Mobilfunkanlagen drehte, sondern um eine – in den Worten der Bürgerinitiativen – Optimierung der Standortsuche, konnte ein Konfliktschlichtungsverfahren eingeleitet werden, das für alle Seiten ein Potenzial für Erfolg versprechende Verhandlungen im Sinne von Win-win-Lösungen eröffnete. Wesentlicher Strukturfaktor in dem Verfahren war die explizite Zustimmung zu einer Schlichtung durch alle beteiligten Parteien. Zwei der Autoren dieses Beitrages leiteten das Modellprojekt und moderierten sämtliche Veranstaltungen (vgl. Kastenholz und Benighaus 2003, 2004).

2.2 Elemente des Konfliktes der Standortsuche

Bei der Standortsuche entsteht durch die unterschiedlichen Meinungen der Akteure über Sinn, Gebrauch und Folgen von Mobilfunktechnik noch kein Konflikt. Dieser wird erst durch die Handlung des Mobilfunkbetreibers, im Ort selbst oder in der direkten Nachbarschaft eine Sendeanlage zu bauen, ausgelöst. Die Intention eines Betreibers steht damit im Gegensatz zu den Vorstellungen von Individuen oder Gruppen, die sich in ihrer Handlungsfreiheit beeinträchtigt fühlen.

Der Betreiber greift durch den geplanten Bau in das persönliche Umfeld der Bürger ein und löst durch die direkte Nachbarschaft der Anlage bei vielen betroffenen Bürgern Ängste und Sorgen über gesundheitliche Beeinträchtigungen aus. Ein Großteil der Bürger fühlt sich in dem Anliegen, ihre Gesundheit zu sichern, eingeschränkt. Viele bewerten das Risiko, gesundheitliche Schäden zu erleiden, höher als den Nutzen der Anlage. Die Sichtweise des Betreibers, eine möglichst kostengünstige, breit ausgelegte Abdeckung des Mobilfunknetzes anzubieten, steht damit im Widerspruch zu den Interessen der Anwohner, gesundheitliche Risiken zu minimieren.

Die Kommune, auf deren Gemarkung die Anlage errichtet wird, steht zwischen beiden Parteien, indem sie den Anwohnern ein ausgebautes Mobilfunknetz bieten möchte, ohne sie möglichen Gesundheitsrisiken auszusetzen.

Die widersprüchlichen Erwartungen und Beurteilungen der drei Konfliktparteien zum Bau der Sendeanlage lassen sich wie folgt beschreiben:

Sichtweise des Netzbetreibers
- gut ausgelegte Netzabdeckung für den Standort (z. B. in Balingen)
- Ausbau der Netzinfrastrukturen und UMTS sowie weiterer Funktechnologien
- Zugang von 50% der Bevölkerung zu UMTS bis Ende 2005

Sichtweise vieler Bürger und der Bürgerinitiativen
- Risikopotenzial von Mobilfunkanlagen ist unklar
- Risiko gesundheitlicher Beeinträchtigung durch die Standortentscheidung des Betreibers unfreiwillig übernommen
- Planung nimmt auf gesundheitliche Risiken nicht genügend Rücksicht
- risiko-relevante Faktoren gering kontrollierbar
- zu wenig Beteiligung an der Auswahl des Standortes

Sichtweise der Kommune (Stadtverwaltung und Ortschaftsräte)
- Abdeckung des Standortes mit einem gut ausgebauten Mobilfunknetz
- Landschafts-/Ortsbild erhalten
- Risiko des Bürgers minimieren
- Wünsche der Bürger beachten, sozialen Frieden bewahren
- Standortentscheidung des Betreibers versus Akzeptanz der Bürgerschaft

Es treffen drei Konfliktakteure mit ihren unterschiedlichen Sichtweisen und Bewertungen zum Bau der Sendeanlage in Balingen aufeinander. Sie äußern sich im Protest gegen die Planungen des Betreibers und erzeugen einen Handlungsdruck bei allen Konfliktparteien.

2.3 Ebenen des Konfliktes

Neben den unterschiedlichen Präferenzen und Vorstellungen der Parteien überlagern sich die verschiedenen Ebenen des Konfliktes (siehe Tabelle 1). Die Mikroebene betrifft die Beziehungen zwischen Individuen (als Bürger oder als Funktionsträger), die Mesoebene die Beziehungen zwischen Organisationen, Gruppen und Institutionen und die Makroebene die abstrakten Konfliktfelder, die gesamtgesellschaftlich diskutiert werden. Der Betreiber agiert überwiegend auf der Mikroebene, hat aber die Genehmigung und den Auftrag des Baus der Sendeanlage auf der Makroebene erhalten.

Die Bürger sind auf der Mikroebene als Anwohner in der Nachbarschaft der Sendeanlage betroffen. Es entsteht daher ein Beziehungskonflikt auf der Mikroebene mit dem Betreiber, oft auch mit Vertretern der Kommune. Die Vertreter der Bürgerinitiativen argumentieren häufig auf der Mesoebene in der Funktion als spontane Vertreter der gesamten Bürgerschaft und nehmen Themen der Makroebene auf, um ihre eigenen Argumente abzustützen.

Tabelle 1: Ebenen des Konfliktes

Ebenen der Konflikte	Beispiel Standortsuche
Mikro-Ebene	Standortsuche, -gestaltung, Netzabdeckung, Informationspolitik, Messverfahren
Meso-Ebene	Informationspolitik auf Landesebene, Genehmigungsverfahren
Makro-Ebene	Gesundheitliche Risiken, Grenzwertdebatte, Ausbau des Mobilfunknetzes, Genehmigungsverfahren

Die Kommune handelt einerseits auf der Mikroebene, in dem sie auf die Bedenken der Bürger eingeht und für Verständnis und Akzeptanz für ihr Vorgehen wirbt. Schwerpunkt ist aber die Mesoebene: Die Ortschaftsräte in Balingen als Institution müssen ebenfalls formal zustimmen und damit die Entscheidung demokratisch legitimieren. Gleichzeitig werden gesamtgesellschaftliche Argumente auch an die Vertreter der Gemeinde herangetragen, auf die sie adäquate Antworten bereitstellen muss, um in einem Konfliktfall glaubwürdig zu erscheinen.

Die verschiedenen Ebenen des Konfliktes werden von allen Akteuren genutzt und die Argumente zur Durchsetzung der eigenen Interessen miteinander vermischt. Die Konfliktakteure ziehen zur Klärung in der lokalen Standortfrage häufig Argumente und Beurteilungen der Makroebene heran. Der lokale Standortkonflikt wird inhaltlich von den Anwohnern von der Mikro- und Mesoebene auf eine nationale und weltweite Risiko- und Grenzwertdebatte zur Bewertung der Risiken von elektromagnetischen Feldern gehoben.

2.4 Konflikttypen: Interessenkonflikt versus normativer Konflikt?

Die verschiedenen Ebenen, auf den die Konfliktparteien agieren, lassen bereits vermuten, dass im Fall der Standortsuche in Balingen nicht ein einziger Konflikttyp, sondern mehrere Typen angesprochen sind. Die Mischung von verschiedenen Konflikttypen spiegelt den Alltag bei Umweltkonflikten wider. Neben ökonomischen Interessen spielen häufig auch soziale Orientierungen oder kollektive Werte eine Rolle. Welche Konflikttypen liegen in diesem Fall der Standortsuche zu Grunde? Die Aufgliederung des Konflikts in mögliche Konflikttypen im Vorfeld des Verfahrens gibt dem Mediator die Möglichkeit, jeweils geeignete Methoden der Konfliktlösung zu kombinieren. Im Fallbeispiel von Balingen wurden fünf Konflikttypen beim Bau der Sendeanlagen identifiziert (vgl. Abbildung 1).

Interessen- oder Verteilungskonflikt

In erster Linie besteht bei Standortfragen und im Fallbeispiel Balingen ein Interessen- oder Verteilungskonflikt zwischen dem Betreiber, der die Sendeanlagen bauen möchte, und den Anwohnern, die nur indirekt am Nutzen beteiligt, aber direkt vom Risiko betroffen sind. Diese Ungleichverteilung von Risiko und Nutzen ist eine der Hauptursachen für auftretende Interessenkonflikte. Der Betreiber bringt sein ökonomisches Interesse ein, möglichst vielen Kunden ein gut funktionierendes UMTS-Netz zur Verfügung zu stellen und somit den Sendemast zentral zu platzieren. Die Anwohner in der direkten Nachbarschaft des Sendemastes sehen durch die bessere Versorgung der Kunden jedoch keinen direkten Nutzengewinn. Sie sind jedoch in besonderer Weise dem Risiko einer gesundheitlichen Beeinträchtigung ausgesetzt, gleichgültig wie hoch dieses angesetzt wird.

Kognitiver Konflikt

Des Weiteren besteht ein kognitiver Konflikt (Wissensgrundlagen) über die Höhe des Risikos in Hinblick auf Gesundheit und Umwelt, ganz gleich, ob es sich um das herkömmliche oder das UMTS-Netz handelt. Es gibt immer wieder Studien, die die Wirkung der Strahlung als vernachlässigbar bezeichnen, aber auch Berichte, die auf substanzielle Risiken hinweisen (z.B. Bayerisches Staatsministerium für Gesundheit 2001; Bayerisches Landesamt für Gesundheit und Lebensmittelsicherheit 2005). Diese Unsicherheit in der Bevölkerung ist daher groß, wenn uneinheitliches Wissen kommuniziert wird (Ruddat und Sautter et. al. 2005). Auch diskutierte die Bürgerschaft in Balingen Fälle, in denen Bürger von gesundheitlichen Beeinträchtigungen in der direkten Nähe von Sendeanlagen berichteten (kasuistische Belege).

Normativer Konflikt

Die Standortsuche spricht auch die Normen und Wertvorstellungen der Gesellschaft an, gleichgültig, ob das Risiko als hoch oder niedrig eingestuft wird und wie man den Interessenkonflikt im Einzelnen bewertet. Für viele Menschen ist es unmoralisch, Gesundheitsrisiken mit ökonomischen Nutzengewinnen aufzurechnen. Das gilt unabhängig von der Höhe der abzuwägenden Größen. Durch den Hinweis, dass die bestehenden Grenzwerte die gesundheitliche Belastung nicht ausschließen, geben sie diesem Bedenken Ausdruck. Es wird dann von einem normativen Konflikt gesprochen, der gerade von der Bürgerinitiative in Balingen immer wieder in die Debatte eingebracht wurde.

Abbildung 1: Konflikttypen für die Standortsuche in Balingen

Evaluativer Konflikt

Ein weiterer Konflikt ergibt sich durch die Einschätzung der Bürger und Bürgerinnen über ihre lokale Lebensqualität. Viele Bürger fühlten sich in Balingen durch die Aussicht auf eine Mobilfunkanlage einerseits ästhetisch, andererseits aber auch in ihrer lokalen Selbsteinschätzung (Leben in der ländlichen Idylle) beeinträchtigt. In der Begriffswelt der Konfliktforschung wird dies als evaluativer Konflikt bezeichnet. Damit ist die Unvereinbarkeit einer Maßnahme mit den wahrgenommenen Bedingungen zur Aufrechterhaltung der eigenen Lebensqualität gemeint.

Affektiver Konflikt

Schließlich spricht der Streit um Standorte auch die Emotionen des Menschen an. Man kann dann von einem affektiven Konflikttyp sprechen, der sich im Streit um Mobilfunkanlagen als Folge eines ungelösten Verteilungskonfliktes und eines evaluativen Konfliktes ergibt. Affektive Konflikte beziehen sich häufig auf die Wahrnehmung und Verstärkung von besonderen Opferrollen. So sollte einer der geplanten Sendemasten in Balingen z.B. in der Nähe eines Kindergartens aufgestellt werden. Mit der Identifikation mit den echten oder vermeintlichen Opfern, die sich nicht wehren können, emotionalisierte sich die Debatte.

2.5 Konfliktintensität und -stärke: Konfliktstufen nach Glasl

Um genauer zu definieren, wie stark der Konflikt bei der Standortsuche ausgeprägt und verhärtet ist, kann die Stärke bestimmten Konfliktstufen in Anlehnung an Glasl (2004) zugeordnet werden. Die Stufen spiegeln die Konfliktintensität und -stärke wider und geben Hinweise darauf, welche Form des Dialogs und der Beteilung mit der Öffentlichkeit angebracht ist.

Abbildung 2: Konfliktstufen zur Einordnung der Konfliktverhärtung (Kastenholz & Benighaus 2003 und 2004)

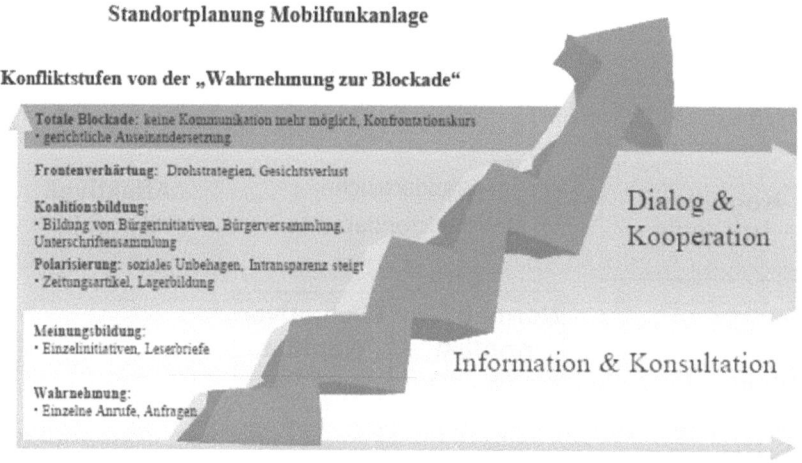

Der Konflikt in Balingen lässt sich in die zweite Konfliktstufe (Polarisierung, Koalitionsbildung und Frontenverhärtung) einordnen, bei der umfangreichere Dialogverfahren notwendig sind. Gefragt sind jetzt die aktive Auseinandersetzung mit den unterschiedlichen Sichtweisen der Betroffenen sowie die Möglichkeit der direkten Mitwirkung an Planungs- und Entscheidungsprozessen. Da sich der Konflikt bereits verhärtet hatte, war ein mehrstufiges Verfahren sinnvoll.

Eine totale Blockade, wie in der dritten Stufe, lag noch nicht vor, so dass ein diskursives Verfahren, bei denen die Konflikte auf breiter gesellschaftlicher Ebene ausgetragen werden, nicht notwendig war. Ein solcher breiter Diskurs ist hilfreich, um verhärtete Positionen aufzuweichen, aber er ist keinesfalls eine Garantie für eine erfolgreiche Konfliktlösung. Auf der zweiten Stufe können ebenfalls diskursive Komponenten eingesetzt werden, um mögliche Verhärtungen im Vorfeld der Eskalation zu vermeiden und konstruktive Lösungen zu erarbeiten. Die Kommunikation in Balingen erforderte eine Verständigung und Konsensfindung in der Öffentlichkeit unter Beteiligung der Bürgerinitiative und weiterer Vertreter der Bürgerschaft.

3 Wege zur Lösung: das Mediationskonzept in Balingen

3.1 Handlungssysteme und ihre Lösungsansätze

Sind die Konflikttypen im Vorfeld eines Verfahrens analysiert, können sie einzelnen Subsystemen der Gesellschaft zugeordnet werden. Dies erlaubt dem Mediator dann anhand der mit den Funktionstypen verbundenen Handlungslogiken und der ausgewerteten Konfliktstärke spezielle Konfliktlösungsmechanismen für den jeweiligen Konflikttyp abzuleiten und in sein Mediationskonzept einzubauen.

Abbildung 3: Systeme des gesellschaftlichen Handelns und ihre Konflikttypen

Ökonomisches System	Soziales System
(Re)produktion und Tausch Interessen-/Verteilungskonflikte	Verständigung und Beziehung Affektive/expressive Konflikte
System von Wissen, Kunst und Religion	**Politisches System**
Wahrheit, Sinn, Deutung Kognitive, evaluative, interpretative Konflikte	kollektiv verbindliche Entscheidungen Normative Konflikte

Nach Talcott Parsons (1957, 1961) unterscheidet man vier Grundfunktionen im „Handlungssystem" der Gesellschaft: Ökonomisches (Produktion und Reproduktion), soziales (Beziehung), politisches (Ordnung) und kulturell-kognitives (Identität) Handeln (vgl. Abbildung 3). Entsprechend ihrer jeweiligen Systemlogik lassen sich Interessen- und Verteilungskonflikte dem ökonomischen System zuordnen, affektive Konflikte beziehen sich auf das soziale System, kognitive und evaluative Konflikte sind in das System von Wissen, Kunst und Religion einzugliedern und normative Konflikte können dem politischen System zugeordnet werden.

Mit diesem Grundgerüst der Konflikttypen und Lösungsmechanismen im Hinterkopf ergab sich für das Fallbeispiel in Balingen ein kombiniertes Verfahren. Bei der Standortbestimmung von Mobilfunkanlagen in Balingen wurde versucht, die ökonomische Systemlogik mit der politischen und kognitiven Logik zu kombinieren. Neben dem Marktmodell (Interessenausgleich) als Standardinstrument wurde durch die vorgelagerte „Informationsveranstaltung" und die nachgelagerte Diskussions- und Bewertungsrunde in der Öffentlichkeit eine Kombination von Expertenwissen, politischer Beschlussfassung und Einbindung von Bürgern in diesem Prozess erreicht (vgl. Abbildung 4, Habermas (1968), Willke (1995), Renn und Webler 1998, S. 14ff). Die soziale Logik wurde im Verfahren durch besondere Berücksichtigung der sozialen Verständigung (evaluative und affektive Bewertung) integriert.

Abbildung 4: Lösungsansätze für die einzelnen Subsysteme

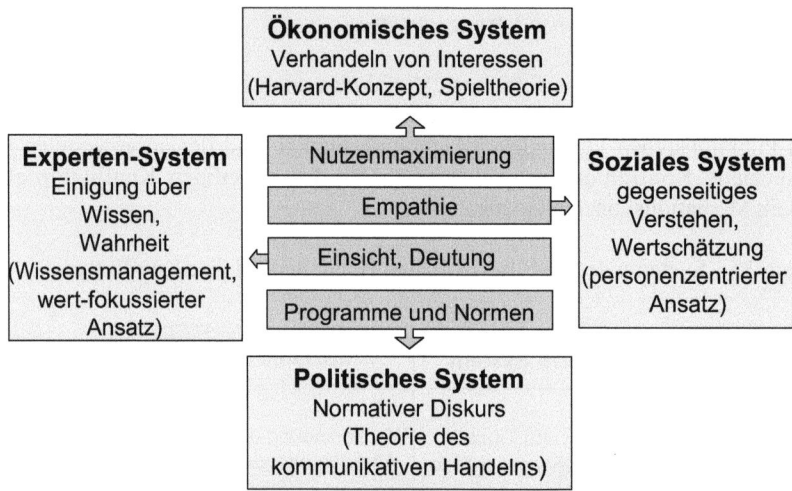

Die Bearbeitung nur eines Konflikttyps bei der Standortsuche hätte wahrscheinlich wenig Erfolg gehabt. Die anderen Konflikte hätten weiter im Hintergrund nachgewirkt und die Lösungssuche der Akteure behindert oder sogar verhindert. Sinnvoll ist daher ein integrativer Ansatz, bei dem verschiedene Instrumente parallel eingesetzt werden und je nach Konflikttyp stärker oder schwächer zum Einsatz kommen (Renn 2001, vgl. Abbildung 3). Häufig bietet sich dann ein mehrstufiges oder kombiniertes Verfahren der Konfliktlösung an.

4 Phasen des Mediationskonzepts

4.1 Planung und Vorbereitung der Konfliktvermittlung

Die Vorphase des Verfahrens bestand aus den folgenden drei Teilen:
- Kontextanalyse, Interessen- und Konfliktanalyse
- Zusammenstellung des Teilnehmerkreises
- Abstimmung der Rahmenbedingungen und Ziele des Verfahrens

Zur Klärung der standortspezifischen Rahmenbedingungen führten die Mediatoren Vorgespräche mit dem Netzbetreiber, den Vertretern der Bürgerinitiativen aus den Stadtteilen, den jeweiligen Ortsvorstehern sowie dem Bauverwaltungs- und Liegenschaftsamt der Stadt Balingen. Dies gab den Mediatoren die Möglichkeit, die einzelnen Positionen der Parteien kennen zu lernen, die Konflikttypen zu identifizieren und die Konfliktstärke zu erfassen. Danach konnten sie den weiteren Verfahrensablauf planen und mit den Akteuren abstimmen. Grundsätzlich waren alle involvierten Parteien bereit, sich auf eine gemeinsame Suche nach Alternativstandorten einzulassen (Abbildung 5). Der Netzbetreiber machte jedoch die Einschränkung, das Verfahren für die Suche nach Standortalternativen durchzuführen, nicht aber über die generelle Frage des Baus der Masten zu verhandeln. Auch sollte das Verfahren in den nächsten drei Monaten abgeschlossen sein.

Abbildung 5: Konfliktakteure im Verfahren und ihre Interessen

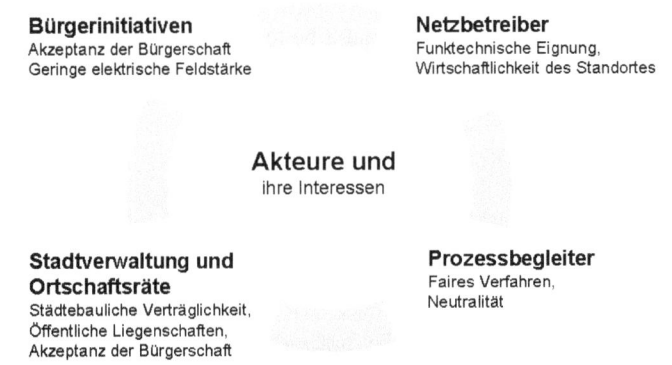

Ergebnisse der Konfliktanalyse

Die Analyse zeigte, dass die Fronten, vor allem zwischen Bürgerinitiativen und Betreiber, bereits verhärteter waren als ursprünglich angenommen. Dies hing unter anderem damit zusammen, dass die Standortdebatte immer wieder von grundsätzlichen Fragen zu gesundheitlichen Auswirkungen des Mobilfunks überlagert wurde (Grenzwertdiskussion). Damit war im Verfahren auch klar, dass eine Information und Konsultation der Bevölkerung zur Konfliktlösung auf jeden Fall nicht ausreichen würde.

Die Machtverhältnisse in dem Konflikt waren wider Erwarten relativ ausgeglichen. Der Netzbetreiber hatte zwar das Druckmittel, seine Sendeanlagen auch ohne Dialog mit der Bürgerinitiative zu bauen. Auch musste die Bürgerinitiative in den ‚sauren Apfel' beißen, generell einem Bau der Anlagen zuzustimmen. Es wurde daher nicht über die grundsätzliche Frage diskutiert, ob Sendeanlagen im Generellen sinnvoll sind oder nicht. Des Weiteren wollte der Netzbetreiber eine Lösung in den folgenden drei Monaten erreichen, um dann zügig weiter zu bauen. Diese Vorgaben waren sicherlich aus mediatorischer Sicht unbefriedigend und stellten eine Einschränkung der Ergebnisoffenheit dar.

Nur über die Standortalternativen zu diskutieren, hatte den Vorteil, dass damit die Fragen der Gesundheitsauswirkungen und des Für und Wider des Mobilfunks im allgemeinen ausgeklammert werden konnten. Darüber hätte sicherlich kaum eine Einigung erfolgen können. Die Meinungen der Parteien waren in dieser Frage verhärtet und polarisiert. Allerdings hatte die Bürgerinitiative von Anbeginn an die „Optimierung" der Standortsuche verlangt und keine fundamentale Opposition angekündigt. Dennoch war sie sich ihrer

Machtposition in der Standort-Debatte bewusst. Die Bürgerinitiative konnte die Ablehnung der Anlage durch die Ortschaftsräte und große Teile der Bürgerschaft als Faustpfand in die Debatte einbringen. Sie konnte auch jederzeit aus dem Verfahren aussteigen.

Das Machtspiel der verschiedenen Parteien war nur am Anfang des Verfahrens von Bedeutung. Zu Beginn standen strategische Überlegungen im Vordergrund der Auseinandersetzung. Die Teilnehmer drohten mit Termindruck und Abbruch. Im dritten Treffen gab es dann einen deutlichen Wechsel hin zu einer gemeinsamen Lösungsorientierung. Dieser Wechsel von Konfrontation zu Kooperation tritt häufig in der Mitte eines Verfahrens auf. Auch im Balinger Verfahren wurde dies sichtbar, als im dritten Treffen die Parteien über die topographischen Karten der Gemeinde schauten und Schulter an Schulter anfingen, über Alternativen zu diskutieren. Die Akteure hatten nach den zwei Verhandlungsrunden ein vorsichtiges Vertrauen zueinander gefunden und arbeiteten dann gemeinsam an den Alternativen zur Standortwahl.

4.2 Durchführung – Prozess der Konfliktlösung

Aufgrund der Konfliktanalyse, insbesondere der Klärung von Konflikttypen und -stärke (vgl. Kapitel 2.3. und 2.4) schlugen die Mediatoren ein kombiniertes Dialogverfahren vor, das aus einer vorgelagerten öffentlichen Informationsveranstaltung und einem Mediationsverfahren kombiniert mit einer öffentlichen Diskussions- und Bewertungsrunde am Ende des Verfahrens bestand. Hierbei wurden die unterschiedlichen Systemlogiken der vier Funktionssysteme kombiniert, um den unterschiedlichen Konflikttypen Rechnung zu tragen (vgl. dazu Kapitel 3.1). Darüber hinaus schlugen die Mediatoren vor, beide Standorte gleichzeitig in die Verhandlungen einzubeziehen. Dieser Vorschlag wurde von allen Beteiligten akzeptiert.

Eine vorgeschaltete Informationsveranstaltung sollte vor allem den Wissenskonflikt begrenzen bzw. auflösen und eine Integration der sozialen, politischen und kognitiven Systemlogik in das Verfahren erreichen.

Öffentliche Informationsveranstaltung

An der öffentlichen Informationsveranstaltung sollte sich die Bürgerschaft der beiden Stadtteile über den Stand der Planung informieren und gemeinsam über funktechnisch mögliche Alternativstandorte diskutieren. Auch ging es um ein öffentliches Mandat, um einen „Runden Tisch" mit den Interessenvertretern zur Lösung der Standortfrage zu installieren. Des Weiteren sollte die Gelegenheit bestehen, offene Sachfragen zu klären und bestehende Sorgen und Unsicherheiten einzubringen. Für die Diskussion hatten die Mediatoren Experten zu den Themen Gesundheit (Mitarbeiter des Landesgesundheitsamtes), Bauplanung (Mitarbeiter der Kommune) und Funktechnik (Mitarbeiter des Netzbetreibers) eingeladen. Die Kommune, der Netzbetreiber und das Ministerium hatten jeweils mehrere Experten benannt und ausgewählt. Ebenso saßen die beiden Ortsvorsteher sowie Vertreter der Bürgerinitiativen, des Netzbetreibers und der Stadtverwaltung auf dem Podium. Die Bürgerinitiative hatte die Sorge, dass die kritischen Töne zum Mobilfunk zu kurz kommen und ihre Vertreter nicht redegewandt genug sein könnten. Sie hatte daher einen kritischen

Sprecher zum Mobilfunk aus der nationalen Bürgerinitiativenszene zur Podiumsdiskussion eingeladen. Auch dieser Redner wurde auf Wunsch der Bürgerinitiative und trotz Protest des Netzbetreibers auf das Podium gelassen. Nach kurzen Impulsreferaten konnten Fragen aus dem Plenum, das aus ca. 150 Zuhörern der Bürgerschaft bestand, gestellt werden.

Die Stimmung der Akteure war zu diesem Zeitpunkt stark polarisiert. Ein fairer Austausch von Argumenten und eine aufeinander bezogene Kommunikation konnte während der Veranstaltung nicht erreicht werden. Immer wieder kam es zu einer Vermischung von Standortfragen und grundsätzlichen Grenzwertdiskussionen. Auch erschwerte eine Polarisierung zwischen Experten und Interessenvertretern die sachliche Auseinandersetzung. Die involvierten Parteien einigten sich jedoch, in einem Mediationsverfahren mit einer Auswahl von Personen gemeinsam nach Standortalternativen in Endingen und Erzingen zu suchen. Die Informationsveranstaltung verfehlte daher ihr Ziel, die Akteure und die Bürgerschaft besser zum Verfahren zu informieren und die einzelnen rationalen Argumente zur Standortauswahl aufzuzeigen. Dies konnte erst im Laufe des Verfahrens am „Runden Tisch" und in der nachgelagerten Diskussions- und Bewertungsrunde erreicht werden.

Die Informationsveranstaltung gab jedoch den Parteien die Möglichkeit, eine explizite Zustimmung für das weitere Verfahren von der Bürgerschaft einzuholen. Die Mediatoren fragten dazu die versammelte Bürgerschaft auf der Veranstaltung, ob sie grundsätzlich einem Mediationsverfahren zustimmen und wer als Vertreter an diesem moderierten „Runden Tisch" teilnehmen sollte. Die Bürgerschaft bestimmte Vertreter der Bürgerinitiative als ihre Sprecher, um ihr Mandat am „Runden Tisch" wahrzunehmen. Die Netzbetreiber und die Kommune stimmten ebenfalls öffentlich dem Verfahren zu und sagten zu, jeweils einen Vertreter zu entsenden.

Mediationsverfahren

Die eigentliche Verhandlungsphase des Mediationsverfahrens bestand aus folgenden typischen Schritten der Mediation und ging ursächlich den Interessen- und Verteilungskonflikt an:

- Auftrag klären: Sinn und Zweck der Mediation, Kommunikations- und Entscheidungsregeln etc. (muss konsensual geschehen)
- Themen sammeln und nach Wichtigkeit bewerten
- Bereiche der Übereinstimmung und des Dissenses herausarbeiten
- Konflikte verhandeln:
    a. alle wichtigen Informationen erheben
    b. unterschiedliche Sichtweisen verstehen
    c. von Positionen zu Bedürfnissen (Interessen) arbeiten
    d. Kriterien der Entscheidung klären
- Optionen entwickeln, bewerten und auswählen
- Lösungsvereinbarung

Ziel des Verfahrens war, am „Runden Tisch" eine einvernehmliche Lösung bei der Standortsuche zu finden. Dieser Runde Tisch tagte viermal in einem Zeitraum von ca. sechs Wochen. Teilnehmer waren jeweils zwei Vertreter der involvierten Parteien. In der ersten Sitzung einigten sich die Teilnehmer auf ihre „Geschäftsordnung", also die Art, wie sie arbeiten wollten, auf die einzuhaltenden Kommunikationsregeln sowie auf das weitere Vorgehen. Dies war besonders wichtig, um auftretenden Emotionen (affektive Konflikte) im Verfahren zu begrenzen. Auch reduzierte die Verfahrenordnung die unterschiedlichen Machtverhältnisse, da alle Akteure im Sinne eines Diskurses nach Habermas (1981) gleiche Rechte und Pflichten innerhalb des Verfahrens hatten (etwa gleiche Redezeit, gegenseitige Lernbereitschaft, etc.). Die Mediatoren versuchten, Emotionen durch Empathie und „gegenseitiges Verstehen und Anerkennen" aufzufangen (im Sinne des personenzentrierten Ansatzes nach Rogers (1993, 2006) und des empathie-fokussierten Vorgehens nach Honneth (2003), siehe auch Kapitel 2.2.).

Kriterienentwicklung als Konfliktlöser

In den nächsten beiden Sitzungen entwickelten die Teilnehmer des Runden Tisches Kriterien, mit denen sie die verschiedenen Mobilfunkstandorte bewerten und vergleichen konnten. Die Kriteriensammlung hatte den Vorteil, dass neben den ökonomischen Gesichtspunkten (Interessenkonflikt) auch normative und individuelle Bewertungen (normativer und evaluativer Konflikt) berücksichtigt werden konnten. Eine gemeinsame Rangfolge der Kriterien spiegelte die von allen anerkannte Wichtigkeit der einzelnen Kriterien wider. Durch die Fokussierung auf Kriterien konnte der in diesem Fall nicht aufzulösende Wissenskonflikt abgemildert werden, so dass er nicht dominant und zu einem Hemmschuh für die Konfliktlösung wurde.

Anschließend identifizierten die Teilnehmer mögliche Standortalternativen. Der Runde Tisch legte folgende Bewertungskriterien fest:

- funktechnische Eignung der Standorte,
- zu erwartende Akzeptanz der Bevölkerung,
- Minimierung der elektrischen Feldstärke,
- Nutzung städtischer Liegenschaften,
- Wirtschaftlichkeit beim Aufbau der Sendeanlagen sowie
- städtebauliche Verträglichkeit.

Öffentlicher „Diskurs" am Ende des Verfahrens

Um die Transparenz des Verfahrens zu erhöhen, den affektiven Konflikt zu reduzieren und dem normativen Konflikt in Form einer einfachen Diskussions- und Bewertungsrunde in und mit der Öffentlichkeit Rechnung zu tragen, war die letzte Sitzung des Runden Tisches für die Öffentlichkeit zugänglich. In dieser Sitzung informierte die Gruppe die Bürgerschaft über den Verlauf des Verfahrens und bezog die Bedenken der Bürgerinitiative durch die Öffnung des Verfahrens und die kriteriengestützte Auswahl von alternativen Standorten ein. Hierzu stellte der Betreiber die funktechnisch geeigneten und weniger geeigneten Standorte vor. Die Mitglieder des Runden Tisches wendeten die entwickelten Kriterien auf die Standorte an, bewerteten diese und wählten jeweils Vorzugsstandorte aus. Anschließend konnten die Bürgerinnen und Bürger die Teilnehmer des Runden Tisches zu ihrer Arbeit befragen und mit ihnen die Argumente für die einzelnen Standortalternativen diskutieren und kommentieren. Die anwesende Bürgerschaft akzeptierte die Bewertung der Standortalternativen. Durch die Aufstellung von Kriterien zur Auswahl der Standorte konnten die Bürger den Auswahlprozess nachvollziehen. Eine Abfrage der Bürgerschaft auf der Veranstaltung ergab keine Gegenstimmen gegen den Vorschlag des Runden Tisches. Im Vergleich zur vorgeschalteten Informationsveranstaltung war die Stimmung sehr rational argumentierend und deutlich weniger aufgeheizt. Die Grenzwertdebatte und damit der Wissenskonflikt über die gesundheitlichen Folgen der Sendemasten spielten im Gegensatz zur ersten Veranstaltung keine Rolle mehr.

Öffentlichkeitsarbeit

Evaluative und affektive Bewertungen der Öffentlichkeit (Integration der sozialen Logik) wurden im Verfahren durch gemeinsam erstellte Pressekommuniqués angegangen, die eine Transparenz der Vorgehensweise und der verhandelten Inhalte gewährleisten sollte. Im Vorfeld des Verfahrens informierte die Stadt Balingen über das Amtsblatt, die Bürgerinitiativen mit Flugblättern über die öffentliche Veranstaltung und Abschlusssitzung des Runden Tischs. Während des Verfahrens übernahm das Mediationsteam der TA-Akademie die inhaltliche Vorbereitung und Koordination der Pressearbeit. Nach jeder Sitzung wurde in einem Pressekommuniqué über den Stand der Arbeiten informiert. Die Mitteilung wurde inhaltlich zwischen allen Teilnehmern konsensual abgestimmt und anschließend an die verschiedenen Lokalzeitungen geschickt.

Zusätzlich wurde zu Beginn und Abschluss des Runden Tisches vom Sozialministerium Baden-Württembergs als Initiator des Modellprojektes jeweils eine Pressemitteilung verfasst, die über Hintergrund, Ziel, Teilnehmer und Ergebnis Auskunft gab.

Die begleitende Öffentlichkeitsarbeit war sowohl für die Bürgerinitiative als auch für den Betreiber von entscheidender Bedeutung, um die Bewohner über den Fortgang des Verfahrens zu informieren und eine Transparenz über die Arbeit der Akteure zu gewährleisten.

4.3 Umsetzung und Auswertung

Die Nachphase, auch als politische Phase bezeichnet, beinhaltet die zwei wichtigen Schritte der Anschlussfähigkeit an die Politik und der Umsetzung (Geis 2003, 2005):

- politische Parteien und Öffentlichkeit informieren;
- Vermittlung der Ergebnisse in die Politik, Rückbindung an Bürgerschaft und Institutionen (Anschlussfähigkeit).

Das Ergebnis des Verfahrens wurde als Empfehlung der Stadt Balingen den Ortschaftsräten und dem technischen Ausschuss übermittelt. Die Ortschaftsräte beider Stadtteile stimmten den Empfehlungen zu. Im Verfahren war wichtig, dass Vertreter der Stadtplanung und der Ortschaftsräte am Runden Tisch teilnahmen, um die Ortschaftsräte über den Verlauf des Verfahrens zu informieren und sich Zustimmung oder Ablehnung zu den Standortalternativen einzuholen.

Der Betreiber will die Ergebnisse in seine weitere Planung einbeziehen und die Baugesuche für die alten Standorte zurückziehen, sobald die neuen Verträge mit der Stadt Balingen rechtskräftig sind. Das Verfahren wurde abschließend von den Mediatoren ausgewertet und dokumentiert.

Interessant ist, dass in den folgenden Jahren in den beiden Stadtteilen auf den Kompromiss beim Bau der neuen Sendeanlagen immer wieder hingewiesen wurde. Sowohl die Stadtverwaltung als auch die Ortschaftsräte wiesen die Netzbetreiber an, die geplanten Masten gemeinsam mit zu nutzen. Der ausgehandelte Kompromiss hat weiterhin Bestand. Das Bürgerbegehren zur Optimierung und Verbannung der Standorte für zusätzliche Sendeanlagen besteht aber weiterhin. Das Verfahren brachte daher eine Lösung für die geplanten neuen Standorte, nicht aber für die Gesamtproblematik der Sendemasten am Ort.

4.4 Ergebnisse des Fallbeispiels: Gemeinsam getragene Lösung

Die Standortsuche war als ein offener Kommunikationsprozess gestaltet, an dem die Akteure freiwillig teilgenommen haben. Alle Konfliktparteien, der Netzbetreiber, die Stadtverwaltung und die Bürgerinitiative, waren am Runden Tisch vertreten und es konnten die Interessen der Bürgerschaft und Kommune in die Planung der Sendeanlage mit einbezogen werden. Nach anfänglichem Misstrauen folgte im Laufe des Verfahrens eine faire und offene Kommunikation, bei der alle Parteien ihre Meinungen und Ideen eingebracht haben. Da nur die Standortfrage und nicht die gesundheitlichen Wirkungen der Mobilfunkstrahlung verhandelt wurden, war auch der Wissensstand ausgeglichen. Jeder brachte seine vorhandenen Ressourcen zur Lösung des Konfliktes ein: Der Netzbetreiber stellte seine Planungen vor und lieferte Werte zu den Strahlungsleistungen der Sendeanlagen, die Stadtverwaltung gab Angaben zu den rechtlichen und kommunalen Besonderheiten und die Bürgerinitiative konnte die Akzeptanz in der Bürgerschaft einbringen.

Die Teilnehmer handelten eigenverantwortlich und kontrollierten die Inhalte. Die Mediatoren hingegen steuerten lediglich den Prozess des Verfahrens, ohne in die inhaltliche Diskussion einzugreifen. Die Entscheidung über die gemeinsam getragene Empfehlung des Runden Tisches fand daher auf breiter Informations- und Argumentationsbasis statt und führte durch den Einbezug von Kriterien zu einer sachlichen Auseinandersetzung und Rationalisierung der öffentlichen Debatte.

Als inhaltliche Ergebnisse konnten festgehalten werden:
- Bewertung verschiedener potenzieller Standorte an den vorher bestimmten Kriterien in der letzen öffentlichen Sitzung,
- Erzielung einer Empfehlung für zwei neue Standorte in Balingen, die von allen getragen wurde,
- Übermittlung der Empfehlung an die Ortschaftsräte, die dieser zustimmten.

Die Akteure bauten durch die gemeinsame Arbeit und die Einhaltung der Verfahrensregeln ein gegenseitiges Vertrauen auf. Das hohe Maß an Vertrauen stellte sich dann in der Schlussphase bei der Bewertung der Standorte als wichtigstes Bindeglied heraus.

4.5 Institutionelle Rahmenbedingungen

Die institutionellen Rahmenbedingungen des Projektes hatten einen mehrfachen Einfluss auf den Verlauf des Verfahrens.

Neutrale Vermittlung und Steuerung des Verfahrens

Wichtig für den Konfliktlösungsprozess war auf jeden Fall der Einsatz der Akademie für Technikfolgenabschätzung, die von den Akteuren als neutraler Vermittler wahrgenommen wurde. Die unabhängige Leitung des Verfahrens hat gerade auf Seiten der Bürgerinitiative zu einem Vertrauensgewinn geführt und erst die Teilnahme am Verfahren ermöglicht.

Die neutrale Vermittlung und Steuerung ist die große Herausforderung jedes Konfliktlösungsverfahrens. Die Mediatoren hatten weder ein Eigeninteresse im Verfahren, noch waren sie der Stadt Balingen, dem Netzbetreiber oder der Bürgerschaft in irgendeiner Form institutionell oder politisch verbunden. Sie haben versucht, durch Co-Mediation einen Ausgleich zu gewährleisten und ihr eigenes Vorgehen nach jeder Sitzung kritisch zu reflektieren.

Schwierig war im Nachhinein, dass ein Teil der Finanzierung des Verfahrens vom Netzbetreiber ausging. Die Bürgerinitiative hatte daher den Verdacht, dass die Mediation gewissermaßen „gekauft" sein könnte. Die Finanzierung des Verfahrens beeinflusst daher indirekt auch die Wahrnehmung der Neutralität der Mediatoren. Bei zukünftigen Verfahren sollte daher die Finanzierung zu gleichen Teilen von den beteiligten Akteuren übernommen werden oder durch neutrale Geldgeber wie eine Stiftung oder ein Ministerium gewährleistet sein.

Legitimation der Bürgerinitiative

Daneben war es für die Bürgerinitiative besonders wichtig, dass sie die Legitimation der Bürgerschaft im Verfahren erhalten hat. Sie holte das Mandat zweimal im Verfahren ein: einmal zu Beginn des Verfahrens durch Abfrage der zur Bürgerversammlung erschienenen Bürger auf der Informationsveranstaltung, ob die Bürgerinitiative in ihrem Namen handeln kann und darf, und zum Schluss des Verfahrens durch eine offene Diskussion und Bewertung der Standortalternativen. Natürlich ist diese Legitimation durch direkte Demokratie problematisch: Nur die interessierten Bürger erschienen zu den beiden Terminen und es gab auch einen Gruppendruck, die Auffassungen der Bürgerinitiative zu teilen. Dennoch lässt sich – von einem Referendum einmal abgesehen – keine andere direkte Rückkopplung zwischen Bürgerinitiativen und Bürgerschaft vorstellen, als über eine Bürgerversammlung Legitimation einzuholen. Eine einfache Umfrage ist deshalb keine Alternative, weil sich viele Bürger mit der Frage noch nicht auseinandergesetzt haben und auch die Positionen der Parteien nicht kennen. Eine Abstimmung unter den Ortschaftsräten hätte die betroffene Bevölkerung nur unzureichend abbilden können, zumal die Ortschaftsräte selbst durch die Bürgerinitiativen mit beeinflusst waren. Insofern war das Instrument der Bürgerversammlung die geeignete Option, um für die Vorschläge des Runden Tisches zum ersten das Mandat und zum zweiten die Zustimmung einzuholen.

5 Fazit

Das wesentliche Erfolgskriterium der Mediation wurde erreicht: in einem fairen und direkten Kommunikations- und Verhandlungsprozess Handlungsspielräume auszuloten und eine gemeinsam getragene Lösung zu erarbeiten (Fietkau/Weidner, 1998).

Die Einbeziehung der Öffentlichkeit bei der Standortplanung sollte dazu beitragen, eine sachliche Auseinandersetzung über Mobilfunkanlagen zu ermöglichen und eine Lösung für die Standortkonflikte zu finden. Im Fallbeispiel in Balingen erreichen die Akteure eine

- Aufklärung und Verbesserung des Wissens,
- Förderung von Vertrauen und Glaubwürdigkeit sowie
- Konsenssuche und Konfliktschlichtung.

Allerdings sind alternative Verfahren der Konfliktregelung kein Wundermittel für die Lösung von Standortkonflikten. Sie führen trotz guter Vorbereitung und Durchführung nicht immer zum Erfolg, und es muss vor überzogenen Erwartungen gewarnt werden (Breidenbach 1995). Auch können sie nur für den verhandelten Tatbestand, im Balinger Fall die Standortsuche, eine Lösung anbieten und nicht die Grenzwertdebatte oder die Suche nach neuen Standorten gleich mit erledigen.

Der Zeit- und Ressourcenaufwand war beachtlich. Das häufig emotional aufgeheizte Klima verlangte allen Beteiligten viel ab, und es ist bei jedem neuen Verfahren zu fragen, in welchem Verhältnis der reale Aufwand und der potenzielle Ertrag stehen.

Als kritische Problembereiche im Verfahren, die nicht immer gelöst werden konnten, sind zu nennen:

- Angst des Betreibers vor einem Präzedenzfall;
- Trennung von Mikro- und Makroebene;
- Win-win-Lösung für alle Parteien ist fraglich, da die Bürgerinitiativen am liebsten gar keine Sendeanlagen im Ort gehabt hätten, dies aber schon aus Anerkennung der realen Situation als Forderung nicht öffentlich wirksam artikulierten;
- Zahlung der Kosten des Verfahrens, Kostenträgerschaft – und damit verbunden die Gefahr, dass die Geldgeber bestimmte Verhaltensweisen der Mediatoren erwarten;
- Hierarchie in den Unternehmen der Netzwerkbetreiber, so dass ausgehandelte Kompromisse erst von der höheren Konzernebene abgesegnet werden müssen;
- Misstrauen in die funktechnische Messung und die Frage der ‚neutralen' Messung und deren Finanzierung;
- Rückkopplung der Information in die Bürgerschaft gelingt sicher nur zum Teil durch die Pressarbeit und Zusatzveranstaltungen;
- Machtunterschiede sind stets vorhanden (Künstlichkeit der egalitären Situation am Verhandlungstisch) und sind auch durch die Mediatoren schwer aufzulösen.

In der Regel haben die Verfahren im Umweltbereich keine rechtliche Basis (fehlende Anschlussfähigkeit), sondern nur einen informellen Charakter. Auch wenn im Balinger Fall die Ergebnisse des Runden Tisches komplett von den Ortschaftsräten und dem Netzwerkbetreiber übernommen wurden, so bleibt am Ende des Verfahrens meistens offen, ob die ausgearbeiteten Ergebnisse im politischen Vollzug vollständig realisiert werden können.

Saretzki (1997) sieht in Mediationsverfahren auch einen Mangel an Demokratie u.a. in der begrenzten Teilnehmerauswahl, der Intransparenz und der fehlenden Rückbindung an legitimierte Entscheidungsinstanzen. Nichtorganisierte Gruppen sind häufig von den Verfahren ausgeschlossen oder schwer im Verfahren zu beteiligen. Diese Kritikpunkte treffen jedoch auf den Fall in Balingen nur bedingt zu: Die Teilnehmer waren durch eine Bürgerversammlung legitimiert worden, das Verfahren war weitgehend der Öffentlichkeit zugänglich und die Zustimmung der wichtigen ausführenden Parteien (Betreiber und Kommunalpolitik) war gegeben.

Aus unserer Sicht hat sich in Balingen der Aufwand gelohnt. Durch Information und Dialog wurden für den Standort Balingen angemessene und faire Lösungen gemeinsam erarbeitet. Von den Erfahrungen in Balingen lassen sich natürlich keine allgemeinen Rückschlüsse ziehen. Die Eignungsfähigkeit für den Einsatz von mediativen Verfahren muss in jedem Einzelfall geprüft werden. Eine regelmäßige Anwendung dieses Verfahrens ist sicher nicht zielführend. Notwendig für den Einsatz sind die Zustimmung der beteiligten Personen, eine deutliche Legitimation durch die betroffenen Bürger und ein Klima gegenseitigen Respekts. Auch der hohe finanzielle und organisatorische Aufwand des Verfahrens verbietet einen regelmäßigen Einsatz bei der Standortsuche von Mobilfunkmasten. Man könnte sich aber vorstellen, dass bereits im Vorfeld bei der Ausweisung der Planungsgebiete für Mobilfunkanlagen ein Beteiligungsverfahren durchgeführt wird. Für ein erfolgreiches Verfahren sind grundsätzlich folgende Punkte wesentlich:

In der Vorfeldanalyse:
- Zerlegung des Konfliktes in unterschiedliche Konflikttypen, soweit dies möglich ist, und Zuordnung dieser Typen mit Hilfe der vier Handlungslogiken von Gesellschaft;
- Bestimmung der Stärke des Konfliktes anhand der Skala von Grasl;
- Zusammenstellung eines geeigneten Verfahrens auf der Basis der unterschiedlichen Konflikttypen und Handlungslogiken.

Im Verfahren selber:
- sachbezogene Argumente,
- Offenheit und Fairness,
- klar benannte Kompetenzen,
- ein klares und mit allen Beteiligten im Verfahren abgestimmtes Mandat,
- wenn möglich Legitimierung des Mandats durch eine öffentliche Abstimmung oder eine Bürgerversammlung,
- neutrale Beratung und Moderation,
- ein abgestimmtes Vorgehen mit allen Beteiligten im Verfahren und den entsprechenden Entscheidungsinstanzen,
- genügend Zeit und ein genauer Zeitplan,
- eine adäquate Öffentlichkeitsarbeit sowie
- ein aktives Engagement aller Beteiligten.

Im Nachgang zum Verfahren:
- Vermittlung der Ergebnisse in die Politik und die Institutionen,
- Überprüfung der gemeinsam erarbeiteten Vereinbarungen,
- Evaluation des Verfahrens.

Das Modellprojekt hat u.a. Folgendes für Standortfindungskonflikte gezeigt:

Informations- und Dialogmaßnahmen zur Wahl von Standorten sind immer von der Struktur, Geschichte und sozialen Schichtung des jeweiligen Standortes abhängig. Welches Kommunikationsverfahren geeignet ist, hängt von den Rahmenbedingungen ab (z.B. Art der Sendeanlage, Bedürfnisse der Bürger, Konfliktgrad). Daher sind Vorgehensweise und Resultate, die in einem Ort erzielt werden, nur bedingt auf andere Orte übertragbar.

Informationsveranstaltungen sind nur dann sinnvoll, wenn auch Informationsbedürfnisse bestehen und diese im Vorfeld bekannt sind. Von daher gilt: Die Informations- und Wissensvermittlung muss klar, verständlich und auf die Bedürfnisse der betroffenen Menschen zugeschnitten sein. Ihre Sorgen und Befürchtungen sollten dabei das Strukturierungsmerkmal für die Tagesordnung der Veranstaltung sein.

Mediationsverfahren bei Standortkonflikten fokussieren meist auf Interessen- und Verteilungskonflikte. Diese werden überwiegend nach dem Harvard-Konzept mit klassischer Suche nach „Win-win-Lösung" bearbeitet (vgl. Fisher et. al 2003). Affektive, evaluative oder auch normative Konflikte sind zumeist schwer in das Konzept von „Win-win-Lösungen" einzubauen. Eine besondere Berücksichtigung dieser Konflikttypen ist zumindest im Rationalen Akteursansatz, der dem Harvard-Modell zugrunde liegt, in der Mediation nicht enthalten. Mit einer Ausweitung der Herangehensweisen an zusätzliche Konflikttypen würde den Bedürfnissen der Akteure nach normativen, affektiven und evaluativen Bewertungsgrößen besser Rechnung getragen. Die Integration von empathiebezogenen Verfahren zur Auflösung von affektiven und evaluativen Konflikten, von methodologischen Regeln für kognitive Konflikte und Techniken des verständigungsorientierten Diskurses nach Habermas (1981) für die Behandlung von normativen Konflikten lassen sich diese Konflikttypen adäquater und zielgerechter behandeln.
Solche hybriden Verfahren sind vor allem dann angebracht, wenn ein Standortkonflikt eskaliert ist und eine einvernehmliche Lösung ohne Verhandlung nicht mehr möglich erscheint. Auch bei einer mittleren Konfliktstärke, wie sie für das Beispiel Balingen zutraf, müssen neben Verteilungsproblemen auch Fragen des Wissens, der Bewertung der eigenen Lebensqualität und der moralisch gerechtfertigten Vorgehensweise thematisiert werden. Es ist Aufgabe der Mediatoren, diese weitergehenden Anliegen frühzeitig zu erkennen und dafür die geeigneten kommunikativen Instrumente bereit zu stellen. Wiewohl die Warnung vor übertriebenen Hoffnungen in die Mediation als Mittel der Umweltplanung und Konfliktlösung berechtigt ist (siehe Knoepfel 1994, S. 84ff), erscheint uns jedoch der Versuch, mit diskursiv strukturierten Verfahren der Mediation zu arbeiten, nicht nur ein erforderlicher, sondern auch ein gangbarer Weg der Entscheidungsfindung zu sein, der nicht nur eine angemessenere Problemlösung verspricht, sondern auch dem politischen Ziel der Beteiligung der Zivilgesellschaft an kollektiv bindenden Entscheidungen näher kommt.

6 Literaturverzeichnis

Bayerisches Landesamt für Gesundheit und Lebensmittelsicherheit (2005): Mobilfunk: Ein Gesundheitsrisiko? Studien – kontrovers diskutiert. Erlangen.
Bayerisches Staatsministerium für Gesundheit, Ernährung und Verbraucherschutz (2001): Mobilfunk: Ein Gesundheitsrisiko? Band 1: Gesundheit und Umwelt, Materialien zur Umweltmedizin. München.

Breidenbach, S. (1995): Mediation. Struktur, Chancen und Risiken von Vermittlung im Konflikt. Köln: Dr. Otto Schmidt Verlag.
Büllingen, F., Hillebrand, A. und D. R. Hildebrand (2004): Alternative Streitbeilegung in der aktuellen EMVU-Debatte. No. 258. WIK Consult. Bad Honnef.
Deutsches Institut für Urbanistik (2005). Jahresgutachten zur Umsetzung der Zusagen der Selbstverpflichtung der Mobilfunkbetreiber. Deutsches Institut für Urbanistik Berlin, Dezember 2005.
Fietkau, H.-J. und H. Weidner (1998). Umweltverhandeln: Konzepte, Praxis und Analysen alternativer Konfliktregelungsverfahren. Berlin: Edition Sigma.
Fisher, R., Ury, W. und B. Patton (2003): Das Harvard-Konzept. Frankfurt am Main, New York. Campus Verlag, 22. Auflage.
Geis, A. (2003): Umstritten, aber wirkungsvoll: Die Frankfurter Flughafen-Mediation. HSFK-Report Nr. 13/2003. Frankfurt/M. (download unter www.hsfk.de).
Geis, A. (2005): Regieren mit der Mediation. Das Beteiligungsverfahren zur zukünftigen Entwicklung des Frankfurter Flughafens. Wiesbaden, VS Verlag Sozialwissenschaften.
Gemeinsame Erklärung der Mobilfunkbetreiber (2005): E-Plus Mobilfunk GmbH und Co. Kg, O2 GmbH und Co. OHG, T-Mobile Deutschland GmbH, Vodafone D2 GmbH und der Kommunalen Landesverbände: Städtetag Baden-Württemberg, Gemeindetag Baden-Württemberg, Landkreistag Baden-Württemberg im Einvernehmen mit der Landesregierung Baden-Württemberg, vertreten durch das Innenministerium und das Wirtschaftsministerium.
Glasl, F. (2004): Konfliktmanagement. Ein Handbuch für Führungskräfte, Beraterinnen und Berater. Stuttgart. Verlag Freies Geistesleben, 8. Auflage.
Habermas, J. (1968): Technik und Wissenschaft als 'Ideologie'. Frankfurt: Suhrkamp.
Habermas, J. (1981): Theorie des kommunikativen Handelns. Bd. 1, Frankfurt a.M.
Honneth, A. (2003): Kampf um Anerkennung, Frankfurt/M (erweiterte Ausgabe).
Kastenholz, H. und C. Benighaus (2003): Information und Dialog bei der Standortsuche von Mobilfunkanlagen. Ein Praxisleitfaden. Herausgeber: Sozialministerium Baden-Württemberg, Stuttgart. www.sozialministerium-bw.de.
Kastenholz, H. und C. Benighaus (2004): Konfliktmanagement bei der Standortsuche für Mobilfunkanlagen. Zeitschrift für Konfliktmanagement, 2, 37-41.
Knoepfel, P. (1994): Chancen und Grenzen des Kooperationsprinzips in der Umweltpolitik, in: Umweltökonomische Studenteninitiative OIKOS an der Hochschule St. Gallen (Hrg.): Kooperationen für die Umwelt. Im Dialog zum Handeln. Zürich: Ruegger, S. 65-92.
Meuer, Dirk/ Troja, Markus 2004: Mediation im öffentlichen Bereich - Status und Erfahrungen in Deutschland 1996-2002. Abschlussbericht eines Forschungsprojektes im Rahmen des DFG-Schwerpunktprogramms „Mensch und globale Umweltveränderungen". Oldenburg: MEDIATOR – Zentrum für Konfliktmanagement und –forschung an der Carl von Ossietzky Universität Oldenburg.
Mobilfunkpakt II (2002): Freiwillige Vereinbarung im Rahmen des Umweltpaktes Bayern II zwischen den in Bayern tätigen Mobilfunkbetreibern, dem Bayerischen Gemeindetag, dem Bayerischen Landkreistag und dem Bayerischen Staatsministerium für Landesentwicklung und Umweltfragen mit dem Ziel der Umweltschonung und Akzeptanzverbesserung. München, 27.11.2002 (www.elektrosmog.bayern.de, aufgerufen am 15.10.2006).
Mobilfunkvereinbarung NRW (2003): Effektiver Netzausbau unter Beachtung von Vorsorge, Transparenz und Kooperation zwischen der Landesregierung Nordrhein-Westfalen, den Mobilfunkbetreibern und den kommunalen Spitzenverbänden , Düsseldorf, Juli 2003-09-01.
Parsons, T. (1957): Toward a General Theory of Action. Harvard University Press, Cambridge.
Parsons, T. (1961): Theories of Society. The Free Press, New York.
Renn, O. (1998): Die Austragung öffentlicher Konflikte um chemische Produkte oder Produktionsverfahren - eine soziologische Analyse. In: O. Renn und J. Hampel (Hrsg.): Kommunikation und Konflikt. Fallbeispiele aus der Chemie. Frankfurt am Main, S. 11-52.
Renn, O. (2001): The Role of Social Science in Environmental Policy Making: Experiences and Outlook. Science and Public Policy, Vol. 28, No. 6 (2001), 427-437.

Renn, O. (2002): Die subjektive Wahrnehmung technischer Risiken. In: R. Hölscher und R. Elfgen (Hrsg.): Herausforderung Risikomanagement. Identifikation, Bewertung und Steuerung industrieller Risiken. Wiesbaden (Gabler), S. 73-90.

Renn, O. und Webler, Th. (1998): Der kooperative Diskurs – Theoretische Grundlagen, Anforderungen, Möglichkeiten. In: O. Renn, H. Kastenholz, P. Schild und U. Wilhelm (Hrsg.): Abfallpolitik im kooperativen Diskurs. Bürgerbeteiligung bei der Standortsuche für eine Deponie im Kanton Aargau. Zürich (Hochschulverlag AG an der ETH Zürich), S. 3-103

Rogers, C. R. (1993): Die klientenzentrierte Gesprächspsychotherapie. Frankfurt am Main: Fischer-Taschenbuch-Verlag.

Rogers, C. R. (2006): Entwicklung der Persönlichkeit: Psychotherapie aus der Sicht eines Therapeuten. 16. Auflage. Klett-Cotta, Stuttgart.

Ruddat, M.; Sautter, A. et. al. (2005): Ergebnisse der Fokusgruppen-Diskussionen zu Information und Kommunikation über gesundheitliche Risiken des Mobilfunks im Rahmen des Forschungsprojektes „Untersuchung der Kenntnis und Wirkung von Informationsmaßnahmen im Bereich Mobilfunk und Ermittlung weiterer Ansatzpunkte zur Verbesserung der Information verschiedener Bevölkerungsgruppen". Stuttgart.

Saretzki, Th. (1997): Mediation, soziale Bewegungen und Demokratie. In: Forschungsjournal Neue Soziale Bewegungen, Jg. 10, Heft 4, 1997, S. 27-42.

Willke, H. (1995): Systemtheorie III. Steuerungstheorie. Stuttgart und Jena: UTB Fischer.

Zwick, M., Ruddat, M. (2002): Wie akzeptabel ist der Mobilfunk? Stuttgart, Akademie für Technikfolgenabschätzung in Baden Württemberg.

Kooperative Bearbeitung von Wertkonflikten im Küstenschutz

*Meinfried Striegnitz**

> Naturschutz - und wir?
>
> Was piepst so lieblich in den Salzwiesen dort?
> Das sind die Vögel – alle Menschen sind fort.
> Ihnen gehört das Deichvorland jetzt.
> Kein Mensch ist zu sehen – verdrängt per Gesetz.
>
> In Hannover und Frankfurt, schön hoch und trocken,
> sitzen Naturschützer. Man hört sie frohlocken:
> „Es ist bald geschafft, ein paar Gesetze noch,
> dann gehört uns auch die Deichkuppe, wir kriegen sie doch!
>
> Was schert uns Mann, Weib oder Kind?!
> Wir woll'n, dass die Vögel glücklich sind,
> und die Würmchen, die Muscheln, die kleinen Schnecken,
> die vielleicht im Watt, im Klei sich verstecken!
>
> Den Deich verbreitern, Pütten graben?
> Was die Deichbauer für absurde Wünsche haben!
> Und sagen die deutschen Gerichte JA,
> verweisen wir auf EU - FFH."
>
> Will man dem Naturschutz eine Lanze brechen,
> darf man nicht Justitia die Augen ausstechen!
> Politiker, BUND, WWF, Deichbauer! Bitte,
> einigt Euch, unternehmt schnell die richtigen Schritte!
>
> Das wünschen und fordern für später und gleich
> wir Schutzbedürftigen hinter dem Deich.
>
> Hilke Arnold, Sande

1 Personenschutz oder Naturschutz? Wertbesetzte Konfliktlagen

Mit den Ausdrucksmitteln der Poesie schildert Hilke Arnold in diesen Versen einen Landnutzungskonflikt im Küstenbereich[1]. Aus den Salzwiesen im Deichvorland seien die Menschen verdrängt und sei das Land den Vögeln zur Nutzung überlassen worden. Fremde, frohlockende Naturschützer aus küstenfernen, sturmflutsicheren Großstädten und ohne jedes Verständnis für Erfordernisse des Deichbaus hätten per Gesetz und durch Instrumentalisierung von EU-Recht die Verfügungsgewalt über das Deichvorland an sich gerissen. Ein Herrschaftskonflikt zwischen Küstenbewohnern und Binnenländern?

---

* Für hilfreiche Anmerkungen und Verbesserungsvorschläge danke ich den Herausgebern Peter H. Feindt und Thomas Saretzki sowie Klaas-H. Peters und einem anonymen Gutachter.
[1] Das Gedicht entstand 1997 im Zusammenhang des konkreten Konfliktes um den von Naturschutzorganisationen beklagten Verlust von Salzwiesen im Zuge eines Deichbauvorhabens am westlichen Jadebusen, der im Folgenden näher vorgestellt wird.

Mann, Weib und Kind – oder Vögel, Würmchen, kleine Schnecken, wer darf hier leben und glücklich werden? Das scheint die Alternative. Gegensätzliche Wahrnehmungen der Natur und ihrer Schönheit und unterschiedliche Bewertungen von menschlichen Überlebensnotwendigkeiten und Bedürfnissen prallen hier feindlich aufeinander: ein Wahrnehmungs- und Wertkonflikt? Die Autorin hält die Gegensätze nicht für unüberwindbar, sie appelliert vielmehr an Politiker sowie an Küstenschutz- und Naturschutzverbände, im Interesse der Schutzbedürftigen hinter dem Deich die Verständigung zu suchen.

Der hier vorgetragene Wunsch nach Überwindung des Konfliktes erscheint nur allzu verständlich. Umso mehr erstaunt es, dass es in der Literatur über Umweltmediation weithin als ausgemacht gilt, dass in stark wertbeladenen Konflikten Vermittlungsversuche zum Scheitern verurteilt seien (Susskind/Cruikshank 1987: 192). So führt Zilleßen (1998: 41) in seinem Standardwerk über Umweltmediation aus: „Offenkundig ist, dass bei stark wertbeladenen Konflikten, die (...) auf eine Ja/Nein-Entscheidung hinaus laufen, Mediation unangebracht ist. Wo es nur um ein Ja oder Nein geht, ist niemand bereit zu verhandeln!"

Zwei Fragen drängen sich auf: Wie lässt sich erfahren, ob ein Konflikt auf eine Ja/Nein-Entscheidung hinaus läuft – außer durch Verhandlungen zwischen den Beteiligten? Wer, wenn nicht Kommunikationsexperten und Mediatoren, sollte aufgerufen sein, gerade für die schwierigen wertbeladenen Konflikte konstruktive Bearbeitungsverfahren zu finden, die – wie im vorliegenden Beispiel – von Betroffenen selbst nachgefragt werden?

Im Folgenden wird der Konflikt zwischen Küstenschutz und Naturschutz zunächst allgemein in die historische Entwicklung von Küstenschutz (2.1) und Naturschutz (2.2) eingeordnet. Gegensätzliche Wahrnehmungsmuster des Wattenbereichs (2.3), die akuten Konfliktfelder (2.4) und dazu erlassene politische Leitlinien (2.5) werden vorgestellt. Die Zuspitzung des Konfliktes um die Ausführung einer Deichverstärkungsmaßnahme im westlichen Jadebusen (3.1) und die ersten Schritte zur Verständigung (3.2) werden dargestellt. Zur Konfliktregulierung setzte die niedersächsische Landesregierung eine Projektgruppe ein mit dem Auftrag, landesweit anwendbare Empfehlungen zur Verbesserung des Verfahrensmanagements im Küstenschutz zu entwickeln (3.3). Die ‚maßgeschneiderte' Struktur und Arbeitsweise dieser Projektgruppe (3.4), ihre einvernehmlich verabschiedeten Ergebnisse zum Verfahrensmanagement (3.5) und zur wertbesetzten Frage des Verhältnisses von Personenschutz und Naturschutz (3.6) sowie zur Novellierung des Niedersächsischen Deichgesetzes (3.7) werden erläutert. Abschließend wird die Herausforderung zur konstruktiven Bearbeitung der inhärenten Wertkonflikte nachhaltiger Entwicklung thematisiert (4).

2 Historische Entwicklung des Konfliktes zwischen Küstenschutz und Naturschutz

Küstenschutz und Naturschutz werden je für sich von einer großen gesellschaftlichen Wertschätzung getragen und verfügen über einen hohen politischen Stellenwert. Wie konnte es sein, dass sich zwischen beiden Bereichen ein Konflikt entwickelte, der zu einer der größten politischen Manifestationen in der Küstenregion führte? Heftigkeit und Tiefgang der Auseinandersetzung erschließen sich nicht ohne Verständnis der jeweiligen historischen Entwicklungsprozesse, die daher in stark geraffter Form dargestellt werden sollen.

Für die weiteren Überlegungen im Rahmen dieser Fallstudie ist die allgemeine Definition aus der klassischen Arbeit zur Forschung über Konfliktregulierung von Deutsch nützlich und hinreichend, nach der ein Konflikt dann vorliegt, "wenn *nicht zu vereinbarende*

Kooperative Bearbeitung von Wertkonflikten im Küstenschutz

Handlungstendenzen aufeinanderstoßen" (Deutsch 1976: 18, Hervorhebung im Original). Im Weiteren soll in Anlehnung an handlungstheoretisch orientierte Konflikttypologisierungen[2] zwischen Fakten-, Bewertungs-, Interessen- und Beziehungskonflikten unterschieden werden (Feindt 2001: 619; Müller-Fohrbrodt 1999: 29-41). Mit Aubert (1963: 27-29) werden im Folgenden Interessenkonflikte als Wettbewerb um knappe Güter und Wertkonflikte als Dissens über den normativen Status eines sozialen Objektes verstanden.

2.1 1000 Jahre Sturmflutschutz

Ab dem 11. Jahrhundert werden an der südlichen deutschen Nordseeküste[3] die ersten geschlossenen Deichlinien errichtet.[4] Diese – gemessen an den Möglichkeiten der Zeit – technische und organisatorische Meisterleistung wurde durch genossenschaftliche Assoziationen erbracht, die aus Kirchengemeinden hervorgingen. Beteiligung am Deichbau war Pflicht: „Wer nicht will deichen, der muss weichen". Die frühesten schriftlichen Dokumente über Anforderungen an den Deichbau sowie über Pflichten und Rechte derjenigen, die im dadurch geschützten Gebiet leben, finden sich in der Rüstringer Rechtshandschrift (ca. 1300) und im Rasteder Sachsenspiegel 1336. Das heutige Deichrecht steht in dieser jahrhundertelangen Tradition (Peters 1992). In der ersten Hälfte des 16. Jahrhunderts nimmt der herrschaftliche Einfluss auf Küstenschutz, Deichbau und Eindeichungen zu. Charakteristisch für den Küstenschutz in Niedersachsen ist bis heute ein Zusammenspiel von staatlicher Rahmensteuerung und regionaler Selbstverwaltung: Die Eigentümer und Erbbauberechtigten aller im geschützten Gebiet gelegenen Grundstücke sind nach dem Niedersächsischen Deichgesetz zur gemeinschaftlichen Deicherhaltung verpflichtet, Träger der Deicherhaltung sind 22 Deichverbände[5] als Körperschaften öffentlichen Rechts nach dem Gesetz über Wasser- und Bodenverbände.

Im 12. bis 16. Jahrhundert brachen mehrfach große Sturmfluten tief ins Binnenland ein und lösten Katastrophen mit Tausenden von Todesopfern aus. In dieser Zeit wurden die großen Buchten in die Küstenlinie gerissen, so auch der Jadebusen mit Durchbrüchen zwischen Jade und Weser. Die Aufklärung brachte eine Verwissenschaftlichung des Deichbauwesens, 1754/57 erschien das wegweisende Werk „Anfangsgründe der Deich- und Wasserbaukunst" von Albert Brahms (1692 - 1758), Deichrichter im Jeverland.

In der jüngeren Zeit gaben die „Holland-Flut" vom 1./2. Februar 1953 und die „Hamburg-Flut" vom 16./17. Februar 1962 entscheidende Impulse für die Weiterentwicklung von Recht, Technik, Finanzierung und Bautätigkeit im Küstenschutz. Mit der Einführung eines neuen systematischen Verfahrens zur Ermittlung der „Bemessungswasserstände" wurde erstmalig ein dynamisches Vorsorgedenken für die Dimensionierung der Küstenschutzbauwerke verankert (Lüders 1966: 58). Das Bemessungsverfahren ist bis heute verbindlich.

Umfangreiche Baumaßnahmen wurden im Rahmen des „Niedersächsischen Küstenprogramms 1955-1964" und seiner Fortschreibung ab 1963 realisiert. Das 1963 verabschiedete Niedersächsische Deichgesetz löste die bis dato noch rechtskräftigen neun verschiede-

---

[2] Zu konflikttheoretischen Aspekten siehe den Beitrag von Saretzki in diesem Band.
[3] Wenn nicht anders angegeben, beziehen sich im Folgenden die Aussagen über Küstenschutz und Naturschutz auf den Bereich des heutigen Landes Niedersachsen.
[4] Zur Geschichte des Küstenschutzes siehe Kramer (1989), Kramer/Rohde (1992).
[5] Während die allgemeine gesetzliche Bezeichnung dieser Organisationen "Deichverband" lautet, tragen einzelne Verbände aus historischen Gründen auch den Namen "Deichacht" oder "Deichband".

nen regionalen Deichordnungen ab und schuf auf der Grundlage des aktuellen wissenschaftlich-technischen Verständnisses eine moderne, landesweit einheitliche Rechtsgrundlage (Peters 1992: 195 ff).

Mit dem 1973 in Kraft getretenen Gesetz über die Gemeinschaftaufgabe des Bundes und der Länder zur „Verbesserung der Agrarstruktur und des Küstenschutzes" wurde die Finanzierung der erheblich gestiegenen Aufwendungen für den Küstenschutz auf eine neue Grundlage gestellt. Neubau, Erhöhung und Verstärkung von Küstenschutzdeichen werden zu 70 % vom Bund und zu 30 % vom Land finanziert, die Deichverbände tragen aus ihren Mitgliedsbeiträgen die Aufwendungen für Unterhaltung und Pflege.

Unter Bezug auf die neu geordneten rechtlichen, finanziellen und organisatorischen Gegebenheiten wurden die technisch-planerischen Grundlagen und die anstehenden Maßnahmen in Niedersachsen 1973 im „Generalplan Küstenschutz Niedersachsen" zusammenfassend dargestellt und von der Landesregierung verabschiedet (NI-ML 1973). Die Bezirksregierung Weser-Ems veröffentlichte 1997 eine für ihren Bezirk erarbeitete Fortschreibung (Weser-Ems 1997), nachdem der Versuch einer im Entwurf bereits vorliegenden landesweiten Fortschreibung des Generalplans nach der Landtagswahl 1990 an damals offenbar unüberbrückbaren Gegensätzen zwischen Küstenschutz und Naturschutz gescheitert war (Schirmer/Schuchardt 2005: 99). Infolge des Wechsels der Regierungsmehrheit von CDU/FDP zu SPD/Die Grünen hatte der Naturschutz deutlich an Einfluss gewonnen. Die nächste Aktualisierung des Generalplans Küstenschutz für das Land erfolgte 2007, zunächst nur für die Festlandsküste, also ohne die ostfriesischen Inseln (NLWKN 2007).

Die existenzielle Bedrohung durch die See und das Wissen um die Notwendigkeit gemeinschaftlicher Schutzmaßnahmen sind in Politik, Verwaltung und Öffentlichkeit der Küstenregion seit Jahrhunderten gewachsen, tief verankert und von eminent hohem Stellenwert. Einmal als erforderlich festgestellte Küstenschutz-Maßnahmen waren in Politik und Öffentlichkeit nahezu ‚Selbstgänger' und genossen uneingeschränkte öffentliche Unterstützung. Das rechtliche Instrumentarium sicherte dem Küstenschutz eine relativ starke Stellung in der Abwägung gegenüber sonstigen Belangen und ermöglichte eine zumeist zügige Durchführung von Genehmigungsverfahren. Allerdings kündigten sich mit dem Scheitern der Fortschreibung des Generalplans Küstenschutz Niedersachsen veränderte Randbedingungen und neue Abstimmungszwänge an.

2.2 100 Jahre Naturschutz

Im Vergleich zu der weit zurückreichenden historischen Verankerung des Küstenschutzes gleicht die Verwurzelung des Naturschutzes in der Region noch der einer jungen Pionierpflanze im Schlickwatt. Erst die Romantik korrigierte das Bild von der nur feindlichen Natur und eröffnete eine neue Sichtweise auf Meere und Küsten; 1797 wurde auf Norderney das erste Seebad an der Nordsee eröffnet. Der 1875 im Zuge der entstehenden Naturschutzbewegung gegründete Deutsche Verein zum Schutz der Vogelwelt errichtete 1907 auf der Insel Memmert die erste Seevogelfreistätte, 1925 wurde Mellum als Vogelinsel unter Schutz gestellt (SRU 1980: Tz. 1024; Wonneberger 1999: 160).

Eine wesentliche Intensivierung der gesellschaftlichen und auch der rechtlichen und administrativen Anstrengungen zum Naturschutz im Küstenbereich erfolgte ab 1970 mit dem Europäischen Naturschutzjahr, dem UNESCO-Programm „Man and the Biosphere" und der UN-Umweltkonferenz „The Human Environment" 1972 in Stockholm. 1976 trat die Bundesrepublik Deutschland der 1971 in der iranischen Stadt Ramsar unterzeichneten Konvention über „Feuchtgebiete, insbesondere als Lebensraum für Wasser- und Watvögel, von internationaler Bedeutung" bei.

In den siebziger bis Anfang der neunziger Jahre wurde die Naturschutzverwaltung durch Einstellung von Fachpersonal deutlich gestärkt (Dahl/Schupp 1999). 1979 wurde die Europäische Vogelschutz-Richtlinie, 1981 das niedersächsische Naturschutzgesetz u.a. mit dem neuen Instrument der Eingriffsregelung verabschiedet, wonach Eingriffe in Natur und Landschaft, soweit diese nicht vermeidbar sind, durch Ausgleichs- und Ersatzmaßnahmen kompensiert werden müssen. 1985 bzw. 1986 wurden in Schleswig-Holstein bzw. Niedersachsen nach zum Teil schwierigen politischen Planungsprozessen zum Schutz des Wattenmeeres Nationalparke eingerichtet.

Die wissenschaftliche Erforschung des Wattenmeeres wurde durch das vom Bundesministerium für Forschung und Technologie geförderte Programm „Ökosystemforschung Wattenmeer" 1989-1996 intensiviert. 1992 schließlich wurde die Europäische Richtlinie „zur Erhaltung der natürlichen Lebensräume sowie der wildlebenden Tiere und Pflanzen" (sog. Flora-Fauna-Habitat-Richtlinie 92/43/EWG) verabschiedet.

Diese neue Wertschätzung für die Natur des Wattenmeeres, die rechtlichen und praktischen Schutzmaßnahmen und insbesondere die damit einhergehenden Nutzungsbeschränkungen für jetzt als naturbelastend bewertete Aktivitäten z.B. des Tourismus oder der Fischerei, führten zu heftigen öffentlichen und parteipolitischen Auseinandersetzungen, während Naturschutzverbände die realisierten Maßnahmen als nicht hinreichend kritisierten.

Von besonderer Bedeutung für die Meinungsbildung in Öffentlichkeit und Politik war das Sondergutachten „Umweltprobleme der Nordsee" des Rates von Sachverständigen für Umweltfragen (SRU 1980). Darin betonte der Rat die besonders hohe ökologische Wertigkeit und die akute Gefährdung des Wattenmeeres, hier insbesondere der Salzwiesen mit ihrer für den Vogelzug globalen Bedeutung (Tz. 866) und ihren zahlreichen endemischen Arten. Besonders hervorgehoben wurde die hohe Bedeutung der vielfältigen ökologischen Funktionen der Artenvielfalt für die Stabilität des Gesamtsystems (Tz. 845 - 846).

Ausführlich ging der Rat dabei auch auf die Belastung durch Deichbau, Landgewinnung, Eindeichungen und die damit verbundene Umwandlung von Salzwiesen in Süßwiesen-Grünland ein. Durch die inzwischen erreichten Größenordnungen von Eindeichungsprojekten, die weit über jene der Vergangenheit hinausgingen, bestehe deshalb „die Gefahr der Unterschreitung eines Minimalareals für besonders gefährdete Ökosystemteile, vor allem für die Salzwiesen" (Tz. 864), dieser Ökosystemtypus sei in seinem Bestand bedroht. Der Sachverständigenrat unterstützte die hohe Priorität des Küstenschutzes als Personenschutz. Allerdings seien in der Vergangenheit Deichbaumaßnahmen über den hierfür notwendigen Rahmen hinaus auf Flächengewinn hin ausgelegt worden. Diesem Ziel müsse aus ökologischer Sicht widersprochen werden (Tz. 865). „Die Gefahr für das gesamte Ökosystem Wattenmeer liegt darin, dass gerade die seltenen Ökosysteme mit geringer Arealfläche (Schlickwatten, Salzwiesen) und hoher Spezialisation ihrer Arten besonders stark durch Eindeichungen betroffen werden (...) Aus ökologischer Sicht gilt es, die Einmaligkeit dieser ‚endemischen Ökosysteme' zu erhalten" (Tz. 872). In diesem Zusammenhang wies der Rat auch auf das Ausmaß der Flächeninanspruchnahme durch die Grundfläche der Deiche hin, die sich für die gesamte deutsche Nordseeküste auf eine Größenordnung von 20.000 ha belaufe (Tz. 842).

2.3 Kampf um die Salzwiesen – Kampf der Sichtweisen

Aus all dem wird deutlich, warum die Vertreter des behördlichen wie des verbandlichen Naturschutzes so vehement für die Erhaltung gerade der oberen Salzwiesen eintreten und der Streifen unmittelbar seewärts vor dem Deichfuß so besonders umkämpft ist. Aus Sicht des Küstenschutzes allerdings sind diese Salzwiesen nicht rein natürlich entstanden, sondern durch gezielte Landgewinnungsmaßnahmen. Es handele sich daher weniger um einen Naturraum, sondern mehr um einen Kulturraum. Die gegensätzlichen Wahrnehmungen, Bilder und Deutungen werden unversöhnlich ins Feld geführt:[6]

Tabelle 1: Konfligierende Wahrnehmungen, Bewertungen und Sprachbilder zum Deichvorland

Küstenschutz	Naturschutz
das Land wurde erst im Kampf gegen die See gewonnen	die Natur wird durch Zivilisation und Technik zerstört
das mühsam abgerungene Land ist zu schützen	die ungestörte Dynamik der Natur ist zu schützen
für die Schönheit des ordentlich kultivierten Vorlandes	gegen die „tote Mondlandschaft" vor dem Deich
weg mit dem „Gestrüpp" vor dem Deich	genieße die Schönheit der Salzwiesen
Kampf gegen die Zerstörungskräfte der Natur	Schutz der Natur vor der Zerstörung durch die Menschheit

Im Konflikt um die Deichverstärkung am Jadebusen spielten nicht miteinander vereinbare elementare Wahrnehmungen auf Seiten der verschiedenen Konfliktparteien eine besonders auffällige Rolle. Schon Deutsch (1976: 23) hatte darauf hingewiesen, dass „Konflikte (...) etwas betreffen [können], was so offen und direkt ist wie die Wahrnehmung zweier Menschen, die denselben Gegenstand betrachten". Wahrnehmungskonflikte können Elemente von Fakten-, Ermessens-, Interessen- und Wertkonflikten enthalten (Böhret 1990: 211; Feindt 2001: 620) und deren Bearbeitung erschweren. Unmittelbare Wahrnehmungen stellen Ankerpunkte für unterschiedliche Wirklichkeitskonstruktionen (Berger/Luckmann 1969) und für das Framing der Konflikte durch die verschiedenen Konfliktparteien dar (Gray 2002), umgekehrt werden die Wahrnehmungsmuster durch den Konfliktaustrag stabilisiert. Tidwell (1998: 94) stellt kritisch fest, dass insbesondere die Rolle intuitiver Wahrnehmungen in der Literatur zur Konfliktregulierung nur unzureichend berücksichtigt werde.

---

[6] Die hier wiedergegebenen Begrifflichkeiten und Sprachbilder waren in der Kontroverse an der Küste allgemein in Gebrauch. – Zu Wahrnehmung und Bildern der Natur im Wattenmeerraum – "Küste als mentales Konstrukt" – siehe: Döring et al. (2005), Fischer (2005).

2.4 Deichbau: Konfliktfelder zwischen Küstenschutz und Naturschutz

Die kleine historische Betrachtung macht deutlich, dass sich Küstenschutz und Naturschutz auf Kollisionskurs befanden. Für beide Bereiche waren inhaltliche Programme und differenzierte rechtliche Regelungen entwickelt sowie Verwaltungen institutionalisiert worden, eine übergreifende Abstimmung der Entwicklungen fand aber nicht in hinreichendem Maße statt. Da sich die Gestaltungsansprüche und Maßnahmenplanungen aber auf die gleiche Zielregion beziehen, war es nur eine Frage der Zeit, wann sich geradezu zwangsläufig eine krisenhafte Zuspitzung einstellen würde. Die Diskussionen über ein *integriertes* Küstengebietsmanagement steckten noch in den Anfängen (Europäische Kommission 1999).

Die Konflikte zwischen Deichbau und Naturschutz erstrecken sich im Wesentlichen auf folgende Bereiche (Blischke 2001: 116-139):

- Flächenbedarf: Inanspruchnahme von Flächen, die für den Naturschutz wertvoll sind,
    - dauerhaft für die in der Regel zu verbreiternde Grundfläche des Deiches,
    - temporär für einen Arbeitsstreifen längs des Deiches (insbesondere zur Zwischenlagerung von Baumaterial (Klei) des geschlitzten Deiches);
- Gewinnung von Klei als Baumaterial;
- Gewinnung von Sand als Baumaterial;
- zeitlicher und finanzieller Mehraufwand für naturschutzbezogene Planungen;
- Mehrkosten für Kompensationsmaßnahmen im Zuge der naturschutzrechtlichen Eingriffsregelung.

Deiche sind technische Bauwerke, deren Profilgebung gestützt auf ingenieurwissenschaftliche Untersuchungen daraufhin ausgelegt wird, am gegebenen Ort unter den dort typischen und maßgebenden Bedingungen von Wasserständen und Wellenangriffen den enormen mechanischen und hydraulischen Belastungen am besten standzuhalten und die Standsicherheit des Deiches zu gewährleisten.

Abbildung 1: Historische Entwicklung der Deichprofile (NLWKN 2007: 15)

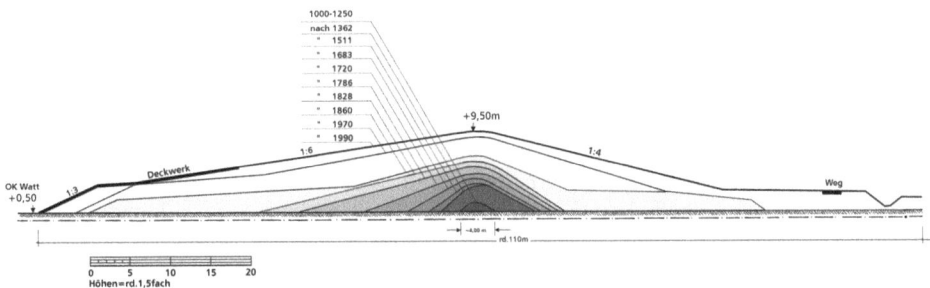

Die Optimierung der Deichprofile führt im Vergleich zu älteren Querschnitten zu flacheren Neigungen sowohl der Innen- als auch der Außenböschungen des Deichkörpers. Das bedeutet eine erhebliche Verbreiterung des Deichfußes und somit einen deutlich größeren Flächenbedarf für die Deichbasis. Je nach örtlichen Gegebenheiten kann dies problematisch sein, weil ggf. der Raum beiderseits der Deichlinie anderweitigen Nutzungen unterliegt, deren Aufgabe oder Verlagerung schwierig und kostenintensiv sein kann. Binnenseitig sind dies zumeist Infrastruktureinrichtungen wie Straßen oder Gebäude. Außenseitig können dies in ökologischer Perspektive wertvolle Salzwiesen sein. Das Gemeinwohlinteresse Küstenschutz gerät hier infolge des Flächenbedarfs in den Konflikt zwischen den Interessen von öffentlichen und privaten Grundeigentümern einerseits und den Interessen des Naturschutzes andererseits, die von Behörden und Verbänden vorgetragen werden, die sich dabei ebenfalls auf das Gemeinwohl berufen.

Eine weitere gravierende Randbedingung technischer Art kann die Planungsspielräume bei Deichbauvorhaben einschneidend begrenzen: Größere Querschnitte bedeuten auch mehr Masse des Baukörpers und damit größere statische Belastung für den Untergrund. Je nach örtlichen Gegebenheiten kann die bodenmechanische Belastbarkeit begrenzt sein, weiterhin kann diese Belastbarkeit kleinräumig buten und binnen der bisherigen Deichlinie erheblich unterschiedlich sein, wie dies im westlichen Jadebusen der Fall war.

Klei ist auf Grund seiner physikalischen Eigenschaften der bevorzugte Baustoff für Küstenschutzdeiche und wurde traditionell im Vorland gewonnen. Gerade die Salzwiesen der höher gelegenen Vorländer gelten aber als besonders schützenswerte Biotope (SRU 1980: Tz. 834-844, 872). Nach den Verlusten der Vergangenheit widersetzt sich der Naturschutz daher besonders entschieden allen weiteren Zugriffen auf die verbliebenen Reste von Salzwiesen (Blischke 2001: 126-128).

Die Seite des Küstenschutzes dagegen drängt weiterhin auf die Zulassung von Kleientnahmen im Vorland und führt zur Begründung an (Oltmanns/Frick 2005: 91-102): Klei mit den für den Deichbau erforderlichen Eigenschaften sei im Binnenland vielfach nicht in ausreichenden Mengen vorhanden; Kleigewinnung im Binnenland führe durch das Entstehen von Wasserflächen zu einer dauerhaften Veränderung der Landschaft; der Transport des Materials mit seinem hohen spezifischen Gewicht sei aufwändig, setze eine Infrastruktur entsprechend belastbarer Straßen voraus und werde über längere Strecken unwirtschaftlich. Die mit Lärm, Abgasen und Dieselruß verbundenen Transporte beeinträchtigten den Tourismus und hätten eine schlechte Ökobilanz. Klei aus dem Vorland sei dagegen ein „nachwachsender Rohstoff", die Pütten verlandeten im Laufe von einigen Jahrzehnten durch natürliche Sedimentation, die Salzwiesen regenerierten und entwickelten u.U. einen ökologisch wertvolleren Zustand als zuvor.

Aus Sicht des Küstenschutzes wird der Aufwand zur Erstellung der Genehmigungsunterlagen für den eigentlichen Deichbau zuzüglich für Klei- und Sandgewinnung kritisch gesehen (Blischke 2001: 66, 124). Im Vergleich zu dem Aufwand, der für die ingenieurtechnischen Planungen erforderlich ist, sei der Aufwand für die Naturschutz bezogenen Untersuchungen und Planungen, insbesondere für Umweltverträglichkeitsstudien und landschaftspflegerische Begleitpläne, unverhältnismäßig hoch (Blischke 2001: 128). Auch die nach einer erfolgten Genehmigung in der Regel erforderlichen Aufwendungen für Ausgleichs- und Ersatzmaßnahmen erhöhten die Kosten des Deichbaus. Angesichts der chronischen Finanzmittelknappheit für den Küstenschutz bedeute dies, dass entsprechend weniger Deichstrecke gebaut werden könne. So seien für den 10 km langen Deichbauabschnitt Mariensiel-Cäciliengroden-Dangast zwischen 15% und 20% der Gesamtkosten für Maßnahmen des Naturschutzes aufgewendet worden (Blischke 2001: 124).

Der Naturschutz hält dagegen, dass es sich bei diesem Deichabschnitt am westlichen Jadebusen gerade um einen der wertvollsten Salzwiesenbereiche der gesamten niedersächsischen Küste handele, die genannten Prozentsätze seien daher in keiner Weise repräsentativ, aber in diesem besonderen Ausnahmefall absolut gerechtfertigt. Deichbau in einem ökologisch hoch sensiblen und wertvollen Gebiet müsse dieser Tatsache Rechnung tragen; Küstenschutz in einem Siedlungs- oder Hafengebiet sei auch vergleichsweise aufwändiger.

2.5 Versuch der Konfliktregulierung durch „Zehn Grundsätze für einen effektiveren Küstenschutz"

Nach der 1990 gescheiterten Fortschreibung des Generalplans Küstenschutz (s.o.) reagierte die Niedersächsische Landesregierung auf den zunehmenden Koordinierungsbedarf zwischen Küstenschutz und Naturschutz und verabschiedete im April 1995 „Zehn Grundsätze für einen effektiveren Küstenschutz in Niedersachsen". Diese zehn Grundsätze nahmen unter Verweis auf geltendes Recht einige Klarstellungen zu kontrovers diskutierten Themen vor und trafen darüber hinaus einige programmatische politische Festlegungen (Auszüge):

„1. Neue Eindeichungen werden nicht mehr vorgenommen.
2. Hauptdeiche werden in der bestehenden Deichlinie so weit wie möglich auf der Binnenseite verstärkt und erhöht. Dies ist anhand der örtlichen Gegebenheiten zu entscheiden. [...]
6. Das Deichvorland steht soweit erforderlich für den Küstenschutz zur Verfügung. Das Deichvorland ist zum Schutze des Deiches in Abstimmung mit den Naturschutzbehörden so weit erforderlich zu erhalten und zu pflegen. [...]
8. Kleientnahmen müssen in besonderen Fällen auch im Deichvorland möglich sein. Im Regelfall wird Kleiboden im Binnenland gewonnen. [...]" (NI-MU 2006)

Bei vielen der vor Ort unmittelbar im Spannungsfeld Küstenschutz – Naturschutz Tätigen fand dieser Kabinettsbeschluss eine eher zurückhaltende bis kritische Resonanz (Blischke 2001: 99; Peters 1999: 50; Projektgruppe 2001: 28). Grundsätzlich wurde von allen Seiten das Bestreben begrüßt, durch klare Regelungen das Konfliktpotenzial sowie den Klärungsaufwand im Einzelfall zu reduzieren und dadurch Planungs- und Genehmigungsverfahren insgesamt zu vereinfachen und zu beschleunigen.

Allerdings wurde die häufige Verwendung von relativierenden Klauseln und unbestimmten Formulierungen in den „Zehn Grundsätzen" als wenig hilfreich kritisiert, zu viele Einzelheiten seien ungeklärt oder ausgeklammert. Von Seiten der Deichverbände wurde kritisiert, dass die Hinweise auf schlanke Genehmigungsverfahren für Erhöhung und Verstärkung von Hauptdeichen ohne Planfeststellungsverfahren nicht praktikabel seien, weil ein entsprechendes Verfahren zur Bündelung der Genehmigungen für den eigentlichen Deichbau mit den Genehmigungen für die Klei- sowie Sandgewinnung fehle und somit doch aufwändige Planfeststellungsverfahren erforderlich seien. Zwischen Küstenschutz und Naturschutz umstritten blieben insbesondere die Präferenzen für Kleientnahmen im Binnenland als Regelfall und für die binnenseitige Ausrichtung von Deichverbreiterungen.

Die „Zehn Grundsätze" vermochten nicht, die Eskalation des Konfliktes um die im Februar 1996 planfestgestellte Erhöhung und Verstärkung des Deichabschnittes von Cäciliengroden nach Dangast am westlichen Jadebusen zu verhindern.

3 Deichbau und Salzwiesen im Jadebusen: Konflikteskalation und Verständigung

3.1 Deichbauvorhaben Cäciliengroden - Dangast

Der Küstenschutzdeich am westlichen Jadebusen wies Anfang der neunziger Jahre eine Fehlhöhe von bis zu 1,20 m auf. Im Zeitraum von 1992 bis 1995 wurde der 3,6 km lange Abschnitt zwischen Mariensiel und Cäciliengroden verstärkt, die Durchführung eines zweiten 6,4 km langen Bauabschnitts zwischen Cäciliengroden und Dangast war für den Zeitraum von 1996 bis 2002 vorgesehen.

Im ersten Bauabschnitt erfolgte die Verbreiterung des Deiches auf der Grundlage eines Plangenehmigungsverfahrens seewärts in die Salzwiesen hinein. Dieses Vorgehen wurde als alternativlos angesehen, weil in diesem Abschnitt insbesondere die Siedlungsflächen der Ortschaft Cäciliengroden sowie die Infrastruktur eines militärischen Geländes und eines zivilen Flughafens direkt an die Binnenseite des Deiches angrenzen.

Nach dem Beschluss der „Zehn Grundsätze" durch die Landesregierung 1995 war auf Seiten der Naturschutzverbände die Erwartungshaltung groß, dass nun im Bereich des zweiten Bauabschnittes die Deichverstärkung nicht wieder seewärts zu Lasten der Salzwiesen erfolgen sollte, sondern die binnenseitig gelegenen landwirtschaftlich genutzten Flächen überbaut werden sollten. Im Zuge des Planungs- und Genehmigungsverfahrens wurden jeweils Varianten einer Verstärkung nach binnen bzw. buten geprüft und gegeneinander abgewogen. Den Ausschlag gaben bodenphysikalische Gründe der Standsicherheit (Vorkommen von Torfschichten im Untergrund der Deichtrasse, unterschiedliche Belastbarkeit binnen bzw. buten), die gegen eine Verstärkung des Deiches nach binnen sprachen. Von der Bezirksregierung Weser-Ems in Oldenburg als zuständiger Behörde wurde schließlich am 28. Februar 1996 die Variante der seeseitigen Verstärkung planfestgestellt.

Gestützt auf das Ende 1993 eingeführte Verbandsklagerecht, das den anerkannten Naturschutzverbänden neue Einwirkungsmöglichkeiten einräumte und sie in ihrer Konfliktfähigkeit deutlich stärkte, erhob der BUND Landesverband Niedersachsen mit Unterstützung durch den WWF am 22. April 1996 mit einem Eilantrag Klage beim Verwaltungsgericht Oldenburg gegen diese Entscheidung, weil darin durch die Überbauung der Salzwiesen den Belangen des Naturschutzes, u.a. der FFH-Richtlinie, nicht hinreichend Rechnung getragen worden sei. In einer Eilentscheidung gab das Gericht Ende Juni 1996 dem Antrag des Klägers statt und verfügte einen vorläufigen Stopp des weiteren Ausbaus des Deiches. Lediglich Maßnahmen zur Gewährleistung der Standsicherheit, des Schutzes vor Sturmfluten und der Wintersicherheit waren hiervon ausgenommen.

Bei der Verstärkung von Deichen mit Sandkern wird zunächst das Kleimaterial der Abdeckung zu den Seiten hin umgelagert, der Deich wird geschlitzt, um dann den inneren Kern durch Einbringen von weiteren Sandmengen zu verstärken und zu profilieren. Danach wird das Material wieder aufgebracht und die Kleiabdeckung ihrerseits verstärkt.

Zum Zeitpunkt der Gerichtsentscheidung befand sich die Deichbaustelle in diesem geöffneten Zustand. In der Bevölkerung entstand beträchtliche Sorge, dass ein derart nur bedingt wehrhafter Deich den Bedrohungen durch die zu erwartenden Sturmfluten des nächsten Winterhalbjahres nicht gewachsen sein werde. Um der Forderung nach Fortsetzung der Deichbauarbeiten Nachdruck zu verleihen, riefen der Siedlerbund und die Kirchengemeinde Cäciliengroden für den 30. August 1996 zu einer Lichterkette mit Fackeln rund um den Jadebusen auf, an der sich über 10.000 Bürger beteiligten.

3.2 Konfliktaustrag und Gesprächsbereitschaft

Diese Situation setzte alle Beteiligten unter Druck, nach raschen Auswegen aus der – jeweils aus unterschiedlichen Gründen – als unbefriedigend empfundenen Lage zu suchen.

Die Naturschutzverbände BUND und WWF sahen sich in der Region erheblicher Kritik und politischem und moralischem Druck ausgesetzt, auch aus den Reihen der eigenen Mitglieder; Deichverband und Deichbehörde sahen sich mit der massiven Erwartungshaltung konfrontiert, eine zügige Fertigstellung des Bauvorhabens und damit Schutz vor Sturmfluten zu gewährleisten. Das Umweltministerium führte vermittelnde Gespräche mit allen Beteiligten, unterstützte zum einen die Bemühungen um eine Vergleichslösung im anhängigen Gerichtsverfahren und suchte zum anderen nach Wegen, um ähnliche Konflikteskalationen in der Zukunft ausschließen zu können.

Es kam zu Vergleichsverhandlungen zwischen dem Träger der Deichbaumaßnahme, dem III. Oldenburgischen Deichband, dem Kläger BUND-Landesverband mit dem WWF sowie der beklagten Genehmigungsbehörde Bezirksregierung Weser-Ems. Diese Verhandlungen wurden am 30. Januar 1997 durch einen außergerichtlichen Vergleich abgeschlossen. Darin verpflichtete sich der BUND, seine Klage beim Verwaltungsgericht Oldenburg gegen die seeseitige Deichverstärkung zurückzuziehen, im Gegenzug wurden deutlich umfangreichere Ausgleichsmaßnahmen für die Inanspruchnahme von Salzwiesen durch die Baumaßnahme vereinbart, als dies im ursprünglichen Planfeststellungsbeschluss vorgesehen war. Die Bezirksregierung verpflichtete sich, den Planfeststellungsbeschluss hinsichtlich der Ausgleichsmaßnahmen entsprechend zu ändern. Weiterhin kamen beide Seiten überein, das inzwischen beim Niedersächsischen Oberverwaltungsgericht in Lüneburg anhängige Verfahren übereinstimmend für erledigt zu erklären.

Die Verhandlungsbereitschaft beider Seiten resultierte in der öffentlichen Drucksituation letztlich aus wohlverstandenem Eigeninteresse. Angesichts der Ausgangslage und der verhärteten Fronten war aber keinesfalls selbstverständlich, dass die Repräsentanten der Konfliktparteien der Versuchung widerstanden, eine ‚harte Linie' zu fahren, und auch gegen Vorbehalte in den eigenen Reihen den Verhandlungsweg wählten.

Gesprächsbereitschaft ist ein knappes Gut und das Zustandekommen von Beratungen und Verhandlungen ist seinerseits von Voraussetzungen und vergleichenden Nutzenerwägungen[7] abhängig und findet – wie die Verhandlungen selber – im Schatten der Macht statt:

> "Mediated negotiation is appealing because it addresses many of the procedural shortcomings of the more traditional approaches to resolving resource allocation conflicts. It allows for more direct involvement of those most affected by decisions than other administrative and legislative processes, it can produce settlements more rapidly and at lower cost than the courts, and it is more flexible and adaptable to the specific needs of the parties in each unique situation." (Susskind/Ozawa 1983: 256)

Diese Charakteristika mittlergestützter Verhandlungsverfahren lassen sich an Hand des hier vorgestellten Fallbeispiels in geradezu exemplarischer Weise illustrieren. Durch die direkten Gespräche zwischen den Hauptkonfliktparteien wurde innerhalb von sieben Monaten nach der Eilentscheidung des Gerichtes ein Vergleich erzielt und konnte somit der Konflikt

---
[7] So empfiehlt das Harvard Negotiation Project ausdrücklich, vor jedem Verhandlungsprozess grundsätzlich eine Abwägung zwischen den erwartbaren Ergebnissen des Verhandlungsweges einerseits und einer Best Alternative to Negotiated Agreement ("BATNA") anzustellen (Fisher/Ury/Patton 2004: 143).

in deutlich kürzerer Zeit beigelegt werden, als es gedauert hätte, den Rechtsweg weiter zu beschreiten. Der WWF Deutschland zählt nicht zu den in Niedersachsen im Sinne des Verbandsklagerechtes anerkannten Verbänden, dient aber durch seinen in Bremen ansässigen Fachbereich Meere und Küsten den Naturschutzverbänden als koordinierende Stelle zu Angelegenheiten des Naturschutzes im Wattenmeer und Küstenbereich (Projektgruppe 2001: 43). Dieser einflussreiche Akteur war somit in den rechtlichen Auseinandersetzungen förmlich überhaupt nicht vertreten und nur indirekt als Unterstützer des BUND beteiligt. Die unmittelbare Auseinandersetzung mit dem WWF als einem Hauptakteur auf der Seite der Naturschutzverbände wurde erst im Rahmen der direkten Verhandlungen möglich. Wie im Folgenden näher ausgeführt wird, konnten darüber hinaus in diesen Verhandlungen auch Anliegen aufgegriffen und Vereinbarungen getroffen werden, die für die Konfliktparteien eine hohe Bedeutung besaßen, die aber innerhalb des engen juristischen Rahmens des Rechtsstreites nicht von Belang gewesen wären. Durch die mittlergestützte direkte Kommunikation konnte somit für alle beteiligten Seiten ein wesentlich weitergehender und größerer Nutzen erzeugt werden, als dies auf dem Wege der traditionellen Verwaltungs- und verwaltungsrechtlichen Verfahren möglich gewesen wäre.

3.3 Projektgruppe Verbesserung des Verfahrensmanagements im Küstenschutz: Auftrag

Die Auseinandersetzungen über die Deichbaumaßnahme waren spätestens mit der Eilentscheidung des Verwaltungsgerichtes auch ein landespolitisches Thema von höchster Brisanz. Das niedersächsische Umweltministerium hatte im Zuge seiner vermittelnden Gespräche mit allen beteiligten Seiten Mängel in den Kommunikationsprozessen zwischen Behörden und Verbänden festgestellt und war bestrebt, für die Zukunft auszuschließen, dass sich ähnliche Eskalationsprozesse wiederholten. In den Gesprächen mit den Konfliktbeteiligten vereinbarte das Ministerium die Einrichtung einer Arbeitsgruppe „Verbesserung des Verfahrensmanagements im Küstenschutz", die mit Schreiben des Staatssekretärs im Niedersächsischen Umweltministerium vom 22. Oktober 1996 den Auftrag (Projektgruppe 2001: 38) erhielt, Deichverstärkungsprojekte der letzten drei Jahre hinsichtlich der Anwendung der 10 Punkte und der Berücksichtigung der Naturschutzbelange zu analysieren und Vorschläge zu entwickeln, wie für konkret anstehende Ausbauvorhaben der nächsten drei Jahre vorgegangen und entschieden werden sollte.[8]

3.4 Struktur und Arbeitsweise der Projektgruppe

Die Struktur der Projektgruppe wurde vom Niedersächsischen Umweltministerium festgelegt, wobei einerseits sichergestellt sein sollte, dass die zu dieser Thematik entscheidenden institutionellen Akteure des behördlichen wie verbandlichen Küstenschutzes und Naturschutzes in Niedersachsen repräsentativ vertreten sein sollten. Andererseits wurde aus Gründen der Arbeitsfähigkeit der Kreis der Beteiligten auf 11 Hauptkonfliktparteien begrenzt. Die Mitglieder wurden jeweils *ad personam* durch den Staatssekretär berufen:

---

[8] Für eine detaillierte Darstellung von Auftrag, Struktur, personeller Besetzung, Arbeitsweise, Beratungsthemen, Ergebnissen, Empfehlungen sowie Presseresonanz siehe: Projektgruppe (2001).

- drei Deichverbände (II. und III. Oldenburgischer Deichband sowie Hadelner Deich- und Uferbauverband, jeweils vertreten durch den Verbandsvorsteher; jeder dieser Verbände verfügte über aktuelle Erfahrungen in der Planung- und Durchführung großer Deichverstärkungsmaßnahmen),
- drei Naturschutzverbände (BUND, NABU, jeweils vertreten durch den Landesgeschäftsführer, sowie WWF-Fachbereich Meere und Küsten, vertreten durch den Fachbereichsleiter),
- als Obere Küstenschutzbehörden des Landes die Dezernate Küstenschutz der beiden Bezirksregierungen Lüneburg und Weser-Ems (jeweils vertreten durch den Dezernatsleiter),
- als Obere Naturschutzbehörden des Landes das Dezernat Naturschutz der Bezirksregierung Lüneburg (vertreten durch eine Dezernentin) sowie das Sonderdezernat Nationalparkverwaltung Niedersächsisches Wattenmeer der Bezirksregierung Weser-Ems (vertreten durch die Leiterin der Nationalparkverwaltung),
- für die kommunale Ebene in ihrer Funktion als unterer Naturschutz- sowie Küstenschutzbehörde der Landkreis Friesland (vertreten durch den stellvertretenden Oberkreisdirektor).

In dieser Konstellation waren alle institutionellen Schlüsselakteure des Jadebusen-Konfliktes durch Personen mit Leitungsfunktionen und Entscheidungsbefugnissen vertreten. Darüber hinaus war eine angemessene Repräsentanz der beiden Küsten-Regierungsbezirke des Landes gewährleistet. Die berufenen Personen verfügten in ihren jeweiligen Bezugsgruppen landesweit über hohes Ansehen und erheblichen meinungsbildenden Einfluss.

Das Ministerium sah seine Aufgabe darin, den Verständigungsprozess zwischen den Konfliktparteien zu ermöglichen und zu unterstützen, aber nicht inhaltlich zu steuern, und war deshalb in der Projektgruppe selbst nicht vertreten. Mit der Leitung der Projektgruppe wurde der (Autor und) damalige Vizepräsident des Niedersächsischen Landesamtes für Ökologie beauftragt, das zwar in Fachaufgaben, aber nicht in Vollzugsaufgaben des Küstenschutzes eingebunden war, und von dem somit eine zwar fachkundige und verfahrenskompetente ergebnisorientierte, aber gleichwohl neutrale Leitung erwartet wurde.

In einer ersten Arbeitsphase führte die Projektgruppenleitung von November 1996 bis Februar 1997 insgesamt 15 bilaterale Gespräche mit allen berufenen Mitgliedern der Projektgruppe sowie mit weiteren Experten aus Fachinstitutionen. Ziel dieser Phase war es, die jeweiligen Problemsichten und Interessenlagen detailliert kennen zu lernen und ein umfassendes und differenziertes Bild der „Konfliktlandschaft" zu erhalten. Dieses diente als Grundlage für die Strukturierung und Planung der anschließenden Verhandlungsphase, die mit der konstituierenden Sitzung der Projektgruppe am 11. März 1997 eingeleitet wurde. Als Basis der Zusammenarbeit in der Gruppe wurde dort eine von der Projektgruppenleitung vorbereitete „Vereinbarung zu Organisations- und Verfahrensfragen" einstimmig beschlossen. Neben rein organisatorischen Festlegungen wurden darin insbesondere Regeln zur Vertraulichkeit vereinbart. Es wurde ein gemeinsames Verständnis des Auftrages der Gruppe und des Charakters des anzustrebenden Arbeitsergebnisses hinsichtlich dessen Verbindlichkeit und Bindungswirkung ausformuliert:

> „Das Ergebnis der Projektgruppe hat den Charakter einer *Empfehlung* [Hervorhebung durch den Autor] an das Umweltministerium. Die Mitglieder der Projektgruppe wurden unter Berücksichtigung institutioneller Gesichtspunkte als Personen berufen. Von daher entfalten die Ergebnisse

der Projektgruppe eine moralische Bindungswirkung an die Mitglieder, aber keine Bindungswirkung in einem darüber hinausgehenden oder rechtlichen Sinne (insbesondere nicht für die von den Mitgliedern vertretenen Institutionen). Eine Rückkopplung in die jeweiligen Institutionen wird erwartet." (Projektgruppe 2001: 41)

Weiterhin wurde als Absichtserklärung eine Leitlinie vereinbart, möglichst, aber nicht zwingend, einvernehmliche Ergebnisse zu erarbeiten,[9] und deren Vermittlung in den politischen Raum hinein gemeinsam zu verantworten. Dies wurde später im Arbeitsfortschritt u.a. bei mehreren Gelegenheiten durch öffentliche Veranstaltungen in der Region umgesetzt, bei denen Vertreter aller Seiten gemeinsam für die gesamte Projektgruppe über den Stand der Arbeiten informierten. Die Gruppe hielt engen Kontakt zur Leitung des Umweltministeriums, Zwischen- und Endergebnisse wurden im Zeitraum von 1999 bis 2001 in insgesamt drei öffentlichen Veranstaltungen direkt dem Umweltminister vorgestellt und erörtert. Dadurch konnte sowohl die verwaltungsinterne Verbindlichkeit für die Empfehlungen gefördert als auch eine öffentliche Sichtbarkeit für die Arbeitsergebnisse hergestellt werden, die eine durchweg sehr positive Berichterstattung in den Medien und Akzeptanz in der Öffentlichkeit fanden (Projektgruppe 2001: 45-65 (Pressespiegel)).

3.5 Inhaltliche Ergebnisse und Empfehlungen

In der ersten Sitzung der Projektgruppe wurde neben den bereits erwähnten Ziel- und Verfahrensklärungen zunächst eine Bestandsaufnahme durchgeführt, worin aus Sicht der einzelnen Teilnehmer die entscheidenden Konfliktbereiche zwischen Küstenschutz und Naturschutz bestehen. Dabei wurde übereinstimmend als unbefriedigend und häufig konfliktverschärfend empfunden, dass der Austausch über konkrete Vorhaben in der Regel erst in einem relativ späten Planungsstadium in Gang kommt, wenn zuvor getroffene Entscheidungen kaum noch revidierbar sind und Planänderungen mit hohen Kosten verbunden sind. Als wichtiges erstes Ergebnis wurde eine Empfehlung vereinbart, in Projektplanungen eine umfassende und frühzeitige Kommunikation zu gewährleisten

Die Projektgruppe kam überein, zunächst und vorrangig nach Konzepten zu suchen, wie Zielkonflikte und Spannungen zwischen den Leitbildern von Naturschutz und Küstenschutz ausgeglichen und in einem Gesamtkonzept abgewogen werden können. Um hierfür Randbedingungen und Modalitäten zu klären, nahm die Gruppe sich als ersten Schritt vor, gemeinsam die wasser- und naturschutzrechtlichen Grundlagen und Anforderungen sowie deren Bezüge zueinander aufzuarbeiten und die jeweiligen grundsätzlichen Sichtweisen und Herangehensweisen der beiden Seiten einander vorzustellen und zu erläutern.

In der weiteren Diskussion stellte sich bald heraus, dass – gemessen an den Erfordernissen der Praxis – die wasserwirtschaftliche und die naturschutzfachliche Betrachtungsweise und das entsprechende Verwaltungshandeln als relativ isolierte, unzureichend vernetzte ‚Säulen' nebeneinander standen. In der Praxis führte dies vielfach zu Reibungsverlusten, Verzögerungen und Verärgerung ‚über die andere Seite'. Durch wechselseitige Information und Diskussion in der Projektgruppe konnten zahlreiche Klärungen herbeigeführt werden: zum einen durch verbessertes Verständnis, indem fachliche Sichtweisen,

---

[9] Es erwies sich im weiteren Prozess der Verhandlungsphase als nicht erforderlich, von der ausdrücklich eingeräumten Möglichkeit von Sondervoten Gebrauch machen zu müssen oder zu wollen.

rechtliche Regelungen und Vorgehensweisen der jeweils anderen Fachseite vorgestellt und in ihrer Sinnhaftigkeit vermittelt werden konnten; zum anderen durch gemeinsame Identifizierung und Präzisierung von klärungsbedürftigen und strittigen Fragen, die zu einem Katalog zusammengestellt in einem intensiven Diskussionsprozess mit den Rechts- und Fachreferaten der Abteilungen Wasserwirtschaft und Naturschutz des Niedersächsischen Umweltministeriums bearbeitet wurden und zu einem einvernehmlichen Ergebnis geführt werden konnten. Der Klärungsbedarf zwischen den Rechtsbereichen wurde erst durch die Diskussionen in der Projektgruppe im Zuge des Austausches und der Auswertung von Praxiserfahrungen in vollem Umfang evident. Diese Klärungen lieferten wichtige Beiträge, um die Entstehung von Konflikten schon im Ansatz zu vermeiden und um Planungsprozesse zu beschleunigen.

Die Projektgruppe fokussierte ihre Ergebnisse in sieben knapp formulierte Empfehlungen. Jede dieser Empfehlungen wurde durch ausführliche Erläuterungen begründet. Der Wortlaut der Empfehlungen und Erläuterungen wurde in der Projektgruppe im Detail abgestimmt und einvernehmlich beschlossen. Die wesentlichen Ergebnisse sind:

- Schnittstelle Wasserrecht – Naturschutzrecht: Zahlreiche offene Fragen an der Schnittstelle zwischen Wasser- sowie Deichrecht und Naturschutzrecht konnten verbindlich geklärt werden (Empfehlung 1). U.a. wurden präzise Kriterien für die Unterscheidung entwickelt, wann eine Erhöhung und Verstärkung (und damit Verbreiterung) eines Deiches als auf der bestehenden Trasse anzusehen ist bzw. wann von einem Abweichen von dieser Trasse und damit von einem Neubau zu sprechen ist. Die Abgrenzung dieser Fälle voneinander ist für die rechtliche Handhabung und für die Auswahl des Genehmigungsverfahrens von entscheidender Bedeutung.
- Frühzeitige Beteiligung: Es wurden konkrete Verfahrensregeln für die Information, Kommunikation und frühzeitige Beteiligung von Naturschutz-Behörden und -Verbänden bei Küstenschutzplanungen vereinbart (Empfehlung 2). In der Folgezeit haben die Bezirksregierungen (bis zu deren Auflösung im Dezember 2004) und die Deichverbände bei Bauvorhaben diesen Regeln entsprechend informiert und beteiligt.
- Schlichter: Für den Fall, dass trotz der frühzeitigen Beteiligung keine Verständigung erzielt werden kann und die Eskalation eines Konfliktes droht, empfahl die Projektgruppe, die Möglichkeit zur Anrufung eines unabhängigen, unparteiischen Schlichters vorzusehen. Ein Verfahrensmodell wurde entwickelt (Empfehlung 3).
- Konfliktscreening: Die Deichbauvorhaben der nächsten ca. fünf Jahre wurden auf mögliche Konfliktpotenziale hin erörtert und, soweit erforderlich, vertiefende Gespräche zu den konkreten Einzelvorhaben in Gang gesetzt. An keinem dieser Vorhaben haben sich weitergehende Konflikte entzündet.
- Eingriffsregelung: Um die Handhabung der naturschutzrechtlichen Eingriffsregelung zu erleichtern und den damit verbundenen Aufwand zu begrenzen, empfahl die Projektgruppe die Entwicklung eines standardisierten Verfahrens für die Bemessung von Kompensationsmaßnahmen (Empfehlung 4). Ein entsprechender Entwicklungsauftrag wurde später von der Nationalparkverwaltung an ein Planungsbüro vergeben. Weiterhin empfahl die Projektgruppe die Zulassung von Flächenpools, in denen Kompensationsmaßnahmen für verschiedene Bauvorhaben konzentriert werden können (Empfehlung 5). Diese Möglichkeit wurde inzwischen eröffnet und wird genutzt.

- Vorlandnutzung: Hinsichtlich der Vorlandnutzung empfahl die Projektgruppe, als extensive Nutzung nicht nur die Beweidung (wie in Punkt 10 der „Zehn Grundsätze" festgeschrieben), sondern auch die Mahd zuzulassen (Empfehlung 6) und nach dem Beispiel Schleswig-Holsteins überregional geltende Leitlinien zum Management der Vorländer zu erarbeiten, die im Bedarfsfall durch Arbeitsgruppen vor Ort zu regionalisierten Vorlandmanagementplänen konkretisiert werden sollten (Empfehlung 7). Zu Letzterem wurde im Bereich der Deichacht Norden ein Pilotprojekt erfolgreich abgeschlossen, ein genereller Rahmen wurde in Niedersachsen bisher nicht erarbeitet.

3.6 Klärung und Verständigung über Wertehierarchie: Personenschutz vor Naturschutz

Als im Laufe der Beratungen die Inseln der Verständigung ausgedehnt werden konnten und ein vorsichtiges Vertrauen zwischen den Verhandlungspartnern wuchs, wurde auch der in der Region weit verbreitete Vorwurf, der Naturschutz wolle den Personenschutz dem Naturschutz unterordnen, in der Projektgruppe thematisiert. Diese wertbeladene Frage der Rangordnung von Personenschutz und Naturschutz war ein ‚heißes Eisen', weil eng verknüpft mit Aspekten des Selbstwertgefühls, der Identität von Personen und Gruppen, der Wahrnehmung und Identifizierung mit der Region.

Eine derartige Grundsatzaussprache zwischen Küstenschutz und Naturschutz über Ziele und Werte wurde hier zum ersten Mal in konstruktiver Absicht versucht: Es konnte auch hier eine Verständigung erzielt und eine gemeinsame Aussage formuliert werden. Beide Seiten hatten ein Interesse daran, dieses Ergebnis auch öffentlich festzuhalten und sich damit – auch wechselseitig – festzulegen. Es wurde vereinbart, dies in einer von allen Mitgliedern persönlich zu unterschreibenden Präambel zum Projektgruppenbericht festzuhalten. Die entsprechenden Passagen der Präambel lauten:

> „Küstenschutz und Naturschutz sind keine unvereinbaren Gegensätze. Bei allem zweifellos vorhandenen Konfliktpotenzial ist ein konstruktives Miteinander von Küstenschutz und Naturschutz gestaltbar und praktikabel. (...)
>
> Die Mitglieder der Projektgruppe stimmen darin überein, dass dem Schutz von Leib und Leben uneingeschränkt oberste Priorität gebührt.
>
> Der Schutz von Naturgütern wie der Schutz von materiellen Gütern ordnet sich den Erfordernissen zum Schutz von Menschenleben unter. Unter dieser Prämisse gebietet die Verantwortung vor zukünftigen Generationen für den Erhalt der natürlichen Lebensgrundlagen besondere Anstrengungen zu unternehmen, um die einzigartige Landschaft des Wattenmeeres in ihrer Schönheit und in ihren ökologischen Funktionen zu schützen und zu bewahren. Zugleich wird intelligenter Küstenschutz beständig unverzichtbar bleiben, um den unter größten Anstrengungen geschaffenen historischen Siedlungsraum dauerhaft vor der Gefahr von Sturmfluten zu schützen und vor Schäden zu bewahren.
>
> Im Rahmen dieser Grundlage sollte eine Verständigung über die Respektierung von Schutzbelangen und den Ausgleich von Interessen möglich sein." (Projektgruppe 2001: 5)

3.7 Empfehlung zur Novellierung des Niedersächsischen Deichgesetzes

Die Projektgruppe konnte in insgesamt elf Sitzungen im Zeitraum von März 1997 bis November 1998 ein konsensuales Ergebnis von begründeten Empfehlungen erarbeiten.[10] Der entsprechende Bericht wurde am 26. Februar 1999 in einer öffentlichen Veranstaltung in Cäciliengroden dem niedersächsischen Umweltminister Wolfgang Jüttner (SPD) überreicht, der bei dieser Gelegenheit zusagte, nach Auswertung des Berichtes in seinem Hause in einer erneuten öffentlichen Veranstaltung über die Annahme der Empfehlungen und die Art ihrer Umsetzung durch die Landesverwaltung zu berichten. Unter großer Beteiligung insbesondere aus dem Bereich der niedersächsischen Deichverbände fand diese weitere Veranstaltung am 18. Oktober 1999 wiederum in Cäciliengroden statt. Bei dieser Gelegenheit bestätigte das Ministerium, dass alle Empfehlungen angenommen würden, und berichtete über den Stand der inzwischen eingeleiteten Maßnahmen.

Als Ergebnis der dortigen Beratungen und unter Anerkennung für die Leistungen der Projektgruppe wurden die Mitglieder durch den Staatssekretär des Niedersächsischen Umweltministeriums mit Schreiben vom 22. November 1999 (Projektgruppe 2001: 39) um die Bearbeitung eines weiteren Auftrages gebeten. Die Gruppe sollte Vorschläge zur Novellierung des Niedersächsischen Deichgesetzes erarbeiten, die durch die Richtlinie 97/11/EG zur Änderung der EU-Umweltverträglichkeitsprüfungsrichtlinie erforderlich geworden war.

Die Projektgruppe hat den Ergänzungsauftrag in unveränderter Struktur und nahezu unveränderter personeller Zusammensetzung bearbeitet und konnte in vier Sitzungen im Zeitraum von Februar bis Oktober 2000 trotz zunächst scheinbar unvereinbarer Ausgangspositionen wiederum einen Konsens erarbeiten und einvernehmliche Empfehlungen formulieren (zu Einzelheiten der Problemlage und des Verhandlungsprozesses: Striegnitz 2006). Dieses Ergebnis wurde am 6. März 2001 wiederum in einer öffentlichen Veranstaltung in der Region Jadebusen dem Umweltminister überreicht. Die Empfehlungen zur Novellierung des Niedersächsischen Deichgesetzes wurden im Rahmen der parlamentarischen Erörterungen uneingeschränkt akzeptiert und vom Gesetzgeber entsprechend verabschiedet.[11]

4 Wertkonflikte und nachhaltige Entwicklung

In dem hier vorgestellten Fallbeispiel ist es den Konfliktparteien gelungen, in einem strukturierten Beratungsprozess eigene Interessen und Sichtweisen der jeweils anderen Seite vermitteln zu können und umgekehrt deren Interessen und Sichtweisen als grundsätzlich nachvollziehbar zu erfahren, Missverständnisse auszuräumen, Differenzen aufzuklären und Verfahren zur kooperativen Problembearbeitung zu vereinbaren. Es war den Parteien nach dieser Aufklärung sogar möglich, eine gemeinsame Position zu der wertbesetzten Frage der Verhältnisbestimmung von Personenschutz, Naturschutz und Schutz materieller Güter zu entwickeln und als gemeinsames Dokument mit großer Signalwirkung für die regionale Öffentlichkeit auszuformulieren.

---

[10] Aus verwaltungsorganisatorischen Gründen musste die Arbeit für sieben Monate unterbrochen werden, so dass die eigentliche Beratungszeit bis zur Redaktion des Ergebnisberichtes zwölf Monate betrug.
[11] Artikel 3 „Änderung des Niedersächsischen Deichgesetzes" des Gesetzes zur Umsetzung europarechtlicher Vorschriften zum Umweltschutz vom 5. September 2002, Nds. GVBl. Nr.27/2002: 386.

Wertkonflikte sind dem Leitbild der nachhaltigen Entwicklung inhärent (Grunwald 2003; SRU 1996: Tz. 678-689) und werden angesichts „persistenter" Umweltprobleme (SRU 2002: Tz. 33) zukünftig weiter gesteigerte Aufmerksamkeit erfordern. Aubert (1963) hat in seiner grundlegenden Arbeit zur Unterscheidung zwischen Wertkonflikten und Interessenkonflikten auch gezeigt, dass diese Konflikttypen nicht als dichotomisch zu sehen sind, sondern dass sich vielmehr auf Grund vielfältiger Wechselwirkungen Mischformen bilden. Dies wurde gerade für Umweltkonflikte vielfach bestätigt (Barthe/Brand 1996: 75). Insbesondere besteht nach Aubert (1963: 33) kein Anlass anzunehmen, dass der Weg der Konfliktregulierung schon vollständig durch den Typ der Konfliktursache als Interessen- oder Wertkonflikt determiniert sei. Damit bieten sich Ansatzpunkte für eine ganze Palette von Bearbeitungsmöglichkeiten (Forester 1999; Moore 2003: 400-426), über deren Einsatz situativ angemessen zu entscheiden ist. Die Konfliktregulierungsforschung hat sich in den vergangenen Jahren in Theorie und Praxis verstärkt auch dem Feld der langwierigen und hartnäckigen Umweltkonflikte zugewandt und neue Ansätze entwickelt (Campbell 2003; Lewicki et al. 2002). Gleichwohl sind weitere Anstrengungen erforderlich, denn die Dringlichkeit der Herausforderung an die Gesellschaft insgesamt und an die professionellen Konfliktmittler im Besonderen, Mittel und Wege zur konstruktiven Bearbeitung von Nachhaltigkeitskonflikten zu entwickeln, nimmt weltweit weiter zu. Welchen Beitrag direkte oder mittlergestützte Verhandlungen zur Regulierung wertbeladener Nachhaltigkeitskonflikte leisten können, kann nicht theoretisch entschieden, sondern nur in der kommunikativen Interaktion der beteiligten Konfliktparteien erkundet und in Erfahrung gebracht werden (Forester 1999: 479). Dem Appell von Ueberhorst (1997: 62) ist zuzustimmen: „Es ist besser, Wertkonflikte im systematischen Prozess zu erfahren, als sie zu verdrängen oder auszublenden."

5 Literatur

Aubert, Vilhelm, 1963: Competition and Dissensus: Two Types of Conflict and of Conflict Resolution, in: Journal of Conflict Resolution 7, 26-42.
Barthe, Susan/Brand, Karl-Werner, 1996: Reflexive Verhandlungssysteme. Diskutiert am Beispiel der Energiekonsens-Gespräche, in: Prittwitz, Volker von (Hrsg.), Verhandeln und Argumentieren: Dialog, Interessen und Macht in der Umweltpolitik. Opladen, 71-109.
Berger, Peter L./Luckmann, Thomas, 1969: Die gesellschaftliche Konstruktion der Wirklichkeit: eine Theorie der Wissenssoziologie. Frankfurt a.M.
Blischke, Heiner, 2001: Küstenschutz im III. Oldenburgischen Deichband, Heft 1: „Leben an der Küste". Bockhorn.
Böhret, Carl, 1990: Folgen: Entwurf für eine aktive Politik gegen schleichende Katastrophen. Opladen.
Campbell, Marcia Caton, 2003: Intractability in Environmental Disputes: Exploring a Complex Construct, in: Journal of Planning Literature 17, 360-371.
Dahl, Hans-Jörg/Schupp, Doris, 1999: Naturschutz hat Geschichte, in: Informationsdienst Naturschutz Niedersachsen 19, 124-129.
Deutsch, Morton, 1976: Konfliktregelung: konstruktive und destruktive Prozesse. München.
Döring, Martin/Settekorn, Wolfgang/von Storch, Hans (Hrsg.), 2005: Küstenbilder, Bilder der Küste: Interdisziplinäre Ansichten, Ansätze und Konzepte. Hamburg.
Europäische Kommission, 1999: Eine Europäische Strategie für das integrierte Küstenzonenmanagement (IKZM): Allgemeine Prinzipien und politische Optionen. Ein Reflexionspapier. Luxemburg.

Feindt, Peter Henning, 2001: Regierung durch Diskussion? Diskurs- und Verhandlungsverfahren im Kontext von Demokratietheorie und Steuerungsdiskussion. Frankfurt am Main.

Fischer, Ludwig, 2005: Naturbilder und Naturverhältnisse: Deutungen der Küste im Wattenmeerraum als Herausforderungen für "sustainable development", in: Glaeser, Bernhard (Hrsg.), Küste - Ökologie - Mensch: Integriertes Küstenmanagement als Instrument nachhaltiger Entwicklung. München, 146-156.

Forester, John, 1999: Dealing with Deep Value Differences, in: Susskind, Lawrence/McKearnan, Sarah/Thomas-Larmer, Jennifer (Hrsg.), The Consensus Building Handbook: a Comprehensive Guide to Reaching Agreement. Thousand Oaks, 463-493.

Gray, Barbara, 2002: Framing of Environmental Disputes, in: Lewicki, Roy J./Gray, Barbara/Elliot, Michael (Hrsg.), Making Sense of Intractable Environmental Conflicts: Concepts and Cases. Washington, DC, 11-34.

Grunwald, Armin, 2003: Nachhaltigkeitskonflikte und ihre Bewältigung: Zwischen naturalistischen und kulturalistischen Ansätzen, in: Kopfmüller, Jürgen (Hrsg.), Den globalen Wandel gestalten: Forschung und Politik für einen nachhaltigen globalen Wandel. Berlin, 269-84.

Kramer, Johann, 1989: Kein Deich, kein Land, kein Leben: Geschichte des Küstenschutzes an der Nordsee. Leer.

Kramer, Johann/Rohde, Hans, 1992: Historischer Küstenschutz: Deichbau, Inselschutz und Binnenentwässerung an Nord- und Ostsee. Stuttgart.

Lewicki, Roy J./Gray, Barbara/Elliot, Michael (Hrsg.), 2002: Making Sense of Intractable Environmental Conflicts: Concepts and Cases. Washington, DC.

Lüders, Karl, 1966: Bericht der Arbeitsgruppe "Küstenschutzwerke", in: Die Küste. Archiv für Forschung und Technik an der Nord- und Ostsee 14, 55-62.

Moore, Christopher W., 2003: The Mediation Process: Practical Strategies for Resolving Conflict. San Francisco.

Müller-Fohrbrodt, Gisela, 1999: Konflikte konstruktiv bearbeiten lernen: Zielsetzungen und Methodenvorschläge. Opladen.

NI-ML, Niedersächsischer Minister für Ernährung, Landwirtschaft und Forsten, Referatsgruppe Wasserwirtschaft, 1973: Generalplan Küstenschutz Niedersachsen. Hannover.

NI-MU, Niedersächsisches Umweltministerium, 2006: Unter: http://cdl.niedersachsen.de/blob/images/C25849169_L20.pdf (Stand: 04.05.2008).

NLWKN, Niedersächsischer Landesbetrieb für Wasserwirtschaft, Küsten- und Naturschutz, 2007: Generalplan Küstenschutz Niedersachsen/Bremen: Festland. Norden.

Oltmanns, Ulrike/Frick, Hans-Jörg, 2005: Küstenschutz im III. Oldenburgischen Deichband, Heft 2: Von der Wurt zum modernen Deichbau. Oldenburg.

Peters, Klaas-Heinrich, 1992: Entwicklung des Deich- und Wasserrechts im Nordseeküstengebiet, in: Kramer, Johann/Rohde, Hans (Hrsg.), Historischer Küstenschutz: Deichbau, Inselschutz und Binnenentwässerung an Nord- und Ostsee. Stuttgart, 183-206.

Peters, Klaas-Heinrich, 1999: Deichbau und Deichpflege für den Küstenschutz in Niedersachsen, in: Wasser und Abfall, 9/1999, 48-53.

Projektgruppe Verbesserung des Verfahrensmanagements im Küstenschutz, 2001: Verbesserung des Verfahrensmanagements im Küstenschutz. Abschlussbericht Oktober 2001. Hildesheim.

Schirmer, Michael/Schuchardt, Bastian, 2005: Klimawandel und präventives Risiko- und Küstenschutzmanagement an der deutschen Nordseeküste (KRIM): Teilprojekt VII: Integrative Analyse und Decision Support System: Endbericht. Bremen.

SRU, Der Rat von Sachverständigen für Umweltfragen, 1980: Umweltprobleme der Nordsee: Sondergutachten Juni 1980. Stuttgart.

SRU, Der Rat von Sachverständigen für Umweltfragen, 1996: Umweltgutachten 1996: Zur Umsetzung einer dauerhaft-umweltgerechten Entwicklung. Stuttgart.

SRU, Der Rat von Sachverständigen für Umweltfragen, 2002: Umweltgutachten 2002: Für eine neue Vorreiterrolle. Bonn.

Striegnitz, Meinfried, 2006: Conflicts over Coastal Protection in a National Park: Mediation and Negotiated Law Making, in: Land Use Policy 23, 26-33.

Susskind, Lawrence/Cruikshank, Jeffrey, 1987: Breaking the Impasse: Consensual Approaches to Resolving Public Disputes. New York.

Susskind, Lawrence/Ozawa, Connie, 1983: Mediated Negotiation in the Public Sector: Mediator Accountability and the Public Interest Problem, in: American Behavioural Scientist 27, 255-279.

Tidwell, Alan C., 1998: Conflict Resolved? A Critical Assessment of Conflict Resolution. London.

Ueberhorst, Reinhard, 1997: Mittlergestützte diskursive Verfahren in der Energie- und Umweltpolitik?, in: Forschungsjournal Neue Soziale Bewegungen 10, 53-64.

Weser-Ems, Bezirksregierung (Hrsg.), 1997: Generalplan Küstenschutz für den Regierungsbezirk Weser-Ems. Oldenburg.

Wonneberger, Klaus, 1999: Von der Heimatschutzbewegung zum Nationalpark, in: Nationalparkverwaltung Niedersächsisches Wattenmeer/Umweltbundesamt (Hrsg.), Umweltatlas Wattenmeer. Bd. 2. Wattenmeer zwischen Elb- und Wesermündung. Stuttgart, 160-161.

Zilleßen, Horst, 1998: Institutionalisierung von Mediation in den USA und anderen Ländern, in: ders. (Hg.): Mediation: kooperatives Konfliktmanagement in der Umweltpolitik. Opladen, 39-47.

Nanotechnologiepolitik: Die Antizipation potenzieller Umwelt- und Technikkonflikte in der Governance der Nanotechnologie

Petra Schaper-Rinkel

Anfang 2006 gelingt einem ‚Nano-Unternehmen' ein eindrucksvoller Start an der Börse: Die *Neosino Nanotechnologies AG* vertreibt Nahrungsergänzungsmittel mit nanopartikulären Mineralstoffen, die die Regeneration des Körpers optimieren sollen und daher besonders für Sportler angepriesen werden. Der Deutsche Sportbund empfiehlt die Mittel, der FC Bayern München wirbt für sie. Am ersten Handelstag steigt der Preis der ausgegebenen Aktien zeitweise um mehr als 70 Prozent und verdreifacht sich sogar innerhalb weniger Wochen. Im März 2006 kommt es zu negativen Schlagzeilen: Das Produkt enthält laut einem Bericht des Fernsehmagazins *Panorama* überhaupt keine Nanopartikel, die angebliche Produktionsstätte auf Malta existiert nicht einmal. Der Kurs fällt, bleibt jedoch oberhalb seines Ausgabewertes – trotz einer breiten negativen Berichterstattung und obwohl die Staatsanwaltschaft ermittelt.

Die Geschichte zeigt, wie erfolgreich die bisherige staatliche Nanotechnologiepolitik mit ihrer Strategie war, eine positive Öffentlichkeit für die Nanotechnologie zu schaffen. Zum Skandal wurde nicht, dass der Deutsche Sportbund Produkte empfiehlt, deren Wirksamkeit und Unbedenklichkeit ungeklärt ist (auch wenn dies von Experten kritisiert wurde). Vielmehr liegt der Skandal darin, dass das beworbene Produkt die versprochenen Nanopartikel gerade nicht enthält. Entgegen der Mutmaßungen der letzten Jahre, dass Nanopartikeln eine Konfliktgeschichte wie der grünen Gentechnik bevorsteht, zeigt sich bisher das Gegenteil: Während bei der grünen Gentechnik eine Deklarationspflicht den Verbrauchern die Möglichkeit geben soll, gentechnik-freie Produkte zu kaufen, könnte der Fall Neosino darauf hinauslaufen, dass zukünftig nur mit „Nano" beworben werden darf, was auch ‚Nano' enthält.

Technikkonflikte der letzten Jahrzehnte (Atom- und Gentechnik) bilden bei der Konstituierung einer Governance der Nanotechnologie den Hintergrund, auf dem heterogene Akteure ihre Strategien entwickeln. Erfahrungen aus den Konflikten in anderen Technologiefeldern (insbesondere im Bereich der Biotechnologien) sowie die Strategien zur Bearbeitung bisheriger Technik- und Umweltkonflikte werden dabei antizipiert und gehen in unterschiedliche Regulierungsanforderungen und -strategien ein.

Bisher sind Kontroversen auf dem Feld der Nanotechnologie auf Fach-Communities beschränkt und konzentrieren sich auf Regulierungsfragen. Politische Konflikte zeichnen sich nicht ab, werden jedoch von unterschiedlichen Seiten prognostiziert. Dabei wird Nanotechnologie in gegensätzlichen Kontexten verortet. Die kanadische Nichtegierungsorganisation ETC Group, die eine globale Resonanz in Fachkreisen findet, stellt Nanotechnologie in eine Traditionslinie mit Gen- und Atomtechnik und verweist damit auf vergangene Technik- und Umweltkonflikte (ETC Group 2003). Im Kontext von Umweltschutz wird die

Nanotechnologie auf der anderen Seite auch als Möglichkeit für eine giftfreie und saubere Chemie durch die Kontrolle auf molekularer Ebene diskutiert (Friedrich/Sesín 2000).

In diesem Sinne wird in dem Greenpeace-Bericht zur Zukunft von Nanotechnologie, Künstlicher Intelligenz und Robotik (Arnall 2003) die Frage aufgeworfen, ob denn der Nanotechnologie wohl eine Konfliktkarriere wie genetisch modifizierten Organismen bevorsteht oder eine Erfolgsgeschichte mit rasanter Ausbreitung, wie sie der individuelle Mobilfunk hinter sich hat.[1]

Welche Zukunft die Nanotechnologie haben wird, hängt von den Innovationspfaden ab, die sich in der aktuellen Politik herausbilden. Diese wiederum sind eng verknüpft mit den Formen der Governance der Nanotechnologie (dazu Abschnitt 1) und dem gegensätzlichen Verhältnis von Akteuren zu Kontroversen, Konfliktpotenzialen und vergangenen Technik- und Umweltkonflikten (Abschnitt 2). Welche Analogien gebildet werden (Abschnitt 3), welche Risiken damit betont werden (Abschnitt 4), auf welche Konfliktpotenziale diese Analogien verweisen (Abschnitt 4) und welche ‚Lehren' aus Umwelt- und Technikkonflikten der Vergangenheit gezogen werden (Abschnitte 5 und 6), wird im Folgenden untersucht. Gezeigt wird dabei Folgendes: Bei den Governance-Formen, die sich in auf dem Feld der Nanotechnologie herausbilden, handelt es sich um reflexive Konfliktbearbeitungsstrategien, die prozedural zudem auf Dialog und Partizipation ausgerichtet sind. Das heißt allerdings keineswegs, dass sich auf dem Technologiefeld damit eine gemeinwohlorientierte oder nachhaltige Technikentwicklung abzeichnet.

1 Governance der Nanotechnologie

Nanotechnologie ist ein breites Feld mit unscharfen Rändern: Was Nanotechnologie ausmacht, in welchen Bereichen sich die vielfach prognostizierten Innovationspotenziale konkret realisieren lassen, welche Risiken mit ganz unterschiedlichen Nanotechnologien verbunden sein können, ist eher ungewiss als umstritten. Forciert und gefördert wird Nanotechnologie zwar maßgeblich von staatlichen Akteuren (Forschungsministerien), doch die staatliche Politik ist darauf ausgerichtet, eine Vielzahl privater Akteure (primär Industrie, Investoren und Wissenschaft) in den Prozess einzubeziehen, so dass heterogene Akteurskonstellationen direkt und indirekt an der Formierung und Entwicklung des technologiepolitischen Feldes der Nanotechnologie beteiligt sind. Daraus ergibt sich ein Zusammenspiel von traditionellen Politik- und Steuerungsformen (Regieren ‚von oben nach unten') mit weichen Politikformen (Schaffung von Anreizen sowie neue Kommunikationsformen). Bei der sich herausbildenden Politik der Nanotechnologie handelt es sich insofern um eine Governance der Nanotechnologie: um ein uneinheitliches Ensemble aus formellen und informellen Regelungen, Verfahren, Institutionen und Zielhorizonten, innerhalb dessen ungleiche Akteure auf dem Politikfeld der Nanotechnologie agieren. In einem weiten Verständnis von Governance umfasst diese sowohl die staatliche Steuerung im engeren Sinne (Government) als auch kooperative Verhandlungssysteme und Formen der gesellschaftlichen Selbststeuerung. Insbesondere diese neuen, ‚weichen' Formen des Regierens (new modes of Governance) gelten denjenigen, die Governance nicht nur als deskriptiv-

---

[1] Die Greenpeace-Studie erwartet eher eine Konfliktkarriere der Nanotechnologie: „Depending on the development pathway, some aspects of nanotechnology might get a rocky ride, as its social constitution is more like that of GM crops than mobile phones" (Arnall 2003:5).

analytisches Konzept, sondern als normativ-wünschenswertes Konzept verwenden, als Möglichkeit, widersprüchliche Anforderungen zu realisieren: Governance soll sowohl die demokratische Legitimität politischer Herrschaft als auch deren Problemlösungsfähigkeit und Effizienz erhöhen (vgl. den Überblick bei von Blumenthal 2005). Da effizient eine besonders wirksame, wirtschaftliche und leistungsfähige Form beschreibt, bleibt damit erst einmal offen, für welche Interessen diese Strategie effizient ist.

Governance geht wie Kybernetik auf das griechische Wortfeld des Steuerns und Lenkens von Schiffen zurück. Das Bild, ein Schiff durch ein unwegsames, unbekanntes Meer mit unbekannten Strömungen und unerwarteten Stürmen zu lenken, auf der Suche nach einem neuen Kontinent, von dem nicht klar ist, ob er grünes Paradies oder karge Wüste ist, passt für die Entwicklung der Nanotechnologie gut, die mit Paradieserwartungen und Weltuntergangsszenarien verbunden ist (Drexler et al. 1991; Joy 2000; vgl. TAB 2003: Kap. VII). Allerdings haben wir es eher mit einer Flotte als mit einem Schiff zu tun, und damit mit vielen Schiffslenkern, die sich auch über das Ziel der Reise nicht einig sind. Einige verfügen auf dieser Fahrt über Ressourcen, die sie privilegieren und einen erheblichen Teil der Flotte dazu veranlassen können, ihrem Weg zu folgen (die führenden Nationalstaaten), andere verfügen über Ressourcen, die ihnen abweichende Wege ermöglichen (transnationale Unternehmen, die bei unterschiedlichen Regulierungsmustern mit Forschung, Entwicklung und Produktion in andere Länder ausweichen können). Andere können nur versuchen, den Weg und die Strategie zu beeinflussen, können aber keine grundsätzlich andere Zielrichtung durchsetzen. Während einige aus Überzeugung primär an bestimmten Zielen festhalten (Umweltschützer), stellen andere ihre Ressourcen als Söldner den Zahlungskräftigsten zur Verfügung (Public Relations-Agenturen). Da das Terrain unwegsam ist, die nächsten Ufer weder sichtbar noch konkret zu orten sind und auch nicht klar ist, was sich hinter dem offenen Meer wohl zeigen wird, bilden die Besatzungen der Flotte auch intern keine monolithischen Blöcke, sondern sind im Hinblick auf Strategie und Verfahren – im Rückgriff auf Erfahrungen aus der Vergangenheit – flexibel.

Dabei lassen sich in der Konstituierung der Nanotechnologiepolitik Konfliktpotenziale unterschiedlicher Reichweite feststellen. Sie reichen von potenziellen Regulierungskonflikten (Gesetze versus Selbstregulierung, aber auch konfligierende nationalstaatliche Politiken)[2] und Verteilungskonflikten[3] bis zu generellen Machtkonflikten um die Frage, welche Rolle Industrie, Staaten und internationale zivilgesellschaftliche Akteure in der generellen Entwicklung der Nanotechnologie spielen sollen.[4] Sowohl in der Artikulation von Interessen als auch hinsichtlich der Frage, wie die Austragung divergierender Interessen geregelt werden soll, beziehen sich die Akteure auf bisherige Technik- und Umweltkonflikte.

---

[2] Bisher sind keine Regulierungskonflikte zwischen Nationalstaaten festzustellen. In einer internationalen Studie zu nationalstaatlichen Governance-Ansätzen wird proaktiv der Vorschlag gemacht, dass die UNO bei konfligierenden nationalstaatlichen Politiken koordinierend tätig sein soll (IRGC 2005: 8, 20).
[3] Hierzu gehören Verteilungskonflikte um öffentliche Fördermittel zwischen Branchen, die in mehr oder weniger korporatistischen Arrangements verhandelt und daher nicht öffentlich werden. Potenzielle Verteilungskonflikte liegen in den Verschiebungen zwischen Branchen und Ländern, die von nanotechnologischen Innovationen profitieren und denen, die Einbußen haben werden.
[4] Bisher kritisiert nur die kanadische NGO ETC Group umfassend die ungleichen Machtverhältnisse in der Technologieentwicklung (ETC Group 2005).

2 Zwei konträre Blicke auf Konflikte: Technik- und Umweltkonflikte als Anreiz für umwelt- und sozialverträgliche Innovationspfade und als Gefahr für den ‚Standort'

Kontroversen und damit die Artikulation von unterschiedlichen Interessen gelten in der sozialwissenschaftlichen Technikforschung, der Risikoforschung und auch in der Technikfolgenabschätzung als unumgängliches und auch sinnvolles Element im gesellschaftlichen Umgang mit Technik (EEA 2001; Marcinkowski 2001; Saretzki 2001). In der deutschen Nanotechnologiepolitik (BMBF 2004a) und auch in der Nanotechnologiepolitik der Europäischen Kommission gilt Dissens dagegen noch primär als Gefahr (Europäische Kommission 2004).

Diejenigen, die Kontroversen als legitim und produktiv erachten, sehen sie als ein Frühwarnsystem für Risiken; als einen Indikator für Probleme, mit deren früher Berücksichtigung sich die Polarisierung von Konflikten vermeiden lässt. Kontroversen und Konflikte verweisen aus dieser Position auf divergierende Interessen, die einer Aushandelung bedürfen. Die Europäische Umweltagentur hat gezeigt, dass frühe Warnungen vor Gefahren neuer Technologie im 20. Jahrhundert vielfach keine politische Berücksichtung fanden und somit erst gehandelt wurde, als Spätfolgen technologischer Entwicklungen unübersehbar waren. So reichen die ersten Meldungen über Strahlungsschäden bis in das Jahr 1896 zurück, eine eindeutige Warnung vor Asbest datiert auf das Jahr 1898 (EEA 2001).

Partizipative Verfahren bieten eine Möglichkeit, Risiken frühzeitig zu erkennen und zu bearbeiten. Im Gegensatz zu technischen Experten sehen involvierte Laien Probleme, Themen und Lösungen, die Experten nicht sehen. Ein breiter gesellschaftlicher Dialog sowie offene und transparente Prozesse können daher die demokratische Legitimität von Entscheidungen erhöhen und damit langfristig das Vertrauen in den politischen Prozess stärken. Mit partizipativen Mechanismen lassen sich zudem qualitativ bessere Ergebnisse in Entscheidungsprozessen erzielen, indem in den Prozess unterschiedliche Perspektiven einbezogen sind (Fiorino 1990). Die frühzeitige, umfassende und partizipative Bearbeitung von Risiken und Konfliktpotenzialen ist eine notwendige – wenn auch nicht hinreichende – Voraussetzung für umwelt- und sozialverträgliche Innovationspfade.

Aus der Perspektive der Standortkonkurrenz und der Verschärfung des internationalen Wettbewerbs sind Kontroversen sowie die Thematisierung von Risiken eine Gefahr für den ‚Standort' und die Wettbewerbsfähigkeit. In der Nanotechnologiepolitik ist die Erhöhung der Wettbewerbsfähigkeit die zentrale und unhinterfragte Norm (National Science and Technology Council 2002: 7; BMBF 2004a: 6; Europäische Kommission 2004: 10). Wird die Entwicklung einer Technologie von kontroversen öffentlichen Debatten begleitet, so steigt die Anzahl der politischen Akteure an, die sich auf dem Feld engagieren – sei es, weil sie von den Risiken alarmiert sind, oder aber sich mit dem politischen Thema zu profilieren suchen. Je mehr Akteure die Technologieentwicklung mitbestimmen wollen und je partizipativer der Prozess angelegt ist, desto stärker kann ein Effekt der Entschleunigung zum Tragen kommen. Diese Entschleunigung kann zwar aus der Nachhaltigkeitsperspektive ein positiver Effekt sein; doch wenn es sich um Prozedere handelt, die auf einige Nationalstaaten beschränkt sind, so kann dieses die Handlungsmöglichkeiten von nationalstaatlich situierter Forschung und Industrie im internationalen Wettbewerb einengen; sie wird damit für eine staatliche Politik der Beschleunigung zur Gefahr. Sofern die Konflikte im nationalstaatlichen Rahmen ausgetragen werden, sehen sich Staaten mit einem vorsorgeorientierten und damit entschleunigenden Modus der Konfliktaustragung im internationalen Wettlauf um die Entwicklung der jeweiligen Schlüsseltechnologie im Nachteil im Kampf um Wettbewerbsfähigkeit (z.B. die britische Regierung, die als einzige mit einer Nano-Kritik konfrontiert ist, siehe: Science and Technology Committee 2004: 50). Da Nanotechnologien für globale Märkte entwickelt werden, greifen nationalstaatliche Regulierungsstrategien zur Implementierung von verbindlichen Maßnahmen, die beispielsweise das Vorsorgeprinzip umfassend umsetzen, nur höchst begrenzt.

Internationale Abkommen, die die Nanotechnologie betreffen, gibt es bisher (noch) nicht, allerdings eine Vielzahl an internationalen Aktivitäten, die sich mit Fragen von Innovation, Umwelt- und Gesundheitsschutz sowie ‚Responsible Development' beschäftigen (IRGC 2005: 14 ff.). Bezeichnend für das Verhältnis von staatlicher Technologiepolitik und Technikkonflikten sind die Antworten einer Studie, die der International Risk Governance Council (IRGC) mit Sitz in Genf durchgeführt hat: Auf die Frage an technologiepolitische Akteure der Industriestaaten mit Nanotechnologie-Programmen zum Umgang mit Risiken und dazu, wie Konflikte in dem jeweiligen Land gelöst werden, kommen Konfliktregelungen in den Antworten nicht einmal vor (IRGC 2005). Verwiesen wird stattdessen auf die Bereitstellung von Informationen für die Öffentlichkeit sowie auf Leitlinien (wie das Vorsorgeprinzip). Kontroversen und Konfliktpotenziale werden von staatlichen Akteuren überwiegend de-thematisiert, da diese nicht als notwendige Elemente zur Antizipation, Identifizierung und Bearbeitung eines Regulierungs- und Gestaltungsbedarfs gesehen werden, sondern als Gefahr für die Akzeptanz der Nanotechnologie. Wenn Governance-Formen und wirkungsvolle Partizipation konzeptionell auf die Akteure begrenzt sind, die auf eine Beschleunigung der technologischen Entwicklung setzen, so werden Konfliktpotenziale nicht thematisiert, damit nicht bearbeitet und somit steigt die Gefahr suboptimaler und risikoreicher technologischer Optionen.

3   Nanotechnologie ist wie ... Re-Formulierung von Erfolg und Konflikt durch Vergleich

Konfliktpotenziale werden bereits angesprochen, wenn die Nanotechnologie als Schlüsseltechnologie charakterisiert wird.[5] Die Verknüpfung mit einer Vielzahl von Anwendungen – das zentrale Merkmal von Schlüsseltechnologien – zieht Analogien mit anderen Technologien nach sich. Dabei lassen sich optimistische (die Chancen in den Vordergrund stellende) und skeptische (die Risiken betonende) Szenarien unterscheiden.

Die optimistischen Szenarien verweisen auf Erfolge bisheriger Schlüsseltechnologien. Wie die Luft- und Raumfahrt die menschliche Handlungsfähigkeit über die Erde hinaus ausgedehnt hat, so erschließt sich auch mit der Nanotechnologie eine neue Handlungsdimension, da mit ihr die Handlungsfähigkeit auf der molekularen Ebene verbunden ist (National Science and Technology Council 1999). Mit der Mikroelektronik wird Nanotechnologie verglichen, da sie wie diese voraussichtlich allgegenwärtig in Produkten und Verfah-

---

[5] Nur eine rein technisch orientierte Beschreibung ruft noch keine Analogien zu anderen Technologien auf: „Der Begriff ‚Nanotechnologie' wird hier als Sammelbegriff verwendet, der die verschiedenen Zweige der Nanowissenschaften und -techniken umfasst. Ursprünglich bezeichnet Nanotechnologie Wissenschaft und Technologie auf atomarer und molekularer Nanoebene und verweist auf die wissenschaftlichen Grundsätze und neuen Eigenschaften, die sich begreifen und beherrschen lassen, wenn man in diesem Bereich arbeitet" (Europäische Kommission 2004).

ren implementiert wird. Wie schon im Diskurs vergangener Schlüsseltechnologien versprechen heute die Verfechter der Nanotechnologie, dass diese die drängenden Probleme der Gegenwart lösen wird (Drexler et al. 1991; Roco/Bainbridge 2002). Die Energieknappheit wird durch kostengünstige Nano-Solartechnik überwunden. Nanotechnologien lösen vorhandene Umweltprobleme, indem funktionale Nanopartikel vorhandene Umweltgifte binden; eine giftfreie Nanochemie verhindert zukünftige Umweltverschmutzung und durch extreme Ressourceneffizienz lässt sich der allgemeine Wohlstand bei Verringerung des Ressourcenverbrauchs steigern. Hunger und Armut werden überwunden, wie einst auch die grüne Gentechnik versprach, und analog zur roten Gentechnik wird ein langes Leben ohne Krankheiten nanotechnologisch in Aussicht gestellt (Drexler et al. 1991; Roco/Bainbridge 2001: 270). Die Szenarien gipfeln in einer Nanotechnologie-basierten Welt ohne Mangel und Knappheit, die sich auf dem Weg fortschreitender Demokratisierung und globaler Verteilungsgerechtigkeit befindet.

Entgegen diesen Positivszenarien, die (erneut) die beste aller Welten versprechen, knüpfen skeptische Vergleiche und die Negativ-Szenarien an die bisherigen Probleme bereits etablierter Technologien an und verweisen damit auf Konfliktpotenziale. Nanomaterialien lassen sich mit bisherigen Werkstofftechnologien vergleichen, die – wie Asbest – anfangs primär als innovativ und problemlösend eingeschätzt wurden, deren zuvor wenig absehbare Nebenwirkungen sich erst spät in hohem Umfang gezeigt haben. Nanomaterialien werden so mit den vergangenen Umweltkonflikten in Verbindung gebracht (vgl. Swiss Re 2004a: 40). Bei Asbest dauerte es von den ersten Berichten über schädliche Wirkungen im Jahre 1898 bis zu einem Verbot von Asbest in der EU ein ganzes Jahrhundert. Der Asbestvergleich ist zwar in den Fachdiskussionen präsent, die sich mit zukünftigen Regulierungsperspektiven beschäftigen, in den Publikumsmedien spielt dieser Vergleich dagegen nur eine begrenzte Rolle (Grobe/Eberhard et al. 2005: 19).

Die massenhafte Verbreitung von ungebundenen industriellen Nanopartikeln könnte Konflikte um Umweltverschmutzung reaktualisieren. Nanopartikel können je nach Herstellungsverfahren und Freisetzungsintensität in das Wasser, in die Luft, ins Erdreich und in das Grundwasser gelangen. Über die langfristigen Wirkungen ist bisher wenig bekannt. Darüber hinaus werden Nanopartikel in den verschiedensten Wegwerfartikeln verwendet, die früher oder später als Müll entsorgt oder rezykliert werden müssen. ‚Natürliche' Nanopartikel werden unter dem Begriff Ultrafeine Partikel (UFP) bereits seit langem im Hinblick auf ihre Auswirkungen untersucht und stellen (in Form von Dieselabgasen) insbesondere für empfindliche Bevölkerungsgruppen wie ältere Menschen und Kinder eine Gesundheitsgefahr dar. Während diese Stäube nach wenigen Tagen zusammen klumpen, sind künstliche Nanopartikel häufig so behandelt, dass sie gerade nicht aggregieren und daher in der Luft verbleiben (Swiss Re 2004a: 27f).

Das so genannte „Grey Goo-Szenario", ein äußerst umstrittenes und unwahrscheinliches Szenario, in dem die Biosphäre durch unkontrollierbare Selbstreplikation von Nanomaterie verschlungen wird, markiert den extremen Gegenpunkt zur Vorstellung einer nachhaltigen Nano-Industrialisierung ohne Mangel und Umweltbelastung. Der dauerhaften Erschließung einer neuen Handlungsdimension steht somit die Horrorvision einer Zerstörung aller Handlungsdimensionen gegenüber (Joy 2000; als fiktionales Roman-Thema: Crichton 2002).

Szenarien, die die Möglichkeiten eines übermächtigen Überwachungsstaates durch allgegenwärtige Nanosensorik, den immer weniger wirksamen Datenschutz und den gläsernen Menschen der Zukunft in den Vordergrund stellen, rufen die Technikkonflikte um die Einführung der Informations- und Kommunikationstechnologien auf. Die zukünftigen Möglichkeiten, mittels Nanotechnologie immer kleinere, billigere, leistungsfähige und langlebige Sensoren zu entwickeln, und diese über die Konvergenz mit Informations- und Kommunikationstechnologien zu komplexen und allgegenwärtigen Netzwerken zu verbinden, übertreffen die bisherige Datenschutzproblematik bei weitem. Nanosensoren werden in eine Vielzahl von Produkten integriert sein, können für die individuelle Sicherheit und Gesundheitsversorgung genutzt werden, Schadstoffe in der Nahrungskette detektieren und industrielle Prozessverläufe optimieren. Sie können allerdings auch zu einer lückenlosen und unbemerkbaren Überwachung führen (Altmann 2006: 145) und ermöglichen eine unkontrollierbare Sammlung und Verteilung personenbezogener Daten und damit eine Machtkonzentration und den Missbrauch von Daten (Cobb/Macoubrie 2004; European Commission 2004b; Moor/Weckert 2004: 306 f.; Royal Society/The Royal Academy of Engineering 2004).

Hinsichtlich der Verbreitung von Nanotechnologie und dem Zugang zu nanotechnologischen Produkt- und Verfahrensinnovationen ist das Risiko einer Zwei-Klassen-Gesellschaft und einer weiteren globalen Kluft im Hinblick auf die Technikbeherrschung und -nutzung ein Negativszenario. Durch den exklusiven Zugang zu Nanotechnologie kann nationalstaatlich und global die gesellschaftliche Kluft zwischen Arm und Reich vertieft werden (*nano divide*).

4 Zum Verhältnis von Risiken und Konfliktpotenzialen

Die Risikowahrnehmung in der Nanotechnologie konzentriert sich auf Umwelt- und Gesundheitsrisiken, die direkt mit der jeweiligen Technik verknüpft sind und zudem absolute Risiken darstellen. Bei Umwelt- und Gesundheitsrisiken handelt es sich um Risiken, die tendenziell alle treffen können und für die nach Asbest, FCKW und BSE eine Sensibilisierung gegeben ist (EEA 2001). Der Schutz vor toxischen Stoffen in der Luft, im Trinkwasser und in Lebensmitteln ist eine universelle Forderung, die den Schutz aller anzielt. Es gibt auf dieser Ebene keine Gewinner und niemanden, der davon gesundheitlich profitiert. So handelt es sich hierbei um Konflikte um öffentliche Güter.

Eine ganz andere Kategorie von Risiken sind die indirekten sozialen und ökonomischen Risiken sowie Risiken im Hinblick auf die weitere Entwicklung nationaler und internationaler Politik. Die sozialen, ökonomischen und politischen Risiken sind relationale Risiken, da dem Verlust von Marktmacht oder politischer Macht der einen Akteure ein Machtgewinn anderer Akteure gegenübersteht. Diese Konfliktkonstellation der ökonomischen Risiken findet sich sowohl im internationalen Rahmen als auch im nationalen politischen Raum. Ziel der führenden Industriestaaten ist es, über nanotechnologische Produkt- und Verfahrensinnovationen ihre Position auf den Weltmärkten im Verhältnis zu anderen (Industrie-)Staaten auszubauen. Dem Risiko, auf den jeweiligen Weltmärkten zu verlieren, steht damit die Chance des Gewinnens gegenüber. Die daraus resultierenden Konflikte werden in der Regel nicht als Technikkonflikte wahrgenommen, da sie voraussichtlich in Form von Handelskonflikten verhandelt werden (siehe Abschnitt 5 unten).

Innerhalb der nationalstaatlichen Ökonomien verschieben sich voraussichtlich mit der Entwicklung und Implementierung von Nanotechnologien die Gewichte und Wachstumschancen von Branchen und Sektoren. Da die zukünftige Verteilung von Anteilen zwischen den Industriestaaten noch ungewiss ist und auch die Machtverschiebungen zwischen Branchen und Sektoren unabsehbar sind, stehen Gewinner und Verlierer noch nicht fest, die potenziellen Verlierer können keine Risikofaktoren ausmachen, die sich als solche artikulieren ließen.

Im Zentrum des Nano-Risikodiskurses stehen daher Umwelt- und Gesundheitsrisiken. Risiken werden im Allgemeinen als höher eingeschätzt bzw. weniger akzeptiert, wenn sie als besonders beunruhigend wahrgenommen werden (Swiss Re 2004a: 46; Wiedemann/Mertens 2005: 40), wenn sie in den Medien als gefährlich oder kontrovers gelten. Dies trifft für die Nanotechnologie nicht zu, da sie in den Publikumsmedien weitgehend positiv thematisiert wird (Anderson/Allan et al. 2005; Cobb 2005; Grobe et al. 2005; Lee et al. 2005), während die kontroverse Diskussion bisher auf sehr begrenzte Fachöffentlichkeiten beschränkt bleibt. Angst erregen zudem unbekannte Spätfolgen und eine mögliche tödliche Wirkung, doch zu beiden Themenkomplexen gibt es bisher keine kontroversen Positionen.[6]

Andere Faktoren treffen zu: Stark gewichtet werden Risiken mit einer unbekannten oder neuartigen Quelle (bzw. bei wenig gesicherten wissenschaftlichen Daten) sowie „menschengemachte Risiken", für die es keine Möglichkeiten eigener Vorsichtsmaßnahmen gibt (u. a. da bisher keine Kennzeichnungspflicht existiert). Ein weiterer Faktor für eine hohe Risikoeinschätzung ist die ungleiche Verteilung von Risiken und Nutzen, die sich bei Nanotechnologie abzeichnen könnte (Produktion von Nanopartikeln: potenzielle Risiken für Anwohner und Angestellte, Nutzen für Unternehmenseigner und Konsumenten).

Die genannten Konfliktpotenziale und Risiken führen seit ca. 2003 zu einer nahezu unübersehbaren Anzahl an öffentlich geförderten Meetings und Dialogen zu Risiken der Nanotechnologie (BMU et al. 2005; Meili 2006). Entgegen der Befürchtung von Regierungen, dass die Thematisierung von Risiken die Entwicklung der Nanotechnologie blockiert, zeigt sich, dass die Risikodiskussion eine hoch produktive Dynamik in Gang setzt (ein Phänomen, das auch schon in der Gentechnik festgestellt wurde, vgl. Gottweis 2005). Der Risikodiskurs der vergangenen Jahre führt zur Konstituierung einer internationalen Expertengemeinschaft, die den Risiken mit wissenschaftlichen Anstrengungen beizukommen sucht. Erst mit dem umfassenden Risikodiskurs setzt die breite und öffentliche Diskussion über notwendige Klassifizierungs- und Standardisierungsprozesse ein, die gleichermaßen die Voraussetzung für Risikomanagement wie auch für die Entwicklung tatsächlich handelbarer Nanotechnologien (respektive Nanopartikel) ist.

5 Regulierungsvorschläge, die Technikkonflikte wachrufen

Vergangene Umwelt- und Technikkonflikte werden erneut aufgerufen, wenn Regulierungsvorschläge implizit oder explizit an Kontroversen vergangener Zeiten anknüpfen. Dazu gehört eine mögliche Kennzeichnungspflicht für Konsumprodukte. Im britischen Bericht

---

[6] Ein Review in *Science* zu toxischen Potenzialen von Materialien auf Nanoebene kommt nicht nur zum Ergebnis, dass die toxischen Effekte kein zentrales Problem sind und sich durch einen „rational scientific approach" bewältigen lassen, sondern sieht auch noch Positives in der toxischen Wirkung: „For instance, the propensity of some nanoparticles to target mitochondria and initiate programmed cell death could be used as a new cancer chemotherapy principle" (Nel et al. 2006: 627).

wird vorgeschlagen, dass Nanopartikel als Inhaltsstoffe angegeben werden müssen (Royal Society/The Royal Academy of Engineering 2004: 72 f.). Der Rückversicherer Swiss Re befürwortet eine Deklarationspflicht für Unternehmen, die mit nanotechnologisch behandelten Produkten arbeiten: „Eine solche Maßnahme würde es der Assekuranz ermöglichen, Produkte dieser Art in ihren Versicherungsbeständen zu identifizieren" (Swiss Re 2004a).

Kennzeichnung ist stark mit der entsprechenden Auseinandersetzung in der grünen Gentechnik verbunden (vgl. Gill 2003: 197 ff). Die Auseinandersetzung um die Kennzeichnung gentechnisch modifizierter Organismen hat seit dem Jahre 2003 eine internationale handelspolitische Konfliktdimension, da die USA gegen die EU-Regeln zur Zulassung von gentechnisch veränderten Lebensmitteln bei der Welthandelsorganisation (WTO) klagen und ein Zwischenbericht aus dem Februar 2006 den Klägern Recht gibt.[7] Während Kennzeichnung aus der Perspektive der US-amerikanischen Handelspolitik ein Handelshemmnis darstellt, ist Kennzeichnung aus verbraucherpolitischer Perspektive die Voraussetzung für Transparenz und Wahlfreiheit.

In Bezug auf die Nanotechnologie zeigt sich eine ambivalente Dynamik hinsichtlich der Kennzeichnung: Eine US-amerikanische NGO nutzte bisher das Thema der Kennzeichnung für eine Aktion, die an den Widerstand gegen Genfood anknüpft: Die Umweltgruppe THONG protestierte im Mai 2005 in Chicago vor der US-amerikanischen Bekleidungskette Eddie Bauer gegen Kleidung mit Nanotex-Fasern: Auf nackten Rücken war in Anlehnung an Kernkraft und Gentechnik zu lesen: „Eddie Bauer – Hazard" und „Expose the truth about NanoTech". 2006 ist ‚Nano' allerdings ganz anders in den Schlagzeilen: Das deutsche Unternehmen Neosino vertreibt teure Nano-Produkte, die wohl keine Nanomineralien enthalten (siehe oben). Und Ende März 2006 werden (ebenfalls in Deutschland) 97 zum Teil schwerwiegende Vergiftungsfälle nach der Anwendung eines „Nano"-Versiegelungssprays namens Nano-Magic gemeldet. Auch bei diesem Produkt blieb unklar, ob es überhaupt Nanopartikel enthielt – eindeutig ließ sich lediglich feststellen, dass das Produkt zu Unrecht ein TÜV-Prüfsiegel trug. Mit diesen Fällen könnte die Kennzeichnung zu einem Mittel der Qualitätssicherung werden statt zu einem Mittel, den Konsum zu vermeiden.

Ein weiterer Vorschlag, der auf vergangene Konflikte rekurriert, ist die Forderung nach einem Moratorium. Im Vorfeld des Weltgipfels für nachhaltige Entwicklung in Johannisburg im Jahre 2002 forderte die ETC Group ein Moratorium. Die Argumentation lautete folgendermaßen: Da Nanotechnologie im Gegensatz zu Gentechnik im Allgemeinen mit elementaren Bausteinen des Lebens arbeitet – anstatt mit dem Leben selbst – hat sie eine große politische Aufmerksamkeit mit entsprechenden Regulierungsanforderungen vermeiden können. So hat die US-amerikanische *Food and Drug Administration* (FDA) noch keine Politiken oder Protokolle im Hinblick auf die Sicherheit von Nanopartikeln in bereits auf dem Markt existierenden Produkten etabliert. Da jedoch die „Kontamination"[8]

---

[7] Die Dokumente zu der Auseinandersetzung sind mit der Case-Number DS/291, DS292, DS293 recherchierbar unter: http://www.wto.org/english/tratop_e/dispu_e/dispu_status_e.htm.
[8] Die Bezeichnung „Kontamination" ruft wiederum die Auseinandersetzung um Atomtechnik und grüne Gentechnik auf. Die Verbreitung von transgenem Material in die Umwelt – und damit verbunden die Ausbreitung von Pollen und die Aufnahme des Pflanzenmaterials durch Mikroorganismen im Boden – wird in den Kampagnen gegen Gentechnik als eine Verschmutzung dargestellt. Die Aktivisten führen seit 1998 ‚Dekontaminationen' durch: Sie entfernen transgene Pflanzen von den Versuchsfeldern, wobei sie weiße Schutzkleidung mit Mundschutz und Handschuhen tragen. Sie verpacken die ausgerissenen Pflanzen in Plastiksäcken, die das offizielle Gefahrenzeichen für ‚Biohazard' tragen, und übergeben es den lokalen Umweltbehörden zur Entsorgung (Gill 2003: 199 ff).

von lebenden Organismen durch Nanopartikel zunehmen würde, verlangte die ETC Group, die Staatsoberhäupter sollten auf dem Weltgipfel für Nachhaltige Entwicklung in Johannisburg ein Moratorium zur kommerziellen Produktion neuer Nanomaterialien beschließen und gleichzeitig einen transparenten globalen Prozess zur Bewertung der sozioökonomischen sowie der Gesundheits- und Umweltwirkungen der Technologie initiieren (ETC Group 2002). Das Moratorium gibt es nicht, jedoch gehört die Bezugnahme auf die Moratoriumsforderung fortan zu jeder Argumentation von Regulierungsmodellen. Hier fungiert die Idee eines Moratoriums für kommerzielle Produkte[9] als Schreckenszenario, von dem sich die Vertreter fast aller Regulierungsmodelle abgrenzen.

6   Was ist Nanotechnologie? Standardisierung als gemeinsamer Nenner

Bei den Regulierungsoptionen befinden sich die diskutierten Optionen generell zwischen den zwei Extremvarianten der Nicht-Regulierung auf der einen Seite und des Verbots auf der anderen. Es lassen sich verschiedene Regulierungsansätze identifizieren (European Commission 2004b: 22 ff.), wobei eine „Laissez-faire"-Option als inadäquat gilt, da einige Gefahren in Bezug auf Nanotechnologien evident sind, es eine starke Ungewissheit über weitere Risiken gibt und ein hohes Maß an Umwelt- und Verbraucherschutz so nicht zu gewährleisten ist. Freiwillige Maßnahmen reichen ebenfalls nicht aus. Ein spezifisch auf Nanotechnologie ausgerichteter Regulierungsprozess scheint wenig geeignet zu sein, da die Technologie aufgrund ihrer Heterogenität die Zuordnung zu verschiedenen Regulierungsbereichen und gesetzlichen Regelungen erfordert. So zeichnet sich im Moment die Option eines kontinuierlichen Beobachtungsprozesses ab, in dem bestehende gesetzliche Regelungen (zu gefährlichen Substanzen, Klassifizierung, Kennzeichnung, etc.) genutzt, überprüft und gegebenenfalls verändert und ergänzt werden. Durch diese Regulierungsform soll der Rahmen für ein Monitoring der Nanotechnologie (Erhebung und Verarbeitung relevanter Daten) geschaffen werden, der die Voraussetzung für eine spätere Regulierung, die auf mehr Daten beruht, bietet (European Commission 2004b: 24).

Aktuell führt das Fehlen von Daten Akteure mit unterschiedlichen Interessen zusammen: Die Forderung nach öffentlich geförderter Forschung zur Bewertung von Nanotechnologie, respektive Nanopartikeln, eint Industrie, NGOs, Verbände und Versicherungen. Für eine Regulierung sind konkrete Definitionen von spezifischen Nanotechnologien notwendig, da die bestehenden Klassifizierungen Nanopartikel nur unzureichend abbilden können (EPA 2005: 26). Somit ist die Entwicklung einer Nomenklatur eine vordringliche technologiepolitische Anforderung, in deren Rahmen sich die Interessen der Beteiligten treffen.[10]

---

[9] Jüngst ist allerdings die Forderung nach einem Moratorium und einem Bann für spezifische militärische Anwendungen, die sich aus der Nanotechnologie ergeben können, erhoben worden (Altmann 2006).
[10] Internationale Kooperation gibt es dazu seit 2004 (siehe den Überblick bei Roco 2005: 141 f.), und eine spezielle internationale Normungsinitiative (ISO/TC 229 „Nanotechnologies") begann 2005. Seit 2004 werden entsprechende Initiativen in Gang gebracht (European Commission 2004a: 23; Malsch/Oud 2004: 77, 90; European Commission 2005: 11). In den USA enthält das aktualisierte nationalstaatliche Förderprogramm Initiativen (National Science and Technology Council 2004; President's Council of Advisors on Science and Technology 2005: 45), in der Technikfolgenabschätzung (Luther 2004: 94 f) und aus der Versicherungswirtschaft (Swiss Re 2004b: 37) wird die Entwicklung von Standards gefordert, und die europäische Technologiepolitik nimmt sich der Entwicklung ebenfalls an (European Commission 2004b). In Deutschland startete im März 2006 das vom BMBF

Statt spezifische Governance-Formen für das Feld der Nanotechnologie zu entwickeln, wird das Technologiefeld in seinen verschiedenen Aspekten in bereits bestehenden Regulierungsformen geregelt. Damit werden Konfliktpotenziale weit verteilt, entbündelt und kommen voraussichtlich nur als punktuelle Konflikte zu eng begrenzten Fachfragen zum Tragen, nicht dagegen als Konflikte um ‚die Nanotechnologie'. Damit werden aber zugleich die Möglichkeiten, eine Schlüsseltechnologie umfassend zu gestalten, minimiert, da Gestaltung gerade bedeutet, Governance-Formen zu entwickeln, in denen kontroverse Interessen benannt und Ziele und Prioritäten der Technologieentwicklung ausgehandelt werden. Denn im Falle einer neuen Schlüsseltechnologie bedeutet die Gestaltung von Innovationspfaden zugleich, Pfade umfassender gesellschaftlicher Veränderungen zu generieren (Schaper-Rinkel 2003).

7 Konfliktpotenziale, Konflikte und Governance-Formen

Der starke Anstieg der öffentlichen Aufmerksamkeit für die Nanotechnologie in den führenden Industriestaaten ist bisher mit einer hohen Akzeptanz für Nanotechnologie verbunden, wie Studien aus unterschiedlichen Länder zeigen (Canadian Biotechnology Secretariat 2005; Gaskell et al. 2005).

Die wichtigste Lehre aus vergangenen Technik- und Umweltkonflikten besteht in der möglichst frühen und umfassenden Erhebung der öffentlichen Meinung und eventueller Konfliktpotenziale und im Dialog mit möglichst allen Beteiligten. Bis zum Jahre 2004 bildet die Nano-Technikfolgenabschätzung einen zentralen diskursiven Knotenpunkt, der technische, soziale, und gesellschaftliche Optionen und Diskurse verbindet und verhandelbar macht. Da umfassende TA-Studien, die von Regierungen oder Parlamenten initiiert wurden (z.B. TAB 2003; Royal Society/The Royal Academy of Engineering 2004), sich nicht auf die Analyse von Technologien beschränken, sondern auch Technik-Visionen und konkurrierende gesellschaftliche Ansprüche an zukünftige Technologien analysieren und bewerten, sind sie gleichermaßen Teil der entstehenden Governance als auch (implizit oder explizit) strategischer Diskurs zur weiteren Entwicklung der Nano-Governance.

Neben TA-Studien werden international zunehmend dialogische und partizipative Verfahren genutzt (wie Verbraucherkonferenzen, Gruppengespräche, Runde Tische oder Konsensuskonferenzen), um einerseits Wissen über Konfliktpotenziale und Regulierungsnotwendigkeit zu erheben und (potenzielle) Kritiker in den Prozess einzubinden. Die Dialoge sind in der Regel von staatlichen Institutionen finanziert, werden aber von privaten Organisationen (Agenturen, Institutionen) durchgeführt und integrieren je nach Verfahren interessierte und beteiligte Parteien (Stakeholder) sowie BürgerInnen.[11] In experimentellen Untersuchungen wird das Vertrauen der Bürger in staatliche Institutionen untersucht und eruiert, wie sich das Vertrauen in die Regulierung der Nanotechnologie erhöhen lässt (Macoubrie 2005). Akteure aus dem Umweltbereich sind in verschiedener Weise in die Diskussion einbezogen: In Deutschland erstellte das *Institut für ökologische Wirtschaftsforschung*

---

geförderte Projekt Nanocare mit dem Ziel, die Auswirkungen industriell hergestellter Nanopartikel auf Gesundheit und Umwelt zu untersuchen.

[11] In Deutschland wurde im Herbst 2006 eine vom Bundesinstitut für Risikobewertung in Auftrag gegebene Verbraucherkonferenz durchgeführt.

(IÖW) im Auftrag des BMBF eine umfangreiche Studie zu Nachhaltigkeitseffekten von Nanotechnologie (Steinfeldt 2004). Auch traditionell kritische Akteure, wie Greenpeace, setzen auf Gestaltung statt auf Protest (Arnall 2003).

Die ETC Group, die die radikalste Nanokritik formuliert (ETC Group 2003; ETC Group 2004) und damit eine globale Resonanz erfährt, wird von unterschiedlichen Seiten eingeladen, ihren Standpunkt darzulegen, und beteiligt sich an diversen Dialogforen. Allerdings dürfte ihre Verhandlungsressource in ihrer potenziellen Mobilisierungsfähigkeit (und damit der Polarisierung von Konflikten) liegen. Insgesamt lässt sich bisher eine wechselseitige und interdependente Strategie von staatlichen Akteuren einerseits und unterschiedlichen Expertengemeinschaften und Umweltakteuren andererseits feststellen, die Gestaltung und Regulierung des Technologiefeldes Nanotechnologie in einer kooperativen Form anzugehen.

Kontroversen sind bisher lediglich in Großbritannien festzustellen: Im Jahr 2003 äußerte sich der englische Thronfolger Prinz Charles negativ zu den Gefahren der Nanotechnologie; der britische Wissenschaftsminister versuchte, die Wogen wieder zu glätten, und schließlich beauftragte die Regierung die *Royal Society* und die *Royal Academy of Engineering* mit einer Studie zum Stand der Nanotechnologie und zu den Regulierungsnotwendigkeiten (BBC NEWS 2003). In dem Abschlussbericht (Royal Society/The Royal Academy of Engineering 2004) werden nicht nur eine umfassende Risikoforschung, sondern zudem eine stärkere Regulierung von Nanopartikeln auf europäischer Ebene und umfassende und wirksame Maßnahmen zur gesellschaftlichen Teilhabe am Prozess der weiteren Technikentwicklung gefordert. Der Bericht stellt als erste staatlich initiierte Studie die gesellschaftliche Dimension in den Vordergrund: Statt Wettbewerbsfähigkeit und/oder ein schnelles Wachstum um (fast) jeden Preis wird die Ausrichtung der Technologieentwicklung auf gesellschaftliche Anforderungen hin gefordert. Als Ursachen von Technisierungskonflikten werden unzureichende Entscheidungsprozesse ausgemacht, die relevante Gruppen und potenziell Betroffene nicht integrieren und daher unzureichende Lösungen generieren bzw. problembeladene Technologiepfade einschlagen. Entsprechend dieser Analyse sind partizipatorische Instrumente ein wichtiges Instrument für die weitere Gestaltung. Gefordert wird mehr Transparenz, mehr Partizipation und ein stärkerer Interessenausgleich. Im Februar 2005 reagierte die Britische Regierung auf den Bericht, lobte ihn ausgiebig (UK Government 2005), ließ jedoch nichts daraus folgen, wie die *Royal Society* und die *Royal Academy of Engineering* kritisieren. Da die Regierung nicht bereit sei, Geld für weitere Risikoforschung auszugeben, könnten auch keine Grundlagen für eine adäquate Regulierung geschaffen werden (Royal Society 2005).

Die britische Situation wirft die Frage auf, in welche Richtung die Lernprozesse gehen. Konfliktpotenziale sind bei der Nanotechnologie – im Gegensatz zu früheren konfliktträchtigen Technologien – über elektronische Kommunikation und Information global und sofort kommunizierbar. Technikkritik, auch massive Kritik wird nicht ignoriert, sondern wird umfassend aufgegriffen im Sinne einer Erwähnung und Kommentierung. Dies zeigt das Beispiel ETC Group, auf die in TA-Berichten eingegangen wird. Diese Offenheit kann auf eine partizipative Technologiepolitik verweisen oder aber auf eine Politik, in der jeder über alles sprechen darf, jedoch nichts passiert. Die vielfältigen Informations-Kampagnen der deutschen Nanotechnologiepolitik (BMBF 2004a, 2004b, 2005a, 2005b) zeigen einen affirmativen Technikdeterminismus, indem der Nanotechnologie per se diverse positive Effekte zugeschrieben werden, ohne dass auf die hohen politischen Gestaltungsanforderungen eingegangen wird, die notwendig sind, um zu nachhaltigen Innovationspfaden zu kommen.

In der europäischen Politik hat die Europäische Kommission unter der Federführung der *Generaldirektion Forschung* eine offizielle Strategie zur Nanotechnologie vorgelegt, die auf Beschleunigung der Entwicklung und auf Wettbewerbsfähigkeit gerichtet ist und keine Partizipationsansätze (außer für industrielle Akteure und Wissenschaft) vorsieht (Europäische Kommission 2004). Die *Generaldirektion Gesundheit und Verbraucherschutz* der Kommission organisiert Konferenzen zu Risikoeinschätzungen und Regulierungsoptionen – ohne dass es aus diesem Bereich politikrelevante Dokumente gibt (European Commission 2004b). Ähnliches zeigt sich in der europäischen Politik auch bei der Bildung von beratenden Gremien, die Visionen entwickeln. Industrievertreter und Naturwissenschaftler entwickeln Visionen für Technologiefelder, die in den nächsten Jahren mit hohem Finanzvolumen auf europäischer Ebene gefördert werden (HLEG 2004a). Für die allgemeinen Hochtechnologie-Visionen, aus denen keine konkrete Förderung folgt, ist dagegen ein Expertengremium aus einem breiten – primär gesellschaftswissenschaftlichen – Spektrum (HLEG 2004b) zuständig. Je konkreter es um die Definition spezifischer Innovationspfade geht, und je stärker damit die Zuweisung von Ressourcen verbunden ist, desto enger ist der Kreis derer, die Entscheidungen vorbereiten.

Hier zeigt sich das Problem, wie entscheidungsrelevant wessen Dialoge, Partizipation und Kooperation in der Governance der Nanotechnologie sind. Auf dem Feld der Nanotechnologie umfassen die Begriffe der Partizipation und des Dialogs vielfach Unterschiedliches. Die Europäische Kommission und auch die deutschen Bundesregierungen (also Government) verwenden die Begriffe, fassen darunter aber faktisch eine soweit wie möglich eindirektionale Kommunikation ,von oben nach unten', in der die vermeintlich feststehenden positiven Innovationspotenziale der Nanotechnologie einer zu Unrecht skeptischen Öffentlichkeit vermittelt werden müssen.[12] Partizipation im starken Sinne der Beteiligung an der Verteilung von Ressourcen wird entweder auf Akteure aus Wirtschaft und Wissenschaft beschränkt, oder aber mit einer klaren Zielvorgabe der Stärkung der Wettbewerbsfähigkeit der deutschen bzw. europäischen Wirtschaft verbunden. Der Begriff des Dialogs wird nicht nur für einen tatsächlich bi-direktionalen Austausch von Positionen genutzt, sondern auch für die staatliche Öffentlichkeitsarbeit zur Verbreitung der Regierungsprogrammatik.[13] Und Partizipation bezieht sich nicht auf die Beteiligung an Entscheidungen, sondern auf die Möglichkeit, Meinung kundzutun. Partizipation und Dialog sind somit einerseits tatsächlich zentral für die Governance der Nanotechnologie, allerdings eingeschränkt darauf, heterogene Akteure aus Wirtschaft und Wissenschaft einzubinden.[14] Po-

---

[12] So definiert die Europäische Kommission ,Dialog' in ihrer Nanotechnologiestrategie faktisch als effektive Kommunikation vermeintlicher Tatsachen: „Ohne ernsthafte Bemühungen um Kommunikation könnten nanotechnologische Innovationen zu Unrecht negativ von der Öffentlichkeit aufgenommen werden. Ein effektiver Dialog erweist sich als unerlässlich" (Europäische Kommission 2004: 23).
[13] Zum Beispiel verwendet das BMBF den Begriff des Dialogs in dieser Weise: „Das BMBF wird mit der Wirtschaft und der breiten Öffentlichkeit einen Dialog starten, um Anwendungsfelder mit hohem Marktpotenzial und gesellschaftlichem Nutzen zu identifizieren" (BMBF 2002: 7).
[14] Partizipation hat unterschiedliche Adressaten: Im „Impulskreis Nanowelten", der direkt mit der Regierung/Kanzler/in verbunden ist, sind nur Industrie und Wissenschaft vertreten, keine NGOs oder Umweltverbände. Dagegen ist im von Ministerien initiierten „Dialog Nanopartikel" (www.dialog-nanopartikel.de), bei dem nicht einmal formuliert ist, wozu die Ergebnisse dienen sollen, eine breite Beteiligung unterschiedlicher Akteure realisiert worden.

tenziell kritische Stimmen wie Umweltakteure fordern in Deutschland bisher keine stärkere Beteiligung an Entscheidungsprozessen.

Konzepte zu Governance-Formen, in denen über Wissenschaft und Wirtschaft hinaus zivilgesellschaftliche Gruppen wirksam an Entscheidungsprozessen mitwirken könnten, werden bisher lediglich in Großbritannien – dem Land, in dem die Konfliktpotenziale offen formuliert werden – entwickelt: Dazu gehören Forderungen nach einer umfassenden Veröffentlichungspflicht für Unternehmen, die Nanopartikel herstellen und verarbeiten (eine Grundlage, um überhaupt erst einen hohen Wissensstand aller Beteiligten zu gewährleisten, vgl. Royal Society/The Royal Academy of Engineering 2004: 86), nach einer kontinuierlichen öffentlichen Finanzierung von partizipativen Prozessen, nach einer Evaluation von Dialogen und nach verbindlichen Regeln darüber, in welcher Weise die Regierung mit den Ergebnissen von Dialogen (*public engagement*) verfährt (Royal Society/The Royal Academy of Engineering 2004: 64 ff.). Die offene Artikulation und Verdichtung von Konfliktpotenzialen scheint somit eine Voraussetzung dafür zu sein, einen Prozess der Regelsetzung in Gang zu setzen, der eine wirkungsvolle Beteiligung von Akteuren ermöglichen könnte, deren Handeln nicht primär am Ziel ökonomischer Beschleunigung ausgerichtet ist.

8 Schluss

Für die Nanotechnologie lassen sich zwar Konfliktpotenziale, jedoch *bisher* keine Muster von Konfrontation und Polarisierung feststellen. Allerdings ist es auch weder zu einer breiten Einführung von Nanotechnologien gekommen noch zur Thematisierung spezifischer und konkreter Risiken. So zeichnet sich bis jetzt keine Konstellation ab, in der die Nanotechnologie generell (oder in weiten Teilen) abgelehnt wird. Konflikte zeichnen sich in der konkreten Ausgestaltung gemeinsam favorisierter Konzepte – wie dem einer nachhaltigen Entwicklung und der Anwendung des Vorsorgeprinzips – ab. Damit werden neben den Ergebnissen – den entsprechenden Innovationspfaden – gleichermaßen die *politischen Prozesse* zum Angelpunkt: Welche Governance-Formen ermöglichen die Entwicklung von nachhaltigen und vorsorgeorientierten Innovationspfaden? Wie wird Verbindlichkeit und Transparenz gewährleistet? In welchen institutionellen Formen ist Beteiligung (von wem) möglich, die die Entwicklung der Nanotechnologie nicht nur kommentiert, sondern tatsächlich in einer Weise formiert, die nicht nur bestehende industrielle Pfade von Wachstum weiterführt? Das strukturelle Problem für die Akteure, die für eine starke Nachhaltigkeit und eine wirksame Vorsorge eintreten, liegt darin, dass sie nicht auf überproportionale Wachstumsraten und epochemachende Erfindungen verweisen können.[15] Während sich dafür umfangreiche Förderprogramme und der Applaus des Publikums mobilisieren lassen, lässt sich die notwendigerweise entschleunigende politische Gestaltung von Innovationspfaden als bremsend denunzieren. Vorsorge bedeutet, die Langzeitwirkungen in die heutigen Entscheidungen einzubeziehen, braucht daher Zeit und hat möglicherweise zur Konsequenz, nicht *jede* technische Möglichkeit zu realisieren. Nachhaltige Entwicklung heißt globale Entschleunigung und steht damit im Gegensatz zur Wachstumseuphorie (Altvater/Mahnkopf 1997), die mit der Entwicklung der Nanotechnologie verbunden ist. Die Konfliktpotenziale sind enorm – die bisherigen Governance-Strukturen weisen dagegen auf

---

[15] Dieses Problem zeigt sich zum Teil bereits bei der der zwar unabdingbaren, aber nach Selbsteinschätzung wenig geschätzten (Nano)Partikeltoxikologie (Kurath/Maasen 2006).

die Fortführung von Innovationspfaden der Nanotechnologie hin, die primär auf Beschleunigung und Wachstum gerichtet sind.

Zwar scheinen die bisherigen Governance-Formen der Nanotechnologie auf den ersten Blick nur Gewinner zu produzieren: Regierungen, Industrie, Wissenschaft und NGOs sind in vielfältigen Foren miteinander im Gespräch und stellen gemeinsam ein hohes Wissensdefizit über die Auswirkungen der technologischen Entwicklung fest; statt konfrontativer Verhärtung der Fronten gibt es ein dialogisches und argumentativ abwägendes Miteinander; die Meinungen und möglichen Sorgen der Bürger und Bürgerinnen werden umfassend erhoben und gehen in den weiteren dialogischen Prozess ein. Doch die Milliarden an öffentlichen und privaten Mitteln, die seit Jahren in Forschung und Entwicklung gehen, bedeuten, dass nanotechnologische Produkte und Verfahren in einem Regulierungsrahmen entwickelt werden, der von den meisten Akteuren zumindest als suboptimal angesehen wird. Technologiepolitische Strategien, die darauf ausgerichtet sind, die als revolutionär etikettierte Nanotechnologie im Kontext der *bestehenden* Regulierung zu adressieren, diesen Regulierungsrahmen aber gewissenhaft dialogisch und partizipativ auf seine Angemessenheit hin zu befragen, laufen darauf hinaus, dass auf der einen Ebene Fakten geschaffen werden, während auf der anderen Ebene ein weitgehend abgekoppelter und damit konsequenzloser Dialog geführt wird. Einer ‚revolutionären' Technologie steht politisch ein *business as usual* gegenüber.

Auch wenn es in der Governance der Nanotechnologie scheinbar nur Gewinner durch kooperative Steuerungsformen zu geben scheint, lassen sich viele Widersprüche nicht im Sinne Aller lösen: Überproportionales quantitatives Wachstum, wie es die Industriestaaten mit der Nanotechnologie (bzw. mit den nanotechnologiebasierten Produkt- und Verfahrensinnovationen) perspektivisch zu erzielen suchen, steht einer ökologisch nachhaltigen Entwicklung entgegen. Wenn diese Unvereinbarkeit zwischen Wachstum und Ökologie in der Nanotechnologiepolitik aufgrund effizienter Governance-Strukturen nicht zu einem Konflikt wird, so zeigt sich damit, dass die bisherigen Governance-Praxen effizient in der Konfliktvermeidung und in der Erzeugung von Legitimität sind. Demokratische Entscheidungsstrukturen sind damit allerdings (noch) nicht geschaffen.

9 Literatur

Altmann, Jürgen (2006): Military Nanotechnology: Potential Applications and Preventive Arms Control, London; New York.

Altvater, Elmar/Mahnkopf, Birgit (1997): *Grenzen der Globalisierung: Ökonomie, Ökologie und Politik in der Weltgesellschaft*, Münster.

Anderson, Alison/Allan, Stuart/Petersen, Alan, et al. (2005): The Framing of Nanotechnologies in the British Newspaper Press, in: *Science Communication* 27 (2): 200-220.

Arnall, Alexander Huw (2003): *Future Technologies, Today's Choices. Nanotechnology, Artificial Intelligence and Robotics; A technical, political and institutional map of emerging technologies*, Greenpeace Environmental Trust, London.

BBC NEWS (2003): Sainsbury cool on 'nano-nonsense', in: http://news.bbc.co.uk/go/pr/fr/-/1/hi/sci/tech/2982133.stm.

Blumenthal, Julia von (2005): Governance - eine kritische Zwischenbilanz, in: *Zeitschrift für Politikwissenschaft* (04): 1149-1180.

BMBF, Bundesministerium für Bildung und Forschung (2002): *Strategische Neuausrichtung. Nanotechnologie in Deutschland.*, Bonn.

BMBF, Bundesministerium für Bildung und Forschung (2004a): *Nanotechnologie erobert Märkte. Deutsche Zukunftsoffensive für Nanotechnologie*, Bonn.
BMBF, Bundesministerium für Bildung und Forschung (2004b): *NanoTruck. Reise in den Nanokosmos. Die Welt kleinster Dimensionen*, Bonn.
BMBF, Bundesministerium für Bildung und Forschung (2005a): *Nanotechnologie. Innovationen für die Welt von morgen*, Bonn.
BMBF, Bundesministerium für Bildung und Forschung (2005b): *Werkstoffwelten. Entdeckungen im Kosmos der Stoffe*, BMBF, Bonn.
BMU – Bundesministerium für Umwelt, Naturschutz und Reaktorsicherheit/Umweltbundesamt/Bundesanstalt für Arbeitsschutz und Arbeitsmedizin, et al. (2005): Stakeholder Dialog Synthetische Nanopartikel. Dokumentation zur „Bewertung von synthetischen Nanopartikeln in Arbeits- und Umweltbereichen", Dialog Nanopartikel, Bundesumweltministerium, Bonn.
Canadian Biotechnology Secretariat, (funded by) (2005): *First Impressions: understanding public views on emerging technologies*, Ottawa.
Cobb, Michael D. (2005): Framing Effects on Public Opinion about Nanotechnology, in: *Science Communication* 27 (2): 221-239.
Cobb, Michael D./Macoubrie, Jane (2004): Public perceptions about nanotechnology: Risks, benefits and trusts, in: *Journal of Nanoparticle Research* 6: 395-405.
Crichton, Michael (2002): *Beute*, München.
Drexler, Eric K./Peterson, Chris/Pergamit, Gayle (1991): *Experiment Zukunft. Die nanotechnologische Revolution*, Bonn; Paris; Reading.
EEA, European Environment Agency (2001): *Late lessons from early warnings. The precautionary principle 1896–2000*, Copenhagen.
EPA – U.S. Environmental Protection Agency (2005): *Nanotechnology White Paper. External Review Draft. Prepared for the U.S. Environmental Protection Agency by Members of the Nanotechnology Workgroup, a Group of EPA's Science Policy Council*, Washington.
ETC Group (2002): *No Small Matter! Nanotech Particles Penetrate Living Cells and Accumulate in Animal Organs*, Winnipeg.
ETC Group (2003): *From Genomes to Atoms. The Big Down. Atomtech: Technologies Converging at the Nano-scale*, Winnipeg.
ETC Group (2004): *Down on the Farm: The Impact of Nano-scale Technologies on Food and Agriculture*, Winnipeg.
ETC Group (2005): *NanoGeoPolitics. ETC Group Surveys the Political Landscape*, Winnipeg.
Europäische Kommission (2004): *Auf dem Weg zu einer europäischen Strategie für Nanotechnologie*, Kommission der Europäischen Gemeinschaften, Brüssel.
European Commission (2004a): *Towards a European Strategy for Nanotechnology*, Commission of the European Communities, Brüssel.
European Commission (2004b): Nanotechnologies: A Preliminary Risk Analysis On The Basis of a Workshop Organized in Brussels on 1–2 March 2004 by the Health and Consumer Protection Directorate General, Brüssel.
European Commission (2005): *Communication from the Commission to the Council, the European Parliament and the Economic and Social Committee. Nanosciences and nanotechnologies: An action plan for Europe 2005-2009*, Commission of the European Communities, Brussels.
Fiorino, Daniel J. (1990): Citizen Partizipation and Environmental Risk: A Survey of Institutional Mechanismen, in: *Science, Technology, & Human Values* 15 (2): 226-243.
Gaskell, George/Einsiedel, Edna/Hallman, William, et al. (2005): Communication: Enhanced: Social Values and the Governance of Science, in: *Science* 310 (5756): 1908-1909.
Gill, Bernhard (2003): *Streitfall Natur. Weltbilder in Technik- und Umweltkonflikten*, Wiesbaden.
Gottweis, Herbert (2005): Governing Genomics in the 21st century: Between Risk and Uncertainty, in: *New Genetics & Society* 24 (2): 175-194.

Grobe, Antje/Eberhard, Caspar/Hutterli, Martin (2005): *Nanotechnologie im Spiegel der Medien: Medienanalyse zur Berichterstattung über Chancen und Risiken der Nanotechnologie. Januar 2001 – April 2005*, Stiftung Risiko-Dialog, St. Gallen.

HLEG – High Level Expert Group Foresighting the New Technology Wave (2004a): *Vision 2020: Nanoelectronics at the Centre of Change.*

HLEG – High Level Expert Group Foresighting the New Technology Wave (2004b): *Converging Technologies – Shaping the Future of European Societies.*

IRGC – International Risk Governance Council (2005): *Survey on Nanotechnology Governance. Volume A: The Role of the Government*, Genf.

Joy, Bill (2000): Warum die Zukunft uns nicht braucht. Die mächtigsten Technologien des 21. Jahrhunderts - Robotik, Gentechnik und Nanotechnologie - machen den Menschen zur gefährdeten Art, in: Frankfurter Allgemeine Zeitung, 130, 6. Juni: 49-51.

Kurath, Monika/Maasen, Sabine (2006): Toxicology as a Nanoscience? – Disciplinary Identities Reconsidered, in: *Particle and Fibre Toxicology* 3 (6): o. S.

Lee, Chul-Joo/Scheufele, Dietram A./Lewenstein, Bruce V. (2005): Public Attitudes toward Emerging Technologies: Examining the Interactive Effects of Cognitions and Affect on Public Attitudes toward Nanotechnology, in: *Science Communication* 27 (2): 240-267.

Luther, Wolfgang (2004): *Industrial application of nanomaterials - chances and risks. Technology analysis.*, VDI-Technologiezentrum GmbH, Düsseldorf.

Macoubrie, Jane (2005): *Informed Public Perceptions of Nanotechnology and Trust in Government*, Woodrow Wilson International Center for Scholars. Project on Emerging Nanotechnologies, Washington.

Malsch, Ineke/Oud, Mireille (2004): *Outcome of the Open Consultation on the European Strategy for Nanotechnology*, nanoforum.org, o. O.

Marcinkowski, Frank (2001): Öffentliche Kommunikation als präventive Risikoerzeugung - Politikwissenschaftlich relevante Ansätze der Risikoforschung und neue empirische Befunde, in: Simonis, Georg/Renate Martinsen/Thomas Saretzki (Hrsg.): *Politik und Technik. Analysen zum Verhältnis von technologischem, politischem und staatlichem Wandel am Anfang des 21. Jahrhunderts*, Wiesbaden: 147-166.

Meili, Christoph (2006): *Nano-Regulation. A Multi-Stakeholder-Dialogue-Approach Towards a Sustainable Regulatory Framework for Nanotechnologies and Nanosciences*, The Innovation Society, St. Gallen.

Moor, James/Weckert, John (2004): Nanoethics: Assessing the Nanoscale from an Ethical Point of View, in: Baird, Davis/Alfred Nordmann/Schummer Joachim (Hrsg.): *Discovering the Nanoscale*, Amsterdam: 301-310.

National Science and Technology Council (1999): *Nanotechnology. Shaping the World Atom by Atom*, Washington.

National Science and Technology Council (2002): *National Nanotechnology Initiative: The Initiative and its Implementation Plan.*, Washington.

National Science and Technology Council (2004): *National Nanotechnology Initiative. Strategic Plan*, Washington.

Nel, Andre/Xia, Tian/Madler, Lutz, et al. (2006): Toxic Potential of Materials at the Nanolevel, in: *Science* 311 (5761): 622-627.

President's Council of Advisors on Science and Technology (2005): *The National Nanotechnology Initiative at Five Years: Assessment and Recommendations of the National Nanotechnology Advisory Panel*, Washington D. C.

Roco, Mihail C. (2005): The emergence and policy implications of converging new technologies integrated from the nanoscale, in: *Journal of Nanoparticle Research* (7): 129-143.

Roco, Mihail C./Bainbridge, William Sims (2001): *Societal Implications of Nanoscience and Nanotechnology*, National Science Foundation (NSF), Arlington, Virginia.

Roco, Mihail C./Bainbridge, William Sims (2002): *Converging Technologies for Improving Human Performance. Nanotechnology, Biotechnology, Information Technology and Cognitive Science.*

Royal Society (2005): Government commits to regulating nanotechnologies but will it deliver?, in: http://www.royalsoc.ac.uk/news.asp?id=2976.

Royal Society/The Royal Academy of Engineering (2004): *Nanoscience and nanotechnologies: opportunities and uncertainties*, London.

Saretzki, Thomas (2001): Entstehung, Verlauf und Wirkungen von Technisierungskonflikten: Die Rolle von Bürgerinitiativen, sozialen Bewegungen und politischen Parteien, in: Simonis, Georg/Renate Martinsen/Thomas Saretzki (Hrsg.): *Politik und Technik. Analysen zum Verhältnis von technologischem, politischem und staatlichem Wandel am Anfang des 21. Jahrhunderts,* Wiesbaden: 185-210.

Schaper-Rinkel, Petra (2003): *Die Europäische Informationsgesellschaft. Technologische und politische Integration in der europäischen Politik*, Münster.

Science and Technology Committee (2004): *Too little too late? Government Investment in Nanotechnology. Fifth Report of Session 2003–04*, House of Commons, London.

Friedrich, Michael/Sesín, Claus-Peter (2000): Revolution in der Welt der Atome, Greenpeace Magazin 2.00, http://www.greenpeace-magazin.de/index.php?id=4030 (25.8.2006).

Steinfeldt, Michael (2004): Nachhaltigkeitseffekte durch Herstellung und Anwendung nanotechnologischer Produkte, in: *Technikfolgenabschätzung – Theorie und Praxis* 13 (2): 34-41.

Swiss Re – Swiss Reinsurance Company (2004a): *Nanotechnologie. Kleine Teile - große Zukunft*, Zürich.

Swiss Re – Swiss Reinsurance Company (2004b): *Nanotechnology. Small matter, many unknowns*, Zürich.

TAB – Büro für Technikfolgen-Abschätzung beim Deutschen Bundestag (2003): *TA-Projekt Nanotechnologie. Endbericht*, Büro für Technikfolgenabschätzung beim Deutschen Bundestag, Berlin; Karlsruhe.

UK Government (2005): *Response to the Royal Society and Royal Academy of Engineering Report. 'Nanoscience and nanotechnologies: opportunities and uncertainties'*, HM Government.

Wiedemann, Peter M./Mertens, Johannes (2005): Sozialpsychologische Risikoforschung, in: *Technikfolgenabschätzung - Theorie und Praxis* 14. Jahrgang (Nr. 3): 38-45.

Konfliktlösung durch Dissens? Bioethikkommissionen als Instrument der Bearbeitung von Wertkonflikten

Alexander Bogner/Wolfgang Menz

Technik- und Umweltkonflikte haben tiefe Spuren in modernen Gesellschaften hinterlassen. Greifbar wird dies nicht zuletzt in der Resonanz auf neue gesellschaftliche Selbstbeschreibungen wie die der „Risikogesellschaft" (Beck 1986). Erst kürzlich, anlässlich des Gedenkens an den Reaktorunfall in Tschernobyl vor zwanzig Jahren, wurde noch einmal in Erinnerung gerufen, welch immense Herausforderung allein der Konflikt um die Atomkraft für etablierte Politikmuster und Institutionen in der BRD darstellte. Orte wie Whyl, Brokdorf oder Gorleben stehen für Kristallisationspunkte einer Protestbewegung, die als lokale Bürgerinitiativen begonnen hatte und – als überregionale Ökologie-Bewegung – bald einen gemeinsamen Nenner mit der Friedensbewegung fand. Hunderttausende von Menschen beteiligten sich damals an Großdemonstrationen gegen die von der Politik forcierten Nuklearprojekte (vgl. dazu den Beitrag von Roose in diesem Band).

Technik- und Umweltkonflikte sind auch heute noch virulent. So gibt es beispielsweise über den Umgang mit der grünen Gentechnik nach wie vor Streit. Diese Konflikte um den Import und den Anbau gentechnisch veränderter Pflanzen werden nicht nur in vielfältigen Podiumsdiskussionen, in juristischen Auseinandersetzungen, in Volksbegehren, sondern auch medienwirksam auf ausgewiesenen Freisetzungsflächen ausgetragen. Auf internationaler Ebene transformierte sich dieser Konflikt zu einer Auseinandersetzung zwischen einer vorsichtig und hinhaltend agierenden EU und einer wettbewerbsstarken USA, die den europäischen Markt für ihre Produkte öffnen will.

Von den Konflikten um die Atomkraft und die grüne Gentechnik lassen sich solche Auseinandersetzungen unterscheiden, die nicht in Risikokennziffern und Grenzwerten, sondern explizit in ethischen Begriffen verhandelt und diskutiert werden. Gemeint sind die Konflikte um die Biomedizin und Reproduktionstechnologien, die grundsätzliche Fragen des Mensch-Seins und der Möglichkeiten und Grenzen von medizinischer Forschung auf die politische und gesellschaftliche Tagesordnung rücken.

Unsere These lautet, dass die aktuellen Kontroversen um die Biomedizin – anders als viele der sonstigen vorangegangenen oder aktuellen Technik- und Umweltkonflikte – im öffentlichen und politischen Diskurs nicht in erster Linie als Wissens-, sondern vielmehr als Wertkonflikte thematisiert werden (Abschnitt 1). Für die Rahmung solcher Konflikte als Wertkonflikte sind spezifische Formen der Konfliktaustragung und Aushandlung prägend, wie sie in der Institutionalisierung von ethischer Politikberatung ihren Ausdruck finden (Abschnitt 2). Die Ethik-Experten produzieren in der Regel keine einstimmigen Ratschläge. Vielmehr demonstrieren sie Dissens in den zentralen politisch entscheidungsrelevanten Fragen, wie ein näherer Blick auf die Voten und Stellungnahmen zentraler Beratungsgremien zeigt (Abschnitt 3). Stellt diese mangelnde Eindeutigkeit des Expertenrats das politische Entscheidungssystem vor besondere Legitimationsprobleme, oder lässt sich ein spezifischer politischer Sinn dissenter Ethik-Expertise erkennen (Abschnitt 4)?[1]

1 Drei Typen von Konflikten

Was ist typisch für solche Konflikte, wie sie mit Hilfe der Bioethikkommissionen politisch bearbeitbar gemacht werden sollen? Um ihre Konturen etwas näher zu umreißen, seien die biomedizinischen Auseinandersetzungen um Wertfragen kontrastiert mit zwei anderen Konfliktformen, nämlich solchen, die primär als Interessens- oder als Wissenskonflikte verstanden werden.

Unsere Typologie nimmt die Konfliktthematisierung, also die Art und Weise, in der Konflikte zum Gegenstand diskursiver Auseinandersetzung werden, zum Ausgangspunkt. Im Anschluss an Foucault kann dies mit dem Begriff der „Problematisierung" gefasst werden (Foucault 1989:18-21, bezogen auf den Bereich der Biomedizinpolitik vgl. Herrmann 2005): In welcher Hinsicht werden Fragen des gesellschaftlichen Zusammenlebens (oder konkreter in unserem Fall: der Organisation von Technik und Wissenschaft) zum Problem – als Verteilungs-, als Wissens- oder als Wertproblem? Die Analyse zielt nicht darauf, basale Triebkräfte und untergründige Wirkmechanismen zu entdecken, die hinter den Konflikten stecken und möglicherweise in der Art und Weise der Konfliktaustragung verborgen bleiben – solche konfliktgenerierenden Prinzipien aufzudecken hatte sich die klassische soziologische Konflikttheorie zum Ziel gesetzt (z.B. Dahrendorf 1961; 1957). Unsere zentrale Frage lautet vielmehr: Was ist kennzeichnend für die dominanten Diskurse, in denen die Konflikte verhandelbar gemacht und argumentativ ausgetragen werden? In freier Anlehnung an die Luhmannsche Unterscheidung geht es uns nicht um die Frage „Was steckt dahinter?", sondern „Was ist der Fall?" (Luhmann 1993). Dabei wird das Augenmerk nicht nur auf das gelenkt, was offen diskutiert wird und als strittig gilt. Relevant sind vielmehr die unterstellten Gemeinsamkeiten, die in den kontroversen Debatten nicht expliziert werden: die geteilten Rahmen, auf die von den verschiedenen Beteiligten rekurriert wird.

(1) Interessenkonflikte sind auf die (offene oder verdeckte) Durchsetzung von Machtansprüchen gerichtet oder durch den Kampf um knappe Ressourcen geprägt. Sie sind durch eine Situation charakterisiert, in der mit bestimmten Strategien eigene Forderungen durchgesetzt werden sollen. Die Leitfrage in Interessenkonflikten lautet: „Wie wird der Kuchen verteilt, und was bekomme ich davon?" Im Kern geht es in diesem Konflikt um das Problem einer sich ökonomisch und sozialstrukturell abbildenden Ungleichheit. Die Auseinandersetzungen drehen sich dementsprechend um die Erhaltung des Status quo beziehungsweise die Überwindung dieser Ungleichheit jeweils auf Basis der eigenen Verhandlungsmacht. Der Dissens zwischen den Konfliktpartien besteht im Fall von Interessenkonflikten – darauf hat schon Aubert hingewiesen (Aubert 1972) – nicht über die Bewertung der umkämpften Güter, sondern um die Angemessenheit ihrer ungleichen Verteilung.

---

[1] Hintergrund der folgenden Ausführungen ist das Forschungsprojekt „Expertenwissen, Öffentlichkeit und politische Entscheidung", das vom deutschen Bundesministerium für Bildung und Forschung im Rahmen der Initiative „Wissen für Entscheidungsprozesse" gefördert und unter der Leitung von Wilhelm Schumm am Institut für Sozialforschung in Frankfurt und am Institut für Technikfolgenabschätzung der Österreichischen Akademie der Wissenschaften in Wien bearbeitet wird.

(2) Wissenskonflikte zentrieren sich um die Durchsetzung von Wahrheitsansprüchen. Sie sind durch die Erwartung charakterisiert, dass auf Basis wissenschaftlicher Expertise und Methodenanwendung über die Tragfähigkeit von Kausalitätsvermutungen, Risikobehauptungen und Entwicklungsprognosen entschieden werden kann (und muss). Anders als in den Interessenkonflikten steht hier also die Qualität des Wissens im Mittelpunkt. Die zentralen Fragen lauten: Welches Wissen ist das ‚wahre' Wissen? Und: Auf welche Weise lässt sich dieses Wissen feststellen?

Entzündet haben sich derartige Konflikte, wie sie seit den späten 1960er Jahren virulent wurden, insbesondere an den Risiken großtechnischer Systeme. Eine besonders hohe Mobilisierungskraft entwickelten die Auseinandersetzungen um die Atomenergie. Aber auch viele der immer noch aktuellen Umwelt- und Technikkonflikte (z.B. um die grüne Gentechnik, die Interpretation des Klimawandels oder BSE), wurden und werden als Auseinandersetzung um konkurrierende Wissensbestände geführt. Die kontroversen Fragen lauten etwa: Ab welchen Mengen an Radioaktivität sind Gesundheitsschäden zu erwarten, und wo sind die entsprechenden Grenzwerte einzuziehen? Wie sicher ist eine Energieversorgung, die auf Atomkraft setzt? Welche Risiken bergen gentechnisch veränderte Nahrungsmittel?[2]

Viele der thematisierten Bedrohungen und Risiken sind sinnlich nicht unmittelbar erfahrbar, Gesundheitsgefährdungen existieren oft nur im Konjunktiv. Begründete Betroffenheit bedarf wissenschaftlicher Expertise; man braucht z.B. einen Geigerzähler, um Risiken und Gesundheitsschäden durch atomaren ‚Fallout' aufzuspüren. Risiken, oft abstrakter Natur, müssen per Expertise ‚real' gemacht werden, um politisierbar zu werden. Daraus erklärt sich ihr hoher Verwissenschaftlichungsgrad. Wissenskonflikte sind demnach nicht einfach nur getarnte Interessenkonflikte. In den Kontroversen zwischen Experten und Gegenexperten treten z.T. völlig konträre Einschätzungen zu Tage, die allesamt gleichermaßen die einwandfreie Anwendung wissenschaftlicher Methoden und Anspruch auf Objektivität anführen können. „Wie lange das Uran noch reicht, berechnet jeder Experte anders" (Grotelüschen 2006). Allerdings ist in diesen Fällen noch der Glaube lebendig, dass der Expertendissens prinzipiell überwindbar wäre, ließen sich nur die in der Expertise materialisierten Interessen ausschalten. Die Dauerhaftigkeit des Expertendissenses präsentiert sich auf diese Weise als ein Problem ‚verzerrten' Wissens. Wenn auch real dauerhaft verstellt, so erscheint doch der Weg zur ‚objektiven' Wahrheit zumindest im Prinzip erreichbar, sofern sich interesselos und wertfrei über die Haltbarkeit jener Prämissen und Parameter diskutieren ließe, die jeweils in die Berechnungen der Experten eingehen.

(3) Wertkonflikte sind durch eine Situation geprägt, in der moralische Richtigkeitsbehauptungen konfligieren. Zur Diskussion steht hier weniger die Frage des ‚wahren' Wissens, sondern vielmehr: Was dürfen wir tun? Im Fall der Kontroversen um Wissenschaft und Technologie: Welches Wissen wollen wir – und zu welchen Kosten? Wo sind die Grenzen der Forschung? Und welches Nichtwissen können oder müssen wir eventuell in Kauf nehmen? Der diskursive Bezugspunkt dieser Konflikte ist darum – in all ihren Schattierungen und Popularisierungen – die Ethik (verstanden als die Begründungsform von Moral). Ihre Bedeutung resultiert aus der Divergenz konkurrierender Normensysteme innerhalb einer Gesellschaft.

---

[2] Wissenskonflikte sind gleichzeitig immer auch Nichtwissenskonflikte, in denen darum gestritten wird, was überhaupt gewusst werden kann und welche Nichtwissens-Vermutungen als legitime Argumente anerkannt sind (vgl. Wehling 2004).

Aktuelle Beispiele für solche Wertkonflikte sind die Auseinandersetzungen um Forschungsoptionen und Anwendungen der modernen Biomedizin, insbesondere solche, die die Frage der Forschung an und Manipulation von Embryonen berühren, also die Stammzellforschung (soweit es um embryonale Stammzellen geht), das „therapeutische" oder Forschungsklonen sowie die Präimplantationsdiagnostik (PID). Daneben existieren weiterhin die eher traditionellen bioethischen Kontroversen wie diejenigen um die Bestimmung des Todeszeitpunkts, um die Zulässigkeit der sogenannten „Sterbehilfe" oder um die Regulierung der Organtransplantation.

Im Kern geht es hier nicht um das Problem der Ungleichheit (wie im Fall der Interessenkonflikte) oder um Unsicherheiten und Risiken (wie bei den Wissenskonflikten), sondern um eine Bewertung von Szenarien und Handlungsoptionen auf Basis normativer Unterscheidungen. Ob Klon- und Embryonenforschung, Sterbehilfe oder die Hirntod-Definition: Es ist die Bewertung des Ereignisses selbst, die zutiefst strittig ist. Wann ist es legitim, einen Menschen für tot zu erklären – im Fall des Herztods, beim Hirntod oder schon beim Teilhirntod? Untergräbt eine genetisch programmierte Nachkommensplanung die Möglichkeit personaler Autonomieerfahrungen des Kindes (vgl. Habermas 2001)? Oder, man denke nur an die hochkontroversen Debatten zum deutschen Stammzellgesetz: Handelt es sich beim „Verbrauch" von Embryonen um das Töten von schützenswertem menschlichen Leben? Oder sind frühe Embryonen lediglich „Zellhaufen", die man für Forschungen in therapeutischer Absicht verwenden darf?[3]

Demgegenüber bezieht sich im Fall von Wissenskonflikten die Uneinigkeit kaum auf die Bewertung des Resultats, sondern (,nur') auf dessen Ursachen, die rechnerische Chance ihres Eintretens und die Möglichkeiten seiner Verhinderung. *Dass* massenhafter Tod durch Krebs oder die Verwüstung von Landstrichen durch atomare Verseuchung gleichbedeutend sind mit Leid und Unglück, ist unumstritten. Typisch für solche in Wissenskategorien gerahmten Risikoauseinandersetzungen sind denn auch gegensätzliche Prognosen über die Eintrittswahrscheinlichkeit von Ereignissen und die Zurechenbarkeit von Handlungsfolgen. Zum Beispiel: Wie hoch ist die Wahrscheinlichkeit eines atomaren GAU in den nächsten zwanzig Jahren?

All die oben angerissenen Ethik-Fragen werden typischerweise im Feuilleton der Zeitungen, in intellektuellen Diskussionsrunden und Konferenzen verhandelt. Um Wertkonflikte werden keine Straßenschlachten geschlagen, keine Hüttendörfer errichtet und nur selten Flugblätter verteilt. Sie werden eher in der Wissenschaft und im Seminar als auf den Barrikaden ausgetragen. Es werden Ethik-Kommissionen gegründet, Beteiligungsexperimente durchgeführt (z.B. Bürgerkonferenzen) und Debatten zwischen Experten und Laien angestoßen (vgl. Bogner/Menz 2002; 2005a). Die biomedizinischen Wertkonflikte sind – trotz der unumstritten hohen Brisanz der verhandelten Themen – durch eine vergleichswei-

---

[3] Natürlich wird teilweise auch im Fall der Biomedizin sowohl in Interessen- wie auch in Wissenskategorien gestritten. Welches ökonomische Potenzial steckt in der Biomedizin? Sind Heilungserfolge durch die Stammzellforschung überhaupt zu erwarten? Wie hoch ist der Verbrauch an Eizellen, um geklonte embryonale Stammzellen zu kultivieren? Diese Auseinandersetzungen treten aber hinter die ethischen Kontroversen um den Status des Embryos und das Wesen der menschlichen Natur zurück. Ist ein bestimmter dominanter Rahmen erst einmal stabilisiert, müssen spezifische Interessen und Ziele – so sie politisch wirksam werden sollen – in den entsprechenden Begriffen und Kategorien formuliert werden, selbst wenn der Bezug individuell nur strategisch motiviert sein sollte (Bogner/Menz 2006b). Dies unterstreichen auch Jürgen Hampel und Helge Torgersen in ihren Bemerkungen zur Umweltwahrnehmung des politischen Systems (in diesem Band).

se geringe Mobilisierung und Aktivierung der breiten Öffentlichkeit gekennzeichnet.[4] Gerade Bürgerkonferenzen sind viel eher Verfahren, um bislang nicht aktive Vertreter der schweigenden Öffentlichkeit in einen Deliberationsprozess zu involvieren, denn eine Methode zur Kanalisation bereits vorhandener politischer Teilhabebestrebungen.

Paradoxerweise ist also gerade dort, wo die Bürger eigentümlich inaktiv sind, ihre „Laien-Expertise" mehr und mehr gefragt und – jedenfalls in Ansätzen – auch öffentlich anerkannt. In den Programmatiken einer „rationalen" Risikoabschätzung war für lebensweltliches Wissen und alternative Rationalitäten kein Platz. Im Kontext eines Wertedissenses werden jedoch Initiativen zur Bürgerbeteiligung zunehmend wohlwollend zur Kenntnis genommen, von den betroffenen Wissenschaftlern selbst wie von der Politik. Die Versuche der Bürgerbeteiligung – so wenig einflussreich und kaum institutionalisiert sie auch sind – könnten also ein erstes Anzeichen für ein neues Verhältnis von Politik, Wissenschaft und Öffentlichkeit geben (siehe auch Brown et al. 2006).

In den beschriebenen Wertkonflikten sind oft Expertendiskussionen der Ausgangspunkt der Kontroversen, erinnert sei hier nur an die Initiative des Bonner Stammzellforschers Oliver Brüstle zur Förderung embryonaler Stammzellforschung, die schließlich – nach bewegten politischen Debatten – in einer gesetzlichen Regulierung resultierte. Dies kann angesichts der Abstraktheit der zu verhandelnden Materie kaum verwundern. Gleichzeitig bedarf die politische Schließung dieser Kontroversen, also die für einen bestimmten Zeitraum bindende Entscheidung über die rechtliche Regulierung der strittigen Fragen, wissenschaftlicher Expertise. Die Politik hat in den letzten Jahren verschiedene Wege eingeschlagen, bioethische Expertise zum Zweck der Politikberatung und Entscheidungsfindung zu organisieren. Wir finden heute ein breites Angebot an kommissionsförmigen Beratungsgremien, die versprechen, normative Unsicherheiten und Divergenzen wenn nicht zu tilgen, so doch handhabbar zu machen. Die Nachfrage nach bioethischer Expertise hat zu einem regelrechten Boom der Kommissionsethik geführt, der sich in einem Neben- und Durcheinander, manchmal auch Gegeneinander von institutionalisierter Expertise äußert.

2 Institutionalisierung von Ethik – die bioethische Kommissionslandschaft

Im Folgenden werden jene Beratungsgremien herausgegriffen und genauer vorgestellt, die für die Biopolitik der letzten Jahre in Deutschland auf nationaler Ebene von besonderer Bedeutung waren (vgl. ausführlicher Bogner 2006).[5] Wir gehen an dieser Stelle nur auf

---

[4] Bestenfalls punktuell ergibt sich eine hohe Konfliktintensität oder gar eine regelrechte Militanz, wie wir sie teilweise in den USA in den Auseinandersetzungen um Abtreibungskliniken finden.

[5] Mit unserem Fokus auf bundespolitisch regulierungsrelevante Fragen lassen wir all jene Ethikkommissionen außer Acht, denen auf lokaler, föderaler oder nationaler Ebene die ethische Bewertung klinischer Praktiken und konkreter Forschungsvorhaben aufgetragen ist. Damit sind auch Institutionen von nachrangiger Bedeutung, die von ihrer Bezeichnung her weitgesteckte Erwartungen wecken könnten. So ist die „Zentrale Ethikkommission für Stammzellenforschung" (ZES) nicht ein zentrales Instrument bioethischer Politikberatung, sondern eine seit 2002 am Robert Koch-Institut angesiedelte Genehmigungsbehörde für den Import humaner embryonaler Stammzellen und damit eine forschungsbezogene Ethikkommission. Dies gilt auch für die beiden Senatskommissionen der Deutschen Forschungsgemeinschaft (DFG), die in erster Linie zu Leitlinien der Forschungsförderungsvergabe im klinischen und biomedizinischen Bereich arbeiten. Selbst die von der Bundesärztekammer gegründete „Zentrale Ethikkommission zur Wahrung ethischer Grundsätze in der Medizin und ihren Grenzgebieten" (ZEKO) ist nicht vorrangig ein Instrument der Politikberatung; sie soll vielmehr die für die ärztliche Berufsausübung allgemein relevanten ethischen Themen behandeln.

zwei der wichtigsten Gremientypen ein, nämlich nationale Beratungsgremien der Exekutive und Legislative. Als zentrale Institution der Parlamentsberatung ist die Enquete-Kommission zu nennen, die zu bioethischen Themen zwischen 2000 und 2005 in zweimaliger Auflage existierte. Zur Politikberatung der Exekutive auf nationaler Ebene wurden in Deutschland zuletzt zwei Gremien eingerichtet, deren Geschichte eng miteinander verquickt ist: der Ethikbeirat beim Gesundheitsministerium und der Nationale Ethikrat.[6] In diesen Kommissionen sind in den letzten Jahren die maßgeblichen Expertisen zu biomedizinischen Streitfragen produziert worden.

Der Ethikbeirat beim Gesundheitsministerium, der bereits 1995 unter Horst Seehofer (CSU) eingerichtet worden war, wurde 1999 auf Initiative von Gesundheitsministerin Andrea Fischer (Grüne) neu konstituiert. In den dreizehn Monaten seines aktiven Bestehens erarbeitete er Eckpunkte für die ethisch-rechtliche Bewertung prädiktiver Gen-Tests und eine Stellungnahme zum geplanten Fortpflanzungsmedizingesetz, die allerdings nicht veröffentlicht wurde. Mit der Übernahme des Gesundheitsministeriums durch Ulla Schmidt (SPD) im Jahre 2001 ruhte die Arbeit des Ethikbeirats mit seinen 13 Sachverständigen erst einmal. Im April 2002 wurde er dann schließlich ganz aufgelöst, nachdem er im Januar 2001 das letzte Mal einberufen worden war – kurz vor der Bestellung eines Nationalen Ethikrats.

Die Einrichtung des Nationalen Ethikrats (NER) wurde im Mai 2001 von der deutschen Bundesregierung beschlossen, im Juni fand die erste Sitzung des neuen Gremiums statt. Seine Einsetzung war von teilweise heftigen Kontroversen, auch im Bundestag, begleitet.[7] Der NER hat aktuell 24 Mitglieder und ist mit sieben Naturwissenschaftlern (aus Biologie, Medizin, Genetik), fünf Juristen, vier Ethikern bzw. Philosophen, vier Theologen, zwei Sozialwissenschaftlern und zwei Vertretern von Behindertenorganisationen interdisziplinär, aber nicht ausschließlich mit fachwissenschaftlichen Experten, besetzt.[8] Die Grenzen zwischen „Experten"- und „Stakeholdermodell" (vgl. Gmeiner 2005) erweisen sich als fließend, schließlich ist die Experten- bzw. Stakeholder-Rolle in der Praxis kaum voneinander zu trennen (ist der Leiter einer biomedizinischen Forschungseinrichtung ein Interessenvertreter seiner Berufsgruppe oder ein Exponent naturwissenschaftlichen Sachverstands oder beides?).

Seinem offiziellen Selbstverständnis zufolge soll der NER den interdisziplinären wissenschaftlichen Diskurs bündeln, die gesellschaftliche Diskussion unter Einbeziehung betroffener Gruppen organisieren, den Dialog mit den BürgerInnen suchen und schließlich Stellung nehmen „zu ethischen Fragen neuer Entwicklungen auf dem Gebiet der Lebenswissenschaften sowie zu deren Folgen für Individuum und Gesellschaft."[9] Der NER entsprach dieser letzten Aufgabe einer Kommentierung biopolitisch relevanter Technologiefragen in Form von ausführlichen Stellungnahmen, bis dato acht an der Zahl. Insbesondere

---

[6] Auf Länderebene existieren derzeit noch die Bioethikkommission der Bayerischen Staatsregierung (seit 2001) sowie die Bioethik-Kommission Rheinland-Pfalz (seit 1986).
[7] Insbesondere an der institutionellen Konstruktion sowie der Intransparenz der Besetzung entzündete sich die Kritik. Vgl. dazu, auch mit weiteren Textnachweisen aus Bundestagsdebatten zur Biopolitik, Abels 2007. Siehe auch Braun 2005, die den NER in der biopolitischen Debatte situiert und v.a. als Symbol Schrödersher Liberalisierungsbestrebungen begreift; pointiert auch Riedel 2004.
[8] Zu den einzelnen Mitgliedern vgl. http://www.ethikrat.org/ueber_uns/mitglieder.html. Natürlich ist die disziplinäre Zuordnung, so wie wir sie hier vorgenommen haben, immer auch eine Deutungssache. Häufig haben die Mitglieder mehrfache Qualifikationen, oder disziplinäre Ausbildung und ausgeübte Tätigkeit unterscheiden sich.
[9] So lautet der offizielle Auftrag, siehe http://www.ethikrat.org/ueber_uns/einrichtungserlass.html

jene zur Stammzellforschung, zu Pränataldiagnostik (PND) und PID sowie dem Klonen haben einige öffentliche Aufmerksamkeit erfahren.

Parallel zum NER arbeiteten bis zum Sommer 2005 zwei Enquete-Kommissionen (EK), deren Bedeutung neben ihrer Beratung in Gesetzgebungsverfahren vor allem in ihrer Mitgestaltungsfunktion des politischen und öffentlichen Meinungsbildungsprozesses zu suchen ist. Die EK „Recht und Ethik der modernen Medizin" existierte im Zeitraum der 14. Wahlperiode von März 2000 bis 2002; ihr folgte die EK „Ethik und Recht der modernen Medizin" der 15. Wahlperiode (die durch die vorgezogenen Neuwahlen im September 2005 vorzeitig beendet wurde).[10] Die EK der 14. Wahlperiode war vom Bundestag eingesetzt worden, um durch die ethisch-soziale Bewertung des biomedizinischen Fortschritts „notwendige Entscheidungen des Deutschen Bundestages" vorzubereiten (BT-Drucksache 14/3011). Dieser EK gehörten 13 Mitglieder des Bundestags und 13 Experten an. Die Zusammensetzung wurde nach der Stärke der Fraktionen festgelegt. Diese EK zeichnete sich insbesondere durch den Versuch aus, die Bioethik zu einem Thema zu machen, das unter aktiver öffentlicher Beteiligung behandelt wird. So wurden verschiedene Dialogveranstaltungen und Internetkonferenzen durchgeführt, und zwar sowohl zu spezifischen Problemen (z.B. Umgang mit genetischen Daten) wie auch zu allgemein relevanten Fragestellungen (z.B. Arzt-Patient-Verhältnis). Daneben wurden auch regelmäßig öffentliche Anhörungen organisiert, die Themen wie Gendiagnostik, PID und Reproduktionsmedizin zum Gegenstand hatten. In den zwei Jahren ihrer Tätigkeit hat die EK zwei Teilberichte veröffentlicht, einmal zum „Schutz geistigen Eigentums in der Biotechnologie", des Weiteren zur Stammzellforschung.

Im Mai 2003 wurde die EK unter der leicht veränderten (den Akzent auf „Ethik" verschiebenden) Bezeichnung für die nächste Legislaturperiode neu konstituiert. Ihr gehörten weiterhin 26 Mitglieder an, doch unter dem Vorsitzenden René Röspel (SPD) arbeiteten nun auch viele neue Mitglieder und Sachverständige. Zudem hatte sich die parteipolitische Zusammensetzung nach der Bundestagswahl geändert.

Kontinuitäten zwischen den beiden EK ergeben sich im Hinblick auf die Dialogorientierung, deutliche Differenzen jedoch hinsichtlich der thematischen Schwerpunktsetzung. Während in der 14. Wahlperiode biomedizinische Themen im Vordergrund standen (Stammzellforschung, PID und Gendiagnostik), so diskutierte die EK ab 2003 vor allem Fragen zum Lebensende, zur Transplantationsmedizin und zur Ethik medizinischer Forschung sowie zur Verteilungsgerechtigkeit. Daraus wird der Versuch ersichtlich, die dem medizintechnischen Fortschritt erwachsenden ethischen und rechtlichen Fragen in einen weiten Rahmen zu stellen und Themen zu etablieren, die nicht mit jenen des NER identisch sind. Die neu aufgelegte EK hat drei Zwischenberichte vorgelegt, einmal zu „Patientenverfügungen", zur „Organlebendspende" sowie zu „Palliativmedizin und Hospizarbeit".

Eine weitere Neuauflage der EK ist derzeit unwahrscheinlich. Aber auch der NER wird nicht in seiner bestehenden Form weiter existieren. Forschungsministerin Annette Schavan möchte den Ethikrat auf eine dauerhafte gesetzliche Grundlage stellen und seine Mitglieder paritätisch von Regierung und Bundestag benennen lassen, dabei aber auf Sachverständige beschränken. Eine diesbezügliche Gesetzesvorlage wurde im Sommer 2006 vom Kabinett beschlossen und kurz darauf Bundestag und Bundestag vorgelegt (BR Drs. 546/06 vom 11.8.2006, BT Drs. 16/2856 vom 4.10.2006). Was aus dieser Initiative zu ei-

---

[10] Zu den Aufgaben und Strukturen von Enquete-Kommissionen vgl. Altenhof 2002 und Brown/Lentsch/Weingart 2006: 94-109.

nem „Deutschen Ethikrat" wird, ist unklar. Viele Abgeordnete würden lieber eine Beteiligung von Parlamentariern – wie sie in den Enquete-Kommissionen stattfand – sehen. Klar ist jedenfalls, dass die Politik auch zukünftig auf bioethische Expertise im Kommissionsformat nicht verzichten wird.

3 Kontroverse Ethikexpertise als Produkt der Beratungsgremien

In den großen Streitfragen der Biomedizin produzieren die Ethikräte hinsichtlich ihrer politischen Empfehlungen Dissens.[11] Dies kann geradezu als Grundmerkmal von Expertise in jenen Konflikten angesehen werden, die als Auseinandersetzungen um Werte thematisiert werden. In der folgenden Darstellung zentraler Stellungnahmen der oben genannten Beratungsgremien beschränken wir uns auf die embryonale Stammzellforschung und das Klonen als diejenige Themen, die in der öffentlichen Diskussion in den letzten Jahren in bioethischen Fragen die wohl größte Aufmerksamkeit erfahren haben.

Politisch zu entscheiden war im Jahr 2002 die Frage des Imports von humanen embryonalen Stammzelllinien. Produktion und „Verbrauch" von Embryonen zu Forschungszwecken waren bereits durch das Embryonenschutzgesetz (EschG) von 1991 ausgeschlossen. Ungeregelt – und damit der verbreiteten Einschätzung nach erlaubt, wenn auch dem Geist des EschG widersprechend – war bis dahin die Frage, ob im Ausland aus Embryonen gewonnene Stammzellen eingeführt und zur Forschung genutzt werden dürfen. Angestoßen wurde der politische Willensbildungsprozess durch das geplante Forschungsvorhaben mit humanen embryonalen Stammzellen des erwähnten Oliver Brüstle, für das er um Unterstützung bei der Deutschen Forschungsgemeinschaft (DFG) ansuchte. Im Juni 2001 hatte der hauseigene Ethikrat bereits grünes Licht für die Stammzellforschung an sogenannten „überzähligen" Embryonen empfohlen. Die DFG wollte aber noch den Entscheid des Bundestages abwarten, der ursprünglich noch im Jahr 2001 erfolgen sollte (der 11. September brachte den Terminplan schließlich durcheinander). Im Hinblick auf ein neu zu schaffendes Gesetz zur Regelung des Stammzellimports erarbeiteten sowohl die Enquete-Kommission als auch der Nationale Ethikrat ihre Stellungnahmen.

Am 12.11.2001 legte die *Enquete-Kommission „Recht und Ethik in der modernen Medizin"* (EK) den Teilbericht Stammzellforschung vor. Er umfasst mehr als 150 Druckseiten. Nach einem Überblick über den naturwissenschaftlich-medizinischen Sachstand sowie die rechtlichen Regelungen in Deutschland und im internationalen Vergleich folgen Ausführungen zur ethischen Bewertung. Im Mittelpunkt steht die Frage nach dem moralischen Status des Embryos. Hier werden die angeblich zentralen „in unserer Gesellschaft" (Enquete 2002: 72) anzutreffenden Positionen dargestellt: Position I schreibt dem Embryo Menschenwürde vom Zeitpunkt der Befruchtung an zu und votiert für dessen uneingeschränkte Schutzwürdigkeit. Position II plädiert für einen abgestuften Würdeschutz. In seiner radikalsten Form wird er von jenen Utilitaristen ausformuliert, die die volle Schutzwürdigkeit an das Vorliegen bestimmter Eigenschaften (Zukunftsbezug, Selbstbewusstsein) binden, die sich erst postnatal entwickeln. Diese Position wird allerdings von der EK als nicht verfassungskonform aus der weiteren Diskussion ausgeschlossen. Die gradualistische Form der

---

[11] Den Entstehungsprozess der Stellungnahmen, also die Art und Weise der Aushandlung und Diskussion in den Gremien, blenden wir im Weiteren aus (siehe dazu Bogner/Menz 2006a; Bogner 2005; Bogner/Menz 2005b) und konzentrieren uns auf die schriftlich vorliegenden Voten.

Position II datiert die wesentlichen ethisch relevanten Entwicklungsabschnitte auf die ersten Tage und Wochen der Embryonalentwicklung (u.a. Nidation, Ausbildung des Primitivstreifens, Ausschluss der Mehrlingsbildung). Die Zwischenposition I/II sieht die Möglichkeit, bei Wahrung des als absolut angenommenen Würdeschutzes den Lebensschutz mit anderen Rechtsgütern abzuwägen.

Nach dieser Unterscheidung ethischer Basispositionen sowie einem kurzen Exkurs zu feministischen und beziehungsethischen Perspektiven werden die juristische – insbesondere verfassungsrechtliche – Diskussion um den Status des Embryos sowie weitere relevante Aspekte der Stammzellforschung (ein mögliches Recht auf Therapie, *informed consent*) dargestellt und auf die ethischen Positionierungen rückbezogen.

Bis hierhin hält das Papier den Duktus eines Sachstandsberichts bei. Divergierende ethische und juristische Positionen werden dargestellt, ohne sie bereits einer Bewertung zu unterziehen und ohne Hinweise auf die ethischen und juristischen Positionierungen der Mitglieder zu geben. Mögliche Einwände gegen die vorgetragenen Positionen werden immer gleich mitreferiert, ohne diese zu gewichten. Insofern sind diese Berichtsteile im Konsens formuliert: als Darstellung eines Konsenses über die gesellschaftlich vorhandenen ethischen Positionierungen, nicht als Einigkeit der Mitglieder in Bewertungsfragen.

Es folgen vier Kapitel, die sich genauer mit den verschiedenen Stammzellformen befassen. Diese Abschnitte beginnen wiederum mit der Behandlung ethischer und rechtlicher Probleme und enden mit möglichen Regelungsoptionen sowie den konkreten Empfehlungen der Enquetekommission an die politischen Entscheidungsträger. Hier soll nur auf das ausführlichste (und politisch relevanteste) Kapitel zu den embryonalen Stammzellen eingegangen werden.[12] Die ethischen und rechtlichen Fragen, die im vorangegangenen Kapitel in allgemeiner Weise dargestellt und diskutiert wurden, werden nun für die konkreten Verfahrensweisen präzisiert. Dabei wandelt sich nach und nach der Charakter des Berichts. Im Gegensatz zu den deskriptiven und systematisierenden Teilen der ersten Kapitel tritt nun stärker die eigenständige Bewertungsarbeit der Kommission in den Vordergrund. Dabei kommen zunehmend auch Folgeeinschätzungen und die pragmatische Abwägung von Alternativen zum Tragen. Führt eine mögliche Erlaubnis des Stammzellimports zu einer wachsenden Nachfrage nach Embryonen? Sind streng definierte Einfuhrbedingungen das geringere Übel, falls sich der Import insgesamt als rechtlich nicht haltbar erweisen würde? Könnte eine begrenzte Erlaubnis des Forschungsklonens zu Missbrauch führen, so dass sich im Ergebnis auch das reproduktive Klonen etabliert?

Die abschließend formulierten Empfehlungen zur politischen Entscheidung und rechtlichen Regulierung schließlich sind weitgehend pragmatisch orientiert, so dass sich hinter den verschiedenen Regelungsoptionen VertreterInnen unterschiedlicher ethischer Positionierungen wiederfinden können. Konsensuell werden alle Formen des Klonens abgelehnt und eine gesetzliche Präzisierung der bestehenden Regelungen des Embryonenschutzgesetzes empfohlen (Enquete 2002: 131-132). Dies ist nicht durchgängig durch eine fundamentalethische Begründung motiviert. Für diejenigen, die die Position einer abgestuften Schutzwürdigkeit vertreten (I/II und II), kann die Klonierung und Nutzung von Embryonen durchaus legitim sein; unter gegebenen Bedingungen sei sie aber zu verbieten, da die Krite-

---

[12] Die weiteren Kapitel befassen sich mit der – insgesamt ethisch weniger problematischen – Forschung an embryonalen Keimzellen aus abgetriebenen Embryonen oder Feten, an neonatalen Stammzellen aus Nabelschnurblut sowie an adulten Stammzellen.

rien von Verhältnismäßigkeit, Geeignetheit und Notwendigkeit der entsprechenden Forschungen nicht erfüllt seien.

Zu keinem Konsens kommt die EK in derjenigen Frage, die auch politisch offen war, nämlich dem Stammzellimport. Der Expertendissens artikuliert sich in zwei Regelungsalternativen, die von den Kommissionsmitgliedern namentlich unterschrieben wurden. Argumentation A empfiehlt Bundestag und Regierung, alle Möglichkeiten auszuschöpfen, um die Einfuhr von humanen embryonalen Stammzellen zu unterbinden. Argumentation B schlägt eine Tolerierung unter engen Voraussetzungen vor, die unter anderem die Einsetzung einer staatlichen Kontrollbehörde, eine Beschränkung auf bereits vorhandene, aus „überzähligen" Embryonen gewonnene Stammzelllinien (Stichtag nach Vorbild der US-amerikanischen Bush-Regelung) und den Nachweis der Hochrangigkeit und Alternativlosigkeit einzeln zu genehmigender Forschungsvorhaben vorsehen. Während Position A von 26 Mitgliedern unterstützt wurde, stimmten nur 12 für Position B – die Mehrheitsverhältnisse in dieser Kommission sind also ganz eindeutig.[13]

Beide Argumentationen lassen sich nicht exakt auf eine bestimmte der drei oben skizzierten Ethik-Positionen zurechnen. In beiden Fällen verbinden sich ethische Überlegungen mit politisch-rechtlich motivierten Abwägungen. Eine Korrelation zwischen Ethik-Position und Votum erschließt sich auch nicht über die Namen der Mitglieder, denn eine quantitative oder namentliche Zuordnung zu den oben skizzierten Grundorientierungen fand nicht statt. Offen bleibt damit, welche individuellen Gründe für die jeweilige Positionierung ausschlaggebend waren: lebensschützerische ethische Grundüberzeugung, feministische Einwände gegen die Instrumentalisierung von Frauen als Rohstofflieferantinnen, pragmatische Skepsis gegenüber Forschungsversprechungen, politische Vorsicht? Entsprechend heterogen zeigt sich insbesondere die Koalition der Importkritiker: Sie umfasst Vertreter aller Fraktionen (mit einem Schwergewicht bei PDS, SPD, CDU/CSU), Parlamentarier und Sachverständige (letztere sind insgesamt deutlich kritischer), Frauen und Männer (letztere insgesamt leicht liberaler). Ganz offensichtlich sind die Argumentationen A und B ergebnisbezogene Koalitionen zwischen ganz unterschiedlichen Überzeugungen und Motivationen.

Kurz nach der Parlamentskommission, im Dezember 2001, legte der *Nationale Ethikrat* (NER) seine Stellungnahme zur gleichen Thematik vor. Der erst kurz zuvor berufene Ethikrat war in der Stammzellfrage bereits unter erheblichem Zeitdruck gestartet. Unter dem Gesichtspunkt potenzieller politischer Relevanz musste er darum relativ schnell entscheiden. Aus diesem Grund beschränkte sich die erste Stellungnahme des NER auf die Frage des Stammzellimports (Nationaler Ethikrat 2002). Damit ist sie enger gefasst als die konkurrierende Expertise der Kommission des Parlaments und in ihrem Umfang deutlich geringer. Auch der Aufbau der Stellungnahme unterscheidet sich von derjenigen, den die Enquete vorgelegt hat. Auf eine eigenständige Darstellung des medizinischen Sachstands wird – anders auch als in späteren Berichten des NER – verzichtet. Nach einigen kürzeren Vorbemerkungen beginnt sofort die Bewertung. Zunächst wird das Thema der Gewinnung embryonaler Stammzellen abgehandelt (Nationaler Ethikrat 2002: 14-41). Die Diskussion

---

[13] Die Gesamtzahl von 38 Unterschriften (bei 26 Mitgliedern) erklärt sich dadurch, dass auch einige Stellvertreter der Abgeordneten mit abgestimmt haben. Außerdem haben drei Mitglieder (allesamt parlamentarische Vertreter der Fraktion Bündnis 90/Die Grünen) beide Voten unterschrieben. Durch das Mitstimmen der Vertreter hat sich das Abstimmungsverhältnis ein wenig zugunsten von Position A verschoben (26:12 im Vergleich zu 18:9 unter den ordentlichen Mitgliedern).

erfolgt in einer strikten Aufteilung von Pro- und Contra-Argumenten in getrennten Abschnitten und erhält dadurch einen recht holzschnittartigen Charakter. Über weite Strecken lesen sich beide Positionen als eine bloße Kritik der jeweiligen Gegenargumente, ohne eine eigene Stringenz zu entwickeln. Rechtlichen Begründungen kommt eine vergleichsweise größere Rolle zu als im Enquete-Bericht, in dem die ethischen Argumente als den juristischen vorgängig erscheinen. Ein höheres Gewicht erhält im NER-Bericht der Aspekt der Forschungsfreiheit. Auch Bezüge zur Abtreibungsthematik nehmen deutlich mehr Raum ein. In geringerem Maße werden dagegen feministische Fragen der Instrumentalisierung des (weiblichen) Körpers thematisiert (beispielsweise im Kontext der Diskussion um die Eizellspende). Die ethische Diskussion um den moralischen Status des Embryos, die in beiden Stellungnahmen im Zentrum steht, erfolgt in der Parlamentskommission weit ausführlicher.

Im nachfolgenden Kapitel (Nationaler Ethikrat 2002: 42-48) schließlich wird eher stichpunktartig die Importfrage behandelt. 20 Pro- und Contra-Thesen werden aufgelistet, aber weder in einen engeren Zusammenhang miteinander gestellt, noch weitergehend argumentativ begründet. Der ausbalanciert-abwägende Duktus, wie er für den Enquete-Bericht kennzeichnend ist, fehlt zumindest diesem Abschnitt der konkurrierenden Expertise weitgehend.

Höchst differenziert sind dagegen die abschließenden Bewertungsoptionen, also die konkreten Empfehlungen an Gesetzgeber und Regierung, gestaltet. Es ergeben sich vier Voten, von denen zwei wiederum Teilmengen von den jeweils breiteren Grundpositionen sind. Die Option A sieht die Forschung an Stammzellen aus „überzähligen" Embryonen grundsätzlich als ethisch vertretbar an – ausdrücklich auch im Inland. Option B befürwortet zwar den Import, enthält sich aber eines Urteils bei der Frage der Bewertung der Stammzellgewinnung selbst. Beide Optionen binden ihr Votum an identische Kriterien (u.a. Nachweis der wissenschaftlichen Qualität und Alternativlosigkeit des Forschungsvorhabens, Befristung der Importerlaubnis auf drei Jahre). Für Option B haben 15 Mitglieder des Ethikrats votiert, von denen neun wiederum auch die noch liberalere Position A unterstützen.

Auch die Gruppe derjenigen, die eine sofortige Freigabe des Imports ablehnen, gliedert sich in eine Gesamtposition und eine kleinere Untergruppe. Option C, der zehn Mitglieder des Ethikrats zustimmen, sieht ein Moratorium vor. Solange verschiedene Fragen nicht geklärt und gewisse Bedingungen nicht erfüllt seien, solle der Stammzellimport nicht zugelassen werden (u.a. seien die therapeutischen Ziele zu präzisieren und alternative Forschungsmöglichkeiten zu prüfen und ggf. auszuschöpfen). Die Subgruppe D sieht den Stammzellimport aus grundsätzlichen ethischen Überlegungen heraus als unzulässig an. Die Gewinnung von Stammzellen aus Embryonen wird von dieser Position, der sich vier Ratsmitglieder angeschlossen haben, generell abgelehnt. Die Gruppengrößen von Gegnern und Befürwortern einer sofortigen Freigabe des Stammzellimports lauten also im direkten Vergleich 15 zu 10. Damit ist das Mehrheitsverhältnis demjenigen der Enquete entgegengesetzt (12 zu 26).[14] Anders als die EK bezog der NER in diesem Zusammenhang nicht auch noch Stellung zum Klonen. Eine solche Positionierung erfolgte erst mit einem deutlichen zeitlichen Abstand von fast drei Jahren, nämlich im September 2004, und zwar in Gestalt eines ausführlichen Berichts (Nationaler Ethikrat 2004), der in Umfang und Aufbau der

---

[14] Die Positionierung erfolgte – anders als in späteren Stellungnahmen des NER – nicht namentlich. Die Stellungnahme gibt nur die quantitativen Verhältnisse wieder.

Stammzellstellungnahme der Enquete deutlich näher kommt. Nach einer konsensuellen Darstellung von naturwissenschaftlich-medizinischem Sachstand sowie der nationalen und internationalen Rechtslage erfolgt die ausführliche ethische und rechtliche Bewertung. Das reproduktive Klonen wird einvernehmlich abgelehnt. Im Hinblick auf das Forschungsklonen werden drei unterschiedliche Positionen formuliert.

Position A plädiert dafür, das bestehende Verbot des Forschungsklonens in Deutschland beizubehalten und ein solches weltweit – auch strafrechtlich untermauert – anzustreben. Begründet wird dies aus einer verfassungsrechtlich-ethischen Grundposition: Würde- und Lebensschutz seien von Beginn der Produktion des Klon-Embryos gegeben.[15]

Position B formuliert den Gegenstandpunkt: „Die Verwendung von durch Klonen hergestellten menschlichen Blastozysten im Rahmen der Grundlagenforschung mit therapeutischer Zielsetzung ist prinzipiell vertretbar" (Nationaler Ethikrat 2004: 63), sei aber an gewisse Bedingungen und institutionelle Garantien zu knüpfen, die gewährleisten sollen, dass es nicht doch zu einer Einpflanzung der Klonembryonen in eine Gebärmutter kommt. Die Begründung orientiert sich – über die Statusfrage der Embryonen hinausgehend – am Prinzip der Forschungsfreiheit, der Heilungshoffnung für schwere Krankheiten, aber auch der konstatierten verfassungsrechtlichen Pflicht des Staates, Leben und Gesundheit durch die Entwicklung medizinischer Heilmethoden zu schützen.

Ein „Verbot des Forschungsklonens zum gegenwärtigen Zeitpunkt" fordert die Position C (Nationaler Ethikrat 2004: 84-101). Die Ablehnung wird ausdrücklich unter Berücksichtigung des gegenwärtigen Standes von Wissenschaft und Forschung formuliert und ist damit revidierbar. Gleichwohl sind es nicht allein pragmatische Gründe – etwa mangelnde konkrete Heilungsaussichten – die das gesetzliche Verbot rechtfertigen sollen, sondern grundsätzliche ethische Probleme, in erster Linie die Instrumentalisierung des Embryos und die Kommerzialisierung des weiblichen Körpers. Mit 12 unterzeichnenden Mitgliedern findet Position B die meisten Stimmen. Für A und C votieren jeweils fünf Experten.

Ganz am Ende der Klonstellungnahme findet sich – für den Leser durchaus überraschend – eine *konsensuelle* Empfehlung für ein vorläufiges Moratorium. Dieser Vorschlag scheint eher ein Zugeständnis an die politische und gesellschaftliche Stimmung zu sein, denn Ausdruck einer festen konsensuellen ethischen Überzeugung der Experten. Die pragmatische Kompromissformel, hinter der sich ganz unterschiedliche Interessen und Positionen verbergen (etwa generelle Ablehnung, Angst vor Legitimationsverlusten angesichts gesellschaftlicher Widersprüche oder auch das Bestreben, Einigkeit zu demonstrieren), wird in dem Papier auch gar nicht weiter begründet. Alle drei genannten Stellungnahmen zu Stammzellforschung und Klonen demonstrieren in den politisch strittigen Fragen den erwartbaren Expertendissens. Der Dissens ist in der Regel tiefgehender als er in der noch vergleichsweise übersichtlichen Strukturierung von zwei bis vier divergierenden Voten zum Ausdruck kommt. Denn auch dort, wo eine (partielle) Einigkeit erzielt wurde – nämlich innerhalb divergierenden Stellungnahmen – ist dies nicht unbedingt Ausdruck einer fundamentalethischen Einigkeit, sondern pragmatischer Koalitionen. Dies ist besonders für die beiden Stellungnahmen zur Stammzellforschung kennzeichnend. Aber nicht nur *innerhalb* der Kommissionsvoten finden wir diesen Ethik-Dissens. Auf der Ebene des Kommissionenvergleichs demonstriert er sich in der Konkurrenz der Ethikräte. Zuverlässig kommen

---

[15] Hinsichtlich der Einschätzung des normativen Status des Embryos ähnelt diese Position stark der (ungewichteten) ethischen Grundposition I, wie sie von der Enquete formuliert wurde.

Ethikrat und Enquete zu entgegengesetzten Mehrheitsverhältnissen in den zentralen „Lebensfragen", in denen sich die Bewertung auf den Status des Embryos zentriert.

4 Konfliktlösung durch Dissens – politisches Entscheiden angesichts normativer Uneindeutigkeit

Der Experten-Dissens, wie er sich in den divergierenden Voten der verschiedenen Kommissionen dokumentiert, ist kaum überraschend. Vielmehr ist die geringe Einigungsfähigkeit kennzeichnend für solche Auseinandersetzungen, die öffentlich als Wertkonflikte thematisiert werden. Mehr (gesichertes) Wissen und mehr Diskussionen helfen nicht weiter, und auch Kompromisse scheinen außer Reichweite. Im Streit um die Grenzwerte radioaktiver Belastung kann man sich notfalls immer noch in der rechnerischen Mitte treffen. In der „Hartz-Kommission" kann ein Ausgleich zwischen den Interessen der Wirtschaftsvertreter und denjenigen der Gewerkschaften ausgehandelt werden. Jedoch: Der Status des Embryos wird für den katholischen Moraltheologen in der Ethikkommission wohl kaum kompromissfähig werden. Anders als in anderen Politikbereichen ist ein solcher fundamentaler Expertendissens nicht nur erwartbar, sondern anscheinend regelrecht erwünscht. Würde sich eine konservative Regierung einen marxistischen Ökonomen ins Beratungsteam holen? In biopolitischen Fragen ist eine derart heterogene Besetzung der Räte üblich, ja offensichtlich aus Legitimationsgründen geradezu geboten: In den nationalen Ethikkommissionen sitzen Katholiken und bekennende Atheisten, Genetiker und Behindertenvertreter, Freund und Feind gemeinsam am Tisch. Gegenüber bioethischer Expertise hat sich die Erwartung etabliert, dass der weltanschauliche Pluralismus in einem solchen Gremium abgebildet werden sollte. Dies legt die Frage nahe, welcher politische Sinn sich aus der Mobilisierung von Ethik-Expertise erschließen lässt. Um dies zu beurteilen, wollen wir uns zunächst ansehen, wie die politische Konfliktlösung in Sachen Stammzellforschung und Klonen aussah.

Am 30. Januar 2002 – also wenige Wochen nach dem Vorliegen der konkurrierenden Ethikexpertisen von EK und NER – wurde im Deutschen Bundestag eine Debatte um den Stammzellimport geführt, die als Sternstunde des Parlaments gilt.[16] Drei fraktionsübergreifende Anträge standen zur Diskussion (Drucksachen des Deutschen Bundestags 14/8101 bis 03). Der erste sah ein klares Verbot des Stammzellimports vor. Er war formuliert worden von einer bunten Mischung von Abgeordneten, die von christlichen Lebensschützern bis hin zu forschungskritisch orientierten Feministinnen reichte und die quer durch (fast) alle Fraktionen ging (mit Ausnahme derjenigen der FDP). Jener Antrag, der später zur Grundlage des Gesetzgebungsverfahrens werden sollte, entstammte der Initiative verschiedener Abgeordneter aus den Fraktionen der beiden Volksparteien – darunter auch der Vorsitzenden der EK „Recht und Ethik der modernen Medizin", Margot von Renesse, sowie der ehemaligen Gesundheitsministerin, der Grünen Andrea Fischer. Unterstützung erhielt er auch aus dem Forschungsministerium. Er sah die Erlaubnis des Imports von Stammzellen unter eng gefassten Bedingungen vor. Der dritte Antrag, formuliert von Mitgliedern der FPD-Fraktion sowie Forschungsliberalen aus der CDU/CSU, plädierte nicht nur für den Import von Stammzellen (ebenfalls unter bestimmten, aber weiter gefassten Auflagen),

---

[16] Vgl. zur Entstehung des Stammzellgesetzes aus unterschiedlichen Perspektiven Catenhusen 2003; Reiter 2002.

sondern wollte auch die Möglichkeit der Herstellung von Stammzell-Linien im Inland offen halten.

Nach der engagiert geführten Parlamentsdebatte wurde abgestimmt (Plenarprotokoll 14/214). Im ersten Durchgang erhielt der dritte Antrag die wenigsten Stimmen. Zwar votierten fast alle FDP-Abgeordneten für die forschungsfreundliche Variante; abgesehen von einer deutlichen Minderheit der CDU/CSU-Fraktionsangehörigen fand sie aber kaum weitere Unterstützung. Die größte Anzahl der Stimmen konnte der erste Antrag, der ein Importverbot vorsah, auf sich vereinen. Innerhalb der CDU/CSU-, der Bündnisgrünen- und der PDS-Fraktionen erzielte er klare Mehrheiten (60%, 68% und 58%). An zweiter Stelle lag der Antrag, der einen eng begrenzten Import zu erlauben vorsah. Innerhalb der Fraktionen hatte er nur in der SPD eine Mehrheit (65%). Im zweiten Durchgang standen dann nur noch die Anträge eins und zwei zur Abstimmung. Da die Forschungsliberalen nun zum sogenannten „Kompromissantrag" überliefen, erzielte er eine Mehrheit von etwa 55% der abgegebenen Stimmen. An der Unterstützergruppe der restriktiven Position änderte sich – abgesehen von einer kleinen „Liberalisierung" innerhalb der Bündnisgrünen – kaum etwas.

Auf Basis des in der zweiten Abstimmung siegreichen Antrags wurde eine Gesetzesvorlage formuliert, die abermals zum Gegenstand von Auseinandersetzungen wurde. Die Vertreter der beiden unterlegenen Positionen versuchten, mit Änderungsanträgen das Gesetz im eigenen Sinne noch zu beeinflussen – allerdings ohne wesentlichen Erfolg.

Am 25.04.2002 fand nach zweiter und dritter Beratung die endgültige Abstimmung über den Gesetzesentwurf statt (Plenarprotokoll 14/233). 64% der Abgeordneten des Deutschen Bundestages votierten für das Stammzellgesetz. Darunter waren auch solche, die damit – aus ihrer Sicht – „Schlimmeres" verhindern wollten. Da der Import von Stammzellen eine Lücke im Embryonenschutzgesetz darstellte, hätte eine fehlende Gesetzesgrundlage möglicherweise zu einer ‚wilden' liberalen Praxis geführt, so die Befürchtung. Von einem umfassenden Konsens ist die Stammzellentscheidung des Bundestags also weit entfernt.

Am 1.07.2002 trat das endgültige „Gesetz zur Sicherstellung des Embryonenschutzes im Zusammenhang mit Einfuhr und Verwendung menschlicher embryonaler Stammzellen" (Stammzellgesetz, StZG) in Kraft. Es untersagt grundsätzlich den Import und die Nutzung embryonaler Stammzellen und definiert zugleich Ausnahmen von diesem Verbot. Einfuhr und Verwendung sind dann erlaubt, wenn die Stammzellen solchen Linien entstammen, die vor dem 1. Januar 2002 kultiviert wurden (Stichtagsregelung), wenn die Embryonen, aus denen sie gewonnen wurden, zur Herbeiführung einer Schwangerschaft produziert wurden, für diesen Zweck aber nicht mehr verwendet werden und wenn für die Embryonen kein Entgelt gezahlt wurde (§4). Des Weiteren muss die Forschung die Kriterien der Hochrangigkeit und Alternativlosigkeit erfüllen (§5). Die Einfuhr bedarf der behördlichen Genehmigung und der Zustimmung durch die „Zentrale Ethik-Kommission für Stammzellforschung (ZES)" (§6-§8). Verstöße gegen das Importverbot können mit Freiheitsstrafe bis zu drei Jahren oder mit Geldstrafe belegt werden (§13).

Setzt man dieses vorläufige politische Endergebnis der Auseinandersetzungen um die Stammzellforschung in Bezug zu den Empfehlungen der Expertenräte, wird deutlich: Die schließlich beschlossene rechtliche Regulierung entspricht im Grundsatz dem, was die Mehrheit des NER in ihrer Stellungnahme empfohlen hatte: eine begrenzte Erlaubnis der Forschung an importierten embryonalen Stammzellen. Dies ist nicht ganz ohne Ironie – galt der NER doch gerade unter den Parlamentarien als besonders unbeliebt, weil die Regierung sich hier ein eigenes Beratungsinstrument geschaffen hatte, das in bewusster Frontstellung zum eigenen Expertengremium des Bundestages – der EK – stand. Demjenigen Gremium Folge zu leisten, das als „Rat für Kanzler-Ethik" (Prauss 2001: 45) verschrien war, war ganz sicher nicht die Intention des Bundestags. Mit der Entscheidung für eine Stichtagsregelung beim Stammzellimport orientiert sich die gesetzliche Regelung dann wiederum stärker an der Minderheits-Position B der EK.[17]

Von einem klaren Gefolgschaftsverhältnis der politischen Entscheidungsträger zu den ethischen Experten kann in der Stammzellfrage also keine Rede sein. Schon innerhalb der EK selbst hatten Sachverständige und Parlamentarier unterschiedlich votiert. Die Sachverständigen – insbesondere diejenigen, die auf Vorschlag der CDU/CSU-Fraktion in die Kommission berufen wurden – positionierten sich insgesamt forschungskritischer als die Abgeordneten. Es trifft also nicht zu, dass die Parlamentarier ihre eigene politische Position einfach durch die Berufung „linientreuer" Experten verdoppeln. Noch folgten andersherum die Abgeordneten dem überlegenen expertiellen Sachverstand.

Auch im Fall der *Klonfrage* lässt sich das Verhältnis von Expertenrat und politischer Entscheidung nicht im Sinne eines eindeutigen Primats (der Wissenschaft oder der Politik) verstehen. Die konsensuelle Empfehlung des NER für ein vorläufiges Moratorium und das pragmatische, aber eindeutige Votum der EK für ein umfassendes Klon-Verbot würde eine klare Positionierung der politischen Entscheidungsträger nahe legen, wenn man von der nachgerade klassischen, also technokratisch geprägten Rollenverteilung zwischen Wissenschaft und Politik ausgehen würde (Schelsky 1965). Dafür finden sich auch in diesem Beispiel keine Hinweise. In der Frage einer internationalen Ächtung des Klonens agierten die deutschen Regierungsvertreter weniger eindeutig, als die Expertenvoten (und die ähnlich lautenden Parlamentsaufforderungen) hätten erwarten lassen. Im Jahr 2001 hatten die Außenministerien von Deutschland und Frankreich eine Initiative für eine internationale Konvention gegen das Klonen gestartet. Im Dezember 2001 entschied die UN-Generalversammlung, ein Ad-hoc-Komitee einzusetzen, um das Ausarbeiten einer Klon-Konvention vorzubereiten (United Nations General Assembly, Resolution No. 56/93). Der Deutsche Bundestag forderte im Juli 2002 die Regierung auf, sich bei den Verhandlungen im Rahmen der UN für eine Ablehnung sowohl des reproduktiven als auch des Forschungsklonens einzusetzen. Im Februar 2003 fand ein entsprechender Antrag der Fraktionen von CDU/CSU, SPD und Bündnis90/Die Grünen (Bundestagsdrucksache 15/463) die breite Zustimmung des Parlaments.

Die Regierungspolitik folgte nun weder der klaren Positionierung des Parlaments noch den – allerdings etwas inkonsequent wirkenden – Expertenempfehlungen. Sie muss sich die Kritik gefallen lassen, dass sie auf internationaler Ebene keinesfalls so konsequent für eine möglichst weitgehende Ächtung des Klonens eintritt, wie die deutsche Gesetzeslage und die Aufforderungen des Parlamentes vorsehen, oder dass sie zumindest ungeschickt agiert. Im Jahr 2002 wurden die ersten Gespräche auf UN-Ebene verschoben, da erhebliche Schwierigkeiten, sich zu einigen, absehbar wurden. Bereits zu diesem Zeitpunkt wurde erhebliche Kritik an der deutschen Verhandlungsführung laut, formuliert von deutschen und US-amerikanischen Klongegnern (Die Welt, 25.11.2002). Die offizielle Begründung

---

[17] Allerdings wurde der Stichtag gegenüber dem Kommissionsvorschlag nach hinten verlegt: Die Minderheitenposition der Enquete hatte – der Bush-Regelung folgend – den 9. August 2001 empfohlen (Enquete 2002: 137). Die liberalen Optionen des NER hatten sich dagegen ausdrücklich gegen eine Stichtagsregelung ausgesprochen (Nationaler Ethikrat 2002: 51, 53f.).

der deutschen Regierungsvertreter dafür, dass sie ein umfassendes Verbot nicht unterstützen, lautete, dass diese Maximalforderung nicht durchsetzbar sei.

Im November 2003 scheiterten die UN-Verhandlungen erneut. Zwei Entwürfe für eine Konvention lagen bei der UN vor. Der von Costa Rica eingebrachte Vorschlag, der auch von den USA unterstützt wurde, sah ein Totalverbot vor (United Nations General Assembly, A/C.6/58/L.8). Der belgische Entwurf beschränkte sich auf das reproduktive Klonen und ließ für das Forschungsklonen nationale Regelungen zu. Deutschland unterschrieb keinen der beiden Entwürfe, hatte zuvor aber in einem informellen „Non-Paper" zusammen mit Frankreich einen Vorschlag unterbreitet, der in zentralen Punkten mit dem belgischen Entwurf praktisch wörtlich identisch war. Mit einer einzigen Stimme Mehrheit wurde die Entscheidung schließlich vertagt. Wäre es zu einer Abstimmung gekommen, wäre aller Wahrscheinlichkeit nach der restriktive Vorschlag erfolgreich gewesen. Auch die deutschen Vertreter hatten für das Verschieben der Entscheidung votiert. Wiederum wurde das deutsche Agieren im In- und Ausland scharf kritisiert; es hätte wesentlichen Anteil am Scheitern der Konvention (Reiter 2004, Ärzte-Zeitung, 11.11.2003).

Ein Jahr später, im November 2004, wurde der Versuch, eine UN-Konvention zu verabschieden, dann ganz aufgegeben. Im März 2005 beschloss die Generalversammlung schließlich (mit der Stimme Deutschlands) eine Deklaration gegen das Klonen, die – anders als eine Konvention – rechtlich nicht bindend ist. Ihre Formulierungen sind ausgesprochen schwammig. Die Mitgliedsstaaten der UN werden aufgefordert, „to prohibit all forms of human cloning inasmuch as they are incompatible with human dignity and the protection of human life" (United Nations General Assembly, Resolution No. 59/280). Ob darunter überhaupt das therapeutische Klonen fällt, ist strittig.

Für die Interpretation, dass weniger eine ungeschickte Verhandlungstaktik als vielmehr mangelnder Nachdruck, die Ächtung des Klonens möglichst breit zu fassen, im Spiel war, spricht die Tatsache, dass die Schröder-Regierung in der inländischen Diskussion mehr und mehr offen für die Liberalisierung der Stammzellforschung und des Klonens eintrat. Zu Beginn des Jahres 2003 regte der Kanzler bei einem Frankreich-Besuch öffentlich an zu diskutieren, ob die UN-Konvention nicht auf das reproduktive Klonen begrenzt werden sollte, erntete dafür aber postwendend erhebliche Kritik. Im Laufe des Jahres 2005 wurden die Äußerungen Schröders immer deutlicher, wenn auch die explizite Forderung zur Freigabe des Forschungsklonens – wie etwa zu Beginn 2005 in einer Regierungserklärung geäußert (Schröder 2005a) – weiterhin die Ausnahme blieben. Schröders Plädoyer für ein „Forschen ohne Fesseln" in seiner viel zitierten Rede vor der Göttinger Universität blieb aber eindeutig, auch wenn das Wort „Klonen" hier nicht fiel (Schröder 2005b). Hatte der NER mit dem Moratoriumsvorschlag also kurz zuvor gerade zur klonpolitischen Vorsicht gemahnt, startete der Kanzler eine regelrechte Liberalisierungsoffensive.

Der Gegensatz zwischen Expertenrat und politischer Positionierung bedeutet allerdings kein Begründungsproblem für die Politik. Vielmehr kann er geradezu zu legitimatorischen Zwecken genutzt werden. So hat Kanzler Schröder sich kurz nach der Veröffentlichung des Klon-Votums in einer Rede vor dem NER explizit positiv auf diese Divergenz zwischen Expertenvotum und Regierungsposition bezogen: diese zeige die Unabhängigkeit und Eigenständigkeit von Experten und Politik und widerlege die Kritiker, die im Ethikrat ein bloßes Rechtfertigungsinstrument der Kanzlerpolitik sehen wollten (Schröder 2004). Politisches Handeln, so lässt sich dies deuten, begründet sich gerade nicht im Exekutieren sachverständiger Vorgaben, sondern in seiner Entscheidungsautonomie, kann sich zugleich aber mit expertieller Informiertheit schmücken.

5 Fazit

Ganz offensichtlich werden Ethikkommissionen kaum einberufen, weil zu erwarten wäre, dass dort eine einhellige Expertenmeinung auf höherem Aggregationsniveau entsteht, gleichsam als eine ‚Blaupause' für die nachfolgende Entscheidung (vgl. Bogner/Menz 2002). Die Funktion der Ethikexpertise liegt nicht in der Produktion von definitivem Entscheidungswissen, sondern vielmehr darin, die Notwendigkeit von Politik als einem eigenständigen Handlungsbereich zu unterstreichen. Die produzierte divergierende Expertise belegt mehrerlei: dass es sich um ein relevantes Problem handelt, das bearbeitet werden muss; dass das Problem aber expertiell grundsätzlich unentscheidbar bleibt und dass es damit also des Entscheidens der Politik, also genuin politischen Handelns *geradezu bedarf*, um die Auseinandersetzungen einer Lösung zuzuführen. Vor dem Hintergrund divergierender Expertisen erhält die politische Entscheidung ihre besondere Qualität und Legitimation gerade deshalb, weil sie auch anders hätte ausfallen können. Die Begründung politischen Handelns kann *gerade* angesichts pluraler, einander widersprechender Expertisen erfolgreich geschehen. Die Kommissionen machen deutlich: Es muss entschieden werden in dem Bewusstsein, dass es die eine, beste Lösung der Konflikte nicht geben wird. Eine Konfliktschließung durch überlegenes Expertenwissen ist nicht möglich – und dies wird durch die konkurrierenden und intern gespaltenen Ethikexpertisen auch eindrucksvoll öffentlich demonstriert.

In der Folge wird politisches Handeln in den Bereich individueller Wertentscheidung verlagert. Gerade in der Diskussion um die Stammzellfrage wurde immer wieder betont, wie sehr es sich um eine „persönliche" Bewertung, eine „Gewissensentscheidung" handle, vor der die Parlamentarier oder die Regierungen stehen: Eine Entscheidung, die zwar durch Expertenwissen informiert, aber eben nicht determiniert ist, und eine Entscheidung, die nur im Kontext des individuellen Werthorizonts getätigt werden kann. Expertendissens führt nicht zum Legitimitätsverlust der Politik; vielmehr wird durch die Divergenz der Expertenmeinungen Politik als Entscheidung überhaupt erst wieder sichtbar. Die Entwicklungstendenz zu einer Ethisierung von Wissenschafts- und Technikfragen wird durch diese Arbeitsteilung insgesamt stabilisiert. Sowohl die individuelle Wertentscheidung der Politik wie auch die wissenschaftliche Beratung durch Ethikkommissionen bewegen sich in den etablierten Frames der Bewertung und Regulierung, wie sie für aktuelle Konflikte um die Biomedizin kennzeichnend sind.

6 Literatur

Abels, Gabriele (2007): "Der Ethikrat soll kein Ersatzparlament sein." Zum Verhältnis von Nationalem Ethikrat und Deutschem Bundestag, in: Kettner, Matthias/Junker, Iris (Hg.): *Welche Autorität haben nationale Ethik-Komitees?* Münster: Lit-Verlag: im Erscheinen.

Altenhof, Ralf (2002): *Die Enquete-Kommissionen des Deutschen Bundestages*. Wiesbaden: Westdeutscher Verlag.

Aubert, Vilhelm (1972): Interessenkonflikt und Wertkonflikt. Zwei Typen des Konflikts und der Konfliktlösung, in: Bühl, Walter (Hg.): *Konflikt und Konfliktstrategie. Ansätze zu einer soziologischen Konflikttheorie*. München: Nymphenburger Verlagshandlung: 178-205.

Beck, Ulrich (1986): *Risikogesellschaft – Auf dem Weg in eine andere Moderne*. Frankfurt a. M.: Suhrkamp.

Bogner, Alexander (2005): Moralische Expertise? Zur Produktionsweise von Kommissionsethik, in: Bogner, Alexander/Torgersen, Helge (Hg.): *Wozu Experten? Ambivalenzen der Beziehung von Wissenschaft und Politik*. Wiesbaden: VS-Verlag: 172-193.

Bogner, Alexander (2006): Politikberatung auf dem Feld der Biopolitik, in: Falk, Svenja/Rehfeld, Dieter/Römmele, Andrea/Thunert, Martin (Hg.): *Handbuch Politikberatung*. Wiesbaden: VS-Verlag: 483-495.

Bogner, Alexander/Menz, Wolfgang (2002): Wissenschaftliche Politikberatung? Der Dissens der Experten und die Autorität der Politik, in: *Leviathan*, 30 (3): 384-399.

Bogner, Alexander/Menz, Wolfgang (2005a): Alternative Rationalitäten? Technikbewertung durch Laien und Experten am Beispiel der Biomedizin, in: Bora, Alfons/Decker, Michael/Grunwald, Armin/Renn, Ortwin (Hg.): *Technik in einer fragilen Welt. Die Rolle der Technikfolgenabschätzung*. Berlin: Sigma: 383-391.

Bogner, Alexander/Menz, Wolfgang (2005b): Bioethical Controversies and Policy Advice: The Production of Ethical Expertise and its Role in the Substantiation of Political Decision-Making, in: Maasen, Sabine/Weingart, Peter (Hg.): *Democratization of Expertise? Exploring Novel Forms of Scientific Advice in Political Decision-Making. Sociology of the Sciences, Vol. 24*. Dordrecht: Springer: 21-40.

Bogner, Alexander/Menz, Wolfgang (2006a): Welche Rationalität durch Verfahren? Die Organisation bioethischer Expertise, in: *Teorie Vedy / Theory of Science*, XIV/XXVIII (1): 245-264.

Bogner, Alexander/Menz, Wolfgang (2006b): Wertkonflikt und Wissenschaftskriminalität. Der koreanische Klonskandal und die Bedeutung der Ethik, in: *Leviathan*, 34 (2): 270-290.

Braun, Kathrin (2005): Not Just for Experts: The Public Debate about Reprogenetics in Germany, in: *Hastings Center Report*, 35: 42-49.

Brown, Mark B./Lentsch, Justus/Weingart, Peter (2006): *Politikberatung und Parlament*. Opladen: Barbara Budrich.

Catenhusen, Wolf-Michael (2003): Das Stammzellgesetz. Entstehung und Bedeutung, in: *Jahrbuch für Wissenschaft und Ethik*, 8: 275-281.

Dahrendorf, Ralf (1957): *Soziale Klassen und Klassenkonflikt*. Stuttgart: Enke.

Dahrendorf, Ralf (1961): Elemente einer Theorie des sozialen Konflikts, in: Dahrendorf, Ralf (Hg.): *Gesellschaft und Freiheit. Zur soziologischen Analyse der Gegenwart*. München: Pieper: 197-235.

Enquete (2002): Zweiter Zwischenbericht der Enquete-Kommission Recht und Ethik der modernen Medizin. Teilbericht Stammzellforschung. Durchgesehene Fassung, hg. vom Deutschen Bundestag, Referat Öffentlichkeitsarbeit (erste Fassung als Bundestagsdrucksache 14/7546 vom 12.12.2001, herunterladbar unter http://www.bundestag.de/parlament/gremien/kommissionen/archiv14/medi/2zwischen.pdf, zuletzt geprüft am 19.10.2006).

Foucault, Michel (1989): *Der Gebrauch der Lüste. Sexualität und Wahrheit 2*. Frankfurt a. M.: Suhrkamp.

Gmeiner, Robert (2005): Nationale Ethikkommissionen: Aufgaben, Formen, Funktionen, in: Bogner, Alexander/Torgersen, Helge (Hg.): *Wozu Experten? Ambivalenzen der Beziehung zwischen Wissenschaft und Politik*. Wiesbaden: VS-Verlag: 133-148.

Grotelüschen, Frank (2006): Ideologisch gefärbte Prognosen. Wie lange das Uran noch reicht, berechnet jeder Experte anders, in: *Süddeutsche Zeitung*, 15./16./17.04.2006: 24.

Habermas, Jürgen (2001): *Die Zukunft der menschlichen Natur – Auf dem Weg zu einer liberalen Eugenik?* Frankfurt a. M.

Herrmann, Svea Luise (2005): Interpretive Regimes and the Management of Political Conflict - Reprogenetics in the UK. Vortrag, Mapping Biopolitics: Medical-Scientific Transformations and the Rise of New Forms of Governance, ECPR Joint Session, Granada, 14.-19.04.2005.

Luhmann, Niklas (1993): "Was ist der Fall?" und "Was steht dahinter?" Die zwei Soziologien und die Gesellschaftstheorie, in: *Zeitschrift für Soziologie*, 22 (4): 245-260.

Nationaler Ethikrat (2002): *Zum Import menschlicher embryonaler Stammzellen. Stellungnahme (20.12.2001)*. Berlin.

Nationaler Ethikrat (2004): *Klonen zu Fortpflanzungszwecken und Klonen zu biomedizinischen Forschungszwecken Stellungnahme* (13.09.2004). Berlin.

Prauss, Gerold (2001): Das Tier in uns ist auf dem Vormarsch, in: FAZ, 5.7.2001 (Nr. 153): 45.

Reiter, Johannes (2002): Ende der Bescheidenheit. Deutsche Biopolitik nach dem 30. Januar 2002, in: *Herder-Korrespondenz*, 56 (3): 119-124.

Reiter, Johannes (2004): Wendezeit in der Biopolitik. Die Bundesregierung will die Grenzen verschieben, in: *Herder-Korrespondenz*, 58 (1): 20-25.

Riedel, Ulrike (2004): "Alle Macht den Räten?" Politikberatung durch bioethische Gremien, in: *Zeitschrift für Biopolitik*, 3 (1): 3-8.

Schelsky, Helmut (1965): Der Mensch in der wissenschaftlichen Zivilisation, in: Schelsky, Helmut (Hg.): *Auf der Suche nach der Wirklichkeit – Gesammelte Aufsätze*. Düsseldorf/Köln: Diedrichs-Verlag: 439-480.

Schröder, Gerhard (2004): Rede des Bundeskanzlers zu Beginn der öffentlichen Sitzung des Nationalen Ethikrates am 23. September 2004 (http://www.ethikrat.org/texte/pdf/Rede_BK_2004-09-23.pdf, abgerufen am 12.4.2005).

Schröder, Gerhard (2005a): Aus Verantwortung für unser Land: Deutschlands Kräfte stärken. Regierungserklärung vom 17.03.2005 (Bulletin des Bundesregierung Nr. 22-1).

Schröder, Gerhard (2005b): Rede anlässlich der Verleihung der Ehrendoktorwürde der Universität Göttingen, am Dienstag, 14. Juni 2005, in Göttingen (http://www.bundeskanzler.de/Neues-vom-Kanzler-.7698.844711/a.htm?printView=y, abgerufen am 14.6.2005).

Wehling, Peter (2004): Weshalb weiß die Wissenschaft nicht, was sie nicht weiß? Umrisse einer Soziologie des wissenschaftlichen Nichtwissens, in: Böschen, Stefan/Wehling, Peter (Hg.): *Wissenschaft zwischen Folgenverantwortung und Nichtwissen. Aktuelle Perspektiven der Wissenschaftsforschung*. Wiesbaden: VS-Verlag: 35-105.

Zusammenfassungen

Peter H. Feindt, **Umwelt- und Technikkonflikte in Deutschland zu Beginn des 21. Jahrhunderts – Bestandsaufnahme und Perspektiven**

Eine konflikttheoretische Perspektive auf die Umwelt- und Technikpolitik hat sich als produktiv für die politikwissenschaftliche Forschung erwiesen. Sie nimmt Bezug auf Konflikt als politische und politikwissenschaftliche Grundkategorie, thematisiert das Spannungsverhältnis zwischen der Konflikt- und der Gestaltungsdimension von Politik und erweist sich dadurch als relevant auch für die politische Praxis. Der Stand der Forschung zu Umwelt- und Technikkonflikten wird in sieben Punkten zusammengefasst: 1.) Konfliktbegriff: Die Unterscheidung von Interessen- und Wertekonflikten sowie die Kategorie des Wissenskonflikts sind zum Verständnis von Umwelt- und Technikkonflikten nahezu durchgehend unverzichtbar. 2.) Räumliche und zumeist langfristige zeitliche Bezüge (Dauer, Dynamik) sind zentral für das Verständnis und die Bearbeitung von Umwelt- und Technikkonflikten. 3.) Hinsichtlich der Konfliktgegenstände hat sich eine konstruktivistische Perspektive bewährt, denn Umwelt- und Technikkonflikte gewinnen ihre Form im Verlauf von Interpretationsprozessen der Konfliktbeteiligten. 4.) Entstehung, Verlauf, Wirkungen und Transformation von Konflikten werden durch institutionelle Rahmenbedingungen und Akteurkonstellationen beeinflusst, bei denen oft enge Wechselwirkungen zwischen der Mikro-, Meso- und Makroebene bestehen. 5.) Prozedural besteht ein breites Spektrum des Umgangs mit Konflikten, das von der einseitigen Interessendurchsetzung und die gerichtliche Auseinandersetzung über den Einsatz kooperativer Verfahren bis zur inkrementell-adaptiven Makroregulierung reicht. 6.) Es gibt zahlreiche Beispiele reflexiver Konfliktbearbeitung, wobei mediativen und konsultativen Verfahren regelmäßig nur eine beratende Funktion zugestanden wird. 7.) Der Vergleich mit anderen Umwelt- und Technikkonflikten, insbesondere der Bezug auf den Atomkonflikt, ist konstitutiver Teil vieler Umwelt- und Technikkonflikte, etwa um die grüne Gentechnik oder die Nanotechnologie.

Thomas Saretzki, **Umwelt- und Technikkonflikte: Theorien, Fragestellungen, Forschungsperspektiven**

In der Umwelt- und Technologiepolitik sind seit den 1970er Jahren teilweise heftige politische Konflikte zu beobachten. Wie sind solche Konflikte angemessen zu beschreiben und empirisch zu untersuchen? Gibt es übergreifende sozialwissenschaftliche Konflikttheorien, die ein konzeptionelles Fundament für empirische Analysen von Konflikten in ausdifferenzierten Politikfeldern liefern können? Der Begriff „Konflikt" gilt in der Politikwissenschaft zwar als unverzichtbar. Der hohen Bedeutung des Konfliktbegriffs entspricht aber keine anerkannte allgemeine Konflikttheorie, die unmittelbar in konkreten empirischen Analysen anzuwenden wäre. Dessen ungeachtet lassen sich für ein konzeptionell reflektiertes Vorgehen einige grundlegende Aufgaben benennen, die bei der empirischen Analyse und Bewertung von beobachtbaren oder zu erwartenden Konflikten in ausdifferenzierten Politikfeldern zu bearbeiten sind. Dazu gehört zunächst eine zeitliche, räumliche und gesellschaftstheoretische Verortung der ausgemachten Konflikte in ihrem historischen Kontext. Eine zweite Aufgabe besteht in der Vergegenwärtigung der unterschiedlichen Dimensionen eines Konfliktfeldes, um analytisch verkürzte Zugänge zu vermeiden, bei denen einseitig entweder die sachliche, die soziale oder die prozedurale Dimension der Konflikte in den Vordergrund rückt. Eine Konfliktanalyse, die der Komplexität und Dynamik von Umwelt- und Technikkonflikten gerecht werden will, müsste konzeptionell als *mehrdimensionale Konfliktfeldanalyse* angelegt sein. Eine dritte Aufgabe besteht in der genaueren Differenzierung der klärungsbedürftigen Fragestellungen, da Entstehung, Struktur, Verlauf, Wirkung und Transformation von Konflikten in ausdifferenzierten Politikfeldern von unterschiedlichen Faktorenbündeln bestimmt werden. Interessante Forschungsperspektiven ergeben sich im Rahmen einer komparativ angelegten Konflikt- und Politikfeldforschung, die in Form von Ländervergleichen, Politikfeldvergleichen oder historisch angelegten Längsschnittanalysen zu bearbeiten wären. Die handlungsorientierenden Perspektiven und strategischen Optionen von konfliktbeteiligten Akteuren erschließen sich erst dann in ihrer ganzen Komplexität, wenn man sich die Reflexivität der Konfliktstrukturen vergegenwärtigt, die unter den Bedingungen einer modernen Demokratie bei der Definition, Bewertung, Bearbeitung und Regelung von Umwelt- und Technikkonflikten in Rechnung zu stellen ist.

Reinhard Ueberhorst, **Wie beliebig ist der Umgang mit politischen Konflikten im Raum der strategischen Energie- und Umweltpolitik?**

Aus der Perspektive eines reflektierenden Praktikers stellt der Beitrag die Frage, welches die Leistungsziele im Umgang mit politischen Konflikten sind. Ausgangspunkt ist das Spannungsverhältnis zwischen der Pluralität der Politikverständnisse und dem Erfordernis praktischer Politikfähigkeit. Daraus ergibt sich die Frage nach den Bedingungen der Möglichkeit gelingender Politik in konkreten Politikfeldern, aus der vier Leistungsziele abgeleitet werden: Konzeptualisierung politischer Alternativen; Ermittlung relevanter Implikationen der Alternativen und normativer Bewertungsaufgaben; Ermittlung von strategischen Entscheidungsbedarfen inklusive der Zeitfenster; Prozesse der demokratischen Willensbildung und Entscheidung im Kontext der Umsetzungsperspektive, die bei Bedarf auch längerfristige strategische Akteurskoalitionen erzeugen. Die Konsequenzen verfehlter Leistungsziele werden am Beispiel der Energie- und Umweltpolitik verdeutlicht. Eine „aufgabenorientierte Denkweise" wird dabei einer dominierenden „positionellen" Politik gegenüber gestellt. Schließlich leitet der Beitrag Leistungsziele für Wissenschaftler ab: das Aufspüren und Formulieren von Themen (aus denen sich erst das Argument für kooperative Leistungsziele in konkreten Situationen ableiten lässt), Abbildung der Pluralität politischer Denkweisen bei der Formulierung von Szenarien; Implikationsanalysen zur Klärung von Bewertungsoptionen; Klärung der Zeitfenster und des Bedarfs für strategische Akteurskoalitionen. Letztlich erfordert die Pluralität kontroverser Bezugssysteme aber „kulturelle Verständigungsprozesse".

Jochen Roose, **Der endlose Streit um die Atomenergie. Konfliktsoziologische Untersuchung einer dauerhaften Auseinandersetzung**

In keinem anderen Land wird die Umweltbewegung so durch den Konflikt um die zivile Nutzung der Kernenergie geprägt wie in Deutschland. Der Beitrag geht dieser Besonderheit des deutschen Atomkonflikts aus einer konflikt- und bewegungssoziologische Perspektive nach und versucht drei Fragen zu beantworten: 1. Warum konnte die Frage der Atomenergie einen intensiven, gesellschaftsweiten Konflikt hervorrufen? 2. Warum kam es zu erheblicher Mobilisierung in diesem Konflikt? und 3. Warum kam es nicht zu einer Beendigung des Konfliktes? Basierend auf langfristigen Protestereignis- und Meinungsumfragedaten wird der Konflikt seit den 1960er Jahren in fünf Phasen eingeteilt: Vorphase, Radikalisierung, Meinungsumschwung mit Tschernobyl und dem Ende von Wackersdorf, Latenz und Wiedergeburt in den 1990er Jahren sowie Atomausstieg nach 1998. Unter den Arenen der Konfliktregelung war das Parlament erst nach dem Einzug der Grünen in den Bundestag 1983 verstärkt mit der Atomenergie befasst, und politische Beratungsgremien waren bis 1998 den Befürwortern der Atomenergie vorbehalten. So blieben den Atomkraftgegnern nur Einsprüche im Planungsverfahren; der darauf aufbauende gerichtliche Klageweg war mit entscheidend für die Verlangsamung und Reduzierung der Bautätigkeit bei Atomkraftwerken in Deutschland. Nach einer Einordnung im Ländervergleich wird die Konflikthaftigkeit des Themas in Deutschland zum einen mit der Wahrnehmung der Risiken als besonders schrecklich, bekannt und weitreichend, zum anderen mit der Konzeptualisierung des Konflikts auf beiden Seiten als unteilbarer Wertekonflikt erklärt. Der Mobilisierungserfolg beruht auf der interpretatorischen Verknüpfung (Frame-Bridging) mit Themen der Friedens- und Naturschutzbewegung sowie einer radikal politischen Kritik am „Atomstaat". Außerdem bot die Bundesrepublik der Anti-Atomkraft-Bewegung eine im internationalen Vergleich günstige Gelegenheitsstruktur mit Erfolgsmöglichkeiten auf der Länderebene und vor Gericht. Darüber hinaus waren in Deutschland seit spätestens 1986 die politischen Eliten in der Kernkraftfrage gespalten. Die Dauerhaftigkeit des Konflikts ergibt sich aus der identitätsstiftenden Bedeutung für das links-alternative Milieu in einer polarisierten Gesellschaft.

Stefan Böschen, **Reflexive Wissenspolitik: die Bewältigung von (Nicht-)Wissenskonflikten als institutionenpolitische Herausforderung**

Moderne Gesellschaften zeichnen sich dadurch aus, dass es ihnen bisher gelang, die entstehenden Konflikte einschlägig zuzuordnen (Interessen, Werte, Wissen) und hierfür stabile Verarbeitungsprozeduren bereit zu stellen. Damit konnten sie Konflikte kanalisieren und in gesellschaftliche Lernchancen ummünzen. Anhand der beiden Fallbeispiele BSE und grüne Gentechnik sollen zwei Argumente entfaltet werden. Zum einen wird argumentiert, dass ein neuer Typus von Konflikten entsteht, der als (Nicht-)Wissenskonflikt zu kennzeichnen ist und die bisherige Trennung von Wissens- und Wertkonflikten unterläuft. Zum anderen wird argumentiert, dass mit diesem Konflikttypus bestimmte Grundannahmen moderner Gesellschaften (wie die Trennung zwischen öffentlich und privat oder Wissen und Nichtwissen) problematisch werden und damit die Formierung einer „reflexiven Wissenspolitik" als Forschungsfeld und Praxis angemahnt wird. Reflexive Wissenspolitik ist dann möglich, wenn in den konkreten Konflikten die Grundlagenkonflikte ausgemacht und einer institutionenpolitischen Lösung zugeführt werden.

Robert Fischer, **Konflikte um verrückte Kühe? Risiko- und Interessenkonflikte am Beispiel der europäischen BSE-Politik**

In dem Beitrag wird versucht, der Rolle von entscheidungsrelevantem wissenschaftlichen Wissen, und den Auswirkungen bei nicht Vorhandensein dieses Wissens, innerhalb von Risikokonflikten nachzugehen. Risikokonflikte werden dabei als eigenständiger Typus von Konflikten konzipiert, die sich durch eine Mischung aus Wissens-, Wert- und Interessenkonflikten auszeichnen. Die theoretische Innovation des Beitrags besteht in dem Versuch unterschiedliche Konfliktniveaus in Relation zu verschiedenen Dimensionen von Nichtwissen zu setzen. Diese Nichtwissenstypologie und deren Nutzen wird anhand der europäischen BSE-Politik illustriert. Ergebnis der Untersuchung ist, dass nicht alle Dimensionen von Nichtwissen bei Konflikten relevant sind. Ferner wird deutlich, dass Nichtwissen ebenfalls wie Wissen über Legitimationspotential verfügen kann, nämlich dann, wenn es bei Risikokonflikten gilt politische Untätigkeit zu rechtfertigen.

Jürgen Hampel / Helge Torgersen, **Der Konflikt um die Grüne Gentechnik und seine regulative Rahmung. Frames, Gates und die Veränderung der europäischen Politik zur Grünen Gentechnik**

Das Jahr 1996 gilt als ein Wendepunkt der europäischen Regulierung der Grünen Gentechnik. Als die ersten Schiffe mit gentechnisch veränderten Sojabohnen europäische Häfen erreichten, hätte, so eine gängige These, die Mobilisierung der europäischen Öffentlichkeit dazu geführt, dass die Europäische Regulierung der Grünen Gentechnik einem grundlegenden Wandlungsprozess unterzogen wurde. Dabei wären, im Sinne der Policy-Learning-These wesentliche Gesichtspunkte der Gentechnikkritiker aufgegriffen worden. In diesem Beitrag setzen sich die Autoren kritisch mit dieser These auseinander und setzen dieser Darstellung eine alternative Interpretation entgegen, wonach die Europäische Kommission mit den besagten Neuerungen zwar diskursiv den Kritikern der Grünen Gentechnik weitgehend entgegenkam, aber auf der Ebene der operationalen Regulierung den alten Kurs weitgehend beibehielt. Mit der Einführung neuer Konzepte („Gate" und „Detektor") wird versucht, analytisch über die herkömmliche Analyse von Konflikttypen und -frames hinausgehend der Komplexität des Konfliktgeschehens auch begrifflich gerecht zu werden.

Jobst Conrad, **Ein lokaler Umweltkonflikt in Latenz: grüne Gentechnik und Entwicklungspfade der Pflanzenbiotechnologie**

Weshalb kommt es zu einem oder zu keinem Umwelt- und Technikkonflikt vor Ort, und wie beinfluss(t)en dabei gesellschaftliche Kontroversen um die grüne Gentechnik in Deutschland Entwicklungspfade und -muster der Pflanzenbiotechnologie in dem untersuchten Innovationsverbund InnoPlanta in Nordharz/Börde? Zur Beantwortung dieser Fragen resümiert der Beitrag zunächst die Entwicklung dieses Innovationsnetzwerks und die es prägenden Rahmenbedingungen und skizziert konflikttheoretische Bezüge der Fallstudie. Danach beschreibt er den primär indirekten Einfluss der politischen Diskurse um die grüne Gentechnik auf Orientierung und Projektauswahl des Netzwerks und die diesbezüglichen Wahrnehmungen, Einstellungen und Vorgehensweisen seiner Mitglieder. Während es in diesem Fall bislang zu keinem signifikanten lokalen Technikkonflikt kam, macht der Vergleich mit sich andernorts lokal sehr wohl manifestierenden Konflikten um die grüne Gentechnik deutlich, dass ein genereller gesellschaftlicher Konflikt selbst bei Vorliegen typischer Konfliktmerkmale nur bei ausgeprägter politischer Virulenz und/oder unter geeigneten (situativen) Bedingungen (einschließlich von Cournot-Effekten) mit hoher Wahrscheinlichkeit zu lokalen Konflikten führt, und dass umgekehrt zumeist nur ein massiver lokaler Konflikt eine überregionale technologische Kontroverse signifikant beeinflussen dürfte. In diesem Sinne ist gerade InnoPlanta ein Beispiel dafür, wie – trotz einer gewissen ideologischen Verbohrtheit der Hauptproponenten – ein latenter Umwelt- und Technikkonflikt weder virulent wird noch das Potenzial für eine Destabilisierung der Region hat. Dies dürfte allenfalls im Zusammenspiel mit anderen anomischen Tendenzen, wie z.B. hohe Arbeitslosigkeit und dem ökonomischen Fehlschlag von Förderprogrammen möglich sein. Dann wäre ein solcher (lokaler) Technikkonflikt aber primär Stellvertreter für nicht speziell die grüne Gentechnik betreffende Anliegen und Ängste.

Rüdiger Mautz, **Konflikte um die Offshore-Windkraftnutzung – eine neue Konstellation der gesellschaftlichen Auseinandersetzung um Ökologie**

Die Konflikte um die Offshore-Windenergie zeichnen sich dadurch aus, dass sie weder als typische Interessenkonflikte noch als klassische Ökonomie-Ökologiekonflikte gelten können. Das Besondere an der untersuchten Konfliktkonstellation ist erstens, dass in einem regionalem Strukturwandelkonflikt ökonomische und ökologische Risikowahrnehmungen miteinander verschmelzen. Ökologische Argumente werden sowohl von den regionalwirtschaftlichen Befürwortern als auch von den um ihre ökonomische Existenz bangenden Gegnern der Offshore-Projekte ins Feld geführt. Zweitens geraten etliche Akteure, die an der Realisierung von Offshore-Windkraftprojekten direkt oder indirekt beteiligt sind, in Handlungsdilemmata. Einige der großen Umweltverbände sind trotz prinzipieller Befürwortung der maritimen Windenergienutzung einem innerökologischen Ziel- und Wertekonflikt konfrontiert, der sie vor neue Anforderungen der Konfliktregelung stellt. Die im Offshore-Geschäft engagierten Unternehmen sehen sich in der Zwickmühle, einem hohen öffentlichen Akzeptanz- und Erfolgsdruck ausgesetzt zu sein, jedoch nur über begrenzte ökonomische und technische Möglichkeiten bei der in der regionalen Bevölkerung sowie in den Umweltverbänden umstrittenen Standortwahl ihrer Projekte zu verfügen. Das Dilemma der Politik besteht darin, dass sie mit den von ihr geförderten Offshore-Windkraftprojekten einerseits weitreichende umwelt- und technikpolitische Leistungsziele verfolgt, andererseits aber unter den Vorzeichen der Erfolgsungewissheit handeln muss und zudem das Risiko eingeht, bei nicht ausreichender partizipativer Einbindung der Politikbetroffenen zur Konfliktverschärfung beizutragen.

Dörte Ohlhorst / Susanne Schön, **Windenergienutzung in Deutschland im dynamischen Wandel von Konfliktkonstellationen und Konflikttypen**

Im Mittelpunkt des Beitrags steht die Nutzung der Windenergie für die Stromerzeugung in Deutschland sowie die damit zusammen hängenden Konflikte, die aus Sicht der Autorinnen im Kontext sich immer neu konstituierender Konstellationen zu beschreiben sind. Die gesellschaftlichen Kontroversen um die Windenergienutzung werden mittels einer Konflikttypologie dargestellt, die dazu beitragen soll, die Tragweite des hier vorliegenden politischen Steuerungsproblems sowie die Anforderungen an reflexive Konfliktregelungen zu verdeutlichen. Die im historischen Ablauf sich vollziehende Transformation von Konfliktfeldern und Konfliktkonstellationen ist mit einem Wandel der jeweils relevanten Konflikttypen verbunden. Der Beitrag zeigt in seiner Verlaufsanalyse, wie die immer wieder politisierten und – verstärkt durch die mediale Inszenierung – emotionalisierten Konflikte um Windenergietechnologie durch Verrechtlichung, gerichtliche Streitbearbeitung sowie durch Raumplanung (Interessenausgleich und Abwägung), mithin auch durch Prozesse einer „Entpolitisierung" individualisiert und auf relativ geringem Konfliktniveau gehalten wurden. Dennoch gewinnt die Konfliktkonstellation mit zunehmender räumlicher Konzentration, Professionalisierung und Verbraucherferne an Komplexität.

Christiane Hubo / Hugo Krott, **Politiksektoren als Determinanten von Umweltkonflikten am Beispiel invasiver gebietsfremder Arten**

Der Interessenansatz definiert Umweltkonflikte als durch Knappheit bedingte Konkurrenz zwischen unterschiedlichen ökonomischen, ökologischen und sozialen Interessen an der natürlichen Umwelt. Die Regelung der Umweltkonflikte wird hier als politischer Prozess definiert und analysiert. Im Umweltschutz bilden sich gegensätzliche Interessenpositionen im Kontext konkreter Politiksektoren, verstanden als Systeme spezifischer Programme, Akteure und Verfahren zur Regelung bestimmter Aufgabenfelder. Die Befassung von Politiksektoren mit bestimmten Themen trägt entscheidend dazu bei, dass diese auf die politische Agenda gelangen. Ob dies in Nutzersektoren oder im Umweltsektor geschieht, hat unterschiedliche Auswirkungen auf die politische Konfliktlösung. *Konfliktregelung in einem Nutzersektor* steht unter dem Primat von Nutzerinteressen. Jene Teile von Umweltzielen, die Nutzerinteressen nicht gefährden, profitieren von der Durchsetzungskraft des Nutzersektors. *Konfliktregelung in einem Umweltsektor* erlaubt die politische Profilierung von Umweltinteressen, die Geltungskraft ist jedoch durch geringe eigene Ressourcen für den Vollzug und die konkurrierende Regelungs- und Umsetzungskompetenz der Nutzersektoren begrenzt. *Sektorübergreifende Konfliktregelung* bedient sich vorrangig intersektoraler Koordination durch Verhandlung, deren Erfolg vom Einsatz politischer Ressourcen abhängt. Begrenzte Regelungskompetenzen bedingen eine schwache Verhandlungsposition des Umweltsektors. *Integrative Gesamtprogramme* wie nationale Strategien, die helfen sollen, Ressortegoismen zu sprengen, vermögen zwar symbolische Strahlkraft zu entfalten, bleiben jedoch im Vollzug mächtiger Nutzersektoren stecken, so dass Ressourcen des Umweltsektors mit geringer Wirkung verpuffen. Die hier entwickelte Alternative „*Konfliktorientierte Gesamtprogramme*", mit denen der Umweltsektor sektorübergreifende Umweltpositionen formuliert, machen Konflikte sichtbar und eröffnen dadurch die Chance,

Umweltinteressen in kleinen Schritten unter Ausnutzung von punktuellen Machtungleichgewichten durchzusetzen.

Ulrich Brand, **Konflikte um die *Global Governance* biologischer Vielfalt. Eine historisch-materialistische Perspektive**

In diesem Beitrag wird untersucht wie im Bereich der Aneignung und des Schutzes biologischer Vielfalt ökologische und sozio-ökonomische Entwicklungen politisch-institutionell eingebettet sind. Es wird argumentiert, dass in den letzten Jahren ein Paradigma der Inwertsetzung biologischer Vielfalt hegemonial wurde, da ökonomische Akteure der Pharma- und Saatgutindustrie Interesse an einer solchen Inwertsetzung haben und in der Lage sind, diese durchzusetzen. Es entsteht eine *Global Governance of Biodiversity* als Teil des internationalisierten Staates, um die Inwertsetzung zu ermöglichen und rechtlich abzusichern. Fokussiert wird in diesem Beitrag die Ebene der internationalen Politik als ein Teil der Global Governance. Dafür werden aus einer historisch-materialistischen Theorieperspektive zunächst die Kategorien Konsens und Kooperation sowie Konflikt, Konkurrenz und Kompromiss eingeführt und mit dem Gramscianischen Begriff der Hegemonie verbunden. Das hegemoniale Projekt der Inwertsetzung biologischer Vielfalt ist Teil eines umfassenden Prozesses der Internationalisierung der bürgerlichen Rechts- und Eigentumsordnung. Dieser Prozess wird als globaler Konstitutionalismus bezeichnet. Die damit verbundenen Konflikte und ihre politisch-institutionelle Bearbeitung stehen im Zentrum des Beitrags.

Anna Geis, **Beteiligungsverfahren zwischen Politikberatung und Konfliktregelung: Die Frankfurter Flughafen-Mediation**

Die Frankfurter Flughafen-Mediation ist ein gutes Beispiel dafür, dass sich im Bereich von Umwelt- und Technikkonflikten die politischen Bearbeitungsstrategien verändert haben, indem nunmehr auf mehr Partizipation von Betroffenen gesetzt wird. Analysiert man das Frankfurter Verfahren als Governance-Form, d.h. als Regierungsinstrument, werden jedoch zahlreiche Dilemmata und Probleme deutlich, welche die Idee reflexiver Beteiligungsverfahren in der Praxis erzeugen können. So vermochte es das umstrittene Verfahren zwar, als Medium der Politikberatung bemerkenswerte Rationalisierungswirkungen im politischen Prozess herbeizuführen, der tatsächlichen Konfliktregelung in dieser komplexen Konfliktkonstellation diente es jedoch nur begrenzt. Während der Wissenskonflikt stark und der Verteilungs- sowie Machtkonflikt zumindest in Ansätzen transformiert werden konnten, erzielte die Flughafen-Mediation im Hinblick auf den zugrunde liegenden Wertkonflikt keine nennenswerten Vermittlungseffekte. Die thematische Rahmung des Verfahrens blieb eindeutig einem Primat der Ökonomie verhaftet.

Christina Benighaus / Hans Kastenholz / Ortwin Renn, **Kooperatives Konfliktmanagement für Mobilfunksendeanlagen**

Trotz des weiten Verbreitungsgrades und der hohen Kaufbereitschaft von mobilen Telefonanlagen stoßen die Sendeanlagen in der Bevölkerung auf Skepsis und teilweise auf großen

Widerstand. Daher haben die kommunalen Spitzenverbände und Mobilfunkbetreiber bereits im Jahr 2001 eine „Vereinbarung über den Informationsaustausch und Beteiligung der Kommunen beim Ausbau der Mobilfunknetze" getroffen. Ziel dabei war es, vorhandene Informationsdefizite zu reduzieren, Konflikte bei der Installation neuer Sendeanlagen zu vermeiden und einvernehmliche Regelungen zu treffen. Auch wenn sich die Zusammenarbeit und Kommunikation zwischen Mobilfunkbetreibern und Kommunen in den vergangenen Jahren deutlich verbessert hat, kommt es bei der Standortsuche weiterhin zu Auseinandersetzungen mit betroffenen Bürgern. Diese führen mitunter zu erheblichen Verzögerungen im Planungsprozess und sind mit großen finanziellen und sozialen Kosten für den Betreiber und die Gegner verbunden. Daher werden auch im Mobilfunkbereich mittlerweile alternative Verfahren zur Konfliktbeilegung diskutiert, die es ermöglichen, Konfliktpotentiale abzubauen, gegenseitiges Vertrauen zu stärken und die Standortsuche sozial- und umweltverträglicher zu gestalten. Der Beitrag beschreibt an einem Fallbeispiel die einzelnen Bestandteile und Ebenen des Konfliktes bei der Standortsuche von Mobilfunkanlagen, wobei hier auf die gesellschaftliche Funktionsdifferenzierung nach Talcott Parsons zurückgegriffen wird. Auf der Basis der Aufteilung in Wirtschafts-, Sozial-, Politik- und Kultursystem werden die einzelnen Schritte der Konfliktbeilegung analysiert und die Ergebnisse vor dem Hintergrund notwendiger Rahmenbedingungen für die erfolgreiche Prävention und Bearbeitung von Technik- und Umweltkonflikten diskutiert.

Meinfried Striegnitz, **Kooperative Bearbeitung von Wertkonflikten im Küstenschutz**

Planungen zur Verstärkung eines Deiches zum Schutz vor Sturmfluten am Jadebusen lösten 1997 wegen der damit verbundenen Eingriffe in den Naturhaushalt heftige Konflikte zwischen Institutionen und Verbänden des Küstenschutzes und des Naturschutzes aus. Eine vom Niedersächsischen Umweltministerium beauftragte paritätisch besetzte Arbeitsgruppe der Konfliktparteien erarbeitete unter neutraler Leitung Vorschläge zur Verbesserung des Verfahrensmanagements im Küstenschutz, um derartige Konflikteskalationen zukünftig zu vermeiden. Die wesentlichen Konfliktpunkte der Auseinandersetzung inklusive ihrer langen Vorgeschichte und der wesentlichen Rolle von Wahrnehmungen und Wertorientierungen dabei werden dargestellt. Es wird erläutert, durch welche Struktur und Arbeitsweise es der Projektgruppe gelang, einvernehmliche Lösungen zur Regulierung der hoch wertbesetzten Konflikte zu erarbeiten.

Petra Schaper-Rinkel, **Nanotechnologiepolitik: Die Antizipation potenzieller Umwelt- und Technikkonflikte in der Governance der Nanotechnologie**

Technikkonflikte der letzten Jahrzehnte (Atom- und Gentechnik) führen bei der Herausbildung einer Governance der Nanotechnologiepolitik zu einer frühzeitigen Thematisierung von Konfliktpotentialen. In dem Beitrag wird gezeigt, wie die aktuellen Ansätze zur Bearbeitung von Konfliktpotentialen der Nanotechnologie vorhergehende Konflikte in anderen Technologiefeldern (insbesondere im Bereich Biotechnologien) aufnehmen und sich auf diese (explizit und implizit) beziehen. Bisher sind Kontroversen auf dem Feld der Nanotechnologie auf Fach-Communities beschränkt und konzentrieren sich auf Regulierungsfragen. Politische Konflikte zeichnen sich nicht ab, werden jedoch von unterschiedlichen Seiten prognostiziert. Dabei wird Nanotechnologie in gegensätzlichen Kontexten verortet. Kritiker stellen Nanotechnologie in eine Traditionslinie mit Gen- und Atomtechnik, von anderen wird Nanotechnologie als Option für eine giftfreie und saubere Chemie durch die Kontrolle auf molekularer Ebene gesehen. Die weitere Entwicklung der Nanotechnologie hängt von den Innovationspfaden ab, die sich in der aktuellen Politik herausbilden. Diese wiederum sind eng verknüpft mit den Formen der Governance der Nanotechnologie und dem gegensätzlichen Verhältnis von Akteuren zu Kontroversen, Konfliktpotentialen und vergangenen Technik- und Umweltkonflikten. In dem Beitrag wird analysiert, welche Analogien gebildet werden, welche Risiken damit zur Grundlage für die Risikoauffassung der Nanotechnologie werden, auf welche Konfliktpotentiale diese Analogien verweisen und welche ‚Lehren' aus Umwelt- und Technikkonflikten der Vergangenheit gezogen werden. Dabei wird gezeigt, dass es sich bei den Governance-Formen, die sich in auf dem Feld der Nanotechnologie herausbilden, um reflexive Konfliktbearbeitungsstrategien handelt, die prozedural zudem auf Dialog und Partizipation ausgerichtet sind. Untersucht wird, ob sich damit eine gemeinwohlorientierte oder nachhaltige Technikentwicklung abzeichnet.

Alexander Bogner / Wolfgang Menz, **Konfliktlösung durch Dissens? Bioethikkommissionen als Instrument der Bearbeitung von Wertkonflikten**

Konflikte, die sich um die Fragen der modernen Biomedizin zentrieren, lassen sich in spezifischer Weise von anderen Auseinandersetzungen um neue Technologien abgrenzen. Während die Auseinandersetzungen um Atomkraft oder grüne Gentechnik als „Wissenskonflikte", d.h. als Streit um die Durchsetzung von Wahrheitsansprüchen, thematisiert werden, sind die biomedizinischen „Wertkonflikte" durch konfligierende normative Richtigkeitsbehauptungen geprägt. Ihre institutionelle Bearbeitung findet in Ethikkommissionen statt. Die hier produzierte Ethik-Expertise ist in ihren zentralen Punkten durch Dissens geprägt, wie die Beispiele von Stammzellforschung und Klonen zeigen. Die politische Entscheidung der kontroversen Fragen – die Konfliktlösung – ist damit nicht durch Verweis auf überlegendes Fachwissen begründbar. Daraus entstehen allerdings keine grundsätzlichen Legitimationsprobleme. Vielmehr kann politisches Handeln sich gerade vor dem Hintergrund der expertiellen Unentscheidbarkeit zentraler normativer Fragen als relevant und notwendig präsentieren.

Abstracts

Peter H. Feindt, **Environmental and technology conflicts in Germany at the beginning of the 21st century: Stock-taking and perspectives**

A conflict theoretical perspective on environmental and technology policy has been acknowledged as highly productive for political research. Taking recourse to conflict as a fundamental political and political science category, it thematises the tension between the conflict and the policy dimension of politics and thereby also proves relevant for political practice. The state of the art in German political science research on environmental and technology conflicts is summarised in seven points: 1.) The distinction between conflicts of interest and value conflicts and also the category of knowledge conflicts are widely indispensable for understanding environmental and technology conflicts. 2.) Spatial and often long-term temporal contexts (duration, dynamics) are frequently crucial for understanding and resolving environmental and technology conflicts. 3.) With regard to the objects of conflict a constructivist perspective is advisable because environmental and technology conflicts often assume various shapes over time through processes of interpretation by conflicting parties. 4.) Origin, development, effects and transformation of conflicts are shaped by both the institutional framework and actor constellations; here often close interconnections exist between the micro, meso and macro level. 5.) Procedurally a broad spectrum exists of how conflicts were addressed, reaching from one-sided pushing through of interests to jurisdictional battles, the use if cooperative procedures and incremental and adaptive macro regulation. 6.) While there are numerous examples of reflexive conflict resolution, mediation and collaborative procedures are regularly confined to a consultative role. 7.) Comparison with other environmental and technology conflicts, in particular the conflict over nuclear energy, is constitutive of many such conflicts, e.g. those about genetic engineering and nanotechnology.

Thomas Saretzki, **Environmental and technological conflicts: Theories, concepts, and research perspectives**

In environmental and technology policy, some severe political conflicts can be observed since the 1970s. How are these conflicts to be conceptualized and studied empirically? Are there general conflict theories available that provide a conceptual foundation for empirical analysis in differentiated policy fields? While the concept of "conflict" is regarded as indispensible by most German political scientists, as empirical surveys of the discipline show, there is still no recognized general conflict theory that could simply be applied in concrete empirical studies. Thus, in order to develop a reflective approach for empirical analysis and evaluation of observable or expected conflicts in differentiated policy fields, one can identify a number of conceptual tasks that need to be considered. The first task can be described as locating the conflict in its historical context. Secondly, it is necessary to be aware of the different dimensions of a conflict in order to avoid reduced or one-sided approaches that focus primarily or exclusively on the content, the actors involved or the procedures of conflict resolution. Taking the complexity and dynamics of conflicts into account requires a multi-dimensional conceptualization of the field of conflict. Thirdly, as the origin, structure, development, impact and possible transformation of a conflict are determined by different sets of factors, it is necessary to structure the framework for the analysis accordingly. As far as future research on environmental and technological conflicts is concerned, a comparative perspective oriented towards comparing conflicts across countries, sectors and over different phases in the development of a policy field offer interesting opportunities. Finally, to understand the action-oriented perspectives and strategic options of actors involved in a conflict in their complexity one has to take account of the reflexivity in the structure of conflicts that may arise in the definition, assessment, and regulation of environmental and technological conflicts in modern democracies.

Reinhard Ueberhorst, **How arbitrary is the handling of political conflicts in the realm of strategic energy and environmental policies?**

From the perspective of a reflecting practitioner this article asks what are and what should be the goals in addressing political conflict. Starting point is the tension between a plurality of concepts of politics and the necessity of political ability. From here arises the question which conditions would enable successful policy-making in concrete policy arenas. Four goals are derived: conceptualising; identifying relevant implications of the alternatives and normative valuation tasks; identifying strategic decision demand including time windows; processes of democratic opinion formation and decision-making with a view to implementation which if needed create long-term actor coalitions. The consequences of missed goals are discussed with energy and environmental policy as an example. A "task oriented way of thinking" is contrasted with the dominant mode of "positional politics". Finally the article derives goals for researchers: finding and formulating themes (from which only the argument for cooperative goals can be derived); mapping the plurality of political ways of thinking in creating scenarios; analysing implications in order to clarify evaluative options; clarifying time windows and the need for strategic actor constellations. In the end, however, the plurality of controversial systems of reference requires "cultural processes of understanding".

Jochen Roose, **The never-ending struggle over atomic energy. Conflict sociological analysis of an enduring debate**

The environmental movement in Germany has been shaped by the conflict over the civil use of atomic energy like in no other country. This article explores this German peculiarity from a conflict and social movement sociological perspective and tries to answer three questions: 1. Why could atomic energy trigger such an intensive and society wide conflict? 2. Why did such a considerable mobilisation occur? And 3. Why did the conflict never end? Based on long-term protest event and survey data the conflict is divided into five stages: pre-phase, radicalisation, swing of opinion after Tschernobyl and the end of the Wackersdorf reprocessing plant, latency and rebirth in the 1990s and phasing-out after 1998. With regard to arenas of conflict resolution the parliament did not become seriously involved until the Green Party's entry in 1983; and government advisory bodies remained reserved to proponents of nuclear energy until 1998. Hence opponents were left with formally objecting to planning proposals as their single option; the following jurisdictional reviews were decisive in slowing down and reducing the construction of atomic power plants in Germany. Building on a cross-country comparison the conflictuality of the topic in Germany is explained by the public perception of particularly horrific, known and far-reaching risks on the one hand, and by both sides conceptualising the topic as an indivisible value conflict on the other. The successful mobilisation rested on interpretive connections (frame-bridging) with topics from the peace and environmental protection movements and on a radical critique of the "atomic state". Furthermore the Federal Republic offered the anti-nuclear movement comparatively good opportunity structures with success opportunities on the state level and in court. Moreover, German political elites became divided over the nuclear issue since at least 1986. The durability of the conflict finally arises from its relevance for the identity of the leftist-alternative milieu in a polarised society.

Stefan Böschen, **Reflexive politics of knowledge: solving (non-)knowledge conflicts as a challenge for institutional politics**

Modern societies are characterised by their ability to differentiate three types of conflict (about interests, values and knowledge) and to provide reliable procedures to solve those different conflicts. This way conflicts could be channelled und transformed into opportunities for societal learning. Drawing on the two cases of BSE and agrobiotechnology two arguments are made in this paper. Firstly, a new type of conflict is evolving, which can be characterised as conflict about non-knowledge. Such conflicts are difficult to solve because they include intermingling value and knowledge conflicts. Secondly, combined with the emergence of such conflicts some fundamental assumptions of modern societies turn controversial again (e.g. the separations between public/private or knowledge/non-knowledge). It is therefore necessary that a "reflexive politics of knowledge" is being developed as a research field and as societal practice. Reflexive politics of knowledge is possible if in the various concrete conflicts the fundamental conflicts are identified and moved toward a solution by designing specific institutional solutions.

Robert Fischer, **Conflicts over mad cows? Risk and interest conflicts and the case of European BSE policy**

This article explores the role of decision relevant knowledge and the effects of the absence of such knowledge in risk conflicts. Risk conflicts are conceptualised as a stand-alone type of conflict which is characterised by a mixture of knowledge, value and interest conflicts. The contribution is theoretically innovative in its attempt to relate different levels of conflict to various dimensions of non-knowledge. This typology of non-knowledge and its usefulness are illustrated with a view to European BSE policy. The analysis concludes that not all dimensions of non-knowledge are relevant to conflict. Furthermore is becomes clear that non-knowledge like knowledge implies a potential for legitimacy, namely if it comes to justifying political inactivity in risk conflicts.

Jürgen Hampel / Helge Torgersen, **The conflict about agro-biotechnology and its regulative framing. Frames, gates und change in European agro-biotechnology policy**

1996 was said to be a turning point in the European regulation of biotechnology. Accordingly, the arrival of shiploads of genetically modified soy beans mobilised European public opinion and triggered a fundamental shift in the regulation of agro-biotechnology in Europe. In terms of policy learning, this move allegedly took up substantial arguments of biotechnology critics. In this paper the authors critically discuss the policy learning hypothesis and propose an alternative interpretation. Accordingly, the European Commission met critical arguments on a discursive level but largely kept on steering a traditional course on the level of operational regulation. Introducing new concepts (such as "gate" and "detector") this contribution tries to reach beyond established analyses of conflict types and frames and to cope in more adequate terms with the complexity of the conflict process.

Jobst Conrad, **A latent local environmental conflict: Genetic engineering and development paths in plant biotechnology**

Why does a local environmental or technology conflict evolve, and how do social controversies about green biotechnology in Germany influence development paths and patterns of plant biotechnology in the innovation network InnoPlanta in Nordharz/Börde? To address these questions this article first resumes the development of the network and the framework conditions shaping it, and sketches conflict theoretical references of the case study. Then the primarily indirect influence of political discourse about green biotechnology on the orientation and the project selection of the network and on respective perceptions, attitudes and approaches of its members are described. While in this case no significant local conflict has arisen so far, comparison with manifest local conflicts elsewhere demonstrates that a general social conflict leads to local conflicts with a high probability only in case of significant political virulence and/or under suitable (situational) conditions (including Cournot effects), and that only an intense local conflict is likely to significantly influence technological controversy beyond the region. Thus, InnoPlanta is an example how – in spite of a certain ideological narrow-mindedness of its main proponents – a latent environmental and technology conflict neither becomes virulent nor develops the potential to destabilize a region. This might be deemed possible only if there is an interplay with other anomic tendencies like high unemployment or the economic failure of (policy) development programs. In such a case, however, the corresponding (local) technology conflict would primarily be a proxy for (public) concerns and anxieties which are not specifically related to biotechnology producing genetically modified plants and goods.

Rüdiger Mautz, **Offshore Wind Farms as a Matter of Conflict: A New Constellation of Ecological Controversies in Society**

Conflicts about offshore wind farms are neither typical clashes of economic interests nor 'classic' confrontations of economy versus ecology. The conflict examined in this article shows several specific characteristics. First economic and environmental risk perceptions merge in the face of expected change of the coastal region's economic and social structure. Ecological reasons were cited on both sides: By regional supporters of offshore wind farms (e.g. seaports, producers of wind power plants) as well as by regional opponents (fishermen, coastal tourist industry) who expect serious future economic disadvantages. Second, a number of actors who are involved in launching offshore wind farms face a dilemma: Despite their general support for offshore wind energy some of the large environmental organisations have to cope with 'inner-ecological' controversies caused by conflicting goals within the ecological movement – expansion of renewable energies versus conservation of natural habitats. The companies engaged in the offshore business face their own dilemma: On the one hand they act under public scrutiny, on the other hand they have to put up with economically and technically limited options when looking for suitable wind farm locations which are accepted by the coastal population as well as by environmental organisations. Last but not least there is a political dilemma: The promotion of offshore wind farms has become a substantial objective of German environmental policy, but politicians have to act under conditions of uncertainty and face the risk of intensifying the conflicts if concerned regional actors are not sufficiently involved.

Dörte Ohlhorst / Susanne Schön, **The use of wind energy in Germany in the course of dynamically changing conflict constellations and types of conflict**

This article focuses on the use of wind energy for power generation in Germany and on the conflicts that arise in the context of constantly changing constellations. The social controversies about the use of wind energy are analysed deploying a typology of conflict which elucidates the scope of the political governance problem at hand and the requirements of reflexive conflict management. The transformation of fields of conflict and conflict constellations as occurring in the course of history goes hand in hand with a change of conflict types relevant in each distinctive phase. In its sequential analysis the article shows how the constantly politicised and emotionalised conflicts concerning wind energy technology – with emotionalisation being reinforced by the media – are individualised and kept on a fairly low level of conflict through juridification, conflict settlement in court and spatial planning (reconciliation of interest and trade-offs), occasionally also through processes of 'depoliticisation'. Still, the conflict constellation has turned increasingly complex with growing spatial concentration, professionalism and consumer remoteness.

Christiane Hubo / Hugo Krott, **Sector politics driving environmental conflicts by the example of invasive alien species**

According to an interest-based approach, environmental conflicts arise as a consequence of competing economic, ecological and social interests regarding the environment as a scarce resource. We understand the management of environmental conflicts as a political process, which is analysed in the current chapter. Environmental policy is characterised by conflicting interests, which must be seen in the context of specific policy sectors. Such sectors are defined as systems consisting of specific programmes, actors ad procedures for political regulation of conflict in a given issue area. In dealing with particular problems these policy sectors contribute to set them on the political agenda and influence the way issues are dealt with subsequently. Whether this agenda setting is pursued by a sector of environmental protection or a user sector has important impacts on the path of political conflict resolution. Conflict regulation in an *user sector* is dominated by user's interests. Environmental policy objectives, which do not touch upon user's material interests, enjoy the implementation power within the user sector. Conflict regulation in the *sector of environmental protection*, however, allows a clear political articulation of environmental objectives, but poor own resources in the implementation. Furthermore competing competences of the user sectors result in poor implementation and symbolic policy. *Cross-sectoral* conflict regulation employs inter-sectoral coordination through negotiation. Its success depends on the use and exchange of political resources. Due to limited regulation competences the negotiation position of the environmental sector is rather weak. *Integrative comprehensive programmes* like e.g. national strategies are assumed to overcome strong resort egoisms. In fact they may have symbolic power, but deadlock in the implementation process of powerful user sectors. In this case the environmental sector's few resources get lost without effect. This chapter proposes a *conflict oriented comprehensive programme* as an alternative. It consists of environmental objectives, which are of a cross-sectoral nature and hence apply to a diversity of other policy sectors. This strategy uncovers areas of conflict as well as political windows of opportunity for an incremental integration of environmental objectives into other sectors' policies.

Ulrich Brand, **Conflicts over *global governance* of biological diversity. A historic-materialist perspective**

This article explores how ecological and socio-economic developments are politically and institutionally embedded in the appropriation and protection of biological diversity. It is argued that in recent years a paradigm of putting biodiversity into value became hegemonic since economic actors from the pharmacological and seed industry have a strong interest and are in a position to accomplish this. A *global governance of biodiversity* is emerging as part of the internationalised state in order to enable and legally secure the processes of appropriation. The article focuses on the level of international politics as part of global governance. From a historical-materialist theory perspective the categories of consensus and conflict are introduced and linked to the Gramscian concept of hegemony. The hegemonic project of appropriating biological diversity is part of an encompassing process of internationalising the civic rights and property order. This process has been labelled as global constitutionalism. The related conflicts and their political-institutional treatment are in the centre of this article.

Anna Geis, **Participation between consultancy and conflict resolution: The Airport Frankfurt Mediation**

The mediation process on the Frankfurt Airport extension epitomizes a recent trend in handling protracted environmental disputes by including those most affected parties into the deliberation preceding a political decision. However, if the Frankfurt mediation is investigated under the perspective of governance analysis, it becomes evident that putting the idea of reflexive participation procedures into practice creates many problems and dilemmas. The mediation on airport extension was most successful in terms of political consulting and in helping to rationalize the political process, but with regard to sustainable conflict mediation its transformative influence on the highly complex conflict constellation remained limited. While it managed to transform the knowledge conflict enormously and the power and distributive conflict at least rudimentarily, it failed to score real mediating effects in the dimension of the value conflict between environment and economy. The framing of the mediation remained rather conventional and was clearly biased towards economic interests.

Christina Benighaus / Hans Kastenholz / Ortwin Renn, **Cooperative Conflict Management for Mobile Phone Basis Stations**

In spite of their widespread use and accelerated sales rates mobile phones and, in particular, basis stations face strong opposition in parts of the population. The German Association of Local Authorities has therefore taken the initiative to draft an agreement with the mobile phone industry that includes special procedures for risk communication and community involvement. The goal of the agreement is to diagnose conflicts before they become insurmountable, to encourage mutual efforts for communication and information and to provide platforms for involvement of stakeholders and the community neighbourhood groups. However, the measures envisioned in this document merely reflect standard means of information and inclusion of organized and well-established stakeholders. In some areas, the agreement has facilitated the planning process for siting base stations, but in many other areas it has not; on the contrary, the activities undertaken under the agreement even incited conflict and contributed to a higher degree of protest and conflict. These conflicts have resulted in planning delays and additional costs, let alone loss of trust in industry and local authorities. In response to these protests, innovative strategies for conflict resolution have been proposed and partially implemented. These new strategies are based on mediation and deliberative public processes. The article develops a theoretical approach to mediation and deliberation in the line of Talcott Parson's functional analysis of society and its major resources. Based on the distinction between economic, social, cultural and political system the article delineates a procedural approach for designing and conducting deliberative processes. This approach was tested in a community in the federal state of Baden-Württemberg where a major protest movement had been active and community politics paralysed. The deliberative process allowed to resolve the conflict and to come to an agreement between local authorities, providers and protest groups.

Meinfried Striegnitz, **Kooperative Bearbeitung von Wertkonflikten im Küstenschutz**

In 1997, planning the reinforcement of a coastal protection dyke in the Jade Bay near Wilhelmshaven in Northern Germany caused a major conflict between coastal protection authorities on the one side and nature conservation authorities and NGOs on the other side. By a mediated negotiation process mandated by the State Ministry of the Environment, the parties in conflict developed consensual recommendations for dealing with conflicting issues early on in any future coastal protection projects and for improving the planning and management processes. The long lasting history out of which the conflict had evolved, the importance of differing perceptions and deep rooted values of the parties are highlighted as well as structure, ground rules, and proceedings that enabled the mediation group to achieve consensus.

Petra Schaper-Rinkel, **Nanotechnology policy: The anticipation of potential environmental and technology conflicts in nanotechnology governance**

In the development of nanotechnology governance technological conflicts of recent decades (atomic energy and genetic engineering) have led to an early attention toward potential conflicts. This article shows how current approaches to addressing potential conflicts of nanotechnology take up earlier conflicts in other technological fields (particularly biotechnologies) and explicitly or implicitly take recourse to them. So far controversies in the nanotechnology field are confined to expert communities and focus on regulatory issues. Political conflicts are not yet manifest but are predicted from various sides. Nanotechnology is thereby positioned in oppositional contexts. Critics present nanotechnology as forming a line of tradition with genetic engineering and atomic energy, others regard nanotechnology as an option for a clean chemical industry that is free of toxics due to control on the molecular level. Future development of nanotechnology will depend on the innovation pathways which are currently crystallising in the political process. These in turn are closely connected to the forms of nanotechnology governance and the antithetic relations various actors have toward conflicts, potential conflicts and past technology and environmental conflicts. This contribution analyses which analogies are formed, which risks thereby become the basis for the risk concept for nanotechnology, to which potential conflicts these analogies point and which lessons are drawn from past environmental and technology conflicts. It is shown that developing forms of nanotechnology governance constitute reflexive strategies of conflict resolution which are procedurally directed towards dialogue and participation. It is explored whether thereby a public welfare oriented and sustainable technology development is on the horizon.

Alexander Bogner / Wolfgang Menz, **Conflict Resolution by Dissent? Bioethics Commissions as Instrument for Handling Value Conflicts**

Conflicts about biomedicine are different from other controversies about new technologies. This is due to their special framing. While differences about nuclear energy or genetically modified organisms are exchanged in the form of knowledge conflicts, i.e. as conflicts about "truth", controversies about biomedicine are negotiated as value conflicts characterised by antagonistic claims about normative accuracy. National ethics councils are the relevant institutions for the processing of these value conflicts. Ethics expertise developed within ethics councils is regularly characterised by expert dissent. This is illustrated by the discourse on stem cell research and cloning. Political decision making – the resolution of these conflicts – can not refer to a unanimous and superior expert knowledge. As a matter of fact, this does not cause any fundamental problems for the legitimisation of political decisions. Against the background of the experts' heterogeneity and dissenting opinions politics turns out to be a necessary and relevant tool of coming to terms with intractable conflicts about values.

Liste der Autorinnen und Autoren

Alexander Bogner
Wissenschaftlicher Mitarbeiter am Institut für Technikfolgenabschätzung der Österreichischen Akademie der Wissenschaften
abogner@oeaw.ac.at

Christina Benighaus
wissenschaftliche Mitarbeiterin der Universität Stuttgart und der DIALOGIK gGmbH, Stuttgart, Lehrbeauftragte der Universität Stuttgart und der Universität Tübingen
benighaus@t-online.de

Stefan Böschen
Wissenschaftlicher Mitarbeiter am Lehrstuhl für Soziologie sowie Projektleiter am Wissenschaftszentrum Umwelt (WZU) der Universität Augsburg
stefan.boeschen@phil.uni-augsburg.de

Ulrich Brand
Professor für Internationale Politik am Institut für Politikwissenschaft der Universität Wien
ulrich.brand@univie.ac.at

Jobst Conrad
Privatdozent am Institut für Landschaftsarchitektur und Umweltplanung der Technischen Universität Berlin und wissenschaftlicher Mitarbeiter am Institut für ökologische Wirtschaftsforschung (IÖW), Berlin
jconrad@zedat.fu-berlin.de

Peter H. Feindt
Senior Lecturer for Environmental Policy and Planning, Cardiff University, School of City and Regional Planning
FeindtP@Cardiff.ac.uk

Robert Fischer
Wissenschaftlicher Mitarbeiter an der Humboldt-Universität zu Berlin, Institut für Wirtschafts- und Sozialwissenschaften des Landbaus, Fachgebiet Ressourcenökonomie
Robert.Fischer@staff.hu-berlin.de

Anna Geis
Projektleiterin an der Hessischen Stiftung Umwelt- und Konfliktforschung, im Wintersemester 2008/2009 Vertretung der Professur für Politikwissenschaft mit dem Schwerpunkt Außenbeziehungen westeuropäischer Staaten an der Goethe-Universität Frankfurt
geis@hsfk.de

Liste der Autorinnen und Autoren

Jürgen Hampel
Wissenschaftlicher Mitarbeiter am Lehrstuhl für Technik- und Umweltsoziologie (Abteilung Soziologie II) an der Universität Stuttgart
juergen.hampel@sowi.uni-stuttgart.de

Christiane Hubo
Wissenschaftliche Mitarbeiterin an der Fakultät für Forstwissenschaften und Waldökologie der Georg-August-Universität Göttingen
chuobo@gwdg.de

Hans Kastenholz
Wissenschaftlicher Mitarbeiter an der Abteilung Technologie und Gesellschaft, Empa St. Gallen, und Lehrbeauftragter der ETH Zürich, Departement Umweltwissenschaften
hans.kastenholz@empa.ch

Max Krott
Professor für Forst- und Naturschutzpolitik und Forstgeschichte
Fakultät für Forstwissenschaften und Waldökologie der Georg-August-Universität Göttingen
mkrott@gwdg.de

Rüdiger Mautz
Wissenschaftlicher Mitarbeiter am Soziologischen Forschungsinstitut Göttingen (SOFI) an der Georg-August-Universität Göttingen
rmautz@gwdg.de

Wolfgang Menz
Wissenschaftlicher Mitarbeiter am Institut für Sozialwissenschaftliche Forschung e.V. – ISF München
wolfgang.menz@isf-muenchen.de

Dörte Ohlhorst
Wissenschaftliche Mitarbeiterin am Zentrum Technik und Gesellschaft der Technischen Universität Berlin
ohlhorst@ztg.tu-berlin.de

Ortwin Renn
Professor für Technik- und Umweltsoziologie am Institut für Sozialwissenschaften der Universität Stuttgart
sekretariat.renn@sowi.uni-stuttgart.de

Jochen Roose
Juniorprofessor für „Soziologie europäischer Gesellschaften" am Institut für Soziologie der Freien Universität Berlin
jochen.roose@fu-berlin.de

Thomas Saretzki
Universitätsprofessor für „Politische Theorie und Politikfeldanalyse", Zentrum für Demokratieforschung und Fakultät für Bildungs-, Kultur- und Sozialwissenschaften der Leuphana Universität Lüneburg
thomas.saretzki@uni-lueneburg.de

Petra Schaper-Rinkel
Wissenschaftliche Mitarbeiterin am Zentrum für Interdisziplinäre Frauen- und Geschlechterforschung der Technischen Universität Berlin
petra@schaper-rinkel.de

Susanne Schön
Stellvertretende Geschäftsführerin des Zentrums Technik und Gesellschaft der TU Berlin
schoen@ztg.tu-berlin.de

Meinfried Striegnitz
Dipl.-Phys., wissenschaftlicher Mitarbeiter am Institut für Umweltkommunikation der Leuphana Universität Lüneburg, Präsident a.D. des Niedersächsischen Landesamtes für Ökologie

Wissenschaftlicher Mitarbeiter am Institut für Umweltkommunikation der Leuphana Universität Lüneburg
striegnitz@uni.leuphana.de

Helge Torgersen
Wissenschaftlicher Mitarbeiter am Institut für Technikfolgen-Abschätzung der Österreichischen Akademie der Wissenschaften
torg@oeaw.ac.at

Reinhard Ueberhorst
Führt seit 1981 ein Beratungsbüro für diskursive Projektarbeiten und Planungsstudien in Elmshorn, 1976 bis 1981 Mitglied des deutschen Bundestages und 1981 Senator in Berlin (West)
ueberhorst.beratungsbuero@t-online.de

Neu im Programm Politikwissenschaft

Wolfgang Merkel
Systemtransformation
Eine Einführung in die Theorie und Empirie der Transformationsforschung
2., überarb. u. erw. Aufl. 2010. 561 S. mit 26 Abb. u. 51 Tab. Br. EUR 24,90
ISBN 978-3-531-14559-4

Das Buch ist die erste systematische Einführung in die politikwissenschaftliche Transformationsforschung und bietet zweitens umfassende empirische Analysen der Demokratisierung nach 1945 und der Systemwechsel in Südeuropa, Lateinamerika, Ostasien und Osteuropa. Für die 2. Auflage wurde das Buch umfassend aktualisiert und erweitert.

Klaus von Beyme
Geschichte der politischen Theorien in Deutschland 1300-2000
2009. 609 S. Geb. EUR 49,90
ISBN 978-3-531-16806-7

Mit diesem Band wird erstmals eine umfassende Geschichte und Analyse der politischen Theorie in Deutschland vorgelegt, die den Zeitraum vom Mittelalter bis zur Gegenwart behandelt.

Arthur Benz
Politik in Mehrebenensystemen
2009. 257 S. mit 19 Abb. (Governance Bd. 5) Br. EUR 24,90
ISBN 978-3-531-14530-3

Ausgehend von der Tatsache, dass Politik in zunehmendem Maße die Grenzen von lokalen, regionalen oder nationalen Gebietskörperschaften überschreitet und zwischen Ebenen koordiniert werden muss, behandelt das Buch Möglichkeiten und Grenzen einer demokratischen Politik in Mehrebenensystemen. Vorgestellt werden relevante Theorien und Begriffe der Politikwissenschaft, aus denen ein differenzierter Analyseansatz abgeleitet wird. Grundlegend ist dabei die Überlegung, dass die komplexen Strukturen der Mehrebenenpolitik die Akteure häufig vor widersprüchliche Anforderungen zwischen unterschiedlichen Regelsystemen stellen, die Entscheidungen erschweren oder Demokratiedefizite verursachen.
Die Akteure entwickeln aber Strategien, um diese Schwierigkeiten zu bewältigen. Erst bei Berücksichtigung strategischer Interaktionen lässt sich bewerten, ob die Praxis des Regierens im Mehrebenensystem Anforderungen an eine demokratische Politik genügt. Am Beispiel der Mehrebenenpolitik im deutschen Bundesstaat sowie in der Europäischen Union werden diese theoretischen Überlegungen und die Anwendung der Analysekategorien für unterschiedliche Formen von Mehrebenensystemen illustriert.

Erhältlich im Buchhandel oder beim Verlag.
Änderungen vorbehalten. Stand: Januar 2010.

www.vs-verlag.de

VS VERLAG FÜR SOZIALWISSENSCHAFTEN

Abraham-Lincoln-Straße 46
65189 Wiesbaden
Tel. 0611.7878-722
Fax 0611.7878-400

Neu im Programm Politikwissenschaft

Holger Backhaus-Maul / Christiane Biedermann / Stefan Nährlich / Judith Polterauer (Hrsg.)
Corporate Citizenship in Deutschland
Gesellschaftliches Engagement von Unternehmen. Bilanz und Perspektiven
2., akt. u. erw. Aufl. 2010. 747 S. mit 39 Abb. u. 5 Tab. (Bürgergesellschaft und Demokratie 27) Br. EUR 59,90
ISBN 978-3-531-17136-4

Timm Beichelt
Deutschland und Europa
Die Europäisierung des politischen Systems
2009. 364 S. mit 11 Abb. u. 32 Tab. Br.
EUR 29,90
ISBN 978-3-531-15141-0

Stephan Braun / Alexander Geisler / Martin Gerster (Hrsg.)
Strategien der extremen Rechten
Hintergründe – Analysen – Antworten
2009. 667 S. mit 21 Abb. u. 3 Tab. Br.
EUR 39,90
ISBN 978-3-531-15911-9

Irene Gerlach
Bundesrepublik Deutschland
Entwicklung, Strukturen und Akteure eines politischen Systems
3., akt. u. überarb. Aufl. 2010. 400 S. Br.
EUR 19,95
ISBN 978-3-531-16265-2

Franz-Xaver Kaufmann
Sozialpolitik und Sozialstaat: Soziologische Analysen
3., erw. Aufl. 2009. 470 S. (Sozialpolitik und Sozialstaat) Br. EUR 49,90
ISBN 978-3-531-16477-9

Uwe Kranenpohl
Hinter dem Schleier des Beratungsgeheimnisses
Der Willensbildungs- und Entscheidungsprozess des Bundesverfassungsgerichts
2010. 556 S. mit 1 Abb. u. 31 Tab. Br.
EUR 49,95
ISBN 978-3-531-16871-5

Martin Sebaldt / Henrik Gast (Hrsg.)
Politische Führung in westlichen Regierungssystemen
Theorie und Praxis im internationalen Vergleich
2010. 382 S. mit 4 Abb. u. 8 Tab. Br.
EUR 49,90
ISBN 978-3-531-17068-8

Erhältlich im Buchhandel oder beim Verlag. Änderungen vorbehalten. Stand: Januar 2010.

www.vs-verlag.de

Abraham-Lincoln-Straße 46
65189 Wiesbaden
Tel. 0611.7878-722
Fax 0611.7878-400

If you have any concerns about our products,
you can contact us on
ProductSafety@springernature.com

In case Publisher is established outside the EU,
the EU authorized representative is:
**Springer Nature Customer Service Center GmbH
Europaplatz 3, 69115 Heidelberg, Germany**

Printed by Libri Plureos GmbH
in Hamburg, Germany